当代外国伦理思想

宋希仁　主编

Modern Foreign Ethical Thoughts

中国人民大学出版社
·北京·

撰　稿　人

吴潜涛教授（第一章）

冯　禹教授　杨宗元副编审（第二章）

金京振教授（第三、四章）

李　杰编审（第五章）

姚新中教授（第六章）

冯　俊教授（第七章）

廖申白研究员　李　萍博士　韦正翔博士（第八章）

张志伟教授　龚　群教授（第九章）

金可溪教授　朱小蔓教授（附录）

宋希仁教授（序言、统稿）

序　言

　　《当代外国伦理思想》对日本、印度、韩国、朝鲜、新加坡、英国、法国、美国、德国，以及从苏联到独联体的当代伦理思想分别作了比较系统的研究和阐述。本书是按东西方顺序分章的，各国按头字笔画排列先后。这样编章，按国家和地区分别阐述当代外国伦理思想，与按思潮和学派阐述外国伦理思想的著作不同，它可以使读者集中、完整地了解和认识有关国家和地区的当代伦理思想，为伦理学研究者进行东西方伦理思想的比较研究，提供难得的现成资料和研究成果。

　　本书对每个国家伦理思想的阐述，着眼于当代，大体说来，对西方几个国家，力求全面阐释在伦理思想史上或在当代占有一定地位的伦理学派及其代表人物的伦理思想和理论体系。对东方国家，则根据各国文化和伦理思想的特点以不同的方式表诸文字。对有些国家，力求阐述其伦理思想和理论体系，如印度、日本。对有些国家要从总体上综合阐释其伦理思想、理论体系或道德观念，如朝鲜、韩国、新加坡。对前苏联，本书写作时苏联尚未解体，在成书过程中原苏联解体，形成以俄罗斯为主体的独联体。鉴于这种特殊历史情况，该书附设了"从苏联到独联体伦理学的演变"，并由两位作者亲赴俄罗斯作了追踪考察，补充了苏联解体后的独联体伦理学研究状况。这样可以使读者大体了解从苏联到以俄罗斯为主体的独联体伦理思想的变化。这个变化对我们来说虽始料未及，但对研究那个地区和国家的伦理思想的演变，总结道德建设和理论研究的经验、教训来说，还是难得的时代机遇和历史资料。对朝鲜和韩国当代伦理思想的阐述，注意到其历史沿革和传统伦理思想的统一性，同时又按照现有不同社会制度下的不同意识形态，分别以不同的形式阐述和介绍。当代韩国在摆脱殖民统治之后，伦理思想经过几个不同时期，其传统伦理思想逐步向现代转换，呈现出多元化的趋势。朝鲜则由于独特的社会主义制度和意识形态，形成了一元化的主体伦理思想体系，因此本书对其采取了特殊的处理方法，比较系统地按其理论体系介绍了主体伦理思想的基本内容。

本书对各国当代伦理思想的阐述体例大体一致，也有些差别，内容多少也不均衡，但这并不妨碍对东西方伦理思想的总体认识和对各国当代伦理思想的把握。特别值得一提的是，参加本书写作的作者，除个别作者外，大多有在有关国家留学或访学的经历。他们不但精通外语，而且亲临考察，深入研究，对所研究的异国伦理文化确有体验和真知。英国当代伦理思想，由英国威尔士大学教授里查德·诺曼参与撰写，为本书增添了中英连璧、东西合作的气氛。其他西方国家当代伦理思想的撰写，也都是以作者的专门研究为基础的。

伦理精神是民族精神和时代精神的积淀，是伦理文化的精华。伦理思想史的研究，就是要通过对历史上发展着的伦理思想的梳理，把握其伦理精神，以便从总体上，从更高的观点上，去审视不同民族和国家伦理思想发展的特殊形态，寻求人类伦理思想发展的规律性，解读复杂多变的当代社会生活掩映着的伦理精神真谛。

西方伦理精神在历史上的发展波澜曲折、异说纷呈，但从总体上看，明显地具有前后相继的递进性和逻辑的一贯性。尽管追溯文化源头可见东方文化的影响，但希腊文明确是西方伦理文化的摇篮。一般来说，古希腊伦理思想反映着进入文明时代的欧洲先进民族的伦理精神。其主要特征是探求城邦公民应有的品德和普遍行为法则。在理论形态上，它采取了"德性论"的形式，表现为重理性和责任的精神。中世纪的欧洲呈现出上帝与皇帝、教会与国家二元统治，其伦理思想则在基督教神学形式下寻求客观的、绝对的原则，其价值导向转向注重个人对上帝和国家的关系，宣扬子民和臣民的灵魂拯救以及对上帝和国家的绝对义务，在教会统治和君主专制范围内，推行信仰和服从的伦理。值得注意的是，从古希腊经过希腊化时期和罗马帝国时代到中世纪的 2000 多年间，伦理思想逐步走向了极端：从感性主义发展到理性主义，再走到神秘主义；从现世的个人原则发展到理想的世界原则，再走到超世的上帝原则；从伦理主观主义发展到伦理客观主义，再走到伦理绝对主义。起初说"人是万物的尺度"，后来说"理念是万物的尺度"，再后来就喊出"上帝是万物的尺度"。事到极端必自反。随着近代资本主义经济的发展和社会转型，哲学和伦理学又回到对人的思考，欧洲各国相继发生了提倡人道主义的启蒙运动，这是历史的、逻辑的必然。

经过启蒙精神熏陶的近代西方社会，被称为市民社会。这个市民社会在资本主义经济、政治和文化迅速发展的基础上，力求使道德与市民的自由和社会的秩序相适应，表现出一种追求自由与礼法统一的伦理精神。这种伦理精神力量惊人，它把民众拉到自己身边，给他们权利，同时让他们尽到自己应尽的义务。在这里，个人有权用这样那样的方式生存和发展，社会公众也有权要求个人按照适当的方式去完成应做的事情。就是说，一方面，市民社会必须保护它的成员的个人自由，保障他们的财产和权利；另一方面，个人也必须尊重市民社会的权利，接受律法的一定约束。在这种权利与义务统一的伦理关系中，客观的伦理精神，就是黑格尔所说的"活的善"，就是法与福利的统一，不仅是个人福利，而且是他人福利；不仅是特殊福利，而且是普遍福利。当代西方伦理学的各种理论体系，从其积极意义上说，无非是站在不同立场上，力图反映社会利益关系的要求，表达某种合理的伦理精神。如果把这种伦理精神化为一个道德调节的实践原则，那就是以强调个人权利和自由为基础的个人利益与他人利益、私人利益与公共利益相结合的原则。各派伦理学说尽管在哲学、政治观点上有种种分歧，但主张这种结合伦理则是几百年来的主流倾向。在这里，包含着一个人类社会生活必要的调节原则，即个人与社会相结合的原则。结合就是原则。结合得好，就是伦理关系的公正和大顺；结合得不好，就有失公正，就会产生社会秩序的混乱。这种合理结合的伦理关系，是由每个民族、每个国家去实现的。因此，它和一切事物一样，要随着时间、空间条件的变化而变化，要在历史的发展中去实现。它涉及制度、权力、传统和极其复杂的社会行动，不可能有普遍适用的解决办法。可以说，这种结合在一定历史时期和国家采取什么形态，归根到底是以其经济制度为转移的，而社会经济制度的发展是由社会生产力的发展决定的，而不是由某个理论家提倡什么决定的。人类文明史的发展已经证明了这个基本法则。有些理论家不明白或不承认这个道理，总是企图找出普遍适用的解决办法，设计"永恒正义"的伦理模式，结果不是陷入空想，就是在抽象定义中进行烦琐议论。这一点也适用于对东方伦理思想的认识。

世界文化是多元的，在发展过程中相互影响、相互渗透的情况也是极为复杂的，很难作出简单的东西、南北划分。通常所说文化研究中的东方、西方的划分，在理解上也有诸多歧义，但作为比较研究的一个视角已是约定俗成，而且也有一定的文化和政治意义。所谓东方伦理思想，就是指亚非地区各民族和国家的伦理思想。与西方不同，东方伦理思想的发展是多源头的，其源流独立传承、稳定一贯，虽有横向交流和西方文化的影响，但始终保持同一源流的主流特色。按一般说法，东方伦理思想在历史上形成了五大区域，即以印度为中心的南亚文化区，以中国为中心的东亚文化区，以古波斯为中心的中亚文化区，以阿拉伯为中心的西亚文化区，以埃及为中心的非洲文化区。当然，换一个视角，也可以如亨廷顿所说，"从七八个文明来看世界"，避免二分范式的简单化，但也不是所谓"西方与非西方"那种西方中心论的划分。如果从文化源头上看，从佛教文化、儒学文化、伊斯兰教文化为三大动脉看东方伦理思想的发展，那么，可以相应地划分为三大伦理文化区域，或称三大伦理文化圈。

以印度为中心的南亚伦理文化，鲜明地体现着印度传统的伦理精神。这种伦理精神是以印度教和佛教奥义为主导，在古老的种姓制度基础上形成的。它崇拜超世的大梵精神和普遍的灵魂转世，强调业报和解脱，追求以个人克己自制维系等级关系的伦理秩序。在这种伦理秩序中，它强调用忍让和普遍爱来实现个人与他人、个人与社会之间的和谐。印度的传统伦理精神在南亚和东亚地区有着久远的影响。在向现代社会转型的过程中，这一文化区正在发生深刻的变化：一方面力求稳定传统伦理道德，并不时地发起传统文化的复兴运动；另一方面，又不断吸取新观念，向西方和现代化国家学习，力求营建一种神圣道德与世俗道德结合的伦理生活；更有从崇拜神佛向遵从人道的转变，倡导以人为本，为人服务，积极实现当世幸福和社会公正。这种新思潮已开始形成系统的理论，与世界性现代思潮相汇合。

中国传统伦理思想源远流长，在其发展过程中，形成了兼容并蓄的中华文化圈，虽然曾接受过印度佛教文化的影响，到宋明时期形成儒释道合流的伦理文化，但从主流和本质上看，还是以传统的儒家思想为主导，在宗法制度基础上形成的尊尊、亲亲的伦理。它崇尚天人合一、廓然大公；强调礼法和圣贤人格的统一，注重修身治世、大顺之道。其厚德载物、自强不息、以和为贵的中华伦理精神，对东亚地区和周边国家及世界华人群体，都有深刻的影响，其中尤以日本为典型。日本被称为"中国文明的后代"，它以其固有的神道教为主导，融合佛教、儒学伦理文化，形成兼容并蓄又独具特色的大和精神。现代日本积极吸取西方文明成果，注重权利与义务平衡的现代伦理，成为东方进入现代化国家实现东西伦理文化结合的典型。

阿拉伯伦理文化是以伊斯兰教为纽带的多种伦理文化的融合。它在发展过程中，较早地接受了希腊文化、基督教文化和印度文化的影响，同时又以穆斯林精神强烈地保持其独立性，并在西方和中西亚地区发挥自己的作用。阿拉伯伦理自古贯彻着对安拉的绝对信仰，表现出普遍的宗教虔诚和民族统一的整体精神；强调敬畏和服从，重视现世生活体验和礼法束行，提倡刚毅、忍让、诚信、公正等美德，追求命运前定与意志自由合一的人生理想。在从传统向现代转化的过程中，随着民族独立和革新运动的发展，在阿拉伯世界普遍兴起要求平等、自由和社会公正的思潮，表现出强烈的现代民主倾向；同时又保持着伊斯兰教传统伦理的连续性和稳定性，以不同的形式强化着律法礼规，坚持宗教信仰和履行社会义务；在家庭、职业和公共生活中贯彻敬爱互助、尽职尽责的道德要求；在阿拉伯世界各民族间提倡统一、合作和民族集体主义精神。

如果把东西方伦理思想从总体上作一比较，我们可以列出许多明显的差别，如西方伦理思想比较重视理性传统和科学根据，东方伦理思想比较重视悟性启示和日用体验；西方伦理思想比较强调个人本位和个人权利，东方伦理思想比较强调整体精神和道德义务；西方伦理思想比较长于理论体系的建构和逻辑论证，东方伦理思想比较重视社会规范的确立和个人心性修养，等等。①

但是，东西方伦理文化和文化的其他领域一样，有异也有同。就其共同点来说，东西方伦理思想都体现着人道主义精神，并且日益强烈地追求人道主义精神；东西方伦理思想都以不同方式强调人伦关系的和顺和社会秩序的公正，在现代化的过程中，更要求人类的平等和社会的公正。如果再作进一步归纳概括，可以说追求自由与秩序，就是东西方共同的伦理精神。巴尔扎克说得好："对于会读历史的人来说，可以发现有一条令人赞赏的逻辑法则在发展着；在这一逻辑法则中表现了整个人类像一个整体一样活动着，像一个独一无二的精神那样思索着，并步伐整齐地实现其行为。"当然，这是就人类历史发展的规律来说的，历史在发展、人类在进步，但这决不是一帆风顺的，更不是整齐划一的团队行进。

人类伦理生活的发展受制于社会经济、政治的发展和历史进

---

① 参见宋希仁主编：《中国伦理学百科全书·东方卷》，总论；《中国伦理学百科全书·西方卷》，总论，长春，吉林人民出版社，1993。

程，也决定于人的发展程度。尽管东西方各民族、各国家的发展，要经历不同生产方式和社会形态的更迭和对立，但随着人类摆脱人对人的依赖、人对物的依赖，向着自由全面发展的时代进步，东西方伦理都将或先或后地进入实现自由与秩序的时代，那时每个人的自由发展是一切人的自由发展的条件，个人的自由和社会的秩序将达到更高的和谐。站在这样的高度俯视当代正在形成的多极世界，理性地分析东西方和各大国间的分歧，就会看到，分歧远远没有全球的共同利益和人类的共同目标更重要。和平与发展，仍是当代世界伦理秩序的客观要求。地球人类的整体性和相互依赖性，要求人类超越国家、民族、文化、宗教和制度的差别，同舟共济，通力合作，推进全球伙伴关系和精神文明。任何无视人道和正义的行径，都会受到人类道义的谴责和进步力量的反对。这就是说，东西方伦理文化的交流，还会随着各种利益冲突的存在而遇到种种障碍，人类道德理想的实现还须经过种种磨难和斗争，但是，求同、融会、和合，是东西方伦理精神发展的大趋势，它必将伴随经济全球化、社会信息化的进程，以及争取和平和进步的斗争，不断孕育人类伦理新秩序。距今2300多年前的中国思想家荀卿说："斩而齐，枉而顺，不同而一，夫是之谓人伦"（《荀子·荣辱》）。东西方伦理精神将带着各自的民族特色，以不同的方式，取长补短，强治而齐；应时以变，校枉而顺，进入和而不同的新境界。

宋希仁 谨识

2000 年 3 月 20 日

目 录

Contents

第一章　当代日本伦理思想

当代日本伦理思想是继近代成熟的伦理思想体系之后发展的。它经过第二次世界大战的震荡和战后的反思，一方面保留了传统的日本伦理精神，特别是近代维新思潮所形成的伦理精神；另一方面，又汲取战争的教训，采取务实的态度，转向和平的和生活应用的伦理，在东西伦理结合的基础上，更力求发展现代伦理，以适应日本社会向后工业社会转型的时代要求。

第一节　向当代伦理学的过渡

日本伦理思想在从近代向当代转化的过程中，有两个重要的伦理学体系直接影响了当代伦理思想的发展。它们像两面旗帜，又像是通向当代的桥梁，使当代伦理思想既承继着传统思想，又能够顺利地向当代过渡。这两个伦理学体系就是西田几多郎伦理学与和辻哲郎伦理学。

一、西田几多郎的伦理学

西田几多郎是日本军国主义时期伦理思想的集大成者。他于1911年发表的《善的研究》一书，标志着日本近代伦理学的形成。《善的研究》共分四编：纯粹经验、实在、善和宗教。前两编论述了"西田哲学"的基本观点，后两编是这个基本观点在伦理学和宗教上的应用，全书的中心问题是人生问题。

西田伦理体系的哲学基础是以"纯粹经验"为根本出发点的。西田认为，所谓"纯粹经验"指的是"丝毫未加思虑辨别的、真正经验的本来状态"，是一种有高低层次之分的"物我相忘"的意识现象。作为纯粹经验的意识，不是单一的精神因素的结合，而是一个体系结构。在这种意识体系中存在着有差别的统一性，从而使其自身得以发展。统一作用愈大，纯粹经验体系的发展就愈趋完善。作为最大统一的"知的直观"的出现，标志着理想的精神实现了无限的统一，纯粹经验的发展达到了自我完善的顶点。在西田看来，纯粹经验实质上是一种意志活动，因为意志是一个能够自身发展而逐步完善的体系。当意志处于混沌统一的本然状态时，是没有任何欲望或目的的。一旦它受到外界的妨碍而产生欲望时，意志的统一性就受到了破坏，出现了理想与现实的对立，而意志根基中存在的理论的要求，即更大的统一要求，又能使理想成为现实从而构成新的意志统一。但是，新的意志统一出现后，同样还会出现新的理想与现实的对立，进而重新形成更大的意志统一。意志体系就是这样一个由统一到不统一再到新的统一的无限发展过程。它的最深远的统一是知的直观，只有这种统一的直觉才是真正的自我。真正自我的意志要求是超越个人意志的最大的统一的要求，个人意志的实现不是真正自我的实现。因为个人意志只不过是真正自我意志的一个细胞而已。

西田伦理学是用"纯粹经验"的观念去阐明善的一般概念、道德的善以及完整的善行等问题而形成的一门探求善的学问。其内容主要包括如下方面：

（一）道德根源于意志的活动

任何伦理思想家都是在首先回答从何处寻求善恶的标准这一问题的基础上建立起自己的伦理学说的。为了解决这一问题，西田对以往的伦理学说分类作了评说，进而提出自己的看法。他把以往的伦理学说划分为两种类型：从人性之外的权力中寻求善恶标准的他律伦理学和从人性之中寻求善恶标准的自律伦理学，前者主要指权力论，后者主要包括唯理论、快乐主义和活动主义。此外，还有一种直觉说，这种学说有许多流派，有的可归属于他律学说，有的则可归属于自律伦理学说，他主张依据意志本身的性质来说明善恶的活动主义伦理学说，认为除此之外的其他各种学说都有不完善之处。

其一，直觉说是不能独立存在的。直觉论认为，判断一切行为的善恶都不允许用什么理由来说明，都是直觉地加以判断的，人的良心像眼睛可以判断事物的美丑那样，能够立即判断出行为的善或恶。也就是说，在所谓良心的命令中具有某种直接自明的行为规律或道德法则，它可以对我们日常行为作出明确的道德判断。简言之，道德根源于直觉或自明的原则。西田认为，直觉论所标榜的能为一般人所公认的自明的原则是没有的，这是因为，所谓的"自明的原则因人而异绝对不是始终一致的"，"就是从世人所公认自明的义务中，也找不出一条这样的原则来。例如，忠孝本来是当然的义务，但其中也有各种矛盾和变化，究竟怎样做才是真正的忠孝，这决不是明确的"①。如果说这种自明的原则或"直觉"存在的话，那无非是一种既不能通过理性予以说明，又与苦乐的感情、好恶的欲求无关的"直接的、无意义的意识"。因此，以这种直觉为根本的善便完全成为了"偶然的、无意义的东西"，而我们顺从于善就只能是盲目地服从来自于人性之外的压抑，这样纯粹的直觉说同他律伦理学就没有差别了。实际上多数直觉论者不是在上述意义上主张直觉的，他们有的把直觉等同于理性，有的则把直觉视为愉快不愉快或满足不满足。无论哪种对直觉的解释，都使直觉论走向了其他伦理学说，其自身难以构成一种独立的学说。

其二，他律伦理学的最大缺点在于完全忘掉了人性自然的需求。西田认为，他律伦理学即权力论。伦理学史上的权力论有两种形态：以君主为根本的君权权力论和以神为根本的神权权力论。权力论主张道德与人自身的利益得失无关，它源于对我们人类有着巨大威严和势力的东西的命令，道德意味着对外界权威的"全无意义的盲目"的服从，不服从权威命令的行为，自不必说，即使是根据自己的领悟认为应该做而去做的事情，也不能称其为善行，因为它是有理由的服从，而不是为了权威本身而服从或完全盲目的服从。从没有意义的盲目的感情出发的权力论，不能说明道德的动机或为什么行善，使道德法则也几乎完全失去了意义，而且由于权威有多种多样，因而权力论完全无法确立善恶的标准。在西田看来，权力论最大错误在于从外界去寻求善的根据，要说明为什么要行善，只能依据人性自然的要求。

其三，作为自律伦理学的一种形态的唯理论，把道德上的善恶与知识上的真伪相混同。唯理论认为物的真相就是善，如果知道了物的真相，应该做什么自然就清楚了。也就是说，真即善。西田认为，仅依靠唯理论所说的物的真相或逻辑的法则，是不能说明道德的根本法则的。我们认识了

---

① ［日］西田几多郎：《善的研究》，92 页，北京，商务印书馆，1965。

物的真相，并不等于就知道了什么是善。因为前者属于纯粹知识上的判断，而后者则属于与意志的选择相关的价值的判断。"意志是从感情或冲动产生的，不是单纯产生于抽象的逻辑"，意志是比抽象的理解力更为根本的东西，在实际生活中时常出现真与善相背离的现象，即"无知之人有时反而比有知之人更加善良"①。

其四，以快乐为人性的惟一目的，并以此来说明善的快乐主义伦理学说，也是应该加以批判的。西田认为，按照快乐主义的观点，快乐是惟一的善，最大的快乐是最大的善，然而快乐有数量大小的差异，还有性质上的区别，不仅不同性质的快乐不能用同一标准去衡量其量的大小，即使同类的快乐也难以找到计算和确定其大小的尺度。再者，视快乐为人性惟一目的的说法也是错误的，因为"我们要想产生满足的快感，必须先具有自然的欲望。只因有了这种欲望，才能通过实行而产生满足的快乐。那么如果认为因为有这种快感，一切欲望就是以快乐为目的，这就是把原因和结果混同起来了"②。通过西田对以往种种伦理学说的评说，他关于善的真正意义已清楚地显露出来：既不能像他律伦理学那样从人性之外的权威中去寻求善的根源，也不能像属于自律伦理学的唯理论和快乐主义那样，以诸如理性或快乐之类的非根本性的事实为依据来确定善恶的价值，"必须从意志本身的性质来说明善究竟是什么"，"确定行为价值的主要在于这种意志根本的先天要求"。"所以所谓善就是我们的内在要求即理想的实现，换句话说，就是意志的发展完成。依据这种根本理想的伦理学说叫做'活动主义'（energetism）"③。

（二）什么是善

依据西田的道德根源于意志本身的性质的思想，行为的善与恶取决于意志要求的满足，然而我们的要求是各种各样的，究竟满足哪一种要求才算是最高的善呢？西田认为，我们的意识现象中的任何一种现象都不是孤立存在的，而是与其他的事物发生着联系的。即使是一瞬间的意识也包含着复杂的因素，决不能是一种单纯的东西。各种因素整合为一个意识体系，这种整体的统一就是所谓的自我或意志。善不是仅指某一要求的满足，而是取决于这种自我要求的满足。正如西田所说的："我们的善不是指仅仅满足了某一种或暂时的要求说的，而某一个要求只有在同整体的关

---

① ［日］西田几多郎：《善的研究》，99页。
② 同上书，105页。
③ 同上书，107页。

系上才能成为善。就像身体的善并不是身体某一局部的健康，而取决于全身的健康关系一样。"①那么，自我的要求又是什么呢？作为一个完整体系的自我，要求各种活动的一致和谐或者是中庸。因此，和谐或中庸就是善。意识的"和谐和中庸并不是从数量上来说的，而必须意味着体系性的秩序"②。西田认为，在我们精神上的各种活动的固有秩序中，理性起着控制和统御的作用，离开了理性的这种力量，意识的各种活动就难以整合为一个统一的体系，因此，服从理性就意味着"体系性的秩序"的出现，"理性的满足就是我们最高的善"③。"理性的要求，就是指更大的统一的要求，也就是超越个人的一般的意识体系的要求，也可以看做是超个人的意志的表现"④。这种理性存在于意识的内容之中，但依靠对意识内容的分析考察，是不能发现它的，理性不是可以分析理解的东西，只能通过"直觉"去获取。作为意识的深远的统一力的理性，又可定名为每个人的人格。通过以上的逻辑分析，西田对善的含义作了如下规定："所谓善就是满足自我的内在要求；而自我的最大要求是意识的根本统一力，亦即人格的要求，所以满足这种要求即所谓人格的实现，对我们就是绝对的善。"⑤西田还说，真正的意识的统一，"是没有知、情、意之分，没有主客之别的独立自在的意识的本来状态。我们的真正人格要在这种时候才整个表现出来"⑥。这也就是说，人格实质上是消除了物心之别的惟一的实在的特殊表现形态。这样，人格的善成了作为宇宙统一力的实在这种伟大力量的实现，因而我们应该像康德所说的那样，经常怀着无限的赞美和敬畏之心来看待内心的道德规律。

西田的人格的善与快乐主义的善是不同的。快乐主义主张意志以快乐的感情为目的，因而快乐就是善。西田虽然不否认人心的苦乐情感，但不认为快乐就是善，因为快乐并不是决定善的根本性的东西，而是意识统一状态的伴随者。他认为，当我们的精神处于完全的状态即统一的状态时就是快乐，处于不完全的状态即分裂的状态时就是痛苦。再者，意识的统一是一种包含矛盾冲突的统一，意识的活动是一个由统一到不统一再到更大的统一的无限发展过程。在这一过程中，统一中存在着不统一，不统一的

---

① ［日］西田几多郎：《善的研究》，116 页。
② 同上书，111 页。
③ 同上书，112 页。
④ 同上书，29 页。
⑤ 同上书，114 页。
⑥ 同上书，113 页。

背后潜伏着巨大的统一力，因此快乐必然伴有痛苦，而痛苦也必然伴有快乐。所以，人格的善否认快乐主义视快乐为善的主张。

西田的人格的善也不同于唯理论的善。唯理论所说的理性是单纯的，它与人的欲求毫不相干，"仅仅提供没有任何内容的形式关系而已"。这种理性往往走向完全反对情欲的错误，而人格的善所主张的理性，既不是单纯的理性，又不是欲望，更不是无意识的冲动，而是从每个人的内部直接、自发地进行活动的无限统一力。它不排斥人心的其他要求，只起着一种把其他活动控制在一定的界限内，使彼此和谐一致而成为一种体系性秩序的作用。

（三）什么是完整的善行为

在西田看来，因为"人格是一切价值的根本，宇宙间只有人格具有绝对的价值"，所以"绝对的善行必须以人格的实现本身为目的，即必须是为了意识统一本身而活动的行为"[1]。我们有各种各样的欲望，社会上有能够满足人的欲望的财富、权力以及知识、艺术等等，但是无论是肉体上的欲望或是精神上的欲望，无论是财富和权力或知识和艺术，如果离开了人格的要求，都是毫无价值的，因而凡是在脱离人格要求的欲望的支配下而进行的获取财富、权力、知识等等的行为，都不仅不能称为善行，反而会成为恶行。西田认为，以人格为目的真正完整的善行具有双重属性：主观性，"即其动机"，又称"善的形式"；客观性，即其"客观效果"，又称"善的内容"。完整的善行是动机与效果或形式与内容的统一。

首先，善行的主观性。西田认为，一切善的行为，其动机都必须是好的。如果某种行为其内在动机不好的话，即使外在的事实符合善的目的，也决不可称其为善的行为。他在批驳那种认为虽然不是从纯粹的善的动机出发，但只要是利人的行为，就比一个人洁身自好的善行好的观点时说："所谓有利于人的说法有各种不同的意义。如果说只是提供物质上的利益，则如将这种利益用在好的目的上便成为善，用在坏的目的上却反而会助长恶。另一方面，如果从有利于所谓世道人心，即真正在道德上有所裨益的意义来看，这种行为如果不是内在的真正善行，那就不过是促进善行的手段，而不是善行本身；即使真正的善行本身再小，它也不能与之相提并论。"[2] 西田所说的善行为的动机究竟是什么呢？那就是人格的内在必然，

---

① ［日］西田几多郎：《善的研究》，114 页。
② 同上书，124 页。

"即所谓至诚"。"至诚"像康德的"人是目的"这一伦理口号那样，要求人们尊敬自己和他人的人格，把它当做目的本身看待，决不可当做手段来利用。这种至诚是善行不能缺少的重要条件，没有至诚，便没有善行。然而至诚的出现并非易事，自我的内在必然不是情欲的放纵不拘，而是一种最严肃的内在要求，要达到至诚境界，必须经过一番艰难困苦的磨炼工夫。"只有充分发挥自己的知和情以后"，"只有在自我的全部力量用尽，自我的意识消失殆尽和自我已经不能意识自我的时候，才能看到真正的人格的活动。"① 也就是说，至诚意味着物我一致、主客合一。这种自他完全一致、主客合一的感情就是"爱"。这样，西田把善行的主观动机最终归于"爱"的情感。

其次，善行的客观性。"善行为也并不只是意识内部的事，而是以在事实上产生某种客观结果为目的的动作。"② 善行的客观效果像其动机一样，也是一个由个人的善或自爱到社会的善或他爱的发展系列。西田认为，人格是首先在我们个人身上实现的，因此，我们应当把个性的实现视为最初目的，个性的实现是最直接的善，是其他一切善的基础。作为自我个性实现的个人的善，就是在实践上发挥别人所不能模仿的独一无二的特点，在自己的本分事业中发挥其天才。真正的伟大在于其发挥了强大的个性，并非因为他做的事业伟大。但是，个人的善并不是最高的善，因为在人类共同生活的地方，必定存在着统一每个人的意识的社会意识，个人意识在社会意识中发生和养成。所谓个人的特性只不过是基于社会意识的不同表现而已。所以，作为统一的自我局限在个体之中时是非常渺小的。随着自我的人格越来越伟大，自我的要求也越来越成为社会性的要求，从而使个人的善发展为更大的社会的善。西田把社会的善划分为如下几个阶段：两性相爱是最小最直接的社会的善，也可以说，家庭是个体人格向社会发展的最初阶段，国家是一个统一的人格，国家的制度、法律就是这种共同意识的意志的表现，我们在国家里面能够获得人格的巨大发展，因而为国家效力就是为了争取伟大人格的发展与完成；国家虽然是统一的共同意识的最伟大的表现，但我们的人格不能仅停留在这里，因为它还有更大的要求，即把全人类结成一体的人类社会的团结。

总之，完整的善行，既要有内在的爱的情感，同时又要有表现于外部

---

① ［日］西田几多郎：《善的研究》，115 页。
② 同上书，117 页。

的对人类集体的爱，正如西田所概括指出的："一言以蔽之，所谓善就是人格的实现。如果从它的内部来看，就是真挚的要求的满足，即意识的统一，而最后必须达到自他相忘、主客相没的境地。如果从表现在外面的事实来看，则小自个性的发展开始，进而至于人类一般的统一发展，终于达到其顶峰。"① 也就是说，不管多么小的事业，如果有人能够始终以对人类集体的爱情去工作，就应该说他是正在实现伟大的人类人格的人。

通过以上对西田伦理学的阐述，我们可以知道，西田从纯粹经验出发，去说明实在，在此基础上构建了自己的伦理思想体系。这种伦理思想体系，在作为意识根本统一力的意志中寻求善的根源，进而走向作为最高善行的对人类的无限的爱即神爱，因为"神就是无限的爱、无限的喜悦和平安"②。可见，西田伦理是一种以宗教为基础又以宗教为归宿的宗教伦理。但是，它不是一般的宗教伦理而是东方型的宗教伦理。其特点可归纳为如下几个方面：

第一，西田的宗教伦理吸取了西方哲学尤其是近代西方哲学的思想材料和思辨逻辑。西田对于西方古代哲学家柏拉图、亚里士多德，近代哲学家笛卡尔、康德、费希特、黑格尔以及新康德学派等的哲学，都进行过深入的探讨，但他并非作为客观的哲学史来研究，而是根据自己的需要去理解他们的思想，并将其纳入自己的思想体系之中。例如，他在柏格森的纯粹持续和新康德学派的逻辑主义的影响下，把作为自己哲学出发点的概念即"纯粹经验"理解为同费希特的"纯粹活动"概念相近似的先验的"自觉"；他运用黑格尔"绝对精神"辩证发展的逻辑去描述"纯粹经验"的分化和发展；他从康德意志自律的原则中导出善就是人格要求的发展完成的结论，又把这种自我实现理解为亚里士多德所说的我们的精神发展出来的各种能力的圆满实现；等等。

第二，西田的宗教伦理的基础是东方伦理思想。根据有三。其一，西田的"纯粹经验"可以用禅宗的"见性成佛"来说明，所谓的"主客合一"、"物我相忘"，形式上是西洋哲学，实际上则出于禅家口气。其二，西田伦理思想体系中的道德准则仍然是以儒教倡导的"忠孝"、"仁"、"义"为主体的。西田认为"我们自我的中心就不只存在于个体之中。如母亲的自我在孩子之中，君臣的自我在君主之中"③。因此，"忠孝本来是

---

① ［日］西田几多郎：《善的研究》，122～123 页。
② 同上书，76 页。
③ 同上书，120 页。

当然的义务"①，"智勇仁义"接近于自明的社会道德准则。其三，西田伦理具有东方伦理强调的"知而必行"的特征。西田不仅主张只有经过一番艰苦磨炼的努力而达到孔子说的"从心所欲不逾矩"的境界时，真正的人格才能得以表现，而且强调完整的善行必须是动机与效果的统一，道德实践即外在的对人类集体的爱与内在的人格的要求是必然不可分离的。所以，我们可以说，西田伦理学实质上是一种用西方哲学的逻辑把佛教、儒教伦理思想体系化的唯心主义伦理学。正如我国研究西田哲学的著名专家刘及辰教授所指出的，西田哲学是以东方佛教思想为基础，以西方哲学材料并用西方逻辑建立起来的一种东方哲学，是具有封建性格的资产阶级唯心主义哲学。③ 日本伦理学家岛芳夫在评价西田几多郎的伦理思想时指出："西田的目标在于阐明作为历史现实的基础的逻辑。为此，他运用亚里士多德的希腊哲学去发掘逻辑与历史的联系，综合康德、费希特的实践主体和黑格尔的辩证法以及笛卡尔、柏格森的直觉，并利用基督教神学和佛教的无的逻辑而完成了自己的课题。"①

上面已经提及，西田伦理学是日本资本主义由自由资本主义阶段发展到帝国主义阶段的产物，通过对西田伦理思想体系的剖析，我们可以清楚地看出其为日本军国主义服务的阶级本质。西田的人格实现说，把国家当做道德的主体，把"神"或天皇视为最大的人格，这样，只要天皇说一声为了国家，即使国家发动惨无人道的侵略战争，国民也必须绝对服从命令去充当侵略战争的炮灰。因为士兵没有批评长官命令的权力，就连判断善恶邪正的自由也都没有，只有忠于天皇及其代理人。因此，士兵也就失掉了对于战争目的、国际正义及人道等进行判断的那种自主和自律的人格，以至完全转化为战争的工具了。

二、日本近代伦理学的发展

在西田那里，作为其伦理学的哲学基础的"纯粹经验"这一概念经过了一个嬗变过程。1927 年西田发表了《从动者到见者》，他在这部著作中，提出了"场所逻辑"这一哲学概念。所谓"场所"即东方宗教哲学中的"无"。在西田晚期的哲学中，把"场所"的观点具体化为"辩证法一般者"的观点，同时又把"辩证法一般者"的观点，直接化为"行为直观"

---

① ［日］西田几多郎：《善的研究》，92 页。
③ 参见刘及辰：《西田哲学》，9 页，北京，商务印书馆，1964。
① 转引自［日］山田孝雄：《日本近代伦理思想史》，243 页，日文版。

的观点。但是，他的"物我相忘"的状态是惟一实在的这种主张始终没有变化，"神"是"宇宙深处的一个大人格"这种观点也始终没有变化。

田边元是西田伦理学的继承者。他的伦理思想集中体现在他提倡的"种的逻辑"之中。他认为，个、种、类是社会存在不可少的契机。这里的"个"指的是个别的国民，"种"指的是国家，"类"指的是世界。个、种、类三者处于以互相否定为媒介的关系中。通过作为个体的国民和作为基体的国家的相互否定这种"绝对媒介"可以看到"伦理的国家"或"道义的国家"。按照这种逻辑，国家是作为个人的存在的基体，它既"威胁我的存在"，同时又是我生命的根源。因此，当国家需要时，我必须为其而献身。自我牺牲就是自我实现。可见，"种的逻辑"实际提倡的是一种忠君爱国的天皇制伦理。与西田伦理思想相比，田边的伦理思想没有什么新鲜货色，无非是更加露骨地充当了日本军国主义的御用工具而已。

针对西田、田边为法西斯服务的皇道伦理，以户坂润、永田广志为首的日本马克思主义哲学家们进行了不妥协的斗争。他们一方面向日本介绍苏联马克思主义哲学的研究成果，并用马克思主义的观点解释包括道德在内的社会意识形态，认为"关于意识形态这句话的意思"，"第一意味着在社会里作为上层建筑的观念界"；"第二，它不单止于各个人的观念意识世界，反而是指社会里一定人群的意识（社会意识）"；"第三，个人意识也可以说是能被包摄于社会自身所持一定形态的意识之内"；"第四，这样的意识形态对应于社会阶级的现实利益而具有阶级性"[①]。另一方面，他们公开指斥西田伦理是一种与"社会政治动向"即法西斯主义的急激抬头"有着"密切关系"的非科学的宗教伦理。

面临马克思主义在日本传播以及日本马克思主义者们对西田伦理学的批判，深受胡塞尔和海德格尔存在主义哲学影响的东大教授和辻哲郎，沿袭《善的研究》中的基本思想，用了 15 年（1934—1949）的时间，撰写了多卷本《伦理学》，形成了一个日本近代伦理思想史上前所未有的庞大伦理体系，从而把日本近代伦理学发展到最高峰。

我们依据和辻的《伦理学》，可以把他的伦理思想概括为如下几个方面：

（一）和辻伦理学的哲学基础是存在主义

早在东京帝国大学学习期间，和辻就对存在主义哲学甚感兴趣，毕业

---

① ［日］《户坂润选集》第 1 卷，262 页，伊藤书店，1947。

后的第二年（1913 年）发表了《尼采研究》，1915 年又发表了《泽伦·基尔凯戈尔》，这两部著作对于存在主义在日本的传播起了重要的开拓作用。1927 年至 1928 年在德国留学时，他深受胡塞尔和海德格尔存在主义哲学的影响，为其后所形成宏大伦理学体系奠定了世界观方法论基础。从逻辑体系上看，他的《伦理学》一书实际上是借用海德格尔从"日常的事实"出发的存在论形式而构建起来的。正如他在"本论"第一章第一节即"作为出发点的日常事实"的开头语中所说："我们在最常识的日常生活的事实中看到了走向人存在的通路。"① 和辻认为，在这条通路上一直走下去，便可以发掘出作为伦理学原理基石的人存在的根本构造。从日本伦理思想史上看，这种重视日常经验的思维方式，是从西田哲学的"纯粹经验"、"场所"和"行为的直观"发展而来的，在一定意义上说，从存在主义立场出发解释人生、伦理问题，是从西田到和辻的近代伦理学的一个共同点。

（二）个体性和社会性是人存在的根本契机

这是《伦理学》上卷中"序言"和第一章"人存在的根本结构"以及第二章"人存在的空间结构和时间结构"的中心议题。和辻把自己的伦理学称为"人学"。但他所说的人与"man"或"person"的意义不同，而是指具有"个体性"和"社会性"双重契机的存在。他认为，人既是"人"与"人"的结合或作为共同态的社会，又是在社会中的个人，因此，只接受其"个人"一面的人类学，或只接受其"社会"的另一面的社会学，都不能把握人的本质。只有个体与整体的统一才是人存在的根本结构。他认为，个体性和社会性之间存在着一种相互否定的关系。例如，教师和学生这种个人资格的规定，是由于有学校这一整体的存在，从这种意义上说，整体先于个体而存在。但是，学校这一整体是由教师和学生这种个体成员集聚而形成的，从这种意义上，也可以说个体先于整体而存在。换言之，当强调整体性时，否定了属于整体的个体性，反之，当强调个体性，整体性则隐居其后。和辻的这种整体在为了个体而否定自己的基础上存在、个体又在为了整体而否定自己的基础上维持自己的观点，看起来似乎非常辩证，实际上他最终强调的是整体处于优势地位，个体处于服从的地位。因为他一方面指出人存在的根本结构是一种绝对否定运动，同时又强调整体具有历史性，是一种超越个体成员生灭的永恒存在。和辻认为，

---

① ［日］和辻哲郎：《伦理学》，51 页，岩波书店，1979。

伦理学的根本任务就在于研究这种意义上的人与人之间的关系，道德准则不能在个人中寻求，只能来源于人际关系。而信赖和诚实是人际关系的本质，所以应视其为普遍的道德法则。

（三）义勇奉公是最高的道德准则

这是《伦理学》上卷第三章"人伦组织"所集中阐述的内容。和辻深受黑格尔《法哲学》中关于"人伦体系"的考察方法的影响，认为人伦组织经过了一个从家庭、亲戚这样的血缘共同体到地域共同体、经济共同体、文化共同体直到国家的发展过程。随着这一过程的发展，人际关系从个人的、封闭的关系逐渐地提高到公共的关系。在国家这一人伦组织中，公共关系达到了顶点，国家即"公"。在不同的人伦关系中，使人伦关系得以成立的信赖和诚实具有不同的要求，从而形成了一个由低到高的多层次的道德规范体系：信赖和诚实这种人伦之道在血缘共同体中具体表现为"男女相爱"、"夫妇相和"、"父慈子孝"、"友兄弟"、亲族之间"互相扶助"；在地缘共同体中具体表现为邻人、村人"和睦相处"、"苦乐与共"；在经济共同体中体现为尽职尽责、"广行公益"、"开辟世务"；在文化共同体中体现为"朋友相信，恭俭律己，博爱及众，修学问习职业以启发智能成就德器"；在国家共同体中则体现为"常遵国宪，时守国法，一旦危急，则义勇奉公"。由于国家是"人伦组织的人伦组织"，是包容一切人伦关系的最大、最高的整体即绝对的整体，所以，义勇奉公在道德规范体系中处于至高无上的地位。

（四）现代的日本在世界史上的地位以及国民的应当行为

这是《伦理学》下卷研究的课题。和辻把世界史分为三个时期：在第一个时期，世界上只有埃及和达米亚两大文明，其他地区尚处于未开化状态；第二个时期指世界宗教和高度文明在欧亚大陆出现的时代；第三个时期是指伊斯兰教世界的出现到现代的这段历史时期。和辻还借用解释学的现象学方法，去说明国民的应当行为，认为人是在"风土"中发现自己自身的。他把世界史上建立了业绩的诸国民分为如下几种类型：以印度人和中国人为代表的"季节风人"，具有受容性和忍从性；以阿拉伯人和非洲人为代表的"沙漠人"，具有能动性和战斗性；以希腊人和欧洲人为代表的"牧场人"，具有自发性和合理性；日本人属于特殊的"季节风人"，既有受容性和忍从性，又有激情战斗性。作为历史的"开拓者的人"，不但要有沙漠人所具有的战斗的能动性，还要有季节风人所具有的受容性；草原的人"把战斗性和忍从性融于一身"。和辻认为，历史新阶段的开辟，只能依靠沙漠人或具备沙漠人的战斗能动性的民族。在现代，无论是伊斯兰教，还是近代的基督教，都丧失了人伦的活力。把世界诸国民从欧洲帝国主义列强的殖民地统治体制下解放出来，恢复各民族国家的绝对性这一历史使命，落在了日本国家的"肩上"，因为近代日本国家是实现、完成了"人伦理法"的神圣国家。所以日本国民应当很好认识自身的性格，充分地发挥其独特的个性，同时还应大胆地吸取沙漠人的能动性和牧场人的合理性，积极参与世界史的形成。

据上所述，和辻借用海德格尔存在论的形式构建了自己的伦理思想体系。但是和辻的基本想法却与海德格尔相差很远。海德格尔把人的样态分为两种类型：在日常经验的世界中生活的人的样态，即"非本然的自己"；现存在的本然的应有状态，即超越经验世界的"本然的自己"。和辻接受的仅仅是前者的思想，并非全盘照搬海德格尔的考察方法。依据和辻的思维方式，人在日常生活中，由于种种关系而被赋予多种"角色"，所有的人都不能脱离日常世界中的"角色"而存在，因而人不可能达到存在哲学所说的那种"本然的应有状态"，人的真正的应有状态不能在纯粹的个人中寻求，只能存在于日常经验世界中的人际关系之中。和辻视人际关系为人的本质的思想，从表面上看，很有些接近于马克思主义的"人的本质是社会关系的总和"的观点，但实际上，两者是水火不相容的。马克思主义所说的人是在一定的社会生产方式中彼此结成一定联系而从事实践活动的人，是具有民族性、历史性、在阶级社会中具有鲜明的阶级性的活生生的人。而和辻所说的人则是指以血缘、地缘或经济、文化为媒介而形成的共同体中的人，这种意义上的人，在一定人伦组织之中必须通过否定自身才能体现自己的人格，因而人与人之间的关系是彼此相互否定的绝对平等关系。可见，和辻所说的人和杜林所说的两个完全平等的人毫无二致，在他们那里，人成了超时代、超民族、超阶级的光秃秃的幽灵。同一切资产阶级伦理学家一样，和辻从抽象的人出发，筑起了一座"爱"的伦理大厦。依据这种理论，人通过"爱"才能实现自我，人格实现的过程就是从低层次人伦组织的"夫妇之爱"，逐渐走向最高层次的对国家对天皇无限爱的过程，作为人格圆满实现的至善只能是彻底否定了自身的对国家对天皇的无限信赖和真诚。所以，和辻伦理学的实质是"尊皇之道的伦理学"，是为当时的日本军国主义推行"大东亚共荣圈"的野蛮的侵略主义服务的御用伦理。但是，我们不能因此而忽视和辻伦理学的学术价值。他以人对于人、人对于家庭、人对于社会的关系为基础而建立的伦理体系，与西方的个人主义伦理相比，有其明显的个性即突出体现了日本人的集团归属意识；他借用西方哲学的方法和逻辑概念把《教育敕语》中包容的道德规范体系化，从而使日本伦理学的研究水平上升到了近代的高度。正如日本著名思想家中村元所说，日本人一般不善于抽象思辨，也不喜欢作创建体系的思索，但是和辻哲学三卷本《伦理学》一书真可以说是个特例，是一部伟大的、不朽的著作，是我们进行比较哲学考察时必须阅读的一部巨著。①和辻伦理学不仅对于提高日本民族的思维能力和文化素质起了重要作用，而且也与作为第二次世界大战后日本经济再度崛起的关键因素之一的日本现代伦理精神有着密切的联系。因此，我们不能因和辻伦理学在政治上的保守性和反动性而否定其学术价值，也不能因它在日本现代化逆转中所起的负作用而否定其在日本现代化中的价值。

第二节　战后日本伦理思想的流派

1945 年 8 月 6 日和 9 日，日本广岛和长崎先后遭受了美国投掷的原子弹的惨重打击，加上苏联参战，迫使日本政府和军部代表在投降书上签字。日本投降后，以麦克阿瑟为长官的盟军最高司令部迁至东京，开始对日本实行军事占领政策。其间，麦克阿瑟接二连三地发布命令，对日本旧有的政治、经济体制实施改革。其主要内容包括：给妇女参政权，解放妇女；给工人以组织工会的权利；取缔修身、日本历史和地理的教育，给教育以自由的权利，实施自由主义化的教育，废除以战前天皇制和半封建的土地制为主要内容的各种压迫、专制的制度；解散财阀，征收苛刻的财产税，实行经济结构民主化；等等。接着，他又指令修改了日本宪法。1947年 5 月 3 日开始实行的新日本国宪法，以主权在民、和平主义和尊重人权为基本原则；以众议院和参议院的两院制国会为国家最高权力机关；规定天皇为"国民综合的象征"，变天皇主权为国民主权。新宪法还规定废除身份制和家庭制度，地方实行自治，行政、立法和司法三权分立，以防止专制政治统治复活。新宪法发布之后，很多法律都依据新宪法精神重新作了修改。在民法中，废除了户主制度和长子继承制，规定了尊重家庭成员的人格和平等权利以及男女同权的原则；在教育法中，废除了战前的国家主义的教育思想，规定了教育的目的是为了人格的完善，为了培养和平国

---

① 参见［日］中村元：《比较思想论》，130 页，杭州，浙江人民出版社，1987。

家和社会的建设者；等等。

日本战败后的经济处于极其悲惨的境地。因战争，日本战前创造出来的许多财富丧失殆尽，经济陷入崩溃状态，除京都和奈良这两座历史名城外，全国所有的主要城市都几乎毁于战火；死于战争者达 200 万人以上。作为日本首都的全国最大城市东京就有 70 余万户受到破坏和损伤，因战争的死伤和疏散，城市人口由 1940 年的 670 万减少到 1945 年的 280 万，留在东京的人们，大多数在一片废墟上用战火中残留下来的木棍搭起小屋暂避风寒。战前拥有的 630 万吨位船舶，战败时减少到 153 万吨位。商船队完全销声匿迹，外国进口的物资全部断绝。600 万复员军人的归国，更加重了奄奄一息的日本社会的负担。战争刚刚结束的二三年时间内，通货膨胀急剧上升，作为生活必需品的衣服、粮食严重不足，国民每日所摄取的热量低于 2 000 卡。

由于战败，日本人在精神方面也受到了沉重打击。战前，不少日本人在军国主义的教育下，相信日本不可战胜的神话，对战争的正确性深信不疑，为支援战争付出了极大牺牲。随着战败，以前被认为具有绝对权威的天皇、国家、军队等，都被一下子否定了，以"尊王攘夷"、"和魂洋才"、"富国强兵"、"忠诚爱国"和"以日本为中心的泛亚洲主义"为特征的狭隘民族主义意识遭到了抵制和批判，整个日本民族在精神上也陷入痛苦之中。

在这样的政治、经济和思想背景下，战败后的日本社会道德生活领域也发生巨大变化。随着日本新宪法的颁布，近半个世纪以来，日本人作为国民道德遵守的《天皇教育诏谕》上记载的道德准则，被国会宣布无效，作为日本国家近代伦理精神支柱的日本近代伦理学被人们与军国主义、侵略战争联系在一起，进行了抨击。代之而来的是以美国个人主义价值观念、伦理学说为主的各种外来伦理学派的涌入，使人们的道德思想观念发生了混乱，很多人苦于难寻实现个人解放和民主化的人生之路。在这种情况下，马克思主义伦理学、存在主义伦理、实用主义伦理、分析哲学伦理、人道主义伦理、日本伦理新思潮等等相互竞争，活跃于日本伦理思想界。这种纷繁杂乱的局面从战败开始一直延续约 10 年之久。

一、日本的马克思主义伦理学

日本战败后，马克思主义作为一种理论和意识形态，在日本开始获得了合法地位。以永田广志、松树一人、柳田谦十郎等为代表的马克思主义思想家对为军国主义、法西斯主义服务的种种反动思潮进行了有力批判。

在伦理道德方面，着重批判了西田伦理。他们批驳西田伦理的非理性主义和神秘主义，揭露西田伦理是为侵略战争服务的日本军国主义伦理，并试图在"破"中建立"民主主义"的伦理思想体系。其中，柳田谦十郎的伦理思想较集中地体现了战后日本马克思主义者在伦理道德问题上的基本观点。他1951年出版的《伦理学》，是其马克思主义伦理学形成的标志。在这部书中，他集中论述了道德的本质、对象、发展和核心，阐明了利己与道德、良心、自由和人格等重大理论问题，把历史实践中的道德行为规定为伦理学的直接考察对象，强调"反抗精神"是"现代道德"的核心。他于1952年4月出版的《现代实践哲学》，是《伦理学》一书的进一步发挥、补充和完善。在这部著作中，他阐述了"社会变革的道德方法论"，把道德理论视为实践的规范。他于1959年出版的《唯物主义伦理学》，是其晚年的成熟之作。在这部书中，他坚持逻辑与历史的统一，分析了道德现象的发展在不同社会中的历史局限性和阶级局限性，揭示了人类道德朝向共产主义道德发展的必然趋势。柳田谦十郎的伦理思想的内容概括起来，主要有如下方面：

（一）何谓伦理学

柳田先生认为，"伦理学是在人类历史行为方面明确道德的当为的根据的价值科学"，伦理学以行为为研究对象，确立道德上的当为"是什么"，伦理学是价值科学。

人们的行为不是孤立地产生的，作为伦理学考察的中心对象的"行为"，既有现实性，也有它的历史性。伦理学与其他的社会科学不同，不是对产生于客体的现实环境的行为的孤立考察，而是对主体的人的行为从历史到现实的研究。特定的时代、特定的历史，构成了行为产生的特定条件。现代的伦理学是对过去的伦理学理论的"扬弃"，是历史发展的现代产物。历史的行为必须在现实的实践中解决，道德的本质是对过去的普遍的历史事实的解释。

伦理学对行为的研究，主要是侧重于道德行为方面，研究道德上的"当为"。这种"当为"不是基于外部的压力，不是被人强迫的，不是外在的东西，而是发自人的内心，基于人的内心的道德法则，是人的自觉意识、自觉行为，是人的内在的要求。

（二）道德的历史发展

道德是发展变化的，道德的变化不是道德意识自身，而是随着社会的物质条件、经济条件、生产力水平的发展变化而变化的，这种变化说明了道德的历史性。从人类历史发展的角度看，道德的发展最初与生产劳动的关系特别密切，人类从野蛮到文明的发展过程，劳动在其中起了关键性的作用。劳动创造了人类，也创造了人类文明。劳动所结成的社会物质条件、经济利益、生产力水平具有决定性的作用。

从道德的发展类型上看，经历了家族道德、封建道德、市民道德、法西斯道德、阶级道德、人类道德（共产主义）等六种类型。

家族道德是古代社会的共同体道德，以自给自足的自然经济作为支柱，是生产力未发展、社会未开化时的道德形态。家族道德产生于狭小的血缘共同体范围之内，特点表现在家族的相融性，家就是家族，家族就是家，家和家族没有区分开来，是一体化的存在。家族又是封闭的，是排外的，家族与家族之间的关系是分离的，生产劳动、经济活动都局限在本家族的小圈子之内，家族的内在的相融性与外在的排他性是紧密联系在一起、不可分割的。家族的特点还表现在祖先崇拜和血缘性上，在血缘的基础上产生了以祖先崇拜为核心的家族宗教，家族中的家规、家法是家庭道德的基本内容。家族的特点还表现在家长制上。家长既是家族的一员，又是家族的代表，家庭共同体的成员必须绝对地服从家长权。家庭道德是原始社会中的道德，是人类社会道德发展的最初阶段。

封建道德是随着封建社会的确立而发展起来的。与原始社会相比，封建社会当然要进步得多。封建道德的特点首先表现在它的身份制，由此形成了封建社会中所特有的士、农、工、商的上、下等级阶层。封建道德的特点还表现在它的主从性，以忠、孝道德观念为核心。封建道德的局限性就在于它对人类自由的否定，在封建社会里自由就是最大的恶。

以近代的自由经济为基础、民主精神为核心，形成了近代社会初期的市民道德。自由、平等、个人主义是市民道德的核心内容，也是对封建道德的否定。自由经济代替了封建社会的自给自足的自然经济，必然要求在思想领域、价值观念上与经济的发展相适应，消除等级差别和人身依附关系，实现人的解放，并把人的自由与平等联系在一起，确立人在社会发展中的主体地位，由此也出现个人主义的弊端，在反封建问题上个人主义有它的积极的意义，但作为一种道德观、价值观在社会上占主导地位，必然会走向极端，产生它的负面作用或称消极影响。

资本主义的发展，资本的集中，必然形成金融寡头和垄断资本主义，特别是资本主义社会的经济危机、阶级分裂以及帝国主义之间的战争，必然导致法西斯主义。法西斯主义打着民族主义的旗号，强调本民族的利益，推行帝国主义的军事侵略。法西斯道德价值观念的核心是对法西斯权力的狂热崇拜，要求对法西斯头子绝对孝忠和服从。法西斯道德是对人类道德的反动。

资本主义社会形成和发展以来，在无产阶级反抗资产阶级的斗争中，无产阶级的道德形成了。无产阶级道德要求从人类的自觉走向阶级的自觉，在反抗、斗争、团结中确立无产阶级的道德。它是为无产阶级和广大人民群众服务的，是无产阶级在道德上的自觉。

人类道德的最高目标是共产主义道德，这是道德发展的必然结局。共产主义道德具有民主性、国际性的特点，它表达了人类之爱。

（三）利己主义

利己主义是伴随着私有制的出现而发展起来的。作为一种在全社会占主导地位的价值观念的利己主义，在步入资本主义之后获得了更大的发展。在资产阶级思想家那里，有极端的利己主义和合理的利己主义之分。柳田认为，现代伦理学必须抛弃资产阶级那种把利己主义原理体系化的错误，但又不能忽视人们的利己心与道德生活之间的联系，要重新思考利己心对人们道德生活的影响，进行一种在现代意义下的有价值的探索。

道德在很大程度上是反对利己心的。道德产生的根源之一就是为了限制、束缚人们的利己心，排斥人们的私欲。过去的伦理学说都缺少对利己主义的批判。马克思主义的伦理学，应该从理论上超越、克服利己心和利己主义，向革命的功利主义转变，通过斗争和道德的力量，步入通向人类之爱的道路。无产阶级的所有努力不是为了单个人，不以私利为目的，而是为全体无产者和广大劳动群众谋福利的。人类道德发展的历史结果是一种必然性的选择，必然要求无产阶级在革命斗争中，应用马克思主义的辩证法，不断地批判利己主义。树立全新的道德价值观念，为无产阶级及整个人类服务。

（四）良心

良心问题从来都是伦理学理论中的重要研究课题。马克思主义伦理学作为新的伦理学理论，应该对什么是良心、良心的本质是什么、良心是恶的还是善的等问题作出新的解释。

柳田认为，良心不是一个孤立的道德范畴，从历史的角度看，良心是在历史的发展过程中不断发展变化的。在家长制的社会里，祖先崇拜就是那时的良心。到了封建社会良心自然而然地发生变化。良心是历史创造的产物，是受特定的历史时代、历史条件制约的。从社会的角度看，良心具有社会性，一个社会所具有的良心总是那个时代、那个社会的集中反映，个人的良心是与社会的良心相统一的。从阶级的角度看，良心具有阶级性，是一个阶级的思想、意志的反映，因此，现代社会的良心必须是阶级的良心。从民族的角度看，良心又具有民族性。任何一个民族，由于发展水平、文化背景、风俗习惯的不同，也有不同的良心内容，有属于自己本民族的关于良心的理解。

（五）自由和人格

自由是人类道德发展的标志。从历史上看，野蛮、未开化时期的人类由于没有征服自然的能力，是不自由的。奴隶社会的条件下，奴隶在奴隶主的统治下生存，这样的人也是不自由的。在封建社会里，由于存在着严格的身份等级制、固定的尊卑秩序，人同样是不自由的。在资本主义社会里，统治者虽然高喊自由、平等的口号，但这是虚伪的，它也不是一个自由的社会。只有到了社会主义、共产主义社会，人的自由才能真正地实现。

一般来说，自由是对必然性的认识。具体地分析，它包括客观的自由、主观的自由和社会的自由。所谓客观的自由，是指人类在自然中产生，作为主体的人可以在自然中展开活动的天地，并从中发展起来，这是客观环境所提供给我们的自由，在这种客观的自由中，人实现自己的理想和目的。所谓主观的自由，是指人的主观自由意志，人的主观精神是自由的，人是主体的人，有着独立的尊严和自我发展的精神。所谓社会的自由，是指个人作为社会成员，个人的自由总是与社会的自由相一致的，并促进社会的自由。客观的、主观的、社会的自由三者之间是相辅相成、互相联系又互相制约的。

在自由和人格之间，没有自由就没有人格，人格的独立与尊严是以自由为前提的。人们在道德上所追求的是树立一种理想的人格形象。而这种人格形象的形成，要求社会为人们提供自由创造精神的天地。充分发挥人的自主性和独立自由人格的出现，是社会发展的重要标志。

二、存在主义伦理学

存在主义哲学是日本战后初期最流行的一种思想流派。1951 年，日本成立了"雅斯贝尔斯协会"，同年 9 月出版学会刊物《实存》，1954 年又下设"实存主义研究会"。其代表人物有务台理作、金子武藏、茅野良男等。在伦理道德问题上，他们一方面介绍和评论西方存在主义者克尔恺郭尔、雅斯贝尔斯、萨特、海德格尔等人的伦理学著作和基本思想，并从存在主义哲学的立场出发，阐述诸如现代伦理学的性质和体系、伦理的基础、伦理学的方法结构和自我选择等等一系列重大道德原理问题。另一方面，他们还随意地曲解康德、黑格尔和马克思的伦理思想以及日本固有的传统伦理，牵强附会地把其同存在主义联系起来，把人类伦理思想的精华作为存在主义加以诠释，并企图按照自己的理论去说明人的存在，或者说"人只在他实现自己的过程中存在"，或者说人是不受任何外在的"主义"、"思想"、"价值"制约的自由的真实存在，在此基础上构建日本式的存在主义伦理学体系。其中，金子武藏的伦理学集中体现了日本存在主义伦理学的基本思想。在战后初期，他通过反思存在主义的思想发展历程，连续发表了一系列关于存在主义哲学和伦理文章，并以"现代思想"为主题在日本国家电台演讲。这些文章和演讲的主要内容，从伦理角度概括，主要有如下方面：

（一）理法

金子认为，伦理学理论一般来说是关于义务或德性论的思考，也就是说，它讨论人在生活中应该担负什么义务，或者通过什么样的努力使自己具备优秀的品德。不过，伦理学关于义务和德性的思考不应该是抽象的，而应该是具体的，因此，在伦理学中，首先应该思考和反省的是作为伦理的"理法"。

什么是"理法"？金子武藏引用了雅斯贝尔斯在《哲学入门》一书中的一句话："人类如果不依赖任何一种什么东西作为指导，就不能生存和发展。"这个应该依赖的东西就是金子武藏提倡的"理法"，通俗地说，就是做人的道理。"理法"包括"价值的理法"、"人伦的理法"和"时空的理法"三个方面，其中以人伦的理法为核心。

所谓价值的理法，是以对价值的分析为前提的。价值的规定有三个层面：第一是主体性，尤其体现在作为主体的人所获得的享乐价值、使用价值和消费价值；第二是间接主体性，表现在交换价值中，通过交换价值来实现人的间接主体性；第三是绝对性，这主要表现在文化价值上，例如真、善、美。通过以上分析，可以把价值分为有用价值、快适价值、生命价值、文化价值、宗教价值这样一个价值序列。伦理的善，是最高的价值；相反，恶则是最低价值。金子武藏认为，价值是通过人格反映出来的，人格的价值决定伦理的价值，人们正是根据伦理的价值作出道德上的评价。以价值的理法为根据，就能分析和解剖伦理学上的种种问题。

人伦的理法是个别与普遍之间相互转换、统一形成人伦的原理，它是基于人格性的原理产生的。一般地说，人格性原理在个别性中产生出来，而人伦的理法在普遍性中产生出来。但是，普遍的与个别的是相辅相成的。从人伦的理法看，人们的责任和义务之间是不应该产生冲突的。在现实的道德生活中，人们必须根据人伦的理法来决定自己的行为，作出行为上的选择，并把责任论与义务论统一起来。如果把二者放在对立的立场上，只能导致生活中的悲剧。

所谓时空的理法，是指时间和空间对于人们的道德生活具有重大的意义，人与人之间的交往是通过行为联系起来的，而人的行为是在时间和空间中发生的，总是受到一定的时间、空间的限制，同一种行为因场所不同，评价也不同，在人们的伦理生活中，时间上的先后、事情的前因后果、发展的过程、事物的连续性以及共同的场所、共同的空间，总之，人们的行为世界，也就是一个时间、空间的世界。

"人伦的理法"这一概念，是金子武藏的独创，是其伦理学理论的新突破。在近代日本伦理思想史上，和辻曾提出过"人伦组织"，金子武藏是在和辻这一概念的基础上发展起来的，是对和辻伦理学的补充。

（二）实存理性

在金子武藏看来，历来的实存主义产生于对黑格尔抽象精神主义的反抗，是对人类现实存在的生活的尊重，他主张人类的伦理生活是在人的真实存在中即实存中发展着，不能离开人的实存而谈伦理，金子武藏的实存伦理之基础就是理法。

"实存理性"是在现实生活中人们应该如何生存，道德的、伦理的生活是如何成为可能的，在弄清楚这些问题并使之成为可能的过程中体现出来的主体的能力，换言之，实存理性就是主体的能力，这种能力的普遍或通常的表现就是人们的道德意识。道德意识包括道德感性、道德判断和道德意志。对人们的意识来说，是存在限定意识。伦理理法的体现是从外面的客观存在决定人们的道德意识，这种限定包括历史的、社会的、环境的、风俗习惯的等多种因素。理法最初是通过这些道德意识使人们的道德生活成为可能。因此，道德意识是伦理学理论中的重大问题。

道德感情是人们的意识中所具有的志向性的特征，是人的内部意识。人的意识可以划分为表象、判断、情意三种类型，情意就是感情。人们的判断有肯定和否定之分，感情也有爱和憎的对立。爱与恨，以及由此而带来的善与恶的观念，正是从人们的道德感情出发的。道德感情由于每个人的生活既是个人的又是社会的，因而就出现了社会的感情或共同的感情和个人的感情。个人的感情总是立足于价值观而与社会的感情达到统一。

道德判断是一个价值判断，取决于人们的价值观念，是主体对于行为、作用、人格的判断，特别是对于行为善、恶的判断。它不能和人们的道德感情相脱离。

在手段和目的之间的必要条件就是道德意志。道德意志维持手段和目的之间的联系，控制采取什么样的手段，是道德的还是不道德的，最终实现目的。道德意志不是个人的意志，也不是一种纯粹的意志，而是社会的意志，是以社会的道德原则和道德规范为基础的。

（三）人格

人格作为伦理学的基本概念是以生活的经验为基础的。人既是一种物质存在，是实体的人，同时又是一种精神的存在，是主体的人。实体与主体，构成了人的存在。人格则是一种超越的主体，从人的本质属性看，人格是自我意识的主体。在人们的所有实践活动中，作为理性存在着的人，总是依据一定的人格。有的人认为，人类是惟一能够自杀的动物，这种选择不像动物那样是为了自己的身体，而是为了尊重自己的人格。

在人们的生活中，人格是作用的中心，作用的本质是人的爱憎态度，这里面有正价值和负价值之分。因此，作为作用中心的人格具有一定的价值观，并与人们一定的世界观相联系。

人格是自律的，又是发展变化着的。在社会中，人的作用离不开人格，这种作用的核心是爱，这个爱不是狭义的爱，而是一种广义的爱，通过对他人的人格的尊重，表现出"爱心"和对他人的价值的推崇。换句话说，一个具有人格的人，自爱和爱他是联系在一起的。只知道"自爱"而不知道"爱他"的人是不可能实现"自爱"的；没有"爱他"之心，"自爱"也就成为一句空话。

（四）行为

伴随着个人的成长，人格不断成熟和完善，在具体的生活实践中，进一步增强个人对他人、对其他事物的责任意识。每个人的行为都不是完全孤立的，总是或多或少地与他人和社会发生联系，总是对他人或社会产生影响，因此，人的责任意识要求行为的严肃性。

人类的行为有精神（广义）参与其中，行为是在精神指导下产生的。这种精神作为人的有目的的意识包含着对象意识和自我意识两个方面。在自我意识方面包含着人的感情、情绪和表象、知识、意志等侧面，行为最后主要由意志向外活动而达到目的。行为的特征是人的精神活动的参与，这使它不同于机械运动。

行为是多种多样的，可以划分为积极的和消极的、外在的和内在的，他动的和自动的、一时的和持续的、不可分的和可分的、单纯的和复合的等。行为具有能动性、自发性、操作性和复合性等。

行为的伦理性主要是从伦理的理法（价值的理法、人伦的理法、时空的理法）的角度来理解的。从价值的理法上看，行为是对价值的应答，具体地说，积极的行为是对积极的价值的应答，消极的行为是对消极的价值的应答。行为总是有它的价值取向和价值目标，一定的行为总是受一定的价值观念所支配的，行为离不开价值，价值的实现也必须依赖于行为。从人伦的理法上看，社会中人与人之间的关系是通过行为联系起来的，行为作为人际关系之桥，必须在一定的人伦的理法中展开，根据人伦之理，行为才能取得它的合理性或合法性。从时空的理法上看，具体的行为是在具体的时间空间中展开的，必须具体而论，在时、空的理法中分析行为，去对行为进行价值评判，行为的时、空特点要求我们不是从概念出发去进行主观的臆测，而是具体地把握行为的合理性。

（五）自由

人的自由总是与一定的社会、国家联系在一起，是在一定的政治、法律、组织制度下的自由，作为高层次可以在意识形态体系里达到精神的自由，如人类的先见能力、广阔的视野、创新的精神、新方法的发现和使用等。此外，它也包括从饥饿、贫乏、灾难、厄运、危险中获得解脱等。

自由是相对的，它不是个人的任意所为，这种相对性主要表现在它总是相对于一些对立物而言的，如为了反抗封建主义而提倡自由主义。自由是普遍与个别的关系，是从最普遍的全体中产生出来的个别的、独立的精神。在社会生活中，自由反映的是社会的普遍中的个人的独立，是个人创造精神的自由、选择的自由、言论的自由、反抗的自由，是一种主体意识和主体精神，是推动人类社会的发展和进步的。自由的相对性还表现为自己限定自己，自己是责任的主体，是负责任的自我，一个自由的人，也是一个自律的人，是对他人的自由也相当尊重的人。

自由既是一个抽象的理论概念，又是一个实践的概念。作为实存主义伦理学，主要是从具体的实践概念上去把握实存的自由，在人的实际存在中、活生生的生活实践中理解自由。在人们的伦理生活中，自由是可能的，也是必然的，实存的自由是通过人的可能性达到对必然性的自觉，包括对主观必然性和对客观必然性的认识，即对主体和客体的认识。实存的自由就是人格的自由，人格的自由是在与他人的共同存在中，在全体的共同性中确立和发展起来的。

三、纯粹伦理学

日本战败后，盲目地尊崇外来伦理文化，一味排斥本国传统伦理文化的思潮一度在日本成为时髦。与此相反，伦理思想界一些深受民族传统道德影响的思想家们则认为，任何一种外来的伦理价值观念，只有与日本国民性相容，才能移植、成活在日本国土上。他们通过对人类历史、现实的回顾、观察和思考，尤其是通过反思包括日本近代伦理学在内的日本民族传统伦理，深信符合于日本国民精神、民俗风习的，还是带有浓厚儒家色彩的传统伦理，但需要适应于新的情势加以认真的改造。从这一立场出发，他们努力构建自己的伦理学体系，希望能为战败国的日本人民提供精神支柱，指导新的人生道路。日本伦理研究所的创造者丸山敏雄先生就是典型代表人物之一。

丸山敏雄1892年生于日本福岗县。少年时期，受其深信佛教的严父的教育和影响，在1916年至1933年间，致力于日本古代史的研究，尤其是1926年至1930年在广岛文理科大学深造期间，受到了近代日本著名哲学家西晋一郎先生的影响和指导，潜心于日本古代思想和宗教的研究，探讨、分析了《古事记》、《日本书记》中的神和人所体现的道德行为原则，从而概括提炼出来了以"纯情"为基本原则，以"明朗"、"爱和"、"喜劳"为道德准则的"纯粹伦理"思想。日本战败后，国情混乱，道德颓废，丸山敏雄先生经过深思熟虑，认识到了旧道德束缚人的思想、压抑人性、脱离平民生活等弊端，决心进一步丰富、完善自己多年从事道德研究所形成的纯粹伦理，并用其去恢复祖国荣光，建设世界和平。于是，他在1945年9月创立了伦理研究所，并出版发行月刊杂志，开设"家事相谈所"，重点在东京、关西、九州等地开展实证、实践纯粹伦理的运动。经过数年的研究和实践，他于1949年写成了《人类幸福之路》，于1951年和1952年先后出版了《纯粹伦理原论》和《实验伦理学大系》，从而形成了他的伦理学即纯粹伦理学。

纯粹伦理学的基本观点，概括起来主要有如下内容：

（一）"纯粹伦理"是人类的希望能得以实现的新伦理

任何人都希望"快乐地度日，幸福地生活"。"人人皆祈求在人生中，好人和正直的人能得到幸福，恶人和不法之徒遭到不幸，犯了错则要接受处分"。也就是说，人类希望幸福生活实现能与遵守道义联系在一起。然而，现实生活的情况并非如此，出现了"诚实守法难以生存，恪守道德并无幸福之望"的怪现象。这主要是由于道德的缺陷造成的。所谓的道德指的是从明治维新以来日本国民日夜实践躬行的伦理思想，是一种日本国民固有的传统伦理观念加上佛教、儒教或老庄思想的混合伦理。剖析这种旧道德，可以看出它有如下缺点：其一，没有现实性。旧道德不是人们实验过的具有可靠性的正确无误的生活伦理，多数是圣人、君子的遗训，以"子曰"为道德之根本，或者是根据帝王、教皇的权威制定、颁布的。它遵循"在某本书中有这样的话，所以就应该这样做"的机械"公式"，一开始就承认大前提，提出大前提以后就下结论，而没有任何证明。这种从天而降的道德，使人们感到高玄深奥，可望而不可即，不知道在具体情况下如何去实行配合，无助于解决现实生活中的问题。其二，德、福不一致。旧道德不考虑与幸福的统一，没有正确地把握二者之间的因果规律，所要求的道德行为是出于对道德规范的纯粹敬意，是超利害得失的义务，不保证获得幸福，与现实生活利害得失毫无关系。这样一来，实行道德就不一定能够获得幸福，甚至还会丧失幸福，不得不过着痛苦的生活；享福的人未必就有道德，甚至可能是行为不端的恶人。因此，旧道德在现实生活中显得软弱无力，无人遵循。其三，缺乏普遍性和准确性。这主要表现在：旧道德的德目，有的不是普遍运用的伦理，如"慈善"、"忍耐"、"勇敢"等，若要求人们在任何时候、任何场所都必须去实行，就会扼杀人的天性，或者使实行者陷入窘境；有的含义不清，如"恭"、"俭"等，可以有多种解释，一般人很难理解。

要想使人们遵守道义，日趋净化社会，建立起正义的世界，就必须摈弃旧道德，"树立守德者幸福，背德者遭难的新的绝对伦理"。这种新伦理即"纯粹伦理"，也称为"实践伦理"或"实验伦理"。之所以叫做"纯粹伦理"，是因为任何人只要无条件地遵照实行，就必然能产生良好的结果，开拓出意想不到的幸福环境，绝不会夹杂任何灾祸。它"适应人类的实际生活，寸步不离，时时刻刻，通过在任何时候和任何地方都普遍适用的规范伦理的道理，严密地规定人类的幸与不幸"①。之所以也叫做"实践伦理"或"实验伦理"，是因为"纯粹伦理"不像其他科学那样，仅用观察的方法去研究对象，判断实验的结果，它要求我们本身要投入实验伦理之中，通过伦理实践，通过多次实行、实证和实验，去掌握规律。它所倡

---

① 〔日〕丸山敏雄：《实验伦理学大系》，18页，北京，社会科学文献出版社，1991。

导的做人的道理，"既不是从天而降的旧道德精神，也不是把新思想，特别是自由、平等伦理囫囵吞枣地接受的结果。我们是把旧道德和新思想一个一个地放在实验台和解剖台上，详细地剖析、研究、实验，足以放在筛子上去杂存正来建立正确的生活规范的"①。因此实践或实验这种伦理，就可以证明其是一种守之则幸福、违之则不幸的活生生的新伦理。

（二）纯粹伦理的理论基础是"宇宙整体原理"

从前的道德，如动机论、效果论、直觉说、快乐说、禁欲说、合理主义、自我实现说、人格说等等，或者根据个人的直觉、快乐，或者根据物的真相、有权者的命令来决定善恶，不考虑善恶与人的幸与不幸的因果关系，带有脱离人类生活的随意性或非科学性。纯粹伦理则不同，它是运用科学的研究方法，通过许多实验加以证实以后才问世的。

大量实验证明，人类的生命力在于"它是与宇宙生命相联系的，是宇宙生命的启动"。"肉体和精神处于本体与显现之间的互相关系之中，人（他的心态）和物及其环境又是处在与精神和肉体关系完全相似的相互关系之中"②，"也就是说一切的现象都是在一个整体之中。一切现象是前后相连的，是一个整体，而不是一个一个独立的存在"③。这种理论即"宇宙整体原理"。既然百态纷呈的世界同处在一个统一体中，宇宙、自然与人相通，纯粹伦理就应该"贯彻实行对自然的绝对顺应、无限制拥抱的大道"④。它的善恶标准，"不是以自我为中心的，也并非自以为是的，而是涉及整个人类生活，并且不仅考虑最大多数人的最大幸福，还要考虑整个社会和所有个人，包括自己、他人、上、下、男、女、老、幼"⑤。

顺应自然，与自然和谐一致的纯粹伦理，是通过一系列具体的伦理要求体现出来的。这些伦理要求，主要包括如下内容：

（1）自由即平等的伦理。宇宙是公平的，人生是自由的。"人们想要的东西和要拿到的东西，都没有不给予人们的；人们希望获得的机会始终都张开两臂在等待人们"⑥。由于人类的努力所创造的文化，所建立的生活秩序，使自由的世界由低层次向高层次发展、提高。作为风俗、习惯、礼仪、道义和道德的统一体的生活秩序，并不是为了让别人顺从自己，而是

---

① ［日］丸山敏雄：《实验伦理学大系》，66 页。
② 同上书，65 页。
③ 同上书，57 页。
④ 同上书，164 页。
⑤ 同上书，120 页。
⑥ 同上书，153 页。

为了让所有的人都能够心满意足地接受下来享受，因此，它并没有束缚自由，相反能使大家都享受最高层次的自由。感到不自由，实际上是自己为所欲为的性格所造成的。我们只要顺其自然，坦然置之，以纯真的心情去行动，最高层次的自由境界、平等的新天地就会展现在面前。

（2）否定斗争的伦理。所谓"斗争就是使对方屈服而自己站起来，就是打倒对方而由自己取而代之；也就是要消灭敌人，占领其领土，扩大本国的势力范围，为所欲为"①。这种斗争与宇宙生成发展的大调和、大循环的轨道背道而驰。纯粹伦理基于对过去历史、现实生活的回顾和观察，主张依靠愉快、爱情和和睦去根绝互相砍杀、报仇、斗殴等一切争斗，建设"共乐共荣"的乐土。

（3）恩的伦理。所谓恩就是个体"达到对整体的自觉时，自然而然地产生的整体和个体互相映照的感情"②。虽然父母对我们有赋予生命之恩和哺育抚爱之恩，但我们的恩情的根源在于大宇宙生命。哺育抚爱之恩所需要的物质来自于大自然的恩惠。生命之光受惠于社会、国家、群众之恩情之光。"我的生命是处于恩情旋涡中心的，吸引无限恩情的东西；而人生就是不断发挥自己生命的创造、放射功能。"③ 因此我们理所当然地要报答爱抚养育之恩、教育之恩、生育之恩等等。

（4）性的伦理。性是生物生命延续所必然具有的本性，是对立、合一、生成这一宇宙规律的中枢。因此希望永远繁荣、不断幸福的人们，应该一心一意地赞美性的神秘，敬畏性生活的神圣，使结婚具有庄严、圣洁、美好的价值。

（5）替代的伦理。人是内在的我即小我和外在的我即大我的统一。小我是生来的，无法改变的；大我则是自由的，宽广而富于生活性，是容易改变的，要使自己与宇宙融为一体，进入清净而深远的世界中去，就应该通过锻炼、修养、实行"尊敬伦理"，尊敬、模仿自己以外的伟大人物，自然而然地自我否定，完全抛弃内在的小我。

（三）纯粹伦理的规范体系

"纯粹伦理"的规范体系是一个由其基本原则和具体的道德条目组成的统一整体。

"纯粹伦理"的基本原则是"纯情"或"天真纯朴之心"，即心地像

---

① ［日］丸山敏雄：《实验伦理学大系》，155 页。

② 同上书，180 页。

③ 同上书，210 页。

棉花一样柔软，没有任何拘泥和不满，精神清澄充沛。它要求人们除去个人的随心所欲，依循诸宇宙法则，自然而自由地生活。这种生活方式表现为"明朗"或"光明开朗"、"爱和"或"和谐友爱"和"喜劳"或"乐意工作"。

"纯情"这一基本的道德原则。贯穿于日常生活的每一个环节。它可以具体化为 17 条道德条目：

——"日日好日"。人生是每个今天的连续。今天是光明辉煌，充满希望的惟一良辰吉日。要紧紧抓住今天的"此刻"这一处理事情的最佳时机。"趁热打铁"、"觉而行之"，走向幸福的天地。

——苦难福门。苦难是生活违反自然和心地不正直所反映出来的危险信号，同时也是通往幸福之门。因为在战胜了苦难，除去了违反自然的错误心态之后，就会出现一个光明、欢喜的世界。

——命运自拓。每个人的命运，都掌握在自己手中。开创命运靠自己，创造境遇也要靠自己。自己便是一切，努力便是一切。

——万象吾师。大自然是真理的百科全书，种种自然现象都是真理的显现，都是艺术的花朵。以世人为镜，以万象为师，任何事情都能有所报应。

——夫妇对镜，夫妇永远是一对相互映照的反射境。夫妇互相力求改变对方的想法和做法都是错误的。只要磨炼自己，改正自己，对方自然就会改正。

——"子女名优"。子女是父母的再现，是能够很好地反映父母之心的演员。因此，要使孩子改正学好，父母必须首先改变自己，不强孩童所难，不打骂孩子，在父母之间恢复明朗爱和。

——"疾病信号"。肉体是精神的象征，疾病是生活的红灯，除去疾病即内心中违反自然的阴影，肉体自然就会立即恢复正常。

——"明朗爱和"。明朗是健康之本，爱和是幸福之源。因此，每一分钟都要使心情光明开朗，清晨快快乐乐地起床，白天快快乐乐地工作，夜间快快乐乐地休息；要在长幼、父子、夫妻之间，在所有人与人之间，施以慈敬和爱，使纵向和横向的社会关系协调、大和。

——违约失福。从表面上看，毁约者没有什么损失，遭受损失的是被毁约者，其实不然，人违约，不仅夺他人之福，而且也必然会给自己带来不幸。

——勤劳欢喜。工作即一切，工作即人生，工作即生命。真诚地工作所带来的喜悦，是其他喜悦不能代替的无上的报酬。勤奋工作不仅伴随着喜悦，还能带来肉体上的健康、物质上的恩惠以及社会地位和名誉。

——"我爱万物"。万物皆有生命，因此，要以敬慎的心情对待工具和财物，尤其要爱惜金钱。珍爱金钱的最高表现在于不浪费，更有效地使用金钱。

——"舍己得全"。不论在事业上，还是在经济上遭到任何不测、挫折时，都要丢弃私情、杂念，用快乐的心情重新开拓，百折不挠。这样，就一定能够大功告成，誉满天下。

——"善始善终"。人们对一切事情，在刚开始时，总是谨慎小心，意志坚定，然而到了最后，常常任其发展，自暴自弃。这是只注意到了枝节问题，而忘记了根本问题。只有"本不忘"，才能"末不乱"，才能成为一生完美的人。

——"心即太阳"。希望乃心中的太阳。我们对今天要有信心，对明天也应有信心，对自己的前途要有远大的希望。无论对工作，还是对自己的身体，日日月月都充满新的活力和希望。

——"信成万事"。人生在世交际往来的根本在于"信"，事情成功的根本力量在于信念。信的反面是忧，忧虑往往伴随着失败和危险。

——"尊己及人"。尊重自身的最高境界便是贡献。敬重他人和尊重自己是统一的，因为在竭尽贡献、成为无我之后，一切将归于自身，天地也将与自身融为一体。

——人生神剧。人生像演剧一般，一个人既是编剧，又是导演和主角，尽善尽美，无所不及。人生之剧公平无私，没有一次遗漏。你究竟如何按照真理的剧本去表演，全靠自己本身。

第三节 日本当代伦理学的形成和基本内容

日本当代伦理学，是与战后日本经济的恢复和高速发展联系在一起的。战后的日本国民在实际道德生活中所体现出来的道德价值观念以及政府实施的国民道德教育实践，为日本当代伦理学的形成和发展提供了必要的前提条件。一定意义上可以说，日本当代伦理学是对战后日本经济高速发展时期的国民道德的系统化和理论化。

一、日本当代伦理学形成的条件准备

（一）战后日本经济的恢复和高速增长

在美军进驻日本的初期，占领军长官麦克阿瑟指令推行一系列改革措

施，其主旨在于彻底推行日本的非军事化和民主化政策，而对日本经济的恢复是漠不关心的。但不久，情况便发生了变化。1947 年 3 月，美国政府发表了"反对共产主义进行国际渗透"的宣言，1948 年实施了目的在于将西欧经济控制在美国资本之下的"马歇尔计划"。1949 年 4 月，为"遏制"以苏联为核心的社会主义阵营，美国与西欧各国结成了军事同盟组织即"北大西洋公约"。面对美国的挑战，苏联于 1947 年 10 月组建了"欧洲各国共产及工人党情报局"，并缔结了东欧各国之间相援助的条约。1949 年 8 月，苏联成功地爆炸了原子弹，打破了美国的核垄断。这样，便形成了美苏对立的"冷战"局面。随着美、苏对立的日益加剧，尤其是由于 1949 年中国社会主义革命的胜利，美国的对日政策发生了重大变化，即由原初的民主化政策变为加强日本经济复兴的政策，其目的在于把日本当做资本主义阵营在远东对抗社会主义阵营的重要据点。美国对日政策的改变，放松了对日本经济的严重束缚，加之美国的援助，日本经济开始逐渐好转。日本国民的情绪也随之逐渐安定下来，辛勤地工作，为日本经济的复兴而努力。尤其是朝鲜战争爆发后，日本作为美军的后方基地，出售军需物资，牟取暴利。朝鲜战争开始一年后，日本工矿业生产增加了 50%。1949 年至 1951 年两年间，法人所得增加了 2 倍至 3 倍。1952 年，因日本外汇保有额显著增加而加入了国际货币基金组织和世界银行。到了 1955 年，除外贸以外各项主要经济指标均达到或超过了战前最高水平，这标志着日本经济恢复阶段的终结。

从 1956 年起，日本开始了战后现代化的步伐，进入了经济"高速增长"的时期。正如该年的《经济白皮书》中所描述的："战后日本经济恢复之快，的确出人意料。那是由于日本国民的勤奋努力培植起来的，是由于世界形势的顺利发展造成的"。"当前最重要的是，不要陶醉于因幸逢时而取得的数量景气的成果，而要赶上世界技术革新的潮流，开始日本的新的国家建设。"经 1956 年至 1960 年间的努力，日本的钢铁、汽车、电力等基础工业得到了加强，并建立了一系列新兴工业。1960 年 7 月，日本政府制定了"国民收入倍增计划"，提出"在今后大约 10 年的时间里，把国民经济的规模按实际价值增加一倍"的目标。按照这一计划，日本政府从在最初的 3 年间以国民收入每年增长 9%的速度出发，采取了如下措施：（1）转变产业结构，着重发展因将来生产率的提高而有可能变成优势的产业部门，引导产业结构向更高层次发展，以加强日本经济的国际竞争能力；（2）制定了《中小企业现代化促进法》、《中小企业基本法》，解决日本经济双重结构问题，促进了中小企业的现代化；（3）加速农业的机械化和现代化，改变农业结构，提高农业劳动生产率，以保证工业现代化所需要的劳动力；（4）发展教育事业，振兴科学技术。为了培养"倍增计划"所需要的人才，日本政府把教育与经济紧密联系起来，扩大招生规模，调整理工科设置，扩充理工系设施，开设高等专门学校，扩充育英制度，排除了因科技人才不足而阻碍经济发展的因素；等等。"倍增计划"实施的成功，使日本于1964年加入了经济合作开发机构，正式跻身于"先进国家"行列。从1964年到1970年间，日本经济的年增长率为10%以上，到了1970年前后，日本国民生产总值超过西德，成为了在资本主义世界仅次于美国的第二经济大国。

（二）战后日本的道德教育

战后日本的道德教育，随着战后日本经济的恢复和发展，经历了一个逐渐演变的过程。

战败后的日本，实施军事占领政策所带来的政治、经济上的巨大变化，必然要波及、影响到教育界。1945年9月15日，文部省发布了新的教育方针，把学校教育的指导精神确定为：为了有助于新日本国家的建设和贡献于世界和平与人类幸福，要废除服务于战争的军国主义和极端狭隘的国家主义，实施建设文化国家、道义国家的文教政策，以培养对国家、社会具有严肃责任感或奉公心的人格优秀的自由国民。1945年10月25日，文部省又发布了"关于教育的管理政策"，基于这一政策，对教员队伍进行了整顿，清除了那些鼓吹军国主义或者过激的国家主义的教育工作者。12月31日，占领军总司令部发布命令，停止讲授修身、日本历史和地理等学科。这样，通过对教育思想、教师队伍、教科书的大清洗，迅速、有力地推进了日本民族的价值观念由国家主义向民主主义的转换。

1946年1月3日，日本国制定了新宪法，即确定"主权在于国民"、"天皇是日本国的象征"的民主宪法。新宪法发布后，围绕着国民道德问题，引起了一场争论。一种观点认为，《教育敕语》上记载的道德准则，是超越时间界限的，不管政府的性质如何改变，作为国民都应该遵守；另一种观点认为，包括"敕语"在内的一切战前的东西都是保守的，"敕语"上记载的道德准则，已经过时、失效，应该加以废弃。针对这种争论，国会于1947年3月通过了《教育基本法》，其目的在于按照《新宪法》精神阐明以国民道德准则为主要内容的日本教育的目的和原则。《教育基本法》规定："教育的目的在于全面发展个性，力求培养身心健康的人民，热爱真理和正义，尊重个人价值，尊重劳动，具有高度责任感，富有独立精神，成为和平国家和社会的建设者"。这既是对教育目的的说明，也是对国民道德的规定。这样，在军事占领政策下日本国民应有的民主主义道德价值观，通过法律和制度，得到了明确的体现和规定。

1946年6月26日和10月12日，占领军司令部先后发布指示，批准重新开设地理和日本历史课，但仍然不允许修身课的恢复。这就同日本民族战后价值观念的转换，应该有与其相适应的新的方法，进行新的道德教育的实际需要形成了矛盾。对此，不少教育工作者在切身体验中深有感受，同时文部省也重视这个问题，并在不同时期采取了不同的弥补措施，以解决停授修身课的学校的道德教育问题。在《教育基本法》颁布前，文部省提出了《公民科教育案》，依靠公民教育，启发和培育国民在家庭生活、社会生活、国家生活、国际生活等共同生活中所必需的知识技能和性格。实际上，这种公民教育即新的道德教育。《教育基本法》制定后，文部省决定在中小学校新设"社会科"，明确规定"社会科"是为了培育民主主义社会建设所需要的社会人才的学科，并出版发行了《学习指导要纲》，强调"社会科"应担当道德教育的任务。当时的文部大臣天野贞祐还撰写、出版了《国民实践要纲》，围绕"个人"、"家"、"社会"、"国家"、"天皇"等问题，列举了新道德的德目，阐述了新道德的应有样态。

1952年4月，日本国同联合国签订的讲和条约开始生效，使日本摆脱了军事占领政策，恢复了国家的自主权。但是，修身课并没有随着讲和条约的生效而恢复，只是在1955年修订的"小学校学习指导要领"中认可了道德教育的特殊地位。这种情况，引起了广大国民尤其是工业界、教育界人士的严厉批评。批评者认为，《教育基本法》中的道德准则，是以普遍论的哲学为依据的，没有体现日本国势的特殊性和民族主义，适应日本工业社会需要的道德应是民族主义和功利主义的道德。要很好地进行这种道德的教育，就必须在学校开设道德课。针对这种批评，文部省于1958年进行了课程改革，在中小学校重新设置道德课，并编写了中小学"道德指导书"，阐述了道德课的主旨、道德教育的意义、目标、内容和方法等。在开设道德课后的一个时期内，日本中、小学校利用讲授道德的时间，以"日常生活的基本行为方式"为主要内容，对学生施加民族主义和功利主义的道德教育，其着眼点在于培育学生尊重人的精神，并引领学生在社会具体实践中践行，努力于有丰富个性的文化创造和民主国家的建设，进而为世界和平作出贡献。

进入 60 年代后，随着"倍增计划"的实施和日本经济前所未有的发展，社会上关于把适应于现代工业社会的道德品质写在有权力的文件上的呼声日益高涨。于是，中央教育审议会于 1966 年 10 月发布题为《寄予期望的日本人》的文件，指出了现代日本人在科学技术迅猛发展、经济繁荣的社会中，应谋求人性的向上和能力的开发，不应流于利己主义和享乐主义，应放眼世界，处置政治、文化等社会问题，确立民主主义的意识；等等。具体说，理想的人格应具备如下品质：

第一，作为个人：（1）自由；（2）发展个性；（3）锐意振作；（4）有坚强的意志力；（5）有小心、敬谨的意识。

第二，作为家庭的成员：（1）使家庭成为爱的场所；（2）使家庭成为休息的场所；（3）使家庭成为教育的场所；（4）家庭气氛活跃。

第三，作为一个社会成员：（1）尽忠职守；（2）增进社会福利；（3）富有创造性；（4）尊重社会规范。

第四，作为一个日本国民：（1）具有适当方式的爱国主义；（2）爱护与尊敬象征国家的标志；（3）养成优良的民族性。

《寄予期望的日本人》是对实施"倍增计划"所需要的理想人格的描绘，同时也为 70 年代日本现代伦理学规范体系的形成提供了"框架"准备。

（三）战后日本国民的道德观念

战后初期，可以说是日本的传统道德危机的时期。人民大众对传统道德和生活方式丧失了信心，甚至把其与战争灾难联系在一起而无比憎恨。同时，西方的个人主义和自由主义道德乘机向社会道德生活的各个领域渗透。但是，由于国际局势的变化，占领军在摧毁了战前的国家主义和军事主义之后，并没有把日本改建成为一个符合西方民主理想和习惯的国家。占领政策一结束，日本人便按照自己的传统，重新建立起了日本式的经济组织和经营管理制度。日本国民，顺应其需要，崇尚企业集团主义，协调竞争，勤奋工作，敬重"恩"的伦理，为本民族战后经济的恢复和迅猛发展作出了贡献。

1. 崇尚企业集团主义。

作为道德准则的日本企业集团主义，是与日本现代企业的经营方式即终身雇佣制紧密联系在一起的。日本明治维新后，日本企业家开始向工业化社会进军时，吸取了先进国家劳资摩擦的教训，利用日本固有的"企业家族之情"，把德川时期建立在家庭工业基础之上的师徒制家族经营方式，改进、发展为终身雇佣制的经营方式。其主要内容和特点在于，公司直接从学校录用职工，个人的履历、学历以及入公司时的考试成绩是被录用的依据，一旦就职就成了公司大家庭的成员，雇佣关系是终身的；工薪的多少基本上而且大多数取决于连续工龄；等等。这样，公司与职工之间就结成了一种苦乐与共的不解之缘，公司的昌盛、发达能使职工终生受惠，职工借公司之名可以得到个人多高才能也得不到的社会声望。雇佣制下的职工与公司的这种利益关系决定了作为企业员工所遵循的基本行为准则即企业集团主义。它要求人们把自己从属的企业集团"神圣化"，视其为惟一真实的存在，否定自我的独立存在，重视企业团体的统一与和谐，尊崇企业共同体的价值。当个人利益与企业集团利益发生矛盾时，要对自己的私欲进行高度的自我制约和控制，按照企业集团的意志行动，以求得企业集团的昌盛、延续和发展。

战后，美军进驻日本初期，激进地推行民主化政策，公然保护和扶植工会，企图在日本建立欧美式的按产业划分工会的制度和自由合同雇佣制的经营方式。但实际上，当占领政策一结束，"工人运动的中心变成企业工会"。"终身雇佣制和资历制在战后时期越来越广泛地蔓延开来"①。战后终身雇佣制在日本的继续存在和发展，决定了日本企业员工在社会道德生活中必然以企业集团主义作为其进行道德评价和道德选择的标准。战后日本的企业集团主义，在实际生活中，具体体现在如下方面：与自己从属的企业"同心一体"，忠于职守，忘我地投身于企业集团的事业之中；重视企业集团内部"序列"秩序的稳定，绝对维护上级权威；在企业集团内部同事之间，相互尊重，相互体谅，诚心爱和；等等。

2. 信奉人生价值在于工作的劳动道德。

日本人的劳动道德的最初规定，是由 17 世纪的铃木正三和 18 世纪的石田梅岩依据佛教和儒教的传统而提出的。铃木正三把佛教的教义引申到商人活动之中，提出了一种"佛教商人道德"。按照这种道德，商人应该竭尽全力追求利润，但永远不要享受利润，应该用其积累的大量资本，为别人做好事，服务于慈善事业。石田梅岩从儒教教义出发，继承和发挥了铃木正三的思想，创立了商人的劳动道德。他认为，商人在获取利润的销售活动中，必须清除利己主义和自私自利，并学会同他人的思想感情和谐一致。这样才能达到与自然之道的统一，并为国家服务。日本当代最大的

---

① ［日］森岛通夫：《日本为什么"成功"》，244 页，成都，四川人民出版社，1986。

第一劝业银行奠基人——涩泽荣一，把铃木和梅岩的劳动道德思想应用于现代企业之中，对日本人的劳动道德进一步作出了明确规定。他认为，一个具有长远观点、明智地正确地进行规划，并把国家和公司利益放在心上的正直企业家，最终能获得更大利润。因此，现代企业家不应把利润视为首要动机。

日本国民在经历了战后因战败的打击而引起的阵痛之后，逐渐稳定了情绪，清醒了头脑，深刻地认识到了复兴日本经济的必要性和紧迫性，继承其传统的劳动道德，为本民族的崛起认真、辛勤地工作。战后日本人的劳动道德包括劳动的动机，对劳动在社会、人生中的意义的认识，在劳动中主体能动性的发挥程度以及如何处理个人与他人和国家的关系等等内容。其具体表现有如下方面：（1）勤奋地工作。战后的日本国民在上班的时间里，都能认真负责、竭尽努力，下班后往往还要留在自己的公司里继续工作一二个小时甚至更长的时间。有不少人认为，星期六应理所当然地去上班，即使没有报酬也要如此。他们不盼望退休后无所事事的悠闲生活，愿意在紧张的工作中走完自己的人生历程。（2）生活的价值在于劳动。对于战后的日本国民来说，劳动不只是为了自我改善而进行的个人奋斗，其首要意义在于它是人的应当自觉分担的一份社会义务和社会责任；劳动不仅仅是一种只与经济利益联系在一起的纯经济活动，还是一种高于经济活动的与"为善"相联的宗教修炼事业。因此，人仅仅求生存是毫无意义的，只有工作，生命才有寄托。做好一项工作，帮助自己的公司成长、繁荣，就是生活的意义、人生的价值。（3）进行协和的竞争。战后的日本国民，注重"企业家族之情"，视公司为"家庭"、"村庄"或"俱乐部"，也主张劳动者之间的相互竞争。但是，这种竞争是在一条非常有秩序的轨道上，为了企业家庭这一共同利益而展开的。因此，它不具有你死我活的殊死性，而是一种互相提携、相互激励的兄弟姐妹间的协和谦让的竞争。

3. 敬畏"恩"的伦理。

恩的伦理，是日本伦常大纲的中枢。它根深蒂固地渗透在日本民族的血液之中，即使在战后，也为国民所敬畏。所谓"恩"，即"恩"意识，是指人们因身外力量的帮助获得了有关自己的生命、财产、职业、研究和其他生活方面的利益时而产生的一种感激之情。任何事务都不是孤立的存在，而是互相联系、互相依赖的，任何人都受惠于大宇宙方方面面的关照，因此，进一步说，"恩"实际上是个体意识认识到了自己的存在是大宇宙生命的赋予时所产生的一种感谢的念头。恩的伦理是从这种恩的意识出发建立起来的伦理。它认为，恩是一种债，但一个人所欠的恩情债并不是德行，其报答才是德行。德行始于受恩人积极地献身于报恩行为之时。从这种意义上说，恩的伦理就是报恩的伦理。对恩的报答是各种各样的，如报答从天皇那里获得的"皇恩"；从双亲那里得到的"亲恩"；从老师那里得到的"师恩"；从与社会接触中所受的所有的"恩"；等等。所有对恩的报答都可以归属为两种情况：一种报答在量和持续时间上都是无限的；另一种报答在量上与所受之恩是相等的，并有报答时间限制。前者被称为"行义务"，后者被称为"行义理"。作为一个日本人，必须履行的义务是：报答父母之恩即"孝"；报答天皇之恩即"忠"。孝道要求尊敬、顺从自己的父母和祖先，还要求履行作为家长应当承担的众多责任，如抚养孩子，教育孩子和弟弟，管理财产，庇护需要托庇的亲戚，不仅如此，还要求履行无数种日常义务，甚至赡养儿子的遗孀和遗孤的责任等也属于孝的义务范畴。报天皇之恩即忠。它要求人们敬爱天皇，遵守法律，积极参加建设道德国家的工作，在各自的工作岗位上尽力贡献。这里，需要特别指出的是，如果说日本人恩的伦理在战后有所变化的话，主要体现在"忠"的意识上。在日本传统的恩的伦理中，"忠"只能归属、奉献于天皇一人。但在日本封建时代，世俗首长将军兼任大元帅和最高行政长官，所有的人都得效忠将军，"忠"转向了没有神性资格的等级制度首领。经过日本明治维新"尊王派"的努力，"忠"重新转回到了作为国家人格化象征的天皇身上，第二次世界大战后，由于日本新宪法的制定，日本人忠的意识虽仍然与敬畏天皇相联系，但实际上，"忠"已经转移到了其所属的公司集团上。也就是说，敬畏天皇的忠心是通过牺牲个人利益，成全企业集团利益来体现的。

二、日本现代伦理学的基本内容

日本现代伦理学是战后日本民族高度发展经济、建设现代工业社会的产物。当日本从 1956 年起开始了战后现代化步伐之后，创建与其相适应的现代伦理学体系，以培养、造就具有特定道德素质的人才，成了全国各界共同关注的重要问题。这一任务义不容辞地落在了教育界从事伦理学研究和教学工作的伦理学者的身上。1958 年，道德课的重新开设，为他们肩负的这一重要使命的完成提供了极其有利的条件。于是，他们结合道德教学实践的需要，潜心探讨研究，在国民道德、人生价值、理想人格等问题上发表了不少有益见解。1966 年，中央教育审议会发出了《寄予期望的日本人》这一文件后，关于日本现代化需要什么样的道德品质问题，在伦理思想界基本上统一了认识。在此基础上，日本伦理学研究加快了建构现代伦理学体系的步伐。从 60 年代末至 70 年代末的约 10 年时间内，一批伦理学专著和大学伦理学教科书、参考书相继问世。例如，1968 年山本五郎撰写的《人生》出版；1972 年小仓志祥编写的《伦理学概论》（中译本由中国社会科学出版社 1990 年出版）；1974 年岛芳夫著的《伦理学通论》、信太正三著的《伦理学讲义》出版；1975 年山崎正一著的《新伦理社会》出版；1978 年岸本芳雄著的《伦理学》出版；1979 年山田孝雄著的《伦理学新编》（中译本名为《东西方伦理学》，河南人民出版社，1989 年出版）出版；等等。其中最有代表性的是小仓志祥的《伦理学概论》和山田孝雄的《伦理学新编》。从总体上看，日本现代伦理学著作基本上都是以《寄予期望的日本人》这一文件为基础而构建起来的，其主旨在于人的全面发展或完善人格的实现。日本现代伦理学带有人格主义的浓厚色彩。

（一）小仓志祥的人格主义伦理学

小仓志祥教授在其任职东京大学期间，主编出版了《伦理学概论》一书，以适应于大学伦理学教学参考的需要。这部著作系统地论述了伦理学的形成和发展过程，依据康德的《实践理性批判》的逻辑结构，提出了伦理学的基本概念，并旁征博引地诸一加以阐述，从而形成了人格主义伦理学的理论体系。

1. 伦理学的形成及其基本概念。

何谓伦理和伦理学呢？小仓志祥认为，根据语义，伦理的伦，是指同伙、伙伴和人伦，理是指条理、理由或法则、道理。伦理一词指的是人际关系的法则，它决定人应当如何生活，即在生活中怎样制约自由的个人。因此，伦理是关于自由的规定的"应当"的法则。它同道德一词紧密联系，但又有区别。道德指的是为实现伦理而采取的基本态度。对这种伦理和道德，进行学术上的反思，就是伦理学。① 伦理学是一门研究人们好的性格和品行即道德的德性的学问，是以"人的优秀性"为研究对象的。人类历史上最古老的伦理学著作《尼各马科伦理学》就是从研究善的性格和品行出发的。

小仓志祥认为，人类对伦理进行学术上的反思，是从作为伦理学创始人的苏格拉底开始的。苏格拉底的出现，有其特定的思想背景，是人类对

---

① 参见［日］小仓志祥：《伦理学概论》，7 页，北京，中国社会科学出版社，1990。

伦理认识逐渐深化的结果。

人类对伦理的思考达到哲学反思的高度，经过了一个漫长的认识过程。早在公元前8世纪时形成的荷马史诗中，就有了善美的理想形象的叙述，用直观的形式，展示着道德的基本态度。在荷马稍后的赫西俄德那里，已经有了"道德生活正是人生之'道'"的清楚认识。后来的希腊思想，逐渐深化了这种正义的观念。赫拉克利特对作为正义之道的"逻各斯"作了深刻的思考。他认为逻各斯是事物所"共有"的，万事万物都根据逻各斯而产生。巴门尼德存在理论的"道"的观念，也具有伦理法则的意义。他认为，"真理之道是逻各斯支配的道路"。在作为抒情诗人代表的西蒙尼德的诗歌中，蕴藏着人生应该如何生活才能成为"真正的善人"的思想和道德性之本质的探求。希腊人对伦理认识的这种深化，在悲剧诗人那里被形象化。希腊悲剧都是以与伦理有关的事为主题的，描写的是人的应有样子或诸如勇敢、不骄傲、相信支持正义、不要怀利己之心、在苦难中学习、虔诚等品德。作为智者派代表的普罗泰戈拉提出了"人是万物的尺度"这一命题，并主张善恶以感觉的苦乐为尺度来决定。苏格拉底是作为智者的批判者出现的，他集希腊人伦理认识之大成，把人类对伦理的认识提到了哲学反思的高度。他确立了道德的德性的观念，把德性的意义规定为社会的人的优秀性，并把德性作为爱智哲学的重要课题加以探究。柏拉图和亚里士多德都重视对伦理的学术反思，特别是亚里士多德把伦理学确定为一门独立的学科，但他们都是以苏格拉底的思想为历史背景的。因此，可以说，人类对伦理进行学术反思，正式开始于苏格拉底。伦理学的形成，是荷马以来的希腊人对伦理认识逐渐深化的结果。

伦理学的基本概念有哪些呢？小仓志祥认为，借助于康德的《实践理性批判》可以解决这一问题。

《实践理性批判》分为"纯粹实践理性的原理论"和"纯粹实践理性的方法论"两部分。前一部分是对伦理学基本概念的论述，后一部分则是关于应用方法的论述，亦即道德教育论。因此，通过分析"纯粹实践理性的原理论"，便能够清楚地认识到伦理学的基本概念。

"纯粹实践理性的原理论"又分为"纯粹实践理性的分析论"和"纯粹实践理性的辩证论"两卷。分析论的第一个问题是原则论。原则是意志规定的根据，原则论的目标在于奠定伦理学的基础。在康德看来，没有埋没在感觉的秩序之中而意识到了理智的秩序的主体性，是伦理学的基础。它作为自由行为的主体，无非是人格而已。因此，原则论即人格论。分析论的第二个问题是概念论。实践理性的对象是行为，这种"对象的概念"就是善恶。概念论主要解决的是善恶价值和其他价值的本质差别问题。因此，可以把这种概念论理解为价值论。分析论的第三个问题是动机论。康德认为，原则、概念、范型是行为的"逻各斯"，而动机则是行为的情感。没有动机就不会发生行为。动机论是道德情感论、义务意识论或德性论，换句话说，是包含良心论在内的道德意识论。分析论的最后，附有"分析论的批评的考察"，其中心问题是论述引起道德行为发生的自由意志问题。辩证论主要论述的是人的认识的有限性，或者说是人的自由的有限性。康德认为，最高善是德性与幸福的综合。这种综合在现实的、有限的人生中是不能实现的，其实现只能寄托于对神的信仰。这种辩证论也可以理解为道德行为的界限状况论。

小仓志祥认为，通过考察、分析"纯粹实践理性的原理论"的逻辑结构，可以抽出人格、价值、道德意识、行为等作为伦理学的基本概念。

2. 人格。

什么是人格呢？小仓志祥认为，人格概念同人的本质属性问题紧密联在一起。人是作为演员在人生舞台上扮演自己的角色的。这种角色，不是一个，而是若干个。个人是角色的交错点，但也有独自的统一点。每个人都承担着角色，同时又有拒绝角色的自由。也就是说，人是社会的，又是个别的，或者说具有内在性和超越性两重属性。一方面，人存在于世界联系之中，另一方面又能从世界之中超越出来，随时意识到作为"我"的自己。亚里士多德在《论灵魂》中，对理性进行考察这一事实，就表明了人的超越性。人所具有的这种双重特性从根本上与动物区别开来。动物同自然环境融为一体，而人的视野则没有被限定在自然环境的范围之内，人能在精神上构成新的环境，能超越看得见的世界，把诸如人生观、世界观等看不见的世界作为生活的支柱；动物为了适应本能，其器官被高度地特殊化了，而人则是未确定的，有超越本能的选择自由。但人的自由是有规定的自由，尊敬和正义就是自由准则。从人的本质属性看，人格是自我意识的主体，是社会性与个别性的统一，也可以把它作为现代存在哲学所主张的"存在"来理解。

具体说，人格具有如下特性：

主体性。虽然人格是自由的主体，但如果不能够清楚地认识主体，就不是人格。只有认识到自己是个性的主体的人，认识到自己的思想与他人的思想的区别的人，才是人格。人格是自我意识或自我反思的主体。儿童没有自我意识，不能成为人格。

统一性。作为人格的行动与其动机是联系的、统一的。人的行动以理智为前提，是内在动机的表现。疯子的行动是分裂的，缺少统一性，因而不能视为人格。

所有性。人格是有支配身体这种所有权的主体，没有所有权的人，不是人格。奴隶制度下的奴隶是其主人的所有物，其行动必须顺从主人的意志，因而不是人格。

责任性。人格是能负责任的人。没有责任感的人不是人格。所谓责任，是指承诺。有两种性质不同的责任：对社会的承诺即相对责任；对本来的自我的承诺即绝对责任。这两种责任是结合在一起的，作为人格必须对自己能够看见的和不能够看见的全部行为承担责任。

具有如上规定性的人格的应有方式以及人格相互间应有的基本关系如何呢？小仓志祥认为，作为自我意识主体的人格，同时也是利己主义的主体。人格行为有了道德法则这一前提，就形成了道德的人格即应有的人格。康德的定言命令奠定了道德法则的普遍妥当性的基础，是伦理行为的必要条件。人格和人格之间的关系，应该是同一的。这种同一不是对个体真正自由的限制，相反，是个体真正自由的扩大。"最高的同一是最高的自由"。这种最高的同一，是以"爱"与"敬"相结合的伦理情感为支柱而形成的脱离自我的我你关系，即你的自我只能在我的关系中展示，而我的自我也只能在同你的关系中展示的我和你真正结合的关系。

3. 价值。

什么是价值呢？小仓志祥认为，人们的一切言行都谋求着对自己有益的东西——某种人格、某种情况或某种事物。最广义的价值意味着对人的某种益处（或坏处）。作为有益处的价值，由主体因素和客体因素组成。一方面，价值是由领悟、承认和向往着益处的主体，在领悟、承认和向往某种益处之后，才在现实中形成的。因此，价值不能脱离领悟到它的主体而独立存在。另一方面，价值是领悟主体之外的某种物件或人格所具有的有用性，因而它也不能缺乏客体因素。价值所具有的这两个因素，不是互相排斥的，而是相辅相成、彼此联系的。我们只有结合某种客体，才能认识价值，也只有被我们认识的价值才是现实的。价值有种种形态，其区分本身也是多种多样的。依据价值在日常生活中的意义，可以把价值区分为正（积极）价值和负（消极）价值；依据对价值的承担者，可以把价值区分为物的价值、事态的价值和作用的价值；还可以依据对价值的领悟，把价值区分为主观的价值、主体间的价值和绝对的价值；也可以依据领悟价值的主体，把价值区分为现存价值、意识价值、精神价值和实存价值；等等。

以上关于价值、价值因素、价值形态的问题是一般价值的基本问题。该问题的深入探讨，是与伦理学上具有特殊意义的两种价值即善和幸福的应有样态的研究分不开的。

关于善和幸福问题，小仓志祥认为，"在所有价值的应有样态中，伦理的价值是善恶"。善是道德的根本价值问题。这是由善的特性决定的："首先，善不是仅对于特定的人和社会或者仅在某种特定的场合才会被认可的那种价值；其次，它不是只有作为某种特定的事物和情势的手段才有效的价值；第三，它不是与自己精神上的实践活动无关就能够成立和被认可的价值。所以，主要从与它的第一、第二特性相适应的无制约性和绝对性来看，它有别于种种其他的相对价值和社会价值等等，同时，根据它的第三特性，对于适应其他人的状态和事物的种种相对价值，自不必说，即使对于真和善这种绝对价值来说，也可以强调它是真正的伦理的价值"①，或伦理价值的基础。充分体现善的特性的是康德的善良意志。

所有人都有追求幸福的愿望，这是现实生活中的最基本的事实。但是，怎样看待幸福？幸福与德性是否一致呢？功利主义把作为快乐的幸福视为善恶的标准，错误地把幸福和善这两种价值等同起来。在康德的至善的理念中，幸福和德性应该是一致的。但这种一致只有在理智世界中才有可能。小仓志祥的看法既不同于功利主义，也不同于康德的观点。他认为，我们应该实现的伦理价值即善和我们实际上所追求的价值即幸福在现实生活中能够统一。"适应现实生活的善和幸福的联系，从一般价值的见地来看，是有可能的。"②

4. 道德意识。

关于道德意识问题，小仓志祥认为，人们日常生活中的行为，受着种种社会规范意识的制约。其中那种不为任何外在的强制力量所左右，仅仅基于人们自己的内在强制力量或自律的规范意识称为道德意识。它是关于德性的意识，是能够使人成为有德之人的自我意识。道德意识具有历史性。近代西欧特有的道德意识，指的是文艺复兴尤其是宗教改革所恢复、

① ［日］小仓志祥：《伦理学概论》，74～75 页。
② 同上书，87 页。

取得的自由意识。自由是道德法则的存在根据，道德法则是自由的认识过程。道德意识在价值合理性和目的合理性的相互关系中，起着多方面的作用。道德判断、道德意识和道德情感是道德意识的不同体现，又是其不可欠缺的契机。

小仓志祥还认为，良心在本质上是与把个人道德与社会道德、情感伦理和效果伦理统一起来的责任伦理有关的道德意识。"良心在现实的伦理行为中，表现为三种道德的基本态度：（1）作为对自己自身的态度的真实；（2）作为对他人的态度的敬和爱或者依赖和诚意；（3）作为对社会的态度的责任感和正义感。"①

真实。它是从本然的自己出发，又回到本然的自己，从而保持了本然的自己的伦理态度，是道德意识的根源和前提。这种伦理态度要求言行和内在的意向相一致，既不欺骗自己，也不对他人说谎。

诚实和信赖。真实和诚实之间，存在着不可分割的关系。真实通过诚实而被发现，诚实总以真实为前提条件。而对待他人的诚意，又是与信赖相适应的，诚意和信赖是对待他人的真正感情的尺度，两者的关系可以归结为爱与敬的关系。真正的诚实基于爱，更深的信赖则扎根于敬。

责任感和正义感。良心在"我和你"的关系中表现为诚实和信赖这种伦理态度，而在社会或自己所属的共同体中则应表现为责任感和正义感。正义感和责任感扎根于正直这一共同的基础之中。真正的责任感只能是被自己的真实、被他人的诚意和信赖所证实的责任感；正义感是为了理想社会整体正义的实现，在个人、集团的特殊、主观的权利和整个社会的普遍、客观的正当这两者的紧张关系中，应具有的使两者的紧张关系得以平衡和调和的伦理态度。

5. 道德行为。

行为是作为人格的我们，按照自身的道德意识，去实现善的价值的媒介。人应具有的共同生活的理法，只能依靠每个人的行为来实现。人的行为形成伦理生活，行为问题是伦理学的最终意义的问题。小仓志祥认为，从语义上说，行为是指身体的运动，即伴随着动作的人的实践的应有状态；一般的行为概念，是指基于有意识的理性选择和决断的自觉活动；从伦理的角度说，行为是以人格为承担者，而且与其自身的善恶有关的活动。行为与人类的方方面面都有关系。根据行为与人类生活的联系，行为

---

① ［日］小仓志祥：《伦理学概论》，118 页。

可分本能行为、目的行为、精神行为、无制约行为等等。行为有其自身的结构和功能。通过对马克思·舍勒尔的行为论、约翰·杜威的行为论、黑格尔的行为论和赫尔曼·柯亨的行为论的考察，可以获得对行为的结构和行为在社会历史发展中的作用的理解。

关于行为的伦理性问题，小仓志祥认为，伦理的行为具有如下特征：

人伦性。所有的伦理行为，都直接或间接地与他人有关，即行为具有伦理性。伦理虽然以自由为本质，但这种自由只能是能使自己和他人的自由共同存在、互相统一的自由。边沁的最大多数人的最大幸福这一功利主义原则、康德的定言命令以及黑格尔的最高自由是最高统一的原则，都是以自己和他人的自由的共同实现为目标的。

合理性。伦理的行为，是随着行为主体、对象以及周围情况的变化而变化的。能够用适当的方式，使目的、手段、对象、时间、地点等行为契机，在同状况的相互关系中统一起来的行为，才具有伦理的意义。

实存性。行为者经过了尽可能的反思之后，追求并选择了自身的应有状态，其行为就具有了实存性。生活在实存中的人，下定在此时此地只能这样行为的决心时，如果选择了其他行为，其内心深处就会有丧失自身的感觉。

动机与效果的统一性。伦理的行为既不是不管效果而一味忠实服务绝对命令的行为，也不是仅仅基于利己主义，不要任何标准，只根据时间、地点而恣意决定行为，而是遵照良心的呼唤，结合各种具体情况，寻求至善的动机与效果相统一的行为。

（二）山田孝雄的"人格实现说"

山田孝雄以伦理学最高善为主轴，同时展开了两幅伦理思想史的画卷，使从苏格拉底、亚里士多德到格林的西方伦理思想和从孔子到王阳明的东方伦理思想一起曝光、比较，并加以分析、评说，从而形成了一种新的伦理学说即"人格实现说"。

1. 伦理学及其与其他学科的关系。

什么是伦理学？如何给伦理学下定义？山田孝雄认为，人们在社会生活中自觉行动时，就产生了道德现象。日常生活中发生的各种各样的道德现象，就是伦理学的研究对象。它要研究的课题主要有：什么是幸福和人类行为的最终目的？什么是德性和意志自由？快乐对人生有何意义？导致正当行为的是理性，还是情感？正当、不正当、善恶、义务、职责、良心等均在理论和实践中具有什么意义？等等。伦理学的中心问题是要探求人终身奋斗所追求的最高善是什么。最高善的确定，必然会产生行为的标准和人生观，因此，伦理学是"确立人生观的学问"。根据东西方著名学者给伦理学下的定义，可以说，伦理学是一门"研究行为的正、邪、善、恶标准"和"最高善"以及"实现最高善的方法"的科学。①

伦理学与各门学科都有联系。"政治学、经济学、法律学等所有实践性的学问都是以伦理学为基础的"②。政治学是实际科学，其目的在于实现伦理学所研究的人类理想，它是一门研究实现伦理学所规定的人类普遍目的之方法的学问；无论是宪法，还是刑法的制定，都不能脱离伦理，都要以伦理为依据。宪法的目的必然是伦理学上的最高善，刑法处罚的必然是危害社会幸福的反道德行为；作为经济学主要部分的生产论、交易论、分配论、消费论，尤其是分配论，需要以伦理为基础。许多经济问题，离开了伦理这一基础，而仅靠经济学研究是难以得到解决的；等等。此外，伦理学与心理学、社会学等也有密切关系。伦理学关于行为的研究，需要心理学协助；社会学关于道德现象起源和形态的探求，有助于伦理学在价值上的研究。

2. 伦理学的形成、发展和学派。

伦理学是和人类思维活动同时发生的，因此，可以想像它在上古时代就已经存在了。在上古时代，伦理与风俗习惯结合一体，采取戒律形式迫使人们去实行。当人们开始对客观化了的各种戒律进行批判、斟酌，采用正确的戒律，舍弃不正确的戒律时，伦理学作为一门学问就产生了。在西方第一个做这种工作的是智者派。智者派把伦理问题作为他们引以自豪的知识的一部分来谈论，发表了对人生的各种问题的看法，被称为西方伦理学的开拓者。但是，他们并没有专门地去探讨道德问题，第一个为专门研究伦理问题而奉献终生的是苏格拉底。苏格拉底的伦理学说，主张知识、德性和幸福的统一。他认为所谓有德性是指灵魂处于完善的状态和真正为人们所期望的状态；勇敢、节制、正义诸德性都归于知识；有德性的生活是幸福的生活。部分地继承了苏格拉底思想的是小苏格拉底学派，他们试图直截了当地解答"善是什么"这一伦理问题。犬儒学派把苏格拉底的思想解释为"最高善即德性"，认为"德性即知识"。就是说，只有德性才是善，才是幸福的要素。"贫富存在于精神之中"。"快乐"之类的东西扰乱

---

① 参见［日］山田孝雄：《东西方伦理学》，14～15 页，郑州，河南人民出版社，1989。
② 同上书，7 页。

人心，使人心陷入无德性之中。为了成为苏格拉底那种有德性的人，就要有苏格拉底那样的意志。为了培养坚强意志，就要忍受痛苦，磨己克己之心，甘心过禁欲生活。昔勒尼学派根据苏格拉底的教诲，认为幸福是最高善，"德性即知识"，就是说，要追求知识，尊崇德性，而重视知识和德性，最终是为了幸福。幸福就是快乐。快乐就是最高善，应作为人生追求的目的。柏拉图作为苏格拉底的忠实弟子，对其老师的伦理思想进行充分完整的论述，但没有留下单独的伦理学著作。柏拉图是在正义的基础上构建其伦理学说的。他认为，合乎正义的东西就是善。德性意味着事物所特有的优越性。"有德性的人"、"有德性的国家"意味着它们具有四种德性或四主德：正义、智慧、勇敢和节制。四主德的核心是正义，它是其他三种德性成立的根据。这种正义即和谐或统一，它在国家那里，意味着各个阶级的和谐；在个人那里，意味着作为灵魂三要素的理性、激情和欲望的统一。

希腊哲学的集大成者是亚里士多德。他认为，一切事物所追求的目的就是善。在实践科学中，政治学指导、规定一切人类的行为和活动，是"栋梁的技术和科学"或者最高的科学。因此，以政治学为目的才是最高善。国家的善就是这种最高的善，它意味着全体国民的幸福。真正的幸福，只能是遵从德性去活动的、理性的生活。德性即中道，勇敢、节制、慷慨、义愤、温良等德性都是作为根本德性的中道的具体体现。比亚里士多德稍晚的伊壁鸠鲁学派和斯多葛学派，都属于小苏格拉底学派，而且继承了重视实践的犬儒学派和昔勒尼学派的思想。伊壁鸠鲁学派认为，趋乐避苦是引起我们行动的惟一原因，只有快乐和幸福才配称为善。最高善绝不是瞬息之间的现实的快乐，而是一生的快乐。只有在摆脱外界纷扰、迷惑的内心安静的无痛苦状态中，才能获得最高的快乐。斯多葛学派则与此相反，认为作为人生目的的幸福应与自然相一致而存在。对于幸福来说，只有德性才是本质上的需要，快乐与幸福毫无关系。理想的生活态度应是完全控制了欲望和快乐情感的无情感的境界。

作为西方伦理思想史上的两大潮流的斯多葛学派和伊壁鸠鲁学派，经过了近代的文艺复兴和启蒙时代之后，在康德和边沁那里得到了充分的发展。康德伦理学认为，只有意志遵守道德法则，由义务意识引起的行为才是善行。最高的善，不是一般的人们所说的幸福，而是善良意志。它之所以好，不是因为其效果，而是因为它本身就是好的，是无条件的善。当行为成为"为了义务的义务"时，其动机就叫惟一的善良动机或者善良意志。作为道德根本原则的"定言命令"及其诸种实践的道德准则，都是基于这种善良意志的普遍律的意志。以耶利米·边沁为代表的近代功利主义学派认为，只有苦乐才是善恶是非的标准，才是引起行为的惟一原因。快乐是人类追求的最高价值或至善，快乐的状态就是幸福。也就是说，快乐即善亦即幸福，痛苦即恶亦即不幸。

托马斯·希尔·格林把英国的经验论伦理学与德国的康德、黑格尔伦理学巧妙地融合一体，确立了具有哲学和宗教、理性和信仰和谐一致特性的理想主义伦理学说即自我实现说。它主张，善是行为者必然要追求的东西。人不仅有欲望，而且努力通过获得欲望的对象使自己得到满足。人的欲求不是动物的欲求，而是人格自身神圣的欲求。由此而得到满足，不同于感觉的满足或肉体的快乐，而是人格的满足。人格中的人是永恒精神、上帝精神通过肉体而实现自身的。道德的善，就是这种"自我实现"。自我实现的人格，不是孤立存在的，而是存在于社会之中的人格和存在于国家之中的具体人格。因此，真正的善不是个人的善，而是社会的善或"共同善"，其内容是"家族的安宁"、"社会的福祉"乃至"人类的福祉"。也就是说，道德的善就是为实现这种理想而努力，它意味着人格的自由活动。

东方伦理思想同西方伦理思想一样，也经历了一个漫长发展过程。据传说，早在大约四千多年前的尧帝和舜帝，集结起汉民族，让他们进行有组织的农耕生活，并传授新的生活方式使人民富裕，进而教以人伦，而且亲自实践，为人师表，实行前所未有的理想政治，史称"陶虞之治"。因此，可以说尧舜才是东方伦理学的始祖。

孔子是中国思想史上最有影响的儒家的创始人。他的伦理思想的核心是仁和礼。仁是心之理，礼是实现仁的外在形式，两者不可分割地联系在一起。无论是谁，只要志于仁，在心中体会到仁心，那就是智者，就是善人。仁之根本是孝悌，行仁之道在于"克己复礼"。礼是行为的基准和法则，不管内心多么善良，不遵守礼时就不是真正有德性的人。也就是说，心为仁而动，合乎礼时，才是真正有人格的人。孟子继承了孔子的思想，使古代儒家思想形成一个完整体系。孟子的伦理学以性善说为基础，他认为人的本性是天赋的，人天生就具有良知良能。孟子以仁义为道德之本，反对杨子的以自爱为道德的为我说，倡导"五伦说"，主张真正的精神即浩然之气，只存在于真正正义的人之中。

道家也是中国最有影响的学派之一，其鼻祖是老子。他认为"自然大道"是根本之道，"绝对之道"。遵循自然之道，"绝仁弃义"，才能使社会安定，使人们获得幸福。列子和庄子继承和发展了老子的思想，完成了"老庄哲学"。

自汉代后，由于佛教的传入，中国伦理思想史进入了儒、道、佛三教相互交错发展的时代。到了隋唐时代，佛教逐渐繁盛起来，儒教受了佛教的影响后，从近代开始又获得了极大的发展。朱子是宋代哲学的集大成者，他强调理性，极似于西方的亚里士多德。朱子认为，理是绝对的善。人的天命之性中的仁、义、礼、智、信产生于理，因而是至善纯一的。要想成为圣人，就必须抑制情欲，顺从天理，努力发现天命之性。

山田孝雄认为，从东西方伦理学的形成、内容和发展看，可以把人类伦理思想史上已出现的多种多样的伦理思想，归纳为四种学派。

（1）把快乐和幸福视为最高善的学派。西方古代的昔勒尼学派、伊壁鸠鲁学派和近代的英国功利主义都属于这一流派。在东方能纳入这一流派的只有杨子。（2）把道德视为最高善的学派。西方古代的犬儒学派、斯多葛学派、近代康德的严肃主义和东方的儒教都属于这一流派。（3）把实现理想的追求视为最高善的学派。柏拉图、亚里士多德、黑格尔、格林等属于这一流派。苏格拉底的思想具有综合性。他虽然属于第二种学派，但又重视幸福，也是一个理想主义者。（4）宗教伦理学派。

3. 人格实现说。

山田孝雄认为，他的伦理学即人格实现说，具有高度的概括性，是通过对以前的种种学说加以批判的综合而建立的学问。这种人格实现说主张，"道德的善是关于人格的应有状态及其活动方式和人格所具有的欲求等的形式和内容的价值。所以，道德的善的最高形式是人格的实现"①。"快乐和幸福只有在有益于实现人格时才有价值，无益于人格实现的快乐不仅是无用的，而且会产生危害。与人有关的善即道德的善都要按照'人格实现'这一根本原则来决定。"②

（1）人格实现说与快乐说、幸福说的关系。山田孝雄认为，他的人格实现说充分地采纳了快乐说和幸福说，认为所谓幸福意味着快乐和充分地享受快乐而得到满足的状态。对于人格来说，快乐和幸福不是无价值的东西，也不是不道德的东西。在许多情况下，快乐有益肉体、精神的健康，依靠快乐能圆满完成人格自身的活动。但快乐之中，也有许多损害人格尊

---

① ② ［日］山田孝雄：《东西方伦理学》，282 页。

严、有害人格活动的东西。因此，应由是否有益于人格实现来决定快乐的善恶。

（2）人格实现说与严肃主义的关系。山田孝雄认为，严肃主义视德性自身为最高善，因而是应该受到尊重的伦理体系。但是，这个学派的人在很多情况下，具有否定人性、把人生推向黑暗的强烈倾向。康德设立的严格的道德法则，过于注意保持其严肃性，使人们通过道德关卡后，完全洗掉了人所具有的自然倾向，成了没有血气的骸骨。人格实现说克服了康德伦理学无视快乐或幸福的缺陷，不主张彻底拒绝快乐和幸福，只有当快乐妨碍人格实现时，才把它视为恶而坚决抛弃。

（3）人格实现说与格林学说的关系。格林把自我视为永恒心灵的自身再现，把自我活动视为以永恒意识的肉体为手段进行的自我实现活动。人格实现说认为，格林的这种观点是正确的。但是，格林和康德一样否定快乐说，仅注意自我这种永恒精神，而轻视欲望和肉体。人格实现说主张，人格是由肉体和精神构成的。与肉体联系最多的快乐也是消极意义上的人格实现，而且有益于精神方面的人格实现。永恒精神或上帝精神只有通过肉体或自然物才能再现自己。快乐和幸福对人格实现不是毫无意义的，而是有其价值的。

（三）高桥进的东方人伦思想

进入80年代以来，日本伦理学的研究方向有了新的发展，开始注重现代化社会伦理问题，如工业化后人伦关系、人与自然的环境伦理等。同时出现了将东方伦理与西方伦理并举，以发掘东方伦理的时代意义的倾向，这一倾向的最著名代表是高桥进。高桥进试图用东方伦理的某些思想、观点改造现代社会关系和行为，他的伦理思想主要包括以下三方面内容：

1. 关于人伦的理法是第一方面内容。

探求人伦的理法首先必须研究人的存在问题。人，作为存在物，他能够"成为"什么，从"存在"到"成为"的过程，确立了人的主体性。高桥认为，对上述问题不能只停留在认识论上，只有研究作为主体人的实践行为才是解决何谓人的最终方法。

高桥提出，作为人类存在的理法或法则，包含着下列内容：

（1）由"存在"到"成为"。

伦理是人与人之间的关系，即人伦关系之理，也可称为人类共同存在的理法。伦理学旨在探求人们当前在各种状况下生存是以何种关系存在的，由此而发现人类存在的理法。

在现实生活中，人们之间总是保持着一定的关系而达到相互联系，如血缘关系、朋友关系、同事关系等，这种意义上的联系既是一种自然的联系也是一种社会的联系。高桥对儒家思想进行阐发，提出了独到见解。在中国古代重要典籍《易传》中有"一阴一阳之谓道"这句话，高桥认为，一阴一阳的存在方式放在人类社会中，这个"道"就变成了"人道"。德是对道的把握，即得道。道德把每个存在者作为个别者而限定，通过整体把握每个个别者，且使之抽象地包摄于普遍存在的方式之中，使它们超越作为有的个别存在，具有形而上学的性质和特点，通过思维反省而得到的认识再通过人的作为，人的实践活动再回到人与人之间的关系中去，这时道的概念才成为现实的，这就是德。一般的道通过每个人的行为，即实践活动而具体地表现出来。通过实践来证实德，表现德，这样，道即德，德即道，道是德的抽象存在，德是道的具体表现。

那么，如何理解伦理呢？高桥指出，我们在提出这个问题时，提出问题的人总是主体的人，被问的也是人。也就是说，通过人向人提出问题而解决伦理问题，此时作为被提问对象的人不是从医学的、生理的、心理的等角度所观察的某一种情况下的人，而是作为包含着上述各方面的肉体与精神所有者的整体的、统一的存在。

伦理上的探究由作为世界内存在的个别主体而提出，同时，被提问的对象又是作为世界内存在的个别主体。"我"之存在，是被抛向人间，是抛出了的存在。当我们意识到了的时候，已生存于人间。在现实生活中，为了使"我"更好地存在，人们为使其关系成立，双方必须相互接受。在人与人交往的过程中，人格、人的价值从中表现出来，人的"存在"预示着人可能"成为"什么。

（2）"自我"的存在。

伦理学是研究人与人相互关系、交往方式的学问。首先研究的是自我的存在，即作为世界存在的个别主体。"自我"相对于"他们"来讲，是个别的、独立的、主体的。自我具有双重性格，即这个"我"既是观察之我，同时又是被观察之我，主体的、独立的我同时又是你，这个人既是我，同时又是你意味着我的惟一个别性，独立性不断地由他之我，即你而客体化、相对化。这样，人伦生活中我的存在既是我，又是你；既是观察人，又是被观察者；既是独立的，又是相关的。

在人伦世界中的我之存在，不断地包含着多数的你，即普遍的你，普遍的被观察人；反过来，又包含着多数的他之我们在主体中存在。被规定为决定性的、独立的、个别的主体，永远是其本身，但不是绝对孤立的存在，在现实生活中，又同其他的主体的我相对立、相联系而被相对化。我之存在既是独立的主体，又是相对的、相辅相成的、与客体的统一。

（3）"我"和"你"的关系。

作为与个人之我相对立的他之我的你，以及作为多数的你的他之我的关系，是与个人存在的多数的他之存在的关系。正是在这个意义上，我之存在也是你之存在，在普遍的存在关系中反映着我和你。我与你的共同存在，发展下去就是人类世界的共同存在，即是一个完整的人伦世界。

在西方哲学思想发展史上，笛卡尔曾经提出"我思故我在"的著名命题，主张运用自己思维的怀疑能力去证明自己的存在。与他不同，高桥认为，立论或考察的出发点是在进行思维怀疑行为的同时，找出我之存在同他之存在的关系，个人之独立的主体怎样在人伦社会中存在和发展下去。人伦的理法是根据逻辑探求有关存在之物的存在方式而得出的法则。此法则正如康德所论证过的那样，不是基于人类悟性之能力的自然科学的、经验的法则或真理，而是统一作为现象各物的多样性、整体上掌握其统一性的形而上学的东西，是通过整体地把握人类存在多样性而得出的人与人之间的联系与关系的秩序。

由于人类拥有语言，有意识地使用语言，通过语言达到人际关系上的交往，因此，人类存在是使用语言的可能的存在，是"关系"的存在。

（4）人伦关系。

在一般的日常生活中，人们常提到的夫妻、亲戚、朋友关系，都是最基本的人伦关系，夫妻关系最直截了当地反映了从"我"之存在开始的人与人之间的相互关系，是社会性的人类存在形式。

在夫妻或朋友关系中实现人伦的结合，形成人伦关系，个别存在者在人类社会秩序中同其他个别存在者具有各种各样的相互关系。因此，个别存在者之所以存在是因为有使其如此存在的客观之物。只有"关系"，才是个别存在者在同人伦世界所有的多种多样的他的关系中存在的场所。

伦理学原理所关心的是人类存在的理法，因此，必须从逻辑上使人类的个别存在的关系具有形而上学的性质，由此而整体地理解各种人与人之间的关系。"关系"的意义就是在人伦世界中各种各样的、一个一个的、人与人的关系，同时，又意味着这样一个一个的关系总体、全体。"关系"是一个一个的关系，同时又是"普遍的关系"，普遍的关系就是人类关系的全体性。只有从"普遍的关系"出发，才能赋予人伦世界秩序的理法。

（5）"理法的实践性质"。

人伦的理法，不单纯是抽象的道理或原则，而是植根于人伦世界之中，具有实践的性质和特点，不断地指导人们的实际生活，指导人们的价值选择。

首先应该考虑到的就是人的存在和行为。生存，对于人来说，既有生物学的事实，又具有价值和意义。人是通过很好地生活，或者是希望很好地生活的愿望而生存的。生存不是简单地满足人的本能和欲望，人们还会时常提出应该怎样，应该做什么的问题。这些问题本身就是人类的自我意识，就是对人类生存现实的反省。也就是说，人的欲望、行为是与整个人伦世界联系在一起的。

行为作为人与人之间关系的桥，每个人的行为不单纯是个人的，还要影响到他人，行为是属于人伦世界的，是普遍关系的反映。行为的实践本身是人伦的理法存在的基础，而人伦的理法则是对人的存在和行为在实践层次的总结与升华。因此，理法的实际性质是我们思考问题、分析问题时必须着重考虑的，也是我们认识世界、把握世界的根据。

2. 关于存在与伦理的关系是其中第二方面内容。

存在与伦理的关系是什么？高桥认为，"存在"有三类。第一是物质的存在，是被对象化的存在，即客体的存在；第二是人类的存在，它与物质的存在相对立，作为每一个存在，又是决定的个别本身，是受个别性支配的存在；第三是作为人类存在的理法，即实践主体我的现实发展过程。对美好生活的欲求者不是单纯的现实存在的人，而是反省主体，又是在自我现实存在之中，不断地发现创造自己存在的真正形式的主体。一般来讲，人的现实存在在许多情况下不是本来的自我或自己；在一个人身上失去现实存在必然要求他回到作为本来自我的自己，或者必须找出在一个人身上失去的自己。

近代日本著名伦理学家和辻在《作为人间之学问的伦理学》一书中认为，"存在"应该理解为向两个方向分化，一方面，成为伦理学用语的"是"，另一方面成为实体论的"有"。"存"的本来意义是"主体的自我保持"，它可以在瞬间变为"亡"，"在"就是"主体在某个场所"，它意味着存在于人类关系之中。高桥认为，和辻的"存在"就是作为关系的自我保持，即人具有自我本身，进一步来讲，存在是"人的行为的关系"，它是"人类存在"。在这个意义上，人既不断地产生个人，又不断地使个人埋没于全体之中，这种人的存在方式，就是基于从有到无、从无到有的转变着的人。只有在这种意义上的"人类存在"的学问才是伦理学。

高桥还指出，人类存在的个别性，用和辻的话说，即整体性之中的个别是被规定的这个观点存在着不足，它只看到了整体性中的个别性，却没有看到个别性的主体性，没有真正的个别性、独立性、主体性。个人不能无限制地丧失其主体性和个别性，甚至把个人淹没于整体之中。"关系"是由个别者联系起来的，应该是存在的个别者。现实存在只是个别的，绝对不能替换的主体的、具体的"个别"，并不是"关系"的整体者，不是整体在先，个别者在后，两者不是先后的关系，而是相辅相成的关系。

3. 关于人与自然的关系是其中第三方面内容。

在人与自然的关系问题上，高桥认为，必须从思想史的意义上，看一看我们的前人是以怎样的态度和方式接近这个外部世界的，又是怎样思索符合人类生存发展的道路，寻求人与自然的理法的。

在历史的发展过程中，对人来说，自然世界给予人们的感受和体验是多方面的。日月星辰、山川草木，这些作为总体的自然，或是成为人们的敬畏对象，或是探求思考的对象，或是安慰自我身心的对象，更进一步地说，是作为人们存在场所的自觉对象，谋求生存方式的求索对象。

自然科学的诸门类就是"征服自然"的学科。西方的自然科学发展迅速，因为在西方人看来，自然应该是作为被征服的对象，人与自然的关系是二元对立的，人站在自然的对立面。东方人则不同，东方人自古到今强调"顺应自然"的意识和思维方式，追求人与自然的和谐。在"征服自然"的意识支配下，自然和人被严格区分开，人对于自然是有理性的存在，具有值得炫耀的优越性，通过人的手发展自然科学，自然成了能够被征服、被改造的对象。盲目地发展科学、发展技术，科学技术开发的目的性越来越淡薄，最后的结局将是人类的科学技术文明毁灭人类文化，毁灭人类本身。可见，科学技术的效用是双重的，一方面，给人类带来了希望和光明；另一方面，给现代人带来了恐惧，因此，在现代化的进程中，在现代社会的前提下，重新反省科学技术的发展，以及科学技术给人类带来的光明与恐惧，重新考虑人与自然的关系，就显得非常重要了。必须研究这样一些问题：

第一，今天的人类应回答何谓人，何谓人的自然存在、本来的状态、应有的状态，重新明确人与自然的关系。

第二，必须研究人与外部自然界的历史联系是什么，现实的联系是什么，今后的基本思想和态度是什么。

第三，要研究"自然的理法"，使人与外部自然世界保持一种感情的联系。

第四，在人与自然的关系中解决"何谓人"的问题，重新探求自然理法和人类存在的理法是否完全不同，两者是否具有根源的统一性。

高桥认为，我们必须从历史的角度出发。在古代人的世界里，人与自然处于和谐状态；在现代社会里，重新探讨并从历史的角度分析人与自然的关系将会是古老而崭新的课题。高桥还指出，在中国和日本的古代思想中，非常好地处理了人与自然的关系。如老子说"天地不仁，以万物为刍狗。圣人不仁，以百姓为刍狗"，主张天地本来是自然的，万物是按照其自身的各自存在方式而存在、变化以至于消亡的，强调无为而任其自然。

第二章　当代印度伦理思想

第一节　印度伦理学的界定与流派

对于印度伦理学，很久以来有着两种截然不同的看法：其一曰，印度只有伦理学，亦即印度不存在独立于伦理学的哲学；其二曰，印度没有伦理学。① 这两种极端的见解固然与对伦理学的不同界定有关，但也在一定程度上反映着印度伦理思想的独特之处。许多印度思想家和印度思想研究者已经指出，印度哲学的目的不仅是对于理智的穷究，而且是对于一条正确的生活道路的追求。一般说来，后者比前者更为重要。② 如果我们将伦理学等同于对于人生意义和终极目的的探究，那么，势必会得出印度哲学的主要构成部分是伦理学的结论。然而，印度思想家对于人和人生的探讨集中于轮回业报与解脱，并且通常是建立在个体精神与最高神（Brahman，梵）的关系的体悟之上。至于人与人的关系，个人对集体的义务等问题，往往被看做是次要的，这些关系和义务可以通过宗教戒律或带有宗教色彩的法律来确立和调整，不需要进行详尽的理论探讨。从这个意义上说，印度历史上从来不存在注重分析各种人伦关系的思想学派，关于世俗社会的人际关系学说的确淹没在追求神秘和超越的彼岸境界的信仰的汪洋大海之

---

① 参见〔印〕P. T. 拉卓：《印度思想的结构深度》，558 页，新德里，英文版，1985。
② 参见〔印〕M. 希里衍那：《印度哲学纲要》，18~19 页，伦敦，英文版，1956。

中了。一个很能说明这种趋势的现象是，多少年来，有关"印度哲学"或"印度宗教"的著作汗牛充栋，但却很难见到专门研究"印度伦理学"的著作，直到1985年，才由I. C. 沙尔玛首开纪录，出版了《印度伦理哲学》（Ethical philosophies of India），对印度古代和近代伦理学作出系统研究。

另一方面，各国印度学家往往把注意力集中于印度古代乃至中世纪的传统，而置印度近代思想于不顾。不少思想史著作，以商羯罗（Sankara）或罗摩奴喑（Ramanura）作为最后一个加以分析的人物。许多人认为，印度哲学是一种"死"的或"静态"的哲学。自从各个哲学派别在纪元前后大致定型以来，便很少有新的学派出现。吠陀文献一直是印度正统思想家信奉的经典，思想家的大量著述采用"注疏"的形式，很少有独立阐发创造性思想的作品。近现代印度的思想家们，不少仍以"吠檀多"（Vedan-ta）学派的追随者自居。这些，都是造成人们对于印度思想的静止性的印象的原因。假如印度哲学的确没有历史发展，那么研究印度近现代思想也就确实失去了意义。事实上，印度思想家们虽然尊崇传统，却不无创新精神。进一步说，通过"注疏"或"解说"经典的形式来表达思想，乃是世界上中世纪诸哲学文化体系的共通之路。只不过注释的对象各自不同而已：印度有《吠陀》，欧洲有《圣经》，中国有"五经"。欧洲近代哲学的诞生早于其他两大文明，但这并不意味中国和印度无近代思想可言。虽然中国和印度的一部分近代思想家仍然以儒家和吠檀多自居，但他们的思想已发生了深刻的变化，决不仅仅是重复古代传统思想。

一定的意识形态，包括哲学、宗教、道德等诸多因素，是特定的社会历史条件下人的实践活动的产物。自从英帝国主义在印度封建社会危机之际开始对印度的殖民统治以来，印度的社会发生了深刻的变化。一方面，殖民主义的掠夺破坏了印度传统社会的整个结构，摧毁了印度原有的农村经济和手工业；另一方面，某些印度沿海地区被动地引进了资本主义的生产方式。这样，印度人民大众同帝国主义和封建主义的矛盾，新与旧的斗争，加之由来已久的宗教、种姓和部落之间的冲突，使印度近现代社会的矛盾和斗争十分错综复杂。印度近现代思想正是在这种社会背景下成长起来的。19世纪初，近代印度的资产阶级启蒙运动在印度沿海一些经济较为发达的地区兴起。19世纪末至20世纪初，印度民族解放运动出现在南亚大地，这一运动中诞生了一批建立新体系的印度思想家，他们往往同时兼为精神指导者与政治组织家。这一运动经过长期曲折的历史发展，最终导致了英国殖民统治的结束和印度的独立。由于印度近现代思想体系的建立和发展已处于帝国主义和无产阶级革命的时代，其内容和形式都不可能重复欧洲近代哲学的发展道路。印度是一个具有悠久丰富文化传统的国家，印度传统思想博大精深，同中国、希腊古典哲学一道，被誉为世界古代三大哲学体系。印度中世纪思想的发展也相当充分。因而，印度现代思想家在建立其哲学体系的时候，没有、也不可能抛开传统彻底重建。可以说，创造性地改造和发展传统思想是现代印度思想家的共识和反抗殖民主义文化侵略的需要。而在这一过程中，又势必吸收西方哲学发展的最新成就，于是，这些因素造成了印度近现代思想印西混杂、古今交融的特色。

综上所述，伦理思想与宗教哲学的相互渗透以及印西古今学说的交融汇合，给印度现代伦理思想研究造成了很大困难。然而，也只有充分认识印度现代伦理思想的上述特殊性，才能科学地分析这一思想。当然，承认印度现代伦理思想的特殊性并不意味否定人类现代伦理思想发展的共性。事实上，有一些印度思想的研究者正是试图夸大印西思想的差别来否定用历史唯物主义观点研究印度思想发展的可能性。这种观点，已受到了印度马克思主义哲学家的批评。尽管印度现代伦理学思考问题的角度及其理论来源具有很大的特异性，但它不可能回避诸如善与恶的起源，人的理想与幸福、个人与社会的关系、道德发展与物质文明发展的关系等一系列伦理学必须解决的重大问题。

印度近代与现代或当代思想的划分也是一个困难的问题。不少题为"当代印度哲学"的著作把"当代"的上限划在20世纪初，也有人将印度现代哲学定义为1947年印度独立以后的思想发展。必须考虑到，大多数有代表性的印度现代思想家诞生于19世纪末，在20世纪前半叶建立起思想体系，这些体系至今仍发挥着重要的影响。也就是说，不可能将1947年以后的思想发展同20世纪上半叶印度思想伟人辈出的时代截然分开。因此，本书所说的当代印度伦理思想，是指在20世纪初印度民族解放运动中发展起来的，在当今印度依然流行或有重大影响的伦理学说。

当代印度伦理思潮的流派或发展趋向相当错综复杂，我们可以最为约略地作四重划分：其一，以封建经济政治的残余为背景的传统伦理观念。在当代印度，这一思潮虽未能产生出典型的新的理论代表，正像中国近现代史上的顽固守旧派无力产生重要理论家一样。但是，对于印度大众的实际生活说来，传统伦理观念的影响仍然是不可轻视的，特别是通过仍然十分强盛的宗教势力而控制人民思想的宗教伦理观念，还是决定人们行为模式的主要因素之一。这种情势，可以通过印度当代的婚姻、家庭等生活侧面清楚地显露出来。其二，由西方引入的近现代资产阶级伦理学，这种学说在印度的一些大学中是哲学教育的重要组成部分，不少大学的伦理学课程几乎完全是照搬西方。以著名的德里大学哲学系为例，硕士研究生的伦理学课程使用 8 种教科书，7 种是西方伦理名著，从亚里士多德到美国实用主义，只有 1 本是印度学者所著；而在 17 种推荐参考书中，更是清一色的西方著作。但是，纯粹的西方伦理学说既不能在印度民众中扎根，也不可能造就有代表性的印度伦理学家。显然，只有对外来思想在本国的社会环境下加以改造和发展，它才可能具有强大的生命力。其三，印度民族资产阶级的伦理学说。它以印度传统人生哲学，特别是以吠檀多学派为代表的正统思想，以及以近代西方的资产阶级伦理学说作为主要的理论来源，在印度民族解放运动的社会背景下产生，并在社会实践中进一步发展，构成了当代印度伦理思潮的主体。印度民族资产阶级伦理学在其不同的代表人物那里，具有很不相同的理论形式和特点，对待传统和西方影响的态度也各有不同，对印度社会的影响不尽一致，需要加以具体分析。其四，印度马克思主义伦理学。自 1920 年以后，马克思主义逐渐在印度传播和发展，虽然未能在全国范围成为主导的意识形态，但却一直保持着相当强大的力量，对于印度工农大众和左翼知识分子有重要影响。著名的印度马克思主义哲学家 D. 恰托帕底亚耶（1918—　）运用历史唯物主义观点来研究印度思想的历史发展，对印度哲学遗产作批判继承，发掘被埋没的印度古代唯物主义传统，反对宗教和唯心主义。他的研究涉及伦理与道德哲学。另外，专门介绍马克思主义伦理学的著作也在印度问世。然而，根据现有材料看，印度马克思主义者还没有能够建立起具有印度特色的伦理学体系。

考虑到上述四个基本派别的现状，我们不能不以印度当代伦理思潮的主体——印度民族资产阶级的伦理学作为主要的研究对象。下面将对其主要代表人物及其伦理思想的主要内容加以介绍。

第二节　甘地的非暴力伦理思想

摩罕达姆·卡兰姆昌德·甘地（Mohandas Karamchand Gandhi，1869—1948）是印度民族解放运动的领袖，为使印度摆脱殖民主义的桎梏而奉献了全部精力，被印度人民称为"国父"、"圣雄"。甘地家族中先后有三人任卡提亚华各邦的首相。这对甘地的思想发展是很有益处的。

1888 年，甘地赴英国学习法律，1891 年学成回国，后在南非领导印度侨民反对南非种族歧视和政治压迫的斗争。1914 年他回到印度参加国大党工作，很快就成为该党的领导人。他在印度发起非暴力抵抗运动，倡导对英国殖民政府实行不合作运动，竭尽全力以非暴力的方式争取印度的独立。他还决心从事印度的社会改革，力图消除不可接触制度、消除教派冲突、主张印度教徒和伊斯兰教徒团结协作。1948 年 1 月 30 日，甘地被印度教派主义极端分子枪杀。

甘地不是一个学院式的思想家，他注重行动，认为一个很微小的道德实践抵得上万千抽象的理论探讨，但这并不意味着甘地没有思想体系。相反，他建立了一套相当独特的思想体系。其思想来源错综复杂。首先是古代印度教传统，其次是基督教《圣经》、伊斯兰教《古兰经》的影响。对他影响较大的是托尔斯泰。托尔斯泰的《天国就在你心中》使他倾倒，《圣经简要》、《做什么？》和其他几本书也都给他留下了深刻印象。在读过这些书以后，甘地曾表示："我开始越来越多地认识到实现博爱的无限的可能性。"①

甘地思想另一个非常重要的来源是实践，他的思想是领导印度人民争取民族独立和社会改革的斗争实践的产物。如，甘地曾经说"神就是真理"，后来他又宣布"真理就是神"，这一思想的发展就是根源于实践的。他说："过去在我内心深处一直认为，神虽然是神，但神是高于一切的真理……但是两年以前我向前迈进一步，开始说'真理就是神'。你们将来会明白'神是真理'和'真理是神'这两种表达之间的精确差别。这个结论是我在坚持不懈地寻求真理之后才得出来的。"② 甘地曾经执著地相信神是第一位的，但在领导印度人民争取民族独立的斗争实践中，他发现很多人真诚地认为神是不存在的，而他们对神的否定恰恰是以对真理的追求为基础的，甘地渐渐地意识到，理智可以否定一切，但不能否定真理，真理是能够统一各种相互矛盾的观念和理想的惟一力量，一切宗教信徒甚至无神论者都可以在真理的旗帜下联合起来。为了团结不同种姓、信仰和民族的人，他把"神就是真理"这一观点发展为"真理就是神"，并且说"真

①《甘地自传——我体验真理的故事》，141 页，北京，商务印书馆，1959。

② 转引自［印］巴萨特·库马尔·拉尔：《印度现代哲学》，112～113 页，北京，商务印书馆，1991。

理就是神"这个定义"使我非常满意"①。

甘地的伦理思想主要见于《甘地自传》、《通往神的道路》、《青年印度》、《印度自治》、《妇女与社会不平等》、《百分之百的乡村工业经济》等。后人曾将他的著作编成不同版本的《甘地选集》，《甘地全集》也正在编辑出版之中。

一、非暴力思想

在印度当代思想家中，甘地是给伦理学以最重要的地位的思想家之一，他曾说过："有一件事在我心中是根深蒂固的，就是深信道德为一切事物的基础，真理为一切道德的本质。"② 非暴力思想是甘地伦理思想的核心。

非暴力是实现真理的手段。甘地在《自传》中写道："我的一贯经验使我确信，除了真理以外，没有别的上帝。如果这几章的每一页没有向读者宣示实现真理的惟一办法就是非暴力，我就会觉得我写这本书所费的心血全部都白费了。"③ 在这里，我们首先要介绍一下甘地的真理观。甘地认为神就是真理，真理就是神，真理是惟一的实在，是宇宙的最高主体。甘地这样描述真理："我在一瞬间所瞥见的一点真理，很难把它的无法形容的光辉宣泄于万一。这光辉的强烈，实百万倍于我们日常亲眼看见的太阳的光辉。其实我所抓到的只不过是这个伟大的光明的最微弱的一线而已。""对我来说，真理便是至高无上的原则，它包括无数其他的原则。这个真理不单单是指言论的真实，而且也指思想的真实，不只是我们所理解的相对真理，而是绝对的真理，永恒的原理，即上帝。关于上帝，有无数的定义，因为他的表现是多方面的。这些表现使我惊奇和敬畏，有一个时候还使我惶恐。然而我只把上帝当做真理来崇拜。我还没有找到他，但是我正在追求他。我为了达到这个愿望，宁肯牺牲我最珍贵的东西。即使所要求的牺牲就是我的生命，我希望我能够把它贡献出来。"④ 真理是甘地思想中最为重要的哲学、宗教概念，体验真理与神合一是甘地的毕生追求，也是他力量的源泉，他甚至把自己的自传也题名为"我体验真理的故事"。事实上，在甘地那里，真理与非暴力是交织在一起的，非暴力是手段，真理是目的，手段之所以作为手段，因为它总是在我们能力所及的范围之内，

---

① 转引自［印］巴萨特·库马尔·拉尔：《印度现代哲学》，115 页。
② 《甘地自传——我体验真理的故事》，30 页。
③ 同上书，438 页。
④ 同上书，438 页；绪言，10 页。

运用手段就可以达到目的。甘地把非暴力与真理比喻为一个没有任何印记的硬币的两面，没有人能说得出哪一面是正，哪一面是反。比较而言，非暴力具有直接的现实性，具有更深刻的道德内涵。

印度教、佛教和耆那教都提倡非暴力原则，甘地给这一原则赋予了新的意义。非暴力的要点是："（1）非暴力是人类的基本法则，并且是无限大于和超越于野蛮的暴力。（2）凡对于爱之神明没有热烈信心的人，最后也是无法适用非暴力的。（3）非暴力对于一个人的自尊心和荣誉感可以作充分的保护，它虽不能一定保护个人拥有的土地或动产，但采用非暴力成为习惯，证明比雇佣武装人员要有效可靠。非暴力由于其本身的特性，对于不义所得或不道德行为是无助的。（4）实行非暴力的个人或国家都要准备除荣誉外不惜牺牲一切（从国家到最后一个人）。因此它是和占有其他民族的国家（即为了本身的利益而明目张胆地建立在武力基础上的现代帝国主义）不相容的。（5）非暴力是一种大家都能同样发挥的力量——无论男女老幼，只要他们对爱之神明有热烈的信心，就会对所有人类产生同样的爱。一旦非暴力被作为生命法则之后，它必须贯彻于整个存在之中，而不仅限于个别的行为。（6）假定对个人是最善的法则，而对人类大众则是不善的法则，那是绝大的错误。"①

非暴力包含两方面的含义，一方面是消极的，即"不杀生"或"不伤害"。甘地认为，绝对的不杀生是不可能做到的，生命依生命而生，如果不是有意识地或无意识地进行对外界的杀害，人是不能生存的。人的生活本身，吃、喝、行动都必然造成某种杀害，即对于生命的摧残，无论这种摧残是多么地微小，它都是存在的。因此，只要行为出于怜悯，只要尽力避开对微小如虫的动物的摧残，并设法加以营救从而不断地致力于从杀生的可怕的樊笼中解脱出来，就是非暴力的。非暴力行为以摆脱仇恨、愤怒和各种恶念为前提，而出于愤怒、傲慢、仇恨、自私和欲望或卑鄙的目的而伤害生命则是暴力行为。非暴力的积极方面的含义是爱。其出发点是人类的本性。甘地认为，人既是肉体，又是精神。肉体代表物质力量，有时会产生暴力，但人的肉体又是可以毁灭的，作为精神的人，其本质是非暴力的。爱就是人纯化内在的生命并提高自己，爱的力量是强大的，只有经历过爱的人，才能体会什么叫爱。爱包含着仁慈、善良、关怀、宽容等高尚的情感，意味着自我牺牲、苦行等。自我牺牲和苦行是爱不可缺少的伴

---

① 转引自黄心川：《印度近现代哲学》，154～155 页，北京，商务印书馆，1989。

侣。"衡量爱的标准就是苦行，而苦行乃是自愿忍受痛苦。"① 苦行之所以必要，首先是因为只有甘愿吃苦，才能产生出爱的力量，才能爱别人；其次如果用非暴力的方式去感化敌人，必然要准备吃苦，忍受敌人加于他的各种痛苦。甘地所说的爱在范围上是非常广泛的，要爱一切有生命的东西，甚至要爱自己的敌人，只有这样才真正做到了爱。甘地认为，一只羔羊的生命，其宝贵不亚于人的生命，越是弱小无助的生物，越是有权受到人类的保护，使其不受人类残暴行为的迫害，而为了拯救这些羔羊免受不洁的牺牲，甘地认为人必须经历更多的自洁和牺牲，甚至为这种自洁和牺牲而死以拯救无辜的生命。对于敌人，也要去爱。他说："我们都是被同一把刷子粉饰出来的人，都是同一个造物主的儿女，惟其如此，我们心中的神灵之力都是无穷无尽的。藐视一个普通人也就是藐视神灵的力量"，可见抗拒和伤害敌人所抗拒和伤害的"就不只是那个人，同他一起被伤害的还有整个世界"②。要做到爱敌人需要把人和行为区分开来，甘地认为人和行为是两件不同的事情，"恶其罪而非恶其人"虽然是一个很容易被理解的观念，却很少有人做到，这就是怨恨的毒汁遍布世界的原因。

甘地的非暴力思想是他的伦理思想的核心内容，人类生活的最高目的就是寻求真理或亲近神，在道德上实现这一目的的方式就是非暴力，如甘地所说："我可以保证说，根据我一切体验的结果，只有完全实现了非暴力的人，才能完全看到真理。"③ 并且非暴力与真理不仅是手段与目的的关系，而且是同一块硬币的两面，不可分割，所以甘地对其他道德规范的论述也是紧紧地围绕着非暴力思想的。

二、基本美德

印度伦理学家普遍认可的美德有五种，非暴力、忠诚、不盗、不贪或不占、禁欲。甘地对这五种美德是认可的，并加以新的解释，同时又补充了一些美德。甘地所主张的基本美德集中表述在他为真理学院所规定的十一项誓言中，这十一项誓言是：非暴力、忠诚、贞洁、节欲、不偷盗、不贪占或忍受清贫、参加劳动、斯瓦德希（自产）、无畏、容忍、敬神等。

非暴力。非暴力是最主要的美德，最高美德。印度著名哲学家、马伽特大学教授巴萨特·库马尔·拉尔在分析甘地把非暴力视为最高美德的原

---

① 转引自［印］巴萨特·库马尔·拉尔：《印度现代哲学》，129 页。
② 《甘地自传——我体验真理的故事》，241 页。
③ 同上书，438 页。

因时说："他如此偏爱非暴力，其理由如下：（1）如果不让所有的人都活着，那么任何美德也不能实行。倘若我们的同类不能活着，我们就无法对他履行任何义务。（2）其他一切美德都是以爱为先决条件的。所有的美德都需要做出一定的自我牺牲，而要做到这一点没有爱是不行的。"① 库马尔的分析是有一定道理的，非暴力本身包含着目的性——就个人而言，追求真理，亲证神；就他人而言，助人、利他人，而且在甘地的道德思想中，非暴力也确实是其他一切美德的基础，没有非暴力的爱，也就没有其他美德。

忠诚。甘地所说的忠诚并不仅仅是对神即真理的崇拜，他认为对真理的爱，要源于忠诚。对甘地来讲，忠诚是一种义务，不能把忠诚当做手段来达到自私的目的，期望回报。要做到忠诚，应当不断地努力使自己摆脱淫欲、愤怒、贪婪、迷恋、傲慢和欺骗这些罪恶，培养道德的纯洁和勇气。与忠诚相对的是虚伪、说谎，虽然虚伪和说谎也能获得成功，但具有善性的本质力量的是忠诚而不是虚伪。忠诚要讲究实际，以生硬的、粗野的方式来表达真理，也无法取得良好的效果。

贞洁。甘地认为贞洁是最重大的纪律之一，没有它，心志就不能有适当的刚毅。当丈夫与妻子肆于情欲的时候，便是善性的放纵，除了绵延种族，应当严厉禁止情欲的放纵，所以结了婚的人也可以遵守完全的贞洁。甘地认为，一个人若不贞洁，必失去其刚性，成为一个懦怯无丈夫气的人，凡是心中充满兽欲的人，决不能有任何伟大的努力。

节欲。节欲是指两性关系上的节制。甘地认为，不实行节欲的生活，是枯燥无味的，和禽兽一样。野兽生性不知自制；人之所以为人，就因为他有自制的能力。节欲始于肉体的自制，但不止于此，到了完善的境地，它甚至不许有不纯的思想。甘地本人于盛年开始禁欲，他说，尽善尽美地奉行"禁欲"誓言，就意味着"婆罗门的实现"。在禁欲中他认识到，"禁欲"具有保护肉体和心灵的力量。"禁欲"已不是艰苦忏悔的过程，而是一种安慰和快乐，每天显示一种清新的美妙。节欲一方面要求控制性欲，另一方面也要控制和压抑一切感觉和心理状态。首先要节制情感。情感具有压倒一切的力量，只有在它受到了四面八方团团包围的时候，才能够加以控制。"一个立志奉行'禁欲'的人应该经常意识到自己的缺点，

---

① ［印］巴萨特·库马尔·拉尔：《印度现代哲学》，153 页。

应该把缠绵于自己内心深处的情欲追索出来，并不断加以克服。"① 其次要克制食欲，过简朴的生活。"所有的自制都对心灵有益，这一点我是毫不怀疑的。一个有自制能力的人和一个耽于享乐的人，他们的食品当然是不同的，正如他们的生活方式不同一样。奉行'节欲'的人往往因为采取适于享乐生活的行径而宣告败北。"② 甘地认为，节食和绝食对节欲是有帮助的。

不偷盗。从严格的意义上讲，不偷盗不仅指在没有得到别人允许的情况下不拿走别人的物品和财物，而且指禁止占有自己不需要的东西。甘地的这一思想受到耆那教的影响，耆那教认为财产属于外部生命，盗窃财产就等于夺走他人的外部生命，因而偷盗是一种暴力。

不贪占。不贪占是指仅求满足生活的需要，不贪占财产，不贪求更多的东西。不贪占的美德是从积极的肯定的方面表述了不偷盗的道德要求。甘地认为所有的自私的欲望都是非道德的，贪欲是一切罪恶的源泉。完全地不占有财产是不可能的，但要尽最大努力过自力更生、简单朴素的生活，不贪求超出基本生活需求以外的财产。

参加劳动。甘地认为参加劳动是非常重要的品德，劳动可以保持一个人的尊严，可以消除和防止社会不平等，消除脑力劳动者和体力劳动者之间的差别。人为了生活必须进行劳动，尤其是体力劳动。每个人都应当选择一些力所能及的劳动，纺纱、织布、清扫等等，甘地尤其强调从事脑力劳动的人也要做一些清扫工作、纺织或园艺工作，因为在人们的观念中，脑力劳动者比体力劳动者高贵，如果脑力劳动者也从事体力劳动，这种差别就能消失。

自产（斯瓦德希）。自产的字面意思是"属于自己的国家"，它最明显的含义是"运用一切本国产的东西来抵制外国货"，甘地对自产的解释具有一种政治色彩，并把它作为民族主义的基础，是非暴力的一种方式。相信、坚持"自产"并不是仇恨外国货，但一旦外国货的输入达到妨碍本国家庭手工业的经济地位时，甘地坚持"自产"。甘地认为民族主义与普遍之爱并不矛盾，一个人可以为邻人服务，也可以为人类服务，只要为邻人服务不是自私的、排外的，它与为人类服务就不矛盾。甘地在谈到自己的爱国主义时说：我的爱国主义既是排外的又不是排外的。我以完全谦卑的

---

① 《甘地自传——我体验真理的故事》，184 页。
② 同上书，286 页。

感情将自己的注意力集中于我的祖国，从这种意义上看我的爱国主义是排外的；但是我的事业并不具有竞争或对抗的性质，从这种意义上看它又不是排外的。

无畏。无畏是面临困难和危险的道德勇气。非暴力是勇敢者的行为，没有无畏的精神是无法实践非暴力的。甘地把无畏视为实现非暴力的根本条件，"胆怯在非暴力者的字典中是找不到的"[①]。无畏的美德要求人们战胜胆怯，而且对世俗的痛苦、死亡等无所畏惧。无私方能无畏，甘地提倡绝对无私，准备忍受巨大痛苦，付出最大可能的牺牲，以追求真理和他人幸福。

容忍。容忍的美德对于非暴力者来说是极为必要的，它是通往爱的道路。非暴力者在与敌对者打交道时，要容忍对方的不同见解甚至敌对行为，宽恕对方，以自己的容忍以至爱感化对方。

敬神。甘地认为敬神不仅是宗教信仰，也是道德观和道德生活的先决条件。甘地的宗教思想和伦理思想有着密切的联系。巴萨特·库马尔·拉尔指出，在甘地看来，真正的宗教与真正的道德不可分割地结合在一起，道德是宗教的核心或本质。宗教的理想是证悟真理或神，而要达到这一理想就需要超越自我，爱他人，这种自我超越、自我净化的行动正是道德。正由于宗教与道德的这种关系，敬神就成为甘地非常关注的美德之一。

总之，甘地的伦理思想是紧紧地围绕着非暴力思想展开的，在他的非暴力思想中，甘地阐述了人的本性、道德与宗教的关系、理智与情感、个人与他人等一系列伦理问题，表达了他对道德的基本看法，并概述了人应当具有的基本道德品质。需要说明的是，非暴力思想中包含着宗教思想、政治思想的因素，而且它是印度争取民族独立的斗争实践的指导思想，只有明确这一点才能更好地理解甘地非暴力伦理思想的内涵，正确地评价它的意义和价值。

第三节　奥罗宾多的神圣人生论

奥罗宾多·高士（Aurobindo Ghose，1872—1950）是印度现代著名的哲学家、思想家，印度民族独立运动领袖、诗人。他在印度被尊称为"室利·奥罗宾多"，"室利"有崇高、智慧、吉祥之意，通常用于神或圣者的

---

① 转引自［苏］A. G. 里特曼：《现代印度哲学》，195 页，莫斯科，俄文版，1985。

名字前，以表尊敬。人们还把奥罗宾多称为"圣哲"，与"圣雄"甘地和"圣诗"泰戈尔相提并论，合称"三圣"。

1872 年 8 月 15 日奥罗宾多·高士生于西孟加拉的科纳那卡尔。他最初在大吉岭的洛勒托修道学校读书，8 岁时被父亲送往英国，就读于英国圣保罗中学、剑桥大学。

1893 年，奥罗宾多回国，在巴洛达士邦政府服务。1902 年，奥罗宾多首次参加了国大党年会，后与提拉克一起在国大党内组成了一个以提拉克为代表的激进派，主张印度自治，号召印度人民用一切手段争取印度独立。他还创办了《敬礼祖国》杂志，出任加尔各答国民学院院长。1908 年 5 月，奥罗宾多被捕入狱，一年之后获释，思想开始转向宗教。1926 年他创办了一所修道院，实践他所设想的精神观念，直到他死后这所修道院仍是从事学习和精神修行的中心。他还主编了《雅利安》杂志，发表了大量著作，形成了独特的思想体系。

奥罗宾多的主要著作为《神圣生命》、《神圣人生论》、《人类循环》、《人类联合的理想》、《印度文化基础》等等。他的著作、思想和宗教实践吸引了无数的信仰者和追随者，产生了深远的影响。1970 年 10—11 月，联合国教科文组织的大会批准纪念奥罗宾多百年诞辰的计划和预算，指出："奥罗宾多的生平和著作给人类的尊严带来了新的启示，他通过人与人、国家与国家之间的统一、理解和合作，为促进和实现世界和平提供了新的推动力。"①

一、人生的进化

在印度现代哲学史上，奥罗宾多是一个具有独立而完整思想体系的思想家，他创立的整体吠檀多体系是一个以"精神进化"学说为主体，融自然观、社会进化观、人生观、伦理观、教育观、认识观、宗教观、瑜伽观于其中的庞大哲学体系。人的进化是"精神"进化的重要环节。

奥罗宾多将"实在"或称"梵"，分为八个等级，即存在（existence），意识—力（conciousness-force），喜（bliss），超心思（supermind），心思（mind），心灵（psyche），生命（life）和物质（matter）。前四个等级是超越的世界，后四个等级是现象世界，是一种低级的从属的存在。现象世界的物质、生命、灵魂、心思与超越世界的存在、意识—力、喜、超心思是相对应的，前者是后者的折射，或者说现象世界是超越世界的反映。

---

① 转引自朱明忠：《奥罗宾多的学术贡献及其影响》，载《南亚研究》，1994（2）。

奥罗宾多把世界的发展过程视为双重的过程。首先是"精神"下降为世界各种形式的过程，然后是世界各种形式上升到其原初状态的过程。物质是现象世界的基础，是精神进化的最初阶梯。物质向上发展就进入生命，物质之所以能进化到生命，是因为生命已经包含在物质之中，并且是物质的显现；生命再上升到心灵，心灵蕴含在生命之中，是生命的显现；当进化经过"物质"、"生命"、"心灵"达到"心思"领域后，还准备进入"超心思"的阶段，从而上升到更高的阶段。但在"心思"和"超心思"之间存在一层帷幔，当然，这层帷幔不是不可超越的。在帷幔之后，是"存在·意识—力·喜"也即"真·智·乐"三位一体的实在和作为"最高真理—意识"的超心思。进化到超心思阶段以后，向更高阶段的进化必然会产生，这是进化的最终阶段。

奥罗宾多认为，个人是"精神"显现和揭示其存在所依赖的中间媒介，"精神"的进化既是宇宙的进化也是个人的进化，进化所达到的总体水平既是宇宙进化达到的水平，又是个人进化达到的水平，如果进化必须超越人的水平，那么无论宇宙进化还是个人的进化都必须超越人的水平。心思等级是人的最好代表，因此人应当也有可能进一步地进化。人的存在有两个方面，一个是外部的方面，人的生、老、病、死问题与外部自我相联系，外部自我类似于我们肉体的性质。另一个是内部的方面，内部的方面又分为高级的方面和低级的方面，高级的方面是"生命自我"，是最终将要表现出来的神圣性的潜在方面，低级的方面是"心灵存在"，是人在进化过程中的精神方面，它将进化并发生转变。

在谈到人的进化时无法回避"无明"这一概念。"无明"在印度传统中是"知识"的对立面，是一种束缚，是产生痛苦的根源。但奥罗宾多并不把"无明"视为"知识"的对立面，他认为它们在性质上是基本类似的，"无明"只是不完全或局部的"知识"，他把整个世界视为"无明"向"知识"的逐步发展过程，个人的进化也是从"无明"的状态向"知识"状态的发展。"无明"是我们个体的存在状态，"无明"包含七个方面：

（1）原初的无明。即不了解什么是真正的实在，"不了解作为一切存在和变化根源的'绝对'"，它是所有无明中最基本的一种，其他的无明都产生于此。我们通常把自己周围的一切视为当然，我们相信"各种事物"、"我们的具体存在"等类似实体都是真实的，这就是原初的无明的表现。

（2）宇宙的无明。原初的无明是不了解"绝对"，而宇宙的无明是不了解宇宙的真正性质。我们把我们生活于其中的时间和空间关系以及在其间发生的一切变化都看成真实的，这就是宇宙的无明的表现。

（3）私我的无明。即不了解自我本身的性质。我们总以为肉体的个体、私我的心思、生命代表真正的自我，把不同于它们的一切事物都看做非我，而这正是私我无明。

（4）时间的无明。即不了解我们真正本性的超时空性。我们认为生命的短暂片刻代表我们存在的本质，把每一点空间或每一段时间都视为我们的"自我"的最基本和不可缺少的方面，这就是时间的无明。事实上，自我是永生不灭的，我们的真正本性是超越时间和空间向度的。

（5）心理无明。即对"超意识、下意识、内在意识和周围意识"等我们的存在中的更深奥的领域的不了解。我们通常会把生命和习性的表现方面视为自我的真实方面，比如我们重视感觉经验，但却体会不到感觉经验只是很表面的方面，意识不到构成我们的本质更深奥的领域，这就是心理无明的表现。

（6）机体无明。由于我们一般的生活方式遮蔽了我们的真正结构，我们不了解自己普通的身体结构，这就是机体的无明。这里所说的不了解我们的身体结构是指我们通常认为生命、心思、肉体构成了人的整个机体而认识不到我们的机体尚有滋养和维护我们的肉体、心思和生命活动的更深奥的方面。

（7）实践的无明。奥罗宾多认为上述六种无明导致我们不能认识、控制和享受我们在世间的生活。我们在思想、意志、感觉和行动上都是无知的，在每一方面对世间所提出的疑问都做出错误或不完善的回答。我们徘徊于设想和希望、奋斗与失败、痛苦与欢乐、犯罪和失足的迷途之中，沿着曲折的道路，为着变化无常的目的盲目地摸索着——这就是第七种无明，即实践的无明。

奥罗宾多对无明的论述无非是对人生的进化的必要性的论述，但因为他认为无明是我们目前的存在状态，因此对无明的论述也表明了他对现实世界的看法。我们这里着重介绍他对无明状态下的道德或善恶问题的看法。

奥罗宾多认为，无明是恶的源泉。"表面底情命人格或生命自我占优势了，是这无明底情命体之优势，成了乖戾与不和谐的主要底活动源流、人生之内中与外在底扰乱的原因、错误行为与邪恶之一发条。"[①] 因为人处

---

① ［印］室利·奥罗宾多：《神圣人生论》，620 页，北京，商务印书馆，1984。

于无明状态，只关注自己的生命、肉体，如果人能够得到"心思"的同意，他便只为自己的行为树立一个标准，即私我的满足、生长、强盛、壮大。他会对阻滞私我的扩张，有损私我的一切憎恨、疾恶，从而发展出了残暴、欺诈以及种种恶。

在无明状态中人的善恶标准是从两个方面来制定的。其一是感觉的、个人的——凡对生命私我为愉快，有助益的，则是善；凡属不愉快，有损害或毁灭的，便是恶。其二是实用的、社会的——凡被认为对共同生活有助的，能够保持、满足、发展公共生活的良好秩序并使个人能够于其中和谐地生活的便是善；凡在社会观念中有与此相反的效果或倾向的，便是恶。但是"人类的善与恶皆是相对底；伦理所建立的标准皆是不定，亦复相对：此一或彼一宗教所禁止的，社会意见所认为善或恶的，被想为于社会有益或有害的，人的某一暂行法律所许或不许的，是、或被视为于己或于人有补助或有损伤的，与这个或那个理想相合的，为一个本能我们所称为良心者所推进或所阻遏的，——凡此种种观点之一混合，便是决定着的杂性理念，组成了道德的复杂本质；凡此一切中，皆有真理与半真理与非真理之恒常底参合，这尾随着我们范限着的心思底'明·无明'的一切活动之后"①。奥罗宾多认为在无明状态中，道德是相对的，善与恶也是相对的，而且具有相当的复杂性，但奥罗宾多并没有否定道德，他认为，"一心思地管制，制住我们的情命底和身体底欲望和本能，制住我们的个人底和社会底作为，以及与他人的交接，这，在我们之为人类是必不可少的；于是道德创造了标准，以之我们能指导我们自己，建造一习惯底管制"②。显然在无明的状态中善与恶混合，罪恶与美德并有，道德的相对性、复杂性并存，但道德仍然是必要的，必不可少的，这种必要性一方面体现在人类现存的生活之中，另一方面体现在消除无明，向"知识"进化的过程中，奥罗宾多认为，对善的追求可以使我们接近"真知识"，转向"绝对者"，这是道德的重要价值。他说："要选择，从我们的知觉性和行为上，要保持那一切对我们似乎是善者，要弃拒那一切对我们似乎是恶者，以此而重新形成我们的有体，重新组成且铸造我们自己，成为一理想的造像，这种企图，是更深底伦理动机，因为这较近于真结论了"③，"罪与恶的意识的一个用处，便是赋形之有体，可变到觉识此无心知与无明的世界之自性，觉悟到其罪恶与痛苦，且知道其善与快乐的相对性质，于是从后退

_____

①②③　［印］室利·奥罗宾多：《神圣人生论》，624 页。

转，转向那为绝对者"①。

总之，奥罗宾多对道德的看法具有某种程度的真理性，他的道德标准是以利益为核心在现实生活中提炼出来的，他虽然没有明确地提出道德的相对性与绝对性的统一原理，但他看到了道德的相对性质，以及在无明的状态中道德的必要性；但他对恶的来源的看法、对道德的价值的看法无疑具有强烈的宗教色彩，这一点正是他的"精神进化"论所决定的。

心思等级是人的存在的最好代表，但在这个等级上的人仍处于无明状态，处于现象世界，所以进化的过程还要继续向前发展，要进化到超越世界。现象世界与超越世界之间的纽带就是超心思，一方面超心思是"真理—意识"，是具有"真、智、乐"完全知识的精神原则，另一方面它又是心思进化的理想和终极，因此使人上升到超越世界的是超心思的转化。超心思的转化包含三重转化：第一，心灵转化，即唤醒灵魂，并使肉体、生命和心思与被唤醒的灵魂发生联系。第二，精神转化。心灵转化使肉体、生命和心思被纯化了，但灵魂还必须展现为精神的启示，即精神的转化，从而使精神化的心思超越一切形式和形象，超越善与恶、真与假、美与丑的观念。第三，超心思的转化。心灵的转化和精神的转化已经为证悟更高级的意识作好了准备，此时需要超心思下降到"自然"中，使"自然"能够解放出其内中的超心思原则。超心思的转化使我们整个世俗存在发生了彻底的变化，超心思在肉体、生命和心灵中出现改变了肉体、生命和心思的性质，人们最终将不再在无明中行动，而是按照知识来行动，从而成为神圣智者，其生命成为神圣生命。

超心思的转化在奥罗宾多的"精神进化"过程中占有重要地位，现象的世界与超越的世界毕竟有本质的不同，要完成从现象的世界到超越的世界的超心思转化是困难的，但完成了这一转化就意味着超越无明，得到解脱，获得无限的存在、意识和喜悦，从而实现进化的最终理想。因此，围绕着超心思的转化，奥罗宾多作了全面、深刻的阐述，我们这里仅从伦理学的角度对神圣人生的道德理想和整体瑜伽中的道德修养方式加以介绍。

二、神圣人生的道德理想

当人完成超心思转化之后，人就不再是"无明"的人，而是有知识的"神圣智者"，他的存在、思维、生活方式、行为方式都将由普遍的精神力量所支配。神圣智者与"有生解脱者"在外表上很相似，作为一个有肉体

---

① ［印］室利·奥罗宾多：《神圣人生论》，609 页。

生命的人，他们属于现象世界；作为解脱了的人，他们又属于超越的世界，他们在有生命的状态下达到了最高完善。但神圣智者与有生解脱者的区别在于，有生解脱者一旦摆脱肉体，他的任务也就完结，完全摆脱了生与再生的轮回，而神圣智者则要努力把他人也转化为神圣智者，从而促使"神圣生命"的出现。奥罗宾多认为，"神圣智者"并不是进入什么新的生命或世界，只是世间存在本身的完善化和神圣化。因此，神圣智者仍在现实世界中，只是他具有了不同的性质，而这些性质的道德方面正体现了奥罗宾多的道德理想。

第一，神圣智者是圆满完善的全人。"存在的这三神秘（真、智、乐——引者注）将在超心思者的生命中得到他们的和谐之一结合了的圆成。他将是完善化了的全人，在其生长与自我表现的满足上圆成了；因为他的一切原素，皆当升到最高度，统一于某种概括底博大中。"① 神圣智者的这种完满性使他获得了完整的和谐。人在无明的状态下，"心思"没有能力克服种种冲突，私我之盲昧也使我们看不到个人与宇宙的正当关系；但在"超心思"的光明中，个人的自我与全体的自我、个人的意志与全体的意志、个人的作为与全体的作为相和谐，不会有"私我"的自我拥护与"超私我"的自我管制的冲突，因为神圣智者的存在、思维、生活、行为的整个方式都是由普遍的宇宙精神所支配的，他能够证悟到真、智、乐三位一体的"精神"的存在，并且实践这种博大完满的精神。神圣智者不只是达到了自己内部与外部生命的和谐，个体与团体生活的和谐，而且能够与仍处于无明状态中的"心思"的人相和谐。可以说，神圣智者是最完满的精神的人，他证悟到"精神"并为"精神"所支配，从而在各种关系中处于和谐状态。

第二，神圣智者获得了真正的自由。在无明的状态中，人们为了解决各种冲突，就要遵守一系列行为准则，如爱、正义、真理等等，遵守这些准则即为善、功，否则即为恶、过；但这些准则难于遵守，也难于调和。自由与秩序这两原则在心思和生命中常常是矛盾的，但对于神圣智者而言，自由与秩序是精神真理的不可分的两个方面，他们彼此内在，相互统一。"他感到他的自由和他的自由之纪律，是他的有体的一个真理"，"他的自由是一光明的自由，不是黑暗的自由。他的行动自由，不是许在错误意志或'无明'的冲动上去作为的许可证，因为那也会是对他的有体为陌

---

① ［印］室利·奥罗宾多：《神圣人生论》，963 页。

生，是其一拘束和损灭，不是一解放"①。这样，"一切心思底标准皆会消失，因为不复需要它们了，代替它们的，将是更高底真实底与'神圣自我'与众生万物为一体的同一性律则。不会有自己的或他人的，自私的或博爱的问题了，由于一切皆见为且感为一个自我，而且只有最上底'真'与'善'所决定的，乃将作成"②。神圣智者不再需要道德标准的约束，或者不再感觉到道德标准的约束，他与他人为一，与真理为一，但道德标准的消失并不意味着秩序的丧失，并不意味着容忍恶的肆虐，相反自由与秩序在神圣智者那里合而为一，自由与纪律合而为一，他获得的是"光明的自由"，或者说真正的道德自由。

第三，神圣智者处在欢喜的精神状态之中，他追求"精神"显现的喜悦，并以众生的幸福为幸福。神圣智者的喜乐是在"精神"的纯粹境界中的喜乐，他的每一作为都得到精神的自由与自我成就，因此他的每一作为都是光明的、喜乐的、满意的。但他的喜乐不只在于"精神"在自身的显现，奥罗宾多认为，"在自我上与一切为一，超心思者将寻求在他自己内中的'精神'的自我显示之悦乐，但同等也寻求'神圣者'在一切中的悦乐：他将有宇宙底喜乐，也将是一权能，能将'精神'的福乐，有体之喜乐带给他人；因为他们的喜乐，也将是他自己的存在之喜乐。从事于一切众生之幸福，使他人的忧乐如同自己的忧乐，已有说为已得解放与成就的精神人物之一表征"③。也就是说，神圣智者不仅有追求精神的自我显示的愉悦，而且他能够将这种愉悦带给他人，因为他人的幸福也是他自己的幸福，在他自己的幸福与他人的幸福之间不存在矛盾。但神圣智者以他人之忧乐为自己的忧乐，并不是要使自己附属于"无明"中的人的悲喜忧乐，他对于"无明"中的人的同情并不依赖于细微的悲喜忧乐的情感，而在于宇宙的同情，普遍的同情。

奥罗宾多认为，虽然神圣智者已经达到了超心思的境界，但这还不是人的最终命运，进化的目标仍未达到，"根据精神进化的观点，这种状态还只是一种不改变周围存在的个人解脱和完善：为了更广泛和能动地改变生活和行为的全部原则和手段，在我们的整体完善和神圣进化的观念中必然出现一种新型的存在秩序和一种新型的尘世生命……因此，我们所需要的是'神圣生命'在尘世间的出现，而不是少数个人孤立地去证悟他们自

---

① ［印］室利·奥罗宾多：《神圣人生论》，993～994 页。
② 同上书，996 页。
③ 同上书，966 页。

己内在的生命"①。也就是说，向神圣智者的进化仅仅是进化的一个环节，进化不会因一个或几个神圣智者的出现而停止，它的最终目的是给人类带来由神圣智者所组成的神圣生命，神圣生命的出现意味着精神的进化不仅体现在某个个体生命之中，而且体现在"神圣智者"的集体生命之中。神圣生命的出现体现了奥罗宾多在个人与集体的关系方面的道德理想。

（1）个人的完善。个人能够认识到真实的自己，"不为了一分别底私我而生活，同样地，他也不为了任何集体之私我的目的而生活，他为了在他内中的'神圣者'而生活，且生活于其中，为了在集体中的'神圣者'，在万事万物中的'神圣者'而生活，且生活于其中"②。在某种意义上说，完善的个人也就是超越了自我的人，他为了某种普遍性而生活。

（2）个人与他人关系的完善。在人类社会中，不仅个人自身的感情、欲望、生命之间难以很好地配合，难以处于一种和谐状态，而且人与人之间的各方面的关系更是难以达到一种完美的和谐。奥罗宾多看到了这一点，指出了人们为了完善的社会生活所作的各种努力。他说："在我们的社会底建筑上，我们辛苦于作成一点事，近于一体性，相互性，和谐，因为倘没有这些事，便不会有完善底社会生活；但我们所建造的，是一构成的一体性，种种利益与多个私我之联合，以法律和风俗而强制施行的，而且，强加了一人为底虚构底秩序，其间某些人的利益，盖过了另外某些人的利益，只有一半被接受半被强迫、半属自然半属人为的调整，使社会整体得以存在。在团体与团体之间，其彼此调容更劣，恒常反复起了集体私我与集体私我的冲突。"③ 奥罗宾多在某种程度上看到了人与人、阶级与阶级之间的利益冲突，甚至看到了在现实社会中法律与道德所代表的只是某一阶级，某一集团的利益，因此他提出了完善个人与他人的关系的理想，他认为虽然神圣智者的生命与周围"无明"的生命的关系是"明"与"无明"的关系，但是神圣智者的生命对于"无明"是完全了解的，他们能够和谐共存，"全部有体之叶（音"协"——引者注）调与和同，于神圣智底个人为自然底，对于神圣智者的一团体，也将同等是自然底；因为这将基于自我与自我之结合于一共同和相互底自我识觉性之光明中"④。

---

① S. K. 梅特拉：《室利·奥罗宾多的哲学》，转引自［印］巴萨特·库马尔·拉尔：《印度现代哲学》，235 页。

② ［印］室利·奥罗宾多：《神圣人生论》，1019 页。

③ 同上书，1024 页。

④ 同上书，1034 页。

（3）个人与集体关系的完善。奥罗宾多指出，在现实社会中个人与集体的关系不协调的状况使人们对个人与集体的关系的看法形成了彼此对立的三种观点。第一种观点是，个人的生命、自由、自我完善是我们生存的真正目标，社会只是个人生长活动的场所，社会要为个人的发展提供广阔的发展空间。第二种观点是，认为集体生命，民族的存在、生长便是一切，个人应当为社会、为人类而生活，个人只是一个社会细胞，除此而外没有其他意义，个人生命只是集体存在及其效率的工具。第三种观点是，个人只能在与他人的关系中、与社会的关系中得到完善，个人是社会的存在，应当为社会、为他人、为民族而生活，社会也应当为大众服务，给人以教育、训练以及经济机会和正当的社会关系及社会结构。奥罗宾多认为，在人类的思想中，一方面个人被策动去追求自我肯定，另一方面又被召唤去泯灭自己接受公众的理念、思想、意志；自我利益原则与利他主义相冲突，所有这一切都是无明的结果，当实现了神圣人生，个人与集体的关系也将至完善："一完善化了的团体，也只能以它的个人之完善而存在，而完善之臻，也只能由个人在生命中发现且肯定他自己的精神体，由大众发现他们的精神一体性，与为其结果的一生命的一体性。"① 在个人与集体的完善中，个人的完善更为重要，但个人主要应当从事于众生的福利，"发现且表出他自己内中的那有体的真理，且帮助团体和人类于其寻求自体的真理与有体之充实，这，方是他的生存的真正目的"②。

奥罗宾多在对神圣智者以及神圣人生的论述中表达了他追求个人完善以及个人与他人、个人与集体的关系的完善的道德理想，他的这些理想并不只是个人对神秘精神的体验的结果，而是在批判现实的道德关系中提出的，在神秘的光环中也有理性的闪光，但对实现理想的途径的问题的回答却显示出了奥罗宾多的思想的软弱性，他远远地离开了现实，遁入瑜伽之中。

三、瑜伽中的道德修养

神圣生命是进化的最终目标，为了早日达到这一目标，奥罗宾多提出了瑜伽方法。奥罗宾多所说的瑜伽在目的、方式等方面都与传统的瑜伽不同。其目的不是追求身体的某种特殊的功能或在三昧状态与神结合，而是在肉体中，在觉醒的意识中实现神圣转化，但不只是个人的神圣转化，而

---

① ［印］室利·奥罗宾多：《神圣人生论》，1039～1040 页。
② 同上书，1039 页。

是神圣生命的出现、人类的集体解脱；其方式不是某一种瑜伽方式，而是整体的瑜伽，是心思、生命和肉体的全面转化。事实上，奥罗宾多的整体瑜伽并不要求遵守和履行某些仪式和习惯，甚至不要求背诵祷文，它实质上是一种只要求进行某些净化和精神化修炼的内部瑜伽，这种瑜伽是任何人都能修炼的。因此，奥罗宾多的整体瑜伽中虽然带有强烈的神秘色彩，但其中也包含了大量的伦理道德修养的内容，现择其要者，略述一二。

第一，改进私我本性。人在进化的低层次阶段，把私我当做真正的自我，虽然"宗教底伦理已将这作为一规律，即在普遍底慈悲中行为，爱自己的邻人一如爱自己，加于人者，如欲人之加于我者，乐人之乐与忧人之忧，亦如乐己之乐与忧己之忧"，"但是没有一个人生活于他的私我中，能真正完善地做这些事，他只能接受之，当做他的心思的一要求，他的情心的一企慕，他的意志之一努力，以一高上标准而生活，以一诚恳底修为改进他的鄙朴的私我本性"①。也就是说，私我的蒙蔽不仅使人无法证悟自我的本性，做自己的主宰，而且也无法完善地遵守宗教伦理的道德要求，因此，奥罗宾多提出，"瑜伽的一个主要运动，便是从外向私我意识退引，以之我们自认为心思，生命，身体的行动为一者，转而内向生活于心灵中。解脱了一外在化了的私我意识，乃趋向心灵的自由与自主的第一步"②。

第二，欲望的纯洁化。世人对欲望通常持三种态度，第一种态度是踏杀生命的本能，"奋勇寻求一苦行式底圆成"；第二种态度是服从于粗鲁的生活意志；奥罗宾多对第三种态度是赞赏的，"树立一种平衡于伦理底严禁与和缓底放纵此欲望着的心思和情命自我间，在这平衡上见到一清醒底脑经与健康底人类生活之黄金中道"③。但仅仅于此是不够的，对于寻常人来说，欲望作为生命力量的显示是必要的，但在菩提中一切欲望的掺杂都是染污。"欲望是一切忧愁、失望、苦难之根，因为它虽有追求与满足的一种热狂底喜乐，却又因为这常是有体之一种紧张，在它的追求与获得中，遂加入了一番劳苦，饥饿，奋斗，很快便感疲乏，在它所获得的一切上，遂有一种限制，不满足，过早失望之感，一无休止底病态底兴奋、苦恼、不平安。除去欲望，乃心灵生气之惟一坚定不可少的清洁化，——因为如是我们能换去欲望心灵，及其漫遍掺杂于我们的一切工具内之情形，

---

① ［印］室利·奥罗宾多：《神圣人生论》，628 页。
② ［印］室利·奥罗宾多：《瑜伽论》，24～25 页，北京，商务印书馆，1994。
③ 同上书，50 页。

代之以平静悦乐的心思性灵，及其澄明朗澈之具有我们自己和世界和"自性"，这便是心思生命及其完善化的晶明基础。"① 但是，欲望的纯洁化并不是苦行，奥罗宾多并不主张苦行，他认为美与丰富，事物之中隐藏的甘味与笑乐，人生的阳光与欢喜都是"精神"的表现。

第三，"平等性"的修养。奥罗宾多认为凡人的完善化包括自我控制和对环境的控制，但若受到"低等自性的攻击、喜与忧的纷扰，苦与乐的感触，情感与欲念的恼乱，个人好恶的束缚，欲望与执著的强固锁链，私人的和情感上有偏向的裁判与意见的狭隘，自私自利的百种感触"，他就很难做到自我控制。超越这些是获得自主的条件，而超越本身又以"平等性"为条件，平等性是由纯洁化与自由而得，是自我解放的真正表征。平等性包括四方面的含义：第一，没有心思的、情命的、物理的偏好，平顺地接受上帝在他内中和在他周围的一切工事；第二，有一稳固的和平，没有一切骚扰和纷乱；第三，精神的快乐和精神安舒；第四，心灵的清明的喜乐和欢笑，以此怀抱此人生和此存在。

奥罗宾多认为这些修行方式是精神进化的必然过程，否则不可能达到超心思的转化，实现神圣人生。对于现实生活中的人来说，这些修行方式与其说是证语某种神秘的方式，不如说是一种个人的道德修养方式，通过这些方式可以提高道德境界，获得内心的宁静。

总之，奥罗宾多的神圣人生论既包含某些神秘因素，也包含着丰富的伦理思想，其中不乏真理的闪光。这个庞大的体系在世界上有着广泛的影响，直到今天，奥罗宾多修道院以及修道院在本地治里附近建设的一座国际性城市——奥罗维尔仍在接纳来自世界各地的崇信奥罗宾多学说的人。

第四节　拉达克里希南的精神宗教

S. 拉达克里希南（Sarvepalli Raddhakrishnan，1888—1975）是印度现代著名哲学家、政治家。1888 年 9 月 5 日拉达克里希南生于印度南部马德拉斯市西北的小镇提鲁塔尼，他的父母是泰卢固族婆罗门。拉达克里希南是在基督教的教会学校接受中学和大学教育的，两种不同的宗教文化的碰撞深深地震撼着他，一方面激起了他强烈的民族自尊心，促使他研读印度教经典；另一方面也使他对西方的基督教文化有了比较透彻的了解。1916

---

① ［印］室利·奥罗宾多：《瑜伽论》，48 ~ 49 页。

年，28 岁的拉达克里希南被提升为正教授，1918 年出任迈索尔大学哲学教授，并把哲学研究的重点放在比较哲学上，1920 年出版《现代哲学的宗教势力》，以印度人的视角研究和考察西方哲学，为他赢得盛名。1921 年，拉达克里希南被委任为加尔各答大学心理和伦理哲学系英王乔治五世讲座教授，这是印度最重要的哲学教授职位。在这里，他开始把印度哲学放在整个人类精神发展的历史背景中去考察和评价，于 1923 年出版了《印度哲学》第一卷，1927 年出版第二卷。1925 年，拉达克里希南积极倡导和组织了印度哲学大会，此后每年召开一届年会，一直延续至今。他 1927 年出版了《印度教的人生观》，1933 年出版了《宗教中的东方和西方》，1932 年出版了《理想主义人生观》，1939 年出版了《东方宗教和西方的思想》，1944 年出版了《印度和中国》。1947 年出版了《宗教和社会》。此外，拉达克里希南还有一系列重要著作，如《关于东方和西方的一些反思》、《信仰的恢复》、《梵经——精神生活的哲学》、《一个变化世界中的宗教》、《宗教与文化》、《当前信仰的危机》，他还编辑了《东西方哲学史》、《印度哲学资料》等等。

拉达克里希南以其学识渊博、才能卓越而出任一系列重要职务，在他的一生中，他所担任的重要职务有：安德拉大学副校长，贝拿勒印度教大学副校长，国际联盟文化合作委员会委员，联合国教育、科学、文化组织副主席，印度驻苏联首任大使，印度副总统，1962 年他荣任印度政府最高职务——共和国总统。

一、"精神宗教"与人的本性

拉达克里希南虽然精通西方哲学，并试图将东西方文化传统结合起来，努力使他的思想体系具有西方思想的特色和形式，但他基本的思想源于吠檀多传统，因此，他的伦理学也同样更多地关注人的最终解脱，只是他对解脱的论证和对解脱方式的阐述有着自己的特色。

拉达克里希南提倡一种精神宗教，主张复兴人类的本来精神，他说："只有当精神从内部被纯化并启明人的生命时，人才有可能改变世界的现状。今天的世界所需要的正是'精神的宗教'。这种宗教将使人的生活具有目的，它不需要任何逃避和暧昧，它能把理想和现实、把诗歌和平凡的生活协调起来，它将证明我们本性中的深奥实在，并使我们的整个存在，我们善于批评的理智和我们积极的愿望都得到满足。"[1] 要理解拉达克里希

---

① 转引自朱明忠：《现代印度伦理学说》，载《南亚研究》，1990（1）。

南的"精神宗教",首先要对他的"精神"概念作一番考察。

拉达克里希南所说的精神是超越于经验的,因此给"精神"下一个精确的定义是很困难的,但拉达克里希南认为借助精神活动的例子能够了解这个词的含义。

一个人能够与自身保持同一,他永远是同一个人,原因就在于他能够意识到自我,具有自我意识,他能够把自己的一切经验和活动统一于"自我意识"的行为之中——这种统一的能力是人的精神性的方面。

我们为帮助别人而自我牺牲,其原因在于我们以某种方式意识到我们内在的普遍性,正是这种普遍性使我们产生一种亲和力——与我们所爱的对象的同一感——这就是自身内在的精神性因素的显现。

人渴望解脱,所有人的最不道德和最邪恶的品质都能够被改造过来,当然,还有耶稣、佛陀、穆罕默德这些伟大先知者的直觉经验,所有这一切都说明人内部存在着精神因素。

拉达克里希南认为精神性是人的真正本性,它与神性同属一类,但人们在现代生活中却迷失了自己的本性。拉达克里希南看到,在现代社会中人类的物质生活较之自己的祖先更为安逸而舒适,更容易得到生活所需要的各种物品,但人们似乎并未感到幸福,相反,现代人正在失去生活的乐趣,烦恼伴随着人们,人们厌倦生活,甚至厌倦不久前还在喜欢的东西。拉达克里希南认为造成这种现状的原因就在于人们忘记了自己的真正本性。因此,他说:"我们现在的政治状态正是精神危机,信仰丧失,道德力量削弱的征兆。在每一种事件显现在历史过程之前,它们就已经在我们的思想中发生了。我们必须复兴古代的精神,这种精神要求我们战胜贪婪的感情,要求我们从黑暗时代的专制中,从鬼怪和幽灵的压抑中,从谬误和虚假的统治中解放出来。如果我们不担当起这一使命,我们今天的苦恼就毫无意义和理由。"[1]

那么人为什么会忘记自己的本性呢?拉达克里希南认为现代科学对人的片面理解导致了人过分强调自己的物质部分,忽略了自己的本性。他认为用科学的方式对人进行说明是十分片面、非常狭隘的,只了解人肉体的每个物质部分的性质和功能并不是真正地了解人,不能把人降低为神经的、智力的或肉体的功能。但是,如果只强调人的精神性而不对人的肉体作出解释也难以自圆其说。

---

[1]　转引自姚鹏等编:《东方思想宝库》,395 页,北京,中国广播电视出版社,1990。

在拉达克里希南看来，人有两个方面，一个是科学方式可以说明的方面，一个是超越科学分析能力的方面。前者被称为有限的方面，后者被称为无限的方面，有限的方面大体上就是肉体的方面。人的有限的方面总是想超越自身，而这种超越的能力就是人的精神。人的无限的方面在于人的精神性。拉达克里希南并没有将肉体与精神完全割裂开来，他认为肉体方面能够证明精神性在它们之中的存在，肉体是构成精神性的一个方面，"精神的领域并没有割断与生命领域的往来。把人分割为外部欲望和内部本质，这样做肯定违反人的生命的整体性……超验的实在和经验的实在——这两种实在的秩序是紧密相连的"①。但是人的肉体方面、有限的方面不是人的最终本性，而人的无限方面正代表了人的肉体所明显缺少的那些性质，所以人在有限之中是不能达到完善的，人需要超越有限性，实现"精神宗教"，唤醒人自身所固有的精神。

二、宗教体验与人生理想

事实上，拉达克里希南不仅认为人的本性在于其精神性，他认为"实在"也是精神的，宇宙的最终目的就是"精神"。他所谓的"精神宗教"实际上就是要人们证悟自己真正的本性状态，证悟圆满精神性，也就是证悟神性、"实在"的圆满一元性，即达到最终解脱。

拉达克里希南对解脱的论述是与众不同的，其不同之处在于，第一，人在肉体状态也能够获得解脱。获得解脱以后，人不再执著于任何世俗事物，他存在的目的是为他人服务。这种对解脱的论述很容易让人想起印度的古代概念　"有生解脱者"，但拉达克里希南所说的解脱与"有生解脱者"是有区别的。"有生解脱者"一旦最终摆脱肉体的桎梏，就完全从再生的业力中解脱出来，不再承担任何肉体形式；拉达克里希南认为是否承担肉体形式不是绝对的，要服从于解脱他人的目的，个人的解脱对于个体灵魂来说并不是最终的命运，他还必须尽力去解脱其他人。一个人是否获得解脱的标志不在其肉体形式，而在于摆脱情欲、贪生、怕死的羁绊，摆脱利己主义和自私性的束缚，以对万物统一性的体验来指导自己的行为。第二，人在解脱的最高状态不会丧失个性。拉达克里希南认为证悟就是体验个人的真正本性，在这个意义上讲，证悟不可能使人丧失个性，而是使个性包含在神性之中，被神同化；而且当个人得到解脱以后，他还要停留在世界上超度他人，这也说明个人的个性不会丧失。第三，人类的命

---

① 转引自［印］巴萨特·库马尔·拉尔：《印度现代哲学》，299～300 页。

运是一切解脱。一个人得到解脱以后，他还不能脱离宇宙的发展过程，只有每个人都证悟到神性，人类才达到了普遍的解脱——"一切解脱"，个人的解脱不是人类的最终命运，只有"一切解脱"才是宇宙过程的终点，人类的最终命运。

显然，拉达克里希南并没有走出印度传统将现世生活的目标归于超越物质生活的精神解脱的窠臼，但毫无疑问，他对解脱的论述却更关注现世生活，更关注人类的总体命运了。如果去除其伦理学说中的宗教成分，其人生理想无疑是积极的、进取的。他认为个人应当去除私欲，放弃利己主义人生观，致力于帮助他人，服务社会以使整个社会达到和谐统一，尽善尽美，从而使每个人都摆脱烦恼、痛苦，实现人生幸福。但是，他的伦理思想深深地植根于印度的伦理传统之中，不可避免地带有宗教神秘主义色彩。他认为人要实现"一切解脱"，要以对宗教经验的信仰为开端。"不仅伟大的宗教导师和人类领袖，就是街上行走的普通百姓也都能证明这种精神生命的存在，因为精神的源头就眠伏于普通人内部的存在中。在我们一般的经验中也出现一些表示精神世界存在的事情。"①

那么，这种宗教经验是一种怎样的经验呢？有的研究者把拉达克里希南对宗教经验的论述概括为十个方面。

（1）它是一种经验，不是特殊的或超自然的东西，每个人都具有它，包含着一种属于客观类型的认识。

（2）它是整体的、不可分割的意识，其中没有主客体的差别。

（3）它在性质上是完全自由的，不为任何外来因素所决定。它的灵感是自发的、内在的。

（4）它在本质上是人的内在体验，是一种生活在主观性之中的生命。

（5）它对于我们在一般生命中所正常追求的世俗事物持完全淡漠的态度。

（6）它是整体的人对整体"实在"的总体反应，包括整个人的理智、道德和审美感等方面在内的整体的人的总体反应。

（7）宗教经验能产生一种宁静状态，在这种状态中生命通常的那种激动和焦躁感会平息下来，将感受到十分满意的欢乐和宁静。

（8）宗教经验能够产生一种安慰和解脱的感觉。人的忧郁和痛苦正是人把自己作为世俗环境和极端私我的奴隶的结果，宗教经验能够抛掉这个

---

① 转引自［印］巴萨特·库马尔·拉尔：《印度现代哲学》，312 页。

包袱，从而产生内在的自由感。

（9）这种经验对人的生命的控制是最实在的，而且是最不可言表的。即使这种经验只是在瞬间出现，也会给整个生命留下印迹。

（10）宗教经验的实在性和不可名状性是不能说明，也不能证明的。

"宗教经验"无疑具有神秘主义性质，拉达克里希南也认为用我们的表达方式充分理解宗教经验的性质是不可能的，它超越了有限的语言形式，但获得宗教经验却是可能的，只是需要通过宗教的道路。

三、宗教道路与道德修养

证悟自我的本性、体会宗教经验所要经过的宗教的道路分为两个阶段。

第一个阶段是准备阶段，即道德修养阶段。第二个阶段是反思、冥想和爱，是决定性的冲击阶段，最终飞跃阶段。在第二阶段，人会产生一种神圣的、奇异的、不可思议的体验，灵魂将摆脱感情和私欲，把一切精力、智力、内心情感、生命的欲望，甚至整个肉体存在都集中起来，把所有这一切都贯注于最高目标的追求上，冥思最高者。对拉达克里希南来说，也许第二阶段是更重要的阶段；但从伦理学的角度来看，第一阶段更有价值。因此，我们主要介绍其第一阶段的内容。

在第一阶段，首先要克制私欲。"私欲是我们一直处于无知状态的根源，只要我们生活在私欲之中，我们就享受不到普遍精神的欢乐。"[1] 如果一个人为私欲所障蔽，他就会陷于矛盾和痛苦之中，无法得到解脱，因此应当改变自己的无知状态，认识真理，不能将自己等同于私我，认识到这些也就是实现了拉达克里希南所说的"理智进步"，它可以帮助我们免于错误、无知和虚伪。

其次要抑制情感。拉达克里希南认为感情只是我们的感官属性在爱、憎、失意等方面兴奋的表现，作为情欲的感情和宗教的感情是有区别的，前者应当让位于后者。作为情欲的感情是过分强调私欲的必然结果。

最后，要承认和履行道德义务。拉达克里希南说，我们的道德生活本身就是以宇宙有一个道德的主宰者为前提的。如果我们不相信一个人对自己的善恶行为是负有责任的，也就是说，如果我们不相信宇宙是受一个道德的主宰者——一个密切注视着善恶行为的神所支配的话，那么我们在道德方面的努力和我们的道德观念本身将失去一切作用。因此，"每个人都

---

[1]　转引自［印］巴萨特·库马尔·拉尔：《印度现代哲学》，319 页。

必须根除有助于突出自己的各种意识，傲慢必须让位于谦卑，怨恨必须让位于宽恕，狭隘的家庭迷恋必须让位于普遍的仁爱"①。

在这里，拉达克里希南提倡普遍之爱。"普遍之爱"并不是空洞的原则，它要求人们付诸道德实践。其前提是要人们抛弃贪欲，舍弃狭隘的自身利益，这可能会引起肉体的痛苦，但痛苦和舍弃在拉达克里希南看来却是道德修养的核心。

拉达克里希南对道德修养的作用是充分肯定的，认为对善的追求也就是对神的追求。"任何对理想的真诚探索，任何对信仰的追求，任何对美德的想往都产生于一个名为'宗教'的源泉。内心对真、善、美的追求就是对神的追求。在母亲怀抱中正在吃奶的婴儿，凝视茫茫群星的未开化的野蛮人，在实验室内的显微镜下正在研究生命的科学家，独自沉思于世界之美或痛苦之中的诗人，面对星空，面对喜马拉雅山的顶峰，面对沉静的大海，面对一切最高的奇迹，或面对一个伟大慈祥的人物而虔诚站立的普通人，他们都能朦胧地享受到那种天国的永恒的感情。"②

拉达克里希南对现实的道德生活给予了足够的重视，但他总是把这种重视置于宗教的气氛中，同时又努力使他的宗教具有更大的现实性。这种特征无疑是古老的印度宗教传统和现代资本主义的生活方式共同作用的结果，他使东方的宗教传统与西方的人道主义结合在他的"精神宗教"之中，把宗教看做人自己的宗教。"我们的内部精神就是生命，它以自身的一切形式对抗着死亡，盲目的本能，不思维的习惯，愚昧的顺从，理智的惰性和精神的枯竭。人的宗教必须是人自己的宗教，而不是单凭相信就接受的或权威所强加的宗教。信任和权威可以使人走上一条道路，但使人达到目标的却是他自己的独立的追求。"③

第五节　尼赫鲁的人道主义伦理思想

贾瓦哈拉尔·尼赫鲁（Jawaharlal Nehru，1889—1964）是现代印度杰出的资产阶级民族运动领袖和著名的政治家、理论家，作为印度独立后的首任总理，他的伦理思想有着强烈的现实影响力。

尼赫鲁于 1889 年 11 月 13 日生于北方邦阿拉哈巴德的婆罗门贵族家

---

① 转引自［印］巴萨特·库马尔·拉尔：《印度现代哲学》，319 页。
② 同上书，312 ~ 313 页。
③ 转引自姚鹏等编：《东方思想宝库》，55 页。

庭。他的父亲莫帝拉尔·尼赫鲁是地位显赫的大律师和民族运动领袖，他不仅对尼赫鲁进行民族主义思想熏陶，而且使他接受西式教育。1905 年尼赫鲁赴英国留学，先后在哈罗公学、剑桥大学和伦敦大学学习自然科学和法律。在英国期间他就参加了为响应印度国内的民族解放运动而组织的政治团体，并以激进派的追随者自居。同时，他博览群书，兼收并蓄各种思想，也包括当时的各种社会主义思想。

1912 年尼赫鲁学成归国，在阿拉哈巴德高等法院任律师，但律师的职业并没有吸引他，印度的民族解放运动更使他向往，不久，他加入国大党。此时，从南非归国的甘地成为尼赫鲁的引路人，他追随甘地参加了第一次非暴力不合作运动，逐渐认识到印度不仅需要独立，而且需要发展，需要摆脱贫困，他承认工农建立自己的阶级组织、捍卫自己经济利益的权利，但认为这些组织必须完全服从国大党。

1921 年尼赫鲁被英国殖民当局逮捕入狱，此后的 27 年间他曾多次被捕，在狱中的时间长达 10 年。自 1918 年起，他担任国大党全国委员会委员，1929 年以后，多次担任国大党全国委员会总书记和国大党主席。他是 1947 年 8 月印度独立后的首任总理兼外交部长、原子能部长，一度还兼任国防部长。

在当代印度思想家中，尼赫鲁受西方资产阶级的社会伦理思想影响最深，他说："就我个人来说，我在思想方面深受英国的影响，因而永远不能和它完全分开。同时，无论如何，我也不能摆脱我在英国学校和大学里所养成的那种思想习惯以及在对其他国家和生活进行一般评价时所使用的那种标准和方法。我的一切偏爱（除了政治方面以外）都是倾向于英国和英国人民的；如果我变成一个所谓对英国统治印度的坚决的反对者，那也几乎是迫不得已的事情。"[1] 虽然尼赫鲁受西方思想影响很深，但他毕竟还是印度人，印度的文化传统不可能不对他产生影响，正如他自己所说，"我生长于其中的环境，把灵魂——或称之为'阿特曼'（自我）更好些——与来生、因果报应的'羯磨'（业）理论和轮回都视为当然。我曾为这所影响，因之，在某种意义上，我对于这些假想是有好感的"[2]。尼赫鲁还宣称："马克思的著作照亮了我心灵中许多黑暗角落，使我感到历史具有新的意义。"[3] 显然，马克思的科学社会主义思想也对尼赫鲁产生过一

---

① 转引自姚鹏等编：《东方思想宝库》，585 页。
② 同上书，639 页。
③ 转引自董本建：《尼赫鲁社会主义探析》，载《南亚研究》，1993（3）。

定的影响。他曾经指出资本主义虽然解决了生产问题，但没有解决分配问题，广大人民陷入悲惨的贫困境地，因此社会主义的出现是不可避免的。在尼赫鲁的思想中，西方理性主义、自然科学和自由民主思想，印度的传统文化，马克思主义的世界观和科学社会主义都留下了印迹，他的思想具有鲜明的兼容性和调和性。

尼赫鲁没有写过哲学和伦理学专著，但是在他的自传和其他著述中曾探讨了人生哲学和道德问题。作为印度领导人，他的这些思想对当代印度影响很大。他的主要著作有《自传》、《印度的发现》等。

一、"科学"的人生观

这里所说的"科学"是与"宗教"相对而言的，尼赫鲁认为应当将科学应用于人生之中，科学的方法和精神是，而且也应该是一种生活的方式、一种思维过程以及人与人之间工作和相处的方式，而印度人民普遍信奉的宗教不仅于人生无益，而且于民族无益。

首先宗教使人生毫无生机。宗教在人类的发展史上作出过重大贡献，树立了一些价值标准，给人类生活以指导，但它又把这些有价值的东西束缚于形式和教条之中，并且鼓励种种礼节和教仪，而这些礼节和教仪很快就失去了它们本来的意义而变成纯粹的形式，信奉宗教的人们往往生活于这些形式之中，忘记了其精神的追求。尼赫鲁尖锐地指出："正统派印度教徒的日常教规是更关心于应该吃什么或应该不吃什么，应与何人同食或不应与何人接近，而不关心那些精神上的价值。厨房的定章和例规支配着他的社会生活。伊斯兰教徒幸而不为这些禁条所束缚，然而他有他自己的偏狭教规和仪式，一种严厉奉行的例规，而忘记了他的宗教所教导他的兄弟友爱的训示。他的人生观也许甚至比较印度教徒的人生观更为拘束而无生趣，虽然今天的一般印度教徒也是这后一种人生观的可怜的代表，因为他失去了那传统的思想自由，和那能使人生丰富多彩的背景。"[1]

其次宗教禁锢人类的思想，产生一种不能自主和无自由的人的性格。宗教把感情和直觉的方法应用于人生的一切事物，甚至也应用于那些本来可以用理智来探索和观察的事物，这种宗教的方法使人产生偏狭和偏执、轻信和迷信、感情用事和愚妄背理等弊端。宗教的观点也是清楚思想的敌人，宗教观点的基础在于毫无怀疑地接受某些固定的、不可改变的理论和教条，接受某些思想和感情，而且宗教的观点还要求人们有意无意地闭起

---

① 转引自姚鹏等编：《东方思想宝库》，639 页。

眼睛无视现实，以免被强有力的现实所否定。宗教的观点和宗教的方法都禁锢着人类的思想，束缚着人类的自由，使人无法自主，从而产生被动的、消极的不自由的人格。

最后宗教会妨碍道德和精神方面的进步。信仰宗教的人对于自己的解放比对于社会的利益更关心，他们想摆脱自我，而在这种过程中常常深陷于自我的思想中，同时宗教的道德标准跟社会需要无关，而是以抽象的罪恶论为基础，这样宗教不仅不能为道德的精神进步提供动力，而且常常被自私自利者和机会主义者所利用；而有组织的宗教又常常变为一种特权，因而不可避免地成为一种反对改变、反对进步的反动势力。这并不是说信奉宗教的人都不是道德和精神很高尚的人，相反有些宗教的创始人和宗教人士是很令人钦佩的，但一个同样高尚的凡人却更伟大，尼赫鲁说："我总以为，一个人若在理智上和精神上达到最高境界而且急于要去提高别人，是比较替天神或超人的力量做传话筒的人更要伟大和令人感动。有些宗教创始人都是令人敬佩的人物，但是我若一想到他们并不是凡人，他们的光辉马上就会在我的眼中完全消失。能使我感动和给我希望的是人类智慧和精神的发展，而不是他的被用为传达旨意的使者。"①

尼赫鲁认为宗教对于印度民族也没有任何益处。宗教强调和平，但它却支持为暴力而设的制度和组织；而且印度各个教派为了维护自己宗教的真理不惜打得头破血流。宗教教人服从造化，服从宗教，服从通行的社会秩序和现有的一切，但它却阻止了社会进步的趋势。宗教强调内心的发展，但在印度人专注于内心的发展的时候，西方各国的外部发展超过了内心的发展，形成了发达的现代文明。因此，就尼赫鲁个人而言，他多次宣称："我不能够以宗教为避难的地方。我宁愿冒惊涛骇浪的风险。对于来世和死后的情形，我也不感兴趣。今生的问题已经使我够忙了。……我所感兴趣的是'道'，这是所遵循的道路，立身处世之道；如何认识生活，不是否定生活，而是接受生活，适应生活，改进生活。"② "我所关心的根本是现世和今生，并非什么别的世界或来生。是否有像灵魂这样的东西，或是否死后还有生存的东西，我不知道；这些问题……丝毫未使我有一点烦心。……作为宗教信仰，我不相信任何这些或其他的理论和假想。"③ 就印度民族而言，尼赫鲁认为，"印度以及其他地方的宗教——或者至少是

---

① 转引自姚鹏等编：《东方思想宝库》，639 页。
② 同上书，638 页。
③ 同上书，638～639 页。

有组织的宗教——所表现的这种现象，引起了我极大的厌恶，我常常加以谴责，并且想把它一扫而空"①。"印度必须减少它宗教狂的信仰而转向科学。它必须摆脱思想上和社会习俗上的故步自封，这故步自封拘束着它，妨碍着它的性灵，并阻止着它的发展。"②

尼赫鲁主张用科学的方法来理解世界，理解人生，即使主观的成分是必然的、难以避免的，也应该让其受到科学方法的限制。在尼赫鲁看来，人生的本质在于生长、变化。

尼赫鲁认为一切事物都是连续变化的，人生在一切形态上也是川流不息的转变。"我们的肉体和灵魂每一刹那都在变；它本身消失了，另一个相似可又不同的东西出现了，转瞬又成过去。在某种意义上，我们就是随时在死，随时又在复生。这样地继续相承，就使得外表上还保留着一个完整的形体。这是'一个永在变化中形体的连续'。一切都是流、动、变。"③尼赫鲁认为人生的这种变化并不只是自然的过程，而且包含着社会内容。"生命是一个接连不断的人与人的斗争，人与环境的斗争，物质、知识和道德水平上的斗争；从这斗争之中形成了新的事物，产生了新的观念。破坏和建设是同时并存的，人类和大自然在这两方面从来都是明显的。生命的本性是生长而不是停滞，是不容许有静止状态的连续不停的转变。"④

尼赫鲁这种生长、变化的人生观决定了他对人生态度的看法是乐观的、进取的。他认为人应当奋发进取，努力工作，即使面对困难也毫不退缩，他在给女儿英迪拉·甘地的信中写道："要记住，避开麻烦是无价值的，缺乏尊严的。真正的麻烦必须面对，如果有必要还要战斗。……郁郁寡欢，暗中滋长不满是软弱和愚笨的表现，最缺乏做人的品格。"⑤作为印度民族独立运动的领袖和印度的领导人，他为印度的独立和繁荣奋斗了一生，即使在英国殖民统治面前他也不曾退缩，这一切是与他对人生的态度密切相关的。他肯定西方人生价值观中的活泼、进取、充满生气的成分，认为这种人生观是生动有力的，所以希望总是有的。他认为印度的人生观中存在着肯定人生与否定人生两种原则，但就总体而论，印度文化从没有

---

① 转引自姚鹏等编：《东方思想宝库》，637 页。
② 同上书，639 页。
③ 同上书，96 页。
④ 同上书，55 页。
⑤ ［印］索妮娅·甘地编：《尼赫鲁家书》，75 页，郑州，河南人民出版社，1993。

强调过否定人生。他说："在印度，每一个时期内，当它的文明兴盛时，我们都可以发现享受大自然和人生的欢乐，享受日常生活的乐趣，艺术、音乐、文学、诗歌、舞蹈、绘画和戏剧的发展，甚至还有对性关系的非常琐碎细致的探讨。假使文化或人生观建立在出世或厌世的思想上，居然还可以产生这些活泼而多方面的人生的表现，那是不可思议的。"① 尼赫鲁对人生抱着乐观进取的态度，主张肯定人生、享受人生。

尼赫鲁所主张的享受人生并不是要人们及时行乐，他对人生的目的、意义的看法是："什么是人生的目的，什么是人生的欢乐呢？这是一个很难回答的问题。但是，我可以告诉你们这样一点：人生的真正欢乐，乃是你与伟大的目标结合在一起，全心全意地投身于这个目标，忘掉你自己的小我，忘掉你个人渺小的苦痛和悲哀。尽自己最大的努力，为实现这个目标而工作。即使当你耗尽了自己的全部精力的时候，你被当做废物而丢掉，也在所不惜。你毕竟完成了你自己的工作。我从来不抱怨人生的不幸或其他的痛苦，而过一种牢骚满腹的生活。"② 人生的真正欢乐和价值在于为了理想而忘我工作，享受人生在于把生活过得更有意义，使生活更丰富，而不单纯是寻求肉体的欢乐。在这个意义上讲，尼赫鲁主张在精神和肉体之间，在作为大自然的一分子和作为社会的一分子之间寻求平衡。

需要说明的是，虽然尼赫鲁倡导"科学"的人生观，但他的人生观并不是纯粹的"科学"的，他说："尽管我们具有这所有的理性和了解的能力，尽管我们具有这所有的积累下的知识和经验，我们对人生的秘密还是知道得相当少，而只能去悬揣它的神秘过程。……虽然我们可能是软弱和常犯错误的凡人，过着短促而无常的人生，但是我们身体中还有一些仿佛像是永生的神的资质。"③ 事实上，尼赫鲁不自觉地接受了吠檀多传统的"梵我合一"的思想，他宣称他与任何宗教或教义都无联系，但相信一种代表人类本质的固有的精神性，但他并不以这种精神性的存在去否定科学，他说，纵使我们走到科学方法所达不到的那些境界，并漫游那为哲学所占有的和使我们充满高尚情感的山巅，或凝视到那一望无涯的远处，那种看法和精神仍然是必要的。

二、人道主义

人道主义是尼赫鲁伦理思想中一个非常重要的内容，他将人道主义视

---

① 转引自姚鹏等编：《东方思想宝库》，53 页。
② ［印］萨维帕·高帕尔编：《尼赫鲁文选》，1664 页，德里，1980。
③ 转引自姚鹏等编：《东方思想宝库》，55 页。

为最高理想，"我们的动作必须与我们所处的时代中那些最高理想调和一致，虽然，我们也可能有所补充或按照我们的民族天才而加以改造。那些理想可以分为两大类：人道主义和科学精神"①。尼赫鲁所提倡的人道主义实际上主要是西方的自由、平等、博爱思想，如他所言，他的思想可能部分地扎根于 19 世纪，19 世纪人道主义的自由传统对他的影响太大了，以至于他无法完全摆脱它，但是，尼赫鲁的人道主义思想并不是洛克、卢梭、孟德斯鸠等英法资产阶级思想家的思想的再版，而是"按照我们的民族天才而加以改造"了的人道主义。

尼赫鲁对个人的生命和自由给予了充分肯定。他猛烈地抨击不重视个人生命的社会现实，指出，生命在印度是不值钱的；在这种情形下，人生就是空虚、丑恶、粗劣，它被贫穷所带来的一切可怕的东西包围着。尼赫鲁的一生都致力于改变这种社会现象，并且关注人的自由与发展。他认为一个真正民主的社会应当保障个人自由，促进个人发展，为个人充分地发挥聪明才智提供条件。虽然尼赫鲁强调个人的自由与发展，但他也认为个人的自由不是绝对的，需要受到限制以保证其与整个社会生活的和谐统一。他指出："我是一个过分的个人主义者和个人自由的信仰者，以至于不喜欢过分的组织化。然而我看得很清楚，在一个复杂的社会机构里个人自由必须有所限制；而且也许达到真正个人自由的惟一道路，就是在社会范围内要有一些这样的限制。为了较大的自由的利益起见，较小的自由往往是需要受到限制的。"② 尼赫鲁明确指出，国家和社会生活必须有所强制，以防止一切个人和团体的有害于社会的自私倾向，无论统治者怎样热爱自由、憎恶强制也不得不对个别反抗者施行强制，直到每个人都尽善尽美、大公无私、完全服从公众福利。

尼赫鲁宣称自己是个人主义者，但他对个人主义对印度的影响有着十分清醒、理智的认识。他认为个人主义带给印度文化的既有好的结果也有坏的结果。个人主义传统给整个文化提供了一种理想主义的和伦理的背景，允许人民以相当大的自由去选择自己的生活方式，这是很不平凡的成就。但是，这种个人主义使印度人不重视人类的社会现象和人类对社会的义务，个人对社会整体没有责任也没有概念，感觉不到自己与社会的联系。个人主义、闭关主义与种姓制度一起成为印度人民心灵的桎梏，在印

① 转引自姚鹏等编：《东方思想宝库》，1256 页。
② 转引自朱明忠：《尼赫鲁的民主思想及其特点》，载《当代亚太》，1997（5）。

度的全部历史中，这是使之削弱的因素。因此，尼赫鲁在强调个人自由的同时也认为应当使个人与社会和谐统一；在宣称自己是个人主义者的同时也强调个人对社会的义务，并且对自我牺牲精神给予高度评价："这人类的精神是多么可惊啊！人，尽管有无数的缺点，从古迄今，人为了理想，为了真理，为了信仰，为了国家和荣誉，牺牲过他的生命及其视为宝贵的一切。那理想可能改变，但是自我牺牲的精神长存；而由于这个缘故，对于人类是可以多予宽恕的，并且不可能对他失望。"①

尼赫鲁对平等是非常重视的，他说："我们的最后目的只能是一个一切人都享受平等的经济权利和机会的无阶级社会，一个按照计划组成的社会，这个社会是为了提高人类的物质、文化的水平，培养精神道德、合作、大公无私、服务精神、寻求正义的愿望、善意与仁爱，以至于最后达到世界秩序。"② 尼赫鲁认为平等并不意味着使每个人在体质上、智力上和精神上都相等，而是意味着给每个人以平等的机会，包括经济上、社会上、政治上各方面的平等。尼赫鲁指出，现代精神是主张平等的，虽然平等差不多在任何地方都不存在，但时代精神必将获胜，在印度必须争取平等。事实上，平等对于寻求独立与发展的印度有着非同寻常的意义，"没有一个种族或集团是不能用它自己的方式来求得进步或取得成就的，如果给它机会这样去做的话。这也使我们认识到：任何一个集团的落后或堕落并不是由于它固有的缺点，而是主要由于缺乏发展的机会和长期受到其他集团压迫的原故"。为此，尼赫鲁呼吁，必须将同等的机会给予全体集团，而且还必须将发展教育、经济、文化方面的特殊机会给予那些落后的集团，以便它们能够赶上跑在它们前面的那些人。平等是西方资本主义人道主义思想的一个重要内容，尼赫鲁的平等思想中却包含着社会主义的因素，他把经济平等的无阶级社会作为最终目标，采取各种措施消除社会差别和歧视，保护低级种姓和落后民族的地位和利益，并且将平等的原则应用于国际社会，这无疑是进步的，但平等在尼赫鲁这里仍然只是理想，虽然他为之付出了艰辛的努力，但他也意识到："印度的许多问题看来虽然似乎如此复杂，而主要的困难在于一方面企图前进，而一方面又要保护政治和经济制度大体上的完整。政治上的前进竟以保持这种制度和现有的既得权益为条件。这两者是不相容的。"③ 在印度独立后这种困难的性质已经发生了改

---

① 转引自姚鹏等编：《东方思想宝库》，54 页。
② 同上书，1003 页。
③ 同上书，513 页。

变，但距离真正的平等仍有一段艰辛的路，国际间的平等就更是如此。

印度传统中就有爱、普遍之爱的思想，并有非暴力思想与之相呼应，甘地将非暴力这一古老的思想从个人的宗教理想转变为社会的理想，将它大规模地应用于政治运动和社会运动上面，使之获得了不同的意义并产生了广泛的影响，但尼赫鲁对暴力、非暴力是有不同看法的。

尼赫鲁认为暴力只是手段，人们将暴力视为恶是因为暴力总是与怨恨、残暴、报复和惩罚等动机相连，但是脱离这些动机的暴力是存在的，全然否认暴力就会产生脱离人生的完全消极的态度，忽视暴力的重要性就是忽视人生。暴力在历史上曾经起过很大的作用，多数改革是由暴力和强制引起的；现在暴力也仍然在起作用，暴力正是现代国家和社会制度的活力，民族的国家本身因为有进攻和防御的暴力才能够存在。但是暴力毕竟是不好的，它很难与那些不良动机分开，而且暴力并不能制止暴力，所以应当尽量避免暴力。

要避免使用暴力，但却不能采取迁就别的更大罪恶的消极态度，非暴力主义的消极的一面就是屈从暴力或忍受以暴力为基础的非正义的政权。尼赫鲁对非暴力主义的消极面是否定的，但他肯定了非暴力作为理想层面的意义，非暴力主义是要将人类全体提升到很高的爱和善的水平，消灭憎恨、丑恶和自私，如果没有这个理想，人生就没有希望和乐趣，但为了实现这个理想，不能仅仅扬善，宣扬道德，还要抑恶，要扫除一切阻止理想实现的障碍，要将两个过程合而为一。

总之，尼赫鲁的伦理思想不仅具有学术研究的意义，也不仅是其个人人生追求和道德实践的体现，在具有浓厚宗教传统的印度的政教分离中，在印度宪法对一系列伦理关系的表述中，在现代印度的伦理生活中都可看到尼赫鲁伦理思想的影子，以及他的伦理思想对道德实践所产生的深远影响。

第六节 当代印度伦理思想关注的主要问题

一、善恶的来源与评价

善与恶的来源及其评价是伦理学的根本问题之一。作为印度思想的一贯传统，印度当代思想家虽然也在功能的水平上讨论善与恶，但他们主要的注意力还是放在从本体论或宇宙论的层面上来追寻至善的来源。所以，关于善恶的探讨在印度当代同在印度古代一样，都十分密切地同世界的本原、本体问题以及人与最高本体的关系问题联系在一起。而当代印度民族资产阶级思想家的主流，在这个问题上大多继承了由《奥义书》奠定基础，并被吠檀多学派加以强化的神学唯心主义世界观。

根据这种神学唯心主义的世界观，宇宙的本原是最高神"梵"（brahman），梵是抽象的精神性实体，集"至真"、"至善"与"至喜"为一身，它无所不知，无所不在。而物质世界则往往被古代和中世纪印度吠檀多思想家，特别是不二论吠檀多派思想家说成是梵所变现出来的幻象（maya）。为什么说"梵"是"至善"呢？因为"梵"具有无限的性质，它不受任何限制与约束。只有无限的东西才可能是完美的，在印度思想中，善与无限或完美是同义语，而恶则与有限或不完美联系在一起。

当代印度民族资产阶级思想家接受了上述传统的主要部分。他们大都仍以"梵"或"神"作为宇宙的最高本原，同时也就是善的根本来源或体现，并且以是否无限与完美作为评价善的根本标准。对此，泰戈尔和甘地都有较系统的论述。泰戈尔说："我们的意志越自由，越宽广，我们的道德联系就越真实，越多样，越伟大。……当意志脱离了限制，当它变成了善，或者说，当它的范围扩展到一切人和一切时间，它就看到了一个超越人类道德世界的世界。它找到了一个世界，在那儿，我们的一切道德准则都找到了终极真理，我们的心升华到这样的理念：存在着一个真理的无限媒介，善通过它找到了自己的意义。"① 这段话虽然是描述精神追寻至善的过程，但也清楚地提示，至善或道德的终极真理在于无限性。它远远超越了一般意义的善恶。甘地的论述更为明确地指出，神、道德与真理是同一的。他说："对我来说，神就是真理和爱。神就是伦理和道德。神是无畏，神是光明和生命的源泉……神就是良知。"又说："宇宙间存在着一种秩序性，有一种不可更替的法则支配着所有事物，包括一切存在物和生命。这不是一种盲目的法则，因为盲目的法则不能支配生物的行为。……这个支配所有生命的法则就是神。法则与法则的制定者是一回事。"按照甘地的推论，在宇宙间存在着一种最普遍的法则，而这种法则又具有目的性，所以不能不把神、真理与至善等同起来。

传统哲学在肯定"梵"是最高本原之后，又指出最高神与自我精神（atman）具有一致性。有些思想家如商羯罗认为二者完全等同，也有些思想家认为自我精神与大梵同源但却不能完全等同。但无论如何，梵与我存

---

① 转引自姚鹏等编：《东方思想宝库》，336 页。

在着同一性。当代印度民族资产阶级思想家也继承了这种"梵我同一"的观点。他们认为，人就是一个小宇宙。像大宇宙一样，其本质或真实的存在是精神，好比大梵；而人的肉体则是物质世界的一部分。自我精神来源于大梵，与大梵同一。拉达克里希南说："在人的自身，在其存在的中心有一种比理智更深奥的东西。它与'至高者'同属一类。"① 进一步说，由于最高精神实体神是纯善的，所以与神性同一的自我精神也就自然是同样纯善的。甘地正是因此而宣扬性善说，他借用基督教《圣经》的说法，指出神是按照自己的形象创造了人。从这个意义上说，虽然人类由许许多多个体组成，但每一个体的自我精神都来源于神，是共通的，没有区别的。个体自我精神的本性是超越自我而与至上者合为一体。因此，也可以说是无限和完美的，而无限与完美就是善。甘地说："我相信神的绝对统一，因而也相信人性的绝对统一……尽管我们有许许多多的肉体，但是我们只有一个心灵。太阳的光芒经过折射是多种多样的，但是它们却同出一源。"

与此相反，肉体以分离性或特异性为基本特征，是有限和不完美的，因此也就是邪恶产生的根源。印度现代民族资产阶级思想家常把人的肉体方面称为"自然的人"、"生物的人"、"肉体的人"。在他们看来，肉体以满足物质欲望为基本要求，如衣、食、住、行以及性的欲望等，这种要求总是贪得无厌的，例如，任何数量的财富都不足以抑止追求金钱的进一步欲望，而且，它还直接引起骄傲、虚荣、固执、仇恨、报复等不良品德。肉体的存在总是试图不惜一切代价地保持个体的单独性或分离性，正是这种有限性妨碍了人对于至善的追求。因此，肉体导致邪恶。拉达克里希南说："私欲是我们一直处于无知状态的关键，只要我们生活在私欲中，我们就不能享受普遍精神的欢乐。"② 这样，精神与肉体处于尖锐的矛盾对立状态。精神试图实现"自我超越"。冲破有限的肉体的束缚，体认无限，以达到与大梵同一的至善境界；而肉体则千方百计地限制和束缚精神本性，使其难以悟证普遍与绝对统一，亦即梵的真性的显现。在揭露这种矛盾时，印度近现代思想家与古代思想家并无重大差别；但深入到如何解决这一矛盾时，古今思想家的不同便显现出来。印度古代的许多宗教哲学家都认为，肉体是束缚灵魂的牢笼，是顽固不化、不可救药的外壳。以商羯

---

① ［印］S. 拉达克里希南：《唯心主义人生观》，103 页，伦敦，英文版，1947。
② ［印］S. 拉达克里希南：《东方宗教与西方思想》，95 页，牛津大学出版社，1939。

罗为代表的不二论吠檀多学派主张，应通过觉悟肉体和外境均属虚幻不真来促使自我精神的解脱；而另一些宗教实践家则主张用消极地折磨肉体、残毁肉体的方式来解放精神，例如耆那教的苦行主张即是出于此种见解。然而，印度现代民族资产阶级思想家并没有像古代思想家那样把梵与现象世界的矛盾和自我精神与肉体的矛盾推向极端。他们一般认为，梵与自我精神相对于物质世界和肉体说来，诚然是更为根本，或者说是第一性的，但并不应该否定物质世界和肉体的真实性。至上的精神实体梵需要通过物质世界来显现。同理，肉体虽然是低级的、有限的、不完善的存在，但却应该看做"神性的庙宇"，也就是说，肉体为"神性"存在提供了场所，为精神的悟证和进化提供了条件。因此，精神需要肉体。泰戈尔对这个问题作了较多的分析，他坚决明确地反对把物质世界视为虚幻的主张，他说："我们有些哲学家说宇宙没有像有限的这种东西，它只是一种摩耶（maya），一种幻，真实的才是无限的，只有这摩耶——不真实的东西才生出有限的外表来，但是摩耶这个字仅是一种名称，它并没有说明什么。"又说："谁这样虚伪地渲染，竟敢把一切——人类的伟大世界、正在发展的人类文明，人类无穷无尽的努力……称为不真实呢？谁能认为这无限的伟业是莫大的欺骗！"

至于奥罗宾多的"整体吠檀多"更是对于传统吠檀多学说的明显修正。在他看来，物质与精神相互产生或相互引起，有形与无形、绝对与相对、有限与无限、有生命与无生命都是最高实在的不同形式的变异。缺少任何 种形式，最高实在的完整性就会遭到破坏。因此，从理论上宣布肉体为虚幻是不正确的。另一方面，印度当代民族资产阶级思想家也反对抛弃或断灭肉体的宗教修行道路，而主张通过发挥内在的精神的力量，不断地改造和转化肉体的性质，使其逐步完善化或精神化。可以说，现代印度思想虽然深受古代观念的影响，但却不能把二者简单地等同起来。

一部分印度当代思想家还从不同的层面探讨了善与恶的关系。

从具体的行为准则和规范上看，有些情况下，善与恶是可以相互转化的，对此，甘地和尼赫鲁都有论述，甘地认为，在某些特定条件下的善到了别的时间和空间范围内可以成为恶。尼赫鲁更明确地指出了道德的历史性，他说："我承认道德标准是常变的，而且要随成长中的精神与进展中的文明为转移；它并受着一个时代心理的一般趋势所限制。"① 泰戈尔还指

---

① ［印］尼赫鲁：《印度的发现》，21 页，北京，世界知识出版社，1956。

出了善与恶的相互依存，认为，在这个世界上，好与坏总是在一起，同样，恶的地方也总能看到善。

从善与恶的最终本性和趋向上看，大多数印度当代思想家都认为邪恶将被善所战胜，这是因为，至善的本质就是无限，而恶的本质则是有限和不完美。换言之，至善是永恒的，而恶则是暂时的。泰戈尔说："正像在知识中的错误一样。在任何形式的恶中，其本质也是暂时性，因为它不能与全体相调和，任何时候它都会被事物的全体所修正，并不断改变它的某一方面。""恶不能完全阻止生命在光明大道上的进程，也不能掠夺它的财产，因为恶一定会消逝，它一定会演变成善，它不能停下来同万物挑战。即使是最小的恶如果有可能无限期地在任何地方停留，它也将下沉到很深的地方，并嵌入到实在的根部。"甘地则宣称："神就是最高的炼丹师，在他的存在中一切钢铁和废渣都被转化为纯金。同样，一切邪恶也能被转化为善。"

二、极乐或人生的理想与目的

印度哲学从本体论的高度来研究善恶问题以及人生问题，重视至善而相对轻视具体行为规范水平上的善恶。对于人生理想或人生目的问题，古今印度思想也采取了相似的态度，即试图追求"极乐"，也就是与"至善"处于同一水平的绝对的幸福，而不是暂时的、相对的幸福。这种追求的理论形式可以概括为由"业报"（karma，一译羯摩）到"解脱"（moksa）。因此，有些学者认为，"业报"与"解脱"理论，是印度伦理学的中心内容。"业报"及"轮回"是印度古代一种十分普遍的信仰，早在《吠陀》经典中就有记述，后来的正统派和包括佛教与耆那教在内的异端派，都承认业报轮回，只是具有无神论和唯物主义精神的顺世论（lokayatika 或 car-vaka）惟一例外地反对这种主张。各派讲业报轮回有不少细节上的出入，但中心内容和基本思想并无二致。所谓"业"即人的行为（常包括意念和言论在内）。人不断地思想、交谈与实践，这叫做"造业"。每造一业，必然会得到报应。善业得善报，恶业得恶报。灵魂在业力的驱使下不断再生，投胎到新的肉体中。今生今世的生活环境、地位等是前生行为之果；而今生的行为，又构成引起来世报应的因。这种因果报应，循环不已，称做"轮回"。行善者可望在来世地位上升，成为较高种姓之人，直至成为天神；行恶者则面临地位下降之罚，甚至可能变成畜生或饿鬼。古代印度著名的法规《摩奴法典》就对罪人来生将受何种惩罚作过详细的描述。"业报轮回"理论劝使人们放弃偷盗之类不善行为，鼓励施舍等善的行为，以免受到来世的惩罚。然而，这种理论本身并不能使人获得永恒绝对的幸福。施舍等善行虽然可以使人在来世地位上升，甚至成为天神，但却无法摆脱尘世的苦难，还面临新的地位下降的危险。因而，"业报轮回"一般说来不是印度传统宗教哲学的最终理论。

要想获得一劳永逸的绝对幸福，即所谓"至乐"，必须从"业报"理论进升到"解脱"理论。"解脱"的解释也因流派的差别而众说纷纭，但它的中心是跳出业报轮回的圈子，摆脱尘世的苦恼，进入彼岸世界。这个进入彼岸世界，根据正统派的解释，也就是自我精神的最终悟证，认识到梵我同一，现象世界不过是虚幻。这样，也就使主体与最高的实体的差别全然消失了。在实现了超越有限而达到无限的"至善"的同时，主体也就获得了彻底摆脱同样因有限而引起的痛苦而达到的"至喜"。在这样一种超越现世的状态之下，精神自然会获得极度的平静。许多印度的宗教哲学，尽管细节上多有出入，但在追寻上述"至喜"、"至乐"亦即极度平静的目标上，是一致的。

当代印度民族资产阶级思想家在讨论人生的理想和幸福的时候，仍在使用"业报"和"解脱"的术语。但是，他们的态度和解释，却有了明显的变化。

对于"业报"，有些现代思想家虽然承认它，却没有将它视为重要的理论。另一些思想家则开始对"业报"加以批评。例如，奥罗宾多就揭露了传统业报理论的缺陷，他说："不可能设想，内在精神是在'业'控制下的机械现象，是属于前世行为的奴隶。真理肯定不是僵死的，而是变化的，倘若前世之业的报果在今世中通过公式表现出来，那么它也必然要得到心灵存在的允许。"①

在奥罗宾多看来，极端的业报理论将一切现象归结为前世行为的果报，所谓"一饮一啄，莫非前定"，那么，人的精神也就不可能有自由，只能听命于果报的安排。他是从哲学基本理论的高度来批评"业报"说的。而尼赫鲁则是从实践的角度来反对"业报"，他说："社会罪恶其中有许多本来是可以消除的，而被归咎于原罪，或者人类的本性难移，或者社会组织，在印度则归咎于无可避免的前生宿孽。这样一来，人们就不知不觉地连合理的和科学的思考都不去尝试，却托庇于悖理的行为、迷信以及

---

① ［印］室利·奥罗宾多：《神圣人生论》，720 ~ 721 页。

社会上无理的和偏颇的成见与习俗了。"①

对于"解脱",现代印度民族资产阶级思想家大都反对将尘世视为苦难,只有超脱尘世才能达到永恒常乐的悲观厌世的观点。在他们看来,在现实生活中确实有许多痛苦和忧虑,但是,不能靠摆脱现世来解决问题,关键在于改造和转化自己的肉体性,从自私或利己的欲望中解脱出来,让自身内在的与梵同一的善性充分显现。这样,在尘世生活中即可解脱。泰戈尔说:"未来的岸边在哪里呢?它难道是我们所具有的东西之外的某种事物吗?它难道在我们所在的地方之外的某个地方吗?它难道必须脱离我们的一切工作,脱离我们生活的一切职责吗?我们就是在我们跳动的心房中寻求我们的终点,我们就是在我们站立的地方追求解脱。"奥罗宾多反对把摆脱苦难的希望寄托于"死后的解脱"或"彼岸的天堂"。他说:"问题的关键不是人上升到天国,而是在这个世界上人上升到'精神'之中,'精神'也下降到普通的人类之中,使这个世界的本性得到转化。人类长期昏暗而痛苦的旅途的最终目标,人类所期望的真正新生就是为了此目的,而不是什么死后的解脱。"②

与此同时,大多现代印度思想家提倡"普遍解脱"或"普遍救世",这与传统哲学的主导倾向是很不相同的,古代哲学家都从个体的角度思考解脱,只有大乘佛教主张"普度众生"作为例外。

关于普遍解脱,甘地、奥罗宾多、拉达克里希南等都有系统的论述。甘地认为,如果整个人类未能解脱,个人的解脱便是不可能的。在一个充满邪恶和遭受奴役的国家中,个人的解脱更是无法设想的。他断言:"如果一个人能在精神上获得,那么全世界都会有所获得;而如果一个人失足,那么全世界都将像他一样失足。"而由于所有人同时达到与神同一的境界几乎是不可设想的,甘地强调,人应当努力进行道德修养和道德实践而不应当奢望最后的解脱。在无休止地为大众服务,亦即为神服务的实践中,人才能获得幸福。

奥罗宾多提出"神圣生命"的思想,把"神圣生命"的境界作为人类进化的最高目标。他认为,个人的解脱不是人生的最终目的。当周围的人都处于无知状态时,一个人的精神化是不能巩固和保持下去的;只有当周围的人都达到精神化,个人的完善才有保障。因此他主张,当一个人解脱

---

① ［印］尼赫鲁:《印度的发现》,21～22 页。
② ［印］室利·奥罗宾多:《人生循环论》,76 页,本第治理,1949。

第二章 当代印度伦理思想 | 95

后，他还要生活在原来的环境中，用自己已获得的无限智慧和力量去启发和帮助周围无知的人。这好比第一只火把点燃第二只火把，第二只火把再去点燃第三只火把……依次类推，直至整个人类都神圣化。拉达克里希南也提出，一个人解脱之后还要为超度他人而不断地工作，只有当所有的人都获得解脱后，人类的最终幸福才能实现。

正是出于这种考虑，奥罗宾多和拉达克里希南都主张解脱的人不必摆脱再生。因为他的工作尚未完成，他必须身处生死轮回之中，直至所有人都得到解脱。

可以说，继承并发展古代"业报"——"解脱"思想模式中有关精神悟证的方面，抛弃机械的业报理论，并且把个人解脱同全人类的解脱和现实的改造联系起来，不再追求虚幻的彼岸境界的幸福，而是追求精神净化的至喜和在实践理想的斗争中获得幸福，是印度当代伦理思想的趋势。

三、实现人生理想的途径与相应的行为规范

在确立了精神解脱、追求至善极乐的最高目标之后，当代印度思想家们对于实现这一目标的途径进行了广泛探讨，各自提出了自己的理论以及与之相应的行为规范，他们的主张并不完全相同，在某些问题上存在着激烈的争论，但却有着共同关心的若干基本问题和基本倾向。

（一）克服"无明"私欲

既然人生的最高理想是证悟自我精神与最高精神实体的同一，那么，实现这一理想的最直接的途径也就是克服所谓"无明"，即，认识不到自己的精神本性，认识不到自我精神本性与宇宙实在的统一性。"无明"直接产生私欲，它把个人与整体妄相分割。因此，克服"无明"就要消除私欲。许多印度当代思想家都强调克服私欲的重要性，并提出了与之相应的一系列道德规范，如自我牺牲、禁欲、苦行等。在他们看来，这些表面上看来是苦的东西才会给人带来真正的快乐。甘地说："幸福生活的秘密就在于自我克制。自我克制就是生命，而纵情享乐则是死亡……为了服务而产生的自我克制有一种说不出的快乐。任何人都不可能夺走这种欢乐，因为这种甘露是出自人的内部，并且维持着生命。没有这种欢乐，人就不可能长寿；即使长寿，也没有价值。"[①] 奥罗宾多说："克服无明，消除私我，不仅完全抛弃欲望，而且完全抛弃一切能够满足欲望的东西——这可以看

---

① ［印］甘地：《通往神的道路》，30 页，艾哈迈巴德，1981。

做是一种最有效的原则。"①

　　从表面上看，当代印度资产阶级思想家所提倡的消除私欲、自我牺牲和苦行与古代印度的伦理规范十分相似。应该说，二者确实有理论上的联系。但正如前文已指出的，当代思想家所讲的苦行并不要求折磨肉体，残毁肉体，而是主张以自我牺牲精神来为社会服务，为他人服务。在这些思想家中，甘地强调苦行和自我牺牲最多，讲禁欲最为严格，例如，他主张节制情欲，说："当一个丈夫与一个妻子肆于情欲的时候，那便是等于兽性的放纵。这种情欲的放纵，除了绵延种族以外，应该严厉地禁止。但是，一个消极的抵抗者，就是很有限制的情欲，也是应当避免的，因为他能有不要子孙的欲望。所以一个结了婚的人，也可以遵守完全的贞洁。"②甘地的这种极端的禁欲主义和僧侣主义的观点，受到了尼赫鲁的批评，他认为甘地的道德规范奇怪而迂腐，不切实际甚至有害，可以说是"绝对错了"③。

　　在探讨克服无明、体悟无限时，很多当代印度思想家强调瑜伽在这一过程中的重要性。瑜伽术一贯的精神就是讲身心修养的相互促进。古代瑜伽师较为强调瑜伽的姿势和技术性问题，而当代印度思想家则较为注意瑜伽的意念方面的作用。例如泰戈尔创造了所谓"精神瑜伽"，不再考虑"坐法"、"调息"、"姿势"等问题，而是从"爱"、"自制"和"自我牺牲"等道德修养的角度来谈瑜伽。此外，"业瑜伽"自当代印度哲学先驱人物辨喜（Vivekananda）加以提倡以来，在印度思想家中也很流行。所谓"业瑜伽"也就通过改造社会的实践来达到净化自我的目的。强调行动，包括体力劳动，是一时风尚。上文已指出，甘地极力强调实践，乃至自己纺线织布，打扫厕所；泰戈尔也把工作和劳动视为快乐。这种精神，与印度古代的瑜伽传统很不相同。

　　（二）推行普遍之爱

　　消除私欲、自我牺牲和苦行是当代印度民族资产阶级思想家的道德自律；对待他人关系的最高准则是所谓的"普遍之爱"。很显然，这种"普遍之爱"同前述以无限的精神实体为至善和梵我同一论有着直接的关系。每一个人都有善的本性，每一个人的自我精神都是梵的体现，所以当然应当爱他人，同他人协调一致。泰戈尔对于"爱"有大量的论述，他说：

① ［印］室利·奥罗宾多：《神圣人生论》，1066 页。
② ［印］甘地：《印度自治》，61 页，北京，世界知识出版社，1963。
③ 《尼赫鲁自传》，587 页，北京，世界知识出版社，1956。

"人类之自由和人性之完善都在于爱，爱的别名就是'包容一切'。由于这种包容力，这种生命的渗透力，才使人类灵魂的气息与渗透于万物之中的精神结合起来。"① 又说："无论我们爱什么人，在他们身上我们都可以发现我们自己的，最高意义上的灵魂……因为通过他们我们可以变得更巨大，在他们身上我们都能接触到包括整个宇宙的伟大真理。"② 奥罗宾多强调个人与集体的和谐，他说："对于个人来说，就是通过内部的自由发展来完善自己的个性，同时也尊重和帮助他人同样地发展，亦从中得到补益。个人的规律就是使自己的生活与社会集合体的生活协调一致，并把自己作为一个增长和完善的力量献给人类。"③

但是，给印度当代社会带来最大影响的莫过于甘地创造的以爱为核心的非暴力主义。

在甘地的道德观中，"爱"的法则占有极为重要的位置。他把这种法则作为人类一切行为的基本准则，把"爱"作为调整人与人、人与社会之间的一切关系的方法。在论述爱的法则时，甘地把人与动物作了对比，认为人与动物不同，其根本差别就在于人类之间具有爱的法则并且实际应用到生活之中。他确信仇恨和暴力是动物或兽类的法则，只有爱和非暴力才是人类的法则。他说："假若爱不是生命的法则，那么生命就不可能在死亡之中永存着。生命就是不断地战胜死亡。如果人与野兽有什么根本区别的话，那就是人逐渐地认识到爱的法则，并且把它实际应用到自己个人的生活之中。世界上的一切圣者，无论是古代的还是现代的，都是按照自己的观点和能力实践我们人类行为的这个最高法则的活生生的范例。"为了说明爱在人类生活中的作用，甘地曾把爱称为人类社会的一种"凝聚力"、"吸引力"或"亲和力"。他认为物质世界中的各种原子和分子能够聚合在一起，是因为它们之间有一种凝聚力，那么人与人能够聚合在一起，也必然需要一种凝聚力，这种力量就是"爱"。他说："科学家告诉我们，如果在构成我们地球的无数原子之间没有一种凝聚力的话，那么地球就会变成碎片，我们也不能再生存下去。正像无意识的事物中间有一种凝聚力一样，在一切有生命的事物中也肯定有一种凝聚力量。这种生物之间的凝聚力的名称就是'爱'。我们可以在父子之间、兄妹之间、朋友之间看到这种爱。"

---

① ［印］泰戈尔：《人生的亲证》，第一章，莱比锡，1926。
② 同上书，29 页。
③ ［印］室利·奥罗宾多：《人生循环论》，84 页。

甘地认为，既然爱是人类行为的最高准则，那么它就适用于社会上的一切人。不管你是什么民族、什么阶级、什么种姓、什么宗教派别，都可以用爱的法则来对待。甚至，对于敌人，也应当爱。他说："如果我们学会在社会上用爱的法则取代弱肉强食的法则，学会在我们心中对我们视为敌人的人不怀有恶意和仇恨，学会爱他们，把他们当做实际的或潜在的朋友，那我们就有充分的理由来庆幸自己。"

为什么应当把敌人视为朋友呢？因为神性寓居于每个人的内心，恶人也不例外。他们之所以行恶，是由于其内在的善性被表面肉体所产生的私欲所覆盖而暂时未能显现。一旦内在的善性被唤醒，他们就会成为善人。根据甘地的理论，对待这些善性尚未显现的人，不能用暴力去强迫他们行善，而只能通过爱的方式感化他们。甘地推崇道德感化而反对一切暴力。他认为暴力是兽性的表现，是人的肉体方面私欲的表现。在社会实践中，甘地正是从这种道德观出发，对于殖民主义统治采取"非暴力抵抗"或"不合作"的态度，并提出"变心说"、"托管说"等以道德感化为主要内容的改良建议。他以非暴力手段来面对殖民主义的暴力。

在对于暴力的评价以及由非暴力而引申出的目的与手段的关系上，尼赫鲁批评了甘地的理论，他的批评，可以分为以下几个层次：首先，暴力并不一定总与恶联系在一起，尼赫鲁说："不错，暴力通常和恶意是分不开的，但至少在理论上不是永远这样。我们可以设想暴力可以拿善意为基础（比如外科医生的善意），而以善意为基础的事情基本上不可能是不道德的。总之，好意和恶意是伦理和道德的最后测验。因此，暴力虽然从道德上看常常是不正当并且很危险的，但不是永远如此。"[1] 其次，暴力在社会生活中是不可避免的。尼赫鲁说："暴力正是现代国家和社会制度的活力。没有国家的强制机器，税收就征取不到，地主拿不到地租，私有财产就会消灭。法律依靠武装力量使私有财产不被别人占用。民族的国家本身因为有进攻和防御的暴力才能够存在。"[2] 其三，暴力有多种形式，只认为使用刀剑和武器的才是暴力，而对"常常披着和平外衣而来"，"杀人不见血地蹂躏人的意志，摧残人的精神，破坏人的心灵的暴力"却不加谴责是错误的。其四，尼赫鲁认为，非暴力感化只能使大众，至多使一些动摇分子受到感化，而"那些一向对它怀着敌意的人却没有发生明显的感化"[3]。

---

①② 《尼赫鲁自传》，617 页

③ 同上书，624 页

因此，不能放弃使用暴力的权利。最后，甘地强调手段比目的重要，只要采取正当的非暴力手段，就一定能够达到正确的目的；而只要使用暴力作为手段，就一定不可能有正确的目的。手段是关键，目的可以不必多加考虑。尼赫鲁却认为目的更为重要，为了达到目的可以使用各种手段。他说："我认为甘地强调手段的重要，对我们是有很大的益处的。但是我确信更应该强调的是目的。如果我们不能理解这点，显然我们就要漂泊不定，浪费我们的精力在无关重要的枝节问题上。"① 尼赫鲁认为，暴力或非暴力，并不能成为评价人们行为的正当性的准绳。尼赫鲁同甘地在暴力与非暴力、目的与手段问题上的争论，对于现代印度伦理学的发展和印度民族解放运动的趋向都具有十分重要的意义。

四、现实社会与理想社会以及物质发展水平同道德水平的关系

如何对印度现实社会中人与人的关系作道德哲学上的分析与评价？20世纪上半叶的印度处于极度黑暗的状态之下，一方面，广大印度人民遭受着殖民主义的残暴统治；另一方面，绵延数千年的种姓（caste）制度仍在社会生活中起着非常重要的作用，血缘宗族的隔离与阶级矛盾交织渗透；此外，还有十分猛烈而残酷的宗教冲突。印度社会应当向何处去？如何建设理想的社会？在理想社会中人与人的关系应当如何调整？这是摆在所有印度当代思想家面前的重要问题。而对此的探讨，又势必涉及对东方文明和西方文明的道德评价以及道德水平同物质发展水平的关系等更高层次的问题。在回答这一系列复杂而重要的问题时，印度当代思想家的观点再度出现了明显的分歧。

薄伽梵·达斯对于种姓制度的理论基础作出了学院式的独特探讨。他仍使用印度传统哲学的概念和术语，但在其理论模式中却可以见到柏拉图"理想国"的影响。薄伽梵·达斯把"原初物质"（prakrti）的三种属性同种姓制度联系起来。每一个人都同时受到原初物质三种属性的影响，但三种属性的比例却不相同。婆罗门种姓所受到的主导影响是"明"（luminosity），因此他们较多智慧；刹帝利（武士）种姓所受到的主导影响是"动"（activity）；而首陀罗这种最低种姓则主要受"静"（immobility）的支配。由于社会的阶级结构需要经济组织，这就又造成了第三种姓"吠舍"即商人。商人种姓受到"动"与"静"两种属性的势均力敌的影响，而"明"的影响则相对薄弱。从社会组织学的角度看，薄伽梵·达斯认为，一个社

---

① 《尼赫鲁自传》，628 页。

会主要需要四种社会组织：（1）教育组织，它需要聪明的婆罗门种姓；（2）防御组织，它需要善动的刹帝利种姓；（3）经济组织，它需要商人及各种专业人员，亦即吠舍种姓；（4）工业与劳动组织，它需要以静和服从为特征的首陀罗种姓，这个种姓必须接受指导并受驱使去工作。薄伽梵·达斯就是这样为种姓制度提供了新的理论基础，也在同时肯定了这一制度的正义性，因为它是社会分工的需要，并且是由于人们天生禀赋的不同所造成的。为种姓制度作辩护固然表现了薄伽梵·达斯思想的保守性，但也需要注意他对于种姓的解释多少有些新意。他把婆罗门的祭司职能转变为教育职能，又把首陀罗解释为产业大军，无非是要把古老的种姓制度同资本主义制度相协调。这反映了当时一派人的思想。甘地也曾将种姓视为以出身为基础的"劳动分工制度"。但是当代印度民族资产阶级思想家中的大多数人没有像薄伽梵·达斯这样为种姓制度辩护，他们对此有不同程度的批评，并且提出了各种各样的改造印度社会的方案。他们都认为，印度社会的现状是不道德的。而西方资本主义社会的情况也是不道德的。但是，在进一步的分析之中，尤其是对东西方文明的道德评价和实现理想社会的道路问题上，印度思想家们展开了激烈的争论。

甘地的思想代表着争论的一个极端，我们可以将甘地的理论作为线索，来考察这种争论的全貌。甘地把印度社会的悲惨状况归结为"现代文明"的输入。他说："我几经审思之后的意见是如此，印度并不是压抑在英人的铁蹄之下，而是压抑在近代文明之下。它是正在一个大怪物的重压之下呻吟着，现在还有可以逃避的时机，但一天天更加艰难了。"这可以说是一个相当惊人的断语。甘地作出这种结论，并不是一时冲动，而是确如他自己所说，"几经审思"，经过了认真的思考与推论。甘地认为，西方资本主义的文明，亦即他所谓"近代文明"，不是真正的文明。甘地给文明下了一个定义："所谓文明，应该便是行为的模型；它指示达到人生的义务的途径。尽义务与守道德，是它的别词。守道德，便是管束我们的心灵与节制我们的欲望。这样做的话，就可理解自我。在咕甲拉梯文中，与文明同等的字，便是'好行为'。"很显然，甘地是把道德看做衡量文明与否的尺度，而道德本身又严格地界定为他一贯提倡的自我克制和禁欲。用这种标准来衡量，西方"近代文明"的确是不"文明"的。甘地列举了近代的文明的种种罪恶。

（一）宗教与近现代文明

近代文明是反宗教的，而宗教对于维持社会的道德水平是不可缺少的。近代文明排斥宗教，就不可避免地造成了道德堕落。根据甘地的分析，这种反宗教的文明已使欧洲人"变成一种半疯狂状态"，在印度也造成了一种令他哀痛不已的"无宗教状态"。在这种状态下，"我们已经离开了上帝"。而上帝是至善的源头，这样，当然也就实在没有伦理道德可言了。有人同甘地辩论，指责宗教是迷信，是欺骗，在历史上的宗教迫害中，有成千上万的人丧生，这如何是道德的呢？甘地认为，这是对于宗教的"非法攻击"，因为，世俗事务中的欺骗比宗教中的欺骗远为恶劣，宗教所造成的苦难，比近代文明的灾祸可以忍受得多。甘地对宗教与现代文明作了系统的对比，他说："那些残酷行为，是借宗教之名以行，却不是宗教的本性。所以它们虽是借宗教的名字以行，一经铲除了，便不会再有。它们只有在一般迷惑无知的人民间生存着。但在近代文明之火焰中，牺牲与毁灭，却没有终止。它的最大的结果，是使一般人堕落于它的酷热的火焰当中，还相信它的一切都是好的。它们是绝对非宗教的，在实际上，给予世界的利益，却是极其微小。近代文明好似一只老鼠，当它使我们快悦的当中，已经是在啮食我们。如果我们充分认识了它，我们就可看出宗教的迷信比起近代文明来，是全无害处的。我说这话，并不是要维护宗教的迷信；我们要竭尽力量以破除它。但我们侮辱宗教，却决不能把宗教的迷信破除。我们只能由尊重宗教与保存宗教，以破除宗教的迷信。"

需要指出，甘地提倡尊重宗教与敬神，并不是支持和偏爱某一种特殊的宗教，而是主张尊崇包含于一切宗教之中的真义。这种真义，就是普遍之爱，自我牺牲、节欲或禁欲等等"神圣的"或"精神的"追求。所以甘地说："我解释一下，我说的宗教是指什么？它不是印度教……而是一种超越印度教，能改变人性。使人与其内在的真理永不分离、永远纯净身心的宗教。"根据这种精神，甘地对旧的宗教形式作了新的解释。他提出，"祈祷就是呼唤人性，就是一种向内自我纯化的号令"等等。

事实上，早在近代印度思想史的启蒙阶段，就有不少人提出通过改革和净化宗教来实现社会改良的目的。民族解放运动的先驱者辨喜、提拉克（Tilak）等人都提出过类似主张，如辨喜说："我们需要一种宗教……这种宗教给我们自信，给我们一种民族的自尊，并给予我们供养、教育穷苦人和摆脱周围苦难的力量。"

与甘地同时代的泰戈尔主张"人的宗教"，主张用对人性的崇拜代替对于上帝的崇拜；奥罗宾多则提出更为理论化的"精神宗教"。他说："宗教有两方面，真的宗教和宗教主义。真的宗教是精神的宗教，是那寻求生活于精神中者。生活于出乎智识以外，出乎人的审美、伦理、实际诸体以外，且以精神的高等光明和律则，启迪而且管制我们有体的这些分支者。"

拉达克里希南同奥罗宾多一样，也主张"精神宗教"。

在多数印度民族资产阶级思想家热衷于颂扬宗教的根本价值观念时，尼赫鲁则对宗教表现出较为明显的怀疑，认为应当顺应近代文明的趋势，他说："印度是一个信奉宗教的国家，印度教徒、穆斯林、锡克教徒以及信奉其他宗教的人各自夸耀他们的宗教，为了维护自己的宗教的真理不惜打得头破血流。印度以及其他地方的宗教——或者至少是有组织的宗教——所表现的这种现象，引起了我极大的厌恶，我常常加以谴责，并且想把它一扫而空。宗教似乎经常倡导盲从和反动，主张教条和顽固，维护迷信、剥削和既得利益。可是我十分知道宗教内容还有其他一些东西，供给人类深刻的内心要求……正像伊斯兰教和印度教一样，天主教使人逃出怀疑和内心冲突，找到一个安全的避难所，向人保证来世过较好的生活以补足现世生活中的缺点。我不能够以宗教为避难的地方。我宁愿冒惊涛骇浪的风险。对于来世和死后的情形，我也不感兴趣。……在我看来，通常的宗教观点似乎是清楚思想的敌人，……它有意地或者无意识地闭着眼睛无视现实。深恐现实跟它原有的想法不同。这种观念很狭窄，不能容忍其他意见和思想。他以自己为中心，只顾自己，常常被自私自利者和机会主义者利用。这并不是说信奉宗教的人都不是道德和精神很高尚的人。这是说宗教观点不能帮助，反而妨害一个民族在道德和精神方面的进步，如果只用现世的标准，而不用来世的标准来衡量道德和精神的话。宗教通常追求上帝，信仰宗教的人对于自己的解放比对于社会的利益更关心。神秘学者想摆脱自我。而在这种过程中常常深陷于自我的思想中。道德标准跟社会需要无关，而是以抽象的罪恶论为基础。有组织的宗教常常变成一种特权，因而不可避免地成为一种反对改变、反对进步的反动势力。"① 这段很长的话是当代印度思想家对于宗教最猛烈的批评之一。尼赫鲁认为，在宗教与近代文明的抗争中，近代文明将是胜利者，他说："我毫不怀疑，一切反抗现代科学的、工业文明的努力，不论是伊斯兰教的还是印度教的，都注定要失败，而我将毫不惋惜地来看这次失败。"②

① 《尼赫鲁自传》，425～428 页。
② 同上书，539 页。

（二）如何看待物质生活水平的发展

甘地认为，西方近代工业的迅速发展以及随之而来的物质生活水平的明显提高并无可取之处，反而对道德十分有害，他是这样描述的：机器的广泛使用令人变得懒惰；工业化食品的生产使人只知追求吃喝，无暇考虑更深的问题；铁路和其他先进的交通工具传播生理和心理的疾病；印刷业的发达使毒害人民心灵的作品四处传扬；医院的建立使纵欲者无后顾之忧；兵器的进步夺走成千上万人的生命……一言以蔽之，凡生存在这种文明之下的人，皆以肉体的享乐为生活之目标。而肉体本是恶的根源，追求肉欲势必导致精神、道德的衰落，所以近代文明乃是魔鬼的文明。

甘地认为，既然物质生活水平的提高有损道德，出路也就在于铲除上述已有的生产方式，复归于原始的乡村经济。他断言：印度只有忘却它在以往 50 年左右所学到的东西才能得救。铁路、电报、医院、律师、医生以及这一类的东西都必须取消。甘地对于机器的特殊反感与他对印度工厂的恶劣环境的了解不无关系，他曾写道："在孟买那些工厂中的工人们，都是变成了奴隶。那些妇女们在工厂中的景况，简直令人震惊。"他用近似诅咒般的语言来诋毁机器："那机器的毒害，简直等于男女两性间的罪恶，这两样东西，都是毒物。"

甘地的这种批评不是说说而已。他曾制订如何使印度的工厂逐渐消失的方案，并用自己纺纱织布来抵制大工业化生产的棉布。需要指出，甘地的这种态度并不是孤立的。当时确有一些人支持他的看法，伊斯兰思想家 A. M. 伊克巴尔（Iqbal）也说过："机器的统治意味着心灵的死亡！机械损害了仁慈友爱的情操！"[1] 但是，甘地显然走得最远和最为极端。

尼赫鲁在对待机器大工业的问题上也同甘地发生了争论。他在引述了甘地对于铁路、电报、医院等现代物质文明的否定之后说："这一切说法在我看来都是十分错误而且有害的教条，都是办不成事情的。这里面暗示着甘地对贫穷、痛苦和苦行生活的热爱和赞扬。他认为进步和文明不在于欲望的增加和生活标准的提高，……我个人是不喜欢这种对贫穷和痛苦的赞扬的。我认为贫穷和痛苦毫无可取，而是应该消除。……我也毫不赞赏把所谓'纯朴的农民生活'理想化。我对农民生活几乎产生恐惧，我自己不但不愿接受这种生活，而且还要把农民也从这种生活中拯救出来，……这种生活丝毫不能给予我真正的幸福，在我看来几乎同囚禁一样。……现

---

① 转引自姚鹏等编：《东方思想宝库》，983 页。

代的文明固然是充满了邪恶，但也充满了善，而且文明有能力可以摆脱那些邪恶。把文明连根铲除就是剥夺文明的那种能力，让我们回到枯燥、阴郁和悲惨的生活。即使这种生活有它可取之处，那也是不可能的事情。我们没法阻塞一条变迁的潮流，也不能置身于变迁之外，我们既然吃过了伊甸园的苹果，心理上就无法忘记那种滋味，再返回原始状态中去了。"①

尼赫鲁认为，印度的出路不是在于倒退回分散的乡镇经济，而恰恰是相反，即，废止小土地所有权，建立有组织的集体和合作企业，使农村的劳动力转入大规模社会主义工业和社会服务部门。他分析说："今天，一个国家如果工业不发达，就不会真正独立，也不能抵抗侵略。一种基本工业还需要另外一种工业支持它、配合它，最后才能有机器制造工业。有了基本工业开动起来，那就必然有轻工业的发展。这种过程是无法制止的。因为不仅我们的物质和文化的进步同它有关，连我们的自由也同它有关。"②

然而，值得注意的是，尼赫鲁对于现代工业文明并不是毫无批判地加以接受的，他有时称这种文明为"含杂着某些虚假东西的文明"。他列举了"代用品食物"、"广告"等作为证据，指出近代文明已出了毛病，然后作了一段相当详细并非常有趣的分析："近代文明究竟出了什么毛病？……我们能否寻出那些原因，并把它们加以消除呢？近代的工业制度和资本主义制度不能算是惟一的原因。因为就是没有它们，衰退也常常有过。但是颇有可能，按照它们现有的各种形式，工业制度和资本主义制度确实会产生一种环境以及一种物质上和精神上的气氛，以有利于那些原因发挥作用。……有一件事似乎是突出的：离开土壤，离开大地，对个人和种族是有害的。大地和太阳是生命的泉源。我们若是长期地离开它们，生命就会开始衰退。近代工业化的社会已经失去了和土壤的接触……科学可能继续不断地取得成就，然而如果它过分地藐视大自然，大自然也许会对它玩弄一个巧妙的报复。"③

这里，尼赫鲁用模糊的语言表达了一些类似现代生态学的思想。而强调与大自然的统一、和谐，也是泰戈尔及奥罗宾多等人共同观点。这种观点，从今天的发展看来，应当说是不无启发的。尽管如此，尼赫鲁对于工业的发展的基本态度显然是肯定和乐观的。

---

① 《尼赫鲁自传》，584～585 页。
② 同上书，602 页。
③ ［印］尼赫鲁：《印度的发现》，736～741 页。

（三）对西方民主的道德评价

甘地认为，常常被西方人引为近代文明的骄傲的西方民主制度，如议会、选举以至律师之类，也是有损道德、不应接受的。甘地使用了最尖刻的语言来揭露英国的议会民主。说英国议会好比"不孕的妇人"，因为它无法做出任何有益的事情；又好比"妓女"，因为它完全受内阁的支配。当议会讨论某一问题时，议员们不能不从党派的私利出发，因此，他们并无真正的忠实的德性，亦无生动的良心。至于选举，甘地指出，这种形式并无真正的民主，因为人民实际上受到报纸等新闻媒介的操纵，而这些貌似公允的报纸均有党派的背景，仍不免从党派的私利出发对某个候选人进行宣传，不讲道德和良心。甘地的结论是，假如印度抄袭英国的这种所谓"民主"，无异于自取灭亡。

那么，真正的民主又应该是什么样子呢？甘地的看法是，民主不在于形式上的人数多少，而在于内容本身能否符合大多数人的利益。他说："不应该将大多数作为衡量民主政治的真正标准。如果少数人能够代表他们想要代表的那些人的精神、希望和志愿的话，那么这和真正的民主政治并不矛盾。"① 所以，甘地的民主还是从他的道德观念出发。他认为，一个民主主义者的标志是他能够和人类最贫苦的人融为一体，甘愿将生活水平下降到与他们一致的程度。

泰戈尔对于民主的理解与甘地较为接近。他也一方面批评西方民主的虚假，另一方面强调自由的精神比政治自由更为根本。他说："在所谓自由的国家里，多数人民是不自由的，他们被少数人驱使，走向连他们自己也不知道的目标。这所以成为可能，只是因为人们不承认道义自由和精神自由是他们的目的。"② 尼赫鲁认为，甘地关于民主的概念是唯心主义的，他本人则注重从历史的角度来看待民主的发展，他说："民主同资本主义是在19世纪同时产生的，但二者却互不相容，因为它们有一个基本矛盾，民主强调多数人的权力，而资本主义只给少数人实权。由于政治的议会民主本身是一种有很大局限性的民主，而且不大干预垄断和集权的发展，所以这一对不协调的伙伴能够共处下去。纵然如此，但当民主精神正在发展的时候，民主和资本主义的分离还是无法避免，而且分离的时间现在已经到来。"③ 紧接着，尼赫鲁又分析了有些人由于议会民主声名狼藉因而鼓吹

① 转引自《尼赫鲁自传》，286页。
② 转引自姚鹏等编：《东方思想宝库》，511页。
③ 《尼赫鲁自传》，605～606页。

维护中世纪的封建专制的观点。在他看来，"议会民主的失败并不是因为它跑得太远，而是因为它跑得不够远。它还不够民主，原因是它没有建立经济民主，而且它的方法迟缓、笨拙，不适合一个瞬息万变的时代"①。

这样，尼赫鲁所说的民主与甘地等人的精神自由与和谐有着重要的区别，它不是把重点放在精神上，而是要求政治、经济上的平等权利和机会。

（四）对于东西方文明的总评价与理想社会

集合各个方面的具体比较，当代印度民族资产阶级思想家纷纷提出对于东西或印西文明的总评价，这一评价，直接联系到理想社会的问题。可以说，在这个问题上有三种基本倾向。

第一种倾向以甘地为代表，他认为印度传统文明优于西方近代文明。所以未来的理想社会不是学习西方而是紧紧"拥抱着古印度文明"。甘地的总评价集中概括为：印度文明之趋势，在于提高道德的生存；而西方文明的趋势，却是宣传不道德。甘地认为，在变化莫测的世界潮流中，印度文明应保持不变。他说："我相信，印度所产生的文明，不致为这世界所击败。我们祖先所播下的种子，是没有东西可以匹敌的。……许多人劝印度改变，但她还是很坚定保持着原有的态度。这便是她的优美之处，我们的'希望之大锚'，也便是这个。"

第二种基本态度是反对盲目学习西方，主张东西方文明互补，但也把道德和精神的追求，作为理想社会的基础。大部分当代印度民族资产阶级思想家持此种观点。泰戈尔是这一态度的代表。他曾对东西文明的差别作过颇有影响的比较研究，提出了著名的"东方主静"、"西方主动"；东方以"亲证"为人生目的，西方以"活动"为人生目的等一系列公式化的表述。他认为东方文明不是完美无缺的，受到"主静"的趋向的影响。泰戈尔认为东方思想在发展过程中丧失了原来曾有过的创新精神。不愿进行新的试验，并由此产生出许多迷信。在另一方面，西方文化也存在着危机。由于"主动"趋向的驱使，西方生活正在像一座冰山一样逐渐失去控制，不知如何才能逃避崩溃的灾难。使泰戈尔十分忧虑的是东方青年一代正在不加选择地接受西方的价值观念，他说："东方年轻的一代，由于饮了来自西方的烈性酒，同样使自己的步伐摇摇晃晃，并且满足于以嘲弄的口吻评论我们对完美祭礼的追求。认为由它引起的平衡已经将我们引入惰性，

---

① 《尼赫鲁自传》，605～606 页。

他们忘记了运动和静止相比，运动更需要平衡。由此我深深感到这种道德上喝醉了酒所引起的蔓延已经从彼岸到了此岸。"①

拉达克里希南在哲学上试图融合东西，将新黑格尔主义与印度不二论吠檀多哲学结合起来。在伦理学方面，他谴责了印度现实生活中的不道德现象，但却认为这不是印度传统文明本身的问题。西方的文明以拜金主义作为本质，对印度说来并无可取之处。要想解决印度当前的社会问题，必须恢复传统文化。他说："我们现在的政治状态正是精神危机，信仰丧失，道德力量削弱的征兆。在每一种事件显现在历史过程之前，它们就已经在我们的思想中发生了。我们必须复兴古代的精神。这种精神要求我们战胜贪婪的感情，要求我们从黑暗时代的专制中，从鬼怪和幽灵的压抑中，从谬误和虚假的统治中解放出来，如果我们不担当起这一使命，我们今天的苦恼就毫无意义和理由。"② 达拉克里希南所谓"古代精神"，实际上主要是指在印度根深蒂固的宗教传统，他企图用宗教精神来克服当今社会的道德危机。

第三种态度是在学习西方文明的同时保持印度传统中的优良方面，使二者的成功方面相结合。尼赫鲁是这种倾向的代表。他认为西方工业文明的进步在全世界是一种不可阻挡的趋势，但在道德方面，西方却没有成功地解决社会的危机。因此，东西方的长处可以互补。他在《印度的发现》中说："人对人的关系，是多么基本性的问题，而在我们关于政治和经济的热烈争论中，这个问题曾多次被忽略了。在印度和中国古老的和明智的文化中它不是如此被忽略的，在那里它产生出来的社会行为的典型，虽有种种的短处，确实能够赋予个人以均衡。这种均衡在今天的印度是看不见的。然而在别的方面如此进步的西方国家中，又有何处可以找得到它呢？是不是均衡基本上是静止的，是与进步的变动相反的呢？我们必须为这一个而牺牲那一个么？肯定地说，应该有可能将均衡内在的及外面的进步结合起来，将旧时代的智慧和新时代的科学与活力结合起来。的确，我们似乎已经达到了世界历史的一个阶段，不是产生这种结合就是二者的破坏和消灭。"看来，尼赫鲁试图将东方追求心理宁静的人生哲学同西方的科学和生产的发展结合起来，并认为这种结合将会导致一个更为理想的人类社会。

---

① 转引自姚鹏等编：《东方思想宝库》，984~985 页。
② 同上书，395 页。

第七节　当代印度伦理思想的基本特点

上文已指出，由于印度近现代历史的复杂性和社会矛盾的错综交织，加之传统文化根深蒂固的影响，造成了印度当代伦理思想印西杂糅、古今融会的特色。这里，需要深一步研究其中内在的、具有规律性的倾向，这些倾向产生的社会历史原因，及其理论价值与意义。

一、宗教伦理观是印度当代伦理思想的主导倾向

在古代和中世纪印度，伦理学从属于宗教信仰。业报—解脱的理论模型是人们行为的最基本的指导原则。在近代和当代印度，具有浓厚宗教色彩的伦理观仍是伦理思想的主导倾向。神，或者说是神秘的最高本体，被视为人类道德的根本来源；对于人性亦即神性的悟证被当做人生的根本意义和至上幸福；宗教性的精神修养以及禁欲苦行等宗教的实践活动被认为是达到理想的必要途径；恢复和发扬宗教精神被看成解决社会矛盾和克服道德水平下降的惟一可靠方法。这种始终如一的宗教观念贯彻在当代印度民族资产阶级伦理学说之中。

这种倾向的形成原因前文中已有初步分析。它首先在于印度的丰富的文化传统，这一可以追溯到不晚于公元前两千年的传统的主体，是以《吠陀》、《奥义书》、《薄伽梵歌》为中心的婆罗门—印度教文化，以及佛教、耆那教和后来传入的伊斯兰教文化。尽管以顺世论派为代表的无神论和唯物主义传统不能说并不重要，但显然在比例上无法和强大的宗教势力相比拟。因此，当代印度思想的巨匠们，从甘地到拉达克里希南，都主要是受到正统的宗教思想的熏陶，难以摆脱传统宗教的影响。由于宗教思想的教育，他们在同西方思想的接触当中，也本能地对基督教等宗教唯心主义传统感到亲近，而与西方的无神论和唯物主义传统格格不入。进一步说，在印度这样一个各种宗教信徒的人口占总人口比例绝大多数的国度里，在寺庙神龛处处可见，人民大众文化水平低下，根本无法接触现代科学知识这样一种社会条件下，如果不仍然以宗教为精神武器，组组群众运动来争取民族解放，很难找到别的出路。再进一步说，宗教伦理学的盛行也是当代印度民族资产阶级软弱性的一种典型表现。由于资本主义生产方式并没有、也不可能在印度充分发展，这一阶层的力量本身非常薄弱，不可能同封建势力划清界限。除了在精神方面同旧的宗教影响妥协之外，在政治上，也有"变心说"、"托管说"等一系列明显和典型的妥协措施。精神上的妥协与政治上的妥协完全一致。此外，鼓吹宗教伦理学也包含有对待西方资产阶级的伦理学说失望和否定的因素。对此，下文将另有分析。

这里需要强调指出的是，切不可将当代印度宗教伦理学简单地等同于古代印度的宗教伦理学。尽管二者有着非常密切的联系和理论渊源关系。上文的具体介绍之中，已经分别分析了当代宗教伦理学同古代宗教伦理学的各方面差别，总括地说，当代印度思想家试图增加宗教伦理学中精神的成分和人道主义的内容。超越某一种宗教的具体形式和迷信的成分，趋向于将至上神理解为一种超越的精神实体而不是与一系列神话学相联系的人格神，在这方面，大概奥罗宾多的尝试最为典型，他的体系是一种吸收了大量西方精神哲学内容、带有极强烈的抽象思辨性质的宗教思想体系。更重要的是，当代印度思想家十分明显地把注意力从彼岸转移到此岸，主张在对于人的灵魂和社会进行改造的基础上实现此岸的解脱，这同古代和中世纪传统大相径庭。一些思想家更是明确地提出以对于人的崇拜和为人服务来代替对于神的崇拜和为神服务。这实际上是用资产阶级的人道主义来改造为封建制度服务的旧宗教及宗教伦理学。

需要指出，印度当代思想家对于宗教的态度不完全一致，甘地、奥罗宾多、拉达克里希南都表现出强烈的宗教精神，但又各有特色；泰戈尔的人道主义特征极为明显；而尼赫鲁则对宗教给以相当尖锐的批评。他们之间的差异，一方面反映了这些人物文化背景的区别；另一方面也反映出其所代表的阶层或政治集团的利益不尽一致。一般说来，甘地虽然从本质上看其领导的民族解放运动代表着民族资产阶级的要求，但又在很大程度上反映着印度广大农民的心理；而尼赫鲁则较为"纯粹"地代表着民族资产阶级的利益和愿望。

印度当代民族资产阶级思想家的宗教伦理学没有、也不可能科学地解决伦理学的一系列重要理论问题，如道德起源问题。他们用抽象的"梵我同一"的至善，作为道德的惟一真实来源，是一种典型的唯心主义的道德观。道德不能脱离社会和历史来考察，人的本质必须在人的社会存在和生产方式中加以考察。印度民族资产阶级的宗教伦理学虽然就其改造了旧的宗教伦理观念方面看，不无进步意义，而且也确实在实践中起到了一些反封建、反殖民主义的积极作用；但由于其本质上的错误和严重的妥协性，它不可能成为印度人民行为的正确指导，并且直接为政治上的妥协提供了理论基础。

二、抽象的普遍之爱是印度当代伦理思潮的主要内容

几乎所有当代印度民族资产阶级思想家都将一种抽象的普遍之爱作为伦理思想的中心。对于他们来说，最根本的，就是要达到一种境界，超越狭隘的、有限的私欲和利益，实现最高的、无限的、普遍的爱。只要达到这种至善的境界，其余各种具体的道德规范问题就可以自然而然地得到解决。这一思路，固然已包含在印度传统的宗教哲学之中，但是当代思想家给予它空前突出的强调。因而，这一倾向的形成原因，还是要到印度近现代社会的历史环境中去寻找。

印度民族解放运动是以摆脱英国殖民主义统治为目的的政治运动，而它从一开始起，就受到了根深蒂固的种姓制度造成的社会阶层对立、各教派之间的激烈冲突的困扰。所以，实现一种超越集团利益的民族大团结，是印度面临的首要任务之一，宣扬普遍之爱的伦理观，正是这种政治实践需要的产物。它对于团结人民和反抗殖民主义，确实起到了一些进步和积极的作用。

进一步说，这种同东方传统的整体观相联系的伦理学说也表现出一种朦胧的新视野，即在当代印度十分时髦的说法"国际主义"（international-ism）。它认为个人的利益、民族的利益同全人类的利益不可分割。如果不从整体上解决全人类的命运问题，个人与民族便不可能得到真正的幸福与解放。这种整体的道德观具有相当的深刻性。但是，它又是通过抽象的"爱"及"解脱"、"救世"等历史唯心主义和宗教概念而不科学地表述出来的。尽管如此，它对于帝国主义和无产阶级革命时代各被压迫民族和被剥削阶级的团结和联合，都有积极的贡献。印度当代思想家中的杰出代表，从其先驱者辨喜开始，就表现出明确的"国际主义意识"，对于中国人民的解放斗争十分关心，认为中印两国人民的命运是联系在一起的。印度思想家没有从狭隘的民族主义立场出发，把同英国殖民主义的斗争理解为两个民族的矛盾，而是从更广阔的世界文化背景下来理解这种斗争。

从另一个角度看，印度当代思想家重视对于伦理观根本问题的解决也具有合理的意义。一个有道德的人首先应当解决思想深处的根本境界问题，对于善与恶进行哲学思考，这比具体的行为规范重要得多。当然，这种强调在一些情况下有过度的倾向，导致了对于具体规范的不应有的轻视。

抽象的爱在世界上并不存在，如上文已分析的，追求抽象的爱也是印度民族资产阶级的软弱性、妥协性的一种表现。印度民族资产阶级企图用

道德感化的方式来劝说殖民主义放弃其统治，用非暴力主义来消极地抵抗暴力。这种办法不但不可能从根本上解决社会矛盾，而且会模糊社会矛盾的真正本质。

三、对东西方价值观念的评价是当代印度伦理学争论的焦点

印度当代伦理思潮发展过程中存在着不少分歧和争论，其中最主要的争论集中于对东方和西方价值观念的不同评价。从本质上说，这种争论反映着印度民族资产阶级的特殊性，即，上文已经提到的，这一阶级生长在印度传统文化的悠久传统之下，阶级基础薄弱，而且其发展已处于帝国主义和无产阶级革命的时代。由于这一系列特殊性，印度当代思想家不可能形成等同于西方资产阶级的价值观念。相反，他们势必要对东方传统的价值观念同西方资产阶级的价值观念作比较、反思与评价。在进行这种评价之时，又不能不讨论印度未来社会的性质，也就是印度的道路问题。

20世纪上半叶，两次世界大战的爆发与资本主义经济危机的出现，暴露出资本主义社会的黑暗，许多人原来赞颂不已的"西方工业文明"竟把世界引向如此深重之灾难。印度民族资产阶级处于英帝国主义的直接压迫之下，因而对于西方工业文明黑暗面的认识尤为深刻，这一阶级的思想代表，大多以相当激烈的态度抨击了西方资本主义，对于西方价值观念的批判是其中的重要组成部分。如上所述，甘地等人曾揭露了资本主义惟利是图的道德沦丧、西方民主的虚伪性等等。在这方面，印度思想家大致相同，只是在程度上有一定差别。

然而，对于西方资本主义价值观念加以批判和否定之后，怎样看待东方的传统价值观念？在这个问题上，以甘地为代表的传统价值观复兴派和以尼赫鲁为代表的工业文明继续发展派产生了严重的观点分歧。

甘地认为西方的危机本质上是道德危机，要想使印度避免出现类似的灾难，必须使生产力的发展保持在很低的水平上，同时大力复兴宗教精神以净化人的灵魂。甘地的想法，实际上在极大程度上代表了印度农民的平等空想，尽管他时而称之为"民主主义"，时而称之为"社会主义"甚至"共产主义"。甘地希望全体人都像印度最贫穷的农民一样过勉强维持生命的艰难生活，以此来堵塞贪欲自私的非道德行为，还希望通过道德感化来使统治者成为善良的统治者。这种希望，不仅难以实现，而且为在印度大量保存封建制度的残余开了绿灯。甘地对印度古代文明大加赞赏，而他所赞扬的，有很多也正是封建主义的糟粕。甘地的伦理学，虽然具有某些积极意义，但却明显地主张复古和倒退。

从总体上看，尼赫鲁对东西方文明的评价要比甘地科学和正确一些。实际上，他在 20 世纪 40 年代对于西方价值观的批判以及对于东方价值观的分析，受到了马克思主义的影响和十月革命的启发。他认为西方确实出现了全面的危机，但这种危机并不意味着应当从工业文明倒退，相反，应当进一步前进。用东方传统的宗教观念去代替或弥补西方观念是不可行的。他提出了一些不准确的社会主义的主张，如集体化等，并自称全面接受了社会主义。然而，他并不是一个真正的社会主义者。印度独立后在他领导下所走的道路也与社会主义相去甚远，至多是有较多的国家资本主义成分而已。他批评了宗教，却没有接受辩证唯物主义与历史唯物主义，而是动摇于唯物主义与唯心主义之间，他批评了东方的专制和西方的专制以及西方的假民主，却没有接受无产阶级民主的观念，而是提出以政治、经济机会均等为主要内容的"真正民主"，实际上仍然没有脱离西方资产阶级的民主范畴。尽管如此，尼赫鲁，至少是印度独立前的尼赫鲁，在道德的变迁、目的与手段的关系、对暴力的道德评价以及道德水平同经济发展关系等重大问题上，提出了更为深刻的看法。

综上所述，印度当代伦理学说具有独特的发展途径和理论体系，在世界现代伦理思想的发展中占有比较重要的位置，有一些观念，如整体道德观等，对于世界伦理学的进一步发展具有突出的价值和现实意义。

第三章　当代韩国伦理思想

　　韩国是经济发展较为迅速的资本主义国家。现在处于摆脱了封建社会，向产业社会迅速转变的过渡阶段（有人认为，韩国 20 世纪 80 年代后期起就已进入产业社会）。正因为是过渡阶段，在当代韩国社会中各种价值观念并存，既有民族传统文化的价值观念和伦理思想的影响，又有西方文化的价值观念和伦理思想的影响。多种价值观念和伦理思想的相互影响、相互作用，在社会发展的过程中，也经常引起价值混乱和产生一系列的社会问题。有些人惊呼韩国正处于"价值观念混乱的时代"，"道德堕落的时代"。对此，韩国伦理学界和教育界颇为担心，呼吁社会各界及所有国民尊重自己民族的价值观念和伦理道德，不要盲目吸收西方价值观念和伦理道德。为了进一步批判西方价值观念和伦理道德的消极影响，确立民族的传统价值观念和伦理道德，政府有关部门组织一批研究机构和教育机构专门探讨和研究韩国人的价值观念与伦理道德问题。如，如何看待民族传统价值观念和伦理道德，如何确立自己民族的价值观念，如何把西方的价值观念和伦理思想与本民族的传统价值观念和伦理道德相协调，以克服西方价值观念的消极影响，确保社会的安定等等。围绕这些问题许多学者著书立说，要求扭转"价值观念混乱"的局面。

　　韩国当代社会的发展比较复杂。第二次世界大战以前这片土地曾受到日本的长期殖民统治。战后，又从日本殖民地转为美国垄断资产阶级的附庸。相应地，韩国当代伦理思想的发展也具有某种曲折性和复杂性。为了叙述方便起见，本章把韩国当代伦理思想的发展分为若干阶段：1910—1945年日本殖民统治时期的伦理思想及特点；50年代—60年代的伦理思想及特点；70年代的伦理思想及特点；80年代的伦理思想及特点。

第一节　日本殖民统治时期的伦理思想

1910—1945年期间是日本帝国主义统治时期。在侵略朝鲜的殖民主义国家中，日本是抢在最前的一个。早在1876年，它便用武力胁迫李朝政府签订了《江华条约》（即《韩日修好条规》），攫取了在朝鲜自由经商、兴办实业和治外法权等侵略朝鲜的特权。1905年强迫李朝政府签订了《韩日协商条约》，在朝鲜设置"统监府"，把朝鲜变成了它的"保护国"。1910年同李朝政府秘密缔结了吞并朝鲜的《韩日合并条约》。日本帝国主义根据条约中"韩国皇帝陛下将关于韩国全部之一切统治权完全永久让与日本国皇帝陛下"的条款，正式将朝鲜吞并。从此，朝鲜沦为日本帝国主义的殖民地。

日本帝国主义的残暴殖民统治，给韩国国民造成了空前的灾难。为了巩固其殖民统治，日本帝国主义采取种种文化手段，实施"皇民化教育"，使韩国国民的传统价值观念和伦理思想受到了摧残。1930年以前，日本帝国主义为了缓和民族矛盾尚未赤裸裸地进行"皇民化教育"。1930年以后就不同了。随着世界经济危机的爆发，日本帝国主义为了转移国内人民的反政府情绪，极力对外推行扩张主义政策，悍然发动了侵华战争，大肆鼓吹"大东亚共荣圈"、"八弘一宇"及"忠君爱国"等思想，以堵塞反日民族解放思想的滋长，培植为日本帝国主义"忠诚奉公"的奴才，企图在韩国等东亚各国建立顺从日本天皇的"皇国化"秩序。

为了消灭朝鲜人民的民族意识，同化朝鲜人为"日本臣民"，从1938年起日本帝国主义公开实施它的"皇民化"政策。迫使朝鲜学校改日本校名，废除朝鲜语课程，提出所谓"国体明微，日鲜一体，忍苦锻炼"的三大纲领，极力鼓吹"皇民化"教育；强迫平民百姓人人背诵"皇国臣民之词"，朝拜日本神社，悬挂日本国旗，穿戴日本"套袴"。1940年日本帝国主义停刊朝文版《东亚日报》和《朝鲜日报》，解散朝鲜语学会等一些学术团体，强把成千上万的朝鲜男女青年运往前线，充当炮灰。还组织"防共协会"、"国民总力联盟"等许多御用团体为日本帝国主义效劳。

日本帝国主义"皇民化政策"的实施伤害了韩国人民的民族自尊心。

有的人尤其是以亲日派为首的部分社会上层人物，产生了自暴自弃的"劣等意识"。他们丧失了为保持自己民族的尊严而自强不息的素质，背叛自己的民族，在日侵略者面前卑躬屈膝，采取民族虚无主义的态度，并且大肆散布只有解体韩民族、改造韩民族才有民族生存出路的言论，极力为日本帝国主义"民族协和"、"日鲜一体"的反动侵略谬论辩护，企图使韩国人民成为日本帝国主义惟命是从的工具。

但韩国人民尤其是农村和城市平民百姓则不同。他们在社会各个领域，以各种不同形式与日本帝国主义展开了公开的和不公开的斗争。"面从腹背"就是典型的斗争形式之一。所谓"面从腹背"就是"面从后言"，意思是当面唯唯诺诺，背后进行诋毁。在日本帝国主义统治下，无法忍受的平民百姓只能用这种斗争形式发泄对日本帝国主义统治的不满情绪。它是韩国人民对日本帝国主义统治的反抗行为，又是一种生存手段。

在日本帝国主义统治时期，日本帝国主义的"皇民化"奴化教育不仅给韩国人民带来了文化灾难，而且给朝鲜人民的伦理道德带来了一定的影响，使韩国人民固有的传统伦理发生了一定的变化，据考查，在日本帝国主义统治以前，朝鲜人的传统价值观可以表述为80多项。如注重学问、权力、等级、和谐；尚孝道、清洁、白色、寡言、友情；企求安逸、富有、长生等（在两班①阶层中，其价值观有尚礼仪、保守、安贫、血统、汉字等）。韩国人的传统信念和伦理道德更为丰富多样。有人把韩国人固有的传统信念和伦理道德行为表述为132项。其中比较典型的就有如下几十项：
（1）男尊女卑；（2）寡妇守节；（3）养亲；（4）敬亲；（5）敬老；（6）顺从长辈；（7）尊重有文化人；（8）禁止婚外恋；（9）禁止同性恋；（10）禁止通奸；（11）轻视体力劳动；（12）轻视经商；（13）轻视卖艺人；（14）轻视妓女；（15）轻视韩字；（16）祖先崇拜；（17）巫堂信仰；（18）鬼神信仰；（19）灵魂信仰；（20）山神崇拜；（21）因果报应；（22）忌讳厄运；（23）忌讳杀生；（24）乐意报恩；（25）缺乏长远性；（26）缺乏独立性；（27）缺乏自尊性；（28）缺乏家族观念等等。

日本帝国主义的侵略和统治冲击了传统价值观和伦理观。其变化如下：（1）崇尚白色的人明显减少；（2）重视学历的倾向抬头；（3）对经商发生兴趣；（4）金钱欲望增加；（5）部分封建贵族（两班）参与劳动；（6）求实和勤奋精神有所增加；（7）暴食暴饮现象屡见不鲜；（8）反日

---

① 两班，朝鲜对封建贵族的称谓。

情绪日益高涨；（9）爱国热情大大提高等等。

从这些变化中，我们一方面确实看到日本经济和文化对韩国人价值观和伦理观的影响，如引起韩国人对经商的兴趣和对金钱的欲望及对勤奋精神的追求；另一方面，日本帝国主义的侵略带来了反日情绪和爱国热情以及一些封建贵族政治地位的失宠。可以肯定的是韩国人的基本传统价值观念和伦理思想并没有因日本帝国主义的侵略和统治而发生实质性变化，如尊重人的思想、诚实和敬爱精神、协同团结思想没有发生本质变化。日本帝国主义统治没有导致伦理道德的大倒退，这是韩国伦理思想在这个时期的一大特点。

日本帝国主义统治时期，韩国传统的价值观和伦理思想为什么没有发生根本性的变化？其原因何在？

第一，日本帝国主义在政治、经济、军事上虽然比韩国强大，但不可能直接给韩国国民的伦理观以毁灭性的沉重打击。日本国民的传统伦理观同韩国人民的传统伦理观一样属于中国传统文化圈。中国儒家思想伴随汉学的传入和使用而在朝鲜三国（高句丽、百济、新罗）得到传播。但它得到国家的承认并作为官方思想而占统治地位，则是从高句丽小兽林王在位（371—384年）时期开始的。小兽林王二年（公元372年），高句丽建立了儒学教育机关"太学"，把五经和三史规定为教科书。① 汉学传入日本是从日本推古天皇十五年（公元607年）开始的，但儒家典籍传入日本则早在公元3世纪末叶，最初是经过朝鲜传入的。根据《日本书记》的记载，应神天皇十六年（公元285年）朝鲜的百济博士王仁赴日，带去了《论语》、《千字文》、《五经》（《诗》、《书》、《易》、《孔》、《春秋》）。这是汉文字和儒家学说传入日本的开端。其后继体天皇时（公元513—516年）百济博士段杨尔、高丽五经博士高安茂等，以及钦明天皇时（公元554年）五经博士王柳贵、易博士王道良等先后到日本，传授五经。从历史上看，日本国很早就与朝鲜有着经济文化交流。在这个过程中，日本国积极吸收了朝鲜儒教伦理思想，日本国1890年明治天皇颁布的《教育敕语》在很多方面直接引用并吸收了朝鲜大儒李退溪（1501—1570年）的思想。②

不管是日本国还是韩国，其伦理观自古以中国儒家伦理为基础，因

---

① 参见［韩］柳承国：《韩国儒教》，15页，世宗大王纪念事业会，1976。
② 参见韩国国民伦理研究室：《韩国人的伦理观》，215页，韩国精神文化研究院，1982。

此，韩国和日本国的传统伦理观具有多方面的相似之处。这种特殊现象决定了在伦理观上，日本帝国主义的侵略和统治不可能对韩国国民的伦理观造成极大的威胁并予以毁灭性的冲击。

第二，日本帝国主义侵略朝鲜以前，朝鲜社会是半封建社会。社会的基本阶级是两班和国民即封建贵族阶级和农民阶级。这种社会性质和阶级构成意味着社会的保守性和发展的缓慢性。在这种性质的社会中，企图短时间内完全改变原有传统价值观念和伦理观念是并不容易的。

第三，韩国国民传统伦理观的核心是"家庭主义的伦理观"。韩国是单一的农业经济，基本的家庭为自给自足的单位。任何生产活动都是自己独立进行，在这种经济基础上建立起来的家庭结构是极其牢固的。日本帝国主义侵略以前，朝鲜已经形成了统一的民族文化。日本帝国主义的侵略使朝鲜丧失了主权，失去了独立，但并没有破坏韩国国民的家庭结构和家族主义观念。因此，在日本帝国主义统治时期，韩国传统文化并没有像有些人所说的那样遭到毁灭性打击，相反，它通过家族、家庭教育（包括伦理教育）在社会每个成员中，一代一代延续下去。尽管日本帝国主义强迫国民要"日化"、要"皇民化"，但这种企图最终没有实现。在日本帝国主义统治时期韩国人的价值观和伦理观并没有发生质的变化。

第四，朝鲜人民反对日本殖民统治的英勇斗争，不仅严重打击了日本帝国主义的文化侵略，而且保护了民族的传统文化。在日本帝国主义统治时期，韩国人民为了推翻日本侵略者的殖民统治，争取祖国的独立和解放，前仆后继，进行了长期的英勇斗争。1907 年至 1911 年期间的"义兵运动"，1919 年全民性的"三一"反日起义，以及后来不断爆发的工人罢工、农民抗租斗争和青年学生的反日爱国运动，都表现了朝鲜人民反对日本侵略的不屈不挠的斗争精神。在这些斗争中，许多爱国志士和广大民众还在文化领域同日本殖民主义者进行了"反抗摧残文化，反对同化，保存自己文化"的斗争。但是在日本帝国主义极其残暴的统治下这种斗争只能以隐藏和迂回的形式进行。这种斗争对保存和继承包括传统伦理在内的民族文化遗产起到了积极的作用。

第五，日本帝国主义统治朝鲜的时间比较短暂。韩国人在日本帝国主义统治下度过了 35 年，但这 35 年对具有悠久历史文化的韩民族来说，只不过是"弹指一挥间"。日本帝国主义曾经用金钱等卑劣手段和"柔和攻心"策略收买过部分文人和奸细，但始终没有收买过绝大多数的韩国国民。广大平民百姓是反抗和憎恨日本帝国主义的，他们从未对日本帝国主义抱过幻想。日本殖民统治的短暂和平民百姓的反抗情绪是日本帝国主义统治时期韩国国民的伦理观没有发生基本变化的又一原因。

第二节　经济恢复和发展时期的伦理思想

20 世纪 50 年代至 60 年代是韩国经济恢复和发展的时期。1953 年 7 月朝鲜战争停战协定签订，李承晚政权即与美国和联合国进行经济会谈。美国为维持李承晚政权给予大量的经济援助，这对韩国经济的恢复起了重要的作用。

朴正熙上台后，吸取李承晚因政治腐败、经济停滞而垮台的教训，从 1962 年起实行政治体制改革，力扭官僚集团的腐败，重用提拔了一批专家，充实政府部门的各级领导，有力地推动了经济工作。

在这个时期直接影响国民伦理生活的社会现象是多方面的。其中，如下两个现象是值得注意的。

一是随着经济恢复和发展以及美国殖民政治的影响，西方文明如潮水般涌入韩国。西方的精神文化尤其是德国的黑格尔哲学、康德哲学、科学哲学等相继被介绍到韩国，并引起理论界的极大关注。在这里，值得一提的是存在主义哲学对韩国国民伦理生活的影响，早在 30 年代存在主义就传入韩国①，50 年代至 60 年代得到了迅速的传播。存在主义伦理思想在当时得以迅速传播是由如下几方面的原因造成的。

第一，资本主义商品经济的较快发展为存在主义的迅速传播提供了条件。马克思曾经说过，交换本身就是造成"人的孤立化"和"人的独立性"的一种主要手段。"它使群的存在成为不必要，并使之解体。于是事情便成了这样，即作为孤立个人的人便只有依靠自己了"②。但是，这个孤立化的个人还必须有充分发展的社会关系来陶冶他、锻炼他，他才能成为一个个性发展的、具有多种多样才能的人。造成这种丰富的社会关系的，仍然是商品交换。商品经济对人的个性发展起巨大的推动作用。正如马克思所说的："培养社会的人的一切属性，并且把他作为具有尽可能丰富的属性和联系的人，因而具有尽可能广泛需要的人生产出来——把他作为尽可能完整的和全面的社会产品生产出来（因为要多方面享受，他就必须有

---

① 参见赵要翰等：《韩国的学派和学风》，36～38 页，宇石出版社，1982。

② 《马克思恩格斯全集》，中文 1 版，第 46 卷上册，104、497 页，北京，人民出版社，1979。

享受的能力，因此他必须是具有高度文明的人)，——这同样是以资本为基础的生产（资本主义商品生产——引者）的一个条件。"① 韩国资本主义商品经济的恢复和发展对韩国国民个性的形成和发展起了不可忽视的作用，而对个性发展的重视也正好迎合了把个人存在当做一切存在出发点的存在主义的传播。

第二，韩国社会的颓废风气是存在主义能够得以迅速传播的精神条件。众所周知，第二次世界大战结束后，虽然侵占韩国长达35年的日本帝国主义统治被推翻，但是在美帝国主义的殖民政策下，韩国人民不仅没有得到真正的解放，反而成了美国垄断资产阶级的附庸。很多人尤其是广大小资产阶级陷入困境，他们找不到出路，对个人前途命运恐慌不安，感到自己的存在受到了威胁，尊严和自由遭到践踏，变得"无家可归"。他们烦恼、孤寂、悲观、绝望，对周围的一切（人、社会、环境、科技等等）都采取不信任的敌视心理，因而自暴自弃，抛弃对科学和理性的信仰。这种社会风气成了存在主义思潮迅速传播的精神基础。

第三，韩国资产阶级学者为了阻挡马克思主义和社会主义思想在韩国的传播也极力推行存在主义。他们公开宣称："所谓客观真理，其实对任何人都是不适宜的。"意思是说，世界上根本不存在什么客观真理，任何人不能也不可能掌握这个客观真理。他们极力阻挠马克思主义和社会主义思想在韩国国民中的传播。韩国某评论家说："我们的不安，并不是因为感到不安而来的，而是因为在客观上存在着造成不安的特殊条件。因此，只有消除此条件才能克服不安。"这就是说，要克服"不安"，就要消除造成这个不安的条件即马克思主义世界观。他们认为，要实现这个目的，就需要一个与之相对抗的理论思想武器，于是韩国一些学者就捡起了存在主义。

在存在主义社会伦理观的影响下，有些学者公开鼓吹历史悲观主义。认为过去是靠不住的，未来被包围在黑暗之中，而现在呢？它所站立的地盘正在崩塌下去。也就是说，后面是悬崖峭壁般的黑暗（黑暗中有深渊），站立着的地盘在塌下去。人们在这孤立无援的状态中，不管愿意不愿意，非作出一种抉择不可。既然社会历史如此神秘不可知，那么人们对社会历史发展还能有什么科学预见吗？当然没有；还能根据对社会历史的认识而提出改造社会历史以推动社会历史进步的现实方案吗？当然不能。人们在

---

① 《马克思恩格斯全集》，中文1版，第46卷上册，392页。

社会历史面前软弱无力，必然受社会历史的摆布，成为社会历史的奴隶。总之，在他们看来，人类历史只能是一场没有尽头的悲剧。在存在主义思潮的影响下，韩国国民，尤其是青年一代，对前途丧失信心，走上放荡颓废的道路。他们不相信科学和理性，而要孤注一掷，盲目地冒险或指望神秘的力量来拯救他们。有的人为所欲为，按"意志自由"行事，造成了社会的混乱。

鉴于此，韩国政府为了防止存在主义消极影响的进一步扩大，确保社会安定，提出建构新的"民族的思想方式"来取代西方思潮消极影响的主张。何谓"民族的思想方式"？这实际上是韩国为防止西方思潮的消极影响而施展的文化战略。根据这种文化战略，韩国的学者们提出了种种理论。其中最为引人注目的便是韩国教授李箕永等人提出的"佛教—存在主义融合论"。他们认为存在主义与佛教在思想上不仅有"亲缘关系"，而且有共同的理论基础，同存在主义一样，佛教也是以尊重人的价值为基础的。

韩国学者们大力研究和宣传曾经作为"护国教"的新罗佛教及其代表人物元晓的思想。元晓主张"诸法中实，不同虚空，性自神解，故名为心"。意思是说，人生是虚无无常的，但净化"心性"，就能成为有意义的人生。元晓认为，众生只有归"一心之根源"，才能领悟人生真义的"归一心源"。在这里元晓所指的"一心"并不是人的主观意识，而是支配世界的超自然、超社会的绝对精神。"归一心"就意味着人们归到佛心就可达到超越虚无和死亡的超然境地。李箕永支持元晓的"归一心说"，认为人虽是徒生徒死的无常存在，但是如果归到佛心，那就能进入涅槃。他认为，"超越存在"，乃是"归一心"，它只不过是"归一心"的现代化了的哲学概念。这样，就把存在主义与佛教"融合"成了"混合物"，建立了一种存在主义与佛教相结合的，东西方思潮"融合"的新的思想体系。

二是随着经济恢复和发展，经济伦理提到了比较突出的地位。所谓经济伦理是指在经济领域所要遵循的道德行为准则。韩国同别的资本主义国家一样，在生产过程中，追求的是剩余价值，而且在激烈的市场竞争中，从各自私人利益出发的生产者和经营者往往处于相互对立甚至对抗的地位。于是各种道德上的消极现象就随之滋生。有人说，60年代随着经济的迅速发展，各个经济领域部门与部门、企业与企业之间产生了一系列的差距，这些差距导致了一系列的社会问题。为了社会正常发展，人们普遍要求每个行业每个部门要遵循"平等"和"公平"的原则。韩国《宪法》

明文规定："在政治、经济、社会、文化等一切领域要均等各人的机会并使他们充分发挥能力……逐步提高国民生活的均等性"。《宪法》第120条规定，切实保障法律面前的平等，实现"社会的正义性"和国民经济的"有比例的发展"。

商品交换的发展为自由、平等思想提供了土壤，因为商品生产者互相之间只有作为自由的、在法律上平等的人才能缔结商业契约，依照自己的自由意志从事买卖活动。这种自由、平等的人际关系同终生束缚在土地上（没有人身自由）、对地主处于依附、服从关系（没有平等）的农奴相比，无疑是道德的进步。但在商品化的韩国，任何一种形式的自由和平等归根到底是以生产资料的不平等占有为前提的。由于经济领域各种不平等、不公平的行为不断引起多种矛盾，影响了社会的安定，一些社会团体和宗教团体呼吁各界要尽道德义务，遵循"公平"原则和"自利利他"的原则。新兴的民族宗教之一圆佛教强调，人是社会的人，人离开社会就不能生存。每个人的物质生活和精神生活一刻也离不开别人提供的劳动，人们时时刻刻都不能脱离职业关系。各行各业之间的关系实质上都是互相服务的关系。处在各行各业的人都在为别人服务，也同时享受别人的服务，因此，人与人之间的关系应该是相互提供、相互帮助、相互和睦的关系。圆佛教还认为，当今社会的行业大体分为士、农、工、商等四个行业，每个人都在不同行业中从事工作并获取报酬。因此，每个行业、每个人、每个领域之间进行物质产品和精神产品的相互交换时必须遵循"自利利他"的原则和"公平"原则，这样才能建立起个人与个人之间、家庭和家庭之间、社会和社会之间、国家和国家之间的和睦相处关系，实现世界的安定。

圆佛教提出"自利利他"原则，要求不同的个人、行业、部门在进行相互交换或发生相互关系时除考虑个人、行业、部门的本身利益之外，也要考虑他人、他业、他部门的利益。从形式上看，这种"自利利他"原则既不同于只顾自己的利己主义，又不同于强调他人利益的利他主义，但其思想内容并没有脱离资产阶级利己主义性质。因为，在资本主义生产方式条件下，"利己利他"一说也是一种适应现实利益关系调解要求的道德价值导向和行为调节原则。

第三节　70年代的伦理思想

20世纪70年代是韩国国民经济高速发展的时期。这一时期，韩国的国民生产总值，由1962年的23亿美元增加到1978年的459亿美元，17年间翻了四番多。同期内年平均经济增长率是10%左右。人均国民生产总值由87美元增加到1330美元。国民经济结构也逐渐趋向"近代化"。第一产业、第二产业、第三产业结构也比较合理。对外贸易方面，同期内出口由0.5亿美元增加到127.1亿美元，进口从4.2亿美元扩大到149.7亿美元。

随着综合国力的增强，韩国在意识形态领域开始寻求自己的"主体意识"。如在哲学领域除了对西方分析哲学和现象的研究外，加强了对"韩国哲学"的研究。因此，有人说这个时期是"确立韩国人主体意识——哲学"[1]的阶段。"韩国哲学"的研究又带动了伦理道德学科在内的其他学科的研究。在这时期韩国当局特别重视对国民的伦理教育和实践，这是这一时期的主要特点之一。

这一时期的伦理教育之所以引起当局的重视，是由一系列社会问题所引发的。据有关材料，1970—1975年（实施第二个五年计划阶段）期间，随着经济的发展，在社会中形成了高消费、高享受风气。这种风气给社会带来了颓废、堕落的思想和情绪。青少年犯罪率上升，这同忽视学校教育和家庭教育有直接的联系。韩国政府组织撰写国民伦理教材，力图通过系统的伦理教育，遏制青少年犯罪现象的不断发生。由韩国高教部组织编写的《国民伦理讲授大纲》（1970）以及由国民伦理教育研究会编写的《人和国家》（1970）、《现代国家和伦理》（1978）、《现代社会和伦理》（1980）等相继出版。《现代国家和伦理》与《现代社会和伦理》的理论体系包括：（1）社会的发展和现代韩国的伦理问题，其中阐述了现代社会和人的问题，人的存在和伦理问题，以及现代韩国面临的问题。（2）民族思想和传统伦理，其中讲到韩国精神原貌，佛教、儒教的传入和发展，韩国哲学和智者精神，近代思想和忠孝伦理。（3）韩国的政治理念。其中讲到韩国政治发展和自主性的确立，维新体制和自由民主主义，韩国民主主义的理想和现实。（4）民族振兴之路。其中讲到民族统一问题、新的历史创造、韩国的未来。（5）环境问题。其中讲到环境、人口和城市化问题、环境污染问题、自然生态保护问题等。此外还有阐述韩国的实际以及批判共产主义的内容。

上述伦理教材尽管还没有形成比较完整的理论体系，但在内容上是一

---

① 赵要翰等：《韩国的学派和学风》，40页，宇石出版社，1982。

部伦理教育和政治教育相结合的教材，以强化对民族传统伦理、民族意识、民主主义、民族振兴的教育。要求学生牢固地树立民族意识和伦理观，争当对民族振兴和国家发展有贡献的有用之才。对学生的国民伦理教育，在某些程度上减少了少年犯罪，对社会的安定起到了一定作用，但其结果不理想，少年犯罪仍然是韩国社会的主要问题之一。

进入70年代，韩国社会遇到的另一个主要问题是农村问题。农业是基础，农村问题直接影响国民经济的发展和整个国家的形象。以封闭的小农经济闻名于世的韩国农村进入70年代以后发生了一系列的变化。这个变化主要表现在下面几个方面。

第一，农村人口急剧减少，城市人口急剧增加。农村人口减少幅度为7%左右，而城市人口增长幅度为7%左右。农村人口减少是由农民放弃农业，大量流入城市所造成的。

第二，农民生活水平大幅度提高，工人生活水平提高不大。从实际所得看，农民所得和城市工人所得之比较差别很大。据统计，从70年代起，农民的实际收入已超过城市工人的实际收入，增长速度之快是惊人的。

第三，在农村独居者增多，结婚人数急剧减少，婚姻关系不稳定。如1955年成年男子婚姻率为74.8%；1966年下降为67.8%；1970年下降为60%以下；成年女子结婚率1955年为80.2%；1966年下降为57.9%；1970年下降为48.7%。

第四，农村传统的价值观念和伦理观有了很大变化。在宗教观、婚姻观、职业观等方面，农村传统价值观念的变化总的趋势是日益明显地向着意识"近代化"方向发展。有调查材料表明70年代韩国农村的变化是很大的。随着农民生活水平的提高，农民对传统的价值观和伦理观采取了克服和改造的态度，原有的传统伦理和道德观念开始发生动摇。

在这种背景下，为了进一步发展农村，推动国民经济的全面发展，牢固树立民族价值观念，造就健康的社会风气，韩国政府在全国范围内开展了"新村运动"，力图在农村通过全体农民工人的辛勤劳动，发扬自主和协同精神，创造幸福生活，加速国家近代化的进程。具体地讲，第一，"新村运动"是以崭新的姿态共同创造自己新生活的运动，要求所有的农民以高度的责任感，端正生活态度，尽自己的义务，造福于子孙后代。这一运动是所有的农民共同创造幸福生活的捷径。第二，"新村运动"是变革旧观念的运动。国家的发展需要和依靠国民的健康精神，"新村运动"正是提倡相互协助，共同奋进的精神。第三，"新村运动"是实践运动。

它要求全体农民积极动员起来，以自己的实际行动，为"新村"经济生活的更富裕，为新的价值观的牢固确立尽自己的义务。

所谓"新村"精神源自于韩民族的传统精神。韩民族自古起就在自己的国土上辛勤耕作，养成了一股刚毅倔强精神、自主自立精神和相互协助、同力协作的友爱精神。"新村运动"有一定的思想基础，在全国范围内得到了广大农民的积极支持和广泛热情的响应。

"新村运动"对确立韩民族的价值观和伦理观产生了积极的影响。"新村运动"加强了对农民克勤克俭的传统伦理的教育。政府大力宣传，朝鲜先民在半岛上，祖祖辈辈艰苦创业，凭借双手和简单的劳动工具创造出灿烂的文明，养成了世代相传的勤劳刻苦的劳动品质。由于对儒教及其他宗教的长期崇拜，人们在生活中养成了轻视体力劳动、轻视经商、轻视技术的旧习。这种旧习与当代"近代化"进程是格格不入的。要改变以往的劳动态度，热爱劳动热爱农村，发扬勤奋、勤勉精神，为社会创造更多的产品。他们提出劳动是神圣的，人不能离开劳动，力图通过劳动扭转不良的社会风气，确立科学的、合理的、民族的价值观念。

韩国政府通过"新村运动"所得到的社会效益是巨大的。其表现之一就是遏制了高消费、高享受的强烈影响。人们普遍地感到脱离劳动的高消费、高享受是一种巨大浪费，是一种腐败行为，是导致社会不安定的因素。只有通过辛勤劳动，付出自己的代价才能得到健康的幸福生活和社会的安定；只有辛勤劳动，尽自己能力，努力生产才是真正的富民强国的道路。

"新村运动"使农民的"自主"意识得到了增强。韩国原是"父为家君，君为国父"的社会，是由君臣、父子、夫妇纲常维系的家法制农业社会，每一管理层次都是一定程度上的集中意志，都有相应的权力与尊严，并用一整套规范礼仪来维护尊严。人们必须"非礼勿视，非礼勿听，非礼勿言，非礼勿动"。群体对于个体的限制，阻碍了个体的发展，个体没有自由，社会缺乏民主。"新村运动"特别强调"自己开拓自己的未来"，通过自身的努力去创造新的生活，不能寄希望于别人或别国。没有自己的努力，就不可能自立、自主。只有对自己行动有充分的自主性，才能努力发挥自己的积极性；为别人、别国劳动的奴隶是谈不上有主动性、积极性的。政府号召所有农民都要继承和发扬祖辈们的自主自立精神，为确立民族的主体，为确立自我人格和尊严而努力。每个农民都要明确自己的主人翁地位，把建设韩国当做自己应尽的责任，自觉树立自由、自主、自立意识，并在此基础上对西方的物质文明、科学技术采取积极引进的态度。

韩国政府的宣传和鼓动在一定程度上反映了"排美主义"的倾向，也反映了通过振兴民族经济，增强民族意识，摆脱美国殖民统治的强烈愿望和独立精神。

"新村运动"使韩国人民保持和发扬了"相扶相助"、"和睦相处"的传统精神和协同团结精神。协同团结精神是韩国人民的优秀传统，韩国人自古就以"乡约"的形式体现全村互助团结友爱的精神。韩国政府为了提高农村效益，加快经济发展速度，大力宣传倡导团结协同精神。政府号召全体农民积极努力，自觉提高责任意识和参政意识，有效发挥整体力量。"一个箭头折断易，十个箭头折断难"，为了创造新生活，建立富裕的农村，人与人之间、家庭和家庭之间、邻居与邻居之间要和睦相处，携起手来，发挥自己所有的智慧和能力。团结协同精神已成为推动农村经济迅速发展的精神力量，是保证农民个人幸福生活的伦理原则。

韩国政府利用韩民族"相扶相助"、"和睦相处"的传统，强调矛盾的融合，减少矛盾激化，促进人与人之间的相互合作，这对社会的安定和生产发展起到了积极作用。尽管这种协同和和谐在韩国社会很难真正实现，但这种追求是值得肯定的。

综上所述，70年代韩国通过"新村运动"给农村带来了价值观和伦理观上的某些转变。"新村运动"赢得了整个社会和农民的支持和拥护，政府号召国民把"克勤克俭、自主自立、团结协同"切实贯彻到社会实践中去并把这作为确立新的国民伦理的三项主要原则和振兴民族精神的主要支柱，号召国民坚决抛弃"空理空谈"的传统恶习和影响，大兴重实际，重效益，重自主，重团结的风气，全国上下，齐心协力，真诚团结，共同奋进，加快速度，努力实现国家的"产业化"。这对韩国经济的迅速恢复和起飞起了重要的精神促动作用。

第四节　80 年代的伦理思想

20 世纪 80 年代是韩国经济调整和稳步发展的时期。由于第二次世界能源危机的冲击和韩国内部长期潜伏着的种种弊病的总爆发，韩国经济陷入了严重的危机。危机的起因是出口贸易受挫。一向作为韩国经济支柱的出口贸易，从 1978 年下半年起增长迟缓，1979 年萧条日益明显，出口贸易增长率从 1978 年的 26.5% 下降到 1979 年的 18.4%。进入 1980 年后，经济形势进一步恶化，出口贸易增长率仅为 16.3%，比 1979 年下降了 2.1%。随着出口贸易下降，库存增加，资金周转不灵，生产大幅度下降，企业开业不足，中小企业纷纷倒闭，失业人数激增。

1981 年 3 月，全斗焕就任第十二届总统，开始了"第五共和国"。全斗焕政权为了摆脱当时困境，对外求助于美国增加贷款、放宽进口限额、减少特别关税、加强经济协作等，同时对第三世界进行频繁的外交活动，以求扩大商品和劳务出口；对内继续推行"出口主导型"发展战略，并一反过去的"高速增长"方针，提出"稳定、效率、均衡"的方针。推行"低物价、低效率"政策，并采取紧缩财政金融，调整产业结构，改革某些经济体制和加速技术开发等政策，以求经济的稳定增长。在资本主义世界经济复苏、国际利率下降、原材料价格平稳的国际经济条件及美、日支援下，韩国经济也逐步回升，物价稳定，摆脱了"滞涨"的局面，开始了经济的稳步发展。

卢泰愚上台以后，韩国经济进入了"国际化、先进化"的阶段。随着经济的调整和稳步发展，韩国政府感到造就一个稳定的环境需要提高国民的素质，没有国民的较高素质很难实现经济结构的"产业化"。当局在狠抓学校教育的同时，狠抓对国民伦理道德的教育和研究。可以说，80 年代是全面开展伦理思想研究的一年。它的研究范围和深度已大大超过 70 年代。

进入 80 年代"哲学与现实"的研究已提到愈来愈突出的地位，整个社会采取正视现实、批判现实、改造现实的态度。这个时期的伦理领域出现了两种倾向：一是抛弃传统伦理，全盘接受西方伦理道德模式的倾向；一是把传统伦理同西方伦理道德模式相协调的倾向，后一种倾向占主导方面，所以有人说韩国 80 年代是充满"批判精神"的年代，是韩国传统伦理同西方伦理相协调的年代。

80 年代韩国社会所面临的伦理问题首先是人的异化问题。有人认为，韩国从 80 年代后期起进入了以工业为中心的"产业社会"；有人则认为，韩国正处于脱离封建社会进一步向产业社会迈进的过渡阶段。尽管说法不同，但韩国已转入"产业化"社会是客观的事实。所谓"产业社会"就是"工业社会"。"工业社会"的一个重要特点是人口的相对集中和分工的高度发展以及失业人口的大量增加。据 1988 年韩国银行出版的《经济统计年鉴》，汉城人口为 9 639 100 人，已接近 1 000 万；失业人口为 70 多万。随着失业人口的大量增加，在伦理观上，首先遇到的是关于人的价值和尊严丧失问题即人的异化问题。"人的异化"是韩国资本主义产业化的必然结果。在生产过程中大量采用新技术，结果一方面使生产力有了更高的速度和效率，另一方面使劳动力大量减少，失业工人大量增加。社会少数人享受着由物质文明带来的一切，但大部分人则逐步沦为只具有一种能力、随时可能被解雇的"替代品"。这就是"产业社会"中的人的异化。"异化"是指对象对于人的奴役和支配，是主体同对象之间的对立。进入80年代，"异化"现象是韩国社会所患有的主要病症之一，韩国当局也十分重视对它的研究和克服。

韩国学者对"异化"现象的研究比较深入。他们从如下两个方面分析"异化"现象。一是与自身的异化。它指"与自身的分离"，即自身的行为和其行为的结果并不能由自己支配、自己所有，反而转变为与自身分离的他者或异己的力量。在生产过程中，自身并不是自己行为的主体，而是行为对象的结果成为主体，人对物的支配地位转为从属地位。如金钱原是人自身行为的结果，人制造了金钱，但现在金钱摇身一变成为人自身行为的目的。又如机器本来是人的行为的结果，人制造了机器，但现在人不是为某种目的而去操纵机器，而是由机器所制造的某种产品所支配。这样人与机器、主体与客体、人与对象的关系就被颠倒了。二是与他身的异化，即"与他者的分离"。人是社会的人，不是孤立的、独立的存在。人只有在整体中，才能得到真正的价值。个人作为整体中的一员，应尊重别人，帮助别人，与此同时，也得到他人对自己的尊重和帮助。如果个体离开这一整体就会感到一种冷漠和孤独，就被异化了。

韩国很多学者认为，上述异化现象在社会生产领域普遍存在。它意味着人的价值的丧失和人的尊严的否定及人的本质的践踏，应予以消除，否则实现人的全面发展和社会的"产业化"发展定会受到很大的阻力。他们呼吁要积极采取措施，努力克服异化现象。当局也采取了一些措施，如扩大就业，减少失业率；增加劳务出口；发展教育；资助中小企业，缩小差距等等，但效果微乎其微，异化现象没有得到根本的解决。

历史上异化现象的直接原因是社会分工的出现，而异化得以实现则是私有制的确立。在资本主义所有制前提下，分工的结果使个人越来越被限制在一定的、强加于他的特殊活动范围之内。人们必须进行这种固定化的活动，扮演自己固定的角色。社会活动的这种固定化，使人本身的产物聚合为一种统治人的、不受人控制的、与人愿望背道而驰的物质力量。人的活动愈来愈固着于客体化过程。对主体而言，客体异化实际上是人的本质的否定性的表现形式，它对人的本质发展的贬损是多方面的。如主体的自主能力本来是人的本质的表征，但通过异化劳动，人不仅不能实现这种能力，相反地，却一步一步失去自由自主的能力；人的本质本来见之于"为我化"，但在异化条件下，人的本质却表现为被对象所奴役，而"为我化"变形为人受自己产品统治的相反过程。在资本主义社会中工人生产的对象越多，他们能够占有的对象就越少，而且越受他的产品即资本的统治。人在实现自己本质的过程中创造、生产人的社会联系和社会本质，但在异化条件下，人的活动却生产出社会的分裂——阶级分化和对抗，生产出由劳动阶级和非劳动阶级构成的对抗性社会关系。在资本主义社会，工人的本质力量实现得越多，也就产生出越大的资本，从而也就生产出对抗更为尖锐的阶级关系来。总之，在资本主义社会异化现象是不可避免的。韩国是资本主义国家，它进入"产业化"以来，一方面生产力得到了进一步发展；另一方面则是资本主义政治危机的不断加剧，整个社会存在严重的不安定因素，人的异化现象越来越严重。而其根源还是韩国高度社会化的生产力与资本家私有制之间的矛盾。这个矛盾不解决，异化现象是不可能得到彻底清除的。

其次是利己主义思想严重的问题。有人讲，进入 80 年代以后，韩国社会的价值观主要表现为利己主义。有些人公开主张，人的本性是趋乐避苦的，因而人的本质是利己的，社会的目的是满足全体国民的个人利益，社会历史的发展应当符合人类这种永恒的利己本性。在"人人为自己、上帝为大家"观念的影响下，企业与企业之间，公司与公司之间，只讲"利己"，不讲"利他"，不讲信义，相互戒备，相互暗算，造成了人际关系的松散和感情的淡薄，造成了极大的社会矛盾。很多学者纷纷著文谴责这种只顾自己的"利己主义"行为。他们认为，"利己主义"思潮给韩国社会带来了如下几方面的恶果：（1）破坏了传统的"敬爱、协同"等传统伦理观念。韩国民族自古尤为注重人与人之间的"敬爱"和"团结协同"。在长期的生活实践中，韩民族形成了把"我们"看得比"我"更为珍贵的传统观念和认为"我们"优先于"我"的特殊心理。然而"利己主义"无视"整体"观念，把"我"置于"我们"之上，这显然是践踏优良传统道德的恶劣行为。（2）破坏了"团结和谐"的环境，带来了人与人之间关系的疏远和恶化，在激烈的竞争中，"利己主义"思潮使人们之间的关系变成了相互攻击、相互欺骗、相互残杀的敌对关系，即 17 世纪英国哲学家霍布斯所讲的"狼对狼"的关系。（3）给社会带来了"贬法主义"。"贬法主义"就是指在激烈竞争中，为战胜对方，获取高额利润，不顾法律，不讲合理性和公德的行为和社会思潮。这种"贬法主义"只要能获取利润就不择手段，不考虑法律和社会效果以及是否合乎公德。因此，它给社会带来的后患是无穷的。

在韩国利己主义思潮的严重泛滥与国民盲目吸收西方个人主义思潮有直接的联系。韩国一些学者认为，"个人主义"和"利己主义"是完全不同的两个概念。真正的"个人主义"能够融通个人与个人之间的"团结"和"协同"，并允许人与人之间的善意竞争，而"利己主义"则主张私人利益和自由高于一切，反对他人的自由和权益，因此，不能融通个人与个人之间的"协同"和"团结"。"个人主义"和只顾个人自由、平等、人权，不考虑他人自由、平等、人权甚至牺牲他人利益来获取个人利益的利己主义是根本不同的。只有正确对待"个人主义"，才能有效遏制利己主义思潮在韩国的普遍流行。

利己主义是自私自利的个人主义，利己主义是在私有制基础上产生的，正如马克思所说："**利己主义**就是**市民社会**的原则"①。剥削阶级通过剥削压榨广大劳动者满足个人的需要，把他们的个人需要抬到至高无上的地位，压迫剥削的私欲恶性膨胀，他们的个人需要不仅同自私联在一起，而且已发展为极端利己主义。其根本特征是损人利己，为谋取和扩展个人私利而不惜损害、牺牲他人利益和社会利益；在社会生活中，极力利用各种权力来谋取和扩展个人私利，无视或逃避自己应该履行的对他人和社会的义务。利己主义的根源是高度的社会化生产力与资本主义私人占有的生产关系之间的矛盾，只要这个矛盾不解决，韩国社会以利己主义为核心的价值观方面的种种问题也就不可能得到根本的解决。

第三，是享乐主义思想普遍流行的问题。进入 80 年代，韩国经济发展较快，国民收入和消费水平及就业率有所增加和提高，但收入分配极不均衡，相对贫困人口进一步增加。进入 80 年代以后，政府提倡"社会开发"、"均衡分配"等，但收入不均现象仍无变化。据统计，1980 年最富有阶层的收入占全体收入的 45.4%，而贫困阶层的收入占全体收入的 16.8%。② 韩国富有阶层通过财产的私人占有，取得了不劳而获的权利。这决定了这些富有阶层必然走向腐化堕落。

---

① 《马克思恩格斯全集》，中文 1 版，第 1 卷，448 页，北京，人民出版社，1956。
② 参见杨永骥、沈圣英编著：《南朝鲜》，118 页，北京，世界知识出版社，1985。

韩国学者认为,追求享乐同人的本质有一定的联系,但这种追求应该是健康的,不能是消极的。消极的享乐主义给社会带来很多弊端。其一是引起社会绝大多数人的不满心理,导致社会的不平衡;其二是削弱了国民的进取精神,导致社会的精神衰退;其三是把国民培养成为只图眼前利益,看不到长远利益的目光短浅、无所事事的社会动物。如果这种思潮长期得不到制止,就会严重影响韩国人的形象和社会的健康发展。这是很危险的。

其实,韩国享乐主义人生观是剥削阶级利己主义人生观的特殊表现。它从人的自然本性出发,认为人生的目的与意义就在于追求和满足个人的物质享受,满足生理本能的需要。在这种感官享受的倾向下,劳动纪律、社会使命、文化传统、道德规范被当做保守主义的支柱而遭到唾弃,新的不受节制的享乐被神圣化了,消费主义成了至高无上的东西,道德虚无主义泛滥成灾。资产阶级把享乐主义宣告为整个社会的人生观,实际上只是少数人的享乐。

在西方物质文明的影响下,在韩国"金钱万能论"的影响极为严重。"金钱至上"观念代替了"清贫为乐"的朴素传统观念,"俭朴"意识已被谓为"历史","高消费"成为时髦。人们对高级住宅、豪华轿车、古装古董的热情愈来愈浓;"金钱至上"观念代替了"劳动至上"的传统观念。金钱本来是满足人类物质生活需要的一种手段,现在却被人们当做惟一手段并被推到至高无上的地位,成为人生的第一需要。相反,体力劳动成了不体面、不光彩的事情;"金钱至上"代替了"人格至上"、"知识至上"。由于"金钱至上"的影响,评价某个人时,只注重某个人所具有的财产多少以及所得收入的多少,不注重人格和知识,在他们的心目中,有了钱"危可使安,死可使活",没了钱"贵可使贱,生可使杀"。这种思想使人们忽视人格、学识、友谊。在社会的各个角落随处可见为金钱而不择手段的欺诈行为。一些有识之士呼吁社会要通过自己的诚实和辛勤劳动去积累钱财。只有这种财产和金钱才是值得的、有益的,要求社会成员对劳动采取诚实的态度,发扬祖辈们的克勤克俭精神,克制不必要的欲望,组织好计划好自身的生活。

韩国学者的这些呼吁从来没有产生巨大的效应。问题的症结在于制度。在资本主义社会,"金钱万能"成了占统治地位的道德规范。**实际需要和自私自利的神就是钱**①。只要资本主义制度存在,占统治地位的道德

---

① 《马克思恩格斯全集》,第1卷,448页。

规范——"金钱万能"论是得不到根本纠正的。

第四，是形式主义和家族主义思想。进入 80 年代，传统伦理中的一些消极现象仍然没有得到消除。如过分重视形式和外表的倾向仍然存在。这同韩国国民长期崇尚儒教伦理有直接的联系。在穿戴上，比较注重外表美，不注重内心美；在饮食上，注重花色，不注重营养；在交际上，注重体面，不讲实交；在称谓上，注重级称，忽视尊称等等。

过分重视家族主义倾向仍然存在。韩国儒教思想比较强调"夷夏之防"。这也是由民族血缘制发展而来的狭隘心理的一种表现。在民族社会里，在内部强调"仁爱"，但对外却是非常敌对的。"非我族类，其心必异"，这是韩国古代遗留下来的消极心理。这种过分重视家族的生活态度不利于团结协同，不利于"产业化"。一家人、同乡人、同行人保持和睦团结是对的、应该的，但不能因此拉山头，搞派系，搞排他主义和排外主义，否则将会导致保守，淡化整体意识和国家意识；导致重感情轻理智的思考方式和行为，导致是非不分、黑白不清的盲动行为。

总之，80 年代韩国社会在社会生活的各方面发生了急剧变化。随着这一变化在伦理观上所面临的问题也是多方面的，而且是严峻的。如果解决不好就会引起价值观的混乱，进而影响国家的高度"产业化"和祖国的统一。

第五节　新伦理观的兴起

关于韩国新伦理观的基本内容和发展方向是什么，韩国学者发表了种种看法。下面我们概括地谈一谈其中带有普遍性的几种看法。

第一，要建立"诚"、"敬"等传统伦理观念同"合理"、"科学"的生活态度相结合的国民伦理思想和准则。"诚"即"诚实"，"敬"即"敬爱"。"诚实"和"敬爱"是韩国人的古老伦理传统之一。所谓"诚实"就是指不虚伪，言行同思想一致。他们认为，自然之秩序是真实地起作用的客观存在，人们之间的关系应该像自然秩序一样真实，不能虚假。所谓"诚者天之道，诚之者人之道"（《中庸》）就是这个意思。韩国人的祖辈把"诚"看做处理人与人之间关系的重要伦理原则，有了"诚"，人与人之间才会有真正的沟通。每个人有了"诚"才会形成"正直"和"信义"。因此，韩国人的祖先一直把"诚实"、"诚心"当做人们之间的行为准则并把它看成做人的"精髓"。李朝哲学家李珥（1536—1584 年）尤其重视"诚"的思想。他在《圣学辑要》"诚实章"里说到穷理已尽，可以躬行。但是要躬行必须要有个诚实之心，才能得到事业的成功。他认为缺乏诚心的人就会违背天理，事业不会有成功。他说，"诚意"是修己治人的根本，又是意志、穷理、质变的动力。

与"诚"观念有紧密联系的是"敬"思想。"敬"是"诚"的外部表现。据《后汉书·东夷》讲，朝鲜人祖辈"言仁而好生"，注重人们相互之间的"仁爱"。在韩民族历史上，一些著名的哲学家、思想家对"敬"思想有过精辟的阐述。李滉在前人的思想基础上，对"敬"思想作了发挥。他十分强调"敬"思想，认为如果对"敬"有个透彻的醒悟和理解就能战胜私欲，从而可以引发出人们所固有的仁义礼智之自然本性，在待人接物中真正做到"仁、义、礼、智"。

韩国学者认为，"诚实"和"敬爱"的传统思想是积极的，主张在这一传统伦理思想基础上，吸收西方的"合理"原则和科学的生活态度，使之成为韩国国民的生活道德行为准则。所谓西方"合理"原则是什么呢？它主要指两方面的含义。一是"合理"地理解自己的利益，不要把个人的利益和公共利益对立起来。追求自身利益本身就包含着社会的利益和他人的利益，而任何为他人利益的活动，实际上也是从利己出发的。人们只要按照这种"合理"理解去组织社会，个人利益就可以同社会公共利益协调起来。二是坚决执行这一"合理"原则是促进韩国"产业化"的重要途径。有了这种"合理"精神，才能实现高速度、高效益，在交换、分配、消费领域有效地克服低效率和浪费。人类社会物质产品的增长同对资源的科学的、合理的利用即技术革新有密切的联系。要在国民中积极宣传和灌输重视科学技术的思想，造就尊重科学技术的风气，让社会的每个成员都懂得只有学习和掌握科学技术理论，才能提高国民素质，加快"产业化"进程，建设既健全又富裕的社会。他们还认为，仅有"合理"原则还不够，还需要充满仁爱的社会环境。没有"仁爱"环境，"合理"原则就无法得到真正的实现。整个国民都要自觉地行动起来，积极主动地发扬和树立传统的"诚"、"敬"思想并自觉地把它应用起来。

上述思想具有积极的一面。它强调了继承和发扬传统伦理的思想，重视科学技术和提高效益的思想也具有积极的意义。

第二，要努力克服"非人化"，真正实现人的价值。这是80年代韩国国民努力实现的伦理目标和方向。有些人认为，在由竞争和技术支配的韩国"产业化"社会里，不注重人的尊严和人格是最为严重的问题。"非人化"是这一问题的最集中、最典型的反映。"非人化"的具体表现是：把人与其拥有的财产同等看待，把人与技术构成同等看待，人失去了尊严和独立的人格；把钱财的价值推到压倒一切的地位，极力贬低精神价值，使人拜倒在钱财脚下，人严重丧失了主体地位和人的尊严，人的异化愈来愈严重。在技术和竞争支配的"产业化"社会里，在某个生产部门或某个生产环节上，像机器般地不停地重复着固定的动作，人成了机器的附属品，人就失去了自由、丧失了个性因而也失去了人的主体地位。在商品化社会中，人们的行为被广告、时尚、舆论所支配，成为道道地地的广告和时潮的奴隶，使人们在思考方式和行为上出现了前所未有的"划一"主义的倾向，因而人们习惯于随广告，随宣传，随大流，久而久之逐步丧失了个体的主体性和独立性。

韩国学者提出"人比物贵"，人是世界万有中最尊贵的存在。人之所以最尊贵，是因为人是理性的所有者，是改造社会的行为主体。人不仅能超越自己，而且能超越自然。人不是被动的社会存在，而是有计划、有目的地改造对象、具有能动性的社会存在，因此人应具有最高的价值和人格尊严。

在当今如何恢复人的尊严和人格已成为整个社会所面临的最主要的问题，也是最主要的伦理问题。韩国学者认为要克服"非人化"，真正恢复人的尊严和人格，实现人的价值，首先要克服残酷的社会竞争。竞争是必要的，但它的残酷性是要不得的。有了"残酷性"，原有的价值观被忽视、被践踏，原有的伦理常规就失去了约束力，原有的相互之间的信任关系被敌视心理所代替。其次，要通过继承和发扬民族传统文化，树立自己民族的独立性和主体性。民族文化是韩民族在长期的斗争历史中创造和形成起来的，它凝聚着民族的思想精华，凝聚着各阶级的思想和利益。因此，要从民族文化中吸取积极的价值观和伦理观，树立自己民族的独立性和主体性，不要一味追求西方的价值观和伦理观。最后，要摆正人的价值和物的价值的关系。物是实现人的价值的必要的和重要的手段，没有物就不可能体现个人的价值，否认物的价值是错误的。但韩国现行的价值观之所以是错误的，是因为它过于重视物的价值并把它抬高到压倒一切的地位，主客关系被颠倒了，人的价值与物的价值的地位和关系被颠倒了。只有把颠倒的关系再颠倒过来，人的尊严和人格才能得到保障，人的价值才能得到充分的实现。

韩国政府和学者们看到了严重存在的"非人化"现象和部分人没有机

会充分实现人的价值的残酷现实，并且想到了克服这种现象的种种措施。但他们提出的措施是软弱无力的。其实在一个社会中，是否出现"非人化"现象，能否充分实现人的价值，主要看该社会是否创造了人们按照自己的意志选择人生价值目标的有利条件，是否提供了实现其价值目标的保障。在资本主义条件下，生产者和机器的关系是：生产者是机器的奴隶，随着机器的不断升值，生产者就不断贬值，而资本家利用手中掌握的进行生产的一切物质条件，残酷地剥削生产者，使自己的价值上升。在资本主义制度下，生产者的自尊、自爱、自强的需要被剥夺，人的自我价值、社会价值也被剥夺了，很难说得上人的价值的"真正实现"。

第三，要加强对传统伦理观的继承和发展。进入80年代，传统价值观念和伦理观受到了西方价值观和伦理观的严重挑战。为了迎接这一挑战，韩国政府极力呼吁尊重和发扬传统的价值观和伦理观，增强它的生命力和约束力。他们认为，树立新的国民伦理不能离开固有的传统伦理，现代伦理应建立在传统伦理观的基础上并适应时代要求而发展。把传统伦理看做一钱不值、荒唐无用，采取完全否认的态度是不可取的。传统既有积极的一面，又有消极的一面，不加分析地、无条件地继承传统伦理的所有内容也是不正确的。世界上根本不存在只有糟粕没有精华的伦理传统，也不存在只有精华没有糟粕的伦理传统，问题在于如何鉴别传统文化中的积极优秀的和消极落后的东西。在韩国传统伦理中，积极优秀的东西是多方面的。其中最主要的是"诚"、"敬"思想，"以人为贵"、"尊重人"的传统和"团结协同"的思想。

"以人为贵"的思想，在古老的《檀君神话》中就有突出的反映，在现代的《东学哲学》、《大巡哲学》、《圆佛教哲学》等著作中也有集中的反映。东学哲学思想是以"人与天"为核心的人本主义。它明确提出，人授天意，人可以主宰世界，离开了人，天就无所谓存在，支配世界万有的"主权在人"，"不在天"，公开反对朝鲜朱子学的名分论以及封建等级特权和专制统治。大巡哲学也明确提出"天尊地尊人更尊"，"过去是谋事在人，成事在天；现在则是谋事在天，成事在人"。圆佛教哲学强调人的地位和尊贵，提出"人是天地之主人，是万物之灵长"，"天乃我，我乃天"，"人是万物之主，万物则是人作用的对象"，把万物置于人的支配之下。"协同"思想也是古老的，在传统的"契"和"乡约"制度中就有反映。"契"和"乡约"均指乡里规劝人们行善、惩恶、以相扶相助为目的的自行公布的公例。每个村民必须自觉遵守这一条规，不得违反。这一条规首次实行于中宗（1488—1544 年）年间，后由朝鲜著名哲学家李退溪、李栗谷加以综合概括，作了具体规定，使"契"和"乡约"更加条理化，其影响一直流传至今。

韩国学者认为，传统伦理中的上述思想没有过时，仍然是把韩国人和社会引向"产业化"的原动力之一，尤其是被西方文明充塞着的韩国更应该注意继承和发扬。

他们还提出，除了要继承和发扬上述传统伦理中的积极一面之外，还要根据"产业化"的需要对传统伦理中的某些消极的东西加以改造和利用。首先，改造和挖掘"五伦"（父慈子孝，君义臣忠，兄友弟恭，夫和妇顺，朋友有信）中的"诚实"和"敬爱"思想，为"产业化"社会服务。"五伦"作为封建伦理道德确实有落后的一面，如"君臣关系"中的主从关系，"夫和妇顺"中的男尊女卑思想等。但"五伦"中也有值得肯定的一面，如"兄友弟恭"、"朋友有信"中的"诚实"和"敬爱"思想。继承这些思想对于韩国当今社会不少人不讲诚挚、仁爱，把人与人之间的关系只看成金钱关系、利害关系的现象将具有抑制作用。正确认识和对待"五伦"并批判地吸收其中的合理东西，把它改造成为积极有益于当代韩国产业社会的东西。把"五伦"看成是与现代物质文明格格不入的封建伦理道德，因而对它采取完全排斥和否定的态度是不对的。其次，改造和挖掘"忠孝"思想，利用其中的合理思想为当代韩国产业社会服务。"忠孝"思想在韩民族伦理思想中占有重要地位。长期以来，韩民族一直把"孝"看做处理家庭关系的基础；看做治国安邦、稳定社会秩序的根本。它深深地影响着韩民族的日常生活。有人认为，"孝"是韩民族的"第一礼仪"①。

孝是韩国社会的最基本的传统伦理道德规范。孝是子女对亲生父母的感激，是对养育之恩的报答，是自然感情的流露和行为。孝根源于古代朝鲜宗法制度，但其内容随时代的变化而发生变化。因此，现代的孝道同封建社会的孝道是有区别的，不能一概而论。有的人认为，孝作为"德之根本"在现代也没有失去它的影响和作用，不过要有引申。对父母孝顺的人，对长辈、对别人也要尊重；对父母恭敬的人，对长辈、对别人也和蔼可亲，不蛮横地对待别人。

"孝"和"忠"是紧密联系的。孝是忠的缩小，忠是孝的扩大。"忠

---

① ［韩］金裕赫：《韩国人》，253 页，书林文化出版社，1986。

臣出于孝子之门"，在家不能做父母的孝子，在国就不能做王上的忠臣。"忠"也是朝鲜古代的伦理道德范畴。在封建社会里，"忠"意味着臣对君的绝对无条件的顺从。当今韩国许多学者对"忠"一般解释为爱国精神和民主精神。"忠"是对社会和国家的尽心尽责，是对事业的兢兢业业，专心不二。孝和忠是人类共同体的纽带，也是连接韩民族的伦理支柱。在当今西方物质文明的消极影响愈演愈烈的时候，在整个社会共同体面临解体的时候，人们应携起手来，以忠孝的传统精神为原则，团结国民，为高度"产业化"而共同奋进。只有这样，韩国人的精神风貌和社会风气才会大有改观。当然，韩国学者对传统伦理所采取的态度和观点是积极的、合理的。但有些抽象的不加分析地照搬封建传统伦理的观点，也是不足取的。

第四章　当代朝鲜主体伦理思想

朝鲜民主主义人民共和国实行的是社会主义制度，经济上的公有制和政治上的民主集中制，要求意识形态的一元化，主体思想是朝鲜劳动党的指导思想，也是国家和社会的指导思想。主体伦理思想是主体思想的一个重要方面。这里通过对主体伦理学的介绍和阐释，可以反映出朝鲜社会伦理思想的概貌。

第一节　主体伦理思想的哲学基础及特点

主体思想是朝鲜劳动党的指导思想，是制定朝鲜社会主义革命和建设的路线、方针、政策的理论基础。主体伦理思想是主体思想的一个重要组成部分。

一、主体伦理思想的哲学基础

主体伦理思想是以主体哲学思想为其理论基础的，何为主体哲学思想？在考察它之前，首先搞清"主体"的含义是很有必要的。在朝鲜理论界，"主体"是多义的。据 1985 年由朝鲜科学、百科辞典出版社出版的《哲学辞典》"主体"一条介绍，"主体"概念具有如下几方面的含义：（1）它标志人民大众是革命和建设的主人，人民大众是推动革命和建设的决定性力量。[1]（2）它体现朝鲜劳动党在革命和建设中所坚持的自主性、

---

[1]　参见《金日成全集》，第 29 卷，朝文版，282 页。

创造性原则和立场。（3）它是与客体相对应的概念，表示人是认识和实践活动的主体并主张考虑和解决问题必须从本国实际出发。

关于"主体哲学思想"，金日成指出："主体思想是以人为中心的世界观，是实现人民大众自主性的革命学说。主体思想是把人置于哲学的中心地位并以人为中心解释世界、对待世界并对人的命运给予正确的回答。"①金正日在《关于主体思想》一文中，提出"主体思想是以人为中心的新的哲学"。那么"新"在什么地方？"新"就"新"在它同马克思主义以前的资产阶级哲学不同，也同以"物质"为基石的马克思主义唯物论哲学有区别。这一"区别"又是什么？

第一，它把人本体化，把人放在考察世界的核心地位。这就是说，主体哲学思想是以人为中心并从这一角度去观察世界的。因此，它是把人在世界中所占的地位和作用作为哲学的基本问题。显而易见，这同把思维和存在的关系作为哲学基本问题的唯物论哲学（包括马克思主义哲学）是有区别的。第二，它提供如何开辟人的命运的方法。主体思想认为，人的命运同改造世界的活动是分不开的。以人为中心并以人为出发点的世界观才是开辟人的命运的根本方法。以往的哲学在这个问题上都没有给予正确的回答。朝鲜理论界甚至有人认为，马克思主义哲学尽管揭示了资本主义必然灭亡，社会主义必然胜利的一般规律，但没有具体提出"以人为中心"的正确世界观。只有主体思想才明确提出了哲学的历史使命并提出适应这一历史使命的正确世界观，进而把哲学世界观推进到了新的阶段。

"新的哲学"是由以下相互联系的两条基本原理构成的：其一，世界是"以人为主"的社会，人与世界的关系问题是哲学的基本问题，人在世界中占支配地位，起着决定性作用；其二，人是世界之主人，人是具有自主性、创造性、意识性的社会存在。这两条基本原理构成了主体伦理思想的哲学基础。

二、主体伦理学的根本特点

主体思想是以人为中心的世界观，把人置于哲学的中心，从此出发解释世界。主体伦理作为主体思想的一部分，也是以人为中心，考察人的道德问题。因此，以人为中心的道德观是主体伦理思想的显著特点之一。

人是社会的人，考察人的伦理道德离不开人与人的关系，离不开人与世界的关系。因此，当我们在这种关系中，考察人的伦理道德时就会遇到

---

① 《金日成选集》，第 3 卷，朝文版，324 页。

是以人为中心还是以环境（世界）为中心的问题。宗教伦理观是以神为中心的，它宣扬以神的意志去行动，把人的道德归属于某种"神力"的作用。马克思主义伦理观反对一切宗教唯心主义的说教。它的伦理观是以客观环境、物质生活条件为中心的。主体伦理则强调，人的道德生活总受到客观环境和物质生活条件的影响。因此，忽视环境和物质生活条件对伦理道德的影响是错误的。但客观环境和物质生活条件不能成为决定人的道德生活的根本性因素。因为结成道德关系，作出道德行为的主体是人，考察伦理道德就必须以人为中心并以此为基点进行理论概括。

主体思想认为，对人的本质即自主性、创造性、意识性的确定更能增加对人的尊重，因而，它把人看做是世上最宝贵、最真实的社会存在。主体伦理道德尤为尊重人的尊严和重视人的价值，把热爱人作为最高尚的品质并以此探讨人的道德问题。主体伦理同那些以金钱关系为本质的道德有着本质的不同。人的尊严和价值以及品质不是由特权、金钱所规定，而是由自主性、创造性、意识性所规定的。主体伦理主张考察伦理道德必须以人为中心，在人的本质属性——自主性、创造性、意识性的关系中进行。

强调集体主义道德是主体伦理的又一显著特征。主体伦理思想从主体哲学出发，以集体为核心，给个人和集体关系赋予科学的解释。人不仅是个体的存在，更重要的是集体的、社会的存在。人作为个体而活着，又作为集体的一个成员而活着。因此，人活着必然涉及集体和个人的关系。个体和集体的关系问题必然成为社会生活的根本问题，坚持以集体为主就会产生集体主义人生观，坚持以个体为主就会产生个人主义的人生观。

人的伦理道德是由人生观所左右的。人生观的根本问题不仅规定了人们对社会生活的一般观点，而且规定人们的道德生活。集体和个人是相互联结的。集体由个人组成，个人组成了集体，离开集体的个人和离开个人的集体同样是不可想像的。但就它们之间的相互关系、相互影响来说，集体对个人的影响超过或大于个人对集体的影响，之所以如此，是因为在促进社会发展过程中，集体和个体的地位与作用是不同的。朝鲜理论界有些人认为，"社会关系"主要是指人与人之间的"关系"，并不是人的本质"属性"，人的本质"属性"则是人的自主性、创造性、意识性。主体伦理从人的本质属性出发，以集体主义为中心，通过突出人的社会政治生命来解释集体主义的道德。

第二节　主体伦理学的基本范畴

主体伦理学的基本范畴主要包括善、正义、义务、良心、爱、义理、荣誉、幸福等。在社会主义道德中，这些基本范畴的作用不是愈来愈小，而是愈来愈大。

一、善与正义

人们对善的认识有过历史的演变过程。在原始社会善被理解为力量，是一种勇猛的行为。进入阶级社会，人们对善的理解有了深刻的变化，对善的理解具有了明显的阶级性。在剥削阶级社会，善是权力和财富的同义语，权力和财富的所有者被吹捧为"行善者"，而劳动阶级的反抗却被斥为犯上作乱的"恶行"。只有到了社会主义社会才有了对"善"的正确认识和解释，把善理解为有利于社会进步或有益于他人幸福的行为。这就是说，为人民大众的和为共产主义事业奋斗献身的一切行为都被视为善的行为，与此相反的一切行为则被视为恶的行为。

主体伦理学认为，人之初每个人都具有变成好人的特性，人一生下来就分成好人和坏人的说法是剥削阶级的欺人之谈。可见，主体伦理在某种程度上同朝鲜传统哲学的"性善说"具有一定的联系。主体伦理把判定善的标准放在人的自主性上，认为凡符合自主性要求的就属善的行为，凡不符合的则属于恶的行为。这里所讲的"自主性"就是指人们脱离或反对一切奴役，成为世界和自身主人的属性。主体伦理基于这种认识规定凡反对一切奴役，争取自主性的行为就属于善的行为。人们尤其是广大人民群众具有反对一切奴役的属性，具有自主性的要求。

主体伦理学认为，善同正义有着密切的联系，可以说，正义是善的一种特殊体现。同善一样，正义也有强烈的阶级性。然而正义的阶级性并不是指各阶级有各阶级的正义性，而是说只有人民大众才有革命的正义性。在封建主义社会，资本主义社会剥削阶级所鼓吹的正义和它们的自身利益分不开，是为巩固它们的社会制度和社会秩序所必需的，因此它们的正义具有极大的虚伪性和反动性。只有人民大众的"正义"才是真正的、革命的。正如金日成所指出的那样，在人民大众那里才有正义、智慧、力量。

主体伦理学还把正义同自主性联在一起，进一步阐明正义的本质，只有具有自主性的人民大众才具有正义，只有坚持自主性并实现其自主性的行为才是正义行为，反之就是非正义行为。正义感很强的人才能具有自我牺牲精神，才能为正义事业英勇献身。

综上所述，主体伦理学对善和正义进行了具体的、历史的、阶级的分析。这是合理的、正确的。它把善、正义同自主性联系起来，以进一步阐述善和正义的本质，这不能不说是它的独到之处。

二、义务

主体伦理学认为，义务是指人们对社会和集团应尽的责任。它体现社会和集团的要求。

在人类社会这一有机整体中，任何个人都不能离开社会孤立地生活，而总是与他人保持一定的联系。在这种联系中，必然会产生各种义务。所以，凡有人群就存在义务，义务是具体的、现实的。

义务的特征在于"必须履行"。可执行也可不执行的，不叫义务。人作为社会性的存在，必须负有一定的道德义务。道德义务主要体现在对社会和集团的道德责任上，所谓道德责任就是指自愿接受道德要求并靠自身力量去履行道德要求，靠自身力量去积极履行，就会受到社会和集团的肯定，反之就会受到谴责。因此，正确的道德义务应该是为实现社会和集团利益而进行的献身斗争。为祖国和人民的利益奋斗是共产主义者的崇高义务。祖国和人民的利益是道德义务的核心内容。离开这一核心内容去谈道德义务是不对的。

在阶级社会道德义务也带有明显的阶级性。剥削阶级主张符合少数人利益的道德义务，被剥削阶级则主张符合大多数人利益的道德义务。主体伦理认为，只有符合劳动人民大众的自主性和利益的斗争才是崇高的、真正的道德义务。作为劳动人民大众的一员对自己的义务应采取积极主动的态度。这种态度不是别的，就是以顽强的毅力和献身精神自觉地履行祖国和人民赋予的义务。

三、良心

主体伦理学承认良心范畴的存在。何谓良心？主体伦理学认为，良心是指人们对社会的要求和利益以及道德责任的认识，是自身评价和控制自己行为的道德认识。如果说社会舆论是人的行为的外部评价因素的话，那么良心是人的行为的内部评价因素。

良心以社会集团的要求和利益为基础。它产生于社会集团和个人之间所存在的现实的共同要求和利益关系。它使人们认识到社会集团的要求和利益是自己应尽的义务和责任。所以良心同社会的义务和责任是密切相关的。但这并不是说良心等同于义务、责任，它们之间是有区别的。其区别主要表现在，第一，义务和责任是社会赋予人们的要求和利益，它是以"必须履行"为前提的，良心则不是。第二，义务感和责任感只涉及具有义务和责任的人，但良心是以自觉履行为必要前提。总之，有良心使你自觉承担自己的义务，没有良心则使你放弃对社会应尽的义务。

主体伦理学还认为，良心是评价人的行为的道德标准之一。人们的行为不仅要受到整个社会的评价，也要受到自己良心的评价。用良心评价自己的行动，反映出该行为已经不是外在的要求，而是一种内在的义务感，具有不同道德观念的人对同样的行为，在良心上会产生不同的体验。当他意识到自己的行为符合社会利益，给他人带来莫大的利益，因而符合道德的时候就会感到内心满足；当他觉察到自己的行为损害了社会的利益，给他人带来了不幸，因而是不道德的时候，就会受到内心谴责。主体伦理思想把符合不符合社会利益作为评价良心行为的标准。凡符合社会利益的行为就属于良心行为，与之相反的就属于没有良心的行为。

主体伦理学还强调良心的阶级性，认为在阶级社会中，由于人们在一定的社会关系中所处的地位不同，人们对良心的认识也各不相同。一切剥削阶级的良心都以维护自己的财产和特权为界限，是一种"财产化"和"特权化"了的良心，否认良心的阶级性，把良心说成是人皆相同，这是剥削阶级愚弄人民大众的谎言，是错误的。

主体伦理学重视良心的社会作用、良心的评价及良心的阶级性。良心是人们意识的一种形式，是人们的客观社会关系在意识上的反映。马克思说过："良心是由人的知识和全部生活方式来决定的。"[1] 这就是说，良心是在社会生活中形成的，它的性质取决于人生活于其中的物质生活环境，取决于人们受的教育及社会地位、社会力量等多种条件。主体伦理承认社会物质生活条件对形成良心的作用，但更强调主体具有自主性、创造性、意识性。主体伦理学否认客观物质生活条件对形成良心的决定作用，而强调主观意识或能动性（自主性、创造性、意识性）对良心的形成和发展所起的作用。

四、爱

主体伦理学特别强调爱这一范畴。所谓爱就是指在人与人的关系中对他人或某一事物由于爱慕、关心、信仰而产生的一种深厚真挚的感情。这就是说，爱是相互信任，相互尊重，相互帮助的思想感情。

---

[1] 《马克思恩格斯全集》，中文 1 版，第 6 卷，152 页，北京，人民出版社，1961。

主体伦理学认为，从内容上讲，爱可分为两个方面：一方面爱是信任人、尊重人的思想感情；另一方面爱是相互帮助的精神，是超越于同情的一种思想感情。爱有多种类型，如男女之间的性爱；血缘相连的母爱；个人与他人之间基于志向或利益一致的互爱；阶级爱、同志爱等等。

主体伦理学认为，在上述诸多类型中，同志之间的爱是最为珍贵的。首先，它是为实现共产主义最高理想而奋斗的人们之间的思想感情。主体伦理认为，完全实现人民大众的自主性是革命同志的最高目标、最高理想，在今天的朝鲜成千上万的共产主义者为此而奋斗着。参加这一伟大革命事业的同志之间的爱是最高形式的爱。其次，它反映了在政治生命基础上所形成的革命友谊。政治生命是永恒的，在这个基础上形成的革命友谊才是牢不可破的，它超过任何形式的爱。再次，它是以对领袖的忠诚为基础的爱。从本质上讲，同志爱是在实现领袖革命思想的实践中形成的。所以同志爱是以领袖革命思想为惟一宗旨而形成的爱。

五、义理

义理范畴是反映朝鲜民族伦理道德思想的重要范畴之一。自古以来，朝鲜民族就强调义理。义理产生于崇高的人际关系，它同强烈的正义感有着直接的联系。

主体伦理学认为，愈是高尚的人就愈有崇高的义理。义理的本质是报答社会和集团及别人对自己的爱的行为。人在社会中，总是同其他成员一起共有社会财富并得到他人的帮助，人总是会受到社会和集团以及他人的爱的。这就要求个人应为他人尽义务。这是做人的道理，是必须履行的义理。一般来讲，在人生道路中，正确的行为是符合义理的行为。符合义理的行为就是自觉遵守社会义务的行为。但义理同义务不同，前者只是道德的，后者还包括法定义务、组织义务等诸多非道德内容。

义理主要表现在报答社会和集团对自己的信任和恪守盟约上。不报答社会和同志的信任，不恪守社会盟约的行为是没有良心、不讲义理的行为。那些与社会和集团利益根本对立的恪守和报答行为也是错误的行为，因而是违背义理的行为。

义理还意味着反对背叛。背叛同义理是根本对立的。背叛祖国和人民，背叛同志和组织都是忘恩负义的可耻行为。背叛者不会有人的良心和义理。良心和义理同背叛者没有丝毫的因缘。作为一个共产主义者必须尊重义理，坚决反对不讲良心，不道义理的背叛行为。只有遵守义理的人才能在危急关头保持气节，保持人的尊严和价值。

第三节　主体伦理学关于道德品质的思想

主体伦理学认为，在人的品质中，道德品质占有重要地位。所谓道德品质就是指人们处理个人同社会利益、个人同他人关系时所表现的行为习惯，是一定阶级的道德原则、信念、意志在言行中比较生活化、习惯化的表现。因此，道德品质同道德行为是相互联系的。离开了道德行为就无所谓道德品质。道德行为是道德品质的客观内容，道德品质是道德行为的综合体现。

道德品质可分为两种类型。一种类型是在和周围世界的关系上所体现的态度性品质；另一种类型是在行为过程中体现的意志性品质。在态度性品质中有党性、人民性、文化性、谦虚性、朴素性、正直性、诚实性、忠诚性、宽大性、原则性等等；在意志性品质中，有决断性、顽强性、刚毅性、忍耐性、自制性、勇敢性、大胆性、责任性等等。

道德品质还具有道德评价的功能。人总是按照自己的道德品质去衡量他人的行为，具有一定道德品质的人会随时随地做出与其相适应的行为，例如，具有勇敢性品质的人必然做出大勇大义的行为。

人们的品质有多种多样的表现。在诸多品质中，对道德而言，既有肯定的一面也有否定的一面。在人的品质中，谦虚、正直、宽容、乐观、勇敢、顽强等都是肯定的；骄傲、虚伪、悲观等都是否定的。肯定的品质总是促使人的道德品质向高尚的、美好的方向发展；否定的品质总是促使人的道德品质向伤风败俗的方向发展。

一、态度性品质

（一）"人之情" 和文化性

主体伦理学认为，共产主义者不仅要有自己人格的尊严和行为上的高尚品质，而且要有深厚的 "人的感情"。这种 "人的感情" 是共产主义者必须具备的品质。这里所说的 "人的感情"，主要是指具有共同目标、共同理想的同志感情。主体伦理认为， "人之情" 首先是珍惜人，保护人，宽容人；其次，是同情人，关心人的生活。这些行为都是以对人的真挚的感情或爱心为基础的，体现了共产主义者的党性和原则性。

共产主义者最珍惜人，最尊重人，最关心人。这是每个共产主义者所固有的崇高品质。有了这种感情和品质，就能够激励人民大众对真理的追求，产生奋发图强的事业心。列宁指出，没有 "人的感情"，就从来没有也不可能有人对于真理的追求。这就告诉我们，无论是宣传真理还是追求真理都必须解决一个感情问题。作为一名共产主义者必须具有"人之感情"，并决心为被压迫被剥削人民的彻底解放，为创造自主性、创造性的幸福生活而进行坚决的斗争。

所谓文化性品质是具有丰富知识和一定文化素质的人所特有的活动方式。在社会主义社会文化性是人人应具有的高尚品质之一。文化性不仅体现在人的外部形象上，更重要的是体现在人的精神风貌上。社会主义和共产主义是最文明的社会。它要求社会的每个成员都具有较高的文化素质和修养，每个成员都做到语言美、行为美，讲究整洁，衣着端正，在生产和生活的各个领域都有文明的表现。

文化性品质标志人的文明发展程度。它要求社会每个成员掌握科学技术。科学技术是文化性品质的一个重要组成部分。每个成员只有掌握了科学技术才能增强自身改造自然的力量，提高和发展社会生产力，有力地推动社会向前发展；只有掌握了科学技术才能真正成为具有创造性的人。文化性品质还要求整个社会成员具有较高的文化修养并积极参加各种类型的文化活动。一定的文化修养和文化生活能够体现人们的精神风貌。如革命的文化艺术，在不同程度上反映了现实生活的本质，因而具有认识社会，鼓舞和教育人民的作用并能够从多方面满足人民的审美需要。应该提倡进步的内容和完美的形式相统一的艺术作品，以鼓舞人们为社会进步而奋发向上的创造性活动。

（二）谦虚和俭朴

谦虚和俭朴也是共产主义者的高尚品质。所谓谦虚就是尊重他人，热爱集体，使自己的意志服从集体意志的品质。谦虚要求每个共产主义者，虚心向人民大众学习，把自己当做人民大众的公仆，虚心听取意见，不要突出个人。在这个问题上，共产主义者同资产阶级存在着根本的对立。以资产阶级为首的一切剥削阶级都把"顺从"和"阿谀奉承"当做"谦虚"。只有在共产主义者身上才能谈得上真正的谦虚品质。

谦虚还要求共产主义者不要骄傲自大，不要满足于现状，不要停留在原有的成绩上，不夸耀功劳，不自命清高。要坚决反对那种骄傲自大，趾高气扬，目空一切，不求上进的行为。谦虚还要求共产主义者和一切革命者敢于承认错误，勇于纠正错误。要做到这一点没有高度的自觉性是不行的。因此，它要求对自己高标准，严要求，正确对待自己的错误，随时随地发扬坚持原则、坚持真理、团结奋进的精神。谦虚并不意味着对自身价值进行过分的贬低。因为谦虚同自尊心是密切联系着的。不能提倡没有自尊心的谦虚，这样做就会失去谦虚应有的光泽。

俭朴是指人们关心物质生活和对待物质生活态度的一种道德品质，即在生活安排上处处以节约为原则。俭朴是朝鲜人民的传统美德，是共产主义者和人民大众的阶级作风在生活上的反映。

俭朴意味着珍惜人民大众的劳动成果，尊重劳动，爱护祖国和人民的利益。只有处处为祖国、为人民大众的利益办事，才能保证同人民群众的联系。反之就要脱离人民大众，失去人民大众的支持。要想同人民大众打成一片，就要为人民大众谋福利，在言行上不能伤害人民大众的思想感情。这样才能保证同人民大众的血肉联系，有力推动革命和建设事业。

俭朴还意味着生活的俭朴。共产主义者提倡俭朴绝不意味着苦行僧主义，而是意味着克勤克俭，不图享受，更不追求虚荣。在衣着、打扮上朴实大方，整洁舒适，符合身心健康。俭朴的生活作风是主体人生观在生活上的具体体现。每个共产主义者都要保持俭朴的生活作风，把更多的时间和精力用到革命和建设事业上去，从而有利于保持紧张的和动员的态势；有利于磨炼意志，锻炼吃苦耐劳的顽强精神；有利于培养人民大众的思想感情，抵制剥削阶级生活方式的引诱和毒害，抵制社会上各种不良风气的影响。

主体伦理学对谦虚和俭朴的阐述是较为深刻的。尤其是在谦虚中突出"公仆"意识。反对"特殊"，提倡"俭朴"对当今朝鲜很有实际意义。

（三）正直和诚实

正直是一种反映个人德行的重要的道德品质，也是共产主义者和人民大众应具有的品质之一。它主要表现为作风正派，襟怀坦白，公正无私，坚持原则。正直的对立面是欺骗、虚伪、伪善、狡诈。

正直是由人们相互协调、步调一致、共同生活的种种社会实践需要所决定的。但是在剥削阶级社会，在阶级矛盾异常激烈的情况下，正直不可能成为社会生活的普遍品质，它经常遭到破坏。

主体伦理学认为，革命和建设是关系到人民大众自身利益的头等大事，它需要人与人之间的真诚协作和一致，它要求每个共产主义者和劳动大众对自己的事业采取正直和忠诚的态度。

诚实要求人们说真话，对国家、对人民、对领袖都不掩盖事实真相，以此作为自己生活和行为的准则。在社会主义社会中，人与人之间、人与社会之间的基本利益是一致的。任何欺骗、虚伪、狡诈的行为都会受到社会和人民大众的谴责。

主体伦理学特别强调每个共产主义者要以主人翁的姿态忠诚党和领袖，在党和领袖面前不要隐瞒事实，要如实反映情况。在这个问题上，共产主义者应该讲良心。正直和诚实是良心的集中表现。凡是对党、对领袖、对革命、对人民有良心的人，在言论和行为上都必须表现出自己的忠诚和老实。真正的共产主义者是有良心的人，他们凭着自己的良心去参与革命和建设活动。缺乏这种良心的人往往是一事当前，只顾自己，容易在信念上失去原则；在举动上出现摇摆不定；在困难和敌人的诱惑与阴谋面前失去坚定性，容易蜕变为革命的背叛者。

我们认为，主体伦理学对正直和诚实思想的阐述是合理的。尤其是把良心同正直、诚实联系起来，继承了朝鲜民族传统伦理思想。

（四）乐观

乐观是指对革命事业和前途充满希望和信心并为之奋斗的积极态度。实现共产主义是艰苦的长期过程。在这过程中，会遇到种种阻碍和困难，也会遇到种种挫折，要保证在逆境中不迷失方向，除了对共产主义充满信心之外还需要有革命的乐观精神。

主体伦理学认为，首先，乐观是以共产主义必胜的信念为前提的。共产主义事业是实现人民大众自主性的正义事业。尽管伴随各种各样的艰苦斗争，但共产主义终究还是要取得胜利的。资本主义必亡，共产主义必胜是历史发展的必然趋势。实现这一必然趋势的主体力量就是广大人民大众，人民大众的自主性、创造性及意识性是推动这一必然趋势的决定性因素。朝鲜革命的历史表明，以自主性意识武装起来的人民大众的创造性活动是实现朝鲜社会主义社会、推动朝鲜社会向前发展的决定性力量。共产主义者的革命乐观主义正是建立在对这一客观规律的正确认识上，正是建立在对共产主义事业必胜信念的基础上。一个对事业和前途缺乏信心的人，不可能产生革命的乐观主义。抗日志士也好，战斗英雄也好，他们之所以在那种艰苦环境中，保持旺盛的革命斗志和乐观精神，是因为他们确信资本主义必亡，共产主义必胜，坚信自己所做的事业是共产主义伟大事业的一部分，因而是正义的事业。

其次，乐观是建立在相信人民大众无穷无尽的力量基础之上的。革命是千百万人民大众的事业，人民大众中蕴藏着无穷无尽的力量。在历史上一切真正的革命运动，实质上是人民大众起来摧毁腐朽的社会制度的斗争，革命的主力军是劳动大众。在革命斗争的最关键时刻，革命者毅然奔赴革命斗争的最前线；在生产斗争的最关键时刻，革命者以社会主人、历史创造者的身份充分显示自己的创造力量。总之，决定革命和建设事业成败的是人民大众。基于这种认识，共产主义者能够在最艰苦的环境中，保持革命的乐观精神，克服一个又一个困难，推动革命事业不断地向前发展。

再次，乐观是以政治生命的永恒性为基础的。主体伦理学认为，人的生命可分为肉体生命和政治生命。如果说肉体生命是人的自然生命的话，那么政治生命则是人们永恒的生命。政治生命不是同个人的命运相联的有限的生命，而是同集体的命运相联的永恒的生命。真正的革命者是把政治生命看得比肉体生命更为重要，更为宝贵。这是共产主义者对祖国和人民，对党和领袖所采取的态度。在革命的关键时刻，真正的共产主义者应该为政治生命毫不犹豫地献出自己的肉体生命。没有这种精神就无所谓革命的乐观主义。维护政治生命同维护祖国和人民的利益是一致的，对共产主义者来说，莫大的耻辱就在于丧失自己的政治生命。

革命的乐观还具体表现在：在任何困难面前，临危不惧，保持气节；在建设事业中，鼓足勇气，艰苦奋斗，自力更生；反对因循守旧，悲观失望，以高昂的精神，勇往直前。

二、意志性品质

（一）果断

果断是指对物敢于断定（判定）并付诸践行的品质。果断行为绝不是无根据的冒险行为。它同独断性是截然不同的。与果断行为相对应的是犹豫不决的行为。坚定不移的行为是坚强意志的体现，而犹豫不决是软弱意志的体现。

在实际生活中，果断同及时是密切联系的。当客观条件已经成熟，就不需要犹犹豫豫，要及时下决心，否则会错过良机，造成损失。人生活在世上，会遇到一些意想不到的情况。问题是在我们队伍中，有些人在突发性情况面前，往往失去常态，不能保持镇静，表露出心情烦躁，坐卧不安的情绪，不能作出正确的决策而失去机会。相反，果断的人，遇到再大的困难，情况再复杂，也能保持镇静，沉着应付。

主体伦理学认为，果断必须以客观依据为前提。对某物某事的判断不仅要掌握它们同周围事物之间的一切联系和中介，而且要对自身能力等主观条件给予充分的考虑，不然正确的决心是很难下的。在下定正确决心的基础上，还要对自己的行为进行科学的设计并努力付诸实施，而且要坚决果断。犹豫不决的人则对自己的"果断性"持半信半疑的态度，并对自己下的决心一没有信心，二没有勇气，在行动中表现出举棋不定，左右摇摆。

主体伦理学认为，果断的另一个标志是对已下的决心，通过实践，千方百计实现它。决心总是要通过实践才能变为现实的。实践是艰苦的。共产主义者在艰苦的环境中不屈服、不泄气，而是按照既定计划果断地行动。当然在实施过程中，原有的情况会发生变化。对此，共产主义者应根据变化了的情况，及时调整，果断处理。这样才能在变化着的新情况面前，保持主动性，成为一名对祖国和人民、对党和领袖忠贞不二的真正共产主义者。

（二）刚毅

刚毅表现为人在危险和复杂的场合果断地和最合理地行动，表现为人善于发挥自己的全部力量去达到摆在他面前的目的，并准备在必要的场合作出自我牺牲。

人如果不具备刚毅的品质，很容易在困难面前停止不前。人如果意志软弱将什么事情也做不成。刚毅首先是对克服和战胜艰难险阻的意志而言的。在革命和建设征途中，共产主义者会遇到种种困难和阻力，需要用刚毅品质去加以克服和解决。

在革命和建设中，克服一切难关并不是最终目的，最终目的是克服困难去完成既定任务，这是刚毅品质的主要内容。革命者的刚毅是以对革命的信念和自力更生的精神为基础的。自力更生要求人有依靠自身力量、解决一切困难的创造性精神，有不屈不挠的意志，在任何逆境面前，不屈服、不投降、不灰心，始终如一地以顽强的革命精神面对困难，战胜困难。

刚毅是对革命信念毫不动摇的品质。在艰苦年代，环境愈艰苦，革命者愈表现出他们的顽强精神。刚毅和顽强是密切联系着的。顽强在刚毅中得到了充分的体现；顽强是始终如一、坚贞不渝地贯彻下去的品质。顽强的人对暂时的挫折和失败不悲观、不灰心，而是总结教训，迎着困难继续上。

顽强同固执是有区别的。固执的人明知自己的主张是不合理的，但为了面子，不顾革命的整体利益，顽固坚持自己的错误，贻误革命。固执是一种主观主义的表现，因而是不可取的。

主体伦理学对刚毅和顽强的阐明是合理的，刚毅和顽强是共产主义道德视为英勇精神的一种不可缺少的品质。当然这种刚毅和顽强也是以尊重客观规律、尊重客观事实、正确发挥主观能动性为前提的。离开这一前提的一切思想和行为不过是主观主义的幻想和蛮干。

（三）忍耐

忍耐是忍性和耐心的统一，是人的意志能力的标志之一。具有忍耐性的人善于抑制内心的激情，当感到某种肉体上和精神上的痛苦时，也能控制自己的情绪；在反抗和压力面前，沉着冷静，不露声色，一步一个脚印地埋头于自己的事业。而缺乏忍耐性的人则在变化了的情况面前惊慌失措、失去应有的镇静和坚定。

忍耐也是共产主义者应有的品质之一。共产主义者应善于调节自我情绪，不能感情用事。忍耐对共产主义者来讲具有特别重要的意义，因为共产主义者要冷静地估计形势，耐心地向人民大众解释劳动党的政治路线，力求使所有的人懂得人民大众的根本利益和要求，力求使所有的人懂得在各个时期所面临的任务。总之，劳动党的各级领导都要增强自我调控能力，戒骄戒躁，同人民一道，努力完成劳动党制定的各项任务。

（四）勇敢

勇敢是指大胆、果断，不怕艰险，一往无前的道德品质。

对勇敢不同的社会、不同的阶级有不同的认识。共产主义者的勇敢有明显的特征：它以实现共产主义崇高理想作为动力，在为实现人民大众利益的斗争中表现出来，它不同于为某个人或为少数人谋私利而做出的冒险和蛮干行为，也不同于反动剥削阶级绝望的恐怖行为。

勇敢是共产主义者应具有的品质。革命者的勇敢性在与敌人的斗争中表现得尤为突出。在朝鲜争取祖国独立和民族解放的斗争中产生的"百战百胜"的奇迹是通过成千上万的革命先烈的英勇斗争所取得的。因此，主体伦理学认为，革命者的勇敢首先表现在为革命事业自我献身的行动上，每个共产主义者应把完成党和领袖交给的任务作为最神圣的任务并为此感到骄傲。在行动上，自觉站在斗争的最前线，当革命需要自我献身的时候，应该临危不惧，挺身而出，这是革命者应有的行为或品质。

主体伦理学认为，勇敢和大胆是不可分割的。要成为一名英勇顽强的人必须要有胆量，没有胆量就不可能成为勇敢的人。共产主义者在革命和建设中，要善于判明情况，确定目标，果断决策。不能前怕虎后怕狼，犹犹豫豫，动摇不定。只要认准自己的目标和计划是符合人民大众的利益和志向的，那么就应用极大热情和干劲去实现它，完成它。在这个过程中理所当然地需要共产主义者的勇敢和大胆作为。

第四节　主体伦理学的人生观

主体伦理学对人生观的研究较为重视。进入 20 世纪 80 年代，朝鲜社会科学出版社先后出版了《主体人生观》（1984 年）、《共产主义人生观》（1986 年）等著作，比较系统地阐述了主体伦理学关于人生观的主要观点。

主体伦理学认为，人生观的核心问题不是别的，就是人们从一切奴役中摆脱出来，真正成为自然和社会的主人，创造具有自主性、创造性的生活。主体伦理对人生、人生的意义及如何对待人生的问题等都是围绕这个"核心问题"展开的。

主体伦理学认为，人的生命活动的本质在于追求自主性，离开对自主性的追求就无所谓有价值的人生。所谓"自主性生活"是指人们从自然和社会的一切奴役中解放出来，真正享有世界主人地位的生活。人失去自主性，只满足于维持肉体生命，就谈不上真正的自主性生活。人是社会的存在。对人来说，摆脱社会的奴役比摆脱自然的奴役更为重要。如果人们没有摆脱社会的奴役，却要在与自然的斗争中全面发挥自身的创造能力，这是不可能的。因此，摆脱社会的各种奴役对实现自主性生活是至关重要的。

人不仅希望自主性生活，而且希望创造性生活。离开创造性的生活也就谈不上真正的人的生活。与动物不同，人具有创造性。人就是在改造自然和社会的过程中，创造出有利于人类自身生息和发展的物质产品和精神产品的。总之，只要造福于社会，有益于人类，有利于摆脱一切奴役的具有自主性、创造性的人生才具有价值。

一、主体人生观的形成

主体伦理学认为，人生观是上层建筑的一种形式，是一定社会或阶级的意识形态。人生观的形成，既不是上帝或神的启示，也不是什么人性的"自我实现"，而是在争取自主性、创造性生活斗争中产生的。因此，主体伦理学特别强调"斗争"范畴并把"斗争"范畴同人生观紧密联系起来加以考察和分析。它认为，离开斗争，革命的人生观是建立不起来的，人只有为革命而斗争才有人生的价值。如果饱食终日，无所事事，无所作为，就失去了人生的价值。

那么主体伦理学强调的"斗争"范畴包括哪些内容呢？据有关著书介

绍，它包括：（1）改造社会的斗争；（2）改造自然的斗争；（3）改造思想文化的斗争。所谓改造社会的斗争就是指人民大众为摆脱社会奴役，建立自主性生活而争取政治条件的斗争，如人民大众为了建立自主性生活而进行的打碎旧制度、建立新制度的斗争。所谓改造自然的斗争就是指人民大众为摆脱自然的束缚，建立自主性生活而争取物质条件的斗争，如人民大众征服自然、利用自然的斗争。所谓改造思想文化的斗争就是指人民大众摆脱旧思想旧文化的奴役，建立自主性生活而争取思想文化条件的斗争，如人民大众批判旧思想观念的斗争。革命的人生观就是在以上三种类型的斗争过程中逐步形成的。

值得提出的是，主体伦理学尤为强调从政治上实现自主性的问题。认为，人作为社会存在，首先要从政治上确保自主性。它是人民大众摆脱自然奴役和思想文化奴役的一把钥匙。一个民族只从物质上确保充裕的生活，但政治上没有确保主人地位和应有的权利，那么这种生活不能说是自主的。如同人的政治生命比肉体生命更为重要一样，人摆脱社会的束缚比摆脱自然的束缚更为重要，更为迫切。因此，革命者要树立正确的人生观，首先要解决政治上的自主性问题。

在剥削阶级社会，因为人民大众没有应有的政治地位，所以其自主性遭到了残酷的践踏。具体表现是，政治上受压迫，经济上被掠夺，思想上被控制，文化上被统治。任何一个阶级，如果不争得或保持它在政治上的地位和自主性，就无法保障其在经济上、文化思想上的自主性。因此，首先在政治上，推翻剥削制度，建立新的制度，对取得自主性是至关重要的。鉴于这种认识，主体伦理学将把人民大众从社会政治奴役中解放出来的革命看做第一位的事业，同样也将从政治上取得自主性看做革命人生观的最主要内容。认为只有在争取社会政治自主性的革命中，才能真正体验人生的真谛。

主体伦理学还认为，人生观的形成又同人们的劳动密切联系。因此，主体伦理学把"劳动"范畴同人生观紧密联系起来加以观察和分析。劳动创造社会财富，它是人类一切幸福生活之源泉。人要生存和发展，社会要发展和进步，都离不开人民大众的创造性劳动。人们的人生观就是通过创造性劳动即在改造自然、改造社会、改造人自身的过程中逐步形成和发展起来的。因此，只有在劳动中，人的本质即自主性、创造性、意识性才能得到充分的发挥，正确的人生观才得以产生。

在剥削阶级社会，劳动是剥削阶级践踏人的自主性、摧残人的肉体、破坏人的精神的一种残酷手段，在那种社会，劳动给劳苦大众带来的是贫穷、饥饿和苦难。与旧的剥削阶级的社会不同，社会主义社会的劳动则给人民大众带来了富裕和幸福。社会主义社会给劳动人民创造了保障政治自主的条件，也提供了进行创造性劳动的社会条件。劳动不再是剥削人民大众的残酷手段，而是满足广大劳动大众物质文化生活需要、实现祖国繁荣富强的手段。因此，社会主义朝鲜把对劳动的态度看做评价是否树立正确人生观的重要标志，"劳动光荣"，"不劳者可耻"。劳动已成为争取自主性生活的惟一手段。鄙视劳动、不劳而食已被视为最无耻的、不道德的行为。

主体伦理学认为，人生观的形成受着世界观的制约。人生观同世界观有关，因此，主体伦理把"世界观"同人生观紧密联系起来。认为世界观是人们对整个世界的根本观点，它给人生观以一般方法论的指导。人们用什么样的立场、观点和方法去认识世界，也就会用同样的立场、观点和方法去认识人生。因此，世界观特别是社会历史观，总是直接影响人们对人生目的和意义的看法。从这个意义上说，人生观是世界观在人生问题上的表现，是世界观的一部分或一个方面。

总之，人生观的形成同"革命斗争"、"劳动实践"、"世界观"等有着紧密的联系。在马克思主义者看来，人生观的形成既不可能从人的意识本身得到解释，也不能从人的实际生活之外得到解释。它只能在人们的社会关系、阶级关系、社会实践过程中产生，并且随着社会实践的不断扩大和深入而不断发展和变化。由于人生观是对人应该怎样生活的理解，因而必然受到人们的认识水平、思想觉悟程度的制约，受到人们在实际生活过程中所形成的感情、意志以及各种心理活动的影响。主体伦理学从本国革命斗争的实践出发，强调革命斗争、劳动实践以及世界观对人生观形成的影响。

二、主体人生观的特点

主体人生观的一个重要特点是把人的政治生命当做第一生命。对一个人来讲，尽管肉体生命和政治生命都是至关重要的，但它们的价值和意义是有所区别的。对它们的不同看法就会产生对人生的不同观点和立场，就区分为个人主义和集体主义的人生观。个人主义人生观把肉体生命看做惟一的生命，并把肉体生命看做比政治生命更为高贵的东西。这种人违背整个社会和人民的意愿，只把长期维持和保存自己的自然生命当做人生的惟一目的。因此，在他们身上看不到高尚的生活理念和生活态度。主体伦理认为，没有政治生命的人是一个很可怜的人。对那些不管不问政治生活的人无所谓有意义的人生。人的生活必须有政治生活，而且每个社会的人必须懂得国家大事和人民的根本利益。政治生命是人的社会属性的反映。它源于为集体利益而进行的自觉的斗争，因此，只有那些把集体利益和荣誉看做高于个人利益和荣誉的人身上才有政治生命。若人失去政治生命就等于失去了为实现人民大众自主性而进行的斗争，失去了人生的价值。

政治生命为何是人的第一生命呢？其根据在于，首先，政治生命是与人的社会属性相结合的生命，如果人不参与社会政治活动，那么人的生命只不过是维持自然的肉体生命而已，这与没有摆脱生物圈子或界限的生物活动没有什么本质区别。人只有通过社会政治生命的活动，才能真正具有人所固有的精神风貌及其他一些优点。这就是说，人的政治生命是与人的本质特征有密切联系的生命，失去了它就等于失去了人的本质属性的重要方面。

其次，对政治生命的态度决定人的价值和荣誉。一个人的价值大小，所获得的荣誉大小都取决于他为社会和人民所作出的贡献的大小。贡献越大说明他的价值就越大，他的荣誉就越高。在资本主义社会人的价值和荣誉取决于金钱的多少，社会与人的关系是金钱关系，个人主义是一切生活的准则，因此，人的价值和荣誉不可能得到正确的评价和公认。社会主义社会则不同。它指引人们不要被资产阶级的个人主义功利观所迷惑，要坚定信念，树立正确的生活态度。

最后，政治生命是永恒的生命。人的肉体生命是有限的，个人的肉体生命与个人的肉体的命运是同步的。但个人的政治生命则不同，它是与人民大众的永恒生命同步的。人民大众作为一个大集体具有能够左右个人命运、创造性地开拓前进的强大生命力，因此，是永恒的生命。主体伦理学认为，在这个世界上只有人民大众才是永生的，除此之外，再没有什么别的。无数的朝鲜共产主义者为了千千万万的劳苦大众的自主性生活，在敌人的枪弹面前一个一个倒下去了。他们尽管没有见到社会主义民主共和国的建立和人民的自主性生活，但他们的一生是光荣的一生，自豪的一生。他们虽然失去了宝贵的生命，但他们的政治生命是永恒存在的，他们的革命精神及丰功伟绩将同人民大众的政治生命一起永生。

主体人生观的另一个重要特点是把对领袖的绝对忠诚看成是人生观的主要内容。主体人生观特别强调对领袖的忠诚，认为领袖的英明领导是确保人民大众自主性生活的决定性因素。对领袖的忠诚成为自主性生活的根本要求，也成为主体人生观的主要内容。

主体人生观认为，人民大众是历史的主体，是社会发展的动力，打碎旧社会、建立新社会的主体是人民大众，征服自然、创造物质财富和精神财富的也是人民大众，但这并不意味着人民大众自然而然地成为历史的创造者。人民大众只有在工人阶级领袖的领导下，才能懂得自己的历史使命，才能找到解放自身的道路。工人阶级的领袖能够反映历史发展的规律和时代的要求，他能够倡导指导思想，提出革命理论和科学的战略战术并把广大人民群众团结到自己的周围，形成一股强大的革命力量，工人阶级的领袖是人民大众的最高统帅。

马克思主义关于领袖、政党、阶级、群众的相互关系的理论也说明领袖是人民大众的最高统帅。正如列宁所指出的那样，群众是划分为阶级的，在多数情况下，至少在现代文明国家内，阶级通常是由政党来领导的，政党通常是由最有威信、最有影响、最有经验、被选出担任最重要职务而称为领袖和人们组成的比较稳定的集团来主持的。而且历史上，任何一个阶级，如果不推举出自己善于组织运动和领导运动的政治领袖和先进代表，就不可能取得统治地位。各个阶级都是这样，无产阶级尤其是这样。因为无产阶级历史使命只有靠高度自觉（作为自觉、自为的阶级）的革命运动才能实现。这种高度的自觉性是同党的领导、领袖的领导分不开的。因此主体的人生观认为，对领袖的忠诚就集中体现了对党和工人阶级及人民的忠诚。因此，要牢固地树立革命的领袖观，这是主体人生观的根本要求。

以上，我们谈到的是主体人生观的两个主要特点。除了这两个特点以外，主体人生观还有其他方面的特点，如强调集体主义，强调革命同志相互之间的"爱"等等。但主体人生观的主要特点还是上述两个方面。

我们认为，主体人生观对政治生命的阐述有它的合理性。作为一名革命者应当把自己的政治生命，当做最为珍贵的东西。当然人生在世，谁不爱自己的生命？但爱生命的含义各有不同。有的人爱生命是为自己，一事当前，为自己打算，这种人，在革命的艰苦关头，在生死考验的关头，卑躬屈膝、苟且偷生，甚至不惜出卖同志，背叛事业，成为可耻的叛徒。这种人虽然在肉体上活着，实际上灵魂已成死灰，为一切正直的人们所不齿。革命者非常珍视自己的政治生命。因为政治生命的存在，使他们能为革命而工作，造福人民，有益于社会。在革命者看来，离开了这一点，生活就失去了光彩，生命就失去了价值。这种人生才是"永恒"的、有意义的。主体人生观对政治生命的阐述同革命道德要求是一致的。

应当说，在领袖和人民大众的相互关系中，一方面，人民大众需要自己的领袖，没有领袖，人民大众的斗争就会陷入自发涣散、摸索的状态，斗争不可能取得胜利。另一方面，人民大众之所以需要领袖，正说明领袖对人民大众起着重要的作用。主体人生观对领袖人物的重要作用如团结、教育、指挥人民大众等作了正确的阐述。这是应该肯定的。

领袖和人民大众关系的另一方面，也是更为重要的一个方面是领袖必须依靠人民大众，为人民服务。领袖是人民大众的一员，并不是人民大众之外的超人，离开人民大众，也就无所谓人民大众的领袖。群众固然需要领袖，但相比之下，领袖更必须依靠人民大众。这是因为，领袖毕竟是少数人，他们作用再大，也大不过亿万人民大众的作用，而且领袖的权力和作用，正是人民大众赋予的。人民大众造就、锻炼、推选出自己的领袖来领导自己，同时也给予领袖以智慧、权力和力量。领袖的作用必须通过人民大众的实践表现出来，没有人民大众的自觉的、积极的行动，不管领袖多么高明，也不管他的思想、理论、纲领如何正确，也无法得到实现。领袖作为领导人，不是高居于人民之上的"官"，而是为人民服务的领导人，是人民的"公仆"。在领袖和人民大众的关系上，人民大众是第一位的，领袖是第二位的。

第五节　主体伦理学的一般理论问题

主体伦理学对道德一般问题的论述是多方面的，如道德的起源和发展，道德的本质和机能，道德行为和标准等。根据有关资料我们侧重谈一谈主体伦理学关于道德行为、道德标准、道德评价方面的思想。

一、道德行为

道德行为是指在一定的道德意识支配下，表现出来的有利于或有害于他人和社会的行为。道德行为的基本特征就在于，它是个人对他人和社会利益的自觉认识和自由选择的表现。

在道德行为问题上，主体伦理学首先强调影响道德行为的诸因素。它认为，影响人的道德行为的因素有多种，这诸多因素可以归结为主体因素和客观因素，它们共同影响着人的道德行为。其中，主体因素是决定性的方面。

主体伦理学认为，人的道德行为受到客观因素的影响。人的道德行为不可能是无目的、无对象的，也不可能脱离一定的时间和空间。这就是说，人的道德行为是在一定的时间、空间下向一定的对象进行的活动。因此，人的道德行为必然受到客观因素的影响，不受任何客观因素影响的人的道德行为是不可想像的。

然而，客观性因素不能对道德行为起决定性作用，起决定作用的是主体性因素。因为，第一，人的行为的根本原因在于自主性要求。所谓自主性要求就是指人不同于动物的那种适应自然、改造自然，使自然为人类服务的能力和要求；第二，人的行为的基本动力是人所具有的创造性力量。这种力量是改造自然、创造自然界所没有的东西的那种力量。人就是依靠这种创造力量而活动着、生存着。人是改造自然和社会的名副其实的主体力量。

人是具有意识性的存在，人因具有意识而产生自主性的要求。人的创造性也离不开意识性。创造性力量是在自主性意识的支配下而产生的。总之，人因具有自主性要求和创造性力量以及进取奋发的意识性，所以根据人本身的需要，改造自然和社会并使自然和社会为人类服务。道德行为的动因应从主体因素去找，不能到主体因素之外去找。

主体伦理学还认为，在道德行为的全过程中，始终贯穿着自由和必然的关系问题。人是十分渴望自由的，但这种自由并不是随心所欲的，而总受到必然性的制约。因此，在道德行为的进程中，必须正确处理自由和必然的关系。

在道德行为过程中，一方面，人作为道德行为的主体，按照个人的意图去行动，按照个人意志调整其行为路线和方式，因而是自由的；但是，另一方面，他们的行动能否畅通无阻，能否做到有效调整，终究不能摆脱历史必然性的支配和制约。比如，有的人损公肥私、损人利己，而有的人则廉洁奉公、先人后己，他们的行为看起来是自由选择的，但是，事实上，前一种人的行为，即使得逞于一时，但终究难免碰壁，受到社会及舆论的谴责，而后一种人的行为，则往往是比较顺畅的，即使一时被人误解，以致受委屈，但总会得到社会及舆论的赞扬。这两种行为进程所以会有两种不同的结果，从根本上说，就在于前者是与公有制经济关系的历史必然性背道而驰的，而后者则是符合社会主义社会的历史必然性的。因此，只有遵循历史必然性的行为，才可能是真正自由的。

主体伦理学还认为，每个人的道德行为，包括道德行为和不道德行为，都会最终给个人、社会和他人带来一定的后果。但是，不同行为的后果所具有的价值，往往是很不相同的，甚至是截然相反的。有的行为后果是既有利于社会和他人，也使自己得到某种满足，有的行为后果，既损害社会和他人，也最终害了自己；有的行为后果，虽然使自己得益，但使社会和他人受到损害，只有选择与历史必然性相一致的道德行为，才能给社会和他人带来益处，否则，就会给社会和他人，甚至包括行为者自身带来害处。

主体伦理学强调，在道德行为过程中，还包含着目的和手段的关系问题，人的道德行为是有目的的，并通过一定的手段予以实现。人对自身生活的需要构成了人的道德行为的目的。要实现行为的目的必须充分考虑本身的能力和手段，脱离实际的目的是不现实的。

在道德行为中，主体伦理学主张目的和手段的统一。目的是通过手段实现的，而手段是为目的服务的，不为目的服务的手段是不存在的。在一定的条件下，目的和手段的区别是相对的。在一定条件下为目的的东西，在另一种条件下则为手段，反之亦然。例如，遵守劳动纪律这一行为的目的是为了有效地进行劳动，而有效的劳动则是为了提高人民大众的生活水平，可见，在这种情况下是目的的东西，在另一种情况下就成为手段。主体伦理学指出，人的一切道德行为的目的归结到一点，就是要创造自主性生活。实现这一目的的主要手段是最大限度地调动人民大众的创造性力量。

二、评价道德行为的标准

"善"与"恶"这两个概念是评价人的道德行为的最一般范畴。所谓善，就是指某一行为符合于一定社会或阶级的道德原则和规范所表达的要求；而恶则指某一行为违背一定社会或阶级的道德原则和规范所表达的要求。在按照什么标准确定行为的善恶问题上，各个时代、各个民族以及同一时代、同一民族的不同阶级却提出了不同的甚至是根本对立的见解。如费尔巴哈把个人的幸福或痛苦作为判断善恶的标准，杜威则是把"个人成功"作为判断善恶的标准；等等。这些资产阶级哲学家各有不同的说法，但贯穿着一个共同特点，就是力图用抽象的超阶级甚至超社会的善恶标准，来掩盖阶级之间的利益冲突。这当然不能看做对善恶标准的科学规定。

主体伦理学认为，评价道德行为的善恶标准在于社会和集团的共同利益和要求。在阶级社会中，社会和集团的利益带有明显的阶级性。因此评价道德行为善恶的标准也带有明显的阶级性。在阶级社会无论是剥削阶级还是被剥削阶级都把自己的阶级利益和要求作为评价道德行为的标准。但剥削阶级鼓吹的道德标准是错误的，因为，剥削阶级的利益违背了人民大众的根本利益，违背了社会发展的必然趋势。

主体伦理学认为，由于道德行为直接与社会和集团利益密切相关，在实际的道德行为中，凡有益于社会和集团利益的行为就是善的行为，如热爱集体、热爱祖国等等；凡有害于社会和集团利益的行为就是恶的行为，如破坏集体、背叛祖国等等。为共产主义而斗争就是为人民大众的自主性而斗争，实现自主性就是实现人民大众的根本利益。所以是否与人民大众的根本利益一致成为评价道德行为的标准。

人的创造性能力在人们的道德行为中起重要的作用，但它不能成为评价道德行为的标准。之所以如此，是因为第一，人的能力本身无所谓善和恶、道德和不道德的问题。第二，人的创造能力不能直接规定社会和集团的根本利益。因此，人的创造性能力不能成为评价道德行为的标准。

同样，人的道德行为的对象也不能成为评价道德行为的标准，因为对象本身无所谓道德和不道德。总之，人民大众即社会和集团的自主性要求和根本利益才能成为评价道德行为的标准。

通过上面叙述，可以看到，主体伦理学把社会或阶级、集团的整体利益，作为道德标准的根本基础，并在此问题上旗帜鲜明地反对剥削阶级的善恶标准，把人民大众的根本利益作为道德标准的客观基础，这是正确的。但是，判定或评价道德标准的客观基础不只是这一点，还有其他一些重要的基础。这个基础就是"社会发展的历史必然性"。马克思主义伦理学为了使善恶标准更具有客观规定性，把"历史必然性"范畴引入到道德评价中。这就是说，在最终意义上，只有符合历史的必然性，并因此而同社会发展的利益相一致的行为，才是善的行为，否则就是恶的行为。善的行为就在于它表达了无产阶级的利益要求，是与社会发展的历史趋势相一致的，并且促进社会的进步；或者说，在于它达到了阶级的利益要求和社会发展的客观要求的根本一致。只有按照这样规定的道德标准来评价现实社会生活的道德行为，或评价历史上的道德行为才能够得出客观的和公正的结论。

三、评价道德行为的根据

主体伦理学认为，要正确评价人的道德行为首先要有个正确的立场。这个立场就是社会和集团的利益。应从社会和集团的利益出发，对道德行为的动机和结果给予正确的评价。主体伦理学强调，人们做任何事情，首先要考虑自己的行为对群众的利益是否有益，这就是说评价某个人的道德行为必须围绕人民大众的利益而进行。

主体伦理学认为，评价某一道德行为的善恶，必须既看动机，又看效果，联系动机看效果，透过效果查动机。对于道德行为的评价，特别是对于道德行为整体的评价，如果只是片面地关注动机而忽视效果，就势必把空泛的动机视为实际的行为，甚至把虚假的动机当成真实的动机，从而，就会抛开行为的实际后果，只凭借行为者本人的宣言和表白，把善于说假话的人、不顾行为后果而一味蛮干的人，视为最有道德的人。同样，如果只片面地关注于效果而不屑于动机，就势必把出于善良愿望，并尽了最大努力，只是因为预料不到的原因，不能达到应有效果的行为，看成不道德的行为。所以，道德行为的评价既要看到动机又要看到效果，把动机和效果统一起来。

有时还有道德行为的动机和效果不一致的情况，这时评价道德行为应当注重于效果。在对道德行为的善恶评价上，相对说来，应当把效果的善恶放在整个评价的首位。这是因为，效果上的善恶，相对于动机的善恶，表现得更直接，也更明显。它直接表现出有利于或有害于社会和集团的利益，合乎或不合乎历史发展的要求，并且，是以容易被人感知的客观事实而存在的，从而，也就容易让人按照一定的标准进行善恶判断。其次，只有清楚了效果的善恶，才能进一步考察动机的善恶。这也是人们考察道德行为善恶的实际过程。最后，检验动机的善恶主要凭借行为者的行动及其效果。行为者的动机是否正确，是否善良，不能随意揣测，也不能只听信其表白，而主要看他的行为对社会或他人产生的效果。如果一时一事的行为效果还不能断定其动机的善恶，那就应该看他以往和现时的全部行为及效果。在已有事实证明效果是坏的时，还应看他是如何对待已经产生的效果的，如他是否认真总结经验，是否有出于诚意的自我批评，是否有改正缺点的决心和行动等。经过这样的考察，任何动机的善恶，都会泾渭分明，朗若日月。

人在何种条件下，发挥何等程度的努力对人的道德行为也有直接影响。因此，要正确评价道德行为还需要充分考虑投入其行为的努力程度和进行行动时所需要的条件。主体伦理学认为，尽管从同样的动机出发，获得同样结果的行为，投入其行为的努力也是各不相同的。创造能力强的人与创造能力弱的人获得同样的结果所投入的努力程度不可能相同，创造能力很强的人获同样结果所投入的努力和力量比创造能力弱的人所投入的努力和力量小得多，而创造能力弱的人获同样结果所投入的努力和力量比创造能力强的人所投入的努力和力量大得多。在这种情况下，创造能力比较弱的人比创造能力比较强的人更会受到社会和集团的肯定。又如，具有同样的创造能力的人在有利条件下和不利条件下所获得的结果也不可能是相同的。在一般情况下，在不利条件下的道德行为在结果上要达到在有利条件下的道德行为结果，所付出的努力和力量肯定比在有利条件下所付出的大得多。在这种情况下，前者的行为比后者的行为更能受到社会和集团的肯定。总之，要评价人的道德行为还要考虑投入其行为的努力和有关条件，只有这样才能全面、正确地评价道德行为。

第五章　当代新加坡伦理思想和道德建设

新加坡在实现工业化和现代化的同时，其精神文明建设也取得了令人瞩目的成就，在道德建设上尤为突出。

新加坡经济起飞后，所面临的严重问题就是如何确立和保持正确的价值导向，防止现代化后的西化，引导人们全面发展，享受美好的人生。新加坡苦心经营，在道德建设中较为成功地解决了各种族所固有的不同价值观之间的关系，传统伦理道德与现代化的关系，所谓"体"与"用"的关系等问题，特别是在对传统儒家伦理思想的现代化改造和继承上颇有独到之处，成效显著。经过20多年的努力，终于建立起了为各种族所一致认同的"共同价值观"和具有自身特色的伦理道德规范体系。如今的新加坡政府清正廉洁，民风敦淳朴实，秩序井然不紊，为其经济发展提供了良好的社会环境。

第一节　新加坡伦理思想形成的历史背景

新加坡位于马来半岛的南端，是一个港口城市国家，是多元种族的移民社会，面积为 626 平方公里，1992 年底其人口为 300 万左右。

新加坡 1819 年被英国殖民者占据，继而沦为殖民地，并辟为自由港。1943 年被日本占领，日本投降后，直到 1959 年才在英联邦内获得自治。1963 年被并入"新马来西亚联邦"。1965 年 8 月 9 日脱离"新马联邦"，宣告独立，建立新加坡共和国。

新加坡是一个多种族的移民国家，其国民大都是来自中国、马来西亚、印度、斯里兰卡、孟加拉等地的移民后裔，他们至今仍保留着本民族的语言、文化及宗教信仰。按人口比率，华人占总人口的77%，马来人占15%，斯里兰卡和孟加拉人占7%，其余占1%。新加坡实行双语制，华语、马来语、印度语分别为华族、马来族和印度族的母语，马来语被尊为国语，英语为各种族的共同语言，华、马、印、英语被定为官方语言。新加坡还是一个信仰自由的多元宗教社会，佛教、伊斯兰教、印度教、基督教和儒家学说等宗教及伦理思想并存。

基于血缘、业缘、地缘和宗教等关系所组成的宗乡团体和宗教组织与政府倡导组建的民众联络所、公民咨询委员会和居民委员会，共同构成了新加坡社会的基层组织网络。它们在继承民族传统文化，协调各种族及各宗教之间的关系，沟通政府与居民的联系和维护国家统一、社会稳定等方面，起着十分重要的作用。

独立后的新加坡各族人民精诚团结，艰苦创业，在短短的20多年中把新加坡这个贫穷落后的殖民地，建设成为在世界经济舞台上扮演着重要角色的新兴工业化国家。

新加坡根据本国面积小，矿藏资源贫乏，但地理位置优越的具体条件，扬长避短，实行市场经济与计划经济相结合的二元经济体制，在经济发展战略上成功地实施了三次重大转移，加快了其工业化和现代化的进程。

今天的新加坡，已取代了鹿特丹、纽约等世界名港的地位，而跃居世界第一大港；它还是世界第三大照相机制造中心，第四大金融中心，第五大炼油中心；它也是国际旅游购物中心及东南亚地区的交通、电信、转口贸易和科技交流中心。其经济实力在亚洲仅次于日本而名列"四小龙"之首。

新加坡真可谓"国富民强"，国家的经济繁荣给人民带来了富庶的生活。1959年新加坡的平均国民生产总值为440美元，到1990年已达到了10 521美元，成为世界上30个高收入国家之一。在社会福利方面，为了改善人民的住房困难，政府实行"居者有其屋"的政策，到目前为止已有90%左右的人口居住在政府修建的组屋里。新加坡还兴建了许多现代化医院，为妇孺健康提供了良好的医疗保障服务。越来越多的老人院为孤寡老人提供了安度晚年的乐园。新加坡市区经过重建，面貌焕然一新，它已成为一座雅洁优美的花园城市。

新加坡政府极为重视教育，把发展教育事业当做维护新加坡生存和发展的关键。从 1960 年到 1989 年，其教育支出从 6 140. 3 万新元增至 19. 98 亿新元，增长了 31. 5 倍，占国民生产总值比重的 3. 8%。大学生在校人数由 1970 年的 1. 37 万人增至 1987 年的 4. 47 万人。

在新加坡，劳动人口已基本上实现了全部就业，在"劳资政一体"的制度下，工人无失业之忧，资方无罢工之虑，劳资关系和谐融洽。经过 20 多年的艰苦奋斗，新加坡人终于过上了安居乐业的幸福生活。

新加坡的政治体制比较稳定，在其发展过程中形成了自己的特色。从政体上看，它具有西方民主制度的特征，政府由大选产生，国家政体为议会内阁制，政府对议会负责，允许反对党存在。但是在实际的权力分配机制中，新加坡是一党长期执政，党内无派，而且在议会中人民行动党长期占有绝对优势的地位。所以议会如同虚设，国家权力完全集中于内阁。实际上，新加坡实行的是集权政治。但是，新加坡的集权政治与传统的专制政治有着根本的不同，前者的基础是工业文明，而后者却难以超越农业文明。

人民行动党能够执政至今且又保持社会政局安定的主要原因，除了集权政府的高压政策外，还与它致力于建设高效廉洁的政府有重要关系。新加坡十分注重政府工作人员的德才素质，对所录用人员的品行要进行严格的调查和审核。实行公开考试、平等竞争、择优录用的方法，以保证录用人员的良好素质。同时，政府还制定了一系列严密的规章制度，在内阁设贪污调查局，以防止和督查政府官员贪污腐化。最主要的是新加坡的主要领导人能够严于律己，以身作则，起到了"不令而行"的作用。

只有做到了廉洁才能产生高效。20 多年来，新加坡的许多重大施政计划，如促进经济发展，广建廉价组屋，不仅说到做到，而且成效辉煌，这便是吏治廉洁的效应。

在新加坡，一只廉洁"有形的手"和一只逐利"无形的手"终于把这个"弹丸之地"捏塑成为亚洲乃至世界的经济"巨人"。

第二节　新加坡道德建设的特色

一、新加坡道德建设的基本特征

任何思想都烙有其社会时代的基本特征。新加坡独特的社会历史背景，使其伦理思想具有兼容性、世界性及浓厚的儒教色彩。

（一）兼容性

在新加坡这个多元种族、多元语言及多元宗教的社会里，各种族信奉着不同的宗教，并从中汲取其不同的道德价值观念。马来人信仰伊斯兰教，印度人信奉印度教或锡克教，华人则比较复杂，有信仰佛教的，也有信仰基督教的，但大多数人仍保持着儒家传统的伦理道德观。这样一个复杂的社会文化结构，使得新加坡人既处在多元文化交流的温泉中，又时刻处在种族宗教关系极为敏感的"火药桶"里。新加坡注重借鉴和吸取历史的教训，制定了"多元种族利益，彼此扶持尊重"的最高治国政策，以平等、公正、宽容的态度对待各民族利益及宗教信仰。新加坡实行双语制的目的之一，就是要通过母语以保留和延传各种族的传统文化及道德习俗。从 80 年代初开始学校又开设了《圣经》知识、伊斯兰教、佛教知识、印度教研究、儒家伦理等道德教育课程，供各族学生选修。各种族不仅保留了其固有的传统道德价值观念，而且在此基础上建立了适合新加坡国情，为各种族所认同的"共同价值观"。这标志着新加坡伦理思想理论基础的奠定。正如新儒学家余时英教授在 1982 年的一次研讨会上，回答"新加坡究竟有没有可能发展自己的伦理学体系"的问题时所说："如果有一种新加坡文化行将出现，那么基督教、伊斯兰教、佛教和儒家思想，每一家都将是它其中的一部分。"[1] 也就是说新加坡自己的伦理思想应由各种族最优良的道德传统所建构。但是，这种兼容性绝非美国文化的"大熔炉"。对此，著名新儒家学者杜维明教授有过一个很形象的比喻：最能代表新加坡的便是新加坡的美食中心，因为它代表各种族最好的食物。把不同的食物都放在一个大锅里煮，那结果是令人反胃的。[2]

（二）世界性

新加坡聚集了世界的主要人种：华人、马来人、印度人、欧美人；世界的主要语种：华语、马来语、印度语、英语；世界的四大文化：儒家文化、佛教、伊斯兰教、基督教。这些得天独厚的社会文化资源决定了新加坡伦理思想的世界性。新儒家学者许卓云教授是这样描述的，新加坡已经是这样一个国家：她的成功不仅在经济方面，而且也在她的社会，以及人的性格和成就上。四个伟大的传统在这里和平共处。正因为儒学没有被当

---

[1] 转引自杜维明：《新加坡的挑战》，183 页，北京，三联书店，1989。

[2] 参见上书，173 ~ 174 页。

做宗教，它才能与其他伟大的传统交流，并且把这里变成一个奇境，在这里播下从过去的传统里涌现出来的未来全球性文化的种子。以儒家伦理为核心的新加坡伦理思想不仅涵盖了伊斯兰教伦理、佛教伦理和基督教伦理，而且汲取了现代西方一些积极的价值观念。

新加坡伦理思想的世界性应从两个层次来理解，一是它所涵盖的内容，涉及了世界各主要宗教和各主要种族的传统文化。这是其表层意义。二是从其核心基础来看，它继承了东方特有的传统价值观，这才是其本质的意义。因为只有民族的，才有可能走向世界。近十几年来世界范围内的"新儒学热"足以说明其世界化的趋势。从新加坡自身来看，综观东亚经济发展趋势，我们有理由相信，东亚在下一世纪里会有某种文化复兴出现。目前，我们可以看到这种文艺复兴已经开始萌芽。且纵观人类社会的历史和现状，在因种族、信仰而致的民族、宗教纷争此起彼伏，西方发达国家陷入后工业社会文化危机的当今世界，集四大文化之精华，以东方传统价值观为核心，融东西方文明于一体的新加坡伦理思想则愈发显示出其深远的历史意义。

（三）儒家伦理与新加坡社会

在新加坡，华人占人口的绝大多数。儒家伦理不仅适合于这个国家的社会、经济和政治的发展，而且是这种发展所必备的。

从 19 世纪初到 20 世纪 40 年代，中国大陆不断有移民下南洋，新加坡是一个重要的中转站，也是一个最密集的落脚点。早期的华人移民一般都是为谋生而来新加坡的底层贫民，他们对儒家伦理不可能有很深的了解。但是，他们却带来了华人刻苦耐劳、勤俭朴实、尊老敬贤等传统美德。随着华人知识人士迁入新加坡，他们开始通过设立学校，创办报刊，建立各种文化团体等形式传播儒家伦理道德，儒家关于忠、孝、仁、和谐、重学业等价值观念得到了广泛宣传。各宗乡会馆也通过各种社团活动来继承和弘扬儒家传统文化。儒家伦理思想虽没有作为一个完整的体系建构起来，成为人们行为方式的普遍准则。但大多数华人深受儒家文化的熏陶，无论在社会生活方式，还是社会心态及文化心理结构上都不同程度地烙下了儒家传统价值观的印记，他们在现实生活中基本上都能自觉或下意识地遵循儒家的伦理道德规范。特别是进入 80 年代，新加坡为防止"西化"，更是大张旗鼓地宣传儒家伦理思想。他们把"忠孝仁爱礼义廉耻"作为"治国之纲"，并在中学开设了"儒家伦理"课程，作为道德教育选修课。

经过历代华人的传承，儒家伦理思想已成为新加坡社会中得到广泛接受的社会意识形式之一，对新加坡的政治经济及文化生活产生了深远的影响。

新加坡的主要政治领导人大都是中西合璧式的人物，他们既了解西方的民主政治，更通晓儒家的治国之道。儒家学说最突出的特点就是讲"人治"，重"德政"，视政治领袖的个人道德品行比制度更重要。儒家倡导"为政以德，譬如北辰居其所而众星共之"，"修己治人"，"修身、齐家、治国、平天下"。认为只有修身有道的"君子""贤人"才有资格治人治国。

人民行动党正是以此为"蓝本"，并辅之以法律，来塑造其"好人政府"的形象。这个好人既是注重品德修养的谦谦君子，又是言出必行的铁腕人物，既"贤"又"王"，"内圣外王"，即儒家所倡导的理想政治模式。

儒家伦理对东亚国家经济发展的作用究竟如何，理论界对此一直众说纷纭。最早研究儒家伦理对现代经济增长的现实意义的是德国社会学家马克斯·韦伯，在他看来，儒家学说作为一种世俗的伦理体系具有强烈的入世理性主义色彩，把现世视为安身立命之地，而不讲"彼世"的超验领地，因此缺乏"形而上"的信仰或追求。所以，儒家学说只能是适应世界，适应既成的秩序和习俗，而没有自然与神之间、道德规范与人类"恶端"之间的任何压力，因而也没有通过脱离传统和习俗的内心力量影响行为的调节手段。这便是东方国家没有产生资本主义的根本原因。

然而，进入20世纪七八十年代，日本及东亚"四小龙"经济起飞的事实向韦伯的理论提出了严重的挑战，人们反过头来循着韦伯的思路，重新探讨研究儒家伦理在现代及当代经济发展中的实际作用。海内外有种种说法和解释，其中主要有两派，即"制度论派"和"文化论派"。制度论派强调社会经济制度的主要作用；文化论派则认为制度和政策只有在特定的文化背景下才能发挥作用，东亚五国经济发展的主要动因就是儒家文化与西方现代工业文明的结合。诚然，这种解释的真伪还有待进一步研究确证，但新加坡的经济崛起除了其特殊的历史地理条件和机遇外，的确还有相应的文化环境的因素，而且这一观点也已为新加坡及海内外许多学者所认同。

新加坡前教育部长吴庆瑞博士认为，东亚"四小龙"的经济成功的共同点是：都同样深受儒家思想的影响，接受了儒家道德价值观的熏陶，从而培养出了具备一些儒家良好行为准则的人。他们之所以取得出色的经济成果，可以直接归因于儒家关于人们要为国献身的道德规范。李光耀则强调：新加坡人保留了强烈的中华传统价值观，并赋予其现代意义。同时，我们也从西方学到了科学与技术，以及用理性的态度来解决问题的文化习惯。他认为新加坡成功的主要原因在于新加坡能够从实际出发来制定经济发展战略，向西方学先进的科学技术，以提高生产力，加速工业化和现代化的进程，同时又保持了东方传统的价值观，以保证现代化进程的正确方向。

儒家伦理在新加坡经济发展中的作用主要体现在两个方面，一是儒家的企业精神，二是"内圣外王"的儒式政治。后者对经济的作用主要表现在创造并维系一个稳定有序的社会环境，及对经济施予强有力的国家干预，即宏观调控。这里我们主要是来探讨前者的作用。

新加坡华人刻苦耐劳，善于精打细算，具有锲而不舍、勤俭创业的民族精神，同时他们还重视教育，学会一技之长，在经济竞争中有较强的实力。最早占据新加坡的英国殖民者莱佛士在《爪哇史》中描述到，"中国人首先是充当苦力被雇佣的，但是他们很能刻苦耐劳，勤俭节约。不久便成了小资本家，接着把资本投入商业，精心经营企业，使资本不断扩大"。这是因为在他们的骨子里早已刻上了"衣锦还乡"、"光宗耀祖"、"孝敬父母"、"造福乡里"的"家训"。这些传统的价值观念是激励他们奋发进取的内在动力的泉源。华侨陈嘉庚先生就是这样的典范，他倾其所有，回到家乡厦门，兴办学校，以造福乡亲。

新加坡独立后，其社会和经济都有了较快的发展，但新加坡华人并没有因时代的变迁及条件的改善而遗弃华族的传统价值观。新加坡人以其勤奋、守纪被美国《商业周刊》连续 11 年推举为"世界最佳工人"。70 年代以来新加坡罢工事件寥寥无几，劳动工作日损失微乎其微，劳资关系颇为融洽。这与提倡人际关系和谐的儒家伦理有直接的关系。儒家伦理强调"以礼待人"和"己所不欲，勿施于人"；"己欲立而立人，己欲达而达人"的"黄金定律"，这对于协调上下级关系、同事关系、企业之间的关系，减少摩擦和阻力，提高工作效率都是相当重要的。而且这种协调合作精神也符合现代企业管理原则。儒家还提倡敬业乐群、遵守信用、服从上级和勤劳朴实等价值观，这些都有助于培养新加坡人良好的工作态度。1980 年新加坡职工总会向全体工人提出工作中应具备的六种良好态度：工作的自豪感；勤奋的工作精神；在工作中守纪律；在工作中有礼貌；在工作中发展技术；在工作中维持同事间的友好与忠诚。这六种态度和精神无一不受儒家伦理道德的浸染。

新加坡人还确立了国家利益至上的国家主义价值观。李光耀强调指出:"我们能够建立团队精神,集体精神,每一个人都应为团队作出最大努力。这个团队就是国家"。80年代中期,在全球经济危机的阴影下,新加坡也出现了经济滑坡。新加坡一方面大力开展"生产力运动",号召工人学习掌握先进的科学技术,积极努力地工作,提高劳动效率;另一方面作出了自1986年起冻结两年工资的决定。这二项活动和决定均得到了工人们的积极响应和配合。这种敬业和牺牲精神与儒家所倡导的群体意识、整体主义也不无关系。

从理论上,儒家企业精神可以归结为动力论和和谐论,这两者又可归结为家庭所散发的力量。台湾学者杨仲葵认为,儒家文化区的社会,是建立在儒家伦理思想深厚的家庭乃至家族之上的。这种家庭能够向社会散发出和谐的气氛,成为社会安定的稳固基础;能够鼓励它的成员,努力向前,奋斗不懈,精进不已。因此,这种家庭是东亚各国(地区)现代化活动的最大源泉。韩国学者金日坤教授在《儒教文化圈的伦理秩序与经济》一书中提出,儒家文化最大的特征是借助家族团队主义来建立一定的社会秩序。认为儒教团体秩序就是团队主义结合儒教伦理,因为儒家思想中历来就保持着忠孝一体化的伦理体系。忠是对群体或国家的服从和奉献,孝是血缘家族内部人际关系秩序的道德伦理,国家可以看做是一个"大家庭",忠孝一致是儒教的传统行为模式。

但是,必须指出的是儒家伦理并不是新加坡经济发展的惟一动因。因为"保持着儒家文化的传统社会无法自觉地走向现代化的历程,它是靠着外来的政治军事势力的挑战和对外来文化的强烈刺激才揭开现代化的序幕的"[1]。当然,这仅仅是对历史的一种诠释。假如没有西方的挑战和冲击,东方国家或许能以其自身的方式步入现代化。然而,历史是没有"假如"的。

日本的成功并不完全是东方的成功。第二次世界大战后美军占领日本期间进行的一系列改革无异于发动了又一次"维新"。西方经济政治制度大量输入,是日本资本主义现代化成功的关键之一。同样,东亚"四小龙"的崛起也无一例外。

新加坡社会与儒家伦理思想有着千丝万缕的联系,新加坡人的价值

---

① 金日坤:《儒教文化圈的伦理秩序与经济》,132页,北京,中国人民大学出版社,1991。

观、生活方式及社会风气无不受其浸染，不过随着新加坡工业化的逐步实现，其传统的东方色彩日趋微弱。

二、实用主义哲学基础

人能够改造环境，反之亦然。新加坡的具体国情，使其不得不务实求效，淡化意识形态，不管何种主义或思想只要有助于新加坡的生存和发展，就是真理。

（一）生存哲学

独立后的新加坡，前景极为暗淡，面临着种族骚乱、经济发展速度下降、失业及国防空虚等一系列难题。李光耀回顾往事时说：虽然我们知道要为大家创造美好的生活，是一件艰苦的工作，但是，我们当时并不懂得要把种族、语言、宗教和文化完全不同的人民塑造成一个国家的难题是多么令人心畏。新加坡政府首先强化人民的生存意识，号召全体国民，为国家生存这个根本的共同利益，放弃前嫌，团结一致，同心同德共渡难关。他们认为新加坡若要生存下去，各种族就必须相互尊重，相互宽容，和睦相处，共同树立"新加坡人的新加坡"的国民意识。在动荡不安的世界里，审时度势，运筹帷幄，依靠自己的力量，发展经济，建设国防，为生存提供可靠的保障和雄厚的物质基础。

"毒虾理论"是新加坡生存哲学的核心。新加坡地处东西的交通要道，北有马来西亚，南与印度尼西亚隔峡相望，东西环海，扼守着马六甲海峡，战略位置十分重要。刚刚独立的新加坡，国防力量相当薄弱，不得不靠英国军队保护。1967年英国宣布将从1972年起从新加坡撤军，加之当时越南战争正在激化，有扩展到整个东南亚的趋势，这使得新加坡非常紧张。因此，建设可靠的军事防务，以保障这个海岛小国的生存显得尤为迫切、重要。

他们认为，国际社会就好比是大海洋，在大海洋里面有大鱼、小鱼和虾米，新加坡是条小鱼或小虾。海洋里的规律是大鱼吃小鱼，小鱼吃小虾。但是在国际社会中，海洋规律并不总是有效的。小鱼和小虾有时候也能有效地保护自己。新加坡处在这样一个战略位置上，要避开大鱼的注意，实际上是不可能的。因此，"我们应该像一只毒虾，有鲜艳的颜色警告旁人：我们身上是有毒的"。把重点放在防务上，目的主要是遏制潜在的侵略者。因为武器装备精良、训练有素的人民能够经受任何一场战争行动的最初攻势，并在这一过程中使侵略者付出惨重的代价。这就是著名的"毒虾"战略理论。

生存意识不仅增强了新加坡各种族间的凝聚力和新加坡人的国民意识，而且使他们在为生存而努力奋斗的历程中，形成了重行动讲功效的务实精神。

（二）行动哲学

人民行动党一词中的"行动"，实际上已清楚地表明了该党是一个重"行动"的政党。新加坡的新一代恐怕已经难以听到人民行动党发表有关思想或主义的言论了。人民行动党吸收人才时，并不是根据他们所信仰的意识形态，而主要是考虑他们的才干及献身精神。不过，他们并不排斥理想，而只是强调任何理想自它诞生之日起都必须经历十分现实的道路，需要通过精致成熟的现实主义才能实现。目前世界是现实的，若要生存发展，就必须面对现实。他们认为人生活在这个世界中不是被动的，那些具有创造性和追求实效的人在与自然界的搏斗中终将获得成功。历史也不是既定的，人们的自觉行为决定着它的走向。在这个世界上，人除了要面对现实，还要保持对恒动世界作灵活调整的能力，而不能囿于形式，固守教条。无论多么崇高的理想或主义都必须付诸行动，接受实践的检验。而且，新加坡是一个多元种族、多元宗教、多元文化的移民社会，各民族的信仰及价值观各不相同。如果强行推行一个主义或一种思想，势必导致种族间的矛盾，造成社会动荡。

从 70 年代起，人民行动党在大选时就不再提倡什么主义或思想来吸引选民投票了，而是以其所取得的辉煌业绩取信于民。不仅执政党如此，反对党亦如此，他们很少标榜自己信奉什么思想或主义。

新加坡注行动重效果，淡"形态"轻主义的结果，是使新加坡社会形成了二元化或多元化的特色，即用"社会主义"的手段来实现资本主义的目的。新加坡的"社会主义"是以私有制为基础，以求取效益为目的，以竞争为动力的。但同时它又从一些社会主义国家学来了许多方法管理国家，治理社会，如发动群众、大搞运动、控制舆论、管理工会、设立居民委员会等。可见，务实求效已成为人民行动党及其政府所奉行的首要原则。

（三）"功效至上"原则

"功效至上"是实用主义哲学的第一原则。功效至上亦即功利至上，是商品经济社会中的一条永恒法则。就这个原则本身来说无所谓"善"或"恶"，但对功利在个人与集体之间的归属则往往构成"善"或"恶"之辩的不朽道德主题。对功利原则大体上有三种理解：（1）最大多数人的最大利益；（2）极少数人的最大利益；（3）在实现自身最大利益的同时兼顾他人和社会的利益。

新加坡作为"现代的资本主义国家"，功利至上原则适合于其追逐最大利润的本性。他们认为只有在功利至上的基础上制定政策，才能保证所制定政策的现实性和有效性，及所确定发展目标的可行性，宣扬空洞的民主和平以及人与人之间的亲善关系是徒劳的，反而会因此导致失败甚至灭亡。为了生存和发展，他们不惜放弃自己的基本信念。民主社会主义主张自由、平等、公正，反对剥削压迫，但在现实中却默许了剥削存在的合法性。"一些人由于拥有财产便可以剥削人是一件不道德的事情，但是为了要获得经济发展，所制定的政策必须遵循'各尽所能，各取所值'的原则加以推进。"而不能以道德秩序为原则去策划经济发展。因为"我们必须铲除无知、文盲、贫穷以及经济落后的现象，我们才能达到'各尽所能，各取所需'的最终目的"[①]。在他们看来，经济发展有其自身固有的规律，不应囿于伦理的视角用道德尺度加以衡量，而且在一定历史阶段上社会经济的发展，难以避免造成道德水准的相对下降。何况道德及信仰本身并不会创造财富，而只有兢兢业业、辛勤苦干的人民，现实可行的政策及高效廉洁的政府才有可能使新加坡走上繁荣。

然而，问题不在于用何种手段获取利益，而在于其所获取利益的性质——即归属于谁。人民行动党成功的六条原则之一，就是"要受人尊敬，不要讨人喜欢，拒绝避重就轻"。为了人民和国家的长远利益，即便有些政策暂时不受欢迎或遭到指责，也要毫不犹豫地付诸实施。他们强调必须选择不会不受欢迎而又能促进广大新加坡人利益的事情，却不能迎合一小部分人的口味而破坏全国人民的利益。

"功效至上"原则不仅已成为新加坡人的主要价值观之一，而且是新加坡政府制定和调整政策的最高指导原则。1992 年新加坡的世界第一家专门研究儒家文化的"东亚哲学研究所"因不能顺应当代世界政治经济潮流，而被"东亚政治经济研究所"所取代，以研究当代中国经济政治体制改革的情况。因为新加坡讲求实用，这方面的研究对新加坡是比较实际、比较有关的。至于儒家文化，他们认为，新加坡向来没有研究中国或东方哲学的学术风气，以一个华人人口只有 200 多万的国家来说，要从事这个

---

① 《新加坡之路——李光耀政治论集》，124～125 页，新加坡，新加坡国际出版公司，1967。

传统哲学思想的研究是非常不易的，这方面研究还是留给有 11 亿人口的中国比较合适。这是其利用广泛的国际社会分工，节省有限的人才资源的典型例证。

然而，任何事物都有其正负两个方面。功效至上原则一方面培养了新加坡人务实高效的工作作风，促进了新加坡经济的发展；但另一方面则留下了难以治愈的"后遗症"，年轻一代言必曰利，行必达益，而缺乏对理想信念的追求。他们只注重眼前的个人利益，强调个人的物质需求和"兑现价值"，从而使得人与人之间应有的亲情关系越来越功利化，人际关系愈发冷漠，社会结构体系趋于松散，过去那种团结奋斗的精神日趋衰弱。这或许就是社会经济进步所必须付出的代价吧。

三、国家主义原则

任何一个独立的新兴国家的一个普遍特征，就是积极实现国家认同，国家主义则是这种认同的坚实基础。个体只有循着社会整体发展的轨迹才能达到自己的人生目标。

（一）国家意识的确立

1965 年新加坡脱离"新马联邦"，宣布独立之后的首要任务之一，就是为新加坡各种族确定一个崭新明确的认同，即"自强不息，求生存"、"爱国家，爱同胞"的观念。

新加坡在建立认同的国家价值和形象时，考虑到其三个方面的因素，即历史地理位置、种族结构、生存之道。他们认为新加坡的最终目标是建立一个成功的工业化国家，具有高水平的科学技术，足以维持其经济发展，达到社会进步以及消除贫穷现象。然而，问题是国家认同单单建立在实际的发展价值上，从长远看，是否足够呢？当然，可以理解的是在新加坡独立初期，面对生存危机和经济困难，经济发展势必成为头等大事。但随着经济发展的成功，同样重要的是要关注新加坡将形成的社会。因此，新加坡人十分重视社会价值和制度的建立和认同，因为这亦是一个社会生存和发展的基石。

国家认同或国家意识的确立在不同的阶段上有其特定的价值基础，特别是当经济发展和物质生活水平提高后，单一经济发展的工具价值就很难适应或满足人们对生活价值和生活理想等多方面的需求，国家意识也难在此基础上"牢固不破"。因此，新加坡只有将社会经济发展作为认同的主要标志，将认同建立在普遍的理性价值的运作上，才能在新的条件下，确立和巩固国家意识。

新加坡规定学校每天举行升旗礼、唱国歌和背诵信约："我们是新加坡公民，誓愿不分种族、言语、宗教，团结一致，建立公正平等的民主社会，并为实现国家之幸福、繁荣与进步共同努力。"政府还通过制定和实施国民服役制度，使各种族青年生活在一起，以培养他们的团结互助精神和献身于国家利益的国民意识。1988 年，吴作栋正式提出发展"国家意识"的建议，并把这种"国家意识"称为各种族和所有信仰的新加坡人都赞同并赖以生存的共同价值观。他们认为国家意识就是有一套获得国人接受和支持的明确价值观，它可以协助新加坡发展一种认同，把各种族团结起来，并决定新加坡的未来。李显龙副总理说：这就是我们所谓的国家意识，它是一种国民独特的气质和精神，是一个视其有而又与他人和其他国家不同的核心价值观，它是一种巩固社会和政治制度的信念。

这种共同的价值观和信念的独特性就在于它不是与某一种族的传统文化相联系，而是植根于各种族文化的优良传统及各种族所一致认同的普遍理性价值上。

（二）国家主义原则

"国家至上，社会为先"的国家主义原则既是新加坡社会的根本政治原则，国家意识的基石，也是新加坡伦理思想的基本原则，"共同价值观"的核心。其主要表现为：国家利益至上，个人在政治上拥护政府，拥戴政府领袖，个人行为规范服从国家利益。任何价值、权利和责任都基于国家和社会在共同价值观里得到阐述和解释。国家作为社会的总代表和组织，运作中心，其利益也就代表了社会整体利益，而每一个人的利益又寓于社会整体利益中。因此，各团体的局部利益应服从国家的整体利益，个人利益应服从团体的整体利益，也就是服从国家利益，国家利益高于一切。

新加坡的国家主义既渊源于中国儒家传统的整体主义的献身精神，又直接取自于其创业发展的历史经验。李光耀在 1982 年新年献词中正式提出了要以儒家的"忠孝仁爱礼义廉耻"为治国之纲。他把"忠"放在了八德之首，认为传统的"忠"是要求效忠于君主或皇帝，而现在则是效忠于国家。国家是大我，个人是小我，"小我"的利益应以"大我"的利益为依归。"覆巢之下，焉有完卵"，"皮之不存，毛将焉附？"国家一旦亡之，人民的生存就会受到威胁。即使委曲求全，苟延残喘，这种生存也毫无意义。他要求全体新加坡公民发扬"执干戈以卫社稷"的献身精神。

新加坡艰难的创业史及其成功的经验使新加坡人有了国家利益至上，愿为国家利益和社会整体利益牺牲个人利益的心理积淀。独立后的生存危机要求新加坡人确立国家意识，效忠新加坡，以国家利益为重，勤奋工作，其紧迫性使得个人利益无条件地置于国家利益之下。80 年代中期世界性的经济危机，使大多数西方资本主义国家经济损失惨重，而新加坡各行各业则都能以国家利益为重，甘愿牺牲局部利益和个人利益，积极配合政府的有关政策、决定的贯彻实施，同舟共济安然渡过了危机。

国家主义原则形成的另一重要原因在于新加坡多元复杂的社会构成。各种族间由于历史的、文化的及信仰等方面的差异，造成了他们之间事实上的利益差别，其间的冲突、对立在所难免。加之各种族内部的各血缘、地缘及业缘组织等社会团体之间的关系纷繁复杂，稍有不慎，就会导致社会失序。特别是华人社团历史遗留下来的"门户偏见"仍为一种潜在的危险因素。因此，无论是各种族利益关系的协调，还是各社会团体利益关系的平衡，都必须由一个超脱于种族、社团之上的权威力量——国家来担当，国家利益高于种族及社团的局部利益。国家主义不仅是协调各种族及各社团利益关系的根本政治原则，也是各种族及各社团必须遵循的道德原则。

新加坡的自由市场政策，并不鼓励每个人只关心自己的利益。他们强调新加坡是"一个国家"、"一个群体"。在二十多年的开拓和建设中，新加坡形成了具有自己特色及现代意义上的国家主义价值观。新加坡人在按照自己的意愿生活时，不以自我为中心，其道德观念要求当个人利益与国家利益冲突时，应放弃"小我"，成就"大我"。1992 年"十一国世界青年调查"的结果显示：大多数新加坡人愿为国家利益牺牲个人利益，其比例在十一国青年中居首位。新加坡人的口号是"My Singapore"（我的新加坡），而不像美国人那样讲"Our America"（我们的美国）。

（三）个人发展的社会轨迹

国家主义价值观决定着个人人生道路的取向，即在国家和社会的进步中实现个人的发展。新加坡社会目前正介于"共同社会"与"利益社会"之间，而且有逐渐走向"利益社会"的趋势。这对于新加坡人来讲是一种新的危机。1992 年的世界竞争力调查报告将一个国家的经济与文化发展分成四个阶段：努力工作阶段；富裕阶段；社会参与阶段；个人成就阶段。前三个阶段为重视集体价值的阶段，最后一个阶段是重视个人价值的阶段，而新加坡正处于重视集体价值的社会参与阶段与重视个人价值的个人成就阶段之间。对于经历过努力工作及富裕阶段的"共同社会"的老一辈新加坡华人来说，他们深受儒家传统文化中的整体主义价值观的熏陶，传承了儒家"修身齐家治国平天下"的个人发展的经典模式，即以自我这个开放的各种社会关系的中心为起点，并不断地超越自我中心，走向家庭、群体和社会，履行其相应的责任和义务，积极参与集体的福利、教育等社会活动，以求得个人的发展和自我价值的实现。他们无论是在充满生存危机的创业年代，还是在繁荣昌盛的富裕时期，都保持着强烈的群体意识和国家意识，使个人的意志和利益服从于国家的需要。虽然他们也注重个人的成就，但总是将之视为群体的成就，淡薄个人的物质享受，而努力为群体和国家作贡献。如原律政部部长巴克，原是一位著名的开业律师，其每月的薪水是其在1963年担任部长后的月薪的3倍。但是他为了国家的需要，毅然放弃了优厚的收入，而出任公职。李光耀在回顾自身的经历时，曾说："我也已经了解到了个人成就是微不足道的"，他并不是要否定个人成就，而是强调个人只有通过集体的协调与合作，才能对集体作出最大的贡献。个人成就的取得及其价值的大小不是取决于给自身带来的名利多少，而是根本取决于对集体和社会的贡献大小及其所努力的程度，而且个人成就只有在集体成就中才能得以充分体现。

80年代以来，新加坡作为国际商埠向世界开放，西方社会的各种思潮和价值观通过各种途径渗入进来，使新加坡一部分人的个人主义意识大为膨胀，国家意识渐渐淡薄，愿为国家利益而牺牲个人利益的人日趋减少。不少年轻人斤斤计较个人得失，迷恋物质享受，崇尚西方的"雅皮士"生活方式，而被老一辈称为"没有内涵"的一代。事实上，新加坡年轻一代"按照自己意愿生活"的个人主义表现形式的出现，并不能简单地归结为西方个人主义价值观的腐蚀，也有其本身社会的原因。他们认为应正确看待个人主义，如果个人主义能够激励人们充分发挥创造力，争取更佳成就，那是应予以肯定的。但他们同时认识到，个人主义发展到极端，便是自我中心主义和自私自利，从而会破坏和谐有序的社会生活。

因此，如何正确看待和处理集体主义与个人主义的相应关系，不仅直接影响到年轻一代的人生价值观的形成，而且关系到新加坡整体竞争力的强弱。他们强调：只有在坚持国家主义的前提下，并赋予个人主义以适合新加坡国情的现实内容，方可保证积极意义上的自由竞争和注重个人成就的个人主义价值观，能够成为激励个人奋发进取、追求卓越人生的动力。

四、廉政建设

新加坡华人对建立在家族基础上的集权政治有一种普遍认同，他们的价值观是政府必须廉洁有效，能够保护人民，让每个人都有机会在一个稳定和有序的社会里取得进步，并且能够在这样一个社会里过着美好的生活，因此，对于新加坡来说，建立一个"内圣外王"的"好人政府"是至关重要的。

（一）树立为公众服务的宗旨

1985年人民行动党制定的新党章所要实现的主要目标之一，就是"保障新加坡人的自由并通过代议制与民主的政府为他们谋福利"。他们认为任何政党或政府无论目标多么崇高，领导人多么无私，但都没有天赐的权力，其权力是人民授予的。因此政府应定期地在自由、公平和公开的大选中回到人民中去，以重新获取人民的委托。而要获取人民的信任，就必须脚踏实地、全心全意地为人民服务，一切从人民的利益出发，而不是空喊民主的口号。人民行动党及其政府一方面吸收大批优秀人才，以提高行政工作效率；另一方面注重培养他们为人民热忱服务的工作态度及对人民利益高度的责任心，对那些不称职的公务人员坚决撤职查办，毫不留情。在过去的二十多年中，人民行动党及其政府励精图治，为民谋福，不仅做到了清正廉洁，而且创造了辉煌的业绩。

人民行动党成功的六条原则是：（1）发出明确的信号，不要迷惑人民；（2）前后一致，不要突然转向和改变，以保持人民的信任；（3）保持廉洁，杜绝贪污，不辜负人民的重托；（4）要受人尊敬，不要讨人喜欢，拒绝避重就轻，从人民的长远利益出发；（5）广泛地分摊利益，不剥夺人民应有的生活条件，公平地让人民分享利益；（6）努力争取成功，决不屈服，为人民利益而战。这六条成功原则条条以人民利益为中心，充分体现了人民行动党及其政府尊重人民、关心人民、对人民负责的服务精神。

他们强调只有那些有能力，并具有"大公无私"、"在简朴的生活环境中为千秋大业作出伟大贡献"的奉献精神的人，才有资格担负起为新加坡人民服务的崇高使命。李光耀指出，"你要想当一名公务员，就必须有献身精神；你要想赚钱，就去经商"。这种"牺牲小我，成就大我"的献身精神，树立起了人民行动党及其政府在人民群众中的良好形象和威望。

（二）严于律己、以身作则的表率作用

一个国家会有什么样的政治，就要看政治家是什么样的人。如果一个国家的参政者，追求的是个人的私欲和财富，就会产生金钱政治。如果一个国家的政治家，是以人民的利益为共同目标，就会有廉洁、正直的政治，即一个国家的命运取决于政治家的品德善恶。这在东方国家显得尤为突出和重要，一人可兴邦，亦可亡国。

新加坡前总理李光耀曾说，如果他要贪污，没有人可以制止，但是其代价是整个制度的崩溃，而这个制度已经维持了几十年。他深明作为一个政治领袖保持廉洁品德的重要性，认为身居高位的人，要能够以身作则，方能服人；只有严于律己，才能说到做到，铁面无私，不徇私情。他在出任总理后，便告诫家人：从今后不应该指望从他那里得到特殊照顾，而应该完全像普通老百姓一样对待自己。其父是一位钟表商，但他并不父以子贵，依然操持旧业，地位和生活均无改变。其妻仍执律师业，并不凭借其地位和权势从事政治活动。

李光耀执政新加坡31年，其威严、清正、勤奋、好学博识，俨然一派"贤王"的风范。就连其政敌也仅是在政治上抨击他集权专制，缺乏民主，而很少指责他利用特权、贪污、假公济私、任人唯亲等。因为李光耀在这方面的确无懈可击。

李光耀及其同僚以身作则的表率作用，起到了"政者正也。子帅以正，孰敢不正"的效果，对新加坡的廉政建设产生了非常重要的影响。

不过这种贤王政治将整个国家的运作、前途相当程度上系于一个人身上，未必是件好事。因为人治毕竟是有限的，谁能保证"贤王"的继承者仍能成为"贤王"呢？所以，对于新加坡来说，其政治发展的趋势应是制度、人格并重，这样才能保证其连续性和稳定性。

（三）廉政建设

新加坡政府秉公廉洁，为世人所称赞。其廉政建设取得成功的主要因素，除了国家党政领导人勇于奉献、严于律己、以身作则的表率作用外，重要的是其建立起了一套完善的肃贪倡廉的法律制度。

严格的选拔录用制度。在新加坡除政务官（内阁主要成员）由选举产生外，普通公务人员都是通过公开考试、平等竞争及择优录用的办法招聘。人事部门不仅要对应聘者进行考试、体格检查及学历资格审查，而且更注重对其个人品行的审查，以便有效地防止那些虽才华出众而品行不端的人进入政府，从而确保新进公务人员的良好素质。在公务员提职晋级上，不仅要考核该官员任职以来其才能发挥表现的程度及其政绩，而且还要考核其任职期间的道德品行表现，查其是否有不道德或违法之举。李光耀强调，要想做一个好党员、好干部，在市场经济中就要有足够的思想准备：看到别人用不正当的、不公平的手段成为百万富翁，而自己却不能这样做。因为党员、干部的责任是使社会每一个成员都得到公平合理的对待。

严密的防范和监督体系。新加坡的申报财产制度规定，获得政府任用令的人必须在任职前申报个人财产。任职后每年必须向有关部门申报自己和配偶的全部财产情况，财产如有变动，应自动填写变动财产申报清单，并写明变动原因，改换原财产清单。在审查中，如果发现其财源不正当，贪污局即进行调查，取得确切的证据后移送法院处理。政府还建立了严格的品德考核制度。给每一个公务员发放个人品德笔记本，要求每个公务员必须写宣誓书，宣誓所记载的自己的各项活动均为事实。公务员必须随身携带笔记本，将自己的活动随时记录下来，由主管单位的常务秘书定期检查其所记载的内容，如果发现所记载内容有问题，立即送贪污局调查核实。这项制度有助于加强公务员道德自律的培养。

新加坡政府在廉政建设中，十分重视法律的重要作用，力求做到有法可依。如政府颁布的《反贪污法》一共35条。这些法律条款极为严密、具体、全面地对构成贪污性质的行为作了严格的界定，并规定了严厉而详细的惩罚措施，以便司法部门有章可循，避免随意性，防止贪污受贿人员钻空子。《反贪污法》规定，贪污受贿者一经查证核实不仅要处以监禁，还要罚以重金，并没收其在职期间缴纳的公积金，使其为此付出惨重的代价。这对制止贪污受贿，保持公务员廉洁勤政的工作作风起到了相当有效的作用。

在新加坡，无论何人，不管其职位高低，只要有违法行为，都要受到法律的制裁，法律面前人人平等。如果不能做到这一点，"整个制度就会受到损害"，"廉洁的制度就会很快被削弱而毁于一旦"。这种"王子与平民同罪"的民主法治精神充分表现了人民行动党及其政府坚决清除贪污腐败现象，建立廉洁政府的坚定意志，得到了新加坡人民的广泛拥护和支持。

廉政建设对新加坡社会产生了积极深远的影响。它不仅培养了公务员奉公守法的良好品德，而且促进全社会形成了一种良好的道德风尚。最重要的是廉政建设更加巩固了人民行动党的执政党地位和国家社会的长治久安。

不过，我们说新加坡政府清正廉洁，并不意味着它已完全彻底地实现了廉洁，而只是说它已有效地将贪污腐败等违法乱纪的不良现象控制在了尽可能小的范围内或最低的程度上。

五、共同价值观的建立

面对着西方各种思潮及价值观的强烈冲击和传统价值观日趋式微的文

化信仰危机，对新加坡来说，值得庆幸的是，正是在对这种冲击和危机的应战中，新加坡各族人民逐步建立起了所一致认同的"共同价值观"。

（一）传统价值观的危机

新加坡地处东西文化的汇集处，集世界各主要种族、语言、宗教、文化于一身，享有"兼存东西方，汇合百家文，流传万国语，容纳各宗教"的世界种族文化的百花园之称。然而，它仍保持着东方社会的性质和特色，奉行着以儒家思想为核心的东方传统价值观。

李光耀说，新加坡开始吸收东方文化精华时，并没有什么可以作为根据。新加坡的华人的传统价值观大多都是在家里由父母灌输的。近几十年来大部分华人子女都进校接受华文教育，受华人价值观的熏陶。很幸运的是在150年的英国殖民统治时期，以至过去的30年里，新加坡虽接受大量外资，并受到西方工作作风和价值观的影响，但新加坡华人依然能够保留强烈的华人传统价值观。传统价值观不仅帮助过新加坡人安然渡过了独立后的生存危机，而且与西方工业文明相结合造就了新加坡这个"现代的资本主义国家"。故东方传统价值观被新加坡视为安邦兴国的法宝。

然而，这个"法宝"在新加坡日趋国际化的新形势下，受到了来自西方的冲击和挑战，其"法力"日渐减弱。黄金辉总统在1989年1月发表的施政方针中就曾严峻地指出了这一点。他说，门户开放政策，使新加坡成为面向世界全方位开放的社会，使新加坡有机会直接吸收外来的新思想和新技术。但新加坡也因此受到了西方的生活方式和价值观的冲击，在这种压力下，新加坡人尤其是年轻一代的思想和人生观，在不到一代人的时间内都有了改变。传统东方价值观里的道德、义务和社会观念，在过去曾经支撑并引导新加坡人，而现在这种传统价值观已逐渐消失，取而代之的是西方化、个人主义和以自我为中心的人生观。这种现象发生的原因归纳起来主要有以下二个方面：一是新加坡建国后的前20年，在"工具价值观"的导向下只注重经济建设，对文化关注太少，以致在文学艺术方面的创作几乎是片空白，社会流行的作品大都是来自西方和港台的舶来品，80年代以前连一部自制的电视剧都没有。人们读书的风气也不浓，即便读也主要是读有关谋生发财之道的书籍，而对于文史类有关修身养性等方面的书则无暇"过目"。道德教育方面也没有能遏制住由物质文明而带来的道德水准的相对下降。一言以蔽之，即在建设高度物质文明的同时忽视或放松了精神文明建设。二是从积极的意义上来理解，这是人类文化延续和发展法则的必然。人并不是一出世就有一套天赋的价值观念，价值观是通过后天学习或传授而来的，而且价值观也不是一成不变的，它会随着时代的变迁和人的成长而不断变化。实际上，新加坡实现自身的工业化和现代化的过程本身就是一个与西方文明相融合的过程。这是一种积极的汲取和进步，而不应视为一种文化侵略。当然，也应该看到这种汲取和融合所带来的消极影响。

新加坡坚决反对"全盘西化"的思想，强调新加坡的现代化决不是西化，否则将使新加坡人失去民族的根，失去原有的文化和价值观而沦为无根的"伪西方人"。新加坡人认为，他们在现代化过程中会改变，但是其东方本质会保持不变。他们认为要在学习引进西方的先进科学技术的同时，必须加强道德教育，向年轻一代灌输东方传统价值观，并赋予其现代意义，使年轻一代在正确价值观的引导下健康成长，以免新加坡在现代化进程中重蹈西方现代化的覆辙。

（二）共同价值观的建构

面对着西方价值观的冲击，新加坡一方面强调保持各民族文化的根，并同时着手建立为各种族所认同并代表新加坡人精神的共同价值观，以确定其现代化的正确价值导向。

1989 年 1 月，黄金辉总统在国会的演讲中，正式提出了共同价值观的主要内容：社会为先；家庭为根，社会为本；求同存异，协商共识；种族和谐，宗教宽容。这四点构成了共同价值观的基本框架。后经国会内外各界人士的广泛讨论，1991 年 1 月，新加坡政府正式发表了《共同价值观白皮书》，并对原先四点内容进行了补充完善，提出了五点内容作为尚在建设中的新加坡共同价值观的基础，即国家至上，社会为先；家庭为根，社会为本；关怀扶持，同舟共济；求同存异，协商共识；种族和谐，宗教宽容。后来又将"关怀扶持，同舟共济"改为"社会关怀，尊重个人"；"求同存异，协商共识"改为"求同存异，避免冲突"。

这五条只是构成整个共同价值观体系的基本原则和纲领，其具体细则、规范仍在制定中。

（1）国家至上，社会为先。这一条也就是我们前面所论述的国家主义原则，它作为新加坡的根本政治原则和新加坡伦理思想的基本原则，亦必然成为共同价值观的核心。它主要是指国家、社会团体、个人三者之间的利益归属关系，即各社会团体的局部利益应服从国家的整体利益，个人利益应服从社团的集体利益，也就是服从国家利益。国家作为整个社会的总代表及组织、运作的核心，其利益也就代表着社会及个人的利益。

新加坡在对其历史和现实反思的基础上，确定了这条核心原则。这条根本原则是新加坡在过去二十多年中取得成功的重要因素，它奠定了新加坡国家意识的坚实基础，增强了各种族间的凝聚力，使新加坡各族人民能够团结一致，同舟共济，克服了重重困难和危机。他们认为"没有一个亚洲国家能够成功地模仿西方文化的模式"，"国家至上"的原则适合东方国家的国情。而且在新加坡这个多元种族、多元宗教的移民社会，各种族间的利益关系的协调，也必须有一个超越种族关系的权威力量——国家来担当。特别是近几年来，西风东渐，新加坡面临着现代化后的西化的严重危机，因此，必须向年轻一代灌输效忠国家、服务社会的奉献精神，以抵制西方极端个人主义思潮的侵蚀。

（2）家庭为根，社会为本。家庭是社会的基本结构或组织，只有稳固的"小家庭"，才能求得"大家庭"的安定，在东方忠孝一体化的社会中更是如此。在一个家庭中，父母、子女之间最能自然地表达他们之间的情或爱，父慈子孝，兄让弟恭，夫妇如宾，一家人融融乐乐，使人得以明了人世间爱和幸福的源泉。家庭为人们提供了安全的环境，有利于人们的生活工作；担负着抚育下一代、向其传授知识、经验和价值观的责任，父母被喻为"第一任教师"，家庭是人生"第一个课堂"。同时在家庭中，子女也能够更好地照顾和赡养年迈的双亲。只有每个家庭中的成员关系亲融，家庭和睦幸福，国家和社会的团结和稳定才有保障。因为失去家庭温暖的孩子最易误入歧途，而成为社会的"毒瘤"；而被遗弃的老人则往往造成了国家和社会的负担，更严重的是抛弃家庭的责任和义务，将直接削弱人们对国家和社会所应尽义务的责任感。因此，家庭的稳定，对社会来说具有治本治标的双重意义。

（3）社会关怀，尊重个人。强调国家至上，社会为先，并不意味着忽视、排斥或否定个人的正当利益。关心个人主要是指对那些"时运不济"的人给予同情和帮助，拉他们一把，使他们能赶上队。在现代化进程中，人们被一只无形的手操纵着，更加注重速度和效益。竞争中必有失败者，而这些人失败的原因往往是由于他们能力不济。因而社会有责任关心他们，为他们提供一套保障机制，组织就业培训，以现代化的科学技术重新武装他们，帮助他们树立信心，重新投入竞争行列。也就是要向每一个公民提供平等竞争的机会，创造一个公平的起点。不仅要保障整个社会的物质充足，而且要保证分配的公平。吴作栋总理的下面一段话是对这条价值观的最好注释："新加坡是一个国家，如果一个人掉了队，我们不会不管他。我们会想办法帮助他，使他重新建立起生活的信心。我们很幸运，新加坡就好像一个大家庭，一向来我们社会很重视同舟共济的优良美德。"①

（4）求同存异，避免冲突。这条是指在处理各种关系和解决问题时，要本着维护社会稳定、国家统一的原则，通过广泛的讨论协商而最终达成共识。这就要求发展一种能得到大多数人支持或认同的特定活动方式来调节，而要做到这一点就需要有宽容、忍让的精神。当发生分歧时，有关各方应从大局出发，互谅互让，通过至诚的协商，减少分歧，求同存异，以避免矛盾激化。否则，各方固持己端，或实行"一律化"，便会导致社会成为一盘散沙，进而危及国家和社会的安定。

（5）种族和谐，宗教宽容。这条是指各种族应相互尊重、相互扶持、和睦相处，而不能搞民族沙文主义或狭隘的民族主义。各宗教也应彼此尊重，相互宽容，而不能排斥异己，独我为宗。种族宗教关系的和谐被视为新加坡的"基本财富"。各种族从传统的种族聚居地，迁往各种族混居的组屋区，加强了各种族人民的沟通和了解；学校推行双语制，以传承各族的传统文化；政府对落后民族实行优惠政策，以改善其教育和生活水平，提高其社会地位。新加坡自独立后二十多年来不遗余力，苦心经营，使种族和宗教问题得到了较为成功的解决。

这五条共同价值观原则是一个有机的整体，它的核心精神在于通过家庭、社团、种族、宗教之间和谐及稳定的关系来实现维系和巩固国家和社会安定团结的最终目的。

共同价值观基本原则的确立奠定了新加坡伦理思想体系的理论基础，粗线条地勾勒出了新加坡伦理思想体系的基本框架。

（三）"认同"道路步履维艰

从方法上来看，共同价值体系的建构源于新儒家学者杜维明教授的"掘井"理论。他认为在一个多元种族、多元文化的社会里，"惟一的选择就是创造性的一体化——一种寻求文化认同和普遍观点的综合。实现这个一体化的过程类似于掘一口井。若我们挖到了足够的深度，我们就应该能达到人性共同泉源和交流的真正本源"②。基于各种族传统价值观的基本精神而建立起来的共同价值观正是新加坡挖掘各种族传统文化的本源而达到的社会共同泉源。然而由于共同价值仍在建设中，所以"掘井通源"还仅

① 《联合早报》，1992-08-11。
② 杜维明：《新加坡的挑战》，205 页。

仅是开始或尝试，这些"井"还有待于进一步挖掘。否则，反会因此而葬送自己，或丧失刚刚汲到的"泉源"。因而，这种"掘井"的工作是艰难的、长期的。

新加坡是一个多元文化、多元宗教、多元语言的国家，一方面各种族必须保存各自的传统文化；另一方面也要强调共同的将来，在这两者之间取得平衡，这将是新加坡社会存在的一个基本矛盾。

六、"和谐至上"的人际关系

新加坡至今仍保持着"和为贵"、"和气生财"的传统道德行为准则。"和谐至上"是新加坡伦理思想的重要道德原则之一，因为，种族关系、宗教关系的和谐与否，直接关系到新加坡的生存和发展。

（一）"和谐至上"的人际关系准则

"道之以政，齐之以刑，民免而无耻；道之以德，齐之以礼，有耻且格。"这便是和谐的原则。

新加坡虽说是一个德法并重的社会，但在实际生活中，人们却往往推崇儒家"以礼为本，以法为用"的原则。因为，儒家文化区的社会，是建立在儒家伦理思想深厚的家庭基础上的。这种以"孝"为本的传统家庭向社会不断散发出和谐的气氛，而成为社会安定的稳固基础。由于新加坡特殊的社会结构，新加坡更为注重社会的和谐稳定。他们认为人与人之间的相互关怀，是不同角色的个体间永续不断的情感交流，它应该是不会随时空而转移的。因为，它建立在真诚的基础上，是发自内心经过努力而获得的。这种真正的互相关怀，是团结社会的贴胶，也是共同合作的推动力，越是人口稠密、关系复杂的社会，这种关怀精神就越重要。李光耀以"硬件"和"软件"为比喻来说明维系和谐的人际关系的重要性，他说，如果一个国家只有物质建设等硬件，而没有发展人际关系等软件，国民的生活将不会舒适，也缺乏安全感。

在邻里关系上，新加坡在实行组屋政策的同时，并在组屋区设立居民委员会以协调居民间的关系。把原本陌生的邻居集合在一起，沟通感情，加深了解，从而促进睦邻精神。居委会还定期举行睦邻节等活动，以加强邻里之间的联系和交流。因为，邻里之间亲厚和睦及相互关怀，是人们享有愉快生活和维持社区安定的先决条件；睦邻精神也是培养人民自豪感和认同感的基础，它能使不同种族的居民团结起来，共同建设和维系一个温情而有序的社会。居委会还提出了一些与邻居相处的具体规则，如推己及人，当邻居的女儿被非礼时，不能漠不关心，因为很可能下一个就轮到自己的女儿。如果要确保自己女儿的安全，那么就应该同样关心别人女儿的安全。又如与邻居见面要亲切友善，主动打招呼；向新邻居介绍周围的环境；经常邀请邻居来家做客；要助人为乐、相互体谅和帮助。因为"远亲不如近邻"，邻居可以在你不在家或出远门时保护你的家人和财产。这些提法虽说功利味浓了点，但这就是新加坡人的特色。

在同事关系及上下级关系上，和谐的人际关系是提高工作效率的主要因素。同事之间应该以礼相待，互相关照，不应有恶语相伤和粗鲁无礼的举止行为，这样集体协作的气氛就会更加浓厚，人人心情舒畅，就能发挥更大的效率。如果上级对下级真诚地尊敬和关心，就会获得下属的爱戴和合作。在这样一个人际关系良好的环境中，可以减少许多无谓的紧张和摩擦，降低"内耗"，增强凝聚力。每一个人"尽伦尽职"恪守岗位，努力工作，必将带来高效率。"和谐至上"的人际关系已成为新加坡企业精神中的重要组成部分。

（二）宗教种族间相互尊重的宽容精神

宗教在新加坡具有普遍性，绝大多数新加坡人都有自己的宗教信仰，即使信奉儒家思想的华人，在宗教上也分属于不同的信仰。新加坡把宗教信仰看做人们价值观念和社会责任的源泉，是维系社会安定团结的重要因素，对之采取中立、公正的态度，要求一种宗教的信仰者同样尊重其他宗教及其信仰者。在新加坡，伊斯兰教、佛教、道教、印度教、锡克教和基督教都有自己的教会组织和寺庙、教堂，而且中学里也开设了宗教知识课程。不过，新加坡在实行宗教信仰自由平等的同时，严格划清了宗教与政治的界限，实行政教分离。

新加坡是个多元种族的国家，既不能实行多元语文教育政策，否则，各种族只学习自己的语言，其结果种族间的隔阂将越来越深，界限越来越清，不利于"新加坡人的新加坡"的国民意识的形成；也不能实行单一语文教育政策，否则，各种族便会成为无根的伪西方人。所以新加坡实行双语制，一方面让国民学习英语以掌握西方新的科学技术及从事贸易等国际交流活动；另一方面则通过学习各自的母语以保存自己民族的文化根源。

新加坡在建国初期，由于急于消除种族间的差异和对立，求得种族和谐，以保证社会的稳定，过于强调建立共性文化而淡化各种族的传统文化，使得各种族在文化上濒于失根的危机，致使国民在西风东渐之际陷于不知所措的境地。新加坡经过深刻的反省，认为人为地把华人、马来人和印度人文化中的价值观强合在一起，制造出独特单一的新加坡文化在当时实为操之过急和牵强。这样"熔炉"式的混合文化至今未曾在世界任何地方出现过，新加坡的文化建设必须重视其种族和文化的多元性，既不能是无根的"熔炉"文化，也不能以某一民族文化取代其他民族文化。必须考虑到各种族的情感与接受能力，否则，会导致种族间的纠纷或冲突。

与其他东方国家相比，新加坡文化历史短暂，也没有经历过考验。因此，各种族必须紧紧抓住曾使自己平安渡过洪水、饥馑、战争和其他灾难的传统文化，加强与自己文化根源的联系，才能避免沦为无根而软弱的"世界公民"。但另一方面各种族保存自己文化的根，也有可能成为削弱国人的国民意识，导致社会和国家分崩离析的潜在祸根。

新加坡各种族不同的社会历史背景及其文化层次和民族素质的高低之别，导致了事实上的种族间的利益差异。对于新加坡来说，一个种族比其他种族落后，是一种不稳定的危险现象，如果这种不平衡的现象不加以消除，国家的统一和完整就会受到危害。因此，为了缓和矛盾，缩小差别，协调各种族间的利益关系，新加坡对那些教育、经济落后的民族实行政策倾斜，在诸多方面给予优先照顾，并鼓励发展较快的民族发扬互助友爱精神，给予较落后的民族以援助，帮助他们改善和提高生活条件及社会地位。政府在非马来人（主要是华人）的支持下，愿意把超过他们平均分享的部分资源用来为本国马来公民谋福利。

各民族宗教相互尊重、相互扶持、相互宽容集中体现了"和谐至上"的人际关系道德准则。从70年代以来新加坡再也没有发生过种族冲突和宗教纠纷。和谐的种族关系已成为新加坡的"基本财富"，新加坡为之深感自豪的同时，也清醒地认识到对种族及宗教的和谐关系应该倍加珍惜，丝毫不能松懈。因为目前各种族之间的了解还不是很足够，彼此应该在更高层次进行交往。目前各种族之间所谓的团结是建立在各族日常生活的交往上，而这种基础是脆弱的。

1992年4月，自称是种族"大熔炉"的美国发生了举世震惊的"洛杉矶种族大暴动"，也再次为新加坡敲响了警钟。

（三）"罚出来"的社会公德

"Singapore is a fine place"，这句双关语早已闻名于世，它既可以译为"新加坡是个好地方"，也可以译为"新加坡是一个罚款的地方"。这句双关语较为生动形象而又诙谐微妙地勾勒出了新加坡社会风气的"双重"特征。如今的新加坡是一座享誉全球的美丽富饶的花园城市，摩天大楼鳞次栉比，街道清洁卫生，遍地绿草花丛，人人衣着整洁，彬彬有礼，整个岛上和谐静谧，确是一个旅游购物的好地方。但在这个"好地方"，必须时时处处小心谨慎，若稍不留心，扰乱公共秩序或公共卫生条例，便会招致严厉的"惩罚"。难怪有人说这个好地方是罚出来的。

新加坡建国后的较长一段时期内，由于生存的压力，政府不得不集中精力搞经济建设，而相对忽视了其文化建设和国民公德教育，几乎造成了社会公德的"真空段"。人们对不讲卫生、随地吐痰、乱丢垃圾、不守公德、扰乱公共秩序等不良现象几乎是司空见惯，习以为常。原副总理拉惹勒南曾多次批评新加坡人是"丑陋的新加坡人"、"肮脏的新加坡人"。为了改变这种不良的风气，重塑新加坡的形象，新加坡一方面加强道德建设，定期组织举行形式多样的社会道德教育宣传活动，如礼貌运动、睦邻节、敬老运动、公厕清洁运动等活动，并使这些活动长期坚持不懈，以期培养国人良好的社会公德；另一方面，加强法制宣传教育，制定并建立了一套行之有效运转良好的公共法则和制度，对于违犯社会公德及法规的一切不良行为施以重金处罚。

在新加坡，罚款的告示牌随处可见。在公园里，可以看见"不准钓鱼"、"不准乱抛垃圾"等告示牌；在地铁站外，竖着"不准坐矮墙"的告示牌；在影剧院内，挂着"不准吸烟"的告示；在路上，也经常可见到"不准乱过马路"、"限制区"等告示牌，违者均要被罚款。此外，随地吐痰，电梯内吸烟，损坏树木，制造交通、卫生、治安事故等不良行为，也都要受到处罚，就连上厕所不冲水也要被罚款，众多的告示牌，时刻提醒着新加坡人应处处小心谨慎。

新加坡有关部门在各种"不准做"的事项告示牌上都标有罚款的"价码"，路上乱丢垃圾，罚款300新元；随地吐痰，罚1 000新元；上厕所不冲水罚款1 000新元；连过马路闯红灯也要罚20新元。这么重的处罚，谁还敢不谨慎呢！就连外国游人都会被旅行社特别叮咛一番，要小心行事。不过，新加坡在实施新的公共法则和制度之前，都要通过大众传播媒介，对全民进行广泛的宣传教育。宣传期之后，再进入具体实施阶段，而且执法部门在实施初期对违犯者的处罚从宽，后期从严，绝不宽容。采取这种宽严相济的方法便于协调政府与人民的关系，使人民逐渐养成适应集体生活的好习惯。

坚持不懈的宣传教育及努力推行罚款措施，产生了良好的社会效益，不仅提高了国民的公德意识，而且优化了社会秩序。新加坡国民注重清洁、有公德心，已经成了生活习惯。正如新加坡人自己所说：十年前政府大力推行清洁卫生运动，确曾对卫生清洁教育下了一番功夫，现在人们爱护清洁已经成了习惯，不需要再宣传教育了。新加坡人在社会公共生活中相互影响，相互制约，已经形成了一种新型的"新加坡人气质"。即遵纪守法、讲求实际、尊重他人的权益、尊老爱幼、履行社会义务等，其中有些已成为新加坡人所共同遵循的社会公德。但同时需要指出的是，由于人们的行为多出于受约束而为善，而未能做到自觉行事，精神境界未能臻于高尚。故有一些人在国内能循规蹈矩，很守法，但一到国外，到没有实行吐痰、抛垃圾罚款的地方时，就如同被"释放"一般，恶习复发。这表明重罚措施只能使人因惧罚而守序，其效果仅仅是治标。所以只有加强道德教育，强化个人道德修养，才有可能使人们达到自律的境界，无论何处都能抑恶从善，养成良好的行为习惯，从而达到既治标又治本的效果。

第三节　新加坡的婚姻家庭道德

一、传统的婚姻家庭观念

新加坡各种族因所信奉的宗教、文化及传统习俗不同，而有各自不同的婚姻家庭道德观。以新加坡华人为例，在七八十年代以前，大多数华人仍保持着华人传统的婚姻家庭观。

"男大当婚、女大当嫁"仍作为一种普遍流行的婚姻观为人们所遵从。青年男女要奉"父母之命"，借"媒妁之言"才能结为夫妻。即便是通过自由恋爱，彼此真诚不渝，但还是不能自己做主，仍需得到父母的首肯，而且"门当户对"的门第观念也很重。举行婚礼的程序及仪式，还保留着下聘礼、订婚、选某一黄道吉日、宴请四方亲朋等传统的风俗。成家后，按传统的分工模式"男主外、女主内"，丈夫出外做工以养一家老小，妻子则在家里相夫教子，操持家务。妇女仍罩在"三从四德"的阴影中，即便是对丈夫不满也只能是忍气吞声，行"嫁鸡随鸡、嫁狗随狗"和"从一而终"的妇德。男子有休妻之权，而女子只有"贤妻良母"之责。

大多数华人家庭仍是"三代同堂"的传统模式的大家庭。

传统的婚姻家庭观念，虽说带有较强的封建宗法的色彩，但从整个社会的角度来看，其中也不乏积极的因素。如"三代同堂"的大家庭，大家庭成员彼此间有义务，也有权利。这是一种世代相传维持生命的家庭制度：年老的一辈培养年幼的，年幼的长大成人后，照顾年老的。在历史上，当饥荒、水灾、火灾和战争等天灾人祸降临时，人们就是靠这种大家庭的互助救济渡过难关的。这种大家庭可以培养人们对社会和国家的高度责任感，并维系社会的安定团结。这也是新加坡独立后，全体人民能够团结一致，艰苦奋斗，发展经济，求得生存的主要原因之一。

不过，必须指出，在男女未能实现真正平等的前提下家庭关系的和谐稳定主要是以牺牲妇女的自由平等为代价的。

二、逐渐开放的婚姻观

随着新加坡门户开放政策的实施、经济的迅猛发展及社会化程度的提高，新加坡妇女的女权意识日益觉醒，婚姻自主意识得以加强，同时放纵的"杯水主义"观念也有所滋长。新加坡年轻一代的婚姻观更趋于开放。

（一）女权运动的兴起和发展

新加坡的女权运动直到20世纪70年代才有了初步的发展，到了80年代新加坡才有了真正的课题来讨论女权问题。但是女权运动发展到后来，渐渐过了火，变成了男人与女人的战争。女权运动鼓励的是"妇女走出厨房"，似乎不走出厨房就违反了女权主义精神。虽然女性的地位有了明显的提高，但由于过于强调扮演"女强人"的角色，而导致男女关系进入最敏感时期。90年代妇女所承受的压力比任何时候都大，她们既要发展事业，又要兼顾家庭。她们在事业上很有自信心，知道自己所追求的目标是什么，家庭已不再是惟一的生活重心，她们把更多的时间和精力放在了事业上，因而导致婚姻家庭关系失和，离婚率急剧上升。近几年一些有识女性组织成立了"妇女行动与研究协会"，致力于妇女权益和两性平等、新加坡妇女如何为自己定位及定位过程中所存在的问题等方面的研究。她们认为现代新加坡妇女有更多的选择机会。"妇女解放"最主要的是要达到自我认识和自我肯定的境界，只要达到这种境界，无论是走出厨房也好，走进厨房也好，结婚也好，不结婚也好，都取决于个人的选择。男女要实现真正平等，男女一定要有一个共识，那就是养儿育女是双方共同的事。也只有在这种情况下，女性才无须走回厨房。另一方面社会也应该提供一些兼职工作给妇女，让更多的妇女有机会发挥其潜力。只有整个社会共同努力，男女之间的关系才会更加和谐，并趋于真正的平等。她们还认为对于职业妇女来说，其目标应该是取得一个中性的平衡，平衡家庭和事业上的冲突，真正扮演好一个妇女的角色。只要能够合理地安排好自己的时间，分配好自己的精力，"熊掌"和"鱼"有时是能够兼得的。

进入90年代后，由于妇女所承受的双重压力越来越大，人们对女权运动开始有所反思，就连七八十年代那群热衷于女权运动的激进分子有很多人也都回家生儿育女去了。新加坡的女权运动暂告段落，趋于平缓。

（二）开放的婚姻观

女权运动的兴起和发展，造成了新加坡人特别是女性婚姻观念的巨大变化。青年男女不再受"父母之命"约束而可以自主择偶，或决定是否婚嫁。通过自由恋爱而结合，已成为大多数青年的共识。青年男女往往都是经过几个回合的"你拍我拖"（拍拖：俚语恋爱的意思），试一试合不合得来，才谈到成立家庭的事，完全改变了过去那种洞房中才相识的包办婚姻。他们认为金钱虽不是决定婚姻生活的惟一因素，但开门七件事（柴、米、油、盐、酱、醋、茶）处理得不好，就难免"贫贱夫妻百事哀"了。

新加坡男性在婚姻上有双重标准，在理论上，他们也许能接受一个文化程度高于自己或与自己相同的女性，但真正付诸行动时，就不是这么回事了。对于新加坡女性来讲，奉行独身的人越来越多，但这并不是因为她们不想结婚，而是整个环境不利于她们找一个适合于自己的对象。特别是受过高等教育的女性，在价值观、社会观等方面的修养都有了较大的提高，而男性除了自己的本行（一般倾向于理工类）之外，在人文修养上就远不如女性。青年男女在择偶标准上的分歧或差异，使得许多人倾向于晚婚或独身。据统计每四名女大学生中就有一名最终过独身生活；受大专教育的男子娶受大专教育女子的比例多年来一直保持在51%～55%之间。

还有一部分青年男女对爱情和婚姻持无所谓的自由放任态度。90年代的妇女有很多人追求爱情，只是因为寂寞。她们追求一种"不在乎天长地久，只在乎曾经拥有"的关系，也因此而造成价值观的沦落，以及很多人在感情方面的受创。过去人们常说结婚是人生大事，因为这是人生"一次性"的盛事。但现今却是至少一次盛事，二次、三次也是常事。有客人恭喜新郎"白头到老"，新郎却喊到"难哉？我才是第一次结婚呢！"似乎结婚只因为双方均有在一起生活的冲动，但冲动过后，就马上想到离婚了。因为另一次结婚的冲动又来了。

性爱观念开放的直接后果，便是离婚率的上升。据新加坡《1991年结婚与离婚统计报告书》提供的数字，1991年离婚案的总数达3 813起，比1989年增加了606起；在申请离婚的夫妇中，10对中大约6对是由妻子申请的。在离婚理由上，因"彼此分居超过三年或三年以上"是大多数人提出的理由，占总数的62.5%。30%的妻子还以"不合理的举动"为由，而丈夫只占11%。以"逃婚"或"通奸"为由的丈夫占11%和7%，而妻子则分别为7%和4%。回教徒离婚的理由主要是彼此性格不合。从婚姻维系年限看回教徒是 8 年，非回教徒为 12 年。

新加坡人对离婚率上升反应不一，一部分人持反对观点，认为离婚不是追求完美，每个人都对婚姻有期望，这不是达不到的理想。倘若动辄以离婚为惩罚，最终受害的正是自己。另一些人则认为，婚姻的承诺不是一成不变的，对婚姻的承诺也要看双方是否都能认真遵守和履行。对于无可挽回的婚姻，离婚可能是最后的出路。

新加坡离婚率增长的原因，不能简单地归结为受西方婚姻家庭观和社会观的影响，而应着重从新加坡自身社会经济条件变迁的角度来看待。

新加坡在 80 年代实现了经济起飞，成为新兴工业化国家。经济的飞速发展，人们物质生活条件的改善，受教育程度的提高及大批家庭妇女走出厨房而成为职业女性等一系列社会变革，带来了人们生活方式的巨变，也在一定程度上对人们传统的价值观念造成了强烈冲击。新加坡人特别是女性的主体意识增强，她们更为注重自身的个性、情感、尊严及家庭生活的质量，欲求人格的独立完整，而不愿沦为男子的附属品。这从一个侧面反映了新加坡妇女思想观念的解放和进步的程度。当然，西方自由开放的婚姻观念也在一定程度上对新加坡人产生了影响。

新加坡政府担心长此以往，不仅会造成大量的社会问题，而且会危及国家和社会的安定与发展。因此，向国人灌输正确的婚姻观、家庭观，特别是儒家的传统家庭观念具有十分重要的现实意义。政府提出青年男女对待爱情的正确态度，应该是：诚意地培养双方的感情，清楚地了解对象的性格，谨慎地认识各自的责任和冷静地计划共同的未来。婚姻不仅仅是爱情的结合，也是延续人类生命的、文化的、道德的结合。美满的婚姻，不但是青年男女个人的终身幸福，也是下一代儿女健全成长和国家社会进步与稳定的基础。夫妇双方应互敬互爱，互相尊重，互相体贴，培养共同的兴趣，同甘共苦，以保持和巩固永恒的爱情和幸福的婚姻等一系列道德规范。

（三）"血统论"的生育观

在新加坡，人是惟一的资源。因此，他们十分重视人口的数量和质量，并通过法律、经济和福利等手段来加以调控。

1965 年 9 月，新加坡国会发表了《家庭计划白皮书》，阐述了即将实施的国家人口政策。其主要目的在于把妇女从过去多生育子女的重担下解放出来，从而增进全民的幸福，并制定通过了人口发展的三个五年计划。

信奉"精英主义"的新加坡更注重人口质量的提高。他们强调天赋比后天环境重要，一个人的表现，看他的天赋和教养而定。一个人与生俱来的天赋品质比教育和环境等因素的培养，更能决定他的能力表现。他们认为一个人能力的80%与天赋遗传有关，另外20%与不同的教养和环境有关。就新加坡来说，所依赖的就是国民所具有的80%的天赋本质。因此，他们积极鼓励那些受过高等教育的青年男女结为夫妻，生儿育女，以便为国家造就出具有遗传天赋的"精英"来，而且多多益善，并根据不同的学历文凭给予相适的优惠待遇和奖励。然而，不幸的是政府所倡导和鼓励的正是那些有才识的青年男女所不愿为的。于是"爱神运动"便随之兴起，以促进那些大龄知识男女结婚成家。

三、传统家庭观的危机

新加坡是一个重视家庭的社会。家庭是社会的基石，这是东方社会的主要价值观，这个传统为人民提供了一张社会安全网。但是，这个东方国家随着社会和经济的发展，其家庭观念的内涵已发生了悄然的变革。华人传统的"三代同堂"的大家庭逐渐为二代人同居的"核心家庭"所取代。据1989年新加坡家庭生活委员会的报告，有78%的新加坡家庭属于"核心家庭"。这种家庭将是今后新加坡社会的基本单位。

（一）家庭——社会的基石

在新加坡，人的素质的优劣直接关系到国家的兴衰存亡。而要使一个人成为有价值的个体，家庭则扮演着十分重要的角色。新加坡资政李光耀在接见中国精神文明考察团时着重强调了这一点。他说，全球华人的问题即实现现代化又不迷失自己家庭核心的重要性，家庭作为社会结构的细胞，家庭和谐、家庭互助和家庭教育都是培养人才的先决条件。如果人人在成长和形成价值观与世界观阶段都能接受良好的家庭教育，对他们的一生会有很大益处。

在深受儒家伦理思想熏染的新加坡，家庭作为社会的基本单位，不仅负担着培养和教育子女及赡养父母的义务和责任，而且还承担着维系社会和谐、国家安定的重要使命。家庭不仅仅是个人成长的摇篮，而且还是民族传统文化延续的传承地，及社会发展动力的源泉。

（二）"代沟"问题

"三代同堂"大家庭的解体与"核心家庭"的出现，一定程度上反映了社会生活方式的变化所造成的新老两代人在价值观上的分歧——"代沟"。

生活时代及社会历史背景的不同是导致新老两代人在生活方式和价值

观上差异的主要原因。老一辈人处在新加坡的创业时期，他们时刻面临着政治、经济、种族等生存危机，是乱后思治的一代。他们深知政治安定、社会有序的可贵，或许因此，他们更有纪律，能处处为大局着想，富有牺牲精神。艰难的岁月炼就了他们自力更生、自强不息、奋发进取的高尚品格，也使他们继承了东方民族刻苦耐劳、团结协作、节俭朴实的优良传统。至今，他们仍"珍藏"着这些引以自豪的价值观。

而年轻一代则处在经济繁荣，国泰民安的发展阶段。总的来说，他们基本上继承了老一辈的许多闪光的品格，同时还具备了老一辈人所缺乏的民主观念和强烈的自我意识。他们不再盲目服从长者或权威，而更相信自己的理性，按自己的方式思考和处理问题，选择人生。但是，他们也不同程度地接受了西方社会一些不良的生活方式和价值观念。不少人个人主义思想膨胀，崇尚及时行乐的物质主义和享受主义，讲排场、图虚荣。性爱观念更加开放，不愿结婚，不愿生育，不愿照顾老人和抚育子女，东方传统的婚姻家庭观念日益淡薄。1989 年新加坡家庭生活委员会的报告指出，新加坡的家庭组织功能受到侵蚀，子女对年老父母的态度发生了变化，他们对长辈普遍缺乏应有的谅解和最起码的容忍，已失去了老一辈那种"滴水之恩当涌泉相报"的传统美德。

语言上的问题也造成了新老两代人沟通的障碍。老一辈人受教育程度普遍偏低，大部分人只能讲母语或方言，而不懂英文。年轻一代则从小就受英文教育，而且英文作为学习西方先进科学技术及进行国际贸易和交流的主要工具，具有较大的实用价值，所以年轻人一般都很重视英文学习，而对母语持消极态度。新加坡《联合早报》曾就中国前国家主席杨尚昆访新时，在一华族居民家中被户主的小女儿称为"uncle"之事进行了报道、讨论。认为在家里说英文，用英文称呼辈分，不符合华人的习惯，也不利于两代人的思想和感情交流，反而会使两代人之间的隔阂越来越深。把一位 80 多岁的老人称为"uncle"是一种失礼的表现。长此以往不仅会造成"人伦"失序，还会有失"根"的危险。

当然，不同时代的人有不尽相同的个性、思想和精神面貌。年轻人不可能与老一辈人如出一辙，完全相同。否则，社会就无法进步。问题的关键在于年轻一代在新的社会历史条件下，应如何在接受新思想和新观念的同时，进一步继承和发扬老一辈的优良传统，虚心听取他们的意见，诚恳接受他们的批评，从而获得理解和信任。对于老一辈人来说则在于如何改进传统的"家长制"的管理作风，在关心下一代的同时，尊重他们的选择和独立的人格，正确看待他们的具有时代特征的新风貌。新老双方互相体谅，互相关心，求同存异，这是沟通思想、保持家庭及社会和谐稳定的关键所在。

（三）"三代同堂"模式的解体

进入 20 世纪 80 年代，新加坡的家庭结构已发生了"质变"，即"三代同堂"的大家庭分裂成了以两代人为核心的小家庭。

现在的新加坡年轻人结婚后都不愿意同父母住在一起，都组织了自己的小家庭，而留下年迈的父母独自生活。据统计，1980 年由 50 岁以上的年老夫妇组成的这类住户共有 7 173 家；夫妻丧偶后独自生活的鳏寡老人有 5 950 名。年轻一代家庭观念的变化，是新加坡社会和经济高速发展所致的人们价值观的变化在家庭生活中的反映。现代新加坡社会，一方面经济发达繁荣，生活物质产品极为丰富，人们的生活有了基本保障。老年人退休后的退休公积金也足以保证维持基本生活，而不像过去得靠子女奉养。前几年新加坡政府也曾多次强调老人要有独立的经济能力。这使得年轻一代产生了一种错觉，以为年老的父母依靠子女是不应该的。他们忘掉了父母的养育之恩及拳拳的亲情，而只顾自己小家庭的幸福。另一方面，市场经济的激烈竞争，加快了人们的生活节奏，从而使人们所承受的工作及精神压力越来越重，不得不把更多的时间和精力放在工作上，而无暇照顾好家庭，尤其是父母。因此，他们认为与其这样还不如把父母送入老人院，或分开居住，这样既可减轻自己的负担和压力，也能使父母得到专人照顾。

这表明新加坡人的家庭观念出现了渐趋自私和偏狭的危险。父母与子女之间，由上对下的爱有余，而由下对上的爱则不足。新一代的年轻父母对子女的爱并没有因时代的变迁而削弱，反而因经济条件的改善而能给子女更好的照顾。因为父母对子女的爱是自然的，属于天性，而子女对父母的孝敬则属于教养。所以绝大部分人都会无私地养育子女，却不一定会以同样的无私和容忍的精神去奉养孝敬父母。因此，有人讥讽道，"这个时代，孝顺的父亲比孝顺的儿子多"。

"三代同堂"大家庭的解体不仅会造成社会上缺乏回报反哺的观念，而且会减弱人们对国家的效忠意识。因此，新加坡政府强调指出，在现代化过程中，必须不惜任何代价保住"三代同堂"的家庭。因为"这是一个家庭结构、社会结构，把家庭单位连成一体的伦理关系和结合力的问题"。如果孝道不受重视，新加坡的生存体系就会变得薄弱，文明的生活方式也会变得粗野。因而只有保存这种"三代同堂"的家庭制度，新加坡社会才可能成为一个更快乐、更美好的社会。为此，新加坡采取了一些相应的积极措施，不提倡把老人送进老人院，并要求每一个大家庭至少要有一个已婚子女住在父母家里或把父母接到他们的新居里；对大家庭提供住房及税务等方面的优惠；在全社会广泛宣传儒家伦理道德规范，灌输"百事孝为先"的传统道德观念，教育年轻人不仅要从物质上关心照顾老人，更重要的是给予他们更多的情感上的温暖和关怀，甚至还立法规定子女必须照顾或奉养年老的父母。

老一辈新加坡人的传统美德沦落到需要立法加以维护的地步。尽管政府多方努力，但仍没有能够遏制住"三代同堂"大家庭制度解体的趋势，"核心家庭"观念已被更多的人所接受。

然而不幸的是，近几年来这种"核心家庭"竟然也频频发出危机信号。生育率下降，离婚率急剧上升，单亲家庭日益增多，这使得新加坡又面临着新的家庭危机。因此，加强人们的家庭观念，巩固"家庭基石"就成了新加坡的当务之急。家庭生活委员会建议，政府与私人机构应认真考虑实施五天工作制，让家长自繁忙的工作中解脱出来，有更多的时间与孩子相处，共同参与消闲和康乐活动，以便纠正目前的社会风气，促进每一个人对家庭生活的重视。还提议在学校里推行家庭生活教育；在组屋区增设消闲和康乐设施；成立全国家庭咨询理事会，并把这几项工作结合起来当做一项系统工程加以贯彻实施，以最终确保家庭社会功能的正常运作。

第四节　新加坡的道德教育

一、道德教育的民族性

新加坡社会种族、文化及宗教的多元性及其特定的历史背景决定了其道德教育的民族性。

在英国殖民者统治时期，由于实行"分而治之"的殖民政策，新加坡的道德教育形成了"各扫自家门前雪"的分散局面。华人学校以传授中国固有文化和传统道德价值观念为主，培养学生的民族精神和国家观念；马来人学校以传授伊斯兰教教义及其价值观念为主；印度人学校以传授婆罗门教教义及其价值观念为主。其结果是在长达一百多年的殖民统治下，新加坡各种族保留下了具有强烈种族色彩的文化和传统的价值观，形成了各自的道德教育特色。直到 20 世纪 50 年代后，殖民政府教育部才在其教育政策报告书中建议"以公民课为教授道德教育的重要课程"。至此，新加坡才有了统一的道德教育课程，以"伦理学"为教材，其主要内容是对个人品德的教育。

新加坡独立后，所面临的严峻问题之一，就是国民缺乏一般国家的人民所具有的共同文化、历史传统及爱国思想和效忠意识。新加坡过去的社会与教育制度从未深切注意如何教育人民，培养集体观念，采取切实行动以发展集体的利益。因此，加强爱国主义教育，强化国家意识，增强各种族人民的凝聚力，成为新加坡的迫切任务。1963 年新加坡取消了学校的宗教课程，试图通过强调共性文化建设，淡化各种族的传统观念，推行中性的英文教育，以求得民族和谐，国家安定。然而，其结果是欲速则不达，反而削弱了民族和国家的向心力，致使西方各种思潮和价值观乘虚而入。

80 年代初，新加坡恢复了学校的宗教知识课程，以强化道德价值观教育。他们认为通过宗教知识课程可以使学生接触了解宗教的创始、教义和历史背景知识，灌输给学生抑恶行善的观念，从而培养其诚实正直的品格，而不是要强行或促使学生皈依信奉某种宗教。他们还决定从小学一年级至中学二年级推行统一的"成长"与"好公民"共同道德教育课程，旨在使道德教育与宗教知识相互配合，培养出具有良好品德的新一代。

宗教在新加坡道德建设中具有举足轻重的作用。宗教在新加坡具有相当的普遍性，大多数新加坡人都有自己的宗教信仰。排除其政教一体的消极方面，宗教则可以予人宽容、怜悯、与人为善、刚毅、执著和自律等品格，因而被视为新加坡人价值观念、社会责任的重要泉源。他们认为，现代科学技术同样大力加强了人类善恶的潜质。如果能够正确地灌输和培养宗教精神和价值观，则能协助人们利用不断积累壮大的现代化知识，为人类谋福利。如佛教思想及其实践中那种悲天悯人和不带偏执狭隘的精神，在类似新加坡的多元文化社会里具有特别重要的意义。他们强调如果缺少或排斥这些精神准则，家庭、社会、国家乃至整个世界都会面临灾难。

但是，宗教自身固有的排他性，又使其与本身的宗旨相悖。后来学校里发生了较为激烈的宗教竞争，新加坡不得不将宗教知识课程改为选读课。不过，即便如此，新加坡众多的教堂寺庙仍能吸引许多信徒。

继宗教知识课程开设后，新加坡又在中学里增设了一门儒家伦理课程，以供不想修读宗教知识课程的华族学生选修。

新加坡道德教育的民族性不仅仅体现在学校教育中，而且更多地呈现于社会道德建设中。特别是 90 年代以来，新加坡掀起了寻根热。新加坡为了避免沦为"大熔炉"式的社会，保持其东方特色，而鼓励各种族大力弘扬本民族的传统文化及价值观，更加强调学习母语的重要性。他们认为在价值观的传承中，母语的重要性是自觉的、下意识的。学习母语的目的在于避免新加坡人变成只有单一文化的人。李光耀则更强调，通过华语可以使年轻一代保存忠、孝、仁、爱的华族传统美德，使他们在情感上把自己看成是一个古老文明的一部分。这是一股至深且巨的精神力量。

寻根热促进了新加坡道德教育朝着更深更广的方向发展。

不过，新加坡在强调弘扬东方传统文化及价值观的同时，对于西方的价值观并不是一概排斥。他们也有选择地汲取接受了一些适应新加坡国情的积极进步的西方价值观念。

二、以儒家伦理为主的道德教育

把儒家伦理"忠孝仁爱礼义廉耻"八德目作为新加坡的"治国之纲"，并在中学开设"儒家伦理"课程，这是新加坡对其工业化和现代化反思后的举措。"在新加坡，文化与伦理价值受到工业化和现代化的威胁和侵蚀，道德教育的必要性曾多次强调，而如今显得尤为紧迫。"[1]

（一）对现代物质文明的反思

反思一：20 世纪七八十年代新加坡在实现其工业化和现代化的过程中，由于较长一段时期内过分强调经济建设，而相对忽视了道德建设，以致各种社会问题丛生，社会水准下降，人们的生活方式日趋西化。新加坡国立大学吴德耀教授指出，现代人面对的道德和理智的危机，是他们自己制造的。人和自我也疏远了，因为他不知道自己是人还是动物。他似乎已经放弃一个道德的人原本所应有的权利，并丧失了他的本体及身份。这也就是说，现代社会中人们逐渐被物欲所驱使，丧失了应有的人伦亲情，功利关系似乎成了人与人之间的惟一纽带。

面对诸多的现实问题，新加坡人意识到，当人们丰衣足食，满足物质需要之后，必须注重精神生活，加强道德教育，用正确的价值观指导人们的生活。前总统薛尔斯曾指出，卓绝的经济成就，并不是美好生活的惟一条件，如果我们被世界性的诱惑所屈服，就是伟大的文明也会崩溃，因此，我们必须强化社会道德结构，才能明智地处理我们的物质遗产。新加坡重新制定了基本教育目标：培养学生的道德心与社会价值观，使他们不只成为高尚的市民，还是孝子贤妻，深负责任的父亲，过着美好具有意义

---

① 杜维明：《新加坡的挑战》，1 页。

的人生。

反思二：80年代以前，新加坡还没有专门机构和专职人员研究儒家思想，更谈不上这方面的专著了。他们对儒家思想缺乏系统了解，而只是在生活中无意识地践行着儒家的人生哲学。

七八十年代日本和东亚"四小龙"的资本主义经济的崛起，使得人们不得不重新审视儒家伦理在东亚国家经济发展中的实际作用。"儒家文化与东亚新兴国家（地区）"这一课题，一时成为理论界的热门话题。海内外新儒家的一些代表人物试图用儒家文化来注释东亚国家经济成功的经验。他们认为儒家注重教育、修身和家庭的传统美德及强调和谐至上、整体主义等价值观对东亚经济的发展起着十分重要的潜移默化的促进作用。但这种诠释并不是作为一种单一的因果关系的解释，而是在理解动力结构，即一个社会中大多数人所注重的价值以及一种特殊形式的经济伦理与经济行为之间关系的前提下，来论述儒家伦理与东亚经济成功之间的内在关系的。也就是说儒家文化并非东亚国家经济发展的惟一或直接的动力。

海外学者对儒家伦理在东亚经济发展中的实际作用的研究及阐述，引起了新加坡的高度重视和极大兴趣。因为新加坡经济的高速发展，将使其超前进入一个更加重视个人价值的阶段，这将会削弱人们为社会和国家努力工作的动力，而儒家伦理所强调的整体主义则正是医治此"病症"的一剂良药。他们认为儒家伦理思想在新加坡已有或多或少的自然发展，但却不是在一个有意识的反思水准上。因此，把儒家伦理道德的传统教育提供给学校，将有利于把儒家伦理道德价值观讲得更明白、更透彻，并把之建立在更为合理、更有逻辑的基础上。

反思三：在新加坡，由老一辈人所奠定的传统文化的根基，经过一百多年来的"美风欧雨"的侵蚀，似乎越来越脆弱了。台湾《中国时报》的一位记者曾对新加坡作了系列报道，赞扬新加坡没有塞车拥挤，样样秩序井然，清洁卫生，成就卓越。但同时又露出几分怀疑和忧虑，他说，是的，新加坡样样齐全，表现非凡，然而新加坡究竟是否有其文化根基呢？这个问题的提出切中新加坡道德文化建设的时弊，引起了当局的高度重视。因为新加坡的现代化进程时刻面临着与"西化"同步的危险，他们惟恐其国民失去固有的文化和价值观，而沦为一群失魂落魄的伪西方人。当国家再次面临生存危机时，新加坡是否还能具有过去那种高度的凝聚力和向心力呢？李光耀曾坦言：新加坡年轻一代，文化失根，价值观混乱，他忧心不已。

这种强烈的忧患意识也是促使新加坡下决心，加强以儒家伦理为核心的东方传统价值观教育，抵御西方腐朽价值观的侵蚀，保证其现代化建设沿着正确方向发展的重要因素之一。

但实际上，新加坡如此强调对儒家伦理道德的宣传教育，其深层的意义则在于预防随着经济现代化而来的过急的政治民主化，以确定其儒式的政治基调，保证现存体制的长治久安。

（二）对传统儒家伦理思想的改造汲取

传统的儒家伦理思想是一个庞大复杂而又陈旧的理论体系。若要使其在新的历史时期获得新生和发展，必须赋予其崭新的、符合时代潮流、适应新加坡国情的现代化内容。在这点上新加坡的态度是明智的。他们明确指出，儒家伦理不可能完全解决现代新加坡的社会问题，而主要是吸收适合于现代社会的儒家伦理价值观。

新加坡前教育部长吴庆瑞博士指出，儒家学说以孔子的道德体系为中心思想。这套思想可分为两部分：政治思想意识与个人道德行为，新加坡将汲取有关成为一个君子的道德规范的行为准则，除掉不适合本国国情的政治学说部分。这便确定了对儒家伦理思想改造和汲取的基本原则。他还强调，孔子学说中的君子风范和崇高正直品格的道德价值观与20世纪的新加坡有密切关联。

君子是儒家伦理思想中的理想人格，具有仁爱的美德，坦荡的情怀，文质彬彬的气质，言行一致的作风，善恶分明的良知，反求诸己的自律；更有富贵不能淫，贫贱不能移，威武不能屈的高尚节操。儒家认为人人皆可以"格物、致知、诚意、正心、修身、齐家、治国、平天下"为修养之道而成为君子。儒家把个人这个自我视为各种关系的中心，一个与其他自我进行交流的中心。从这个意义来看，个人的成长过程就是一系列同心圆。从自我扩展到家庭、邻里、社区、国家、世界乃至宇宙。这个扩充过程，就是作为一个开放体系的自我充分开发其内在资源，把自己培养成一个关怀他人、有责任感、目光远大的人的过程。这个过程与个人的道德修养过程是同一的。

从过去和现实来看，新加坡社会和经济发展的主要因素之一，就是国家的强烈干预和政府的精心治理。而新加坡政府则正是由一批德才兼备、廉洁奉公的"精英"所组成的"君子政府"，李光耀则是这个"君子政府"中的一位德高望重的"贤王"。

展望未来，对于视人才为最宝贵财富的新加坡来说，培养和造就成千上万的品学兼优的"正人君子",更具有深远的历史意义。

显然,对儒家伦理学说的改造舍取,既要适应新加坡道德建设的需要,更要满足为其现存政治的合理性作论证的要求。

(三)赋予现代意义的儒家伦理

在传统文化的现代化问题上,李光耀指出,东方价值观很适应当前的需要,新加坡必须做的就是强调"五伦"——君臣有义、父子有爱、夫妇有别、兄弟有序、朋友有信的东方价值观,但是,也必须给予这些价值观一种现代化的表达方式,不容许这些关系沦为裙带风和偏袒行为。儒家伦理思想毕竟是奴隶社会和封建社会的产物,若将其用于现代社会必须剔除其腐朽落后的内容,赋予其适应现代社会生活的内容和形式。否则,必将带来消极影响,阻碍社会进步。

他们认为,儒家伦理思想的核心是"忠孝仁爱礼义廉耻",并结合新加坡的具体国情,赋予了新的内容。

忠,就是要忠于国家,要有国民意识,即把新加坡看做自己的乡土而扎根于斯,增强群体意识,把国家利益放在首位。

孝,就是要孝顺长辈,尊老敬贤。形成尊敬老人,关怀老人和孝敬父母的社会风气。

仁爱,就是要有怜悯同情心和友爱精神,尊重关心他人。在处理种族、宗教、劳资及新老两代人之间的关系上,要坚持"和谐至上"的人际关系准则。

礼义,就是接人待物不仅要以礼相待,而且要坦诚守信,养成良好的社会公德心。

廉耻,就是要秉公守法,清正廉洁;杜绝贪污受贿和裙带风。这是新加坡政治稳定、国家兴旺的关键。

经过改造充实的"八德目"已成为新加坡的"治国之纲"和社会道德标准。

由新加坡伦理委员会审查通过,由儒家伦理课程编写组撰写的《儒家伦理》教材,更充分地体现了传统文化现代化的特色。这套教材分为二册,分别供中学三、四年级使用。

三年级使用的《儒家伦理》主要阐述了儒家思想产生的社会历史背景,及儒家学说的主要代表人物孔子、孟子、荀子、董仲舒、朱熹和王阳明等几代宗师的生平及大儒风范和主要思想;介绍了个人道德修养的基本原则和方法;"三不朽"和乐观主义的人生观;"古之学者为己"的学习态度；"知之为知，不知为不知，是知也"的求实精神；"知行合一"的道德实践；君子般的理想人格及五种主要人伦道德。

四年级使用的《儒家伦理》主要阐述了仁、智、勇、义、礼、信六个基本德目。介绍了儒家关于为人处事的一些重要原则及儒家的社会理想，如中庸之道，忠恕之道，个人的权利与义务，人们之间的信任和容忍，以及理想的大同世界。还阐述了儒家思想的历史演变过程。最后着重强调了儒家思想的现代意义及对东亚各国的影响，尤其是与新加坡社会的特殊关系。

《儒家伦理》在方法上，由浅入深，循序渐进，以避免学生因一开始就接触复杂抽象的内容而丧失学习的兴趣和信心，从而获得良好的学习效果。在形式上，简洁通俗。一改过去严肃有余，趣味不足的传统说教形式，注意把握所教授对象的心理特征，将这深刻的人生哲理以交谈的方式向学生娓娓道来。在内容上，具有鲜明的现实性，将封建礼法等级森严的道德规范，改造成具有新加坡特色的新道德。

《儒家伦理》还汲取了一些抽象的规范，并将其内容现实化。如"礼"的范畴，他们认为"礼"的形式可随时代、环境的不同而改变，因而只需继承"礼"的精神。新加坡开展的"礼貌运动"就是对"礼"的精神的发扬，而把"礼"的思想得以产生的背景和隐藏在其后的等级舍去了。同时，《儒家伦理》还将一些适应或促进新加坡发展的思想突出出来，加以评论，如儒家"知行合一"的务实精神；"亲亲而仁民，仁民而爱物"的博爱精神，及强调个人与群体之间应保持和谐等思想。

《儒家伦理》的出版和使用说明了儒家伦理思想在新加坡已经不仅仅是为华人所信奉的一种固有的意识形式，而且已是得到政府提倡，为大多数人所认可的国家意识形态的一部分。这也表明儒家伦理道德在新加坡已由无意识、零散的文化心理的积淀发展成为一个较为完整的理论体系。

儒家伦理道德教育在其实施的最初几年收到了良好的效果。但后因种种原因，不得不改为课外选读课，致使其效果逐渐微弱。

三、丰富多彩的社会道德教育

新加坡把道德教育作为一项系统的社会工程加以实施，通过各居民委员会、各族宗乡团体及行业协会等社会基层组织，开展形式多样的社会道德教育，形成了其多层次多渠道的道德教育体系。

（一）礼貌运动

1970年李光耀首次呼吁新加坡人必须以礼待人。因为，生活是需要频繁接触的，除非以礼相待，否则往往会发生摩擦。他强调，新加坡要有礼貌的人民，因为它使每一个人的生活协调，使社会成为一个有礼、容忍和融合的社会。1979 年 6 月新加坡开展了第一次全国礼貌运动。礼貌运动每年举行一次。活动的内容和口号每年都根据实际需要更换。1990 年的口号是"以礼待人，由我开始"，"采取主动，别再犹豫"。1992 年的主题是"礼貌传四方"，鼓励人们在公共场合多为他人着想，关心他人。

树立典型，表彰先进以促后进，这也是新加坡所采取的一种道德教育形式。8 月 9 日是新加坡的国庆日，为表彰为国家做出突出贡献的先进人物，勉励民众"见贤思齐"，积极进取，为国家的前途而努力工作，新加坡政府设立了各级荣誉勋章，每年由总理公署和公共服务委员会提名，国庆节时由总统亲自颁发。1981 年共颁发了 15 个级别的勋章，共有 608 人获奖。

4 月 15 日，是新加坡的沦陷纪念日。每年此时政府及各社会团体都要举行活动，悼念抗日战争中为新加坡捐躯的英烈，对年轻一代进行爱国主义教育，以加强其国民意识。

新加坡可以说是开展社会活动最多的国家。除上述的以外，还有植树运动、生产力运动、爱神运动等等。而且几乎每月都有重要的运动和专门的活动月。如：睦邻周、敬老周、国民意识周；华族文化月、马来文化月和印度文化月等。这些活动在一定程度上培养了人们的良好社会公德，促进了新加坡的道德建设及社会风气的改善。但是，由于过于频繁，有时也难免流于形式。

（二）社区组织和社区精神

1977 年新加坡针对工业化和现代化所带来的人际关系冷漠、疏远等消极现象，在原有两个社区组织——民众联络所、公民咨询委员会——的基础上，又在组屋区设立了新的社区组织——居民委员会。到 1983 年 3 月底全国共有 69 个组屋区成立了 230 个居民委员会。居民委员会的主要任务就是协调组屋区居民间的关系，起到居民与政府之间上传下达的沟通作用。居民委员会通过经常组织各种活动，如"睦邻节"、各种传统节日联谊晚会及多种文娱活动，使各种族和互不相识的居民有机会在一起，增进了解，加强友情，从而促进各种族间彼此尊重、宽容，邻里间相互体谅、关怀，形成遵守公德、互助友爱、和谐相处的社区精神。

（三）民间社会团体的配合

在新加坡，各种族都有自己的各种形式的社会团体。马来人有回教社会发展理事会，印度人有印度人发展协会，特别是华人宗乡团体不仅历史悠久，而且基于血缘、地缘、业缘所组成的宗乡会馆之数目在新加坡也是首屈一指。华人宗乡会馆联合会负责协调各宗乡团体间的关系。各宗乡团体不仅对新加坡的社会、政治、经济及福利事业的发展做出了重大贡献，而且他们在继承弘扬民族文化及对年轻一代进行传统价值观教育等方面也发挥了极其重要的作用。

如华人宗乡团体在重大的庆典日都要举行隆重的纪念活动，以示对先辈的敬意及缅怀，并使年轻一代领略了解华人传统文化及风俗习惯。每逢传统节日各宗乡团体总是按照传统的习俗并加以现代化内容或方式来庆祝。特别是近几年来为了配合政府鼓励保留传统文化的政策，让年轻一代了解华人文化历史的渊源，这些传统节日办得越来越隆重，连续二三年在春节推出了"春到河畔迎新年"的大型庆祝活动，政府要员也都应邀出席庆贺。

华人宗乡团体还利用华人春节"红包"的习俗，开展"爱心红包箱"的募捐活动，为华社发展援助理事会和其所主办的慈善医院筹款。这项活动不仅得到了大多数华人的积极响应，而且也得到了其他民族的大力支持。

近几年来，华人宗乡会馆联合会还举办了"新加坡华人会馆沿革史图片文物展览"；设立了新加坡华文资料中心；开展了华人礼俗调查等活动；编辑出版了《新加坡华人会馆沿革史》和《华人礼俗指南》等书籍。这些活动极大地弘扬了华族的传统文化。

1992年新加坡副总理李显龙向华人宗乡团体提出了九项任务，其中就有七项与继承和发扬华人传统价值观和对年轻一代进行道德教育有关。由此可见，宗乡团体在新加坡道德建设中起着重要作用。

新加坡道德建设尚处于发展初期，要建立一个较为完整的思想理论体系，任务仍十分艰巨。特别是在新加坡新老两代交接完成，其社会经济发展日趋国际化的新形势下，新加坡伦理思想必须适应其社会、政治、经济发展变化的需要，既要把握住时代的脉搏，更要着眼于民族的未来。进一步加强理论基础和规范体系的研究和建设，深掘各种族共同的文化泉源，奠定自身深厚牢固的文化根基，才能在对西方价值观冲击的应战中，经受考验，充实丰富自身而日臻成熟完备，也才能真正确保新加坡现代化进程的正确方向。

第六章　当代英国伦理思想

在"当代的""英国的""伦理学"这三个术话中，第一个术语的意思最明确，指的是伦理学在 20 世纪所取得的成果。这样说并不是主观任意地规定，因为在许多重要的方面，20 世纪的开始都标志着哲学伦理学的一个新的开端。

从表面上看，"英国的"这个术语似乎也同样明确。但由于本书中有一章是讨论"当代美国伦理学"的，麻烦就会由此而生。英美在哲学研究方面的学术交流一直相当频繁，要远远多于英国与其他欧洲国家之间的交流。而且，这种交流在 20 世纪是不断增加的。20 世纪 40 年代至 60 年代，许多美国哲学家受牛津、剑桥这些古老大学声誉的吸引而来英国就学。但后来，主要受经济因素的影响，这一交往开始逆向进行。随着英国经济的衰落，以及政府在教育上的财政开支大大减少，许多最优秀的英国哲学家都去了美国大学执教，以便得到较好的报酬。所有这一切都使得英美在哲学伦理学研究上密不可分。例如，最高水平的英、美哲学杂志常常包含着来自大西洋两岸的文章；两国哲学家们在思考着大致相同的问题，推动着最新的哲学发展趋势。出于同样的原因，英国哲学也无法与其他英语国家（如加拿大、澳大利亚和新西兰）的哲学截然分开。因此，虽然笔者力求对所探讨的内容作些常识性的限制，但这些限制将不可避免地带有任意而为的色彩。例如，这里将讨论目前在美国工作的英国哲学家，同时也会提及那些在英国有影响的美国哲学家及其著述。

与此相关，给"伦理学"的界定也有一些麻烦。某些最重要的伦理学著作出现在伦理学和政治哲学的交叉领域。我们之所以这样说，与前面提到的原因相关，是因为这样的伦理学成果主要来自像罗纳德·德沃金（Ronald Dworkin）、罗伯特·诺齐克（Robert Nozick），特别是约翰·罗尔斯（John Rawls）这些美国哲学家们。如果不谈及罗尔斯在政治哲学领域的著作的影响，是不可能恰如其分地介绍评价英国最近的伦理学的。在这方面，笔者将再次求诸常识来解决：既承认伦理学与政治哲学之间的联系，同时又适当地强调前者。

尽管任何年代划分肯定都是过于简单化的做法，笔者依然将自1900年以来的哲学伦理学的发展分为五个阶段或方面：（1）直觉主义理论；（2）非认识主义理论；（3）"是"与"应该"之争；（4）功利主义；（5）批评功利主义的理论。其中（4）和（5）代表着伦理学的最新发展，因此将作为重点讨论的对象。

第一节　直觉主义伦理思想

一、摩尔的伦理思想

学术界公认当代英国伦理学始于摩尔于1903年发表的《伦理学原理》。在笔者看来，虽然该书谬误百出，为害深远，但其影响不论是好还是坏，无疑都是巨大的。它在20世纪之初的出现标志着英国伦理学的一个转折点。

摩尔把"什么是善"视为伦理学的核心问题。由于这个问题的含义模棱两可，所以，摩尔认为区分其所具有的两种不同意思是十分必要的。一方面，人们可以问"什么东西是善的"，对此，哲学家们给出过像"快乐是善"、"幸福是善"、"进步是善"等等回答。另一方面，"什么是善"的问题也可以意味着"如何给善下定义"，即"当我们问什么东西是善的时候，我们的意思是什么"——这是摩尔的"如何给善下定义"问题的另一种说法。如果说第一个问题可以改写为"哪类东西具有'善'的属性"，那么第二个问题则可以改为"善事物所具有并使其为善的'善'属性是什么"。摩尔认为区分这两类问题是十分重要的。以往的许多混乱和错误就来源于未能对它们加以区分。《伦理学原理》用了很大的篇幅来讨论上述的第二个问题，即讨论"善"之定义。在这方面，摩尔为20世纪英国伦理学定下了基调。自1900年以来，伦理学家特别关注于"元伦理学"，即伦理学的"第二级"问题，像"什么东西是善的"之类的问题属于第一级，而关于其中所使用的概念术语之意义或逻辑的问题则属于第二级。

尽管《伦理学原理》如此关注于这一问题，但摩尔所提供的答案——正如他自己所承认的那样——"似乎非常令人失望"①。他说，由于善是一个简单的不可分析的属性，所以，"善"是不可能被定义的。他将其与"黄"（或者任何其他颜色）相比较。"黄"同样是一个不能被定义的简单而不可分析的属性。我们可以把它与不同的实体定义相联系，如"柠檬是一个黄色水果"、"蒲公英是一朵黄花"。但如果有人问我们"什么是黄本身"，我们是无法像定义柠檬和蒲公英那样为它下定义的。我们只有指着柠檬和蒲公英或其他"黄色"的东西说，所有这些东西所具有的这种属性就是"黄"。"善"属性也同样如此——我们不可能为之下定义。只有通过直接了解善事物才能知道什么是善。

"善"和"黄"虽然都是简单且不可分析的属性，但"黄"是一个不可分析的自然属性，而"善"是一个不可分析的非自然属性。不幸的是，尽管对摩尔来说"自然属性"与"非自然属性"的区分至关重要，他却从未清楚地说明它们的区别究竟是什么。在笔者看来，他可能是在说，自然属性是能够作为感觉对象的经验属性。就此而言，"黄"是一个自然属性，因为它是一个视觉体验的直接对象，我们一看到它就知道了什么是"黄"。然而，对摩尔来说，"善"不是自然属性，因为我们虽然可以直接地把握善，却不能靠任何感官知道它是什么。可是我们怎样才能知道什么是善呢？摩尔对此的回答并非十分有帮助。我们稍后再来讨论这一点。

摩尔认为伦理学中的许多谬误和混淆都来自未能区分"什么是善"这一问题的两种含义："什么东西是善"和"如何为善下定义"。这一混淆之所以发生是因为哲学家们假定他们能够通过提供一个"善"的定义来发现什么东西是善的。例如，摩尔认为这是上述混淆最常见的例子之一，许多哲学家坚持"快乐主义"的立场：快乐是惟一的善，并声称这一解释是快乐由"善"之本来意义中引申出来的。摩尔认为，"快乐是惟一的善"这一说法可能正确也可能不正确。尽管这一陈述是错误的，但这并非他直接关心的问题。重要的是即使说"快乐是惟一的善"这一陈述是正确的，其正确性也不能由定义来提供。假设我们可以这样做，也混淆了两种完全不同的东西："善"和"快乐"。"善"是不可定义的。因此，在这里，我们

---

① ［英］摩尔：《伦理学原理》，6 页，剑桥，英文版，1903。

不可能通过把它等同于快乐而得到它的定义。"善"是一回事，而"快乐"则是另外一回事。即使我们可以说每一个具有"善"属性的东西也都具有"令人愉快"的属性，或者相反，它们依然是两种截然不同的属性。

摩尔认为，企图以提供一个"善"之定义来确定什么东西是"善"，是一个极其普遍的谬误。他指出，"几乎在每一本伦理学著作中，你都可以看到这一谬误"①。因此，有必要给它一个特殊的名字："自然主义谬误"。他之所以给它起这样一个名字，是因为这一谬误最常见的形式是，把非自然的"善"属性等同于某个自然的属性。快乐主义就是这一谬误形式的一个例子。"令人愉快的"是一个自然属性，因为我们可以在经验上确定某个东西是否给人以快乐。但它具有"使人快乐"这一自然属性，并不等于具有"善"这一非自然属性。摩尔承认，"自然主义谬误"这一名字是令人误解的。因为当某人将"善"等同于另一个非自然属性时，他也会犯同样的错误。如果某人断定任何具有特殊形而上学或超感官属性的东西是善的，并声称这一陈述的正确性来自"善"这个词的本来意义，他就是在犯这样的错误。由此看来，摩尔使用"自然主义谬误"这个术语，不仅指那些把非自然的"善"属性等同于某个自然属性的错误，而且也指所有那些把"善"等同于任何其他属性的做法。

为什么这样做是错误的呢？摩尔常用的一种方法是使用后来称为"未决问题"（open question）的争论来证明它是错误的，即证明问题本身并非是最终的，人们还可以对它再提出问题而不犯逻辑错误。假设某人告诉我们"快乐是善"，这种说法可能是正确的，也可能是不正确的。无论如何，我们总可以对此提出疑问：快乐真的是善吗？而如果"快乐是善"这一陈述的正确性来自定义，我们的问题就是无意义的。如果"善"仅仅意味着"令人愉快的"，那么，"快乐是善吗"就是在问"快乐是快乐吗"，这显然是一个无意义的问题。因此，在摩尔看来，我们能够有意义地提出这个问题，这一事实本身表明我们正在提出这样一个问题，即"快乐"是否具有某种其他属性："善"。

另一种方法是指出，"X是善"的陈述旨在指导我们的行动，告诉我们应该如何行动。但是，如果"X是善"这一陈述是一个"善"的定义，那么，它就只能是一个词语陈述，而不可能提供任何关于我们应如何行动的实质性指导，即不是一个真正的伦理陈述。如果"快乐是善的"仅仅意

---

① ［英］摩尔：《伦理学原理》，14页。

味着"快乐是快乐",它就不可能告诉我们应如何行动。

摩尔认为快乐主义是自然主义的最常见的例子,但他也使用了一些其他的例子,其中之一是进化论伦理学。进化论伦理学当时是一种颇有影响的理论。诸如赫伯特·斯宾塞(Herbert Spencer)这样的作者,受达尔文自然选择理论的影响,试图用进化论来确证伦理学的结论。他们试图表明,像合作和互助这样的行为模式,是较高级进化种类的特征,因此是一种道德理想。摩尔反驳说,这种形式的争论未能揭示出"更进化"与"较高级"或"较好"(better)的区别究竟是什么。[①] 如果"更进化的"仅指"在进化过程中出现较晚的",那么它就是一个自然属性:我们可以在经验中确认哪些行为是"更进化的"。但是在这个意义上,某物是"更进化的",决不意味着它是"较好的"。那些认为从前者可以推出后者的人,显然是在作一个错误的假设,即"善的"仅仅意味着"更进化的"。任何人只要企图以科学的方法来证明某种生活方式代表着"历史必然进程"或"进步"方向,从而表明它是理想的,他就会犯同样的错误。

摩尔的"自然主义谬误"理论,是他对 20 世纪后来的伦理学发展的最重要贡献。如果这一理论是正确的,它对于达到实质性道德判断所使用的方法将会具有深远的影响。它指出单靠积累关于世界的经验或科学的事实本身是不可能确证任何道德结论的。这样的方法所能够做的只是确证某些东西具有某些自然属性而已,而这些东西是否也具有另外一些完全不同的"善"属性的问题依然悬而未决。这个问题是无法从经验调查和科学研究中得到解决的。

可是,怎样才能解决这个问题呢?或用摩尔的话来说,我们怎样才能得出任何道德结论呢?摩尔认为这个问题可以分成两个部分。第一个是"我们应该做什么",换句话说,"哪些行为是正当的",摩尔认为"正当"这个术语与"善"不同,是可以分析、可以定义的。他说,"正当"意味着"某个好结果的原因"。因此,为了确证哪些行为是正当的,我们必须找出我们的行为都有什么样的结果。[②] 此后,我们将面临第二个问题:"这些结果是善的吗?"这就是说,这些结果只有不是作为达到某一目的的手段,而是目的本身时,才可能是善的。"什么东西本身就是善的"这个问题是不能由科学的或经验的调查研究回答的。在某种意义上,我们必须决

---

① 参见 [英] 摩尔:《伦理学原理》,14 页。
② 参见上书,147 页。

定某些事态是否具有简单的、不可分析的和非自然的"善"属性。

但是，摩尔声称，一旦我们明了这个问题的性质，答案就是自明的：迄今为止，我们已知或可以想见的最有价值的东西是某些意识状态。这些状态可以被大致描述为人与人交往的快乐和对美好事物的喜悦。也许任何向自己提出这一问题的人都不会怀疑自己对艺术或自然美的爱好与欣赏本身是善的。① 如果我们同意这一点，我们就可以回到前一个问题，即"什么行为是正当的"，正确的答案是：正当的行为是那些最有效地带来个人情感上的快乐和由美好事物而产生的喜悦的行为。

其他伦理学家由此把摩尔的基本道德理论称为一种"理想功利主义"。在这里，使用"理想"这个词尽管容易令人误解，但其目的是将摩尔的理论与传统的功利主义区分开来。边沁在《道德和立法原理》中认为，正当的行为是那些给最大多数人带来最大量快乐的行为（"快乐"接着又被等于"幸福"）。摩尔与这些传统功利主义者一致的地方在于，他们都同意行为的正当性应由其后果来判断，但摩尔不同意他们关于什么应该被视为好（good，善）结果的观点。他反驳快乐主义关于快乐是惟一的自在善（good in itself）的理论。因为正如我们已经看到的那样，他认为对此的论证通常是建立在自然主义谬误的基础上的。而且即使它与自然主义谬误无关，快乐主义也是错误的，因为快乐并不是惟一的善。例如，他相信即使无人知晓美好东西的存在或欣赏它们，它们的存在本身就有某种价值（虽然并非很大）。他同意，最重要的自在善是某些种类的快乐和喜悦——但不是任何一种快乐都是善自身。某些快乐根本不是善（如虐待狂拷打别人的快乐，或纵欲行淫的快乐）。作为善的和最重要的善事物的快乐与喜悦是爱与友谊的快乐，是审美的喜悦。

在摩尔的这一理论中最引人注目的是，他建议基本的价值判断是完全自明的：我们就是知道这些判断是真的。这一理论有时被叫做"直觉主义"。摩尔本人也的确使用"直觉"这个词来指我们对于那些自在善的东西之善性的所谓直接把握。但摩尔强调，他并不是通常意义上的"直觉主义者"。他的理论与以前的"直觉主义"有两个重要的不同。第一，摩尔所谓的"直觉"不是我们关于什么行为是正当的信念，而是关于什么东西是自在善的信念。第二，摩尔强调，在称这些信念为"直觉"时，他并不想暗示我们有某种特殊的办法可以知道它们是真的。他的意思仅仅是我们

① 参见 ［英］摩尔：《伦理学原理》，188 页。

能够知道他们是真的，却无法解释它们为什么是真的。对摩尔来说，"直觉"并不是某种特殊的认识能力，可以保证人们声称为真的东西是真的。直觉仅仅是一个我们知道为真的信念，而对于为什么知道却无法提供任何理由。

然而，摩尔的麻烦就在于此。我们怎样能够知道这样的东西是真的呢？我们可以同意他的观点，即对于某些真理而言，我们无法提供以其为真的理由。因为提供理由并不能无穷地进行下去，在某一点上，我们必须停止这种追问。但是，当到达这一点时，我们必须能够对于我们如何知晓这些真理作出某些解释。摩尔的问题在于他根本作不出任何解释。如果某人在任何一个摩尔视为自明的基本价值判断——如审美喜悦自身是善——上与其相左，摩尔对此所给予的反应似乎只能是："你是错的，因为我知道。"

二、W. D. 罗斯的伦理思想

如果我们把摩尔与另一个也被称为"直觉主义者"的哲学家相比较，他的"自明"理论就更显得不能自圆其说。罗斯在其出版于 1930 年底的《正当与善》一书中，不同意摩尔伦理学理论中的功利主义观点。他指出，功利主义认为惟一能使正当行为成为正当的东西，是其产生尽可能多的善的倾向。这种观点并不符合事实。某些行为正当不正当，原因在于其自身，而与他们的好或坏的后果并无多大关系。以守诺为例，什么东西使守诺成为正当的行为呢？如果一个人做他许诺要做的事情，肯定会常常给他带来好的结果。相反，不去或未能履行自己的诺言常常会带来坏的后果。这些考虑无疑是使履行诺言成为正当的重要因素。但也有例外的情况，此时守诺的后果可能是灾难性的。例如，如果我曾为某个微不足道的目的许诺去见一个朋友，而如果我不履行这一诺言可以防止一个极严重的事故，那么，在这种情况下，不履行诺言就可以是正当的。然而，具有重要道德意义的不是任何关于守诺或毁诺后果的事实，而是这样一条规范：一般来说，如果我许诺去做某事，我就应该去做，因为我已经许诺去做了。

对罗斯来说，守诺是一个绝好的例子来说明某个行为之所以是正当的，是因为它履行了某种义务。罗斯的理论常常被称为义务论。因为与功利论或后果论不同，它坚持最重要的概念是"正当"和"义务"而不是善。罗斯列出一份他称为"自明义务"行为的清单：

（1）忠诚义务——做已经明确许诺或暗暗答应过去做的事情。

（2）赔偿义务——赔偿因自己过去的过错而给他人带来的损害。

（3）感激义务——报答自己曾从其受过惠的恩人。

（4）公正义务——确保人们得到因其功德而应得到的东西。

（5）仁爱义务——为其他一切人谋利益。

（6）自我发展义务——使自己成为更优秀的人。

（7）不做恶义务——约束自己不伤害他人。

在摩尔看来，正当的行为是能够产生好后果的行为。这相当于罗斯所说的仁爱的义务，但对罗斯来说，仁爱只是诸义务中的一个。罗斯称这些义务是自明，因为如果其他条件相同，履行任何这样的义务都是正当的。但问题在于，有时两种自明义务会相互冲突。例如，在毁约可以阻止严重伤害另一个人的情境中，就会出现这样的冲突。此时我们必须决定这两种义务中，哪一个是我的实际义务。这是一个判断在此特殊情境中哪一个义务更重要的问题。

如此而言，罗斯的基本道德理论与摩尔的理论是有重要区别的。但他的形而上学理论却与摩尔的相似，因为他们都认为基本的道德真理是自明的。因此，对罗斯而言的所谓自明真理对摩尔却似乎不是自明的，反之亦然。罗斯指出：一个履行义务的行为，一看就知道是正当的。这不是因为我们一出生或第一次注意到它时就会明白无误地知道它是正当的，而是因为只要我们的智力发展到足够成熟的阶段，只要我们对它给予足够的注意，其正当性就是显而易见的，而无须任何证明或其自身之外的任何证据。[①]"自明"术语的这种用法与摩尔的用法基本相同，但他们视为自明的判断却大相径庭。对此，罗斯曾明确地说："如果有人告诉我们，我们应该放弃这样一种观点，即谨守诺言是一种特殊的义务，因为惟一的义务是带来尽可能多的善，并且这是自明的，那么，我们就必须问问自己，在我们思考时，我们是否真的相信它是自明的，以及我们是否真的能够消除这样的看法，即守诺的约束是完全不依赖其是否会带来最大的善的。从我自己的经验中，我发现，即使全心全意地想这样做，我也无法办到。"[②] 显然，罗斯的经验一定与摩尔的不同，因为对前者来说是自明地真的东西，对后者却是自明地假的。这就必然使人怀疑"自明"这个概念本身是否明确。虽然那些声称基本价值判断是自明的哲学家们，并不一定要说他们的真理对每一个人都永远是明白无误的，摩尔和罗斯也都承认在这些事情

---

① 参见［英］罗斯：《正当与善》，29 页，牛津，英文版，1930。

② 同上书，39～40 页。

上，人们是可能犯错误的，因此分歧的出现也是可能的，但是，令人惊奇的是这两位哲学家本身竟然会在所谓自明的问题上形成完全相反的判断。进而言之，既然根据定义，我们无法为所谓自明的真理提供理由给予证明，那么，我们也没有任何方法解决他们的分歧，或表明在他们的观点中哪一个真正把握了一个自明的真理。由此，另一些哲学家们很自然地得出结论说，这些基本价值判断所表示的根本不是什么自明的真理，而仅仅是个人的偏好、感情和情绪以及个人的喜欢与不喜欢。

第二节 非认识主义理论

一、主观主义与情感主义

较早得出前述结论的哲学家之一是伯特兰·罗素。他也许是20世纪最著名的英国哲学家。尽管他活跃于公共生活领域，热心地宣扬特殊的道德和政治观点，如关于性道德、关于核裁军，但其内容广泛的哲学论著，很少直接讨论伦理学，不过他确实注意到了这方面的问题。罗素是摩尔的朋友，并在剑桥与其同事。他在其最早的伦理学文章《伦理学要素》中全面接受了摩尔的观点。但到1914年，他已经确定摩尔关于基本价值判断的自明性是不可证实的，关于某些事物是"自在善"的论断也不是真地表达了自明的真理，它们根本不表达任何知识。因为"善"和"恶"这些述语并没有指涉世界上任何客观的特征。在第一次世界大战期间，罗素发起运动谴责英国政府的战争政策，并因其反战行为而遭监禁。在《战争伦理学》中，他承认在哲学上他最终不得不将其对战争的道德批判视为"情感的而非思想的结果"，就此而论，它们与其反对者支持战争的论点并没有什么两样。

罗素于1935年出版了他的《宗教与科学》一书，在其中的一章"科学与伦理学"中，他对其上述观点进行了最详细的论证。他仍保留了摩尔理论中的后果论成分：如果确定某种行为正当不正当的道德规则"增进了那些自身为善的东西，那么它们就被证明是合理的"。但是，在关于究竟哪个是自在善的问题上，任何理论都是没有根据的；争论的每一方只能诉诸他自己的情感，使用那些可以在别人心中引发相似情感的修辞手段。[①] 因此，罗素根本否认那些被摩尔视为基本价值知识的东西是知识："关于

---

① 参见［英］罗素：《宗教与科学》，229页，牛津，英文版，1935。

'价值'的问题完全在知识领域之外。这就是说，当我们断定这个或那个东西有'价值'时，我们所表达的是我们自己的情感，而不是一件事实。该事实不论与我们个人感情相同与否都是真的。"① 罗素接着又对价值判断进行了稍稍复杂一些的分析。他指出，严格地说来，当我作出一个最终的价值判断时，我并不仅仅是在表达我个人的喜欢或不喜欢，我也在尽量赋予我的愿望和感情以普遍的意义：我用以表达愿望和感情的方式旨在诱使别人也采取同样的愿望和感情。这样的话语表面上酷似客观性论断的原因就在于此。例如，如果我说，"美是自在善"，我并非仅仅在表达自己的爱美之心。我表达这样的感情是因为我希望每一个人都具有这样的感情。按罗素的解释，我的话语可以有两种意思：或者是"但愿人人皆爱美"，或者是"我希望人人皆爱美"。如果它的意思是第一个，那么它就根本不是一个陈述：它没有陈述任何事实，因此它既不可能为真也不可能为假，它不可能传递任何知识，它所表达的只是我这样的愿望，即每一个人都应具有与我相同的愿望。相反，如果它的意思是第二个，这时它就构成了一个陈述，但仍不是伦理陈述。它是一个心理学陈述，是对我的感情的描述。它的真假取决于我是否的确具有这样的愿望。由此可见，不论我们认为这样的话语具有什么意思，它都不是伦理的陈述。严格地说来，并不存在伦理陈述；不存在伦理知识；伦理表述也不可能为真或假。

罗素把他的理论说成是对价值"主观性"的一种维护和捍卫。他认为并不存在客观的价值。所谓的"价值"并不是独立存在的自然特征。当我们说某物有价值时，我们并不是在描述其客观的属性，而只是在表达我们自己的心态。罗素声称，其理论的基石在于人们不可能发现任何论据来证明某物具有"内在的价值"。如果一个人说"美是善自身"，而另一个人不同意，前者没有任何办法来表明对方是错的。到此为止，摩尔与罗素并没有什么分歧，因为摩尔也说这样的价值判断是"自明的"，意味着我们能够知道它们为什么是真的，却无法提供任何理由给予证明。但是，罗素得出了一个与摩尔完全不同的结论：即使我们可以证明它们为什么为真，这也不表明它们是自明的，而不过是因为它们既不是真的也不是假的。它们不是陈述，它们不传递任何知识。

因此罗素的理论可以视为后来被称为"非认识主义"伦理学理论的一个例子。这些理论坚持道德表述的真正功能不是传递知识。罗素对这一立

---

① 参见［英］罗素：《宗教与科学》，230～231 页。

场的阐述后来发展为"情感主义"理论。情感主义的经典表述是由 A. J. 艾耶尔在其名著《语言、真理与逻辑》中提出的。在这部著作中，艾耶尔捍卫了逻辑实证主义哲学学派的证实原则。该原则坚持，一个陈述只有在其或者是（A）分析的或者是（B）经验上可证实的时候，才具有实际的意义。说一个陈述是分析的，就是说其正确性仅仅来自其使用的词语的意义。在这种情况下，它是一个无关紧要的陈述，因为它不能告诉我们任何现存事实。例如，"'四边形'有四个边"这一陈述是真的，因为"四边形"这个词本身就意味着有"四个边"。陈述本身并没有给我们提供任何事实知识。因此，惟一具有实际意义的陈述是那些能够由感觉经验证据证明的陈述。

所谓的"价值判断"是经验上可证实的吗？艾耶尔认为它们不是。他对此的论证方法近似于摩尔的"未决问题"论辩。人们总是企图使用各种各样的方法把价值判断说成是经验上可证实的（或者如摩尔所说，把"善"与某种自然属性相等同）。例如，主观主义认为称一个行为是正当的或一个事物是善的就是说它是"普遍被赞同的"。如果这一观点是正确的，价值判断就肯定是经验上可证实的。因为为了确定某物是正当的或是善的，我们必须运用某种社会学或心理学手段弄清人们感情的性质。但是，对于艾耶尔来说，这一观点不可能是正确的，因为一个受到普遍赞同的事情事实上可能并不是善的。我们永远可以不同意多数人的意见。快乐主义还认为正当意味着"将产生最大量快乐的东西"，这一说法也可以使伦理判断变成经验上可证实的，但它同样不可能是正确的，因为说某些令人愉快的东西不是善的也不自我矛盾。使用同样的论证方法，我们可以证明"善"或"正当"是不能被等同于任何经验特征的。因为对于任何用经验属性定义的东西，我们都可以很正常地否认它是"善"的或"正当"的。由此可见，伦理概念是不能归结为经验概念的。

在这个问题上，摩尔会说"善"必定指的是某种超自然的属性。这一属性的存在是"自明"的，是某种"直觉"的对象。而艾耶尔用其证实原则得出结论说，"伦理概念不能归结为经验概念"，使得关于价值的陈述成为不可证实的。按照摩尔的逻辑，并不存在任何可以用来支持一个关于某物是自在善的陈述的证据，因此，如果人们对一个陈述发生了分歧，他们不能使用任何方法来表明该陈述是真的还是假的。然而，在这个问题上，按照证实原则，一个断定某物是自在善的陈述是没有任何实际意义的。

当人们说某物是"善"或"正当"的时候，如果不是在作一个有意义的陈述，那他们是在干什么呢？艾耶尔对此的回答与罗素相似。伦理表达可以用来达到两个目的。它们可以表达说者的感情，也可以引发听者的感情，并因此激发他们去行动。例如，如果我说"偷钱是错的"，我并非在对"偷钱"的行为作任何有实际意义的陈述，我也不是在陈述任何可能为真或为假的东西，我不过是在表达我自己的不赞同的感情，并企图在其他人心中引发同样的感情。有时，我们可以把激发感情的意图比做发出一道命令。特别是当我们使用像"义务"和"应该"这样的具有强烈伦理色彩的词语时，更是如此。如果我说"你应该说实话"，这就相当于我正在发出一道命令："说实话！"

艾耶尔强调了表达感情与断言感情之间的区别。使用话语表达感情与断言我具有这些感情并不是一回事。这就是艾耶尔不愿将其理论称为"主观主义"的原因。他说，传统的主观主义把伦理话语解释为关于人们感情的陈述。但是，如果说"偷盗是错误的"是一个关于说者的感情的陈述，如果它的意思是"我不赞成偷盗"，那么它就会是经验上可证实的。只要我们证明说者确实具有那种不赞成的感情，就能证明它是真的。然而，按照艾耶尔的理论，"偷盗是错误的"不是一个关于说者的感情的陈述。因为它根本不是一个陈述，而是一种感情的表达。

艾耶尔认为，由此可以引申出一个结论，即，严格地说来，价值争论是不可能的——因为，在价值领域，并不存在任何我们可以争论的东西。当两个人之间出现道德分歧并企图互相辩论时，他们实际上所能够辩论的不过是一些有关该问题的事实而已。假设我们正在争论死刑是否正当的问题，我们之间争论的形式可能是出示证据来支持或反对这样的事实陈述，即在实行以死刑来惩罚谋杀者的社会里，谋杀案件较少发生。尽管这一争论显然与道德结论相关，它本身却是一个关于事实的争论。惟有争论双方都具有相同的道德态度，即双方都赞成降低谋杀的发案率，这一争论才是与道德相关的。然而，假设双方在所有的事实上都达成了共识，假设已经确证是否实行死刑与发生的谋杀案件数量无关，并假设争论的一方说"杀人者应被杀"本身就是善，而另一方却说这只能是一种报复性的复仇，因此没有任何意义。按照艾耶尔的理论，既然我们已经开始涉及纯价值问题，就没有任何争论的余地。一方在表达一种赞成的感情，而另一方在表达不赞成的感情，争论就结束于此。

艾耶尔最初在其《语言、真理与逻辑》中所表述的"情感主义"理论是以某种挑衅性的方式出现的。在声称伦理语言不具有实际意义的时候，艾耶尔似乎是在坚持认为任何道德谈论都表现为某种错误或错觉，因为谈话者都很自信地以为他们正在谈论某种有意义的东西。随后，艾耶尔本人和其他人，特别是美国哲学家查尔斯·史蒂文森（Charles Stevenson）对这种引起争论的表述作了修正和缓和。他们说，伦理语言并不是毫无意义，只不过与事实陈述相比，它们具有一种不同的意义。我们必须把描述意义与情感意义区分开来。事实言辞具有描述的意义，它们构成关于世界的陈述。它们表达信念，这些信念可能是真的或假的。如果它们是真的，它们就能够成为知识。相反，伦理言辞却具有情感意义，它们不构成陈述也不表达信念或知识。它们不可能是真或假，但它们的意义存在于其表达和激发感情的倾向之中。重要的是也要注意到许多言辞既具有描述意义也具有情感意义。如果我在谈论某人时说"她是一个勇敢的女人"，我就是部分地在作一个事实陈述。我是在说她可以临危不惧，而经验上的证据能够确定这一陈述是真的还是假的。同时，我并不仅仅在陈述事实。我使用"勇敢"这个词是因为我要表达我对其行为的赞成和尊敬之情，并力图在其他人心中引发出相同的感情。如果某人接受我对该女人的事实描述而并不具有我那样的赞成感情，那么他就会使用某个别的什么词，将其行为不是描述为勇敢，而是描述为"莽撞"或"顽固"。因此，像"勇敢"这样的词既具有描述意义又具有情感意义。

史蒂文森和其他人强调语言的意义与其用法之间的联系。史蒂文森将词的情感意义定义为该词表达和激发特定感情或情感或态度并因此适于"能动"用法的倾向。由此可见，"意义"并不同于"用法"。一个词在不同的环境中可以有不同的用法。"偷盗是错误的"这句话，如果是说给一个刚偷了他姐姐钱的孩子听的，那么它就是在表达一种强烈的感情，并有意地激发某种情感反应。但是，在另外一种情景中，如当两个人在冷静地罗列道德原则，并且双方完全一致时，它的用法就可能不那么"能动"了。由此可见，用法多变而意义比较稳定。意义就是蕴藏于用法之中的东西，即其产生某种效果的倾向，尽管这种倾向并非在其每一种用法中都那么明显。①

艾耶尔把情感语言的两种用法即表达说者的感情的用法和引发他人的感情的用法相等同。他比较强调第一种用法，而史蒂文森比较强调第二种用法。当他谈到情感语言的"机制"时，谈到它是一种可以用来"影响"

---

① 参见［美］史蒂文森：《事实与价值》，13、16、23页，纽黑文，英文版，1936。

人们的社交"工具"。语词可以产生一种能够用来"修正"人们态度的"巧妙建议"。史蒂文森有时似乎是在暗示，道德谈话本质上是操纵性的，是一种宣传工具。这一点后来成了批评情感主义伦理学的主要根据之一。

史蒂文森和其他人不仅通过区分两种不同的意义而缓和了艾耶尔的最初说法，而且通过区分两种不同的分歧调和了他关于不可能有价值争论的结论。史蒂文森说，既存在着"信念分歧"，也存在着"态度分歧"。假设两个人尽管在事实上看法一致，但仍然作出了不同的价值判断：一个人说"战争在道德上永远不可以是正当的"，而另一个人说"有时战争可以是正当的"。艾耶尔似乎认为两人之间并没有什么争论。史蒂文森却说他们之间确实有分歧，但这一分歧是一种态度分歧而不是信念分歧。他认为这样就可以使情感主义理论能够抵制摩尔对主观主义的批评。如果伦理言辞是用来描述感情和态度的，那么争论双方就会说"我赞成某些战争"和"我不赞成任何战争"。由此就确实可以说他们之间并没有实际分歧，因为每一种说法都可能是对于说者的心理状态的正确描述。但是，只要我们适当地注意一下情感意义，我们就能发现他们之间的确有分歧：他们具有不同的态度，每一方都在力图改变另一方的感情。他们的分歧并不是一个关于态度的分歧，而是一个态度分歧。因此，伦理学中是可能存在着有意义的分歧的。那些说情感主义理论否定这种可能性的批评是完全没有根据的。

情感主义理论在40年代和50年代初期很受欢迎，其原因部分在于它似乎与语言哲学中的普遍趋势相一致。维特根斯坦后期的哲学正在发生影响。在他的哲学中，与本文的内容特别相关的是他对于"语词因指称事物而具有意义"的观点的批判。维特根斯坦说，人们很自然地以为一个词的意义就在于其所代表的对象。其实这种看法是很令人误解的。① 这里，我们可以摩尔为例。摩尔先假定"善"必定是某种属性的名字，他接着很有道理地认定善不是任何经验的或自然的属性的名字。由此他得出结论说，"善"必定是某种其他属性——超感官的非自然的属性——的名字。在维特根斯坦的影响下，哲学家们发现这一最初的假定是一切麻烦的根源。如果我们想了解"善"的意义，其方法不是去寻找它所"代表"和与其相称的某种神秘属性。因为这样，我们就是在问一个错误的问题。维特根斯坦的建议如下："在许多——尽管不是全部——使用意义这个词的场合，它

---

① 参见［奥］维特根斯坦：《哲学研究》，1、26、40段，牛津，英文版，1953。

都能够被定义为：一个词的意义就是其在语言中的用法。"① 一些人用下面的口号使得这一哲学方法普遍化了："不要寻找意义，只探究用法！"情感主义似乎正是这一方法的一个例证。它不是通过鉴定像"善"和"应该"这样的价值语词所代表的什么属性，而是通过检查我们都用这些词干什么来分析它们。

尽管总的方法似乎是正确的，但对于许多哲学家们来说，情感主义关于价值语言用法的具体理论并不那么令人满意。它把伦理交谈说成是一种本质上非理性的活动。它强调道德语言的表达用法，似乎给人这样一种印象：这种用法不过是某种情感上的"发泄"——好像道德争论不过是一连串的感叹、咕哝和欢呼而已。它强调伦理语言引发人们感情和态度的用法，似乎是说道德争论是一种操纵性的活动，近似于宣传和广告，是在用秘密的方法玩弄人们的感情。因此，许多哲学家所要寻找的是这样一种虽强调伦理语言的用法，但把道德争论说成较多理性而较少操纵性的活动的理论。黑尔（R. M. Hare）的学说就是这一探讨中发展出来的最重要的理论。

二、黑尔和规约主义

黑尔在其出版于 1952 年的《道德语言》一书中，把艾耶尔先前将伦理语言与命令联系起来的观点作为立论的出发点。黑尔说，这本身是一个很有用的联系，因为伦理语言的主要功能就是指导行为，就是回答"我要干什么"的问题。在这方面，它明显地起着与祈使句即命令语言相同的作用。情感主义的错误不在于它把伦理语言比做祈使语言，而在于它对这两种语言作了令人误解的解释。黑尔因此建议说，只要我们首先更仔细地研究祈使句的用法，我们就能避免情感主义的错误。他强调说，重要的是要看到，尽管祈使句具有明显的指导行为的功能，但这并不意味着其特有的用法是对听者的行为或态度行使某种因果性影响。黑尔认为，使某人做某事与告诉某人去做某事之间是有区别的。情感主义者暗示人们道德语言与祈使句的正确用法就是使某人做某事，因此是一个劝导与影响的过程，涉及如何操纵人们的感情。但是，使用祈使句并不是使某人做某事，而是告诉某人去做某事。如果我对你说"关窗户"，我并非要劝说你，也不是要激发你的感情或对你行使某种因果性的影响，我只是在告诉你做什么。我使用祈使句来回答"我要做什么"的问题。使用它是因为我把听者视为有

---

① 参见［奥］维特根斯坦：《哲学研究》，43 段。

理性者。因此，使用祈使语言与使用以陈述事实来告诉某人某事的指示语言都同样可以是合理的。

祈使语言的用法和指示性陈述的用法一样必须符合逻辑规则。祈使语言的这一特点可以通过逻辑推理表现出来。仅以下述推理为例：

把所有的箱子都搬到车站去，

这是这些箱子中的一个，

所以，把它也搬到车站去。

这是一个逻辑上有效的三段论。尽管其大前提和结论都是祈使语言，其逻辑有效性并不因此而比指示性语言小。这个例子表明了一个祈使句怎样可以逻辑地从一个较一般的祈使句和一个事实陈述中推导出来。因此，它表明我们完全可以对祈使句进行理性的辩论。如果道德语言像祈使语言一样能够指导行为，它也同样可以作出合理的推论。但是黑尔认为，有一个规定祈使逻辑的特殊的规则具有特别重要的意义，即只有在前提中出现一个祈使句时，逻辑的有效论证才能得出祈使结论。在上述例子中，我们之所以能够得出"把这个箱子搬到车站去"这个祈使结论，是因为它是那个较普遍的祈使句"把所有的箱子都搬到车站去"的一个具体应用。如果所有的前提都是指示事实的陈述，我们是不可能有效地得出这样的祈使结论的。当我们开始探讨比较祈使句与道德语言时，这一规则的重要性就会更加明显。

道德语言与祈使句一样是一种规约语言，它的主要功能是指导行动。道德述语与单纯的祈使句的不同之处在于，它们既具有规定功能，又具有某种描述意义的成分。黑尔用"评价述语"① 来指称那些既具有规定意义又具有描述意义的述语。它不仅包括道德述语，而且也包括"善（good，好）"这个词的非道德用法。以"这是一种好（good）草莓"为例，在这个判断里，"好"虽然并没有在道德意义上使用，但仍然是一个评价性述语。其首要功能是规定、命令和指导人们的选择。就此而言，它的功能就像一个祈使句。说"这是一种好草莓"就像是在说"如果你想要草莓，就选择这种吧"。但是，"好"既具有这种规定意义，也具有描述意义。它含有这样的意思，即这种草莓具有某些使其成为好草莓的特征。它虽然并没有具体说明这些特征是什么，但它暗示着确实存在着某些这样的特征。当某人说"这是一种好草莓"时，其他人就可以很自然地要求他具体地说明

---

① ［英］黑尔：《自由与理性》，26～27 页，牛津，英文版，1963。

使其成为好草莓的东西究竟是什么。如果他说："它是好草莓因为它甜且汁水多"，那么他在逻辑上就必须承认任何其他具有同样特征——甜且汁水多——的草莓都是好草莓。如果某人在谈论两种草莓时说一种是好草莓而另一种不是，但却不能具体指出一种草莓具有而另一种不具有的这样的特征，那么他就是在错误地使用"好"这个词，因为他违犯了支配好（善）之描述意义的规则。在这方面，评价述语与纯描述述语完全一样。如果我谈到某个红的东西，那么我就必须说任何具有相同特征的东西也都是红的。我们因此可以说由于既具有描述意义又具有规定意义，所以评价述语和描述述语一样是可普遍化的。

　　另一方面，黑尔强调说我们不能把评价述语的意义简单地归结为它们的描述意义。"这是一种好草莓"并不仅仅意味着"这是一种既甜又多汁的草莓"。如果它的意思就是如此，那么我们就不可能使用"好"这个词来达到其最基本和独特的目的——推荐甜且汁水多的草莓。这种推荐目的普遍存在于"好"这个词的所有用法中。让我们看看下面这些句子："这是一种好草莓"、"这是一辆好车"、"今天是个好天"、"他是一个好人"。显然，好草莓、好汽车、好天气和好人所具有的特征是不一样的。我们说车是好车，也许是因为它安全、可靠、舒适。好天气是因为暖和、阳光明媚。好人是因为他厚道亲切。如果"好"这个词的意义仅仅局限于描述意义，那么我们就不得不说它在指草莓、汽车、天气和人时，是具有不同的意思的。然而，黑尔认为，"好"在这些不同的用法中具有一个共同的意义成分，即它的规定意义、它的推荐和指导选择的功能。

　　黑尔说对于像"好"、"坏"、"正当"、"错误"和"应该"这些最普遍的评价述语来说，规定意义是主要的而描述意义是次要的。但也有另一些评价述语，其描述意义是主要的而规定意义是次要的。当适用于人和人类行为时，这样的术语有"勤奋"、"诚实"或"英勇"。说某人诚实，就是说他总是讲实话，从不欺骗人等等。这就是这个词的描述意义。我们具有确定的标准来决定是不是应该把某人说成是"诚实的"。但是，当我们称某人是诚实人时，我们并不仅仅在描述这个人，我们还在暗示由于他具有这样的特征，所以他是一个好人。因此，我们是在称赞他为人诚实。同样，说某个行为是不诚实的，并非仅仅描述它具有某个特征。这种说法也是一个暗含"不要做这样的事情"这样一个祈使命令的规定。在这里，黑尔再次强调说，重要的是要认识到这样的词语的意义是不能归结为它们的描述意义的。如果有人告诉我们说，"他具有我们称之为'诚实'的特征，因此他必定是一个诚实的人并因此是一个好人"，我们是不应该由此就得出我们的道德结论的。如果"他是诚实的"含有"他是好人"之意，那么，诚实这个词的用法就必定既具有规定意义也具有描述意义。在这样的情况下，我们就不会同意仅仅因为他具有相关的描述特征而称其为"诚实的人"，只有在我们赞成这些特征，并因此同意赞扬具有相关特征的人的时候，我们才会这样说。

黑尔强调描述意义与规定意义之间的区别，是与他前面关于祈使句在逻辑论证中的作用的理论相关的。他曾就祈使句的逻辑作出过两个断言。一个是正如指示语言一样，祈使语言也可以构成有效的逻辑论证。另一个是只有在至少有一个祈使句存在时，逻辑上有效的论证才能得出一个祈使结论。现在，对于道德判断和其他价值判断也可以作出相似的断言。与祈使句一样，它们也可以构成有效逻辑论证的结论。它们本质上是可以由较一般的价值判断加事实前提而推导出来的。用上述的"草莓"例子，我们可以构造一个有效的逻辑推理：

> 甜和果汁多的草莓是好草莓。
>
> 这个草莓甜而且果汁多。
>
> 所以，它是一个好草莓。

下面这个含有具体道德结论的例子也是一个有效的推理：

> 给人类带来很大痛苦的行为是错误的。
>
> 种族偏见给人类带来了很大痛苦。
>
> 所以，种族偏见是错误的。

我们可以构成这样的推论本身就表明，作道德判断和其他价值判断与使用祈使句一样是一种理性活动。但是，这样的推论也要受与支配祈使推论的逻辑规则同样的规则的支配。只有在前提中至少有一个是规定性的时候，我们才能逻辑地推导出规定性的结论。纯描述性前提不可能包含有规定性的结论。在上述例子中，"这个草莓甜而果汁多"其本身是不可能得出"它是一个好草莓"的结论的。而"种族偏见给人类带来了很大痛苦"的本身也不包含着"种族偏见是错误的"这样的结论。在这样的场合，只有接受其评价大前提才会在逻辑上不得不接受评价性结论。黑尔认为这一至关重要的逻辑规则根植于描述语言与规定语言的不同功能。价值判断像祈使句一样是一种规定语言。它们的功能是指导行为，告诉人们去做什么。而描述语言的功能是陈述事实，因此其本身是不能告诉人们做什么的。

现在我们可以简要地说明一下黑尔关于理性在道德争论中的作用的观点。既然逻辑推论可以推出道德结论，那么道德争论就可以是理性活动。情感主义把道德争论说成是一种非理性的影响和劝说的过程，目的是激发人们的感情和情感。黑尔对此作了重要的纠正。然而，黑尔的理论又指出理性是有其局限的。我们可以从一个较普遍的道德前提引出一个具体道德结论，而那个普遍道德前提又是从更普遍的道德前提中引申出来的。但这个过程是有尽头的。对黑尔来说，作为我们道德推理的最高前提不能是描述的，它们本身必须是道德前提即最高的道德原则。像情感主义者一样，黑尔也认为这些最高的道德原则不能是自明的真理，也不能是经验上能证实的事实陈述。采用这样的一个原则就是作一个黑尔所说的"原则决定"，它与判断一个事实陈述的真假是完全不同的。事实不能决定我们应该作出什么样的决定。在后者之中是可以有自由的，这就是黑尔在他的第二本书的标题《自由与理性》中所说的自由："如果我们说地球是平的，其他人可以给我们展示一些相反的事实。一旦我们承认这些事实，当我们再说地球是平的时，我们就必然会感到要么是一种自我矛盾，要么是在误用语言……但在道德领域却不是这回事儿……由此可以得出这样的结论：我们在形成我们自己的道德观点时所具有的自由要比我们在形成关于事实是什么的观点时所具有的自由大得多。"① 这种自由加上前述的理性作用被黑尔视为道德思想的根本特征。

尽管我们上面所讨论的道德理论之间存在着区别，但它们具有一个共同的特征。它们都能被说成是反自然主义的理论。它们都坚持在价值判断与关于经验世界的事实陈述之间的严格区别。摩尔把这一区别说成是来自两种属性——经验属性与简单的、不可分析的、非自然的属性"善"——的根本不同。罗素、艾耶尔、黑尔和其他人则反对把"善"和其他价值术语理解为某些属性的名称，反对把价值判断看做关于某一特殊事实的陈述。在这个意义上，他们的理论是"非认识主义"。情感主义者把上述的分离表述为描述意义与情感意义的区别，而黑尔则把它说成是描述语言与规定语言的不同。黑尔之后，最普遍采用的说法是价值与经验的区分。这并非摩尔的说法，因为摩尔把价值视为一种特殊的事实。但黑尔却认为这才是摩尔驳斥自然主义的基础。② 黑尔还把它与18世纪苏格兰哲学家大

① ［英］黑尔：《自由与理性》，2 页。
② 参见［英］黑尔：《道德语言》，30 页，牛津，英文版，1952。

卫·休谟那段著名论述相联系——休谟怀疑道德哲学家们从"是"命题过渡到"应该"命题并不是一个符合逻辑的过程。[①] 黑尔和其他当代哲学家们所采用的口号是：不能从"是"推出"应该"，但"是"和"应该"在这里的用法还有待作进一步的说明。"说谎是错误的"或"我父亲是个好人"虽然包含有"是"，但并不是上面所说的"是"命题。它们是"应该"型的命题，因为它们是指导行为的。因此，这一口号的最清楚的表述应该是："不能从事实陈述中推出价值判断"。

第三节　功利主义伦理学

一、可普遍性原则与功利主义

如上所述，正如菲利普·福特在修正其观点时似乎改变了其为自然主义辩护的立场，黑尔对其理论的重新思考，也使他走上了与其原来观点完全相反的道路。虽然黑尔本人并不认为他后来的理论与以前的观点有什么本质的区别，并坚持他的观点仍然不同于自然主义，仍旧与他早期关于从事实前提推导出评价性结论的不可能性理论相一致：即他后来虽然采用了某种功利主义的形式，但其论证功利主义的基础正是他早期关于道德推理逻辑的观点。但是，通过下面的分析，我们可以明白黑尔在晚期为什么接受了功利主义，以及他是否对自然主义作了某种妥协。

1963 年出版的《自由与理性》标志着黑尔晚期思想的开始。在该书中，黑尔特别强调道德语言逻辑的两个特征：道德判断是规定的，并且是可普遍化的。他认为，对这两个特征，特别是对可普遍性原则要素的理解，奠定了功利主义的基础。前面我们曾提到评价述语的可普遍性要求其用法必须始终一致。现在我们用"正当"这个述语对此作进一步的说明。如果某人说一个行为是正当的，他即是说这个行为具有一个或多个使其正当的特征，并进而会说任何其他具有同样描述特征的行为也必然是正当的。"正当"这个述语并没有具体说明相关的、描述的特征是什么。然而，使用这个述语本身就意味着一定存在着某些使该行为正当的、可以描述的特征。在黑尔看来，正是在这个意义上，这个述语不仅有描述的意义，而且有规定的意义。

至此可见，可普遍性原则必然要求道德争论具有一致性。在说明道德

---

① 参见［英］黑尔：《道德语言》，29 页。

争论的规则非常重要以及它使理性的道德争论成为可能这一方面，黑尔无疑是正确的。这意味着争论能够采用比较的形式。举例来说，某人认为流产是错误的。他可以说："流产是错误的，因为它蓄意夺去人的生命，而后者永远都是错误的。"接着，一个批评者可能会说："如果你坚持这种观点，那么你也必须是个和平主义者——你必须坚持'战争是错误的'观点，因为战争也涉及蓄意地夺去人类生命的问题。"此时，那个认为流产是错误的人面对一个一致性的要求，但并没有人告诉他应该怎样保持这种一致。他有几种途径可以达到一致性。例如，他可以坚持凡蓄意夺去人类生命的行为永远都是错误的观点，并承认这使他不可避免地拥护和平主义。他也可以多少修正一下自己关于流产的看法，承认流产有时也可能是合理的。再者，如果他坚持流产永远都是错误的观点，同时又不接受和平主义，他还可以争辩流产与战争是截然不同的，例如，蓄意夺去无辜人的生命永远都是错误的，而在战争中杀人并不完全是杀害无辜者。于是，争辩的对象转变成了什么是"无辜者"，不伤害无辜的战争是否存在，以及流产是否可以被说成是夺去无辜者的生命等等。依据这种理解，可普遍性原则并没有规定人们应当采用什么样的道德观点，但却要求人们保持其道德观点的一致性，并因此使理性的道德争论成为可能。

就此而言，可普遍性原则并没有为功利主义提供特别的支持。但黑尔接着要做的是强化可普遍性的观念，并试图表明这一原则如何自然而然地导向功利主义的立场。在《自由与理性》一书中，他通过讨论一系列的例子来强化他的可普遍性原理。

（1）债务人的例子。这个例子是从耶稣在《圣经》中所讲的一个寓言改编而成的。设想 A 欠 B 的钱，B 欠 C 的钱。B 要把 A 送入监狱以便迫使他还所欠的钱，而 C 也同样想把 B 送入监狱来迫使 B 还钱。因此，在黑尔看来，如果 B 应该将 A 送入监狱，则 C 也应该将 B 送入监狱。黑尔建议，此时可普遍性原则要求 B 对自己说："我不想让 C 把我送入监狱，不能接受 C 应该送我进监狱的做法，因此，我也不能说我应该将 A 送入监狱。"这个例子明显加强了可普遍性的思想。前面我们以为可普遍性原则的意思是"如果 X 与 Y 之间并非具有某些相关的区别，我就不能说我应该做 X，但同时却否认我应该做 Y"。但现在可普遍性原则似乎还包含着更进一步的意思："除非 P 与我之间有某些不同，我就不能说我应该对 P 做 X，但同时却否认 P 应该对我做 X"。换句话说，黑尔在这里指出，可普遍性的要求不仅适用于行为，而且适用于行为者。道德判断必须采用这种形式，即每一个人都应该按一定的规范行事。这里，黑尔似乎也认为，道德判断的作出应排除利己主义的考虑。

（2）喇叭与留声机的例子。假定 A 与 B 住隔壁，A 要打开留声机听古典音乐，而 B 要用喇叭练习吹奏爵士音乐。如同上一个例子，如果 B 也问自己"如果我处在 A 的位置，我希望住隔壁的人用喇叭演奏爵士音乐吗？"他的回答将是"是的"。因为相对于古典室内音乐来说，他当然更喜欢听爵士乐。但是，在黑尔看来，B 必须问自己的是"如果我是 A 并具有 A 对音乐的偏好，我还希望邻居用喇叭演奏爵士乐吗？"答案当然是否定的。这样就使 B 处于很尴尬的境地：他似乎什么也不能说。考虑到 A 的偏好，他不能说"我应该吹奏爵士乐"。但考虑到他自己的偏好，他又不能说"我不应该吹奏爵士乐"。于是，黑尔建议说："一旦他准备较多考虑 B 的利益，把它们看做自己的利益，一个复杂的问题……就出现了……即他必须决定在吹奏与沉默之间，究竟什么样的比例关系才能对双方来说都是公正的。"① 换句话说，由于 B 有责任考虑自己的利益，同时可普遍性原则又要求他必须也考虑 A 的利益，那么，他就必须以某种方式把这两种利益加在一起，公平地考虑双方的利益。这个例子意味着可普遍性的观点进一步被加强了。这里，黑尔对可普遍性原理的解释不仅消极地要求排除利己主义，而且积极地要求公平考虑每一个人的利益。

（3）法官与罪犯的例子。黑尔说，前面的例子都有局限性，因为它们都只涉及两个人的利益。因此，我们还要通过讨论涉及多个人的例子来展开这种形式的争论。假定法官宣判一个罪犯入狱，如果罪犯对法官提出与前述债权人和喇叭演奏者同样的争辩，他就可以说："如果你认为你应该判我进监狱，那么你必须接受同样的事实，即假使你处于我的位置，你也应该被送入监狱。但你并不希望这样，所以你不能够说你应该把我送入监狱"。对此，黑尔建议，法官必须考虑的不仅是他个人的和罪犯的利益与爱好，而且是受其决定所影响的其他人的利益。作为一个法官，他必须维护影响到全体社会成员利益的法律体制。如果他不加强法制，那么大多数社会成员的利益就会受到伤害。② 因此，考虑大多数人的利益，法官说他应当判这个罪犯入狱。

这个例子的重要意义在于，如果可普遍性要求我们考虑每一个人的利

---

① ［英］黑尔：《自由与理性》，113 页。

② 参见上书，117 页。

益，那么我们就必须权衡各种不同的利益。如果涉及许多人的利益，如果出现一些人与另一些人的利益冲突，对较大利益（不管它意味着什么）的考虑必须超过对较小利益的考虑。如黑尔所称，这就使他的观点非常贴近某种形式的功利主义。古典功利主义的基本概念是幸福。要求人们尽可能追求能达到最大幸福的东西。但这种传统的表述已难以自圆其说，特别是面对人们这样的批评，即幸福之外的东西更可贵时，更是难以招架。然而，不基于"幸福"而基于"利益"、"倾向"、"愿望"和"满意"的观念，功利主义则能够以比较中立的面孔出现。因为它并不去硬性规定人们应该欲望和喜欢什么，什么是人们的利益和什么会使人们满意。黑尔认为，如果我们能用这些比较宽泛的术语来表述功利主义，就可以在可普遍性原则与功利主义之间建立某种联系。黑尔一直使用例子来说明这种联系，并总结说：当我们必须同等考虑所有方面的愿望和利益时，我们就应当努力去发现具有普遍规定意义的行为准则。但是，当我从头至尾考察了涉及的各方并对各方利益都给予平等考虑的个人决定时，除了倡导那种能最小损害我个人想像中的个人愿望和利益的准则外，我还能做什么呢？但这就是最大限度达到满足的过程。用这种方法，他便可以保护功利主义而不受批评。道德语言的规定性反映了一个事实，即我们有兴趣有愿望及去行动的倾向。道德语言的普遍性要求我们不仅考虑从我们自己的立场出发的利益与倾向，而且要求我们考虑当我们设想处于他人位置时自己可能会有的利益与倾向。因此，一个合理的道德判断是一个融合了所有被影响方面的利益与倾向的判断，因而是一个宽泛意义上的功利判断。

如上所述，黑尔通过对功利主义的例子分析，而逐渐扩展了可普遍性的思想。其批评者说他实际上过分地扩展这一概念。笔者以为这一批评是正确的。黑尔最初把可普遍性原则定义为要保持辩论的一致性，是完全合理的。但而后，又把可普遍性原则解释为公平地考虑各方的利益，解释为驳斥利己主义等，就完全不同于并大大超出了一致性的要求。如果我们考虑到一个人完全可以成为一个一致的利己主义者，那么我们就可以明白它们之间的区别。如果一个人说"我应当追求我自己的利益。每一个别的人也都应当追求'我的'利益"，他并没有违背可普遍性原则的要求。对此，黑尔可能会说，这一判断句中的物主代词"我的"的出现，意味着该判断并不是完全可普遍化的。因此，它误用了"应该"这个词。他还可能说，这样一个判断只有在我能够指出"我的"某些特征使我的利益不同于所有其他人的利益时，才会被认为是完全合理的道德判断。但这一对可普遍性原则的额外要求似乎是任意而为的。一个人为什么不能说"我就是一个不同于其他人的人。我是我。他们是他们。我当然要把自己的利益看得比他人的利益更重要"呢？即使我们同意黑尔的说法，"我的"这个代词不能构成普遍性判断，利己主义者仍然可以以另一种方式将其主张普遍化。他可以说"每一个人都应该追求他自己的利益"。这种"伦理利己主义"的观点，完全是一个普遍的道德判断，其对"应该"的用法也完全是正当的。一个人按此行动，就可以成为一个始终一致的利己主义者。当然，他还必须认识到，如果其他人也如此行动，并且也是始终一致的利己主义者，那么他们的行动可能会与自己的利益相冲突。他也许不喜欢发生这样的事。但他很清楚，他们以这种方式行为是合理的，这是他们应该做的。

尽管如此，黑尔仍然认为可普遍性原则的规定是可以排除这类利己主义的考虑的，因为它要求我们考虑每一个人的利益。然而，即使我们同意他的观点，从可普遍性原则到功利主义仍需要再跨出一步，即不仅要求考虑每一个人的利益，而且要求应当把所有这些利益融合、加总到一起，以便得出一个关于什么可以使人们的利益得到最大满足的判断。而这样的要求并不会从公平性中得出。如果我们比较一下黑尔的第一例子与后两个例子，我们就能很清楚地看到这一点。在债务人例子中，可普遍性原则要求B说"如果C送我入监狱是不正当的，那么我送A入监狱也是不正当的"。这完全不同于下述说法，即B必须以某种方式把自己的及A的与C的利益加起来，以使最终作出一个使他们的利益都得到最大满足的判断。黑尔在吹喇叭者和法官的例子中，力求证明后一种说法是逻辑推理自然而然的结果。但是，问题在于他们为什么非要这样说不可呢？假定吹喇叭者的推理与B在债务人的例子中的推理相同，他就不得不说"我不能接受我应该用喇叭吹爵士乐的判断，因为如果我处于邻居的位置并具有他的偏好，我不会希望这样做"。黑尔认为，由于吹喇叭者不是他的邻居，所以他必然会说"由于我具有我自己的偏好，所以我不能接受我不应该吹喇叭的判断"。由此可见，可普遍性原则虽然排除了两种可能的"应当"判断，但它并不一定导致吹喇叭者不得不作出的那种判断"我应该妥协"。因为这一判断既与吹喇叭者的利益相抵触，也与邻居的利益相抵触。此时，如果黑尔是始终如一的，他就肯定会说这一判断也被排除了。也许我们能够对此作出的惟一结论是，并不存在吹喇叭者能够普遍化的"应当"判断。黑尔的建议则完全是主观任意的："争论会自然导致"吹喇叭者最终作出一个"对自己的和邻居的利益给以同等考虑"① 的判断。在要求吹喇叭者和法官诉诸功利主义的利益权衡时，黑尔所做的正是他常常责备的他的反对者们所做的，即在富含价值内容的"自然"这个字眼的掩盖下，暗中贩卖他个人的道德偏好。

正是这一点，导致了对黑尔的另一个批评：即在以这种方式为功利主义辩护中，他不再驳斥甚至赞同自然主义。现在，黑尔似乎要说，道德逻辑本身要求我们作出某种实在的道德判断。逻辑要求我们公正、拒斥个人主义、考虑每一个人的利益并去权衡这些利益。黑尔认为，如果某人正试图决定去做什么，那么，道德语言的逻辑显然会促使其得出功利主义者的结论。接下来，黑尔会说，一些事实陈述是完全可以包含道德结论的。"这个行为将最大限度地促进所涉及各方的利益"是一个事实陈述。虽然证明这一点很困难，但该陈述本身确定在告诉人们这个行为将导致什么样的结果。但黑尔所要做的是从该陈述中直接得出这个行为是一个人应当做的结论。如果一个人不接受这一结论，那么黑尔就认为他正在犯某种逻辑错误。这不是复归到了自然主义又是什么呢？

在《自由与理性》一书中，黑尔对这种批评进行了反驳。在为功利主义辩护时，他使用可普遍性原则来解释为什么我们应当考虑他人的利益和倾向。然而，他也承认，人们的行为不仅为利益和爱好决定，而且也为其称为"理想"的东西所决定。因此他允许某个献身于某种理想的人"在即使侵犯了他人的利益和爱好的情况下，也应当努力实现自己的理想"，并认为这样说并没有犯任何逻辑错误。按照这种解释，该人完全可以说，即使他处于别人的位置并具有他们的兴趣和爱好，即使这一理想与自己可能具有的利益和爱好完全相反，这个理想仍然应当实现。黑尔称一个准备实现自己的理想，甚至不惜为之牺牲自己利益的人为"狂热分子"。在债务人的例子中，如果 B 执意要实现惩罚债务人的理想，他就会说"即使 C 送我入监狱的行为伤害了我的利益，我也认为他应该这样做"。一个迷恋爵士乐的喇叭演奏者会说"如果某人要用喇叭演奏爵士乐，即使我在隔壁想听古典室内音乐，他也应该这么去做"。黑尔喜爱列举的例子之一是狂热的种族主义者的例子。一个一贯歧视黑人利益的白人种族主义者将遇到可普遍性原则的挑战。可普遍性原则要求他必须接受这样一个事实，即"如果我是一个黑人，歧视黑人将与我的利益相对立"。在这种前提下，如果

① ［英］黑尔：《自由与理性》，113 页。

他仅仅受到利益和爱好的支配，同时他又是逻辑的，那么他必须承认人们不应该侵犯他作为一个黑人所具有的利益。因此，他必须抛弃种族主义原则。然而，如果他是一个狂热的种族主义者，他则会说"如果我是一个黑人，白人也应该歧视我"。黑尔认为，依此方式而献身理想的人是一个狂热主义者，但并没有犯逻辑错误。

这就是黑尔在《自由与理性》一书中反驳关于他正回归自然主义的批评的方式：道德语言逻辑本身并不能把我们引向功利主义。做一个狂热主义者也总是可能的，即使能证明某种行为确实可以最大地促进普遍的利益。一个狂热主义者也能够不犯任何逻辑错误地反驳这一行为应该被实施的结论。最大地促进普遍利益的事实本身，并不包含"应该"去做的结论。但只有在我们献身于某个非功利主义的理想时，我们才会拒绝接受这样的行为是"应该"去做的结论。由此而言，伦理学的逻辑只允许两个选择：要么做一个功利主义者要么做一个狂热主义者。

"狂热主义"显然是一个贬义词。黑尔又明确地表示不赞成理想，因为他说过："当人们从自私自利追求个人利益转向宣扬邪恶的理想时，他们就变得真的危险起来。"① 为了证明他自己的理论，黑尔所使用的例子大多是像种族主义者这样的"邪恶的"理想。然而，我们也应考虑别的非功利的道德理想的例子，考虑那些常常给功利主义带来麻烦的例子。假定杀害一个无辜的人能促进许多人的利益而不会遗留不良的后果，那么，根据功利主义的观点，就应该杀害这个无辜的人。如果我们坚信这样做是错的，我们可以说，杀害一个无辜者的错误大大超过了那些通过此行为而受益之人的利益。对此，黑尔会说，我们反驳功利主义的结论时，实际是在宣扬一个理想，因此是理想狂热主义者。但笔者认为，在这样一个例子中把一个人说成是狂热主义者，并不能证明任何东西，而仅仅是在骂人。而且，在使用这个字眼时，黑尔也没有提供任何理由让人们去接受功利主义的而不是"狂热主义"的结论。

由此看来，理想给黑尔的功利主义辩护出了一个难题。在他最近的大部分著述中，他执意要一举解决这个问题。其做法简单而言就是坚持认为使理想普遍化的逻辑与使利益和爱好普遍化的逻辑并没有什么两样。他说，"理想只是一种特殊的欲望"②。可普遍性原则要求我们考虑每一个人

---

① ［英］黑尔：《自由与理性》，114 页。
② ［英］黑尔：《伦理学理论与功利主义》，见《当代英国哲学》，第四集，121 页，伦敦，英文版，1976。

的欲望。这意味着不仅考虑他人的利益和爱好，而且考虑我个人的和他人的理想。如果我是一个理性的人，我就不能把自己的理想凌驾于他人的理想之上。他解释说，在种族主义的例子中，种族主义者的理想也仅仅是一个欲望。不过，这种欲望与另一些人的利益、欲望和爱好是完全相反的。因为如果种族主义者的欲望一旦得逞，这些人就要受剥削、受歧视。黑尔认定，无论使用什么样的功利主义计算方法，都可以得出种族主义牺牲者的利益要远远大于种族主义的欲望。

因此，黑尔认为，功利主义适用于所有的道德领域。"狂热主义"的理想也是一种功利计算。在某种意义上，这是更为一致的立场，因为黑尔现在把较强化的可普遍性原则同时使用于理想和利益。以前他认为较强化的可普遍性原则只能适用于利益，而较微弱的可普遍性原则才适用于理想。然而，这一改变了的立场也使黑尔更易受到向自然主义复归的责备，因为在他改变了的立场上，逻辑使他除了功利主义外不能得出任何其他形式的道德结论。如前所述，在《自由与理性》一书中，黑尔通过指出一个人有变为狂热主义者的可能性来反驳上述指责。他说，"这个行为将使那些受之影响的人的利益得到最大满足"这个事实陈述并没有包含着"这个行为是一个人应当去做的"这样的道德结论。如果一个人是个狂热主义者，如果他为了使其道德理想得到普及而不惜牺牲自己的个人利益，他就可以接受事实陈述而拒绝其道德结论。由于黑尔现在排除了逻辑上始终一致的狂热主义者的可能性，这一逃避主义的方式不再对他有效了。他现在惟一能够用来反驳对他复归自然主义指责的方式是采用这样一种辩解，即人们接受实在陈述而拒绝道德结论的原因只不过是因为他们根本拒绝作出任何道德结论而已。黑尔称这一立场为"非道德主义"①。非道德主义者也许有其个人的喜好和愿望，但他从不做任何道德判断。他杜绝"应当"这个术语的普遍化用法，他也不把自己的喜好和愿望表达为人们所"应当"做的判断。由于这是一个具有逻辑一致的立场，黑尔仍可以说任何"是"陈述都不能逻辑地包含"应当"判断。但是，他现在的确坚持认为，如果人们要作出任何道德判断，如果他们希望这些判断是逻辑的合理的，那么，它们就一定是功利主义的。这就是黑尔从对可普遍性原则的论证走向功利主义的过程。

---

① ［英］黑尔：《道德思考》，186 页，牛津，英文版，1981。

二、功利主义的形式

无论黑尔的立场是否可以被看做向自然主义复归，它都代表着英国道德哲学的一个重要转折。20 世纪 40 年代和 50 年代，非认识主义占统治地位。道德哲学主要关注元伦理学——关于道德语言的逻辑和意义的第二级问题。规范的和实质的伦理学，即什么样的东西确实是好的或坏的，什么样的行为是正确的或错误的——这一类的问题在很大程度上被哲学家忽视了。哲学家们假定如果并不存在关于这些问题的知识，那么它们就不可能成为任何理性学科的内容。哲学家们并不比任何其他人更有资格教导人们应当怎样生活，因为在这个问题上是不可能有任何真的或假的陈述的。

50 年代，特别是 60 年代，这种情形开始改变了。以福特和瑟尔这样的哲学家为代表的自然主义的复兴导致了这一转变。黑尔对功利主义的辩护无论是否是向自然主义的复归，但肯定是对实质伦理学重新感兴趣的一个重要表现。哲学家们开始普遍接受，哲学伦理学作为一门学科对判别正当和错误这样的实质性问题是有用的。伴随着这种对实质伦理学的重新感兴趣，功利主义开始被看做一种新的可接受的理论。非认识主义已使人们怀疑夸夸其谈的道德理论，而逻辑实证主义使人们怀疑庞大的形而上学系统。在这样的哲学氛围中，与其他实质性伦理学的方法相比，功利主义的引人之处在于它的理论和形而上学要求最少。它仅仅假定人们有欲望、利益和爱好，并要求考虑每一个人的欲望、利益和爱好。在某种意义上，可以把后一要求解释为一种道德语言的逻辑。事实上，黑尔正是这样做的。在另一种意义上则可以把它简单地说成一种许多人都具有的情感要求或态度。斯马特（J. J. J. Smart）正是基于这样的认识把它与严格的非认识主义相结合，而以另一种有影响的方式对功利主义进行论证的。他认为，功利主义或任何其他伦理体系都不可能被证明是真的，因为在严格的意义上，实质伦理学既不可能是真的也不可能是假的。但是，哲学论证可以使功利主义对那些具有普遍仁爱之心的人们来说成为可以接受的。①

功利主义形式的更新也引起了对功利主义传统批判的更新。在本章第一节论及摩尔和罗斯观点的区别时，我们已经提到过这种新批判的某些形式。罗斯称摩尔所采用的功利主义为"理想功利主义"，认为"理想功利主义"与传统的享乐主义功利主义一样，是与我们的常识道德直觉不相容的。他说，我们认为一些行为是正确的或是错误的，只是因为它们是那种

---

① 参见［英］斯马特：《功利主义：赞成与反对》，7 页，剑桥，英文版，1973。

行为，而不是因为它们对人类的幸福和利益产生的后果。虽然信守诺言确实常常增进人类的幸福，但使守诺正确的是这样一个东西，即它是一个信守诺言的行为。同样，说谎是错误的，因为它在说一个谎言，而与其后果无关。罗斯和其他人认为，这类行为的正确与错误不仅仅独立于功利主义的考虑，而且在某些情形下也将与关于我们应当做什么的功利主义判断相冲突。他们认为，至少在某些这样的情形中，我们知道我们应当做的是履行那些内在正确的行为，或避免履行内在错误的行为。即使这样做与功利主义判断相悖，如果情形的确如此，那么功利主义不可能成为一种可接受的道德理论。

在哲学理论中，人们常常列举两个例子来说明这一点。第一个是荒岛诺言的例子。假定 A 和 B 两人在一个荒岛上触礁，A 将要死去，他要求 B 保证：如果 B 能够活着回家，他要安排把 A 所有的钱用于——比如说——为野猫建一个家。B 答应了。随后，B 被营救并返回家乡。作为一个功利主义者，他认为，与为野猫建一个家相比，A 的钱能够有更好的用处。他决定把钱用于建一所孤儿院。但因此也毁了自己的诺言。因为无其他人知道 B 对 A 的许诺，那么便不能说因 B 未信守自己的诺言而败坏了社会信义（这是另一个常用来要求人们守信的功利主义理由）。这样，功利主义者不得不同意 B 的行为是正确的。但许多人则认为，无论 B 认为使用 A 的钱的最好的方式是什么，他都应该信守诺言。

第二个被常举的例子是惩罚一个无辜的人。假设在美国南方某州种族主义气氛很浓的一个小镇上，一个白人被谋杀了。一伙当地白人暴徒聚集到一起，确信凶手是一个黑人，准备杀害许多黑人来加以报复。镇司法官知道，如果他逮捕一个无辜的黑人，陷害他并认定他犯谋杀罪而处决他，那么白人暴徒就会解散，其他黑人的生命就会得以挽救。假定司法官确信，惩罚这个无辜者将不会产生任何其他有害的长期后果，如他肯定冤案永远不会泄露，这时，功利主义者一定会说，司法官应该惩罚这个无辜者，因为这样做的后果比不这样做的后果好。然而，惩罚一个无辜者难道不是错误的吗？这难道不是说功利主义理论是不可能接受的吗？

面对这些包括明显矛盾的功利主义的判断与通常的道德思考相冲突的例子，功利主义者当然可以说，人们通常的道德思考与理论是混乱和错误的。作为一种一致的、具有坚实基础的理论，功利主义者就是要纠正人们常识中的道德假定。而另一些因为这些例子而遇到麻烦的功利主义者则着意修正功利主义，以使之较为合乎情理。他们提出一种可称为"两级功利主义"的理论，来区分两个层次的道德思考。他们建议，当我们在具体情境中决定应当做什么时，不能直接应用功利主义推理，而要诉诸一般的规则。在道德思考的第二个层次，再来用功利主义的术语来对这些规则进行评价。相对于一种直接适用于个人行为的简单功利主义，这是一种非直接的功利主义：以规则来判断行为，再以功利来判断规则。这种理论被称为"规则功利主义"，以区别于"行为功利主义"。他们认为，在上面我们所讨论的例子中，这种间接的功利主义更容易与常识判断相一致，并认为具体情境中的决定应当受一般规则所指导。这些规则如"不食言"、"不说谎"、"不惩罚无辜者"等等。在第二个层次的道德思考中，功利主义可以解释为什么要采用这些规则，即因为它们能够最大程度地促进普遍的幸福或能使爱好和愿望得到最大的满足。由于不把功利主义的推理直接用于具体情境，那么，在前述例子中，间接功利主义就能说"B 应当信守他在荒岛上所作的诺言"、"司法官不应当惩罚一个无辜者"。一些人如厄姆森（J. O. Urmson）在他的文章《对 J. S. 密尔道德哲学的解释》中还认为，这种功利主义的形式在一些古典功利主义的著作中就已出现了。

为了弄清楚如此修订过的功利主义是不是一种较好的理论，我们需要更仔细地考察一下规则的含义。对于规则在道德中的地位和作用，当代功利主义哲学家给予了各种不同的解释，我们需要对这些解释加以仔细的区分。第一种是用"常识规则"（rules of thumb，意即由经验得来的简单易用的定律）来解释道德规则。根据这种解释，应当把道德原则看做为方便起见，而概括行为各种各样结果得出的行为准则。如"不杀人"、"说实话"、"信守诺言"的规则是对下述人类经验的概括：杀人、说谎、食言通常导致不好的结果。在这种规则指导下，我们可以很容易地排除实施这些行为的可能性，而不必每一次都重新进行功利主义的计算。例如，当某人每次使我不愉快时，我不必每一次都来计算杀了他的好结果与坏结果孰重孰轻，因为我知道，杀人通常会带来可怕的后果。除非有特别的理由，否则，我根本不应考虑这样做的可能性。"常识规则"的作用就是使我们自己从这类复杂考虑中解脱出来。

关于"常识规则"在功利主义理论中的地位的说明，我们要补充说明两点。第一，以这种方式使用规则的原因本身是功利主义的：我们没有时间考虑在每一种情形中我们可能做的所有行为的所有后果，因为如果试图这样做，我们就根本不可能作出任何决定。我们也需要意识到我们的弱点，例如，为使自己从棘手的或窘迫的情形下解脱出来，说谎、食言常常是最容易也最有诱惑力的方式。我们还知道，这种短期行为的解决方式会给我们带来长期的坏结果。在这种情况下，如果我们每一次都作功利主义的计算，我们或许会做出趋向我们自己的短期利益的行动来。因此，如果我们遵守规则而不是每一次都进行功利主义的计算，我们就更可能做正确的事情，即能够给我们带来最大利益的事情。

然而，严格地讲，如果我们所说的"规则功利主义"是某种与行为功利主义完全不同的东西，那么对功利主义的上述解释就不应当被称为"规则功利主义"。既然使用"常识规则"的理由是功利主义的，那么，它就是一种行为功利主义的理论。它的特殊之处仅仅在于它强调当我们对行为作出决定时，我们应当考虑到某些事实和结果的重要性，如我们生命的有限、自私自利的危险等等。

这直接导致了我们对常识规则所要强调的第二点：它们不是绝对的规则，可以有例外。由于上述原因，功利主义通常是能够遵守规则的。但是，在我们有足够的时间仔细考虑所有的结果，当我们自信并不是出于利己之心的场合，破坏规则的事情也可能发生。在这种场合，如果我们能够看到我们有足够的功利主义理由违背某个规则，那么，既然它仅仅是一个"常识规则"，我们就应该违背它。例如，假定我们必须决定是否告诉一个重病人关于他严重病状的实情，我们有足够的时间考虑这样做的后果。我知道告诉实情将给此人仅剩的几周生命中带来不必要的烦恼，而且这样做并不会给任何一个别人带来任何好处。如果我们是行为功利主义者，那么"通常撒谎要带来坏的结果，因此我现在一定不能说谎。即使我知道在这样一个场合说谎将带来最好的结果"这种说法，对我们来说也是完全没有道理的。这正是斯马特所谓的"迷信的规则崇拜"。如果道德规则是常识规则，那么它们就应该允许有例外。

与这种把道德规则看做常识规则的行为功利主义解释相似，黑尔也曾对规则作过自己的解释。黑尔把道德思考分为直觉的和批判的两个层次。在直觉层次上，我们根据一般原则来决定如何行动。这些原则来自我们过去的教养和道德教育。黑尔不愿把这些原则称为"常识规则"。对他而言，常识规则"仅仅是一个节省时间和思考的工具"，而直觉道德原则则"是我们拥有的、与我们教养有关的、带有深厚而坚定气质和感情的"[1] 原则。如果我们有悖于我们的道德原则行事，我们会感觉自己犯了罪，而如果我

---

① ［英］黑尔：《道德思考》，33 页。

们不服从常识规则，我们就不会有这种感觉。然而，黑尔说，这些原则是可以在批判层次上加以认真思考的。在这一层次上，我们应当进行功利主义的思考。我们应该根据功利主义的观点来决定运用哪些原则，特别是决定如何调整我们已有的原则和据什么原则来教育我们自己的孩子。在批判层次上，我们还必须决定，当出现两种原则矛盾的情形时怎样解决原则之间的冲突。这时，我们必须来比较使这个原则高于那个原则的结果与使那个原则高于这个原则的结果，能带来最大功利效果的方案，就是我们的选择。

虽然黑尔不愿使用"常识规则"这个术语，但他的解释也基本相似。他认为，在直觉层次存在着使用一般原则的功利主义理由，而在另一些场合人们也可以有足够的功利主义理由违反这些直觉原则。他比持"常识规则"观点的人更为强调我们对这种违反的心理抵抗是很强的。但他同时认为，根据功利主义，这种抵抗是件好事。

上面我们讨论了功利主义的几种新形式，以及其提倡者对于说"他们总是与人们已接受的道德判断"背道而驰的批评的回答。他们解释了为什么即使有很好的功利主义理由，惩罚一个无罪的人也是错误的，但他们的解释仍然没有超出行为功利主义的框架。如果我们要恰当地论述"规则功利主义"的特殊性，我们就应该检查一种更激进的功利主义形式，有时被称为"普遍功利主义"的理论。它也是一种两个层次的理论：行为由规则决定，规则则由功利来判断。但这种功利主义评价规则的精确形式是：正确的道德规则是那些能在普遍实践中产生最好结果的规则。因此，我们不问"如果我遵循这个规则我就会做得最好吗"，而是问"如果每一个人都遵循这个规则行事，将会怎样"。坚持这种功利主义的人宣称它是功利主义最清晰的形式，其实践意义完全不同于行为功利主义。他们认为，也许会有这样的情形，当人们考虑了所有方面后仍然认为以某种方式行事是一种最好的行为，但它仍然是错误的，因为如果每个人都普遍以这种方式行事，就会带来坏结果。例如，司法官可以认为通过惩罚一个无罪的人，他将最大程度地促进人们的幸福。但是，如果惩罚无辜者变成普遍的实践，成为普遍接受的规则，那么结果将会是灾难性的，因为这样一来人人都要生活在一个恐惧和不安全的状态中。因此，他们坚持我们应当遵循"不惩罚无辜人"的规则，因为遵守这一规则将比违背它带来更好的结果。

这种规则功利主义形式声称其优点就在于它真正跳出了行为功利主义窠臼，因此它更易于圆满地解释那些行为功利主义似乎给予了道德上不可接受的答案的麻烦例子。然而，普遍规则功利主义是否真的不同于行为功利主义是一个有争论的问题，其批评者认为两者没有什么区别，这取决于我们怎样表述规则。让我们再考察一下信守诺言的例子，如果我们不得不在"要信守诺言"与"不要守诺"两个规则之间作出抉择，当然我们会毫无疑问地认为普遍遵守前者要比普遍遵守后者带来更好的结果，所以我们应当遵守第一个规则。然而，在荒岛诺言的例子中，那个不遵守其把钱用于为野猫建房子诺言的人可以说，他所遵循的规则并不是"毁诺"而是"除非你所允诺去做的事情是无用的东西，你必须信守你的诺言"。他的规则也许是"信守你的诺言，除非你所许诺的人现在已经死了"，或是"信守你的诺言，除非无人知道你已经作出保证"。如果此人遵循的规则与他的处境相关，那么，遵循何种规则必须联系到与之相关的所有原因以及其他方面。按照这种理解，与之相关的规则或许是"如果你已经保证的事情是无益的，如果没有其他人知道你已经作了保证，对一个已死去的人遵守诺言是不必要的"。规则功利主义确保每一个人遵循这个规则的结果是完全可以接受的。

荒岛诺言的例子使我们清楚地看到普遍规则功利主义也落入行为功利主义的窠臼：两种理论的区别并非清晰可辨，尽管普遍规则功利主义者否认这一点。因为所有行为功利主义看做行为理由的东西，恰好也是规则功利主义必须加入到其规则之中考虑的。如果规则是相关的，那么它一定要包含着与境遇相关的所有特征。因此，行为者所要问自己的不是"如果每个人都以大致相同的方式行事，将会怎样"，而是"如果每人都做与此完全相同的行为将会怎样"。如果每个人在绝对相同的情形下做绝对相同的事，其结果与我所做的结果当然也会是绝对相同的。因此，如果规则功利主义的规则与境遇完全相关，那么他们就会得出与行为功利主义者们完全一样的结论。规则功利主义者自称，规则功利主义的优点在于它比行为功利主义更接近一般公众的道德观点。但从上面的分析来看，它其实并不具有这种优点。

规则功利主义能够逃避这种批评的惟一方式是坚持我们的道德原则必须是非常普遍的——不仅仅是对每一个人都适用的规则，而且指称非常广泛的行为。如"信守诺言"与"毁诺"、"惩罚无辜者"与"拒绝惩罚无辜者"。只有以这种方式，规则功利主义才能够避免不得不为其规则设定例外的窘境，从而得出与行为功利主义不同的道德结论。但这样一来，问题成了我们的规则为什么应该如此宽泛和普遍呢？如果有很好的功利理由不信守某个诺言，规则功利主义怎么能够硬是不考虑这些理由而坚持遵守一个关于守诺或毁诺的非常宽泛的规则呢？为什么要拘泥那些与境遇完全无关的规则呢？如果规则功利主义者这样做，那么，他们就会成为斯马特所说的"规则崇拜者"。

如此说来，功利主义者们必须承认，他们的道德结论并不总是与绝大多数人接受的道德观点相一致的。功利主义者对"常识规则"的解释只能以某些方式说明其道德观点并证明遵守这样的规则是合理的，却不能总是做到这一点。普遍规则功利主义也不比其更优越。然而，功利主义者也许并不把此看做对功利主义的批评。他可以说，被广泛接受的道德观点有时是混乱和误导性的。作为一种一致的合理的理论，功利主义能够纠正流行的道德混淆。其优势也正在于此，我们将在下一节中看到他们是怎样来为自己辩护的。

三、应用伦理学

20 世纪下半叶道德哲学的特征是实质伦理学的复兴。这一复兴不仅包括对功利主义等一般道德理论的重新思考，而且表现为对道德理论应用于具体的、有争议的道德问题的新的兴趣。以前，哲学家们一直回避这样的问题，就像其试图避免提倡实质性道德理论一样：道德哲学家无权告诉人们应该怎样生活。非认识主义的元伦理哲学家特别倾向于维护这一观点。然而，具有讽刺意味的是导致对实质性伦理学重新感兴趣，并因此引起哲学家们考虑其哲学理论对于社会实际课题的应用性的因素之一，也正是非认识主义。另　个因素是政治事件的影响。在这一方面，最为重要的是美国的"公民权利"运动，其次是美国对越南的战争。在美国国内，反对战争的思想来源于大学。包括哲学和其他学科在内的学术工作者们感到，他们不应当使自己远离有争议的实际问题。在同样的趋势影响下，自 60 年代中期以来，英国大学中越来越多的哲学研究是关于所谓的"实践伦理学"或"应用伦理学"的。

这里，我们没有更多的篇幅对这一方面作详细的说明，也不可能恰如其分地论述其范围及各种形式。我们所要作的仅仅是指出功利主义在此领域中的重要影响。就此而言，有两本应用伦理学的著作最为著名。一本是乔纳森·格罗弗（Jonathan Glovor）出版于 1977 年的《导致死亡与拯救生命》，另一本是澳大利亚哲学家彼得·辛格（Peter Singer）出版于 1979 年的《实用伦理学》。这两本书都广泛地运用了功利主义方法。下面我们将非常简洁地概述这种方法的运用对于讨论实际问题的影响。

格罗弗的著作正像其书名所提示的那样，特别关注于夺去生命的伦理问题和两难困境，如流产、安乐死、死刑及战争等等。因此，在书的一开始，他就试图阐述杀人为什么通常被认为是错误的。他首先检查了他称为"生命至高无上"的传统道德观点。此观点认为，生命是神圣的。由于杀人夺取人的生命，所以是错误的。用格罗弗所喜欢用的术语来说，即攫取生命内在地是错误的。格罗弗认为，尽管他不能在逻辑上驳斥这一观点，但如果加以仔细检查，我们就可以直观地发现它是难以置信的。他要求人们在想像中比较行将死去与一个人绝不可能恢复意识的永远昏迷的状态。他说，我们大多数人都会认为两者之间并没有什么可选择的，这似乎标志着大多数人并不认为单纯的生存事实有什么价值。这是否意味着真正有价值的是意识？意味着我们希望的是有意识的生活？格罗弗认为这种解释并不显得较为合理一些。如果没有更高层次的意识生活，一种仅能意识到自己周围事物的生命，似乎并不比无生命更有意义。更重要的是格罗弗在这里指出，如果我们认为有意识的生命的价值仅在于此，那么我们就不得不说动物的生命与人类的生命具有同样大的价值。也许这种观点确实存在于某些文化和宗教中，但西方的传统态度是假定人的生命高于动物的生命。而如果这种假定的惟一理由是因为人的生命有意识，那么我们就不能继续坚持这种态度。格罗弗还指出，如果我们认为人的生命具有更高的价值仅仅因为它是人的生命，也是不足以服人的。这样做完全是出于人类自身的利益。在道德上并不比一个种族主义者说白人的生命有更高的价值仅仅因为他们是白人更合理。如没有更进一步的理由说明人类生命的价值为何高于动物，而全凭偏好赋予人的生命以更高的价值，这种观点与种族主义的"物种主义"就没有什么两样。

在格罗弗看来，所有这些说法所揭示的是这样一个结论：如果我们认为人类有意识的生命有价值，那一定是因为惟有意识才使我们的各种各样的经验成为可能。无论这些经验是什么，正是它们赋予了人类生命以价值，因此它们是我们所谓"一个值得存活的生命"的要素，格罗弗概括说，人们通常认为杀害一个人是错误的，其主要理由是这样做剥夺了那个人值得存活的生命。这个结论显然不同于上述"生命至高无上"的观点。"生命至高无上"的观点认为杀人的行为本质上就是错误的。而格罗弗的观点是，如果某人拥有值得存活的生命，那么杀害他就是错误的。换句话说，如果某人没有值得存活的生命，那么反对杀人的戒律就不再适用了。

这个道德观点最初看起来也许很令人吃惊，因为它似乎包含这样的意思，即我们须首先检查人们的生命质量，并决定这一生命是不是那种我们认为好的生命，而后才能确定杀人是不是错误的。例如，如果我们认为，惟一好的人类生命是致力于理智活动的生命，那么当我们看到某人把生命完全投入到体育活动之中，我们就可以说我们并不反对杀了他，因为他的生命是没有价值的。但是，格罗弗说得很明白，他并不是在论述关于他人生命的外在判断。所谓"一个值得生存的生命"，意即对于一个生活于其中的人而言的有价值的生命。如果我们在宽泛的意义上理解"幸福"，我们就能发现格罗弗的这一观念与传统功利主义对幸福的解释非常接近。格罗弗本人也承认这一点，因为它相当于这样一个观点，即杀人通常是错误的，因为它剥夺了被杀者如继续活下去所可能具有的幸福。

这就是格罗弗（也是功利主义者们）对于为什么杀人通常直接是错误的所作的解释，即杀人是对被杀者犯下的罪行。当然，也存在间接反对杀人的功利主义理由。杀害一个人一般会给其他人带来痛苦和不幸，会剥夺他人的幸福。例如，一个人的死将使其家庭和朋友笼罩在极其悲哀的气氛中，同时也打断了那人对其社区生活做出有益贡献的联系。格罗弗称这些及其他考虑为"副作用"。这些所谓的"副作用"加上上述的杀人通常剥夺一个人有价值的幸福生活，构成了功利主义对杀人为什么是错误的解释。

然而，这一理论并没有规定杀人永远都是错误的，从而给我们留下许多的麻烦。设想一个人完全生活于悲惨境遇之中，他对社区生活也没有任何贡献，更没有亲戚朋友会因其死亡而悲伤，这样一来就不存在功利主义者反对杀此人的理由了。虽然他个人是不幸的，但大多数人仍然会感到他"希望"继续生活下去，因此杀了他是错误的。格罗弗认为，这个例子表明功利主义的解释是不完全的。还存在一个说明杀人为什么通常是错误的非功利主义理由：如果一个人希望继续生活下去，那么杀害他就侵犯了其意志自由。

如果其他条件相同，"侵犯他人意志自由是错误的"这一观点本质上并不属于功利主义。正如格罗弗所说的，这是传统的康德伦理学的命题。格罗弗认为，需要将两种因素——功利主义的和康德的——综合考虑，才能对杀人是错误的作出适当的解释。然而，即便结合了两者，其仍然与"生命至高无上"的观点有着极重要的区别。

格罗弗的观点与"生命至高无上"的观点之间还有一个不同。通过对这一区别的分析，我们可以再次看到格罗弗理论的功利主义的本质特征。

典型的"生命至高无上"观点是内在错误的。有意地、付诸行动地夺去人的生命，不同于那些因某些原因而未能拯救人的生命。这样说并不是要否认我们有责任尽最大努力去挽救人的生命。如果我们正在某个事故的现场，只要做些像打电话叫救护车之类的简单事情就可以使某人不至于死亡，那么我们当然应该去这样做。但不管怎样，"生命至高无上"论者还是可以说救人的责任不同于并小于不杀人的义务。

在这方面，"生命至高无上"的原则将自己摆在绝对主义的立场上：夺取生命或至少某些杀人的形式，不仅仅是内在错误的，而且永远都是错误的——是无条件、无例外地错误的。最常见的绝对主义是这样一种观点，即蓄意杀害一个无辜者永远都是错误的。天主教教会一直坚持这种传统观点。一些当代的天主教哲学家也为其作了辩护。其原则中所提到的"无辜者"是非常重要的。把绝对禁止杀人限定于不能杀害无辜者，使人们有可能认为有时杀害非无辜者可以是正确的。例如，处死被判为有罪的人（如杀人犯）或因自我防护而杀害进攻者，在抵御外来侵略者的战争中杀人等等，就是可以允许的。因此，这一绝对主义观点，可以允许那些大家通常认可的杀人行为，但他认为蓄意杀害无辜者在任何时候都是错误的。

我们能够看到，上述或任何其他类似形式的绝对主义，要求我们必须划清"杀人"与"让其死亡"两者之间的界限。它能够始终坚持蓄意杀害无辜者永远都是错误的立场，但却不能坚持说经抢救无效而让一个无辜者死去永远是错误的。至于一个人能够做什么去挽救生命是没有限制的。无辜者经常死于疾病、事故和饥饿。这些死亡是能够被防止的。我们总能够做些什么来帮助预防这些死亡的发生，如直接参与抢救或为其购买食品和药物捐款。而"让无辜者死去永远都是错误的"这样的原则，要求我们用一切可用的时间、精力及资源来挽救无辜者的生命，即使我们这样做了还会有上百万其他无辜者因无法得到我们的帮助而死去。因此，未能挽救生命"永远"或"无条件"地是错误的这一说法的意思是不明确的，因为它对需要被挽救的生命数量没有作出规定。相反，蓄意杀害人（或杀害无辜者）永远都是无条件地错误的这样的说法则是合理清晰的。

另一个在传统上常用来支持绝对主义原则的观点是在道德上区分故意引起一定结果（如一个无罪的人的死亡）与非故意地招致同样结果的行为。这是一个被称为"双重效应的学说"（因为它区别两种不同的效果）。像绝对主义一样，它也是天主教传统的道德理论。通过对这种理论的分析，我们可以再一次看到它是怎样把绝对主义说成是合情合理的。这种理论集中讨论"故意杀人"，从而为什么样的行为是我们必须无条件拒绝的设置了明确的限制。但是，如果将"杀人"这样的行为加以扩展，使之包括任何非故意引致另一个人死亡的行为，那么我们就很难再说这样的行为是绝对可以避免的了。

格罗弗反对绝对主义，反对双重效应学说，也反对那种认为在杀人与说谎之间存在着重要的道德不同的观点。他坚持认为，如果一个行为与一个失败的行为具有同样的结果，那么，它们在道德上就是相同的。与此相关，他坚持行为的结果有同样的道德重要性，而不管该结果是故意的还是非故意的。因此，他的理论是一种结果主义。他所考虑的是我们行为的后果。这些后果必须以功利主义的方式给予预测和衡量。我们不能绝对排除故意夺取人的生命，也不能排除杀害无辜者，因为我们必须考虑到这种行为有时是防止更多人死亡的一种方式，或在其他意义上比另一些可采取的行为有更好的结果。如同我们已经看到的，格罗弗并不认为这种功利主义的考虑就是事情的全部，因为"意志自由"原则也可以起着独立的作用。但他的确认为功利主义判断在人们的道德思考中必须占据很大的比例。

下面，我们将简捷地谈谈格罗弗观点的实践意义，以及它又是怎样不同于绝对主义或"生命至高无上"论的。如上所述，在他的著作中，他特别讨论的是流产、安乐死、死刑和战争这样一些有争议的道德问题。

关于堕胎的道德争论，一直集中于胎儿是不是一个有生命的人，即堕胎是不是杀人的问题。格罗弗认为，如果我们摒弃"生命至高无上"的原则，而接受他宽泛的功利主义方法，我们就能超越这一显然无休无止的争论。一方面，不论胎儿是不是一个有生命的人，他都显然不可能有继续生存的愿望，也不可能理解什么是生、什么是死，因而，不能说毁掉胎儿即"侵犯了其意志自由原则"，通常以侵犯人的意志自由反对杀人的理由就不适用于堕胎。另一方面，功利主义反对杀人，是因为杀人阻碍了一个人去享受其值得存活的生命，这个理由在原则上能够用于反对堕胎。因为如果不堕胎，胎儿可能会成为一个享受那种值得存活的生命的人。然而，实践上，一个不打算被要的孩子，相比于一个其父母非常渴望、欢迎其出世的孩子来说，其享受幸福生活的可能性要小得多。当一个不打算要的孩子生出来时，他可能处于非常困难的境地，其父母可能憎恨他，因为他们不能为他的生存提供足够的必需品，或因为他的降生打乱了他们的计划或抱负。格罗弗指出，从功利主义的观点来看，这些经验事实非常重要。另外，我们还需要考虑到人的生命在某种意义上是可以替代的：如果一个妇女决定做流产，以后她还可以在她想要孩子时生育。在父母想要孩子时出生的孩子将会生活得很幸福，因此，通过堕胎延迟生育孩子可以带来更大的幸福。格罗弗说，考虑到一个不想要的孩子几乎无幸福生活而言的事实，"可替代性"的想法表明，在有的时候，堕胎完全可以被证明为正当合理的。

关于安乐死，功利主义的解释也是很清晰的：安乐死就是杀死一个人以便结束其不得不承受的疼痛或痛苦。例如，如果某人因不治之症而完全丧失能力，除持续疼痛之外没有任何挽救希望，此时可以说，他不再有值得存活的生命，杀了他以结束其极度的痛苦将是一个善举。这时，关键的考虑是如何解释"意志自由"。虽然此人遭受痛苦，但如果他要继续活下去，那么杀了他就侵犯了他的意志自由。因而格罗弗得出结论说，我们永远也不可能证明非自愿的安乐死是合理的。相反，如果此人主动要求结束其痛苦，那么意志自由的辩论就可以证明自愿安乐死是完全合情合理的。最困难的例子是下述非自愿的安乐死：当某人已无任何能力思考是死去还是继续活下去，或已无能力表达他的思考结果时而杀死他以结束其痛苦。典型的例子是结束一个出生时伴随严重大脑或身体缺陷的婴儿的生命或结束一个患有严重大脑损伤的成人的生命。格罗弗认为，至少在这样一些例子中，非自愿的安乐死是可以被证明是正当的，以侵犯了某人的意志自由而加以反对是不成立的。但是，功利主义还可以使用一种所谓的"滑坡效应"的论证来反对安乐死：如果允许安乐死，那么它将导致减少对人类生命的尊敬，并因此鼓励其他更可怕的杀人行为。例如，有些人一直说，纳粹的集中营就是开始于一项安乐死计划的。但是，格罗弗认为安乐死的合法化是否会导致这样的后果，仍是一个经验上有争论的问题，而且人们是可以制定出特别的法律条款来防止对安乐死这样滥用的。

在流产和安乐死的例子中，格罗弗根据功利主义理论证明那些"生命至高无上"原则常常谴责的行为可以是正当合理的。但当转而争论死刑时，格罗弗的功利主义引导他走到了另一面。他认为把死刑看做一种法律惩罚方式并不能证明它的合理性。他反对为死刑辩护的所谓的"报应主义"：杀人者偿命，因此，杀人的凶手应该被处死。他认为，根本的问题是死刑的结果怎样。迄今，尚无令人信服的经验证据证明死刑是比其他惩罚更为有效的制裁手段，或死刑减少了作案凶手的人数。而且，死刑还具有一些特别可怕的功利主义副作用，如等待施刑时期的恐怖以及给定罪者家庭的影响。因此，格罗弗作出结论说，根据功利主义原理，死刑是不可能被证明为合理的。

　　传统道德思想最易接受的杀人行为是在战争中杀人。恐惧流产和安乐死的人们认为，身着制服的士兵接受政府的命令去杀人是完全不同的事情。格罗弗批评人们道德思想中的这种"分门别类"的做法。格罗弗认为，人们很难证明战争杀人在原则上不同于其他杀人行为。当考虑到所有的结果时，"我们相信历史上只有为数极少的战争是合理的"①。虽然如此，他还是反对绝对和平主义的观点，因为这种观点或者导向"生命至高无上"之类的原则，或者导向在道德上对杀人与听任死亡加以区分的理论。正如我们已经知道的，格罗弗是不接受这些观点的，但他也不同意绝对主义者谴责战争杀人的论证。如上所述，绝对主义的原则是"故意杀害无辜者永远都是错误的"。在具体应用于战争时，这一原则包含着这样的说法，即任何有意以平民为目标（如轰炸城市）的行为都不可能被证明为正当合理的，因为平民是战争的无辜牺牲者。当代天主教哲学家，如伊丽莎白·安斯康（Elizabeth Anscombe）和安东尼·肯尼（Anthony Kenny）争论说，这一原则也排除了核武器的扩散，即使它仅仅作为威慑的一种手段。他们说，只有当拥有核武器的政府欲意使用它们时，它们才能起到威胁其他国家的作用。而使用核武器就是故意杀害千百万无辜平民，因此，这种行为必须被绝对地排除。格罗弗反对这种绝对的争论。在任何情况下，要清楚地区分战争中哪些人是无辜者、哪些人不是无辜者是困难的。但他也争辩说，核战争的结果是如此骇人，任何人都不可能证明它是合理的。一个已经遭受核武器进攻的国家使用核武器反击也达不到任何有用的目的。从功利主义的观点看，任何使用核武器的行为在实践中都不可能被证明为公正合理的。因此，能够为核威慑政策辩护的惟一理由是人们可以一方面用这种武器进行威慑，而另一方面在私下并没有实施这一恐吓的意图。格罗弗争辩说，这一政策所可能带来的危险太大了，我们根本无法对其进行任何论证。

　　就此，我们能够看到，格罗弗所持的宽泛功利主义方法成为他评论各种流行道德态度的基础：在战争中杀人或司法惩处都不能取得预期的效果。相反，从防止人类遭受痛苦的角度讲，流产或安乐死则比人们想像的更可视为公正。在彼得·辛格（Peter Singer）的著作中，功利主义与传统

---

　　① ［英］乔纳森·格罗弗：《导致死亡与拯救生命》，284页，英文版，1977。

道德观点的差距更为显著。辛格的一般理论观点是一种与格罗弗相似的功利主义。他运用这种功利主义解释格罗弗未涉及的两个实践领域。其一是帮助经济落后国家中那些陷于贫困和饥饿的人们的道德义务。辛格致力于研究世界上富裕国家与贫穷国家之间巨大差距的道德含义。他指出，如果富裕国家的人们提供钱或其他帮助，大量的贫困和痛苦能够被防止，即使这意味着他们的生活标准可能降低一些。既然他同格罗弗一样，反对在道德上区分杀人与听任死亡，那么，他争辩说当我们阻止死亡而不会带来任何不可接受的后果时，我们防止人们死去的义务就与我们不去杀人的义务同样重要。因此，如果我们未能做我们能做的事情去防止人们在贫困与饥饿中死去，我们对此的罪孽在道德上与杀人的凶手是一样的。

其二，辛格也争论说，既然功利主义要求我们创造尽可能多的幸福、预防尽可能多的痛苦，这种关切并不局限于人类的幸福与痛苦，它必须扩展至所有的能够感受幸福与痛苦、疼痛与欢乐的生物。因此，我们应该检验我们对待非人动物的所作所为，考虑人类实践给它们带来的疼痛与痛苦。我们把动物作为食物，特别是现代农业把动物囚禁于人为环境中，这样所产生的痛苦并不能因我们从中得到了有限的利益而被证明是合理的。人们在试验中使用动物，如检验化学物质或进行科学试验。其中的一些试验，如活体解剖，给动物带来了巨大的痛苦。辛格认为，在这两个方面我们使用动物都是不公正的。由我们这样使用动物而产生的痛苦，要远远大于我们可以从中得到的利益。从我们对待动物以及对世界范围的贫困的态度审视，功利主义道德要求人们从根本上改变目前的生活方式。

第四节　批评功利主义的理论

笔者检查格罗弗和辛格论述实用伦理学的著作，意在指出他们的功利主义理论与传统道德思考之间的矛盾，并力图证明这样的矛盾并不一定构成对功利主义的批评。面对这些矛盾，功利主义者可以说，矛盾表明的不是功利主义而是传统道德理论的缺陷，因此应该改变的不是功利主义而是传统理论。批评功利主义的人如果要使人们信服功利主义在道德上是不可接受的，那么就不能仅仅表明功利主义与我们的道德体系之间存在特殊的矛盾，而且要证明功利主义的深层结构特征与道德本身的某个本质特征是不相容的。要做到这一点，批评者必须提出他们自己特殊的道德理论来论证功利主义究竟与哪些本质特征相背离。因此，下面我们将粗略地检查一下近年来出现的四种不同的理论。这些与功利主义相对立的理论是：以权利为基础的伦理学、契约论的伦理学、以行为者为中心的伦理学和德性伦理学。

一、以权利为基础的伦理学

功利主义最显著的特征之一，表现为糅合理论。为了使总体行为正确，不同的个人利益必须以产生全体人员的最大幸福或满意为目标而叠加到一起。功利主义者时常指出这一点作为基础理论优越性的一方面。它所运用的是一种实践合理性的简单模式。由于这种模式是我们在个人层次上自然而然地接受的，所以可以恰当地转换到社会层次上来使用。在我们个人的生活中，出于较大的、较长期利益的考虑，我们常常忽略短期优势或接受短期磨难：我们存钱以便今后花在真正需要的东西上；我们忍受牙齿治疗时的短暂疼痛以避免长期的牙疼；我们拒绝过度狂饮以避免宿醉不醒。人们常常认为这些决定正是一个人合理生活秩序的本质所在。功利主义所要做的是把同样的模式应用于社会层次：为了社会整体的较大幸福，我们不得不牺牲某些人的较小利益。

但是，批评者们认为这种推论是荒谬的。美国哲学家罗伯特·诺齐克指出，"不存在……为其自身利益而做出牺牲的社会统一体，只存在具有个人生活的不同的个人"[①]。如果一个人决定牺牲某些自己的利益，那是因为他能够从中受益，因此这种牺牲可以被证明为合理的。然而，在功利计算中被弃置不顾的个人的利益只是一种牺牲。牺牲者往往得不到任何补偿。"人类"或"社会"并不是作这种决定的单一行为者，不是牺牲或利益的承受者。这样决定的结果只能是一些人受损而另一些人受益。用另一位美国哲学家约翰·罗尔斯的话来说，"功利主义从没有认真地区分不同的个人"[②]。

功利主义的批评者们一直在寻找一种替代理论，以便能够更恰当地体现这样一个思想，即不应该为了他人的好处而牺牲个人的利益。他们认为道德权利的观念所体现的正是这样的理论。根据这一理论，个人具有不可侵犯的权利。它虽然并不排除那些能够促进自己和他人利益的行为，但在追求这些目的时，行为必须限制在不侵犯个人权利的范围内。这些权利包括生命的权利、自由的权利。它还可具体化为自由言论与思想的权利、拥

[①] ［美］罗伯特·诺齐克：《无政府、国家与乌托邦》，32～33页，纽约，英文版，1974。
[②] ［英］罗尔斯：《正义论》，27页，牛津，英文版，1971。

有和控制自己身体的权利以及处理个人财产的权利。

在新近的政治哲学，特别是在包括诺齐克和德沃金在内的美国政治哲学中，权利思想得到了充分的论述和发展（与英国相比，谈论"权利"似乎是美国政治学说的一个显著特征）。但同时或稍后，一些英国哲学家提出了一种更普遍更基本的权利理论，从而以权利这个概念为核心建立起了一种新的道德理论。倡导这一理论的哲学家之一是麦基（J. L. Mackie）。他在其发表于1978年的《是否存在以权利为基础的道德哲学?》一文中，为这一观点作了卓有成效的论证。

麦基把道德哲学分成三种基本类型：以目的为基础的道德哲学（功利主义是其经典代表）、以责任为基础的道德哲学（如康德或 W. D. 罗斯的传统道义理论）、以权利为基础的道德哲学。麦基指出，以权利为基础的理论显然优于以责任为基础的理论。"权利是一种我们想要拥有的东西，而责任使人厌倦"。因此，从权利推导责任似乎比从其他途径更讲得通。如果我们认为个人拥有道德权利是重要的，那么我们就能够继续争论说，我们也有责任尊重他人的权利。但是，为什么说以权利为基础的理论比以目的为基础的理论更为合理呢？对于这个问题，他使用了我们上面一直在谈论的批评：功利主义和其他以目的为基础的理论"不仅允许而且主动要求个体在一定的情况下应该为了其他人而无限制地做出牺牲"[1]。对此，他指出，并不存在能够令人信服的、可视为全人类共同目的的东西。人与人各不相同，每个人都有他们各自要追求的目的。在其生命过程当中，他们还常常改变主意。这些考虑使我们有充分的理由把个人选择其生活的权利，而不是所谓的任何具体目的作为道德理论的核心内容。

以权利为基础的道德理论强调个人不可替代的独特性。而这也是其他哲学家批评这一理论的基点：它是极端个人主义的理论。权利是我们借以维护自己反对别人的东西。它对他人意欲干涉我们的生活设置了限制。但是，以权利为基础的道德理想似乎只要求区分按自己的生活方式活动的不同的个人，而根本没有想到他们的自由也是要受别人的限制的。批评者们说，这种理论忽视了集体利益的重要性。这种利益只有在被社会成员普遍分享时才能成为个人的好处。比如，生活在一个有教养的、宽容的社会里，或生活在美丽的环境中所具有的利益是个人独处不可能具有的。对

---

① ［英］麦基：《是否存在以权利为基础的道德哲学?》，见《中西部哲学研究》，第2卷，171～172页，英文版。

此，以权利为基础的道德理论家可能会说，我们生活于有教养的社会或自然美丽没有污染的环境也是我们的权利。然而，这里就提出了一个问题，即我们能够拥有什么样的权利。典型的权利一直认为是否定性的或个人主义式的，如就一般而言的不受他人干涉的权利，就特殊而言的不被杀、被折磨、被迫使为奴和被胁迫的权利。在现代，时常有人指出，应当对权利的观念作宽泛的理解。它不仅包括否定的一面，也包括肯定的一面。如生命的权利不仅包括不被杀害的权利，而且包括行使必要手段抵抗他人暴行的权利。又如自由的权利不仅是不被他人触犯的权利，而且也包括拥有可选择余地以及具有社会的和经济的能力，使这种选择成为可能的权利。在这种意义上的、含义更广泛的权利观念，无疑有助于达到一定的目的，特别是那些政治目的。但在笔者看来，这种做法使权利概念丧失了其本质特征，而无法与目的区分开来。集体利益和其他我们认为对其拥有权利的利益，也可以被称为"作为权利"的"目的"。而且正是因为它们是目的，我们才能够在特定社会环境中说它们是我们的权利。因此，在更宽泛意义上的以权利为基础的理论与以目的为基础的理论并没有什么显著的区别。

笔者认为，我们对"我们拥有什么权利"的认识是一个更为基本的问题。这个问题直接引致了对以权利为基础的道德理论的认识论驳斥。我们怎么能够断定我们知道人们拥有什么样的权利，或他们是不是具有任何权利呢？这对麦基来说并不成问题，因为他是伦理主观主义最积极的倡导者之一。他会十分乐意地说我们根本不"知道"这些事情，我们并不是要去"发现"这些问题的答案，而要去"创造"它们（麦基写过 本题目为《创造正当与错误的伦理学》的书）。但是，如果我们并非如此极端的主观主义者，我们就会感到道德认识论的问题比其他问题更难对付。在这一方面，我们怎样知道存在什么权利的问题特别麻烦。传统的答案是，"造物主赋予了人们不可剥夺的权利"，或人类在前社会的"自然状态"拥有"自然的权利"。但这些回答在现代哲学争论中是不可能占有什么位置的。在这方面，以目的为基础的理论处境似乎要好些，因为我们多少还知道一些如何确定什么是人类的需要和利益。不同的个体当然有不同的目的，因而我们不必要、也不可能建构任何普遍的人类目的，但我们至少知道怎样发现具体个人的目的是什么。因此，任何关于人类拥有一定权利的断言都一定来自我们相信人们有什么样的需求和利益的推论。虽然这不一定使我们回到功利主义的立场上，但它确实使任何以权利为基础的道德理论所自称具有的哲学优势化为了乌有。

二、契约论伦理学

哲学家们企图为"权利"观念找到更坚固基础的方式之一是求助于"契约"的思想。契约可以理解为两个或两个以上人们之间的相互允诺。我们已注意到，允诺的道德是纯功利主义伦理学最易受到挑战的一个重要领域。依据瑟尔（Searle）的理论，允诺最显著的特征表现为它是履行义务的一种方式。如果一个人处于这种义务之下，那么他就应当做他已保证了的事。他应该这样做，并不是出于功利主义者所说的对这样做或不这样做的结果的考虑，而是因为允诺行为已经创造了义务。形象地说，如果 A 对 B 做了一个保证，那么 A 就对 B 拥有义务。相应地，B 对 A 已保证的事情拥有相应的权利。

如同"权利"思想一样，契约观念也在新近的政治哲学中起着特别重要的作用，其代表人物是美国哲学家罗尔斯。人们普遍承认，罗尔斯的正义契约理论是对 20 世纪政治哲学最重要的贡献。罗尔斯明确地提出要用他的理论来替代功利主义。他是批评功利主义的最重要的哲学家之一，并把批判的矛头对准功利主义的基本观点，即为了所有人的最大幸福可以牺牲一些个人利益。他认为，为了排除这种侵犯个人权利的做法，我们需要确立公正的观念，并需要将公正的原则建立在每个人能够同意的契约观念之上。然而，他并不像功利主义者那样，宣称他的公正理论就是道德理论的全部内容。

其他哲学家一直试图扩大公正理论使之成为一般的道德理论。最先进行这一尝试的哲学家之一是格瑞斯（Russell Grice）。在其《道德判断的基础》一书中，格瑞斯详细论述了他的观点。像其他契约理论者一样，他也同意功利主义的出发点，即道德推理必须以某种方式与人们的利益相联系。但他认为，功利主义联系道德与利益的方式太简单、太直接了。道德与利益是以契约观念为媒介相关联的。像其他作者一样，他强调，允诺与契约的明显特征是其能够创造义务，而义务又是道德的本质特征。他把他所说的"基本的义务"定义为：如果为了履行某些行为而与每一个其他人订立契约符合每一个人的利益，那么，这一类的行为就是该社会成员的义务。直觉告诉人们道德是一种互利互惠的关系。接受这些基本的道德义务并将其作为我们行为的准则，同时其他人也这样做，就可以促进我们每一个人的利益。格瑞斯把义务分为对每一个人都有约束力的基本义务和仅仅约束一部分人的"非常义务"（ultra obligations）。非常义务要求利他主义，而利他主义已越过了基本义务要求的范围。然而，它们仅仅要求那些能够从利他主义行为中实现自己的人这样做。例如，某人可能感到有义务放弃自己舒适的生活方式，而献身于为遥远的中非洲村民作医疗服务。这并非对每一个人的义务，而只是他个人的义务。因为在以这种方式献身于服务他人的事业中，他能够实现自己。他所感到和依之而行的义务要比社会上通行的互利道德的基本义务具有更强的约束力。

像格瑞斯这样的契约道德理论，与"权利"和"公正"的联系是很明显的。由于基本义务建立在可能的契约之上，因此它们要求相应的权利。如果我必须以某种方式对他人履行某种基本义务，那么他们就有权要求我去这样做（非常义务由于不以这种方式建立契约，所以不包含相应的权利。在前述例子中，任何人都没有权利要求那个医生应该完全献身于救死扶伤）。格瑞斯声称，他的契约理论澄清了道德与公正之间的关系。与罗尔斯一样，他承认，狭义的"公正"并不是道德的全部，而不过是道德的一个具体方面，即其政治的方面。但他同时指出，契约论道德中存在宽泛意义上的公正，因此可以实现每个人的利益之间的公正。这与功利主义要求牺牲一些人的利益，而满足另一些人的利益形成了鲜明的对比：契约论道德从不提这样的荒唐的要求。基于基本义务的契约是每个人都同意的契约，因为它符合每个人的利益。没有利益的侵犯，无人做出牺牲，任何人都不会因这一道德而有所损失。

表现为这种或那种形式的"社会契约"思想源远流长，并一直是了解社会根源、政治权威基础及道德基础的哲学理论的标志。但无论它以什么样的形式出现，它都会遇到其特有的困难。当代道德契约理论也同样不能幸免。早期社会契约理论曾提出，契约是实际发生的历史事实。当人们聚到一起并在社会规则或道德原则问题上达成一致时，契约就出现了。这种形式的契约论肯定是虚假的，因为像这样的普遍契约在历史上从未发生过。当代契约理论明确地说他们的理论不是历史理论，他们所谈论的契约是假设的，是一种如果人们要订立就能使每个人从中受益的契约。就某些方面而言，假设契约的思想似乎很有道理，但它也随之给自己带来了困难。为什么每个人要受纯假设的、无人订立的契约约束呢？如果一个人已经订立了一个契约，那么他便具有履行他已承诺的行为的义务。然而，如果一个人并没有实际地制定任何契约，那么，我们全然不清楚为什么他应该把它当做一种义务，或为什么他应该去做他并没有承诺的事？

在这一点上，人们可能会用该理论的另一主要内容，即"利益"的观念来为契约论辩护。契约论理论吸引人的地方之一在于，它似乎可以为人人按道德行动提供一个理由，即这样做符合每个人自己的利益。然而，契约的假设性又削弱了这一观点。对于一个已经实际制定、每人都可从中受益的契约来说，如果某人遵守该契约有助于其他人也遵守它，那么，他遵守这一契约是符合自己的利益的。但是，遵守一个未实际制定的契约，就不一定符合自己的利益，因为他没有以任何方式保证他人也做相应的行为。所以，就个人利益而言，一个纯假设的契约并不能有效地调节人们之间的利益关系。契约论者宣称，根据一个可能的契约行事会使每个人受益，就如同福特所声称根据德性行事会使每个人受益一样，是很难令人信服的。如果其他人以这种方式行事，从他们的行为中赚取便宜有时可能更符合自己的利益。如果其他人不这样做，而某人仍以这种方式行事，那么，他除了给自己带来利益损害外，又能得到什么好处呢？这就是说，即使我们同意契约论的观点，同意其每一个人都是为了个人的好处行事的前提，在其假设的契约之下，也很难得出人人都应该遵守契约的结论。

三、以行为者为中心的伦理学

批判功利主义的哲学家不仅仅反对其"为了他人更好地生存可以牺牲某些个人"这样的具体论证，而且驳斥其"为了他人更大的幸福可以做出更可怕的事情"的一般理论。在这种批判中，一些哲学家提出了另外的道德理论。这些理论不是像"权利"理论所做的那样把注意力放在行为接受者的道德地位上，而是关注行为者的道德性格。下面我们将讨论的"以行为者为中心的伦理学"和"德性伦理学"就属于这一类。首先让我们来介绍前者。威廉姆斯（Bernard Williams）在其与斯马特（J. J. C. Smart）合著的《功利主义：赞成与反对》一书中，既对功利主义作了一针见血的批判，又对"以行为者为中心的伦理学"作了详细论述。其论述是围绕对两个例子的分析展开的。

（1）乔治是一个失业的年轻科学家。他得到了一份在试验室作化学和生物武器研究的工作。虽然他强烈反对发展化学和生物武器，但他知道，如果他不接受这份工作，他将很难找到别的工作，而他的这份工作会被另一位不考虑发展化学和生物武器正当与否的科学家所接受。因此，这里出现了困境。即如果他不接受这一工作，不仅他和他的家庭度日艰难，而且化学和生物武器仍然会照常发展，丝毫不受影响。

（2）吉姆在南美洲作植物探险。当抵达一个小镇时，他看到20个印第安人马上要被一群士兵枪决。士兵长官把吉姆看做一个尊贵的客人，并建议说，为了纪念他们的相逢，吉姆自己可以射杀其中一个印第安人，然后把其他 19 个人释放。如果吉姆不愿意这样做，他们就按原计划把所有的 20 个印第安人都杀死。

在这些例子中，乔治和吉姆被要求去做他们所厌恶的事情。但如果他们拒绝这样做，结果将会更坏。面对这种情形，功利主义者一定会说，他们应当这样做。威廉姆斯指出，这两个例子的特征是：如果乔治或吉姆拒绝做所要求的行为，那么，由于其他某个人（其他科学家和长官）会那样做，所以结果将更坏。威廉姆斯指出，由于功利主义不在原则上对这些结果和其他的结果作基本的区分，因此，它便不能令人满意地解释一个人仅仅对他自己的行为而不是对别人的行为负责任。乔治面临的选择是，如果他接受这个职位，他将促进化学和生物武器的发展。如果他不接受这个职位，别人将会更积极地推动化学和生物武器的发展。吉姆面临的选择是，如果他接受那个士兵长官的建议，他将杀死一个印第安人。如果他拒绝士兵长官的建议，别的人将会杀死 20 个印第安人。功利主义者无法对这样两种不同的行为作出本质区分，因为它只看结果。如果杀死 20 个人的结果比杀死一个更坏，那么，吉姆就应该选择后者。但威廉姆斯认为，如果我们看到这两种行为对吉姆来说具有完全不同的道德意义，那么，我们就不会得出如此荒唐的结论了。

为了更清楚地指出这一区分的重要性，威廉姆斯引进了"道德追求"和"道德承诺"的概念。"道德追求"概念的意义较为普遍，意指人们对各种各样事情的追求，其目的可以是为他们自己、为他们的家庭，也可以是为他们的朋友和其他人。如果人们从事的惟 道德追求是促进普遍幸福的功利追求，那么功利主义的存在就是毫无价值的。正因为人们在形形色色的具体行动中发现自己的幸福，因为人们从事着不同的道德追求，功利主义者要求人们去追求普遍的幸福才有意义。

在这些人们所追求的各种各样的具体事情中，有些具有特别的重要意义，威廉姆斯称之为"道德承诺"。它们包括一个人投身于对知识或文化或创造的活动，或献身于道德或政治事业（如废除化学和生物武器），或委身于较一般的道德观点（如憎恨不公正、野蛮、屠杀）。这些"道德承诺"的特征在于，它们是一个人依之建构其生活，并赋予一个人以道德一致性的某种特殊道德追求。它们使他们的生活变得有意义，使他成为道德行为者。

现在的问题在于，功利主义并不能对这样的道德承诺给予恰当的评价。它们只不过是和任何其他的人类行为一样，是满意与不满意、幸福与不幸福的可能原因。如果为了避免较坏的结果，乔治不得不违背自己的道德承诺，去帮助发展化学和生物武器。那么，从功利主义的观点看，他所产生的犯罪感只不过是一种特殊的不幸，他应该把它和所有其他的后果放到一起来衡量。同样，如果吉姆杀死一个印第安人，他为此而产生的无法原谅自己的犯罪感也不过是诸多潜在的不幸福源泉之一，必须把它与如果吉姆拒绝这样做，士兵长官便命令杀死所有20个印第安人所产生的痛苦放在一起来考虑。对此，威廉姆斯反驳说，这些做法对乔治和吉姆来说并不仅仅是幸福和不幸福的潜在源泉。它们在他们的生活中具有更深的影响。威廉姆斯强调指出，从功利主义的角度看，乔治和吉姆将不得不在自己深层的道德义务之间作出妥协，因为即使他们拒绝这样做，别人也会做同样的甚至更坏的事情。功利主义就是这样唆使人们背离自己的道德承诺。在这种情形下，按照功利主义的原则行事，就会毁掉一个人的道德完整性。

不仅仅是功利主义者，其他一些哲学家也已对个人道德完整性是否如此重要产生了怀疑。威廉姆斯所提出的道德理论，看来就像某种"保持清洁"的态度一样。这种态度很可能是"道德利己主义"的，因为它认为保持自己的道德完整性比避免他人的痛苦更重要。对此，威廉姆斯会辩解说，这种说法错误地理解了"道德完整性"的意义。忠诚于人们的承诺和道德完整性本身并不是价值。在作道德决定时，不应把它们放在与其他价值相对立的位置上。相反，具有这样的道德承诺是作为一个道德行为者必要的条件。威廉姆斯指出，功利主义自身不能给道德行为者以满意的解释。对于功利主义者来说，解释我们为什么应该关心这样的具体个人的事情是很难的，因为功利主义的理想是纯粹非个人的。它仅要求人们考虑行为的总体效果，而不必关心人们的自我。威廉姆斯不否认公正原则在道德思考中的位置，但又认为设想道德行为者只是简单地遵守公正原则是没有根据的。"如果任何事情——包括坚持公正的原则体系——要有意义，那么，生活就必须有其基质。但如果生命具有基质，那么，就不能认为公正原则体系最重要。因为在一定限度内，以公正为立足点的体系是不安全的。"①

因此，对威廉姆斯来说，"道德承诺"和"道德完整"的观念之所以是对功利主义的挑战，不是因为它们本身是与幸福等完全不同的价值——我们在作道德决定时不仅要考虑幸福与痛苦的结果，而且要考虑这些价

---

① ［英］威廉姆斯：《个人、性格和道德》，见《道德幸运》，18页，剑桥，英文版，1981。

值，而是因为它们对道德行为的解释揭露出功利主义的严重缺陷：功利主义在解决乔治和吉姆的两难处境时，无法提出一个令人满意的理由来说明他们为什么应该考虑"最大幸福"，为什么他们应该相信这一他人的集合幸福比他们自己最深的道德责任感更重要。

四、德性伦理学

另外一种把注意力放在行为者身上的道德观点是"德性"伦理学。在讨论"应该和是"的争论那一节里，我们曾提到过菲利帕·福特重新引起了人们对"德性"这一概念的兴趣。现在，我们则简略地介绍一下新近出现的以"德性"为中心而建立起来的道德理论。我们看到，福特曾试图把"德性"说成是任何人都需要的那些品质。可后来，她不得不放弃了这一观点，因为做一个有德性之人并不总能为自己带来好处。但有些理论家认为，从另外一个角度看，如果说德性的培养对有德性的人并不是总有用的话，那它无论如何对一般人来说总是有好处的。以此立论，德性有用的观点就可以成为较为合理的。我们本人虽然不一定从做一个正直、善良的人中受益，而其他人却一定可以从我们的德性中受益。这就是沃纳克（G. J. Warnork）在其《道德对象》一书中陈述的观点。如同书名所示，他提出，为了更准确地理解道德，我们必须首先弄清楚它是为了什么，它服务于什么样的目的。他试图通过对他所称为"人类危境"的考察来说明这一点。他认为，"人类危境是指那种事情越来越坏的人类固有的困境"①。我们有许多理由可以证明这一点。资源有限、信息有限、知识有限的事实表明，没有足够的资源用以满足人类的需要和愿望。人类并非总有知识和技术能力对可利用资源给以最好的利用。更基本的是人类理性的有限性：即使人类知道他们的最大利益是什么，他们也并非总是能够依之行动。也许，在所有因素中最为基本的因素是同情的有限性：人类常常是自私的，对于他人的或自己集团之外的人的需要无动于衷，有时甚至付之于冷酷的、侵略的、恶毒的行为。每一个人都会因同情的有限而饱受苦难。这些事实可以使我们很清楚地理解道德的作用是什么。道德的目的在于抵消人类同情的有限性所带来的恶果，确保事情变得比它们按自己本性发展好一些。

在强调道德的社会功利方面，沃纳克的观点显然与功利主义很接近。然而，他反对简单的功利主义道德理论。他说，人类危境的改善不一定要

---

① ［英］沃纳克：《道德对象》，17 页，伦敦，英文版，1971。

求每一个人都直接为此努力。如果每一个人都做他认为最能改善人类的事情，他们的努力就不可能协调一致，结果只能是一片混乱、相互掣肘。在这种情况下，人们不能相互依赖，不能信任别人会继续他们已经从事的事情。因为对于某个人来说，虽然他已经在从事某项事业，但当他认为其他行动可以更有效地促进人类普遍幸福时，他就总是要放弃其原来的工作而开始新的行动（沃纳克的这些评论，是驳斥功利主义关于守诺理论的传统说法）。

规则功利主义似乎为简单功利主义的这些缺陷作了某些修补，但沃纳克也对这些修正逐一进行了驳斥，其理由与上述的基本相同。在这一点上，他转向了德性。道德能够抵御人类同情有限性的惟一途径，是要求人们培养德性，即努力使德性成为人们以某种方式行动的普遍"意向"。沃纳克认为强调"意向"而不是"个人行动"，对于使人们变成可以信赖的是十分重要的。他提出，四种主要德性是：不恶意伤人、仁慈、公正和不欺骗。前面两个的功利效果是明显的：一个是不伤害他人，另一个是主动给他人以帮助。沃纳克认为，我们要特别强调公正的德性，因为正是公正才使人们有可能抵消其同情的有限性，抵消那些把同情仅限于自己的家庭、朋友和社区这样的有限范围之内的倾向。由于沃纳克以前曾提出信任的需要，所以他把不欺骗也作为主要德性之一：如果要想人类的生活不堕落，那么人们最起码应当说实话、应当能够互相信任和相互做已经保证要做的事。

同福特最初提出的理论一样，沃纳克的德性理论也是通过指出它们所达到的目的而对它们进行外在的证明。对福特而言，德性的目的是实现具有德性之人的需要和利益。但对于沃纳克来说，是一般人的需要和利益。福特的理论之所以有吸引力，是因为人人都明白他应该具有那些将促进自己需要和利益的品质。但当她企图在经验上证明"具有德性之人可以最有效地促进自己的利益和需要时"，她又很难自圆其说。而沃纳克的情形恰好相反。如果我们不恶意伤人、仁慈、公正和诚实，那么就能使一般人的生活变得好一些。沃纳克的这一说法显然是合理的，但人们为什么希望一般人生活得更好呢？这里，沃纳克碰到的问题显然与功利主义碰到的问题相同：什么是人们应该促进一般人幸福的理由？在其书的结尾，沃纳克使用了本质上是"可普遍性原理"的论证来回答这一问题。他说，一个既定的行为将给我带来痛苦的事实，显然就是我不去做此事的理由。而一个行为将给他人带来痛苦的事实，也显然是不做此事的一个理由。在上述情形中，我的痛苦之所以是一个理由，不是因为该痛苦是"我的"，而是因为它是"痛苦"。正如前文讨论黑尔试图从可普遍性原则来推论功利主义时笔者已表明的那样，这种推论并不具有逻辑有效性。

沃纳克也说，我们最终能够发现道德行为的理由，因为我们"希望"做一个道德的人。我们最终能够"希望"别人不遭受痛苦。"希望"他们的需要能够得到满足。历史也许会证明事实的确如此，但如果是这种情形，那么"人类的危境"就不会像沃纳克前面所说的那样坏。既然人类最终能够达到自我完善，那么，沃纳克为什么还要在那里孜孜不倦地大谈"人类危境"，并把培养德性视为克服这些危境的惟一有效途径呢？从他的论述中，我们并不明白他所认为的人类需要德行的理由究竟是什么。

我们已经看到，由于沃纳克把德性说成是有助于人类外在需要和利益的东西，所以他关于德行的理论与功利主义是相当接近的。下面我们将简要谈一谈另外两种不同的理论。这两种理论在一定意义上，都把德性看做内在的需要和利益，因而与功利主义有较大的差别。第一种理论是麦金太尔（Alasdair Macintyre）提出来的。他在其有名的著作《德性之后》中，对德性在道德思想中的地位和作用作了详细的说明。他的这一探讨是在其关于现代世界与前现代世界相比较的历史研究中展开的。他认为，在现代多元的文化和社会中，道德思考已经变成松散和零碎的东西，道德分歧如关于战争、流产或社会公正的分歧，已变得无止无休、不可解决了。这是因为，在这种争论中不同的观点求助于不同的、无共同尺度的价值标准。我们也没有任何办法在这些不同的价值之间作出高低权衡。在现代社会，我们缺乏可共同使用的道德词汇，尤其是对于什么是好的人类生活缺乏一个普遍同意的观念，而这些恰好是任何分歧和争论能够得以解决的根本条件。功利主义企图通过按幸福标准检验不同的价值来强行消除分歧达到统一。然后，这种统一并不是真正的统一，因为幸福本身不是一个前后一致的观念，并不存在一个叫做幸福的东西，只有多种多样的各不相同的幸福观念。功利主义无法告诉我们应该选择哪一个，因为它自己也没有一个什么是好生活的客观标准。

麦金太尔是在与古希腊道德思想特别是亚里士多德伦理学及其对中世纪基督教伦理思想的影响的对比中来研究现代道德危机的。德性的观念是亚里士多德伦理学的核心。对亚里士多德而言，各种各样的德性可以组成整个人类生活的统一画卷。为了把一个人的生活看成一个统一体，我们必须能够提供一份该人生活的编年史，必须能够讲述其从生到死的生命过程，如像荷马史诗中讲述的英雄武士的生活，或希腊城邦中某个著名政治家的生活。这里，我们可以将德性看做某人在既定生活方式中所拥有的适当品质。他的故事能够用大家都能理解的术语来讲述。然而，为了讲述任何这样一类的故事，我们必须使用具有共同传统的文学素材和文化资源。而在现代社会，正是因为我们缺乏任何这样的共同传统，我们的道德思考才错乱不堪、难以为继。

值得注意的是，与威廉姆斯一样，麦金太尔也认为道德思考一定与我们使生活变得有意义或把它们看做有意义的方式相联系。为了对麦金太尔伦理思想作进一步考察，我们必须详细研究他关于道德言论在从"前现代社会"向现代社会转变时的变化的历史理论。虽然我们在这里不可能做这项工作，但我们应该注意到他的一个思想，即对于有德性的生活而言，目标和利益是内在的而不是外在的。德性并不是要达到某个外在的目的，相反，它构成了良好人类生活的观念。只有从这一观念出发，我们才能把追求特定目标和价值看做合理的。

我们可以在菲利帕·福特最近论述德性的文章中发现相似的思想。这篇文章的标题是《功利主义与德性》。它标志着她在修正自己早期观点方面又进了一步。在文章的一开始，福特就把其批判的矛头对准功利主义这样一个观点，即德性和一般行为的功能就是达到一个最高目的。功利主义认为这一目的是普遍幸福。普遍幸福之所以是我们行为的合适目的，因为它是"好的状态"（a good state of affairs）。福特对此所提出的问题是，在"好的状态"这一观念中，"好"的用法是否真的有意义。确实，我们常常谈论某个结果是"一件好事"，但是"好"在这里的用法是否具有功利主义者所以为的那种意思并不清楚。某些事可能对"某人"是好的，或"从某种角度看"是好的。如果在赛马中我骑在一匹赢了的马上，我会说"好"，但这个结果之所以是"一个好事情"，仅因为它是从我在赛马中的利益这一特别角度而言的。从骑在另一匹马上的人的角度来看，它就是"一个坏事情"。因此，福特认为"好"这个词的意义是相对说者而言的。是否把某个结果说成"一件好事"完全取决于说者的态度和处境。抽象地问"我的马在比赛中赢了是不是件好事情"是荒唐的。然而，功利主义从纯粹"非个人的角度"假定某个结果是"好的状态"。因此，福特认为它根本说不清楚它所要说的究竟是什么。

也许，功利主义所要说的是"从道德角度看"一个状态可能是好的或是坏的，但这同样不会使功利主义的理论成为可以接受的。福特指出，我们能够从这种说法中发现的惟一意思是，从一个有道德的人的角度看，一个结果可以被看做是一件好事情。例如，那些有仁爱德性的人将把人们的幸福看做"好的事情"，而把人们的痛苦看做"坏的事情"，但这种看法完全是因为该人真有仁爱的德性。只有从这一点出发，我们才能理解他为什么会赞成一些结果而不赞成另一些结果。福特评论说，一个结果之所以是"好"的，是人们从道德角度评价的结果，而不是因为它本身就是"好的状态"，是评价所有道德行为的判断标准。换句话说，在我们能够清楚地说明某个目的从道德角度看是"一个好的状态"之前，我们必须有特定的道德观念，而这个观念是由德性构成的。

现在福特可以来评论那些人们在批驳功利主义时所常用的辩论：功利主义证明，为了普遍的幸福，可以牺牲一些人或做出其他可怕的事情。她承认，从仁爱的观点来看，可以把给他人带来幸福或解救他人的痛苦看做一种可欲的结果。但仁爱仅仅是德性的一种，世上还存在其他德性。一个有德性的人不仅要有仁爱的德性，而且还要有公正的德性。例如，从公正的角度看，使用牺牲穷人将其陷入悲惨的境地来增加富人的财富、不诚实行动、杀害无辜人民这样的手段来提高大众的幸福是不能接受的。如果仁爱与不公正的行动相联系，它就不再是德性了。所以，仁爱不能要求我们做这样的事。因此，福特争论说，既然促进幸福仅仅从作为德性之一的仁爱的角度看才是可欲的目的，那么，不公正、不诚实之类的行为就不能因为是促进普遍幸福所必须的而成为合理的。

通过攻击功利主义，福特的文章把德性放在了道德的中心。功利主义把所有行为都从属于促进幸福、减轻痛苦这一最高目的。沃纳克虽然宣称，以德性为核心的道德比简单的功利主义道德可以更好地达到这一目的，但他并不反对把这一最高目的看做道德的外在目的。与这两种理论相反，福特指出，任何使人类达到更好生活的目标都只有放在德性道德之内来看才可能是一个理智的目的。因此，对她来说，道德的核心观念不是什么人类行为的既定目标，而是关于道德行为者的观念。就其一般观点而言，她的理论与威廉姆斯关于"以行为者为中心"的理论是很接近的。因此，像后者一样，其道德利己主义也招致了许多批评。一些人批评她在宣扬这样一种观点，即对其他人的任何关心帮助的出发点都是为了使自己成为一个道德上的好人。利他主义的行为因此成了提高个人道德德性的手段。尽管哲学家们对于这种对福特理论的批评是否合适的看法尚不尽一致，但笔者倾向于认为，正如功利主义使任何东西都服从于促进一个最终目的是功利主义的一个缺陷一样，如果德性伦理学把道德的其他内容都视为德性的派生物，那么这也必然是其理论的一个缺陷。

上述的所有理论都是针对着功利主义而提出来的。它们各自用以建立其体系的核心概念，如"权利"、"契约"、"道德承诺及完整性"和"德性"，在我们的道德思考中都在发挥着作用。但仅凭其中的任何一个，或仅凭"功利"的概念，是不可能创造出一个完整的道德理论的。一个令人满意的道德理论必须是一个复杂的混合体。今天的哲学家已经从情感主义和非认识主义的时代大大地前进了一步。他们所关心的已不仅仅是词句的逻辑结构和意义，而且是那些道德思考中的实质内容。在这一进步中，为了提出一种实质性道德理论，部分哲学家们首先探讨了像功利主义这样的相对简单的理论形式。这样做虽然是可行的，但功利主义本身的缺陷招致了许多的批判。批判者们自以为找到了弥补功利主义不足的替代理论，但他们却没有意识到功利主义的缺陷是不可能用另一种同样简单的理论来纠正的。道德思考是由许多不同的成分组成的。惟有将所有这些或至少主要成分逻辑地联系起来，伦理学才能取得真正的进步。这就是我们在论述20世纪英国伦理学理论时所着意要做的一项工作。但是，意识到这一点并不等于成功地做到了这一点。促进伦理学的进步是一项巨大的工程，有赖于包括英国伦理学家在内的世界各国哲学家们的共同努力。

第七章　当代法国伦理思想

　　法兰西是一个文明的国度，千百年来，不仅十分注重道德风化，而且还有着悠久的伦理思想传统。这是一个诞生过蒙台涅、帕斯卡尔、拉罗什福科的国度，是一个出现过卢梭、爱尔维修、狄德罗的国度，是一个哺育了孔德、雷诺维叶、居友、柏格森的国度。20世纪以来，特别是第二次世界大战以来，法国的伦理思想得到了长足的发展，可以说学派纷呈、奇论迭出，从一个特定的侧面反映出了法国社会和西方社会的时代精神。

　　从时间顺序上来看，20世纪30年代至50年代即第二次世界大战前后，在法国相继产生了价值哲学、人格主义的伦理学、新托马斯主义的伦理学和存在主义的伦理学，而后两者的影响一直延续到六七十年代甚至今天。60年代是结构主义占统治地位的时代，而在结构主义之后，特别是1968年"五月风暴"前后，在法国又出现了"新左派"、"新哲学"和"新右派"的政治伦理思想。从理论的传统关系和思维特色来看，价值哲学、人格主义和存在主义是非理性主义伦理学传统的继续，新托马斯主义受到了宗教伦理学传统的影响，结构主义的伦理学体现出一些与实证主义伦理学相似的特点。本书阐释的是人格主义、新托马斯主义、存在主义、现象学伦理思想。*

---

　　* 作者在撰写本章的同时写了《当代法国伦理思想概论》（台北远流出版事业股份有限公司1994年出版）。该书有关于价值哲学、"新左派"、"新哲学"、"新右派"的政治伦理思想，后结构主义伦理思想等的详细阐述，请读者参考。

第一节　莫尼埃的人格主义伦理思想

当代法国人格主义是法国近现代非理性主义伦理学传统和宗教伦理学传统相互交织、共同作用的产物。一方面，它们高扬主体的能动性和创造意志，把人看做价值和人格的创造主体；另一方面，它们又把上帝看做最高价值、最高人格，是人自我实现、自我超越、自我完善的最高目标。人格主义和价值哲学虽然在本质上是两个不同的学派，但是强调人的价值、人格的至上性，同时又把上帝作为人的最终价值取向、最高道德理想、全部价值和人格的最终基础，则是它们共同的特征。

"人格主义"一词在法国早就有人使用，法国著名的伦理学家、新批判主义的主要代表人物雷诺维叶把"人格"作为其哲学的最高范畴和世界观的中心，1903 年他出版了《人格主义》一书。另外，宗教哲学家也主张一种人格主义，把上帝看做有人格的，是三个位格的神圣的统一。拉贝托尼埃在他的《人格主义梗概》一书中就把人看做上帝之子。但是，在法国人格主义作为一个哲学流派是诞生在 20 世纪 30 年代，而鼎盛于 40 年代至 50 年代，人们通常把伊曼努尔·莫尼埃（Emmanuel Mounier，1905—1950）视为这个学派的创始人，把聚集在《精神》杂志（人格主义学派的机关刊物）周围的一批作者如莫里斯·内东塞尔、德尼·德·鲁热蒙以及让-马里·多梅纳克等人看做人格主义的主要代表。然而人格主义者们、特别是人格主义的创始人莫尼埃拒绝把人格主义看做一个"体系"，他说："人格主义是一种哲学，它不仅仅是一种态度；它是一种哲学，但不是一个体系。"[①] 因为它不是一种体系化的东西，倒似乎是一种"人格的灵感"，这种灵感渗透到各种极不相同的哲学概念里去，但它们没有形成"体系"的形式。人格主义的中心论断是：自由的和有创造性的人的存在。莫尼埃认为，所谓"体系"就是企图把一切事物包括人的行为理解为某个第一原则的必然包含物或是那些最终原因的必然结果，"体系"排除了个人的创造性自由。莫尼埃认为，对于人格主义与其用单数，不如用复数，即存在着多种人格主义，如基督教的人格主义、不可知论的人格主义，应该尊重我们多种多样的尝试。莫尼埃本人的人格主义思想的形成除了受到法国著名诗人、宗教改革家查理·贝玑（1873—1914）和俄国哲学家、存

---

① ［法］莫尼埃：《人格主义》，6 页，巴黎，1962。

在主义者别尔嘉也夫（1874—1948）的影响外，主要是继承了柏格森、布隆代尔等人的思想，并且也极大地吸收了现象学和存在主义、马克思主义等哲学流派的思想资料。莫尼埃的主要著作有：《人格主义革命和村社》（1935）、《从资本主义所有制到人的所有制》（1936）、《人格主义宣言》（1936）、《存在主义导论》（1946）、《人格主义是什么？》（1947）、《人格主义》（1950）。

人格主义认为，存在着一个人格的世界。人格是一种作为稳定和独立的存在的精神实体。同时它又具有创造能力，人格是在自由的创造活动中达到统一并且得到发展的。整个世界只有与人格相关才获得意义。但是人格的建立和发展，既离不开人类精神赖以存在的肉体和整个世界，离不开他人和社会的价值体系，更离不开一个至高无上的无限人格。人格是开放的，这种开放性就表现在它和自然，社会（他人）和上帝的联系之中。

莫尼埃的人格主义的伦理思想体现在他对于人的解释之中。

人，他首先是沉浸于自然之中的，是自然的一部分，他有肉体，有一些最原始的本能，如饮食男女、繁衍后代。人的情绪、思想必然要受到各种自然环境的影响。人是自然的人，但是人并不是一个物体，人格主义不是从"纯客观的"角度来看待人，把人看做物理世界的众多物体中的一种物体，把人归结为一个复杂的物体对象。但是人格主义也不把人看做一种纯粹的精神。因而他区别于唯物主义和唯心主义。同时它也不同于二元论或心身平行论，不把人看做由物质和精神两种不同的实体所组成的。人格主义认为："人是肉体，同时它又是精神，他是整个肉体和整个的精神。"①精神的存在和肉体的存在是同一的。

人是一种物化的存在，他属于自然，但是人又能够超越自然，即逐渐地掌握自然、控制自然。他不应该仅仅是自然的一个客观物体，倒应该是重新确定客观宇宙的中心。自然给人提供了完成他自己的道德使命和精神使命并使世界人化或人格化的机会，而人完善着自然世界并给它以一种意义或一种秩序，人把世界放在自己之中来理解，使自然超出一种单纯的、抽象的自然，成为再现于人的意识中并被人改造的自然，整个世界在不断地人格化，自然是作为人的环境和人的对象被重新创造出来的自然。人和世界的关系不是一种纯粹的外在关系，而是一种交换或上升的辩证法。

人是一种精神的存在，每一个人格都具有自由意志、精神，他依附于

---

① ［法］莫尼埃：《人格主义》，19 页。

一定的价值体系，他自由地将他的各种活动统一起来，并通过他的创造性活动来发展他自己的特殊使命。但是，人格的发展是离不开意识之外的世界的，精神必须扎根于活生生的世界中，意识不是突然地凭奇迹而产生的，它必须依赖于物质性的器官、内在的心理机制。意识首先是一种生物学的事实，离开了和世界的联系，就不可能有真正的人格，割断和整个自然的联系就是迫使人格自我毁灭。人不仅仅是一种精神，而是通过肉体而存在的一种存在物，和世界的联系是发展人格的必要条件。但是又不能把人等同于生命，不能等同于自然或社会中的存在，人有他自己的命运，他有一种超越的意志和超越的努力。与最高形式的存在的联系也是发展人格的必要条件。人的精神有一种开放性和超越性，它总是克服现有的存在而朝向更高的存在，面向未来而趋向人的不断自我完善。人格的存在总是要超越现有个人存在、朝向某种最高级、最完备的自我，以某种高于个人人格的绝对存在为目标。人的"人格"依附于"一个最高的人格"，这个"绝对存在"、"最高人格"就是上帝，人必须皈依上帝，同上帝往来。

在对"人"的理解上，人格主义力图将自己和其他哲学学说区别开来。

莫尼埃认为，人格主义不同于个人主义，甚至同个人主义相反。人格主义的人不能等同于个人主义的个人。个人主义把人看做自我封闭的单子，人是孤立的、以自我为中心的个人。人和人的关系是一种利益关系和法律关系。这种个人缺乏道德使命感、缺乏存在理性，从这种人身上，世界得不到任何东西。这种自我中心论是人的一种堕落或曰对人的歪曲。"人格主义的第一个条件就是人的非中心化"。人格主义的人不是孤立、自我封闭、以自我为中心的，而是以他人为前提的，有一种人格的开放性，人格的开放性或不完善性不仅体现在需要上帝，同时还体现在他需要他人。"既不应当忽视外界的生活，也不能够蔑视内心的生活。没有外界的生活，内心生活就变得荒诞，没有内心生活，外界生活也等于做梦"①。"我"不是作为特殊的个体而存在，而是作为同许多"你"紧密联系的东西而出现，是处在"主体间关系"中的人。"你"是"非我"同时又是另一个"我"，他人不是无人格的，必须尊重他人的人格。为了有自己的"我"，就应该成为其他的"我"所羡慕的人，也羡慕其他的"我"。我们必须对于另一个"我"有所意识，意识到将这种精神之网的各个部分相互

① 〔法〕莫尼埃：《人格主义》，62 页。

连接起来的那种联系，这就是人类意识的"主体间性"（intersubjectivity）。人和人的关系是一种人格的相互作用关系。人只能作为"我们"中的一员，在社会关系中存在，也只有作为社会共同体中的成员，人才有道德的使命。每个人在世界上所处的地位都是不能被别人所取代的，在生活中每个人都有他自己的使命，都要对公认的价值作出反应。但是，人的这种道德使命是以人和世界、人和人之间的相互关系为前提的。发挥创造性的自由来实现价值，这就是人对建立人的世界以及世界的人格化所作的惟一贡献。

莫尼埃自认为人格主义不同于存在主义，尽管在思想倾向上，人格主义和存在主义比较接近，如把以自由和创造为本质的人作为哲学的出发点，接受个性自由、自我设计和自我超越等思想。但是它们在对人的看法上还存在着区别。莫尼埃指责存在主义陷入了唯我论和悲观主义，忽视了人与他人的联系，人与人的共同体的联系，以及人的精神与肉体和整个物质世界的联系。因此，存在主义的人不是一个完整的人。人格主义则相反，它把人视为一个完整的人，把一切存在看做共存，存在，对于我们来说就是指和他人、和事物的共存。同样，人时时刻刻总要使别人感觉到他的存在。同样，他永远不会逃避。生活在过去和未来中是逃避的形式。人永远生活在现在中，因为现在是时间中永恒的存在。另外，人格主义不赞成存在主义把人的危机看做自然主义和技术主义世界观的产物，而主张把人的危机与资本主义文明的总危机联系起来。

莫尼埃认为，人格主义也不同于马克思主义。虽然说人格主义和马克思主义都对资本主义采取批判的态度，号召人们起来进行革命，但它们二者对于人和革命的看法大相径庭。莫尼埃的人格主义自诩是对资本主义现实社会进行批判的一种革命理论，它是在30年代的世界经济危机和第二次世界大战所造成的资本主义世界的总危机中诞生和发展的，它认为资本主义必然要灭亡，世界性的危机已经将欧洲人幸福的丧钟敲响，将人们的注意力引向正在进行中的革命，要推翻金融寡头、消除贫困以及政治和经济的无政府状态，要变更旧的社会秩序，建立新的社会秩序。

人格主义还声称它和马克思主义至少有两点区别：首先，马克思主义坚持一种集体主义和集权主义，它忽视了人的主体性、人格和人的价值，扼杀了人的创造性自由，把人归结为社会组织中的细胞，使人完全从属于国家、把人的作用等同于经济的功能。第二，人格主义和马克思主义对于资本主义制度的革命和改造的方式不同。人格主义者们特别是莫尼埃本人同意并且接受马克思主义对于资本主义社会批判的某些原理，如劳动人民贫困化和财富集中在少数私有者手中的矛盾。周期性经济危机导致资本主义经济和社会普遍破产、在社会政治生活中存在着各种异化现象等，并且同意马克思主义提出的建立无阶级社会的要求和按劳分配的原则。但是他们不同意马克思主义的无产阶级革命的理论，认为劳动人民群众性的反对资本主义的活动是无人格的群众运动。莫尼埃把自己的《人格主义宣言》和马克思、恩格斯的《共产党宣言》对立起来。人格主义要进行建立"新的人道主义"文明和道德的革命，它号召人们投入到社会活动中去，从政治、经济、文化、伦理等各个方面进行改革，建立"人格宇宙结构"的社会。人格主义不仅向人们揭示"一定的行动手段和总的远景，而且规定了一个明确的处世之道"①。在欧洲面临的"精神危机"和社会"结构危机"面前，我们既不能采取"退却"、"回避"的"虚无主义"态度，也不应采取革命暴动。解决欧洲的总危机应该从人着手，进行"人格教育"，提倡人格、尊重人格，以人格的绝对价值来建立政治、经济、文化、伦理乃至权力的新结构，运用人格主义的思想去改造社会意识，然后再使整个资本主义制度悄悄地和平演化到消灭了社会对抗和压迫的"人格主义的和村社的文明"，因而，莫尼埃把人格主义的社会改造活动称为"新的文艺复兴"，即通过"人道主义革命"来解决人面临的危机。其实，它只不过是一种资本主义的改良主义，确实是与马克思主义完全不同的。

莫尼埃将自己的人格主义与唯物主义、唯心主义、二元论、理性主义、实证主义、个人主义、极权主义等区分开来，似乎是超越各种学说的纷争之上，采取一种超然态度，同时他又想将各种学说调和和综合起来，并吹嘘要将存在主义的"非理性的内核"与马克思主义的"合理内核"结合起来，"将马克思和克尔恺郭尔调和起来"。实际上，莫尼埃的人格主义在理论内容上是雷诺维叶的人格至上性、柏格森的生命冲动、创造意志、布隆代尔的超越性和勒·赛纳的绝对价值的大杂烩，是一种非理性主义和宗教唯心主义的学说。它离开生产斗争、一定社会的生活条件和社会联系来讲人、讲人格的塑造和人的尊严，这只能是一种抽象的人性论和人格论。马克思主义认为，人是社会关系的总和，人的本质的获得和人格的尊严是通过生产斗争、阶级斗争和社会革命所取得的，人格的创造性自由和人格的发展也是在这些活动中实现的。人格不是一个抽象的精神实体，人

---

① ［法］莫尼埃：《人格主义》，115 页。

和自然，人和他人、社会的关系以及人格的完善都是建立在人的社会实践的基础之上的。莫尼埃离开了社会实践讲人格，因而只能把人格完善的希望寄托在依附上帝这个"最高人格"上。

第二节　马里坦的新托马斯主义伦理思想

新托马斯主义是罗马天主教会的官方哲学，产生于19世纪末，20世纪以来得到了极大的发展，成为西方世界流行最广的一种哲学思潮，其主要代表人物如马里坦、泰依亚、吉尔松都集中在法国。随着现代科学技术的迅猛发展，资本主义社会面临的问题日益增多，旧的基督教神学和经院哲学已经不能适应时代的需要，为了满足资本主义社会的要求，新托马斯主义在新的历史条件下复活了中世纪经院哲学家托马斯·阿奎那的学说。一方面，给它披上"科学"和"理性"的外衣，试图将宗教和科学、理性和信仰结合起来，号召人们运用理性去认识自然，研究现代科学技术，要求教徒们深入到自然科学的专门领域中去成为专家。同时，还将新兴的自然科学学说包容在神学之中，甚至还对某些信仰主义和非理性主义的学说进行批判，从而使自己"现代化"；另一方面，新托马斯主义还试图将神和人结合起来，一改中世纪神学只讲"神"而扼杀人，敌视异教异端、进行宗教迫害的主张，而宣称要维护人的自由和尊严，发扬人的个性和人道主义，自诩其"以神为中心的人道主义"是真正的人道主义和完整的人道主义。并且实行宗教宽容政策，容忍异教和无神论，表示一视同仁，愿意和持各种信仰和思想的人对话，以此来使自己"世俗化"。

新托马斯主义把伦理学摆在非常突出的位置，认为伦理道德学说是整个社会生活及社会政治理论的基础，并企图通过道德革命来解决西方社会所面临的种种问题、冲突和危机。新托马斯主义的伦理学是为宗教神学服务的，要求把上帝作为人生的最高目的，把上帝启示的道德戒律作为人的行为和尘世生活的最高准则，把上帝的永恒幸福作为人的最高幸福。因此，这种伦理学也被称为"目的伦理学"或"启示伦理学"。

马里坦和泰依亚两人为基督教神学的"世俗化"和"现代化"作出了突出贡献，本节重点考察马里坦的伦理学说。

雅克·马里坦（Jacques Maritain，1882—1973）是新托马斯主义的领袖人物，他不仅是一位理论家，同时也是一位宗教活动家，曾任法国驻梵蒂冈大使，是罗马教廷的密友，40年代至50年代曾在美国多所大学担任教授，是一位具有世界影响的人物。他对新托马斯主义的贡献，可以与托马斯·阿奎那对于经院哲学的贡献相媲美。他从柏格森哲学的信奉者转变成为托马斯·阿奎那的崇拜者。如同托马斯用毕生的精力重述和解释亚里士多德的学说一样，马里坦也穷其毕生精力宣扬和解释托马斯·阿奎那的学说。他宣称："无论从哪一方面来说，我都更愿意成为一个古典托马斯主义者而不是新托马斯主义者。与其说我是，毋宁说我希望是一个托马斯主义者。"① 他一生撰写了 60 多部论著，主要有：《哲学概论》（1921～1923）、《自然哲学》（1935）、《知识的等级》（1932）、《完整的人道主义》（1936）、《个人与公益》（1947）、《存在和存在者》（1948）、《人与国家》（1952）、《理性的范围》（1952）、《道德哲学》（1960）等。

一、个体性与个性

马里坦把关于上帝的学说作为他的伦理学的理论基础。他承认并论证上帝的存在，把上帝看做是世界万物的创造者和第一推动者，上帝是全知、全能、全善的，是真、善、美的最高体现，上帝是一切存在和人的行为活动的最终基础、最终目的和最后归宿。马里坦的伦理学就是从这种神学本体论出发的。但是，新托马斯主义的伦理学与老托马斯主义的伦理学的一个显著不同之点就是：它不再单纯只讲神而不讲人，要人们放弃现实的物质享受而去追求天国幸福，而是力图将神和人结合起来，使二者协调一致。因此关于人的理论是新托马斯主义伦理学中的一个重要组成部分。

马里坦把亚里士多德的"形式和质料"学说用于人的分析，将人区分为"个体"和"个人"，或曰"个体性"和"个性"两部分。人是由肉体和灵魂所组成的，"个体"或"个体性"是指人的肉体，而"个人"、"个性"或"人格"是指人的灵魂，这就是人的二重性。人被放在两个极端之中，一个是物质的极端、人的物质性，一个是灵性的极端、人的精神性。一方面是物质实体，另一方面是精神实体，人就是由这两种实体构成的一种有机统一。然而，这两个实体关系并不是像笛卡尔的二元论那样，是一种直接对立而又并列的关系，而是亚里士多德的"形式与质料"的关系，是精神驾驭、统治着物质的关系。

就人的肉体而言，人是一个个体、是一种具体的物质存在，和其他物质一样要占有一定的空间位置，人的个体性以"物质"作为最初的实体根源。作为一个物质性个体的人，他是物质自然界的一部分，服从于整个物

---

① ［法］马里坦：《存在和存在者》，序言，贵阳，贵州人民出版社，1990。

质世界的运动规律。每一个人"都是宇宙的、人种的、历史的力量和影响的无限的网的一个孤零零的点子，并且屈从于这些力量和影响的法则；他是服从于物理世界的决定主义的"①。就人是一个个体、一个肉体的存在物而言，他有来自于物质的"狭隘性"，有一种物质的需要，"时时在贪图为了自己而有所获取"，他是自私的、利己的、排他的。

但是，人还有另一面，他有灵魂，是一个作为个性的人，即个人。"而作为个人的话，他并不屈从于日月星辰，他甚至就靠着灵性的灵魂的生存而整个地继续生存下去，而这个具有灵性的灵魂，在他身上就是一个创造性的统一、独立和自由的本原。"②"个性"、"人格"就是人的灵魂，正是灵魂使人成为一个个人。个性打上了造物主的印记，人的精神是从上帝那里得来，人是"依照神的形象"而存在的。精神使人和上帝相联系，与绝对有一种直接的关系，同时也使人类彼此沟通。作为个性的人，他要求理智和爱情的交流，使"我自己"在知识和爱情上与"别人"有所沟通、进行对话。因此，个人就不可能是孤立的、封闭的和排他的，他与莱布尼茨的"没有可供他物出入的窗户"的单子截然不同。

个体性和个性，是人的形而上学的两个方面，但它们并不是两个割裂开的东西。"在我身上，并不是有一个叫做我的个体这样一个实在和一个叫我的个人这样另一个实在。这是整个的同一个东西，在一种意义上它是个体，而在另一种意义上它是个人。基于我身上来自物质的那个东西，我是整个的个体，而基于我身上来自精神的那个东西，我是整个的个人；正如一幅图画那样，就它是来自它所赖以作成的种种彩色的材料来说，它是一个完整的物理化学的综合物，而就它是来自画家的艺术来说，它乃是一件美术品。"③因此，在这里马里坦所主张的不是笛卡尔式的二元论，倒有些像斯宾诺莎式的心身两面论。

因为人是由个体性和个性两个方面所组成的，所以人也包含着向两个方向发展的可能性，即人的活动既能沿着个体性的方向发展，也可以沿着个性的方向发展。如果人沿着物质的个体性这个方向发展下去，我就成为一种自私的我，可憎的我，贪求夺取的我，人的个性就倾向于败坏和丧失。如果人沿着灵性的个性这个方向发展，我就不断地趋近于英雄和圣人们的大公无私的我，人就会成为一个道德高尚的人。只有当个性高于个体

---

①② ［法］马里坦：《个人与公益》，转引自中国社会科学院哲学研究所编：《现代美国哲学》，193～194 页，北京，商务印书馆，1963。

③ 同上书，197 页。

性，个体性向着个性归顺时，人才真正算是一个个人。

个体性和个性的关系是一个难于处理的问题，通常存在着两种错误的倾向。一种倾向是，把它们看做我们身上两个彼此割裂开来的东西，一个是个体，一个是个人，个体该死，而个人万岁。实际上，在绞杀个体的同时也绞杀了个人，没有了个体，个人也无从存在。当个体归顺于个性时，个体性是一种好的东西。只是我们要提防个体性的片面发展。另一种倾向是把个体和个人混淆不分，在发展个性的同时也发展了人的个体性，因而造成人们彼此间的分散和不和，造成人的心灵偏狭、感觉反常。没有看到，要使人性得到充分和自由的发展，就应该在某种程度上实行禁欲主义，正如为了获得果实必须砍掉无用的树枝一样。

马里坦把人看做由个体和个人、肉体和灵魂所构成的一种抽象的人，而不是生活在一定的阶级社会中的具体的人，抛开了人的阶级性和社会性，因此他对人所作的分析是一种抽象的人性论分析。

二、人与社会

马里坦在把人区分为个体与个人两个方面的基础上，进一步来谈论人和社会的关系。

马里坦提出了社会性是个性的本质的观点。人由于需要尊严，要求成为社会的一员。社会是由一些个人所组成的，人是社会的单位。人为什么要求在社会中生活呢？有两方面的原因，一方面是由他的个性所决定，一方面是由他的个体性所决定。从人的个性来讲，人有一种要求彼此沟通、要求知识和爱情的交流的倾向，因此，人要求过社会生活，在社会的交往中，用生命、智慧和爱情使自己得到充分的实现。从人的个体性来讲，人的种种缺乏也使人要求过社会生活，使人参与到一定的社交团体中，不参加这个团体，他就不可能得到生活的满足，不可能自我实现，"因此，社会似乎就是在提供给个人以他恰好需要的种种生存和发展的条件"①。个体的缺乏或贫乏不仅仅表现为在衣、食、住、行等物质方面需要他人的帮助，而且还表现在人需要别人教育，使自己在知识和道德上得到某种程度的提高，才能达到自我完善，要完成理智和道德的事业就需要他人的帮助。这样，人一方面是由于"富足"（需要与他人进行知识和爱情的交流、沟通）或作为个性而需要社会，另一方面是由于"贫乏"（需要他人的种

---

① ［法］马里坦：《个人与公益》，转引自中国社会科学院哲学研究所编：《现代美国哲学》，200 页。

种帮助）或作为个体而需要社会。因此，社会性是人的本性，人是一种政治动物。马里坦在这里似乎突破了抽象的人性论，把人看做社会的人，把社会作为人生存和发展的条件，但是，他是离开了物质生产、阶级关系来讲社会，讲人们之间的关系，不是把生产斗争、阶级斗争和科学实践等人类的实践看做是人和人联系的基础，而是把社会视为人的本性的一种需要，一种生活的需要，从人的本性中引出社会，所以他的分析仍然是抽象的和唯心主义的。

"个人"是社会的单位，与个人相对的是作为整个社会之目的的"公益"，或曰"共同的利益"。个人和社会的关系就表现为"个人"与"公益"的关系。马里坦认为，"公益"作为社会的目的，它既不是个体的善，即每个人的个人利益，也不是许许多多个人利益的总和（实质上它仍然是个人利益），因为这样会走向个人主义，顾全了个人的利益而取消了社会本身。因此，社会的目的应该是集体的善、共同的利益。但我们又不能把它理解为整体的利益。因为这往往意味着为了社会整体的利益而牺牲个人的利益，走向了总体主义、极权主义，不把人当人看待。"公益"应该是被接纳在个人之中的，"公益以人为前提，它注入在人身上"，"在人身上得到自身的完成"。"社会的公益乃是由个人所组成的群众之美好的人的生活；是他们在幸福生活中的彼此交流；因此，它无论对于整体还是对于部分，都是共同的。公益倾注在部分中，而部分则从公益中得到好处"①。公益要求承认人的基本权利，能让人们充分发扬自由，肯定人自己所拥有的主要价值。这样一种公益表现为个人向着超越自己的某种东西的一种内在的归顺。

"公益"的核心在于它的道德上的整体价值。"公益"不是"公众之益"，不是一些利益和世俗成就的总和，如蜂房或蚁穴对于蜜蜂和蚂蚁那样。公益不是公共事业或国家利益的各种服务设施如公路、学校、财政、军事等，也不是国家的法律制度和风俗习惯、光荣传统和文化遗产，"公益包括所有这些东西，可是它远远比这些更多、更深刻、更具体、更符合人性"②。整体大于部分之和，公益的整体功能表现在它的道德价值上，"它包括一切属于公民意识、政治道德和对于权利与自由感的社会学上的总和与整体，它包括一切属于活动、属于物质的繁荣、精神的富有、在无

---

① ［法］马里坦：《个人与公益》，转引自中国社会科学院哲学研究所编：《现代美国哲学》，202 页。

② 同上书，202 ~ 203 页。

意识中起着作用的承继得来的智慧、道德的正直不倚、公道、友谊、幸福和德行、英雄主义等等，在社会成员的个体生活中，按照所有这一切东西在某种程度上都是可交流的，并且在某种程度上流注在每个成员身上，这样去帮助每个人完善自己的人的生活和自由。正是所有这一切造成群众的美好的人的生活"①。可见，"公益"不是各种共同的利益和效用，而是用道德去铸造人的美好生活，使人达到自我完善和独立发展。因此，"公益是道德地善的事物"②。

如果说人是由个体和个人两个方面所组成，或者说人既是一个个体又是一个个人的话，人和社会的关系就是这样一种关系：作为个体的人，他是作为一个部分而进入到社会中，"部分是低于整体、从属于整体的，并且应该作为整体的器官而服务于共同的事业"③。他必须为社会不断作出贡献，甚至为了社会的公益而牺牲自己。作为个人的人，具有不朽灵魂的人，他是作为一个整体而进入到社会中，要求社会把自己作为一个整体看待，而不是作为部分看待。从这个角度看来，"社会乃是为了每个人而存在的，并且从属于人"④。个人高于社会。尽管社会的公益要比每一个人的私益崇高得多，但要求社会的公益必须反注于个人，为个人服务。"公益是按照正义的一种善，它应该注入在人身上，它的主要价值在于使人接近于自己充分发展的自由"。作为个体的人，人是手段，服务于社会的公益；作为个人的人，人是目的，社会的公益服务于人。

个人高于社会，更重要的是表现在"作为要归顺于超越的整体（大全）的灵性的整体的人，是超越了一切尘世间的社会，比它们都要崇高优越"⑤。因为人要归顺上帝，把上帝作为自己的终极目的。人首先是为了神，为了永生而被构成为人的。从这个角度来讲，人是超越于世俗社会的，个人高于社会，同时也最要求社会从属于个人，为个人服务。公益，作为社会的目的还只是一种相对的目的，它还应该有利于人的一些崇高的目的、绝对目的，使人趋向于比社会的公益更崇高的善，即上帝的善。

按照马里坦的观点，个人与社会或公益的关系是一种相互包容、相互从属和彼此牵连的关系，而不是一种对立的关系。"人作为人是须要自由

① ［法］马里坦：《个人与公益》，转引自中国社会科学院哲学研究所编：《现代美国哲学》，202～203 页。

② 同上书，203 页。

③ 同上书，213 页。

④⑤ 同上书，208 页。

地服务于社会和公益的，并且在趋向于超越的整体（大全）的运动中，逐渐到达他自己的完善、超越自己并超越社会。作为个体，则人由于必然，也就是由于限制，便不得不服务于社会和公益，而且一如部分之被整体所超越一样，他被社会和公益所超越。"① 作为个人的人是自由的，作为个体的人又是必然的。

基于上述认识，马里坦批判了资产阶级的个体主义、共产主义的反个体主义和独裁的全体主义。它们所追求的自由也只能是一种虚幻的、梦境的自由。他认为，资产阶级的个体主义的悲剧在西方文明的道德危机和经济危机中表现得格外清楚，共产主义的悲剧表现在苏联，而全体主义的悲剧表现在第二次世界大战期间的法西斯主义中。这三种学说都是否认人类的个人，而仅仅把人当成物质的个体，它们都没有合理地解决个人和社会的关系。

三、道德法则和意志自由

马里坦的伦理学认为存在着一种永恒的、不变的道德法则和道德价值标准，义务和责任都是以上帝作为最后根据。人是能够认识这些道德规则的，并用它们来指导自己的行动。他说："人对道德规则有一种自然的认识。"② 而这种自然认识会出现两种截然不同的形态：第一种形态是对道德规则的自然—自发的认识，它是通过原始部落的集体意识和宗教信念起作用的，依靠神的启示，这是对道德规则的启示性知识。人类的生活规则是上天的指示，"上帝亲自向人类颁布戒律，宣告什么是人类生活的真正方法"③。如基督教的宗教戒律、摩西十诫等。在这里我们对道德规则的知识是通过信仰得来的。第二种形态是自然—反省的认识，它是哲学家的事，靠哲学理性起作用，是理性对"自然法"的认识。自然法是上帝的思想中管理事物的理性方案，同时它也像事物的真正本质一样存在于事物内部。"自然法是作为一种理智秩序而处在一切现有的人的生存中的"④。这也就是说，自然法就是道德法则、道德律，是人的行为的尺度。

马里坦认为对这样一种最终根源于上帝的自然法即道德法则的认识是

---

① ［法］马里坦：《个人与公益》，转引自中国社会科学院哲学研究所编：《现代美国哲学》，218 页。
② ［法］马里坦：《道德哲学》，转引自中国社会科学院哲学所伦理学研究室编：《现代世界伦理学》，93 页，贵阳，贵州人民出版社，1981。
③ 同上书，94 页。
④ ［法］马里坦：《人和国家》，84 页，北京，商务印书馆，1964。

理性的作用。理性知道什么是善、什么是正义，把这些知识作为人们的行为规范和道德准则，指导着人们的行动。这种能够认识道德规则的理性就是"道德良知"、"良心"、"道德心"。但是这种认识自然法、认识道德法则的"理性"和认识自然法则和几何学定理的"理性"不同，它不是运用概念、判断的明确推理，而是依靠人的天赋和倾向的一种体悟。"人类理性认识自然法的真正方式或形式并不是理性知识，而是通过倾向得来的知识。"①

从上面对于道德规则的两种认识形式来看，马里坦认为启示性的知识和哲学理性的知识并不是矛盾的，"启示性知识不会使哲学理性在这方面的研究白费力气，而是使之更提高一步"②。并且它们二者只是方式的不同，它们所揭示的内容是统一的，"人类行为的规则并不是部落的集体意识或哲学理性可以胡乱发现的，它是由上帝根据天上确定的道德法则亲自指示下来的"③。上帝是道德法则的最终根据。上帝为人确立了道德法则，同时也赋予人意志自由。马里坦作为新托马斯主义伦理学的代表，既讲理性的作用，也讲意志的作用，既讲道德法则的必然性，同时也讲道德选择的自由。认为人是根据必然性自由地活动，人的行为无疑受到自己自由意志的制约，人的自由意志可以依据道德法则作出道德判断、进行道德选择。道德选择的行动是个人性的，是在特定的个人独特性的作用下造成的，同时也是在种种偶然的境况下发生的。"在这个世界里，同样一种道德行动所处的境况决不会重复地出现第二次。从绝对意义上讲，先例是不存在的。每一次，我都发现自己处于一个要求我有能力去对付新情况的境地里。要求我将一个在这个世界里独一无二的行动带入存在。这样一个行动必须以某种方式符合于一般的道德法则，并且在严格地说来仅仅属于我一个人的条件下以及在以往从未成立的条件下符合于一般的道德法则。"④
在各种特殊的场下，如何使我的行为符合于一般的道德法则，这是自由意志的作用，是对谨慎之善的运用，是道德心的判断。只要我的意愿是趋于人类天然之善的话，那么我们作出的道德判断和道德选择会是惟一正确的。

---

① 〔法〕马里坦：《人和国家》，86 页。
② 〔法〕马里坦：《道德哲学》，转引自中国社会科学院哲学所伦理学研究室编：《现代世界伦理学》，93 页。
③ 同上书，95 页。
④ 〔法〕马里坦：《存在和存在者》，44 页，贵阳，贵州人民出版社，1990。

马里坦认为，人的自由意志的运用，不仅可以导致善，同样也可以导致恶。恶产生于意志的自由行动中，是意志自由运用不当的结果。意志自由体现在它既可以对道德规范加以考虑，也可以无视道德规范。在什么情况下意志自由产生善？在什么情况下意志自由产生恶呢？这取决于人对于第一因的确立，取决于人和上帝的联系。当人把上帝作为第一因，承认是上帝以存在和善的方式产生万事万物，那么人决不是孤独的；相反，如果他不需要上帝，它是真正孤独的，离开了上帝是自由的行动中恶的根源。

道德选择不仅必须在善与恶之间进行选择，还要在善和至善之间作出选择。"正是在这样的时刻，我们才得以真正进入到道德生活的最深刻的隐秘之中，而且道德行动的个人特征才确定下它的重大意义。"① 上帝之善乃是至善，它远远地高于一个单纯有道德的人所具有的善，二者的行为方式和衡量标准也完全不同。但善和至善并不是两个对立的世界，这两个世界是连续的，是同一个伦理学世界的两个部分，伦理学的世界根据道德生活的深度和等级被划分为具有不同特征的区域，从具有动物性的人的伦理学王国出发，走向精神性的人的伦理学王国，直至圣灵的王国，从公开的、世俗的道德生活的世界，走向隐匿的、极度深邃的神性的道德生活的世界。只有在最后这个世界中，道德生活才具有最充分的道德性，这是人的道德生活所趋向的一个最高目的。马里坦反对将世俗的东西和神圣的东西分裂开来，而力图将"天国"和"尘世"联系起来，协调一致。

四、美德和幸福

马里坦认为，伦理学或道德科学是以道德生活为研究对象，而在道德生活中存在着两种美德和准则，即适用人类生活的道德的美德与准则和适用于神圣生活的神学的美德与准则。

道德的美德"只是教人们注意人类的习惯或注意与人的利益相关联的生活规则"②，譬如亚里士多德说，美德在于过分与不及之间的一种中道，或自古希腊以来被人们所公认的"四主德"，智慧，勇敢，节制，正义。这些是人的本性范围内的美德，属于人的本性。神学的美德的对象是超验的上帝、神圣的善。这种美德是由基督教教义提出来的，美德不在于过分和不及之间的中道，而在于信仰、希望和热爱，其中最重要的是爱上帝。

---

① ［法］马里坦：《存在和存在者》，46~47 页。
② ［法］马里坦：《道德哲学》，转引自中国社会科学院哲学所伦理学研究室编：《现代世界伦理学》，88 页。

在马里坦的美德论中，神学的美德高于道德的美德。这表现在两个方面，首先，道德的美德永远需要补充和修订，因而它不是最高级的美德，而神学的美德不存在补充和修订的问题，它是最高级的美德，是超道德范围的美德。其次，神学的美德是"我们认识人类道德生活的指导"，它具有规范的力量和引导的力量。是神恩把超本性的美德引进到我们的心灵中，是上帝的意志把神学美德灌注到人类本性的道德美德中，因而，使人的本性领域与超本性领域相通，使人超越自己，完善自己，使人性与上帝相结合，去过那种"神圣的"精神生活，把人类生活中的道德性提高到超道德性上，可见，马里坦的伦理学和基督教教义是完全一致的。

马里坦的基督教伦理学也是一种"目的伦理学"，它把上帝作为人生的最终目的。"人生的最终目的是无限的善和自己存在的上帝，上帝不仅被人看做自在和自为的最高的善的真谛，而且被看做占有它才是人类幸福的最高目标。"① 马里坦把热爱上帝看做永恒幸福和绝对幸福。在马里坦看来，追求幸福似乎是人类的天性，人们把追求幸福视为一种基本权利。同时对于幸福的追求也是人的不幸，人总是到一切能够败坏的事物中去寻找幸福，如从获得女性的爱、夺取政权等这些世俗的利益中去寻找幸福，结果是根本得不到真正的、彻底的、绝对的、永恒的幸福。永恒幸福只有通过信仰上帝、瞻仰上帝、直观上帝、最为重要的是爱上帝才能得到。因此，这种永恒幸福也是属于超本性范围的，而不属于人的本性。如果仅停留在纯本性范围内，就不可能得到永恒的幸福。人类所追求的一般幸福和以上帝为最终目的的永恒幸福相隔无限的距离。因此，永恒幸福是神的一种恩赐。

马里坦的伦理学要求人爱上帝胜过爱自己。他承认人是天生爱自己的，但认为，这种自爱"失去了上等的地位"，"偏离了首要而光荣的位置"，亚里士多德所主张的幸福主义的自我中心论是封闭的，注定要失败的，人类要想获得永恒幸福，就要摆脱自己，"从一味自爱的贪得无厌的自私自利中解放出来"，上升到"绝对崇高和无与伦比的爱"、"回归到创造者的人格上"，即去爱上帝。因此说，"基督教的道德是一种永恒幸福的道德，但首先而且主要是爱至高无上的神圣的善的道德"②。

① ［法］马里坦：《道德哲学》，转引自中国社会科学院哲学所伦理研究室编：《现代世界伦理学》，81 页。
② 同上书，86 页。

马里坦伦理学说的理论核心就是要人归顺上帝，从人性上升到神性，从善上升到至善、从幸福上升到永恒幸福，从爱自己上升到爱至高无上的上帝。总之，将人和上帝、世俗世界和神圣世界结合起来。他将自己的这种道德哲学体系称为"真正的人道主义"、"完整的人道主义"和"以神为中心的人道主义"。

马里坦认为，西方社会所面临的经济危机、社会道德危机都是由于人和上帝分离、世俗世界和神圣世界分离，宣扬以经济为中心的人道主义和以人为中心的人道主义所造成的恶果。出路何在？马里坦认为，只有靠他的"新的人道主义"、"以神为中心的人道主义"、"完整的人道主义"来拯救世界。只有这种人道主义才能真正恢复人的地位，改良现代西方社会，克服现存的危机。这种人道主义要求把人和上帝结合起来，认为只有和上帝相结合才能真正恢复人的地位。要求通过道德革命和精神革命来帮助现代西方社会的改造。要使"科学和智慧相协调"，使知识和信仰相一致。实行宗教宽容，在不同的宗教和不同的意识形态之间进行对话。还期望建立一个"和平"、"统一"、"自由人"的社会，要求各民族不应当只注意自己的利益，而应当把一切国家的共同利益放在本国的利益之上。马里坦把这描绘为一个完满的人道主义的时代，科学智慧协调的时代，是一种爱的社会，真正的人的解放。而实际上，这只能是新托马斯主义的"乌托邦"。新托马斯主义的伦理学并不能挽救西方现代社会的危机。因为西方现代社会所面临的问题，并不是像马里坦所设想的那样，是基督教道德精神的失落，而是资本主义社会生产力和生产关系、私有制的矛盾所产生的必然结果。马里坦要建立"以神为中心的人道主义"，表明他根本就没有找到克服西方现代社会危机的根本途径。

马里坦的伦理学确实是"以神为中心"的，为宣传基督教义服务的。虽然他也批判了现代资本主义社会，但是其目的是为了挽救和改良资本主义社会，他的理论从阶级本质上来讲是为资产阶级服务的。因而，他的伦理学和马克思主义的伦理学根本对立。但是，马里坦的伦理学作为一种道德理论，也有一些东西值得我们重视。第一，它虽然是一种神学伦理学，但它宣扬的不再是外在的、强制性的、先验的神学道德，而是从对人性的分析出发的，从人的内在性引向上帝，把这些神学的道德看做人的本性的自然的需要。强调人的世俗生活，宣称要尊重人的自由和尊严，尊重科学和理性，披上了"人道主义"的外衣。第二，在个人和社会的关系问题上，它看到了社会公益应高于个人私益，个人既要服从社会、服务于社会，社会又要尊重个人，服务于个人。人既是目的，又是手段。人既是必然的，又是自由的。反对资产阶级的个人主义和利己主义。第三，虽然它认为道德规律最终是由上帝颁布的，但是它要求既要尊重道德规律又要承认意志自由，把理性和自由统一起来，批判了存在主义的非理性主义伦理学。第四，它清楚地看到了资本主义社会的危机，并特别指出，片面地追求个人的利益、追求物质财富的生产、追求科学技术的发展，在人心目中没有社会公益、没有理想、没有精神信念，这是西方社会出现危机的根本原因。马里坦的伦理学说的这些"现代化"和"世俗化"的特征使得它在西方世界有着广泛的市场。它提出的这些理论问题同样值得马克思主义伦理学去研究，是值得我们在社会主义的精神文明建设中引以为鉴的。

第三节　萨特的存在主义伦理思想

存在主义是第二次世界大战前后在法国产生的一个思想流派，首先表现在文学中和哲学中，后来成为法国社会中一个极有影响的社会思潮。存在主义是一门关于人的学说，把人的生存、人的自由、人的异化等问题作为哲学的中心问题，它反映了经历过经济危机的冲击和第二次世界大战灾难的法国人的危机意识，和对人生意义与人类前途的探索。在 20 世纪法国的伦理学中，存在主义是一种占主导地位的伦理学说，其理论的深刻意义和广泛的社会影响，是其他任何伦理学派所无法比拟的。法国的存在主义内部还有多种流派，有马塞尔（G. Marsel，1889—1973）和舍斯托夫（L. Chestov，1866—1938）的有神论的存在主义；科热夫（A. Kojeve，1902—1968）和让·华尔（J. Wahl，1888—1974）的新黑格尔主义的存在主义；道德哲学家让凯列维奇（V. Jankelevitch，1903—1989）在思想倾向上也属于存在主义。然而，最有影响的要数萨特（J. P. Satre，1905—1980）、梅洛·庞蒂（Merleau-Ponty，1908—1961）和加缪（A. Camus，1911—1960）等人的无神论的存在主义，可以说他们是法国存在主义的主流。在这里，我们主要讨论萨特的存在主义伦理思想。

一、"自由"是萨特伦理思想的核心

让-保罗·萨特的存在主义既是一种探索存在的本性的本体论学说，也是一种探索人的存在意义和价值的伦理学说，二者本是一个东西。因为他本体论中的存在，就是自为的存在，人的存在，本体论的探讨揭示出伦理学的意蕴。因此，我们不能把伦理学视为萨特哲学中的一个部分，或在

他哲学之外另找伦理学思想。毋宁说，萨特哲学就是伦理哲学或哲学伦理学。

萨特虽然没有写过专门的伦理学著作，但是《存在与虚无》、《存在主义是一种人道主义》等却是其伦理思想的集中体现。萨特曾在《存在与虚无》中说过："本体论本身不能进行道德的描述。它只研究存在的东西，并且从它的那些直陈式中不可能引申出律令。然而它让人隐约看到一种面对处境中的人的实在而负有责任的伦理学将是什么。事实上，本体论向我们揭示了价值的起源和本性……存在的精神分析法是一种道德的描述，因为它把人的各种计划的伦理学意义提供给我们。"① "存在的精神分析法将向人揭示他追求的真正目的，即成为自在与自为综合起来融合为一体的存在"②。本体论和存在的精神分析法应该向道德主体揭示，"他就是各种价值赖以存在的那个存在。这样，他的自由就会进而获得对自由本身在焦虑中发现自己是价值的惟一源泉，是世界赖以存在的虚无"③。在《存在主义是一种人道主义》一书中，萨特则更明显地表白，他的存在主义就是"一种行动的和自我承担责任的伦理学"④。

萨特的伦理思想并不是一个完善的、首尾一致的理论体系，从《存在与虚无》（1943）到《存在主义是一种人道主义》（1946），再到《辩证理性批判》（1960），前后期的思想曾发生了很大变化。然而，在这些变化中却有着一个贯穿始终的主线，那就是"人的自由"。"自由观"是整个萨特伦理思想的核心。在早期著作《存在与虚无》中，他通过对纯粹意识活动的分析得出自由概念，把自为的存在即人的存在与自由等同起来。人的存在即自由，自由先于人的本质，自由就是个人自由地选择，自由地选择是绝对的、不受限制的。人是自己造就自己。这里他关心的是人的个别性、单独性，宣扬的是个人的自由，自己对自己的行为负责。把人和人之间的关系视为一种冲突关系，别人的自由始终是对我的自由的一种威胁，"他人是地狱"。这种个人主义的、唯我论的自由观受到来自各方面的非难和谴责后，萨特在《存在主义是一种人道主义》中对其作了进一步的修改和辩护，而强调人要献身全人类的自由，为全人类负责，当你个人在作出选择时也就是为全人类选择，所有别人的自由是保证个人自由的必要条件，把存在主义作为一种人道主义。在《辩证理性批判》中萨特力图将他的存

①② ［法］萨特：《存在与虚无》，796～797 页，北京，三联书店，1987。
③ 同上书，798 页。
④ ［法］萨特：《存在主义是一种人道主义》，21 页，上海，上海译文出版社，1988。

在主义和马克思主义结合起来，更多地考虑的是现实地实现自由的条件，认为不受限制的自由、彻底的自由选择是不存在的。只有消灭了经济匮乏和社会异化，才能实现真正的自由。他主要考察的不是人的个别性和独立性，而是人们如何构成现实的集团关系。

萨特思想的前后变化恰好反映出了他的"自由观"的发展和完善的过程。萨特自由观的出发点是"现象学一元论"。他力图运用从德国哲学家胡塞尔那儿借用来的现象学方法超越传统主客、心物二元论，他把《存在与虚无》的副标题叫做"现象学的本体论"。这种本体论将存在分为两种，即自在的存在和自为的存在，以此来说明人的意识和外部世界的关系。更重要的是，通过对于"自为存在"的证明和分析，来确立自由的道德主体的存在。

"自在的存在"，就是指不以人的意识为转移的客观世界、客观存在。它是独立于人而存在的，它虽然能被人的意识所显现，但不能被人的意识所创造。这种自在的存在是指那种还未被人的意识所呈现，未被人的意识赋予意义的存在。

"自为的存在"，就是指人的意识、人的自我。与自在的存在相反，它是非存在，是自为的，是其所不是或不是其所。这种"自为的存在"是"非存在"，是"虚无"。作为意识它是存在的缺乏，是空无，是结结实实的自在的存在上的一个"窟窿"。但意识作为存在的缺乏，它又趋向存在；作为存在的一个"空洞"，它又想填满这个空洞；它是"虚无"，但它要"成为"某物；它永远不是什么东西，但又趋向于成为什么东西。这种趋向性就是一种虚无化或否定的活动。所以，自为的存在是一种"借来的"存在，是凭借它的否定能力而从自在中显现出来的存在。它只有在揭示自在的存在中才能存在。自为的存在不是一种确定的、不变的存在，而是一种不断追求和活动中的存在。

自为存在的能动性还表现在，自在只有与自为相联系才有意义。自在是一种浑然一体、无生气、无联系、无意义、无价值的东西，由于自为即意识的出现，自在才获得意义和价值。自为将意义赋予自在，使自在的世界成为一种充满生机，既有联系又有区别的五光十色的世界。这就是康德的"人为自然界立法"。在这里自为占主导地位、是主动的，自在处于从属地位、是被动的。"自为和自在是由一个综合联系重新统一起来的，这综合联系不是别的，就是自为本身。"① 因此"自为的存在"具有事实性。

---

① ［法］萨特：《存在与虚无》，786 页。

"事实性" (facticite) 有着双重含义, 一是偶然性, 一是人为性, 它表明自为和自在的联系, 人和环境的关系。自为存在着, 它必须面对世界在场, 是世界上的存在, 以事件的形式存在着, 以物的形式存在。虽说自为的存在基础不在其自身, 但是一旦它存在以后, 它又是自己存在着, 与自在地存在着的东西有了一种相对的位置。自为者、人总是被抛到这个世界上, 被抛入一定的处境中, 是被抛入存在的, 因而他的环境对他来说都是偶然的。这是他不能逃脱的, 这说明他是受限制的。一个人总是处在一定的境遇或处境之中, 由于他的身体、他所从事的职业、他所居住的地方, 使他有一个特定的角度。他正是从这个特定的角度上, 赋予存在以意义, 这说明他是自由的, 他对自己的存在是负有责任的, 这就是自为的"人为性"。事实性就是要表明, 一方面自为是一种被抛入世界的偶然存在, 另一方面自为又是自己给予世界以意义的人为存在。

"自为的存在"也具有超越性。由于自为是"存在的缺乏", 是"虚无", 他总是要去追求那个"所缺乏者", 使自己成为"存在者", 使自己成为存在, 不再缺乏, 人对于存在的追求, 自为要与自在结合为一, 这就是自为的"超越性"。它表明意识企图超越自身去追求完整的存在者。因此自为的存在的超越性表现在两个方面, 即价值和可能。

价值, 是自为所追求的一种整体性。自为总是要超越自身而与自在结合, 追求整体性。但是这种整体性是一种不可能的综合。这就使人产生了一种痛苦意识, 人的实在在自身存在中受着磨难, 因为他永远被一个他力求达到而如不失去自身就永远不能达到的整体性纠缠着。"价值是自为应该是的存在"[1]。对于整体性的追求就是人生的价值所在, 价值是人在超越和追求中创造的。可能是自为在追求完满性和整体性中所缺乏的东西, 它表明人的实在的"尚未"实现, 表明不断追求的开放性。人的存在的过程也是一个不断地选择可能, 不断地自我设计和塑造的过程。

自为的超越、对于价值和可能的追求是通过时间实现的, 自为就是在时间中存在的。但是人是在时间中自为地存在的。

过去, 总是"这个现在的过去", 是相对于自为的现在而言的, 只有人才有过去。它只是相对于我现在的存在才有意义。现在不是为过去所产生、所决定, 而是相反, 过去为现在所产生、所决定。过去能产生什么样的意义取决于我现在的选择。现在, "不是其所是"。它不是过去所是的东

---

① [法] 萨特:《存在与虚无》, 139 页。

西，也不是将来所是的东西，它是没有变成将来而又不再是过去的那一瞬间。现在是自为的，现在是由将来所决定的，由将来赋予意义的。将来"是其所不是"。将来是现在所不是的东西。我把自己投入到将来之中，目的是为了去追求我所欠缺的东西，去追求自己的可能性，人总是面对未来，筹划未来，不断追求、不断选择新的可能的东西。自为的人是由将来所决定的。他不是其所是，而是其所不是和不是其所是。

从萨特对于"自为的存在"的证明中，我们可以看出萨特塑造的道德主体的特征：自为者，人，是一种永远缺乏、永不满足的存在，是一种能动性和趋向性，他在将自在虚无化，赋予世界以意义的同时将自己涌现出来。他在不断地超越和追求价值和可能性中创造着世界，同时也创造着自我，他是面向未来的，永远在自我选择、自我设计、自我筹划。人的这种否定、超越和创造是无穷的。这一切说明人是自由的。自为的存在即人的存在就是自由。人注定是自由的。人不是选择成为自由。不是先存在，然后争取到自由，自由和人的现实存在是不可分的。人是被判定为自由、被处罚为自由、被投向自由、被抛入自由之中。人就是一个自由的主体，自由地行动和承担道德责任的主体。

作为自由的道德主体，人的存在（即自由）先于人的本质。人与物不同，物是被动的、消极的、没有自由的，不能自己造就自己，它是本质先于存在。如裁纸刀在存在（被制造出来）之前，其本质就先在制造者的观念中存在，制造者知道什么是裁纸刀，它的式样、用途及制造方式，然后才制造出裁纸刀。而人则是"存在先于本质"，首先是人存在、露面、出场，然后才能给自己下定义。在一开头，人是空无所有，什么都说不上，是不能定义的。只是在后来才变成某种东西。人是按照自己的意愿造就自身的。"人，不外是由自己造成的东西，这就是存在主义的第一原理。这个原理，也即是所谓的主观性"①。各种存在主义"共同的地方是：都认为存在先于本质，或者说，必须以主观性为出发点"②。主观性表明人高于物，突出了人的地位和尊严，突出了人的意志、自觉决定和自我创造，体现了人是一个拥有主观生命的、在企图成为什么时才取得存在的。存在主义对以往的哲学进行了一次"革命性"的颠倒，而把人的能动性、人的自由和尊严提高到前所未有的地位。

---

① 转引自熊伟等译：《存在主义哲学》，337 页，北京，商务印书馆，1963。
② 同上书，336 页。

二、自由选择和道德责任

萨特把人的自由看做绝对的、不受限制的。自由，就是自由地进行选择、自己决定。人的自由就是意识对面临的各种可能性进行选择的自由。

首先，环境不能限制人的自由。虽然人是环境中的存在、自由是环境中的自由，但是，环境并不能限制人的自由。自然环境看起来限制了我，但这种限制是我自由选择的。喜马拉雅山高，是我征途中的险阻，是因为我选择了要攀登它，长江是我前进的障碍，是因为我选择了要横渡它。家庭出身和阶级地位等社会环境也限制不了我的自由，虽然家庭出身是不能由我本人来选择的，但是它对于你到底有什么意义还是由你自己选择的，家境的贫寒是使你自强奋进、还是使你自卑沉沦完全是由你自己决定的。你生来就是无产者、被压迫阶级的一员，但到底是成为一个"认命者"还是成为一个"革命者"，完全是由你自己决定的。囚犯虽身陷囹圄，奴隶虽被锁上了镣铐，但他们仍然可以在思想中自由地选择各种逃跑和对抗的办法。他们完全是自由的。

人的过去是不能限制人的自由的。人现在的自由选择、现在的存在不是由过去决定的。过去已经变成"自在"，过去到底有什么意义，也是由我现在的自由选择所赋予的。因此，可以说我现在的自由选择先于过去，过去限制不了我现在的自由选择。

人的死也限制不了人的自由，在死到来之前，我可以选择死的方式和意义，当死来临之时，我已经不存在，它也不能限制我的自由了。

自由选择与成功与否无关。自由的绝对性和无条件性，并不意味着我总是事事如愿以偿，处处马到成功，不是指通过选择获得现实的政治自由或行动自由，而是指自己决定和自己选择。自由是指选择的行为本身，它与成功与否无关。它只意味着，无论你处于何时何地何种条件下，你面临各种可能性时总是可以在思想上自由地作出选择。"在某种意义上，选择是可能的，但是不选择却是不可能的，我是总能够选择的，但是我必须懂得如果我不选择，那也仍旧是一种选择"，因为我选择了不选择。所以自由选择是绝对的、无条件的。萨特的这种自由实际上只是人的主观心理上的自由、个人意识的自由，与现实的、具体的自由无关，因而有着强烈的主观唯心主义倾向。

但是，萨特在讲自由的绝对性和无条件性时，并不是完全抛弃责任，他还进一步认为，自由选择与道德责任是紧密相连的。每一个人不仅要对自己的选择负责，而且还要对全人类负责。"当我们说自己作选择时，我们的确指我们每一个人必须亲自作出选择，但是我们这样说也意味着，人在为自己作出选择时，也为所有的人作出选择。因为实际上，人为了把自己造成他愿意成为的那种人而可能采取的一切行动中，没有一个行动不是同时在创造一个他认为自己应当如此的人的形象"①，在创造一种他希望人人都如此的人的形象。他这样做既对自己负责，又对所有的人负责。"所以存在主义的第一个后果是使人人明白自己的本来面目，并且把自己存在的责任完全自己担负起来。还有，当我们现在说人对自己负责时，我们并不是指他仅仅对自己的个性负责，而是对所有的人负责。"②

萨特还把个人的自由选择和要承担的道德责任与人的烦恼、自欺、孤独和绝望等心理上的情绪联系起来，这些情绪既是人的存在方式，又是人对自身存在状态的领悟和体验。

苦恼或焦虑，是当人面对自由和责任时的一种体验。个人的自由选择就要承担责任，不仅要为自己负责，而且要为全人类负责，责任是人无法逃避的。当你面对责任时，你就会苦恼，选择所带来的责任就是苦恼的根源。如一位战场上的指挥员，他接到上级命令，要组织进攻，这是要使若干士兵送掉性命的。这时完全靠他一个人作出选择，虽然是执行上级命令，但命令比较笼统，完全靠他领会。到底是牺牲 10 个人、14 个人还是20 个人，这完全取决于他的选择了。在他作出这项决定时，他没法不苦恼或焦虑，因为他对别的有关人员负有直接的责任。每一个指挥员、所有的领袖都能懂得这种苦恼或焦虑。这就是面对责任所产生的苦恼或焦虑。萨特说："存在主义者说，人生来就带着烦恼。这意思是说，任何人如果专心致志于自己，并明白他不仅是他自己所选择的人，而且也同时挑选全人类和自身的立法人，那么，他就无法避免掉他的全面和深刻的责任感了。"③ 这种责任感使人烦恼。因此，每一个人在作出选择时，就如同康德所说的第一条绝对命令，要让自己的行为成为一条普遍的立法原理，一个人应当永远扪心自问，如果人人都照我这样去做，那将是什么情形。每一个人在做任何事情时，总好像全人类的眼睛都落在他的行动上，并且按照这种情况来约束他的行动。苦恼或焦虑就是这样一种当人面对自己的责任而产生的一种情绪。

自欺是对自由和责任的一种逃避。自欺是人们逃避自由选择和道德责

---

① ［法］萨特：《存在主义是一种人道主义》，9 页。
② 同上书，8 页。
③ 转引自熊伟等译：《存在主义哲学》，339 页。

任、避免苦恼或焦虑的一种手段。自为者采取自我欺骗的手段企图把自己变成自在，欺骗自己的自由存在，想使自己像自在一样安稳，既不需要选择，也用不着承担责任。在这里意识不是向外超越，而是向内逃避，意识不是否定自在，而是否定自身。自欺不同于说谎或欺骗，这里不存在欺骗者和被欺骗者，要欺骗的和被欺骗的是同一个人。另外，在欺骗中，被骗者并不知道事情的真相。而自欺是我自己对自己掩盖了事实的真相。人把自己变成物，放弃了人的自由和责任，逃避人不能逃避的东西。自欺采取的是与苦恼或焦虑相反的一种态度，即严肃精神，它不是认为人的自由和行动赋予世界以意义和价值，而是把价值看做外在的东西，世界的压力，心满意足地去屈从于它，让它来规范自己的行为，使自己像物一样受外力摆布，从而逃避自由选择和道德责任。"这种严肃的精神从世界出发来把握价值并且处于使价值宁静、物化的实体化过程中。在这种严肃精神中，我从对象出发确定自我，我先验地把所有眼下未介入的不可能的事业搁在一边，把我的自由赋予世界的意义理解为来自世界且构成我的义务与我的存在。"① 自欺，或者是自己把自己看做"物"，完全从事实性的角度理解自己，把自己看成"自在的存在"，或者是使自己成为别人眼中的"物"，按照社会的压力、按照别人的要求来安排自己的生活，充当别人要自己充当的那个角色。二者的共同性都是逃避自由选择，就前者而言，自己把自己看成了物，因而就没有必要进行选择；就后者而言，自己自愿充当别人的物，也用不着自己选择了。这样就可以逃脱自由和责任，逃脱苦恼或焦虑。然而，这正是逃脱不能逃脱的东西，自欺并不能否定人的自由的绝对性，相反，自欺正体现了人的自由，因为否定人的自由、逃避人的自由，正说明人是自由的。

孤独，是人面临选择和责任时孤立无援、无依无靠。上帝不存在了，没有任何先天的价值标准能够指导他。萨特认为上帝是不存在的，以上帝存在为基础的一些宗教道德教条也随之崩溃了，并且也不应该有任何现成的、先验的道德或价值标准。所以他反对"某种类型的世俗道德伦"，因为这种学说虽然认为上帝不存在了，但仍然有某种先天的价值存在，如人要诚实、不说谎，不打老婆，抚育儿女等，都是一些先天的义务。"当然上帝是没有了，但是这些价值仍然写在一个理性的天堂中。"② 上帝当然不

---

① ［法］萨特：《存在与虚无》，74 页。
② ［法］萨特：《存在主义是一种人道主义》，12 页。

存在，但一切照旧。而萨特式的"存在主义则与此相反，他认为上帝不存在是一个极端尴尬的事情，因为随着上帝的消失，一切都在理性天堂内找到价值的可能性都消失了。任何先天的价值都不存在了"①。上帝不存在了，一切都是容许的，人永远不能参照一个已知的或特定的人性来解释人的行动。道德上的决定论也就消失了，人完全是自由的。任你自由选择，由你自由承担责任，当你选择时的这种孤独，无所凭依，正是你自由的一种表现。只要你知道你是孤立无助的，是被抛弃在世界上的，没有上帝来指引你，没有任何价值体系或观念可以指导你的话，你就会随时随刻去自己选择、自己发明、自己创造。萨特认为，道德选择犹如一件艺术品的制作或画家作画，没有什么先前既定的法则，没有什么先天的艺术价值。画家无法预先决定应当画什么，他应当作的画恰恰就是他将要画出的画，这完全是即兴的创造和发明。有人认为，萨特的这种观点是一种非道德主义，他否定了建立任何积极道德的可能性。

　　萨特举了一个例子来说明这种情形。一位学生的爸爸在德法战争期间当了"法奸"，哥哥阵亡了，只有他和母亲相依为命，他也成了母亲惟一的精神安慰。而这位学生想去参军替哥哥报仇，但又不忍心丢下妈妈，因为母亲几乎是为他活着的，如果他走了，母亲会死。这个学生面临着二难抉择，要么去参军，要么和母亲住在一起，一个行动是为了全国人民、为保卫自己的祖国而战。这是一个远大的目标，一个行动是为了母亲一个人能够更好地活下去，这是一个具体的目标。按照世俗的道德而言，一个是对于祖国的忠诚，一个是对于朋友、长辈的忠诚。他如何去选择呢？他带着这个问题去请教萨特，萨特的回答是："你是自由的，所以你选择吧——这就是说，去发明吧。没有任何普遍的道德准则能指点你应该怎样做：世界上没有任何的天降标志。"② 在任何伦理学中都找不到能帮助你行动的方式。如按照基督教的道德教条："对人要慈善，要爱你的邻人，要为别人克制你自己，选择最艰苦的道路等。"但你要慈爱的这个人到底是国人还是你母亲呢？参战和支持母亲活下去到底哪一条道路最艰苦呢？如果按照康德的道德律令："永远不要把别人当做手段，要当做目的"，但是当你去参战时，你是把其他保卫祖国的战士当做了目的，但把你母亲当做了手段，而当你和母亲住在一起时，把你母亲当成了目的，而把那些为你

---

① ［法］萨特：《存在主义是一种人道主义》，12 页。
② 同上书，16 页。

而战的人当做了手段。所以这些道德都是没用的，惟一能帮助你的只有你自己。这就是孤独。因为存在没有固定不变的意义，也没有先天的道德原则可以提供指导，人们在具体境况下作出的实际的伦理选择一定要模棱两可。西蒙·德·波伏瓦因此把萨特的这种存在主义的伦理学称做"模棱两可的伦理学"。

绝望，是说明人既然孤立无助，无所依靠，只有靠自己的行动造就自身，对于别的都不要抱任何希望。萨特说："至于'绝望'，这个名词的意思是极其简单的。它只是指，我们只能把自己所有的依靠限制在自己意志的范围之内，或者在我们的行为行得通的许多可能性之内。"[1] 人是处在各种可能性之中的，但是那些与我们的行动没有密切关系的可能性，不再影响我们行动的可能性，我们是不能依靠的，不能指望的。对于他人、特别是那些我们不认识的人，我们没有理由去相信或依靠他们，因为没有什么可以作为基础的人性，没有什么天生的"人的善良"。每个人都是自由的，有他的自由意志。自己决定自己的事情。要怎样就怎样。因此，我只能把我限制在我见到的一切里。对于未来的人和事不能作出肯定。"我只知道凡是我力所能及的，我都去做；除此之外，什么都没有把握"[2]。从事一项工作，但不必存什么希望，应当"不怀希望地行动着"，即"绝望地行动着"。

萨特的这种观点被人们视为一种对他人和未来绝望的悲观主义，而萨特反驳了这种指责，而对他的学说进行了辩护。认为他的存在主义不是一种悲观主义，而恰恰是一种"严峻的乐观主义"，在"绝望"当中充满着希望，是一种"行动哲学"，是要人们在"绝望"中奋进、崛起、行动起来。因为行动正是人自由的表现，用自己的行动造就自身，把人看做自己行动的总和。"一个人不多不少就是他的一系列行径；他是构成这些行径的总和、组织和一套关系。"[3] "人只是他企图成为的那样，他只是在实现自己意图上方存在，所以他除掉自己的行动总和外，什么都不是。"[4] 郁郁不得志者或庸碌无为者往往是怨天尤人，用各种客观条件来为自己的无所作为辩解开脱，这些都是无济于事的。因为一个人投入生活就给自己画了像，一个人就表现在他的一系列行为中，正如艺术家的天才表现在他的艺

---

[1] ［法］萨特：《存在主义是一种人道主义》，17 页。
[2] 同上书，18 页。
[3] 同上书，19 页。
[4] 同上书，18 页。

术作品之中一样。一个人不是由血统、遗传和生理机体的素质决定的，而是由自己的行动造成的，没有天生的英雄，也没有天生的懦夫，是英雄把自己变成英雄，是懦夫把自己变成懦夫，懦夫可以振作起来，不再成为懦夫，而英雄可以沉沦，不再成为英雄。不靠天，不靠地，要靠我们自己，自己必须整个地承担责任。

萨特申言，存在主义，"不能被视为一种无作为论的哲学，因为它是用行动说明人的性质的；它也不是一种对人类的悲观主义描绘，因为它把人类的命运交在他自己的手里，所以没有一种学说比它更乐观的，它也不是向人类的行动泼冷水，因为它告诉人除掉采取行动外，没有任何希望，而惟一容许人有生活的就是靠行动。所以在这个水准上，我们所考虑的是一种行动的和自我承担责任的伦理学"①。"存在主义的核心思想是什么呢？是自由承担责任的绝对性质。"② 因此，说存在主义是一种人道主义并不是指它是孔德那种把人当做目的、以人类为崇拜对象的人道主义，它所以是人道主义，因为我们提醒人除了他自己外，别无立法者；由于听任他怎样做，他都必须为自己作出决定，这才是这种人道主义的真正含义。有人认为，说存在主义是一种人道主义，这是一个矛盾，因为人道主义主张人有一种基本的本质、有一种共同的人性，而这些恰恰为主张"存在先于本质"的存在主义所反对。因此，萨特在这里特意表明他所说的人道主义与以往人道主义的区别。

萨特在这里宣扬自由的绝对性，否认客观必然性和社会历史条件对于自由的制约。把自由和成功完全脱离开来，把自由仅仅作为个人主观心理上的自由选择，意识的自由，精神的自由，因而他说自由就是行动的自由，存在主义是一种行动哲学只能是一句空话。不受限制的绝对自由只是一种幻想的自由，"自由偶像"在现实中是不可能的。萨特本人也看到了这种绝对自由观的局限，到 40 年代末，他的思想发生了变化，力图将存在主义和马克思主义结合起来，用存在主义"补充"和"修正"马克思主义，宣称要使马克思主义重新恢复到以"具体的人"为中心。在 1960 年发表的《辩证理性批判》一书中，他吸收了马克思主义的个别原理和部分结论，重点发挥了马克思《1844 年经济学哲学手稿》中关于异化的思想。这时萨特关心的不再是意识的否定性的自由，而是现实的自由、实践的自

---

① ［法］萨特：《存在主义是一种人道主义》，21 页。
② 同上书，23 页。

由，斗争和行动的自由。人的行动的自由、实践的自由也不是绝对的，不受限制和约束的，人的实践依赖于一定的物质条件，受社会和历史的现实性决定和制约。"对于自我认识和自我理解着的历史的人来说，这种实践的自由只能把自己看做经常而具体的奴役条件，这就是说，这种实践的自由只有通过这种奴役而且由于这种奴役，把这种奴役看做使自己成为可能的东西，看做是自由的基础，才能解释自己。"① 在个人实践中实现了外在性的内在化和内在性的外在化，人沾染了物质的惰性，人失去了自由的自发性，人和物形成了被动的无力的统一。特别是由于社会异化现象的存在，每个人彻底不受限制的自由选择是不可能的。工人既是资本家的奴隶，又是自己所创造的机器的奴隶，阶级压迫就剥夺了工人的基本自由，去干什么工作，干多长时间，拿多少钱，这些都不是每一个工人自由选择的，而是资本家强加的，如果不干只有饿死。并且个别的工人也没有反抗资本家压迫的自由，只有整个阶级通过革命的手段推翻了现行的制度，求得了整体的解放，个人才能获得自由。因此，在异化了的工人在死亡线上挣扎时，谈彻底的、不受限制的自由选择，这是愚蠢的。

三、自我与他人——冲突和共在

萨特既宣扬个人自由选择的绝对性、无条件性，又宣扬"他人就是地狱"的极端个人主义。在个人与他人、个人与社会的关系问题上，他继承了以霍布斯为代表的极端利己主义的观点。"冲突"是萨特对人与人之间关系的最基本的理解，但他在一定的范围内也承认自我与他人的"共存"，人们还可以结成各种社会团体，人们之间可以相互理解，"交互主体性"或曰"主体间性"的世界是可能的。但是他说的共在仍然是在冲突的前提下形成的。冲突是一种占主导地位的关系，共在是一种处于从属地位的关系，冲突是绝对的，共在是相对的。下面我们从萨特思想发展的全过程来对他关于自我与他人关系的思想作一总体考察。

（一）"为他的存在"

"为他的存在"（letre pour autrui）是"自为的存在"的一种结构或样式。自为与自在相结合，形成了自为的存在的事实性，即自我成为世界中的，我在一定的环境中存在，我的存在是实在的。同时我还发现，我不仅被外界事物所包围，我还被他人所包围，他人的存在也是非常实在的，我是生活在一个拥有其他自我、与其他自我发生关系的世界上。这种与他人

---

① ［法］萨特：《辩证理性批判》，133 页，北京，商务印书馆，1963。

相关的自我就是"为他的存在"。

自我与他人发生关系的方式是"注视"（le regard）。他人的注视使我发现我是一种"为他的存在"，我的注视也使我感受到他人的存在、他人的"为他的存在"。我本身是一个自为的存在，但当别人注视我，把目光投到我的身上时，我就发生了变化，在他眼中我被物化了，变成了物体，和桌子、杯子一样，变成了为他的某种东西，成为他的对象，我的主体性被消灭了，我变成了非我，和我以外的存在一模一样，不再是"自为的存在"，而成为"自在的存在"。例如，在公园的草地边，有条长椅，我坐在长椅上，这时有个人在椅子旁边走过，他转过头来看我（注视我）。这时，我立刻成为他的一个对象，成为和长椅一样的一种物体，我就成为了一种自在的存在、为他的存在，而我也看见了这个人，注视着他，把他也当做一个对象、一个物、一个"为他的存在"，以此来表明我不是一个自在的存在，我是一个不同于长椅、有主体性的"自为的存在"。由此看来，"自为的存在"和"为他的存在"是我的存在的两个方面，我既是一种"自为的存在"，也是一种"为他的存在"。

他人的注视，使我产生两种原始的反应或曰两种情感体验。首先是"羞耻感"。所谓"羞耻"，就是"我在他人面前对我感到羞耻"，"羞耻是对自我的羞耻，它承认我就是别人注意和判断的那个对象"[1]，是为我被别人注意、被别人当做对象、当做物而感到羞耻。因为别人在把我当做对象时就消灭了我的主体性，通过他人的注视，我体验到自己是没于世界而被凝固的存在。"羞耻是对我原始堕落的体验，不是由于我犯下了这样那样的错误，而只是由于我'落'入了世界，没于事物之中，并且由于我需要他人为中介以便是我所是的东西。"[2] 这种羞耻感，一方面肯定了他人的存在，另一方面也肯定了自己是他人的对象或客体。其次是"骄傲"，骄傲是在羞耻感的基础上形成的，它承认他人是主体，我被他当成了客体、对象，但我也承认我对我的客体性负责，我承认我的责任并承担它。也就是说，我虽然被人当做对象、客体，但我毕竟不是一般的物体，我仍是一个自由的、能承担责任的客体。因此，羞耻和骄傲是两种态度：羞耻，让我认识他人是使我获得对象性的主体；骄傲，让我了解我自己是使"他人"获得"他人性"的自由主体，这是对那些面对"作为对象的他人"

---

① ［法］萨特：《存在与虚无》，346 页。

② 同上书，380 页。

的我的自由的确认。

我作为他人的客体，或他人作为我的客体，都是指身体而言。人是通过身体而存在于世界上的，主—客和客—主的关系都是通过身体互为显现的。当然，这并不是说，在我的身体之外另有一个心灵，我的身体成为了别人的对象，而心灵、意识、自为的我不成为别人的对象。萨特反对心身分裂的二元论，认为心和身是统一的，身体就是自为的显现，身体就是自为的。这就是他讲的"身体的三维性"。"我使我的身体存在：这是身体的存在的第一维。我的身体被他人使用和认识，这是他的第二维。……我作为被身为身体的他人认识的东西而为我地存在。这是我的身体的本体论第三维。"①

（二）人和人之间的关系是"冲突"

在"为他的存在"中就包含着"冲突"的根源。因为如果是他人注视我，他作为一个主体，把我当做客体，当做物，消灭了我的主体性；如果是我注视他人，我就作为主体，他人成为客体，被当做物，我就消灭了他的主体性。这是一种不可调和的对立关系，我们不可能同时互为主体。他人的存在对于我的主体性是一种威胁。萨特说，他和马克思一样，认为黑格尔说得很对，人的一切关系的基础是主奴关系。别人看我时，把我作为他眼中的对象，我就成为他的奴隶；我看别人时，别人成了我眼中的对象，我把他变成了奴隶。一方面我试图从别人手心里解放我自己，另一方面别人也设法从我手心里解放他自己；一方面我打算奴役别人，另一方面别人也打算奴役我。因此我和他人的关系就是一种"冲突"关系。

这样，彼此平等、尊重他人的自由也成为一句空话。我是主人，他人必然是奴隶，我的自由必然要限制他人的自由，反之亦然。即便我对别人宽容，也限制了他人的自由，剥夺了他自由地做某些事的权利。譬如说，剥夺了他在一个不宽容的世界中有机会发挥的英勇抵抗、不屈不挠、独断独行之类的自由。我热情地帮助他人，就意味着我剥夺了他自力更生的自由。我们对儿童进行教育，是把自己的价值观强加给他们，侵犯了他们选择自己的价值的自由。无论是对别人施加暴力，还是耐心说服，甚至说我们计划要尊重别人的自由，也是对别人的自由的一种侵害。萨特剧本《禁闭》中的懦夫的这句对白"他人就是地狱"最能反映萨特关于自我和他人的关系的观点。这些在性爱中表现得尤为突出。对于性爱有两种不同的态

---

① ［法］萨特：《存在与虚无》，456 页。

度或两种不同的立场。爱的目的是被爱，恋爱者总是希望自己成为别人所爱的对象、客体，但是，他又不愿意完全充当客体，而想自己充当爱的主人，使别人成为自己爱的奴隶。因而爱就是对他人自由的占有。如果我想充当一个被别人所爱的对象，强烈地希望别人对我产生欲求，希望别人把我自己当做一个客体、一个享乐的工具来利用，我努力把自己变成物，把自己搞成一个迷人的对象，去诱惑别人。我完全放弃了自己的自由，使自己异化，被别人所超越，这就是"受虐色情狂"。我这样做，其实并没有使别人成为一个自由的主体，因为他（她）把我爱到了把自己不当做主体、放弃主体性、把其主体性完全放在我身上的地步，他因此也成为了我的对象。相反，我的情欲希望把别人作为对象，把他（她）人占为己有，当做物，当做供我享乐的工具性的肉体，在他（她）身上激起性欲，使他（她）化为肉欲的奴隶，让他（她）完全地处于我的自由的支配之下，这就是"虐待色情狂"。但这在某种程度上也限制了我的自由，因为我占有的并不是整个的他人，而只是他（她）的肉体，他的意识。他的自由成为我自由地占有他（她）的障碍。在以上两种态度中可以看出，恋爱是冲突、是动乱，是一场无休止的搏斗。恋爱双方不可能完全被对方所占有，也不能完全占有对方，我和他人不能同时互为自由的主体，总是在毁灭他人的主体性来建立自己的主体性。人与人之间和谐安宁的共在是不可能的，冲突才是永远。在这里萨特通过两种极端的性现象来更加深入地说明自我与他人之间关系的这一特点。

（三）匮乏造成了人对人的威胁

在《存在与虚无》中萨特从意识、自为的否定性、超越性，自为和为他的二重性的角度来谈自我和他人之间的关系，得出了人和人之间的关系是"冲突"的结论。而《辩证理性批判》则是从人的需要和物质的匮乏的角度、从现实社会和历史的范围来进一步讨论人和人的关系，得出了"他人是威胁"的观点。二者在思想实质上是一致的。

生活在世界上的人要吃、穿、住、行，要在世界上获取生活必需品来维持生活。因此他不仅要和环境、外界事物发生关系，而且还要和他人发生关系。但是，人口的无限制的增长和文明的发展，生活质量的提高，使人对于资源的无限度的榨取和物质的匮乏成为一种"偶然的普遍性"。匮乏的资源和人的无限的需求之间构成了矛盾。匮乏表现为人与环境之间的关系和人与人之间的关系的现实的、经常性的紧张。

首先，就人与环境、外部物质界的关系来看，一方面是世界的人化、外在性的内在化，即人在实践中赋予物质存在以意义，使其被人所利用、满足人的生活需要；另一方面是人的世界化、内在性的外在化，物质存在本身的特性又要求人适应它的需要，按照它指示的方法办事。这是两种相反的力量，永远对立和作用着，人越是将世界人化，自己就越世界化，人越是把外物内化于自身，人就越把自身化为外物。这样实践就变成了反实践，人就变成了非人，即人的实践结果反过来反对人，人加工过的产品反过来压迫人，这就是人的"异化"。如中国农民砍伐树木、开荒种粮，因而招致水灾这种"反目的性"的结果，以及资本主义社会中创造机器的工人成为机器的奴隶，被机器变为机器，就是"异化"的突出例证，是匮乏造成人和环境关系紧张的最好证明。

其次，就人和人之间的关系来看，由于物质的匮乏，一个人需要的满足就是对另一个人生存的威胁，因为他有可能消费掉我赖以生存的必需品，一个人的自由就威胁着另一个人的自由，人与人之间是相互威胁的。由于物质的匮乏，要在人们之间保持一种平等互利的、合乎人性的关系是不可能的，自我永远把他人当做敌人。因此，个体之间的关系具有异化的内在危险。"一个人是和许多同样的有机体一起生活在匮乏领域中的实践有机体。但是，这种匮乏，在交换中把每个人和部分的多样性规定为既是人又是非人；例如，在任何人可以消费一个对我（对一切他人）来说是首要的必需品来说，他是可以省略掉的，正是在他是我自己的同类的范围内，他威胁着我的生活。所以，作为人类的他变成非人的，我的类在我面前显得是一个异己的类了。"① 对于每一个人来说，人是作为非人的人、作为异己的类而存在，每一个人对于一切其他人来说都是一个非人的人，并把一切其他人看做非人的人。人和人之间的关系就不可能是一种"人道的"关系，而只能是一种"不人道"的关系。因为，如果是别人剥夺了我的生活必需品，他就成了一个"不人道的"人；如果是我为了生存，消费掉了他人的生活必需品，我就成了一个"不人道的人"。在这种匮乏的状况下，将形成一种伦理学的律令：属于我自己的、对我有利的东西就是善的，异于我自己的、和我作对的、威胁着我的东西就是恶的。一切与我作对的人都是恶人，也就都是敌人，必须消灭掉。暴力、阶级斗争和专政都是在匮乏的基础上产生的。萨特用匮乏去解释人类社会的发展，认为人类的历史因克服匮乏的努力而开始，因匮乏的消灭而终结，匮乏不仅决定着

① ［法］萨特：《辩证理性批判》，135～136 页。

人和人之间的基本关系，而且也是人类社会发展的动力。

（四）"共他的存在"

萨特讲完了孤独的自我、自我与他人的冲突和对立之后，还是谈到了"共存"或"共他的存在"（letre avec lautre）的问题，即我与他人或许多他人共存于一个世界中，处于一个共同团体中，从而构成"我们"。"我们"这个共在体的形成是有条件的、相对的，它是以"为他的存在"为基础的，是为他存在的一种延伸或一种特殊的样式。这种"我们""既不是一种主体间的意识，也不是一个以社会学家们所说的集体意识方式作为一个综合整体超越并包括意识各部分的新存在。我们是通过特殊的意识体验到的；露天座上的所有顾客都意识到是我们，以使我体验自己是介入一个与他们共存的我们之中。这并不是必然的"①。它不是自为的一种本体论结构，而是在特殊情况下以为他的存在为基础而产生的一种特殊经验或心理意识。这种"共在"的经验有两种情形。一种是"我们"作为主体即"我们——主体"，或"我们"作为客体即"我们——客体"。

我和他人本不构成"我们"或"共在"，而实际上是有冲突的，如我们互相"注视"，各自把自己作为主体而把对方作为客体。而由于一位"第三者"的出现，把我和他人（第二者）作为对象、客体加以"注视"时，这样我和他人就形成了"我们"、"共在"。因为在第三者的注视下，我和他人经验到一种被集体异化的羞耻感，我们都被第三者化为物，同时丧失了自我主体性，成为"我们——客体"，即作为"第三者"的客体。如当我和另一个陌生人在花园中散步时，被三个人看见，在这位"第三者"的目光中，我就会和这位陌生人结合成为共在体，变成"我们——客体"。"阶级意识"是"我们——客体"的最典型的范例：单个的工人之间是充满着冲突的，他们之间没有什么共同的意识，由于资本家这个"第三者"的"注视"（压迫），他们经验到自己是一群人、一个被压迫的阶级，无产阶级，是一个共在体，他们被资产阶级集体异化，化做客体。工人阶级成为一个"为他的存在"。"工人阶级"这个共在体，"我们——客体"的形成以他们和资本家这位"第三者"之间的"冲突"为前提。可见"共在"不仅不排斥"冲突"，并且以"冲突"为基础，离开了"冲突"，"共在"就不可能产生。因此，萨特指出，有人想把"我们"的圈子不断扩大，达到人类的"我们——客体"，只能是一种幻想。

---

① ［法］萨特：《存在与虚无》，533 页。

"我们——主体"是人的另一种特殊经验，特别是出现于人和人工客体的关系中。在集体活动中形成了"我们——主体"，如剧场中观看演出的观众、地铁站里乘坐地铁的乘客就汇集成了"我们"，是"我们在看演出"，"我们在乘地铁"，"我们"共同使用着这些人工物品。我把自己的活动汇集到集体的活动当中去，我加入到"我们"当中去。其实，并没有什么实在的东西把我和别人联系在一起，说"我们乘地铁"实际上是说"人人各自乘地铁"。这个"主体——我们"只是个人的一种心理体验，我只是加入到某种共同的节奏和氛围之中，如士兵们在行进中步伐一致的那种节奏，使我在心理上产生了一种我加入到某种共同体中的感受，成为"我们——主体"，这实际上不是一种对实在性的存在的具体经验，不具有本体论的意义。此外，这个"我们——主体"是与自我的个性相"冲突"的，在这个共在体中特殊个体的主体性、个性不复存在，这是一个没有了"我"的"我们"，我的个性没于共同体中，我成为整体的部分、工具。因此，希望有一种全人类的"我们——主体"，在这个"我们"中交互主体性的整体意识到它本身是一种被统一的主观性，这只能是一种梦想。

无论"我们——客体"还是"我们——主体"，"共在"并没有消灭人和人之间的"冲突"这一主流。"共在"只能是一种临时状态或心理体验。因此人的实在无法摆脱这两难处境：或超越别人或被别人所超越。意识间关系的本质，不是"共在"，而是冲突。

（五）交互主体性（intersubjectivite 或译主体间性）

在《存在与虚无》中萨特认为，"为他的存在"中就包含着"冲突"，人与人之间不可能交流，每个人都是以毁灭他人的主体性来建立自己的主体性，肯定自己，否定他人，因而"交互主体性"是不可能的。自我和他人的关系只能是主奴关系、冲突关系。第二次世界大战的洗礼，参加抵抗运动和解放运动，特别是监狱生活的实际经验，使得萨特多少修改了《存在与虚无》中极端个人主义的观点。在《存在主义是一种人道主义》一书中，他不再宣扬那种抽象的、绝对的、孤独的个人，主观心理上的自由和人与人之间的冲突和对立，而更多地讲的是"处境"中的自由，认为自我和他人是相联系的，相互依赖的，存在着一个"交互主体性"的世界。

首先，我的存在以及对我的存在的认识是离不开他人的。在"反省前的我思"中，我是当着别人找到我自己的，对于别人和对于我自己都是同样肯定的，并且发现别人是自己存在的条件。"除非通过另一个人的介入，我是无法获得关于自己的任何真情实况的。对于我的存在，别人是少不了的；对于我所能获得的关于自己的任何知识，别人同样是少不了的。"① 我们每一个人都处在一个"交互主体性"的世界中，这个世界决定自己是什么和别人是什么。

其次，由于人类"处境"的普遍性，自我和他人是能够相互理解的。虽然不存在"人性的普遍本质"，但是有一种"人类处境的普遍性"，每一个人都要在一定的处境下生活，处境就是人在宇宙中要受到各种各样的限制。每个人的生活处境是各不相同的，每个人的思想意图也各不相同，但这并不妨碍自我和他人之间相互理解。因为"任何一个人类意图都表现为企图超过这些限制，或者扩大这些限制，不然就是否定这些限制，或者是使自己适应这些限制。其结果是，任何一个意图，不管会是多么个别的，都具有普遍价值。任何意图，即使是一个中国人的，或者一个印度人的，或者一个黑人的，都能为一个欧洲人所理解，……任何意图都有普遍性；在这个意义上，任何意图都是任何人所能理解的"②。

再次，自我总是参照他人进行选择的。自我在自由选择时是离不开他人的，萨特说："因为人是参照别人进行选择的；而在参照别人时，人就选择了自己。"③ 我们可以对别人的选择作出判断。我们把那种以决定论或先天的价值为借口、逃避自由和逃避承担责任的自欺行为看做错误的；把那种把自己视为价值的创造者，勇敢承担责任的诚实可靠的行为看做正确的。

最后，自我的自由和他人的自由是紧密相联的。我们的自由完全离不开别人的自由，而别人的自由也最离不开我们的自由。"显然，自由作为一个人的定义来理解，并不依靠别人"，因为人是被判定为自由的，每个人都自由，我的自由不是别人给予的，"但只要我承担责任，我就非得同时把别人的自由当做自己的自由追求不可。我不能把自由当做我的目的，除非我把别人的自由同样当做自己的目的"④。

萨特在《存在主义是一种人道主义》中讲到的"交互主体性"的思想与《存在与虚无》以及后来的《辩证理性批判》中的有关思想是不大合拍的。《辩证理性批判》在人和人之间的关系是"冲突"、"交互主体性"不可能这一点上是和《存在与虚无》相一致的。因此，尽管《存在主义是一

① 〔法〕萨特：《存在主义是一种人道主义》，22 页。
② 同上书，23 页。
③ 同上书，26 页。
④ 同上书，27 页。

种人道主义》在历史上出现在先（1945年），但就思想发展的逻辑来讲，似乎应该在《辩证理性批判》（1960年）之后，比后者更高一个阶段。

（六）社会集团

萨特的绝对自由观曾经受到梅洛·庞蒂的批判，因为它把自由变成了一种主观心理现象，只讲个人自由，而忽视了集团决定，脱离了一定社会历史条件去讲自由选择。梅洛·庞蒂则要求把自由学说建立在"历史"和"社会"之上。梅洛·庞蒂的批判使得萨特对其绝对自由观作了进一步的补充和修正。关于自我与他人的关系问题，萨特在《辩证理性批判》中是把它放在一定的历史条件下来考察的。自我和他人不再是意识间的相互注视和心理上的威胁与异化的关系，在特定的历史条件下，由于人们的实践，往往会突破孤独个人的藩篱，为了一个共同的目的而集合起来，形成集团而进行共同的行动。个人与整体紧密地联系在一起。这就是萨特的集团形成和分解理论。

自我与他人集合在一起有多种方式，最基本的一种就是"群集"。群集是初步形成的一种集体，它是由同处一地或和某一物质对象发生共同关系的人们为了某种暂时关心的共同利益而建立起来的一种松散的联系。它是许多个人的简单并列，是一群"乌合之众"，是随时有可能解体的结构。如在公共汽车站候车的人群就是一个"群集"。等车人的年龄、性别、社会地位各不相同，要去的地方、要干的事各不一样，各有各的打算，彼此间也不必要知道别人在想什么，要干什么，只是都需要在这儿乘这一路汽车而暂时集合在这里，一旦汽车来了，这个集体马上就要解体。并且车上座位的"匮乏"，使这些等车的人彼此成为潜在的敌人。群集中的人是非人格化的，每一个人都是一个量的单位，都是一个孤立的原子，他人和我一样，只表示"又一个"人。

"融合集团"是在群集的基础上产生的。当某种外部威胁或共同危险出现时，使得群集转变成融合集团。在群集中大家有着一个共同的目标和从事着共同的实践，孤独的个人在群体中统一起来了。萨特认为1789年法国大革命巴黎人攻占巴士底狱就是融合集团的范例。当听说路易十六要派遣军队去巴黎时，本来互相猜疑的巴黎人意识到国王是他们的共同危险，每一个人和全体一样都受到了威胁，全巴黎的人的命运是休戚相关的，于是他们不再去抢劫面包房而是去抢劫军械库，武装起来去攻打国王在巴黎的堡垒——巴士底狱。融合集团的存在是以"冲突"和"威胁"的存在为前提的，如国王的军队就是对巴黎人民的威胁，他们之间的冲突促使"攻占巴士底狱"的融合集团产生。在融合集团中，每个人都会重新获得作为自由的实践的整体活动，实现了每个人暗自要求而在孤独中不能实现的目标。在融合集团中，人人平等，人人都是主权者。所以说"融合集团的根本特征就是自由的突然恢复"①。可是，当他们的共同目标达到之后，融合集团就会瓦解，重新蜕变为群集。

"誓愿集团"的出现就是防止集团蜕变为群集，防止集团内部出现的"威胁"——集体的瓦解，集团中每一个成员都要宣誓，发誓支持一项有待于未来的共同计划。誓约维护了集团的持久性。并且在宣誓的同时，在集团内部实行恐怖，如若有违反誓约的异己者就立即对他实行恐怖。在这种誓愿集团中，每个人既相互联系，又提防他人，我要求他人和我一样行动，不违反誓约，他人也要求我们向他们保持恒久性，不当叛徒。为了更好地实现共同的目的，在集团内部建立一定形式的组织和专业分工，行使不同的职能，全体成员分属不同的组织，从事分配给自己的工作，集团在各个组织之间起综合协调作用。个人在组织集团中被异化了，变成了异于自身的他人。

"制度集团"是由组织集团发展而来的。它把集团的关系更加明确化，把组织变成了等级制度，在非有机的组织中将每一个成员固定化。集团的共同目的由集团的主权者（统治者）所决定，它成为每一个个人的异己的义务。主权者总是把自己的意志强加给其他成员，个人必须无条件地服从主权者，他们没有了自己的意志，成为主权者达到目的的工具，个人又重新被物质化和异化。这种"制度集团"发展到极点就是"官僚国家"。到这时个人又会重新起来反抗这种异化。

萨特虽然讲个人在一定的历史条件下会和他人集合到一起，形成集体，为了一个共同的目的而从事共同的活动，但仍没有改变把"个人自由"放在首位的基本观点，集团是在个人活动的基础上产生的，强调集团不能扼杀个人的自由，不能束缚个人的首创精神。讲个人与他人集合，但并没有抛弃个人与他人的"冲突"的思想，集团的形成是以共同的威胁、集团的冲突为前提的。因此，共在和集合都是相对的、有条件的。

四、存在主义伦理学评析

存在主义伦理学作为一种在西方世界广为流传、有着极大影响的伦理学说是 20 世纪上半叶特别是四五十年代欧洲和法国的社会存在的反映。两

---

① ［法］萨特：《辩证理性批判》，401 页。

次世界大战的腥风血雨和史无前例的经济危机的冲击，给欧洲和法国人民带来了深重的灾难。人们被恐惧、焦虑、压抑、绝望、死亡等情绪笼罩着，关注着人自身的存在状况、人的价值、人的自由和人生的意义等问题，存在主义就是当时这种社会心理在哲学和伦理学上的反映。就其揭示并试图解决当代资本主义世界普遍关心的问题，把人的生存、人的情绪、人的异化和人的自由作为哲学和伦理学的中心内容而言，存在主义伦理学具有其他学说所不能取代的理论意义和实际意义。但是，存在主义伦理学从整体上来讲是一种错误的学说。这主要表现在以下几个方面：

第一，存在主义伦理学的理论基础是非理性主义。他们反对传统的理性主义把思维和存在的关系作为研究对象，决心"回避"或"超越"抽象的、无法说清楚的唯心论和唯物论的二元对立。萨特创立了"现象一元论"，把意识、"反省前的我思"作为出发点。他把外部世界看做一种无可名状、没有原因、没有目的、没有任何能动性、纯粹的、绝对的存在，外部世界是昏暗的、不透明的、偶然的、荒诞的、无序的。人在这个世界面前感到苦闷、烦恼、焦虑、恶心、恐惧、绝望、不知所措。他把世界本身以及人和世界的关系看做非理性的。加缪更为开门见山地声明，本体论是没有意义的，只有此生是否值得经历、人生的意义问题才是哲学的根本问题。他继承了由尼采开其先河，从克尔恺郭尔到海德格尔、雅斯贝斯、舍勒等人的非理性主义传统。加缪把世界看做是不可认识的，人和世界之间隔着一堵堵"荒谬的墙"。可见，存在主义伦理学从理论基础上来讲是一种唯心主义和非理性主义。

第二，存在主义伦理学提出要将人的问题作为哲学的根本问题。但是，他们对人的理解是不正确的。他们仅从人的主观性、抽象意识出发来谈人的能动性和创造性，不是把人当做现实地进行社会实践的能动主体，离开人的社会实践、离开了改变自然和社会的现实斗争来抽象谈论人如何创造世界、创造自我、赋予世界以意义，把外部客观世界仅仅看做人的意识的相关者，最终把人的自我意识作为世界的本原，这只能导致主观唯心主义。

萨特把每一个人都看做独一无二、与众不同的个人，突出自我创造、自我选择、自我决定，突出人的自我性、个性、特殊性，每一个人与他人、群众、社会都是不同的，甚至是对立的，是孤独的个人。加缪将人理解为孤独的、无依无靠的，如同局外人、陌生者、异乡客或流放者一样的"荒谬的人"，他不仅面对社会、面对他人会产生一种荒谬感，甚至当人面对自己、面对自己的日常生活时也会产生出一种莫名的荒谬感。他们不是把人看做在一定社会中的人，抛开了人的社会性和历史性，所说的人也只能是一种抽象的人。马克思主义认为，现实的人应该是一切社会关系的总和，只有把人放到一定的社会关系当中去考察，才能对人作出正确的理解，人的思想和行为都是同以生产关系为基础的各种社会关系紧密相连的。人的能动性和创造性，人造就自身和承担责任等都是通过人的物质生产活动及其他社会实践表现出来的。人是社会的人，道德也是社会的道德，孤独的个体，脱离了社会联系的个人根本就不可能成为道德的主体。

　　萨特为了突出"人的地位和尊严"，纠正以往的哲学家们"把人降低为物"的做法，提出了"存在先于本质"的观点，并把它作为"存在主义的第一原理"，以此来强调人的自我选择、自我决定、人的创造性和进取精神。但是这种提法也是不科学的。虽然没有先于人的存在的人的本质、普遍的共同的人性，但是也不可能有没有本质的人的存在。"本质先于存在"和"存在先于本质"的共同错误是将本质和存在割裂开来。人的存在和本质是不可分离的。人是现实社会中的存在，人的本质就是现实一切社会关系的总和，人的本质不是孤立的个人自由选择的，而是由社会造成的。个人选择自己的生活道路、造就自己，是受各种社会关系制约的，每一个在作出什么样的选择、创造什么样的价值、追求什么样的可能，恰恰是他本质的反映，人的存在反映了人的本质。

　　第三，存在主义伦理学关心人的自由问题，但他们的自由观是错误的。萨特坚持一种绝对自由观，把个人的自由选择、自我决定夸大为绝对的、无条件的、不受限制的，似乎个人可以不顾自然条件和社会条件的限制和决定，自己任意地选择自己的本质和世界。其实他讲的这种脱离了客观条件的自由，既不是社会政治自由，也不是人在同自然斗争中的行动自由，只能是一种主观意识的自由，个人精神中的自由，幻想中的"自由偶像"，在现实当中是不存在的。人的行动是有自由的，当人面临各种可能性时，他有选择的自由，但是人的选择的自由都是在一定环境中、受各种条件制约的自由，它总是有条件的、相对的，绝对不受限制的自由是没有的。加缪标榜只关心具体的自由，对人是否自由并不感兴趣，我只能体验我自己的自由，我所能了解的惟一的自由就是精神和行动的自由。我们认为，人的自由并不是自我选择的任意性和内心体验，而应该是对于客观必然性的认识和改造，正如恩格斯所说："自由不在于幻想中摆脱自然规律而独立，而在于认识这些规律，从而能够有计划地使自然规律为一定的目的服务。……意志自由只是借助于对事物的认识来作出决定的那种能力。"① 尊重客观规律，克服盲目性，行动才有可能自由。否则，行动就根本不可能有自由。因此，萨特和加缪将他们的哲学说成是"自由哲学"、"行动哲学"就显得是一句空话。当然，萨特本人对这种绝对自由观的荒谬之处已经有了意识，在《辩证理性批判》中竭力加以修正和克服，但是最终也没有很好地解释自由的问题。

第四，存在主义伦理学实际上否定了道德的社会作用，陷入了道德唯我论。萨特反对任何既定的道德规范，反对任何固定的价值体系，否定道德的社会规范作用。他认为，每一个人面对自由和责任时是孤独的，独立地进行选择，并且独立地承担责任，没有什么人类必须遵循的天赋的道德规范，没有一个最高的立法者可以对人的选择充当道德评判的标准，没有任何现成的价值体系和观念可以给人们选择提供指导。萨特把道德价值归结为个人的自由选择、自由创造，每个人都是自己价值的创造者，因此，他的价值只能是一种个人价值、自我的主观价值，而不是一种社会价值和客观价值，因而是一种道德唯我论和道德相对主义。加缪认为荒谬的人不承认任何先验的道德价值，不为任何道德标准所左右，因而不可能对人的生活、人的行为作出是善是恶、是庸俗或高尚的质的判断，因而他主张的只能是一种"数量伦理学"。诚然，没有天赋的、一成不变的道德，道德是随着人们的物质生产活动、人们的社会经济生活的变化而变化的，不同的时代、不同的社会、不同的民族的道德标准是各不相同的，但是道德决不是个人的自由创造物，决不能因人而异，道德标准应当有其社会性和客观性。人不能是完全无所凭依、无所借助的，每一个人的行为总是受到一定的道德规范、一定的价值观念指导的，尽管人们不是依据惟一的、固定不变的价值尺度，但至少是在多种价值尺度中选择一种价值尺度，如萨特本人就是以个人的自由为价值尺度。除了各阶级、各民族和各时代的特殊的价值尺度而外，在一定程度上还存在着全人类的共同道德和行为规范，道德的这种普遍性也是不能否定的。萨特和加缪从否定永恒、绝对、先验的宗教道德出发，到否认一切道德的规范作用，把道德完全变成个人的、主观的、相对的，因而实际上否定了伦理学作为一种可信赖的学科而存在的可能性，根本取消了伦理学。

第五，在个人与他人的关系问题上，存在主义伦理思想是一种极端的

---

① 《马克思恩格斯全集》，中文 1 版，第 20 卷，125 页。

个人主义。萨特把个人的自由看做绝对的，把他人看做地狱、敌人，人和人之间的关系是一种冲突、对立、相互威胁的关系，尊重他人的自由只能是一句空话。个人与他人之间的共在不是一种实在的、本体论的关系，而只是个人的一种暂时的心理体验，冲突是绝对的，共在是相对的。否定人的社会性，把个人和社会对立起来，把人的存在的社会性看做个人的某种不真实的存在形式，是人的对象化和异化。把社会看做异化了的个人的简单聚集或者是对人的个性的扼杀。宣扬个人至上，对他人、集体和社会采取一种鄙弃态度，这是一种极端个人主义和无政府主义的态度，无论对于个人的发展还是对社会的发展都是有害无益的。当然，现实的政治斗争也多少使萨特意识到了其极端个人主义的错误，在《存在主义是一种人道主义》一书中认识到个人是与他人紧密相联的，他人的自由是自我自由的条件，既要为自己负责，也要为全人类负责。但是萨特对这一思想的阐发是极其有限的。

加缪塑造的荒谬的人是一个追求自我决定，尽情地享受现世幸福，穷尽自我、穷尽生活的人，这实际上就是一个彻头彻尾的个人主义和利己主义的典型。萨特和加缪的这种极端个人主义和利己主义的伦理学与集体主义以及毫不利己、专门利人的共产主义道德是格格不入的。

存在主义的伦理学说一度在中国青年中产生了不小的影响，实际上许多青年对存在主义的理论不甚了解，看不清它的理论实质，往往被它的个别提法和貌似新颖的观点所迷惑，把存在主义作为追求个人自我实现、追逐个人私利的理论根据，甚至想用存在主义的伦理学来否定马克思主义的伦理学，这是非常错误的。我们应该用马克思主义的立场观点和方法对存在主义的理论作深入的剖析，既要看到它在人类思想史和文化发展史上的地位和作用，毫不掩饰该学说中所蕴含的积极的、有价值的东西，同时也要对其中消极的、颓废的东西展开毫不留情的批判。

第四节　勒维纳的现象学伦理思想

现象学是法国当代重要的哲学思潮。法国有三位著名的现象学大师，梅洛·庞蒂、勒维纳（E. Levinas）和利科（Paul Ricoeur），他们继承和传播了胡塞尔的现象学，同时又从不同的方面发展和超越了现象学。梅洛·庞蒂把现象学和存在主义、西方马克思主义结合起来；勒维纳从胡塞尔的现象学出发形成了"作为第一哲学"的伦理学；利科哲学经历了从意志现象学到解释学的发展道路，并且揭示出现象学和解释学这两股哲学思潮之间的内在逻辑联系。

勒维纳的伦理思想从现象学出发，把"意向性"分析作为自己的方法论。他把"他者"概念作为伦理学的出发点。勒维纳的伦理学就是"他者"伦理学。勒维纳最先把胡塞尔的思想介绍到法国，成为法国现象学学派的创始人。勒维纳在西方哲学界受到越来越多的人的注意。到80年代他的著作被广泛翻译和介绍，人们认为，要研究尼采、胡塞尔、海德格尔、萨特等人，就不得不把勒维纳看做一个非常重要的人物。哲学界对其思想的讨论使他声名鹊起，他被誉为"20世纪欧洲最深刻、最准确和最富创造性的哲学家之一"，他"改变了当代哲学的进程"。

勒维纳1905年生于立陶宛的一个犹太人家庭。第一次世界大战使他流离失所，30年代勒维纳加入了法国国籍并在"全世界犹太人联盟管理处"工作。战后他回到了巴黎，先后在东方犹太人师范学校和哲学家让·华尔创办的哲学学院就职。后任巴黎第四大学名誉教授。勒维纳主要哲学著作和论文集有：《胡塞尔现象学中的直观理论》（1930）、《实存和实存者》（1947）、《时间与他者》（1948）、《和胡塞尔、海德格尔一起发现存在》（1949）、《总体性与无限性》（1961）、《困难的自由》（1963）、《他人的人道主义》（1972）、《除存在而外或超越本质》（1974）等。

一、作为"第一哲学"的伦理学

对勒维纳影响最大的是胡塞尔的现象学。胡塞尔对勒维纳的影响主要表现在三个方面，最主要的是方法论的影响。勒维纳从胡塞尔的现象学中获得了从事哲学研究的严格系统的方法论工具。胡塞尔那种要探求关于全部经验的必然的和普遍的真理、决心建立作为严密科学的哲学的精神，那种不以任何理论和任何假设为前提、普遍怀疑的精神，被勒维纳终身视为科学研究的榜样。其次是胡塞尔的现象学的存在理论，特别是对意识、意向性、主体性的分析，也成为勒维纳学说的主要内容。再则，胡塞尔晚年在《欧洲哲学危机和超验现象学》一书中提出的"生活世界"理论，对人生的意义、价值和人类历史的目的性等问题的关心，也引导勒维纳对伦理学加以重视，将传统的伦理学以形而上学为基础转变成把伦理学作为"第一哲学"，认为"道德不是哲学的分支而是第一哲学"。

勒维纳从现象学出发而又超越了现象学，承袭了胡塞尔而又突破了胡塞尔。在胡塞尔的现象学中，"意向性"是指一种指向某种他物的意识，而不是指一种与某个独立现存的存在者的关系，而勒维纳则把意向性发展成为与他者的关系，建立起"他者性"的哲学。在胡塞尔那里意向性关系主要是指一种认识关系，像笛卡尔的"我思"一样，理解现象的必然属性和它们的关系。而勒维纳把意向性关系变成了伦理关系，强调它的伦理意义。勒维纳继承了现象学的方法，而对于现象学的本体论特征、现象学对于理论意识的过分强调等是持批判态度的。他认为现象学实际上是因袭了西方哲学中那种消融"他者"（the other）、"非同一者"（the nonidentical）的传统。认为知识建立在与具体实在相接触的"意向性"之上，这是现象学的遗产，但是，勒维纳指出，我们必须看到这种自我意识觉醒的封闭性和循环特征。胡塞尔的自我是一种认识论的自我，意向性把智慧还原为一种不断增长的自我意识的概念，在其中任何非同一者都被同一者吸收，没有任何东西是外在的，这样自我意识把自己确立为绝对的存在。而这一点是勒维纳不同意的。

勒维纳区分了两种哲学精神或真理观念的两种取向。一种哲学精神是，哲学从事于把一切"他者"还原为"同一"的工作，哲学走向自律（autonomy），哲学将等于人对于存在的征服，再也没有任何不可还原的东西来限制思想，思想是不受限制的，是自由的。研究者的自由表现在真理之中，而真理也就意味着自由地坚持自由研究者的成果。"自由，自律，他者还原为同一，导致这样一个公式：在历史的长河中，存在被人所征服。"① 另一种哲学精神是，"在真理中，思想者和与他有区别的、不同于他的实在——'绝对的他者'保持一种关系"②。在这里，哲学包含了比外在性更多的东西，即包含了超越性。哲学将和绝对的他者发生关系，哲学就是他律（heteronomy）本身。真理向着理想的空间开放，这样哲学就意味着形而上学，而形而上学就是要探求神圣的东西。哲学到底是选择自律还是他律呢？勒维纳认为，西方哲学的选择常常是站在自由和同一这一边。因此，西方思想常常似乎是排除超越者，把每一个他者都包容在同一之中，宣称自律是哲学与生俱来的权利。

所谓自律，就是说哲学试图保障存在者的自由和同一性，假设自由本身就是它的权利的保障，不用进一步求助于其他事物，本身就是合理的、自足的。因此，哲学如同希腊神话中的那西塞斯（Narcissus），是一种自恋症。哲学把他者看做一种障碍，必须征服他者，整合他者，真理正是征服

---

① ［法］勒维纳：《哲学论文选》，阿尔封斯·林吉斯（Alphonse Lingis）选译，48 页，多德雷奇（Dordrecht），1987。
② 同上书，47 页。

和整合的胜利。自亚里士多德以来的第一哲学，一直注重知识和存在的相关性，第一哲学就是关于存在的学说，对于存在的理解和把握。存在，被认识者，被知识理解、被知识占有，被剥去了它的差异性、他者性。"在真理的王国中，存在，作为思想的他者，成为了作为知识的思想的特有财产"①。因此，思想活动也就是占有和抓住被认识者的他者性的活动。勒维纳认为，在西方哲学这种把思想等同于关于存在的知识的传统中，胡塞尔现象学中的意向性概念，可以说是登峰造极。

勒维纳要建立的是一种他律的哲学，一种保留他者的独立性、他者性（alterity）的哲学。它要研究在我与他者的关系中表现出来的存在的意义问题。勒维纳论证，有一种存在者，它的存在是不能被表象的，这样一个存在者的意义不等于它被暴露出来的存在，因为它的实际存在总是多于能够被表象的东西，它是一种多于它的显现的存在者，一种无限的善，它属于带着他异性的他者，是伦理秩序中所固有的。勒维纳认为，人在世界中的存在是一种道德存在，我们和他人的关系，他者的出场、显现象是一种最根本的存在，它是不可认识的东西，并先于一切认识。他人的脸就是一种命令，我们不能抓住他者以便统治它，而只能对他者的脸作出反应、作出回答。这种对他者的回答也就是对于他者的责任，先于任何自我意识而存在。勒维纳就是要把研究这样一种根本的存在的伦理学作为第一哲学。他者的脸将是哲学的起点，是打破古老自律传统的他律哲学的课题。

勒维纳将本体论和形而上学区分开来，认为二者的区别就在于，本体论是对于存在的理解、把握，他剥夺了他者的他者性，将他者还原为同一，因此，它将导致一种消灭他者、只有同一——统天下的强力和非正义的哲学。而形而上学与本体论不同，它批判了存在的逻各斯，它承认他者的他异性，自我和他者不是一种认识关系、理论关系。形而上学描述了对一种不同于自我的绝对的他者、无限者的欲望，而这个欲望是永远无法满足的。形而上学是高于本体论的。勒维纳的"第一哲学"就是这样一种形而上学，即一种伦理学。

二、他者的脸：总体性和无限性

《总体性和无限性》是勒维纳最主要的著作，是他的思想的集中体现。在该书的序言中，勒维纳就宣称：本书的目的是要"区分总体性观念和无

---

① ［法］勒维纳：《勒维纳选读》，塞昂·汉（Séan Hand）编译，76 页，Basil Blackwell，1989。

限性观念，肯定无限性观念在哲学上的首要地位"。

"总体性"（totalite）是其哲学中的一个重要概念。总体性概念最基本的含义就是指一种整体观，它摧毁掉他者的他异性，把它们化归为同一者或同一性。或者说总体性就是一种整体，个体的可观察的生活被整合于其中，它吞噬了个体性，而不承认真正的他异性和内部生活的意义。总体性的支配力量是无限的，人能说出的一切都不能逃脱这个体系。因此说，总体性是暴力的第一行为，是"极权主义"的权力领域、知识、概念和理论体系，哲学中的本体论都产生一种总体论。

然而，却有一种东西能够逃脱总体性，它未进入同一性体系之中，是绝对外在的，勒维纳认为，这就是"他者"，他者的他者性，他者的面容，他者的言语。对于他者的理解，勒维纳和胡塞尔有很大的不同，胡塞尔把他者看做另一个自我，对他者的认识是一种类比推理，我是通过认识自身而推及他者，因为最终把他者和自我看做是同一的。但对于勒维纳来说，他者绝不是一个自我，而是一个和我完全不同的东西。他者是一个不同于我的他者，也是一种不同于物的他者，不同于许多他者的他者，是一种纯粹的他者性、独特性、外在性、超越性和无限性。海德格尔抛弃了纯粹的认识论的自我，此在被看做是已经在世界中的存在，存在就是在与我相关的世界中发现自己。主体对于他自己现存方式的意识、对他自己存在的关心，引起了对存在本身的理解。而勒维纳从海德格尔这里更进一步，把自我看做通过他者来规定的道德自我，把存在的关系看做与绝对的他者的关系。

在《总体性和无限性》一书中，勒维纳区分了两种运动，一种是位置、姿态、占有、劳动、沉思这样一些存在者赖以确立自己身份同一性的运动；另外一种就是言语、欲望、情欲这样一些存在者赖以超越自身和同一性的运动，这是一种朝着他者性的运动，勒维纳把它称为超越性。言语不仅以它谈话的对象世界为前提，而且还以它要对着说话的那个他者为前提。言语不仅有指示的功能，而且还有一种命令和呼唤的力量。他者站立在我面前，表现着他的他者性，我面对着他，回答他，通过言语对他作出回答。他者的他者性不断地、无休止地、无限地超越存在者的总体性。

与他者的关系问题是伦理学的论题，这种关系并不追求知识和真理体系中那种借助表象的占有，而是承认一种对我作出要求的恳求、一种要制裁我的争讼。与他者性的关系不是以"我思"为根据的，不是一种认识。相反，与他者性的关系还制约着表象和真理的可能性，真理的可能性是建立在与他者性的伦理关系上。伦理学的存在先于对于任何原则的认识，先于对于世俗手段的任何目的的认识，先于对于投射着潜能的实存者的目的因的认识，也先于自因的实存者的本真性的构成。勒维纳认为，本真性是在与他者性的关系中形成的。

勒维纳把这种他者性形象地称为"脸"、"面容"。"他者的脸"成为勒维纳伦理学的一个中心概念，《总体性和无限性》对它作出了详细的论述。而在1986年夏天，勒维纳在家中接见英国沃里克大学的几位研究生时，对"脸"的概念重新作出了更为简明的解释。总括起来讲，脸有以下几重含义：

第一，脸是不能被认识的，是不可占有的。脸是他者的非实体性的出场（disincarnate presence），显现（appearance）不是脸的存在方式，它是不可见的，不是一种视觉，更不是表象，它不是知识的对象。因为在一切知识、认识和理解中，总带有"抓取、包容、吞噬、占有、把某物变成我的"等因素，即总体化的因素。但是，总有一个东西仍在外面，它是不能被包容和占有的，这就是"他者性"。他者性不是差异，它就是超越者，是不可包容性。勒维纳说："有两种他者性。有逻辑的他者性，如果有一个系列，每一项相对于其他各项来说都是他者。我这里所说的他者性是脸的他者性。它不是差异，不是一个系列，而是奇异性，不能压制的奇异性，它意味着它是我不能消除的义务"。

第二，脸是一种要求，一种需要，这就是脸的脆弱性。脸是一只寻求补偿、张开的手，它需要某物、并正在向你要某物。它表明他者需要你，指望你。他者是贫穷的，这比虚弱更糟，是虚弱的最高级。他如此虚弱以至他提出要求。

第三，脸是命令，脸是权威，因而脸是一种义务，一种道德价值。在脸上有一种权威，是一种道德命令，它禁止你去干某事。如"你不要杀人"、"禁止杀戮"等。但是为什么脸是权威、是命令，而人们往往会作出与脸所要求的相反的道德行为呢？暴力行为是否意味着人们不承认这种命令呢？勒维纳说："脸不是一种力量，它是一种权威。权威常常是没有力量的。"人们常常认为上帝发出命令，同时他又强大无比，如果你不按他说的做，他将惩罚你。勒维纳认为这是现今的观念，相反，最初的形式、一种不能忘记的形式，那就是上帝不能做任何事情。"他不是一种力量，而是一种权威"，一种没有力量的权威，这就是权威的悖论，同时也是道德的悖论。它是权威，它能命令你，要求你这么做，但它无法强制你一定这样去做，这就是道德的"应当"的特征，它只能给你提供一种所要求的价值，但它不是法律，不是暴力，没有惩罚你的力量。

第四，脸表示了我和他者关系的一种"不对称性"（dissymmetry）。勒维纳说："在脸上有这样两个奇怪的事情：它的极端脆弱性——没有财富的事实；和另一方面，有权威，它好像是通过脸在说话。"脆弱性和权威性也是脸的悖论。在我和他者的关系中存在着一种不对称性。我和他者的关系完全不是一种主体面对一个客体的关系，在这种关系中"我强壮而你虚弱，我是仆人而你是主人"。脆弱性表明，我强壮，他者虚弱，因为他需要某物，他提出要求；他唤起了我的仁慈，唤起了我对他的责任。权威性表明，他者是上帝、是主人；而我是仆人，要听从他的命令。自我和他人并不是处在同一层面上。勒维纳引用陀思妥耶夫斯基的一句话"每一个人在其他人面前都是有罪的，而我比其他所有的人更有罪"来表明我和他者之间关系的这称不对称性。勒维纳说："作为公民我们是平等的，但是在伦理行为中，在我和他者的关系中，如果我们忘记了我比其他人更有罪，正义本身将不能持久。"这种不对称性表明他者比我更重要。勒维纳认为，按达尔文的观点，动物的存在是为生存而斗争，为生存而斗争就没有伦理学，那是强权。海德格尔在《存在与时间》的开篇处说，此在（Dasein）就是一种在者，它在它的存在中只关心这个存在本身。这和达尔文"生物为生命而斗争"的观念是一样的，存在的目的就是存在本身。"然而，由于人的出现，就有了某种比我的生命更重要的东西，那就是他人的生命——这就是我的全部哲学。"这似乎是不可理喻的，但人就是一种不可理喻的动物。人类有一种圣洁性，"那就是人在他的存在中是更依恋他人的存在，而不是更依恋自己"。勒维纳认为，"这是第一价值，一种不可否认的价值"。可见勒维纳的伦理学是一种利他主义的伦理学。

勒维纳把他人看成比自己更重要、更高贵，这似乎是康德要把别人看做目的而不是手段的伦理思想的一种新的表述，这比起海德格尔和萨特等人以自我为中心、把他人看做地狱的伦理思想要多一些人情味。

第五，脸和语言一起出场，语言正是我和他者之间关系的体现。首先，勒维纳认为语言属于思想，但并不是先有思想，后有语言，没有先于语言的思想，思想和语言是同时出现的。接着勒维纳建立了语言和脸之间的联系，并不是先有脸，后有语言，脸、语言是同时出现的。全部语言的可能理解和意义就是脸。当你对某人说话时，不能没有脸，你也不是对着一个塑料模子在说话。在说话中，他者和我直接面对，我必须对他作出回答。对于他者的脸的回答就是对于他者的责任。勒维纳说："我认为语言的开端是在脸上，以某种方式，在它的缄默中，它呼唤你，你对脸的反应是回答，不仅仅是回答，而且是一种责任。response（回答）和 responsabilite（责任）这两个词是紧密相关的。"面对他者，回答他者的呼唤，承担起对他者的责任，这就是语言。所以说，语言在其根基上就是伦理学的，语言不仅仅是伦理学的场所，而且就是伦理学本身。

第六，他者的脸传达了无限者的观念。自我怎么能认识他者呢？一方面，勒维纳反对知识和本体论，因为它们都产生总体化，消灭了他者性，勒维纳认为这是有罪的。另一方面，勒维纳的他者是带着他者性的他者，是绝对的他者。他者的脸是不可包容的，他者性不能包容在我关于他的观念之中，他者的脸永远超过我对它形成的观念。因此，它就像笛卡尔在《第一哲学沉思录》中所说的"无限者"。勒维纳借用了笛卡尔对于无限者观念分析的形式结构来说明他者的脸的特性。无限性观念不能起源于自我，因为自我是有限的，有限不能构想无限。无限者的内容是有限者所不能把握的。在我们思想无限性时，观念的内容大大地超过了我们的观念。"无限性没有进入到无限性观念中，不能被把握，这个观念不是一个概念，无限者是彻底的、绝对的他者。无限性对于与它分离并思想它的自我的超越性，构成了它的无限的第一个标志。"勒维纳把他者的脸比做无限者，其目的是要说明他者的他者性是不能取消的，是不能在思想它的思想中消灭的。

除了借用笛卡尔对无限者观念分析的形式结构，勒维纳对于"无限者"的理解和笛卡尔是不同的。笛卡尔对于无限者分析的目的是要证明上帝的存在，无限者的观念来源于一个实际存在的无限者上帝，无限者的观点标明人和上帝的关系。而勒维纳对无限者观念的分析，其目的是说明他者的优越性，说明我和他者的关系。因此，勒维纳说："无限性的观念，出现在和他者的关系中。无限性观念是社会关系。"我和他者的关系不是主体和客体的关系，因为我所认识的客体被概念、理论整合进同一性之中了。无限者抵抗我对他的征服和占有，他的出现、呈现不是在光线中出现（可见）、可感觉或可理解，而是颁布命令，他的逻各斯是："你不要杀人。"这是一种伦理学的抵抗。他的脸向我昭示出我的"非正义"，因为他使我发现了自身中谋杀和反叛的可能性。也就是说，他者的脸唤起了我的道德意识，他者的脸是作为一种衡量我的道德标准而出现的，我们根据它来衡量自己的行为。无限性观念表明了他者对我的优越性。"他者必定比我离上帝更近。这的确不是哲学家的发明，而是道德意识的第一馈赠，这可以被定义为他者相对于我的优越意识。井然有序的正义开始于他者。"

第七，与他者脸对脸的关系是我们接近上帝的惟一途径。勒维纳把他者看做是"穷人"、"陌生者"、"寡妇"、"孤儿"，正是通过和这样一个他者的关系，开始了我们和神圣者的关系。勒维纳说："神圣者的思想领域从人的脸开始展现。和超验者的关系（然而并不是对于超验者的把握）是一种社会的关系。正是在那里超验者、无限的他者恳求我们、呼唤我们。"勒维纳对人和上帝、超验者的关系的理解与人们通常的理解是相反的，上帝不是控制我们、压制我们，而是恳求我们，向我们乞求。人是强有力的，而超验者是虚弱的，是在穷困和痛苦之中向我发出哀求，激起我的善意。从他的这种恳求和呼唤来看，人生来必然是道德的和有责任的。勒维纳涤除了宗教中上帝的神秘和虚无缥缈，无限者的观念是"没有神话的人性的黎明"。因此，人和上帝的关系不是一种神学的关系，而是一种伦理关系，与他者脸对脸的关系是我们接近上帝的惟一途径。勒维纳说："从现在起，社会关系、我们和人的关系在哪里发生，形而上学就在哪里发生。除了和人的关系，就不能有任何关于上帝的知识。他人是形而上学真理之所在，是与我和上帝的关系不可分的。他决不是起中介作用。他人不是上帝的道成肉身，而正是通过他的脸（在这里他是非实体化的），上帝的至高无上的表现才揭示出来。"

最后，脸是正义的同义语。勒维纳的脸的概念是价值和人格的负载者，是正义的同义词。伦理学是一种直接的、没有中介的关系，和他者的直接关系就是正义。正义就是脸对脸的直接性。在《总体性和无限性》一书中，勒维纳就是运用"正义"一词来指伦理学和两个人之间的关系，"伦理的"和"正义的"是等义词，因为如果离开了与他者的关系，离开了伦理学，我们就找不到正义。正义是我们回答脸的方式。在和他者相处的世界上，我不是孤独的。伦理学是正义的基础，正义也就是伦理学，正义是与总体性决裂的必要条件。

勒维纳的伦理学与康德伦理学有某些共同性，例如他将"他人"看做是上帝、权威、命令，是道德标准和普遍规律等，和康德要把他人看做目的而不是看做手段的思想颇为类似。但是，勒维纳的伦理学和康德伦理学又有许多区别。首先，康德伦理学要求意志自律，人为自己立法，而勒维纳则坚持严格的他律，道德自我严格地依赖他人，他人的在场、他人的脸才使我成为一个道德的自我，他人是我的道德价值的来源。其次，康德伦理学要求情感，习性应该服从于理性、服从于义务和道德规律，而勒维纳的伦理学则使道德自我离开理性而附着情感、情绪或道德的生动形态。再次，在对于特殊行为的判断问题上，康德是从善良意志出发的，一个行为是否道德就看他是否出自一个善良意志，康德是一个唯动机论者；而勒维纳则认为，在社会环境中，行为不以个人的动机为转移，个人对于自己的行为是无法控制的。一个行为一旦坠入政治和历史的秩序之中，它就进入了一种因果必然王国，即使人的动机再好，它也无法对行为施加作用，行为偏离了他的来源，有了自己独立的生命，获得了一种奇怪的自律，它甚至会反对它的创造者。这其实就是一种异化现象。这些表明勒维纳的伦理学有两大突出特点：一个是他律，一个是非理性。

与萨特的存在主义把他人看做地狱的个人主义、利己主义的伦理学不同，勒维纳建立了一种对他人承担起无限义务和责任、他人就是上帝的利他主义伦理学。这可以说是改变了当代伦理学的发展道路。勒维纳最喜欢援引陀思妥耶夫斯基在《卡拉马佐夫兄弟》一书中的一段话："我们大家对其他每一个人都有责任，但我比其他所有的人更有责任。"这段话是勒维纳伦理思想的生动体现，他把与他者的关系、对他者的义务和责任看做是最根本的存在，把伦理学看做是先于本体论的第一哲学，人和世界的关系不是"真"的关系，他者不是我所认识的客体，而是"善"的关系，他者是无限者、是上帝，我们对他者有无限的义务和责任。勒维纳的伦理学得出的结论有着震撼人心、令人颤栗的力量，这也是他的思想在西方思想界引起震动的一个重要原因。

现代西方社会的发展，已经使人们认识到萨特的存在主义所宣扬的极端个人主义和利己主义不能适应时代的需要。以"自我"为中心，把人与人之间的关系看做敌对关系，强调个人的绝对自由和自我选择，这种伦理学无法承担落在人身上的社会义务的重担。为了适应这种时代的需要，勒维纳创立了以"他者"为中心，尊重他人，把他人看做上帝，对他人承担起无限的义务的利他主义伦理学，这无异于给西方后工业社会吹来了一股清新的春风。然而，我们也看到，一方面，由于勒维纳过分强调他人至上的优越性，他者和自我的不平衡性，使得他的利他主义成为一种不切实际的高调；另一方面，由于勒维纳强调他者是一个绝对的他者，具有一种完全不同于"自我"的无限他异性，这和萨特强调个人存在的特殊性和奇异性又有相通之处。

勒维纳的他律伦理学也成为当代哲学家们研究的热点问题之一。法国当代最活跃的哲学家德里达就曾专门著文对勒维纳的哲学观点进行评论（《暴力和形而上学——论勒维纳的思想》）。

第五节　当代法国伦理思想的特点及发展趋势

一、当代法国伦理思想的基本特征

从当代法国伦理思想的发展来看，它具有以下几个基本特点：

首先，当代法国伦理思想是法国和西方社会危机的产物。伦理思想是特定历史时代的社会存在的反映。它也是随着社会历史条件而发展变化的。当代法国伦理思想的发展就是和法国的社会历史状况、法国社会的经济生活和政治生活紧密相联的。

对当代法国伦理思想产生直接影响的重大历史事件有三个：

一个是 30 年代初的资本主义经济危机。世界性的经济危机给法国带来巨大的灾难，尽管法国的经济危机出现得较晚，但是它持续的时间最长、复苏得最晚，给法国的国民经济和人民的生活带来了巨大的损失。世界性的经济危机暴露了资本主义社会固有的矛盾即生产的社会化和生产资料的私人占有制之间的矛盾，暴露了在资本主义大规模的机械化生产的表面繁荣下所隐伏的危机，使人们对于资本主义社会所宣扬的一些意识形态、道德价值产生了怀疑，促使人们作出新的伦理学思考。

第二是两次世界大战，特别是第二次世界大战。世界大战是资本主义国家内外危机最突出的体现，特别是第二次世界大战给法国人带来的灾难是毁灭性的，千百万人死于战火、流离失所，死亡、饥饿、破产、失业使法国人民置身于水深火热之中。正是这种严酷的历史事实，促使法国人重新思考关于社会和人生的重大问题，如人的价值到底是什么，人的人格何在，人存在的意义是什么，什么才算幸福，真、善、美的标准是什么，等等。价值哲学、人格主义和新托马斯主义、存在主义的伦理学就是在这种历史条件下产生的。

第三个重大历史事件是 1968 年的"五月风暴"。可以说这是发达资本主义社会危机的一次爆发。第二次世界大战后，法国的经济得到了复苏，很快就进入了高速发展的阶段，像其他资本主义国家一样，法国也想通过发展生产力和科学技术来解决战后所面临的危机，工业、农业和科学技术的革命、消费革命和职业革命等使法国成为西方发达资本主义国家之一，人民的生活水平得到了大幅度的提高，随之人民的生活方式和社会的结构都发生了重大的变化，又产生出了新的社会危机。科学技术的发展使工人成为机器的奴隶、劳动产品的奴隶，人被物所控制，人越来越丧失人性；技术至上、金钱拜物教等社会异化现象普遍存在；物质生活水平的提高，消费的发展，使社会变成控制消费的官僚社会，个人生活完全被社会所控制。发达工业社会的技术控制和政治统治，导致了一种极权主义，人又重新失去了自由。1968 年的"五月风暴"就是在这些危机的交织中爆发的。它由青年学生发起，后有工人响应，在一个只拥有 5 000 万人口的国度中大约有 1 000 万人上街游行示威，甚至修筑街垒和政府军警搏斗，这种全国性的风潮使法国一度陷入瘫痪，并对整个西方资本主义社会产生了强烈的震撼。这场声势浩大的政治运动就是要反对工业化社会所产生的社会异化现象，以及不正常的生活方式和社会结构，重新呼唤人的自由和解放。结构主义的伦理思想，以"新左派"为代表的法国马克思主义的伦理思想以及"新哲学"和"新右派"的政治伦理思想都和 1968 年的"五月风暴"有着密切的关系，甚至存在主义的一些代表人物如萨特、波伏瓦等人也把他们的思想和这场运动联系在一起。

其次，当代法国伦理思想是资本主义的社会批判理论和社会改良理论。当代法国伦理学是在法国的各种社会危机中产生的，而它们又以克服这些社会危机为目的。尽管它们对资本主义社会的许多现象进行了批判和揭露，但它们都是想通过道德革命、伦理思想和意识形态的革命来摆脱危机，达到社会的改良。因此，它们都是为资产阶级和资本主义社会服务的。如人格主义在欧洲面临社会"结构危机"和"精神危机"的时刻，号召人们投入到社会生活中去，从政治、经济、文化、伦理等各个方面进行改革，用人格主义的思想去改造社会，使资本主义制度演化到一种"人格主义和村社的文明"。新托马斯主义者如马里坦等人认为，西方现代社会所面临的问题是基督教道德精神的失落，因此他想通过人和上帝的结合、世俗世界和神圣世界的结合来解决西方社会所面临的经济危机和社会道德危机。萨特的存在主义实际上讲的是，当人面对危机时如何发挥人的能动性，进行自由选择，自我决定，自我创造，在行动中造就自身。加缪把人和充满危机的社会的关系看做一种"荒谬"，并主张对荒谬要进行反抗，通过反抗创造人的价值。结构主义的主要代表人物列维·斯特劳斯主张用原始民族的整体观念来克服现代社会中的个人中心主义，从而使人与自然、个人与社会、个人利益与民族利益达到一种和谐的统一，把原始文化中的某些积极因素视为挽救西方文明社会危机的灵丹妙药。"新左派"的理论基础是列斐伏尔和马尔库塞等人的"西方马克思主义"，列斐伏尔的"异化学说"和"日常生活批判理论"，马尔库塞的"单向度的人"和"大拒绝"理论，既是对现代发达资本主义社会的批判，同时又以改良资本主义社会为目的。他们没有提出推翻资本主义制度、建立社会主义和共产主义的明确纲领。"新哲学"和"新右派"尽管在学说上有某些不同，但在反对共产主义和社会主义这一点上是共同的。由此可以清楚地看出当代法国伦理学说的阶级性，它们都是资产阶级的理论。

再次，当代法国伦理思想是以"重建"或反对人道主义为中心的。自文艺复兴以来，以科学和理性为基础、宣扬人性和人的本质的人道主义已经不能适应时代的需要，自20世纪以来的西方伦理学家特别是法国的伦理学家们都以这样或那样的方式去"改造"或"重建"人道主义。当代法国的伦理学家们大多是打着"人道主义"的旗号，自命要尊重人的价值，捍卫人的尊严，提高人的地位。但同时他们又标榜他们的人道主义对人、人和自然、人和社会的关系的理解都不同于传统的人道主义，他们要用现代眼光来考察人的本质、人性、人格、人的状况、人和科学技术的关系，以及如何建立人道的社会等问题，因而是"新"人道主义。莫尼埃提出了"人格主义的人道主义"；马里坦宣扬"以神为中心的人道主义"；泰依亚自诩为"进化论的新人道主义"；萨特说"存在主义是一种人道主义"，但又申言这种人道主义不同于那种主张人有一种基本的本质，有一种共同人性的旧人道主义，这种人道主义主张的是人除了自己之外，别无立法者，人自由选择、自我决定、自己造就自己。加缪也想重建人道主义的理想，要创立一个没有政府、没有权力、没有死刑而只有人道和爱的公正社会。列斐伏尔利用《1844年经济学哲学手稿》把马克思主义看做是一种人道主义，提出了"总体的人"的概念。他要用"人道主义的马克思主义"去重构马克思主义的体系。以上这些"新"人道主义的一个共同特征就是，以非理性主义作为他们的理论基础，他们的学说都是历史唯心主义的。法国的结构主义是一种反人道主义的理论。结构主义的马克思主义者阿尔都塞反对存在主义所宣扬的人道主义，也反对列斐伏尔把马克思主义看成是一种人道主义，认为马克思主义是一种"理论上的反人道主义"。无论是斯特劳斯、拉康还是福科，他们都认为，结构的发现就是主体的死亡，是"人"和"我"的消失。结构主义把历史看做是无主体的，语言是无主体的，知识是无主体的，只有结构。主体的消失，也就是一般性的人的消失，他们是把反主体性和反人道主义结合在一起的。

最后，当代法国的伦理学和哲学是融为一体的，不可分的。当代法国哲学大多是伦理哲学体系或哲学伦理学。他们的哲学就是伦理学，伦理学就是他们的哲学。如莫尼埃、马里坦、萨特、加缪等人就是如此。莫尼埃、马里坦、萨特尽管都提出了本体论学说，但是他们的本体论体现的是伦理学的意蕴或是为伦理学服务的。至于加缪则更为直截了当，认为本体论是没有意义的，只有人生的意义问题、此生是否值得经历、自杀问题才是哲学的中心问题。价值哲学本身就是一种伦理哲学。至于泰依亚、拉康、福科等人，虽然他们讨论了大量的具体科学的问题，但伦理学问题仍然是他们学说的中心。因此，我们不能到这些思想家的哲学理论之外去寻找他们的伦理思想，他们的哲学和伦理学是融为一体的。这实际上也是法国人思维方式或法国文化的一个特点。我们在这里研究当代法国的伦理思想，实际上也就是在研究当代法国哲学。

二、当代法国伦理思想的发展趋势

一个国家的伦理思想将如何发展、向何处去，实难以简单断定，因为它是尚未存在的东西，然而也并非是不可预料的。人类思想的发展是有其内在逻辑的。伦理思想的发展是和哲学思维、人们的社会心态、价值观念及社会现实生活的发展紧密相联的。我们从今天法国的理论思潮、伦理观念和社会心态以及社会生活中是可以预期法国伦理思想的未来走向的。在这里，我们从三个层面来探索一下法国伦理思想发展的大趋势。

（一）从理论思潮的层面上看

伦理思想的发展是与哲学等理论思潮的发展密切相关的。经过40年代至50年代存在主义的道德相对主义、非道德主义，60年代至70年代结构主义的反主体性、反人道主义，高扬科学和理性之后，似乎物极必反，法国的理论界现在又要求回到主体性，重视道德的规范性和道德主体的培养，重视人的文化价值。

（1）回到主体性。1985年两位年轻的学者L. 弗尔利和A. 雷诺特出版了一本在法国哲学界引起轰动的著作《1968年的思想》（英译名为《六十年代法国哲学》，1990年麻省大学出版社出版）。他们认为，哲学的发展必须同1968年5月的精神决裂，结构主义哲学体现的就是这种精神，从列维·斯特劳斯，到福科、德里达都反主体性，极端地反人道主义，因而导致了对哲学本身的毁灭。1968年5月风暴象征着反人道主义的顶峰，为"主体的死亡"时代画上了一个句号。因而今后哲学的复兴就在于要同结构主义的"反主体性"相决裂，而要重新"回到主体"。回到哲学也就是回到主体、回到人道主义和形而上学。

（2）完善主体的培养。另一位学者阿兰·芬基尔克洛（Alain Fink-ielkraut）在他前不久出版的《思想的失误》一书中提出了完善的主体的培养问题。在资本主义社会这种"消费世界"要想把人培养成为一个完善的主体，就必须使他摆脱本能的直接性满足而过着一种具有思想性的生活，即要加强道德的修养，确立正确的价值观念，培养出一种完善的人格主体。要想培养出这种完善的人格主体，就需要关于价值及其基础的一般理论、正确地规定人的言行举止的伦理学。教育不能是教会人们怎么去消费，而应该提倡传统意义上的"教书育人"。

（3）用"文化"去对抗科学的"野蛮"。卢梭的科学文明与自然相对立的思想在今天的法国又开始抬头。人们认为科学技术统治的时代是一个"野蛮的时代"，是违反人性的，是不利于人的自我发展和完善的。科学的"野蛮"是使他们陷入精神危机的主要原因之一。米歇尔·昂利（Michel Henry）在《论野蛮》（La Barbarie）一书中把这种科学技术的"野蛮"追溯到伽利略时代。伽利略把整个世界看做是一种机械运动的体系，万事万物都服从于一种机械的决定论，把世界数学模式化，追求关于世界的客观知识，而消灭了人的主体性和感性特征，把人看成一种只具有理性的自动机，这是违背人性的、野蛮的，这是对"文化"的毁灭。而真正与人须臾不可分的乃是文化，文化就是人的生活的自我发展，文化就是生活的改变，因而文化是和人类生活永远相伴的，从人类历史一开始就有文化。几十万年来人类在不断地发展着文化，只是由于科学技术的产生才出现野蛮。科学与文化是对立的，与人类生活紧密相联的文化，不是凭理性去追求关于世界的客观知识，而是凭借人的情感对人的一种"自我体验"。伦理、艺术和宗教都是文化的体现，它们充分地表现了人的主体性。而科学技术则是以理性来扼杀感性，用数学普遍性来代替人的生活的特殊性，用知识的客观性抹杀人的主体性。因此，如同卢梭断言文明每前进一步就使人的异化加深一层，使人越来越丧失人性一样，昂利断言，现代科学技术的每一发展同时就是文化的一次萎缩，使文化越来越退化，直至毁灭。与卢梭不同的是，昂利本人已经看到，问题并不在于科学技术本身，而是在于对于科学技术的发展作出不当概括的意识形态。这种意识形态把科学抬为至高无上的，把它变成惟一的知识，用它来排斥其他一切知识。科学并非万能，一个国家和一个社会的进步和发展，完全依靠科学技术是不行的，必须注重文化的发展，注重精神的、伦理的价值。一个社会没有文化、艺术、伦理和宗教是行不通的。因此，必须发展"文化"，去对抗科学一统天下的"野蛮"。

（二）从社会心态和价值观的层面看

社会心理和价值观念的发展与变化同伦理思想有着密切的关系，我们可以从今天法国人的社会心态和价值观念中看出法国伦理思想的发展趋势。法国著名的社会学家吉拉尔·梅尔梅（Girard Mermet）于1985年出版了著名的社会学著作《法国大观》。该书通过大量的第一手资料和科学分析，对于今天法国人的社会心态作出了生动而可信的描绘，这对于我们了解法国人价值观念变化的趋势是很有帮助的。

梅尔梅将当今法国人的社会心态分为五大类型，而每一类型中又可以分为几种不同的生活观念，因此一共有14种不同的生活观念。生活观念如同"点"构成着社会心态这个"面"。五种不同心态处在由"冒险——保守"和"享乐——正统"这两根轴所构成的直角坐标系上。这五种不同社会心态分别是：

（1）物质享受型。具有物质享受型心态的人占法国总人口的比例最高，占26%，大多属于社会的中等阶层（职员和工人），他们维持既得利益，重视社会的正常运转和民族的安定团结，遵纪守法，希望有一个万能的国家。寄希望于政府的高级领导人和经济决策者制定出好的大政方针来挽救社会的危机。他们在政治上要求民主和人权，在经济上要求保持较高的物质生活水平，醉心于舒适和谐的家庭生活和微型社会的小圈子（企业、朋友）。此类型的社会心态又分为三种不同的生活观念。其中"讲求实利者"占法国人口的7.9%，他们是典型的实用主义，注重实际价值，把主要精力放在操持家业上，勤俭简朴，自食其力，不过问政治，固守传统的观念和习惯。"循规蹈矩者"占10.6%，他们与世无争，讲究舒适的生活条件，只要经济上收支平衡，家庭生活安定就自得其乐。"消极观望者"占5.3%，他们恪守传统的道德规范，注重人际关系，对政治、经济和文化生活都无兴趣，对一切持观望态度。

（2）自我中心型。自我中心型占法国人口的22.5%，位于第二，他们对一切社会危机置若罔闻，心中只有自我，以维持既得利益、享受人生的欢乐为目标。他们主要是普通技术人员，下级职员、工人、失业者，文化层次较低，社会地位低，生活条件差，缺乏严谨的人生态度，属于迷惘的一代。其中"谨小慎微者"占法国人口的8.7%，他们优先考虑个人的得失，确保既得利益不受侵犯。"自我保护者"占7.3%，他们享乐至上，明哲保身。"粉饰炫耀者"占6.5%，他们突出自我，表现自我，利用一切机会纵情享乐，力图通过寻欢作乐来摆脱现实生活中的烦恼。

（3）正统型。正统型社会心态的人占法国总人口的20.1%，位居第三，他们大多是中、小城市的小企业主、商人、手工业者和中级干部。他们主张复兴法国的传统观念、伟大的精神原则来解决今天法国在年轻一代中出现的伦理观念丧失、道德标准贬值的问题。他们希望有一个强有力的、至高无上的权威领导人来解决各种社会危机，重建旧的秩序。这种社会心态又分为三种不同的生活观念，其中"承担责任者"占法国人口的8.7%，他们要用传统的思想意识与价值观念去医治社会的各种创伤，主张对社会财富和家庭财产进行强有力的管理。"伦理主义者"占法国人口的6.5%，他们要维护社会道德与尊严，希望社会更有纪律、更有秩序，他们是传统道德准则的卫道士，是理性主义和爱国主义者。"因循守旧者"占法国人口的5.1%，他们只忠于自己的信仰和传统，与现代社会的各种不安定因素保持距离和持抵触情绪。

（4）超脱型。超脱型社会心态的人占法国人口的17.3%。他们主要是大学生和自由职业者。他们对工业社会的危机采取超然态度，并且利用各种方式来抗拒工业社会模式强加给他们的各种束缚，玩世不恭，游戏人生，认为传统的价值观念和意识形态都已过时，因此听之任之，漠然处之。他们在政治上倾向于极左思潮，属于无政府主义。他们也持有三种不同的生活观念。"惟利是图者"占5.8%，他们标新立异，我行我素，奉行纵欲主义。"自得其乐者"占5.7%，他们坚持个人第一，追求刺激。"极端放任者"占5.8%，这些人玩世不恭，发泄不满，追求个性解放，逃避社会现实。

（5）行动型。行动型心态是一种积极的社会心态，这一类型的人主张参与和介入，以改造现实为己任，鼓吹革新，力图推进社会的发展，想通过他们的行动去挽救法国正面临的各种危机。他们大多是中高级干部、大企业家和社会活动家，有较高的社会地位，掌握着丰富的社会信息。他们占法国人口的13.3%，其中主张个人奋斗、自由竞争、敢作敢为、技术至上的"积极进取者"占10.1%。左翼政党、工会组织的"社会活动家"占3.2%，他们在政治上主张建立一个平均主义、集中统一的社会；在经济上，主张实行国有化与计划化，他们虽然不是马克思主义者，但却常常把马克思主义的部分经济法则作为治疗资本主义社会危机的药方。

从上面法国社会存在的五种社会心态来看，追求物质享受的和以自我为中心的就约占法国总人口的一半。整个社会趋于实用主义，注重实际利益和享乐安逸，倾向于安于现状，保持传统的习惯。再加上正统型（20.1%）要求复兴传统的道德和价值，这样，安于现状和倾向于保守与传统道德价值的就约占法国人口的 70%。锐意进取、积极向上的仅占13.3%。消极超脱的占 17.3%。因此，从总体上来看，法国人主张恢复传统的精神，保持传统的思想意识和价值观念。其表现是他们经过现代工业社会的种种动荡与冲击之后产生了一种对往昔的回归感和寻根意识，认为传统的文化似乎更为宝贵。

1981 年欧洲共同体曾经组织过一次"共同体九国"的"欧洲价值体系调查"，此次调查的结果后由调查组成员、法国事实与舆论中心的让·斯托策尔教授编撰成书，1983 年出版，书名为《当代的价值观：欧洲的一次调查》（中文译名为《当代欧洲人的价值观念》，社会科学文献出版社1988 年出版）。这次价值调查中有一个问题是："你希望下一代具有哪些品质？"法国人持赞成回答的百分比是：正直 76%，宽容、尊重他人 59%，举止文雅 21%，责任心 40%，礼貌 51%，忠诚 36%，自制力 30%，独立16%，服从 18%，工作专注 36%，勤俭精神 32%，恒心 18%，宗教信仰11%，利他主义 22%，耐心 10%，想像力 21%，领导意识 2%。在法国人的这些回答中，传统美德的百分比最高，在此我们也不难看出他们价值观的发展趋势。

（三）从社会生活和政治生活的层面看

伦理思想也是随着现实生活的变化而变化的。从法国社会生活的发展趋势不难看出法国伦理思想的发展趋势。我们可从法国人的日常生活和政治生活来看他们在人与人之间的关系，人与社会、国家之间的关系方面的一些价值取向。

（1）小团体主义与信任危机。当代法国人最为注重的是家庭生活，以及以家庭亲缘关系、企业和社团为基础的"微型社会"的生活，注意"小环境"、"小气候"。他们看重自己的小团体，对非小团体的成员采取排斥态度，以个人为中心，以家庭为中心，以小团体为中心，人们关心的是个人的财富、小家庭的建立、小团体的和谐舒适。个人是孤独的，家庭与家庭、团体与团体之间采取的都是关门政策，这就使得整个社会之间更难以沟通，人与人之间的信任度下降。在上述欧洲共同体九国的价值体系调查中，法国人对下列问题持赞同态度的百分比是：互助精神在减少 67%，不可相信他人 71%，人基本上是好的 5%，劳动者认为在受剥削 57%，要求更加尊重自主权 56%，要求更加关心家庭生活 88%。可见，家庭生活的百分比最高，其次是认为不可相信他人，而几乎没有多少人认为人基本上是好的，由此可见人与人之间的信任危机。

（2）希望科学技术造福人的生活。法国人对科学技术的发展和进步，既持感激态度，又持忧虑态度。感激的是科技进步给人的生活带来新的福利，而忧虑的是科学技术应用于军事和战争而危害人类的生存。他们最希望科学技术能帮助人类延年益寿，同疾病和衰老作斗争。几乎大多数法国人都认为器官移植、人造器官以及自然能源利用、原子能研究、征服太空等对国家、对个人都是有益的。法国的青年人对科技应用于日常生活的要求更为强烈。在对 18 岁~35 岁的青年人的调查中，问他们 10 年以后最希望实现的东西是什么，他们持赞成态度的百分比是：打电话时在荧光屏上可看到对方，对方也可以看到自己，61%；在自己的计算机上处理大部分专业性事务，73%；在处理开支时储蓄信用卡可自动传输银行账户，66%；不需去商店选购，在荧光屏上可看到购物一览表，23%；有一辆更惬意的汽车，49%；可接收许多私人电视频道，68%。大多数法国人认为科学技术的进步应该使日常生活更加美好。

（3）痛恨官僚主义的国家干预。80 年代中期统计，法国有各级行政人员 450 万人，约占全国领薪者人数的 1/5，也就是说，5 个就业人口中就有一个是官员。庞大的官僚机构阻碍了经济的发展，也有损于国家的形象，大约有 56% 的法国人认为官僚主义是难以容忍的和很难接受的。在 70 年代法国人希望有一个万能的国家来保护自己，而今天法国人更希望使人有更多的自由、更大的自主性的国家，国家的干预越小越好。在一次调查中，当问及"10 年后你希望生活在一种什么类型的社会中"时，回答"听其自然"者占 14%，回答"能生活在享有重新分配个人收入权利的社会，在这种社会中国家将发挥重要作用"者占 19%，而回答"能生活在鼓励冒险与进取、使个人职业得到保障的社会，在这种社会里国家尽可能减少干预"者却高达 67%。

（4）不问政治与呼唤"第三类知识分子"。可以说法国人的政治热情比任何其他欧洲国家的人民都要高，他们不是左翼政治力量就是右翼政治力量，而现实的挫折和失败，政权的更迭，左翼和右翼的失误，使他们对政治失去了热情和兴趣。他们认为左翼和右翼都不过尔尔，他们各自的招数都使过，都不能挽救危机，留下的只有一次次失望。因此法国人不愿意再把自己变成左翼或右翼，而更愿意"左右逢源"。

法国的知识分子一直是法国的"政治精英",而多次的政治斗争,似乎也使他们更加"冷静"、"清醒"。"新哲学家"的主要代表人物列维在他新近出版的《知识分子的赞辞》中提出了"第三类知识分子"的概念。他说的"第一类知识分子"就是像萨特那样的积极地参与社会政治运动的"介入型";"第二类知识分子"是"非介入型",如同19世纪的诗人波德莱尔;而"第三类知识分子"则是不介入过多,但也不是完全不介入,他们不再那么冲动、偏激、感情用事、放任自由,而是冷静深沉、富于理智,始终保持怀疑,不轻信,即使和某种政治力量联合时也仍保持一定的距离。但是他们仍改不了反对独断主义的个性。这种知识分子虽不能主宰国家的命运,但他们仍然是现代社会中民主的保障,对社会产生着巨大的作用。

以上从理论思潮、社会心态和价值观念、社会生活等方面对法国的伦理思想的发展趋势作了一个大致的勾勒。但是未来的法国伦理思想的发展到底是不是如此呢?这只有让时间和历史去检验了。

第八章　当代美国伦理思想

当代美国伦理思想，顾名思义，主要指第二次世界大战以来的美国伦理学理论和社会伦理思潮。这期间正是美国社会逐步进入后工业化的时期。在此期间，社会道德观念异常活跃，伦理学学派不断涌现，伦理学主题不断转移，呈现出复杂多样的态势。一方面，传统的道德受到抨击，同时又总有人为"道德人"呐喊，规范伦理学方兴未艾；另一方面，从欧洲传入的元伦理学在为伦理学的"纯洁性"，为个体充分的道德判断自由要求地盘。

从整个西方各国来看，当代伦理学在总体上经历了由元伦理学向规范伦理学的发展，美国却同中有异。如果说欧洲各国的当代伦理思想正由元伦理学转向规范伦理学，并且羞答答地暗中接受元伦理学的遗赠的话，那么，当代美国伦理思想则始终没有放弃对规范伦理学的关注，致使元伦理学从来没有获得纯粹的形式。元伦理学与规范伦理学的合作远远甚于相互的敌视。

第一节　元伦理学

在现代西方伦理学中，元伦理学的最初发展形式是直觉主义。直觉主义在英国获得了辉煌的成就，占领了二三十年的统治地位，但在美国却反响甚微。当代美国伦理学的元伦理学倾向发端于情感主义。

伦理学情感主义是直接从逻辑实证主义哲学中引申出来的。逻辑实证主义认为，哲学的根本任务在于进行语言分析。一切有意义的陈述或者是经验的，或者是分析的。形而上学命题和规范伦理学命题，既不是分析的也不是经验描述的，因此应从真正的哲学中清除出去。英国的 A. 艾耶尔是第一个以逻辑实证主义立场明确阐发情感主义基本观点的人。他在1936年出版的《语言、真理与逻辑》一书中提出，以往的伦理学体系包含的内容可分为四类：一是表达伦理学词语的定义的命题，或是关于某些定义正当性或可能性的判断；二是描写道德经验现象和这些现象原因的命题；三是要求人们在道德上行善的劝告；四是实际的道德判断。他认为惟有第一类才构成伦理哲学。他说，伦理概念是"假概念"，在字面上没有意义。如果说有意义的话，也仅仅在于表明说话者的一定情感，并唤起听者的相应情感从而激发行动。A. 艾耶尔的观点可以说是极端情感论，难以使广大学者和公众满意。

情感主义从反面揭示了直觉主义的不足，在这一意义上显示了情感主义的合理性。然后，极端情感论又造成理论自身的局限，这就使得它无法获得普遍的认同。对情感主义理论进行总结并加以修正的工作是由史蒂文森（Charles Leslie Stevenson，1908—1978）来完成的。

一、史蒂文森：情感主义

史蒂文森早年主攻英国文学。在英国深造期间结识了摩尔和维特根斯坦，因而有机会充分认识直觉主义和逻辑实证主义的实质，并且在他们的影响下，转而主攻伦理学。此外，作为地道的美国伦理学家，正如他本人所说，杜威和培里对他有着相当的影响。杜威明确提出过区别伦理术语与非伦理术语的问题，但没有对道德判断与事实判断作截然的或绝对的区分。培里主张价值就是任何兴趣的任何对象。毫无疑问，杜威和培里都是自然主义者。他们对史蒂文森的影响是间接的，即教会史蒂文森摆脱极端情感主义的独断性，关注伦理学对现实生活的干预。

史蒂文森在很大程度上有别于他的前人。以往的情感主义者仅仅认为，在道德问题上存在着的只是以某种非描述方式表达的语言的用法，并坚信伦理学和形而上学一样既不可被经验证明，也不能靠本身的术语被证明，应当"拒斥"。史蒂文森却承认伦理命题确实具有意义。他创造了一个新的论题"情感意义"。尽管史蒂文森的总体倾向是非认识主义，但与大多数非认识主义伦理学家不同，他认为，根据道德表达的说明形式，根据"真""假"总是典型地用做支持或论证各种说明性陈述的理由这一事实，遵循日常用法来说明道德陈述的真或假是完全恰当的。史蒂文森与直觉主义一道反对自然主义。他指出，在道德问题上，我们可以对所有有关事实取得一致意见，但仍旧在应当做什么、什么是善的和什么东西因其自身的缘故就有价值等问题上存在分歧。他认为，没有道德实体之类的属性。同时，他又与自然主义一道，否认我们有任何关于善恶的直觉知识。他认为，基本的道德判断不是知识问题，而是态度的表达、原则的决定和意图的宣布。道德语言的意义不只是描述情况是怎样，而是决定要做的事情。

史蒂文森在《伦理术语的情绪意义》一文中，提出了伦理学问题应采取"某事物是善的吗"的形式。这与摩尔是针锋相对的。摩尔认为，人们只能问"善是什么"，史蒂文森则称善起着情绪或表达的作用。说"力是善的"，相当于说"我们喜欢力"或"我确实喜欢力，你们也喜欢它吧"。善是可以分析的，它能够向人们提供令人满意的定义。对善的定义要符合几个条件：（1）不管怎么分析，必须保证人们能在某个事物是否善的问题上持不同意见；（2）善必须具有某种吸引力，能使获得善的知识的人趋向做被认为善的行动；（3）某个事物中是否存在善，是不能通过任何自然科学方法加以证实的。总之，史蒂文森认为"伦理判断的主要用途在于造成一种关心"。这是通过分析伦理术语的意义实现的，即告诉人们善意味着什么。这是道德哲学的功能，也是在实际的道德判断中由个人情感唤起他人同类情感的理由。

史蒂文森所要解决的首要问题是确证道德问题不同于科学问题，并找出它们之间差异的原因。他从分析现实的争论和分歧入手来解决这一问题，提出了著名的两种分歧理论，即"信念的分歧"和"态度的分歧"。在某种情形下，"一个人相信 P 是答案，另一个人则相信非 P 或某种与 P 不相容的命题才是答案。并在讨论的过程中，每一方都为自己的观点提出某种方式的论据，或者是根据进一步的信息来修正其证据"①，这就是"信念的分歧"。还存在另一种分歧，"它们包含着一种对立面，有时是暂时的、缓和的，有时是强烈的。它们不属于信念，而是属于态度——这就是说属于一种相反的目的、抱负、要求、偏爱、欲望等等"，这就是"态度的分歧"。信念的分歧表现为人们在认识观念和判断确信上的分歧，而态度的分歧则显露出人们在价值判断中的感情、倾向、偏好和欲望等方面的

---

① ［美］史蒂文森：《伦理学和语言》，2 页，美国耶鲁大学出版社，英文版，1944。

差异，这种分歧更多地存在于道德领域。两种分歧有没有联系呢？史蒂文森说"态度和信念各有自己的功能和作用，我们必须在它们的密切关系中加以研究"。他强调在现实中二者紧密相联，共存于一个情境之中。史蒂文森还指出，传统伦理学的错误不在于强调信念分歧，而在于忽视了态度分歧。而正是态度分歧才是伦理争论的显著特征，是伦理问题区别于科学问题的根本标志。

由分歧达成一致是伦理命题的中心问题。这一点对史蒂文森极为重要，构成了他的情感主义理论基本原理之一——"劝导性定义"的基础。伦理的一致不仅要求人们在信念上一致，而且要求态度的一致，并且只有在两者趋于共同一致的情况下才有可能实现伦理的一致。史蒂文森具体分析了"伦理的一致"的四种类型：

类型Ⅰ：人们对同一对象的内在价值（目的善）判断达到一致。如，就整个人类来说，种族保存是每个人所共同追求的目的，因而，人们对这一目的就可以达到一致的赞同。

类型Ⅱ：人们对同一对象的外在价值（手段善）判断达到一致。

类型Ⅲ：人们赞同某一对象，但各自赞同的意义不同，即一方把该对象视为内在价值，另一方则视它为外在价值。

类型Ⅳ：一方内在地赞成 Y 但对 Z 毫不关心。另一方内在地赞成 Z 但不关心 Y，但一致认为 X 是达到他们各自不同目的的手段。

史蒂文森看到，在实际的道德生活中，它们常常是相互混杂的。四种类型绝不是单独出现的，因此会产生"复杂的态度的一致"和"混合的态度的一致"的类型。

史蒂文森在《劝导性定义》（1938 年发表在《心灵》杂志上）一文中，扩展了情感理论，首次提出劝告性定义。他认为，伦理命题或道德判断是一种"劝导性定义"，即赋予一个人们熟悉的语词以一种新的概念意义，以达到自觉或不自觉地改变人们兴趣的目的。构成这种定义的语词的大多数，都具有一种相对模糊的意义，同时也具有极为丰富的情感意义。史蒂文森认为在日常使用中，语言有两种不同的用法：一是描述性的，即记录、澄清或交流信息，让听者相信这一陈述，这是科学语言的典型用法；另一种是能动性的，以发泄感情、产生情绪或促使人们行动或具有某种态度，伦理语言属于这种用法。一般地说，它既有与描述用法相应的描述意义，也有与能动用法相一致的情感意义。前者在于该符号影响认识的倾向，后者则是符号由于在情境中的使用而获得的唤起或直接表达态度的能力。道德判断为什么更多具有情感功能呢？这主要有两个原因：一是道德语言的使用习惯。组成道德判断的宾语在情感场合中被长期、多次地使用，使它们日益具有或褒或贬、或扬或抑的感情色彩。二是人们受到的语词训练而形成的心理习惯，使一些伦理概念，如善恶、正当等特别适合于表达和激发感情。史蒂文森强调指出，尽管伦理学语言的主要功能是唤起和改变人们的态度，但在某种形式上，它也涉及真假问题。一个道德学家要"努力去影响各种态度"。他成功的根据是"他的判断具有理性的支持"，也就是说，伦理语言并非纯情感的，认识理性对人们的实践具有指导作用。这同把认识与道德截然分隔开来的其他情感主义者大相径庭，也是他超出同时代情感主义者的卓越之处。

史蒂文森指出，由于道德判断既有描述意义也有情感意义，而科学判断只有描述意义，因此，科学与伦理的研究方法存在重要的区别。仅用科学方法对伦理学进行研究是不够的。在其名作《伦理学与语言》（1944）一书中，史蒂文森考察了伦理学分析方法，提出了许多富有创造性的见解：（1）伦理判断可以有自己的"支持理由"。一个能导致对方态度改变的理由就是充足的道德判断根据。（2）道德理由与道德判断之间的关系是心理的，而非逻辑的。就是说，只要被对方接受、符合对方的心理倾向，达到影响对方态度的目的，道德理由就成立。道德理由存在于一定的情境之中。（3）伦理学没有绝对的和终极的方法。规范伦理学的致命弱点正在于他们"寻求某种绝对的方法"，以论证某一最高原则或推翻另一原则。这将导致理论上的形而上学。（4）伦理学分析可以而且必须使用非理性的方法。这种非理性方法主要指"说服的方法"，即借助词的纯粹而直接的情感影响，依赖于"情感的意义、谈话的语调、隐喻的贴切、声音洪亮、富于刺激或辩论的声调、戏剧性的动作、注意与听者或听众建立密切的联系"①。

作为情感主义流派的终结者，史蒂文森表现出了对语言分析研究和实际运用的规范研究的某种认同。他所提出的"分析型式"就是试图把陈述语句转换成伦理语句，或者说把"宣言式陈述"转换成"命令式陈述"。他认为有两种"分析型式"，即两个步骤的分析程序。第一种分析型式是关于伦理语词的分析。它只涉及大量的伦理语词，而不涉及个别的伦理语词。它的目的是"通过限制伦理语词对说话者自己的态度的描述性指称来

---

① ［美］史蒂文森：《伦理学和语言》，139 页。

排除伦理语词的模糊性"，求得伦理语词分析的中立性和明确性。第二种分析型式是补充伦理语词的描述性意义。这时伦理定义是说服性的。两种分析型式发展和修正了情感主义关于伦理语词的理论，因为大多数情感主义者都承认第一种分析型式，第二种分析型式却是史蒂文森的新意。不过，史蒂文森又指出，两种分析型式都有各自的功能和特点。在进行任何特定的论证之前，不可能预先断定使用哪种分析型式为好。

史蒂文森突出强调了道德语词所具有的能动的或导向行为的特性，并且指出了人们在伦理问题和判断上存在分歧这一事实。就是说，人们既可以就关于 X 所具有的自然属性是什么之类的问题产生信念分歧，也可以在关于 X 所具有的相关属性是什么的信念一致之后仍然有对 X 的态度分歧。史蒂文森力图在科学与价值，即认识主义与情感主义之间找到理论契合点，解决情感主义的矛盾，引入认识主义的某些结论。然而，史蒂文森在克服原有理论矛盾的同时，又制造了许多新的困难，特别是在科学逻辑语言与道德价值语言的区分上，以及语言学规则和逻辑分析规则的结合上，问题仍然没有得到澄清。因此，史蒂文森的探讨既暴露了他的伦理学的局限，同时又给以后的伦理学家们（特别是语言分析理论）留下了空场。可以说，史蒂文森既是现代情感主义伦理学的总结者，又是现代语言分析伦理学的开启者。

二、齐夫："善"的用法

《美国哲学百科全书》称"几乎没有观察者会否认哲学分析——逻辑实证主义和语言哲学已成为美国哲学占统治地位的倾向"，而逻辑实证主义是语言分析哲学的早期形式，语言分析哲学则是前者成熟发展的产物。在伦理学上，语言分析伦理学是对情感主义伦理学的深化。

一般地说，语言分析哲学主要研究哲学语词的意义、用法、句法以及判断的逻辑形式和真假值语法结构。它把一切哲学问题归结为哲学语言的运用问题，主张哲学研究的根本目的是消除语言上的混乱和"扫清概念上的路障"。很多语言分析学家只是从一般哲学角度出发，运用语言分析的方法和结果，齐夫（P. Ziff）则是当代美国分析伦理学的重要代表人物。

齐夫本是研究美学评论的。在研究中，他常常发现"一幅好画"总是恰到好处地表达了人们对一幅画的鉴赏或评估。于是他有感而发，写了"善这一词语"。他继续探究下去，想知道"意义"、"真实性的条件"、"语义分析"直至"语言"。他由最终问题上溯到原初问题，试图回答"他人为什么相信我所说的，什么使我认为它是事实本身"，从而完成了

《语义分析》一书。

"善"是伦理学的基本语词，因此，对善的语义分析不仅要指出善在不同场合中的使用所具有的意义，以得出伦理善的真实所指，而且要考察善与其他伦理语词，如"应当"、"义务"等的关系。然而，齐夫却很少涉及后一项。他只是从一般理论出发，以语言（他反复强调只是指英语）为工具解释善的一般意义。尽管他承认"善"的意义也与习惯、上下文的语境等有关，但他总是强调语言的特性，分析道德语言的用法。

人们习惯于把"善"当做一个形容词。传统的形容词不是独立的、至关重要的词。在传统结构中，形容词被用来修饰名词。名词是指具有一定属性的词。于是就出现了一个循环论证：形容词修饰名词表达属性，属性又必须由形容词来界定。这是句法和语义的混乱。由于传统语言和语言使用中的这种混乱，造成了伦理学问题、伦理命题和判断的含糊和分歧。语义分析就成为了伦理学研究的首要使命。

齐夫认为，每一个由不只一个词构成的语句都至少包含三个语法成分：单词、语调和词序。"那是一幅好画"和"那是一幅好画吗"就是截然不同的语句。需要指出的是，齐夫反对客观主义，认为他们把词语与各种或发生在表达的情景、或出现在生活时空中的境遇、背景、事件、事态和行动等等联系起来，从而把词语分成"评价的"、"描述的"、"规约的"、"行动的"等不同类型。这些划分难以令人信服，因为词语和世界的关系不是以这种直接方式进行的。

齐夫坚决反对自然主义伦理学把"好"、"善"与自然实体或特性相联系、等同的做法。尤其是自然主义的主观主义倾向把善与当事人的需要、要求和欲望关联起来是极端错误的。这些主观因素并没有在词语本身中得到揭示。这种联系不过是假想，不可能通过语义分析获得。此外，齐夫还认为善与"赞成"的关系也值得认真考察，因为在这个问题上的失误是造成其他误解的重要根源。有人说，"乔治是好人"就等于说"我赞成乔治"。这是错误的。"乔治是好人"在于表达了"好"一词的某种意义，但不能说它同时包含了说话者本人的倾向。至于赞不赞成乔治取决于其他一些因素，如乔治的爱好是否与我一致、我是否对他有好感等。就是说，不能直接从"乔治是好人"中推论出"我赞成乔治"。

齐夫提出，语句并没有绝对不变的意义。必须结合上下文的具体语境，才能对语句有真实的理解。他说，如果不把一语句与上下文中的其他语句对比或关联起来，我们就不能确切知道"这是一幅好画"中的"好"

一词的意义。同样，如果不把一语句与"好"曾被确立的语法位置进行比对，我们就不能明白"好"在当下语句中是否具有这样那样的意义。尽管在多个词的组合中，"好"常常被用在各种语句中，但是，"好"总是以一定的序列表达出来，例如，人们可以说"一幅好画"、"一些好书"、"一个好的红苹果"。不过，下面的语句序列是极少出现的："好的失望"、"好的萎缩肌肉"或"苹果好"。

齐夫反对情感主义，认为情感主义过分简单地把说话与表达混淆起来，没有区分开伦理语句的意义和社会约定俗成的意义。他告诉人们，不能把说话（speech）与表达（utterance）混为一谈。一个断言（assertion）就不是一种表达，而是一种说话，因为给出一个断言和给出一个描述是两种不同的方式。道德规则是表达。它能被用在多种不同的或相区别的说话形式中，如下命令、制定规章、提出要求等。也就是说，伦理语句是有意义的。

齐夫指出，道德分歧主要有两种形式：第一种是关于相关兴趣和事物事实的分歧。这种分歧的产生或者源于一个基本的含糊不清，解决这类分歧的关键是清除模糊；或者源于对事实的不同意见，解决这类分歧是做某种事实性讨论、调查等。如果争论一方不清楚事实本身，就有必要清除这种无知。这种清除工作十分简单，可以向他提供信息、迹象等。如果他连这点也认识不了，就有对他进行再教育甚至启蒙教育的必要。如果他是一个不可救药的傻瓜，我们就无法以令双方满足的结果解决分歧。

第二种分歧是理解上的分歧。如果一个人因难以理解有关的兴趣，如处境、绘画、客体的特性或者问题所涉及的任何方面，由此产生的分歧就不那么容易解决。这时最可能需要某种教育。如果他不能理解什么是至关重要的战略性处境，要向他讲授后勤学。如果他不知道合同的有关事情，就要让他学习法律课程。这些被称为"未成熟式过失"很可能理解不了具有重要道德意义的境遇，需要对他们进行道德教育或道德训练。

第一类型分歧与第二类型分歧的区别在于：乔治和佐夫在争论某事是否为善。如果他们的争论是第一类型的，齐夫说，他们中的一人或两人为真、一人或两人为假。一个或两个是否为真或为假则取决于事实上的真或假。如果他们的争论属于第二类型，齐夫说，这时的回答就不如解决第一类型争论的那么肯定了。这时的真假判断因为总是与理解有关，结论就不能足够说服对方。

齐夫没有试图建立一个伦理学体系，因此，他对伦理学的语义分析就显得单薄了许多。

三、布瓦洛：新直觉主义

布瓦洛（P. Butchvarov, 1933—　）提倡的新直觉主义同传统直觉主义一样，属于认识主义一派，他坚决反对怀疑主义和不可知主义，他的名作《伦理学中的怀疑主义》就是他这一思想的充分显露。

布瓦洛指出，伦理学的基本问题一直是：什么是内在的善？

他作出了肯定性回答，认为成熟的正常伦理思考总是把许多事情视为内在的善。他主张有很多行为导向善，并承认存在多种内在善。这绝不是含糊其词，因为它们确实包含一个共性，即善性。

伦理学的怀疑主义是这样一种基本倾向，主张我们没有关于伦理事实的知识，没有构成伦理判断和命题的主观性事实，甚至不能说出事物的善性或行为的正当性，以及德性和义务等。在理论上，常见的怀疑主义观点是：我们没有伦理知识，因为没有伦理事物。伦理判断和命题既非真也非假，它们不具备认识意义。严格地说，伦理判断和命题根本不是判断和命题。此外，还有一种常见的怀疑主义论调，认为即使有伦理学事实而且有真实的、具有明确真假值的伦理判断和命题，我们没有，也不可能有关于这些事实和这些判断与命题真假值的知识。

布瓦洛所指的伦理学怀疑主义是一个十分广泛的概念。他几乎把一切自然主义、情感主义、规约主义等都归为怀疑主义，因为它们把"善"、"正当"、"应该"、"品德"、"义务"和"恶"、"错误"和"不正当"等词在伦理语句中的使用看做并不描述伦理事实。尽管可能部分地描述事实，人们运用这些词也是因说话者的某些非伦理事实的知识所引起的。更进一步地，还有人认为词的伦理用法只表达赞成或不赞成的情感和态度，只说出了一种兴趣，无非是要听者产生类似的情感、态度和兴趣，以引导、规约或谴责、禁止某些行为。

具体地说，布瓦洛指出了以下七种伦理学怀疑主义的表现。

第一种是摩尔、普里查德和罗斯的理论。他们不能说明道德动机问题，不能说明我们对善或正当原初的客观属性的认识为什么具有激发行为的作用。这是在道德动机理论上的怀疑主义。

第二种来自休谟。他认为伦理学命题不能从任何一个或一系列非伦理命题中推演出来。"应当"不能存于"是"中。布瓦洛指出，善是一个全称的属性，具有较高层次的普遍性，包括了特殊存在方式、个人的情绪、美感愉悦、快乐、知识等。不能把善与具有善的事物、行为等分开。这些善在伦理学史上得到广泛认可并真实地为人们日常思考所理解。

可以按照重要性的程度，把这些善分成六个方面：（1）与存在、持续存在以及维持生命延续相关的是健康，包括身体的完整。人们普遍认为这是善的。古典希腊伦理学经常讨论这种善。（2）快乐。这种善是由享乐主义和早期功利主义提出的。快乐既指低层次的肉体快乐，也指高层次的、由理性及对善的思考和从事善的行为所带来的快乐。（3）与人的愿望相关的善是满足。它是一种宁静，是中和的愿望。不过，愿望的满足与快乐无关。有时没有快乐仍然能满足愿望，有时没有满足愿望却能是快乐的。（4）与知性相对应的抽象善是理论知识。这种知识不仅包括普遍的、系统化的知识，还包括对它们的深层理解。这种理解体现在哲学、数学和真正伟大的艺术作品中。（5）与意志相关的善是意志的坚定性和韧性，即刚毅。作为意志的善不是柏拉图所说的灵魂之精神部分，更不是他说的勇气。意志与知性有天然的关联。意志的善就在与知性的关联中。（6）与社会行为相关的善是友爱（brotherhood）或友谊。奥古斯丁称之为"爱"，认为它是所有按上帝影像被创造的生物和上帝自身之间的善。

怀疑主义的第三种形式主要是存在主义，此外还有分析哲学。他们认为对人为什么做他应当做的问题，不可能有统一、明确的回答。萨特认为，告诉我应当做我应当做的，这是违反常理的。在他看来，各种道德要求总是使人与自己的其他能力分离开，造成人与现实的隔绝。因此，对于为什么要做应当做的这一问题，是不能得到解答的，也不能确证关于这一问题的任何解答。

怀疑主义的第四种形式是认为没有诸如善之类的真实属性。"正当"、"正确"、"品德"和"义务"等由善界定的道德词都是不真实的。这些属性既不能为我们所观察，也不是我们感觉之外的意识或知觉的材料。这是现象学怀疑主义。

第五种形式的怀疑主义与第四种大体相同。不过它不讨论意识或知觉的知识，只是坚信，人们不会有关于善的认识。

第六种形式强调伦理学的分歧，认为伦理问题的分歧如此广泛以至于对这些问题不可能获得真正的认识。即使能，我们也没有办法知道它的知识形态。

怀疑主义的第七种形式，也是全部怀疑主义中最严重的一种。它不相信我们能知道具体实体的绝对善以及行为的正当性。

与怀疑主义相对立的实在主义，是一种新直觉主义。布瓦洛就是这种现实主义的提倡者。他认为真正的伦理学实在主义必须满足以下三个条件：（1）所宣称的伦理属性之实在性能够一目了然，为人们所熟知；（2）它的理由的根据是不能用非伦理术语定义的，全部是伦理术语；（3）它必须关注伦理学理论的现实投入，而非封闭的、由道德直觉随意提取的抽象争论。这些是布瓦洛新直觉主义的基本立场。他坚持传统直觉主义的认识主义观点。他不同于传统直觉主义的是，他并不主张用"直觉"涵盖人们对伦理判断的认识以及人们与现实道德问题的关系。他提出一种新的直觉对象。这种对象不只是主体自身能力的产物，还同时取决于客体的属性。为人所熟知客体的自明性，以符合常识的形式进入人们的理性，共同构成认识的前提。布瓦洛反对所谓伦理判断和道德价值的"自明性"。他说，一个伦理判断或语词，至多表示我们认为该判断或语词有实际指称和意义。我们说，我们知道该判断或语词是对的，并没有指出判断或语词本身的存在为真。

布瓦洛认为，人们总是在关于人的行为问题上使用"善"一词，并有效地把善运用于具体存在。有充分理由认为善与具体存在相关。第一，具体存在的客观性已经成为一个事实，而不是我们必须决定有或无的其他东西。具体存在的有或无哪一个更好，这不具有实践意义。重要的是存在物有哪些属性和关系。我们据此称某种具体存在为善，说它因为如此这般的目的或如此那般的表现等等而为善。第二，一个被说成善的具体存在，它的全部都是可以被认识和理解的。即使我们还不能透彻了解，至少可以知道它的一部分，因此能够依此作出判断，以指导我们的现实行为。而行动及其当下的结果之内在属性又是很容易被察知的，以形成我们作进一步判断的便利理由。第三，除非存在具体实体，否则我们就无法认识这种实体，甚至根本不知道能够取代它的会是什么。布瓦洛反复强调，确实存在善这样的属性，确实有抽象实体——善性这样的伦理事实，包括称为义务的行为。如果怀疑主义姑且同意这点，他就不能否认同样有品德和行为正当性的伦理事实。他也就无法否认，有时人们是在这样一个信念下激发行动的，即某行为是正确的。显然，在现实生活面前，怀疑主义将不攻自破。

传统直觉主义把善看做是一种具体的实体，或者把善视为抽象实体的某种属性。而把具体的实体视为善，认为它的根据在于它有某些特性，这些特性本身是善的，这是布瓦洛不同于传统直觉主义之处。正如同说一个人的生活是善的，就是指，他的生活是幸福的，即具有幸福生活的属性是善的。因此，一个人的生活是善的只在于这种生活是幸福的，并且只是幸福本身才被说成是善。善还须以客体对象的属性为依据。

布瓦洛主张，当一行动是由主体在认定该行为是正当的或至少可能正当的信念激发下进行的，就是道德的。因此，一行动是善就是说它是道德的，即使该行为在它是应当做的意义上说是不好的。行为是恶，当且仅当行为者相信它是错误的，以及行为者不是在这种信念下做出该行为的。布瓦洛还区分了善的三层含义：（1）来自于抽象实体的属性，包括一些行为要求，如义务；（2）行为的正当性，更一般地说，是具体实体的绝对善；（3）品德。其中，第一种是本原的，其他两种是"善"在具体实体中的运用。布瓦洛进一步分析认为，善的三种不同的含义，使伦理学研究分成了三个部分：一是研究善和恶的理论，主要关心善的本性和抽象的善的种类，包括善的系统化和等级研究。这类研究与形而上学的联系最为密切。二是研究正确和错误。它直接研究行为与品性。这类研究最为关注的是认识论。三是关于美德和恶行的理论。它研究赞扬和谴责的条件。与赞扬和谴责相关的总是与是不是属于道德的这一问题相关。因此，这部分研究可以称为道德理论，还可以看做是道德教育的理论和关于惩罚的理论。同时它还涉及分配正义理论的某些问题。它直接探讨行为的动机，并间接研究诸如自豪、内疚、悔恨和羞愧等重要道德现象。这类研究与心理科学的联系密切，当然也与意志自由之类的形而上学问题有关。布瓦洛提醒人们，第三部分的伦理学研究可以单独进行。它与前两个部分毫无关系。这是他新直觉主义不同于规范伦理学的显著区别。

布瓦洛还分析了恶。什么是恶？他认为恶是与善相对立的。前面已经分析过善有七种表现。恶也就有七种形式分别与善对立：非存在或死亡对立于存在；残疾对立于健康和身体完整；痛苦对立于快乐；不满对立于满意；无知对立于知识；意志薄弱对立于刚毅；冷酷对立于友谊。

布瓦洛批判了自然主义。在这个问题上，他基本上赞成摩尔对"自然主义谬误"的批判。但是，布瓦洛所批判的自然主义是把善看做愿望的对象的密尔和主张价值是任何兴趣的任何对象的培里。他补充了摩尔的批判，认为，自然主义者没有看到关于善的通常伦理思考的复杂性。这与摩尔不同，摩尔把善看做是伦理学的最基本的概念。因为不可再分析，所以是最简单的概念。布瓦洛指出，自然主义的错误不在于此。其实他们也把善视为简单的，或者指一种欲望，或者指一种目的，但他们却根本忽视了伦理善具有的多层性。此外，布瓦洛认为，自然主义不能提供各种态度的心理表现之现象学研究成果，而只是简单地把现象当做本质。对善的现象学研究至少可以把善分成实际的善和显见的善。

在事实与价值、实然与应然的问题上，布瓦洛有着独到见解。有人认为伦理的善不能从非伦理的经验事实、关系或词语中演绎或归纳出来，即事实与价值、实然与应然之间存在一条不可逾越的鸿沟。布瓦洛认为，人们之所以得出这个结论，就在于人们错误运用了伦理学的方法。他说，人们得到伦理善的方式除了演绎、归纳外，还有综合的方法，如"幸福是善"。这里就包含了一个综合的前提性命题：幸福与善之间有着关联。

第二节　自然主义价值论

在当代美国的伦理学研究中，自然主义一直占有重要地位。尽管摩尔和罗斯的直觉主义观点、史蒂文森的情感主义以及黑尔的语言分析的伦理学都在美国产生了重要影响，而史蒂文森的观点无论从哪方面看都是有美国特色的，但是这些观点都似乎与美国人既相信个体经验的证明、又反对把这种证明变得琐细和技术化的主流精神不甚相容。它们好像是被"嫁接"到美国道德哲学主干上的。摩尔在 20 世纪初提出的一个主要观点，即"善"是不可分析的单纯概念，一直受到一些美国哲学家的反对。R. B. 培里相信，善和正当这类伦理学术语可以借助于"兴趣"（或利益——下同）来定义。善是人的肯定性"兴趣"的对象，可以被理解为"任何兴趣的任何对象"。稍后些，哲学家 J. 杜威以经过限定的"欲望的满足"来修正培里的无区分的"兴趣"，把善定义为"作为合理行为的结果的享受"。当史蒂文森，尤其是黑尔等人在 50 年代积极主张把道德哲学重点引向对日常道德语言的语法结构的分析时，J. 罗尔斯、R. B. 布兰特、P. 瑞顿、T. M. 斯坎伦、P. 福特、W. 弗兰克纳等哲学家都基于各自的理由对这种主张提出了不同的意见。

伦理学自然主义者有两个基本的主张。第一，伦理学陈述和伦理学信念也像科学陈述和科学信念一样，可以由经验与观察来证明或确认。第二，伦理学陈述可以转换为经验的、事实的陈述而不改变其意义。伦理学自然主义者的第一个主张得到许多心理学观察的支持。他们指出，伦理学陈述的真实性和伦理学信念的可靠性可以人们的经某种限定的精神或心理状态来证明或确认。他们还指出，当处于一定关系背景中时，关于事实的陈述具有指导行为的意义。因此，从"是"判断中推不出"应当"判断的论点最终是站不住脚的。伦理学自然主义者的第二个主张似乎得到常识的支持。人们实际上在道德谈论中不断地作着这种转换，并且不感到道德术语的意义，至少是其主要的意义，有严重的改变。因此，尽管摩尔的"未决问题"论证（open question argument）的确构成形式上的诘难，但并不构成实质上的困难。因为如果事实性陈述（经过恰当的限定）不致使伦理学陈述的核心意义缺失的话，它就可以成为伦理学陈述的另一形式的表达。

但是，在从这两方面申述自己的意见时，伦理学自然主义者常常仍然把自己限制在主观性的范围之内。在个体性和普遍性、客观性之间始终有一条哲学的鸿沟。自然主义者借助某种普遍的观点，如公平的观察者的观点、未来地位的观点、形式的观点等等，来建立跨越这一鸿沟的桥梁。然而这些努力，至少是其中的某些努力，是否具有充分的说服力，还是一个很有争议的问题。①

限于篇幅，在这里不可能全面介绍自然主义者的十分庞杂的理论。而且，由于在近几十年中，伦理学自然主义者们因摩尔的批评而特别注意善的概念，所以在这里集中介绍他们的价值论是适当的。

一、布兰特："善的" = "被合理欲求的"？

R. B. 布兰特教授是美国新自然主义价值论的重要代表。他在《伦理学理论》（1959）、《善与正当的理论》（1979）中提出，尽管善性如摩尔所说不能被等同于一自然性质，我们仍然可能在实践理性观念中以某类自然性质对它作出解释。

（一）善

布兰特还认为，虽然"善的"这一价值术语其实不能绝对地等同于某一非价值性术语，我们仍然可以认为"被合理地欲求的"这一术语表达了它的核心意义。例如当一个人说"卡特拉斯跑起高速来是好车"时，别人可以把他的话理解为"卡特拉斯具有较多的当一个有理性的人计划作高速公路旅行时会要求于一辆汽车的那些性质"，而不致损失和改变其主要的意义。又如，"知识自身即是善"这一价值陈述，一般可以理解为"知识是任何有充分理性的人无需更多理由便想拥有的东西"，而不致损失或改变其基本意义。布兰特还认为，"被合理地欲求的"这一术语的适用范围

––––––––––––

① 参见［美］R. N. 汉考克：《20 世纪伦理学》，58～86 页，纽约，英文版，1974；［美］R. B. 布兰特：《伦理学理论》，151～182 页，恩格伍德·克利夫兹英文版，1959。

比"善的"更广。有些不能以"善的"指说的事物可以以"被合理地欲求的"来指说。例如,"名望"一词,当以"善的"来指说时,其意义就极不明确:我是说它对一切人都是善呢,还是说我的名望是善的,他人的名望都不是善的呢?显然这两者都违反事实。但如果我是说名望对于我是善,这又违反了价值陈述的普遍性,即如弗兰克纳所说,"X 是善的"意味着"所有与 X 同类的事物也必定是善的并且是同等的"。如果以"被合理地欲求的"指说名望,就不会有这种困难。当我这样使用它时,我是指我需要名望,甚至是在作了诚恳的反思之后。①

(二)合理欲望

那么,什么是"合理欲望"呢?布兰特认为这一概念是以"改造定义"方法重新表述传统的价值问题的一个关键概念。既然如此,它自然非常重要。

所谓改造定义方法,是指以某种人工语言来澄清传统的价值概念的主要之点的尝试。既然在日常语言中"善"这样的术语的意义十分含糊,既然甚至"好刀子"、"好眼力"这样的人们容易有一致意见的语词中的"好"的意义都需要以某些更复杂的对应语词来说明其意义,道德哲学就不能像黑尔主张的那样直接通过对日常语言的观察来获得价值概念的逻辑,而应当借助于用实践理性概念改造了的道德语言来研究其逻辑。他发现,传统道德哲学所研究的价值问题"什么是所做的最好的事"可以被表达为下述更为明确的问题:"什么是更值得选择的行为","什么是经过批判或排除了错误之后值得选择的行为"。"经过批判或排除了错误之后值得选择的行为"在布兰特的术语中也就是"被合理地欲求的行为"。它是指那些其内含的欲望等等经得起实践理性的最大批判的行为,即那些其内含的欲望是合乎理性的行为。② 这样,以布兰特的改造定义方法重新表述传统道德哲学的价值问题之后,我们就得到了"合理欲望"的概念。

这一"合理欲望"的概念在被用来说明善时,在很重要的一点上与人们的经验相吻合。当人们说某事物是善的时,他们常常是指,经过理性的思考之后,他们认为那事物具有他们欲求于一个那类事物的性质。但是,对这一概念的运用仍然有一些疑问。可以提出的一点是,为什么仅仅那些经过理性慎思的欲望才与事物的善有联系,才应当保留下来?有批评者提

---

① 参见〔美〕布兰特:《正当与善的理论》,127~128 页,牛津,英文版,1979。
② 参见上书,22~23 页。

出，经验表明，有些其他的因素，如他人的影响、文学作品、忏悔以及良心谴责等等，也都影响动机，甚至这种影响超过理性慎思。这一批评可能与许多人的经验相吻合，例如，他人的影响的重要性。许多人都有这样的经验：他们常常依照他人的榜样而修改了自己关于什么是值得追求的看法。这类动机变化的确不应被完全排除，因为它们可能与事物的善相联系。在儿童身上的这类例子尤其有典型性。难道通过榜样使儿童产生仿效的动机不是教会他们认识好事物的重要方法吗?①

（三）"心理治疗"

为辩护其论点，布兰特提出了"心理治疗"的概念。与弗洛伊德主义的概念不同，布兰特的"心理治疗"是指使欲望面对有关信息，去除其自身的不合理性的过程。"心理治疗"有两个步骤、两种水准。首先是对行为的批判。检查行为所含的欲望有没有忽略本来可以得到的有关信息。没有面对充分的有关信息的欲望是不合理的。例如，某教授打算去享受一下西海岸的气候，去伯克利或帕洛阿图。他决定去帕洛阿图，而在作决定时却忽略了一个他本来知道的事实，即对他的研究极其重要的一份期刊只在伯克利才有。他的去帕洛阿图的欲望是不合理的，因为一当他记起（"面对"）那个事实，他就会决定去伯克利而不是帕洛阿图。②

其次是对内在欲望的批判。检验人已有的欲望是不是一个有充分理性的人所具有的，布兰特的论点是，"人的某些欲望或反感在某种意义上是错误的"。基于错误信念、人为文化因素、对典型的简单概括以及因早年匮乏而被夸大了的价值的欲望是错误的欲望。例如，一个人可能因相信他父母将会因为他成为一名教授而高兴而去攻读博士学位；可能因生活于那个特定的文化环境中而希望拥有一辆好赛车；可能因为曾被一只狗咬过一次而厌恶所有的狗；或者可能因早年受到轻蔑而喜欢得到客套的对待，如此等等都是错误的欲望。③

正如弗兰西斯·培根相信人的认识幻相可以靠理性与观察来消除一样，布兰特相信欲望发展中的这些错误可以靠理性的批判来进行心理治疗。心理治疗的方法是"在恰当的时候以非常生动的方式，通过反复的观念再现，使欲望面对有关事实"。布兰特又称这一方法为"认识的治疗"，

---

① 参见［美］J. D. 维里曼：《布兰特的"善"定义》，载《哲学评论》，第 97 卷第 3 期，英文版，1988 年 7 月。

② 参见［美］布兰特：《善与正当的理论》，11 页。

③ 参见上书，115～125 页。

因为它依赖于"认识的输入",依赖于对现有信息的反思。心理治疗是一个无价值倾向的思考过程,是在排除了他人倾向的影响,排除了评价性语言,也排除了对奖罚后果的考虑及主观情绪的影响状态下的思考过程,因而是一个认识逻辑发挥着作用的场所。通过这种治疗,按照布兰特的看法,错误的欲望将消失,因为它们是不合理的。反过来,不会为这一治疗消除的就不是不合理的欲望。合理欲望区别于不合理欲望的一点就在于,它们往往是形成于人的青少年时期的正常的欲望,有牢固的根基,因而能经受理性的批判。①

作为一种善理论,布兰特的理论比较系统地指出了善的概念同相关对象的某些自然性质与主体的某种限定了的欲望有关。这成为现代自然主义的价值论讨论的一个基础。但是,布兰特的论证并不是充分的。经过他所说的心理治疗,仍然可以存在这样的欲望:在他人看来,它们还是极不合理。

二、瑞顿:兴趣论

与布兰特的讨论不同,尽管 P. A. 瑞顿同样站在价值的关系论的立场上,但是他认为在主体的兴趣的范围内,我们能够建构可据以确定善性的某种客观基础。在他的"道德实在论"中,他提出兴趣可以客观化这一著名论点。同时,也与 20 世纪早些时候 R. B. 培里的兴趣论不同,瑞顿认为在兴趣的范围内建构的这种客观性是有认识意义的。

（一）主观兴趣→客观兴趣

在瑞顿的自然主义价值论中,主观兴趣是由某种价值关系事实派生的第二性质。价值对象的性质、主体自身的性质以及有关的环境的性质构成了它的"还原基础"。某人的主观兴趣是指他的有意识或无意识的需要或欲望。说我对某物有一主观兴趣（作为一个价值关系事实）,也就是说,在正常情况下,它在我身上引起一种积极的态度或意向。事实上,瑞顿认为,"兴趣"并不是表达这一概念的恰当术语。一个更为恰当的术语是"产生正价值的特性"。只是它失之繁琐,不便于叙述。②

瑞顿提出,主观兴趣并非总是主观性的,它可以客观化,成为客观的兴趣。他的论证可展示如下。假定有某甲,他由于认识能力和想像力较差

---

① 参见［美］布兰特:《善与正当的理论》,113 页。

② 参见［美］瑞顿:《道德实在论》,载《哲学评论》,第 95 卷,173～175 页,英文版,1986。

（或有限），不具备关于他自己的生理与心理结构、能力，以及关于环境、历史等方面的充分知识。我们可以设想：假如他具备了这些知识，他便处于一个更好的状态。命处于这种更好状态中的甲为甲′。我们再来设想，假如我们请甲′告诉我们，以他现在对甲的状况所具备的知识，若他处于甲的地位，他"会欲求些什么"，他会如何回答？他会告诉我们，他会具有的那些欲望十分不同于甲的主观兴趣。可以说，甲′将会具有的那些兴趣是甲的客观化了的兴趣，因为它已是由"另一个人"，一个可以想像的，与甲有最多兴趣上的连续性的人（甲′）来判定的。与甲的主观兴趣的事实还原基础不同，甲的客观化的兴趣的还原基础，即关于甲的兴趣对象、甲的自身与甲所处境况的事实，不再与甲的一般知识结合着，而是与甲′在考虑甲的情况时的一般知识结合着。而由于这一还原基础，这一"关系的、意向性的事实集合"的存在，我们又可以说甲"有"一种客观的兴趣。因为按照哲学的观点，"客观化"必然是一个朝向一客观存在的发展。同时，也止是这种客观兴趣的存在解释着一个人为什么会有其客观化的兴趣。①

瑞顿的这一兴趣概念结构如下图。

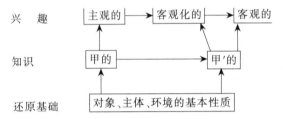

其中的一个重要的特点是，知识被作为事实基础与兴趣的中介。知识以一般形式而不是以具体形式，介入这一关系。知识不是表现为欲望必须直接面对的具体信息。还原基础与甲′的知识的结合产生与它同甲的知识的结合的不同信息，构成不同的中介基础。借助于这两种不同的中介基础，瑞顿肯定了一种从未来地位（甲′的）向回看的批判现有兴趣的视角，而否定了从现实地位（甲的）向前看的批判现有兴趣的视角，然而在这两种批判中，导致欲望或兴趣的变化的都是新知识（以一般的或具体的形式）的涉入。在一种更简明的表述中，瑞顿也将未来地位视角表达为"以充分的信息与理性审视事物"。这使他的观点与布兰特的观点在主要方面比外表上显示得更接近。

---

① 参见［美］瑞顿：《道德实在论》，载《哲学评论》，第 95 卷，173～175 页，英文版，1986。

（二）价值论

瑞顿借助其客观兴趣对非道德价值作了下述的定义描述：

（1）"X在某一时刻对于甲是善的，当且仅当它满足甲的这样一项客观兴趣，其还原基础在这一时刻没有发生变化。"

（2）"X是甲的内在的善，当且仅当X不诉诸甲的其他客观兴趣而满足他的一项客观兴趣。"

在描述（1）中，瑞顿试图说明一般价值的规定性。善在于对象满足（例如）甲的客观兴趣，即满足一项经得起从甲的未来地位的观点（甲'的）向回看的批判的兴趣，而不是满足甲的一项现有的兴趣。换言之，甲应当欲求什么，应当在从一更优越的知识的视角考虑了他目前的情况之后决定。甲目前具有兴趣可能是经得住这一批判的，也可能是经不住这一批判的，即应当改变或抛弃的。而且还存在这样的可能性：有一些经得住这一批判的兴趣是甲目前没有的。但是假如从甲的未来地位的观点来看甲最好"具有"某一兴趣，而他目前却没有这种兴趣，它是不是甲的客观兴趣呢？"满足"这样一种"兴趣"的含义是什么呢？瑞顿的这一描述，当从这个方面审视时，似乎包含着一些从经验论观点来看难于说明的复杂问题。其次，瑞顿的定义指出，一项客观兴趣只当它的还原基础没有发生变化时才是它自身，一旦这一基础发生变化（全部的或部分的），原来的客观兴趣便不复存在。举例说，若甲读了一本书或提升了一级工资，他的某项（或某几项）客观兴趣就将不再是它（它们）自身。由于按照这一定义客观兴趣的自身同一性的保持依赖于构成还原基础的有关事实的偶然组合，并且由于善就在于满足一项这样的偶然性的客观兴趣，哲学家们还能不能通过某类术语把善当做某种概念来谈论就成了问题。

在描述（2）中，瑞顿试图建立"内在善"与"内在客观兴趣"的联系。内在的客观兴趣是那些满足不诉诸其他客观兴趣的兴趣，否则便是外在的客观兴趣。换言之，内在的客观兴趣是一个人的只受某一特定对象与境况的性质制约，而不受他的其他兴趣的对象与境况（假定他自身的状况不变）的性质制约的。瑞顿认为可以区分出这类客观兴趣，并且相信不同个人，由于他们自身条件、境况及所欲求的对象不同，必定有不同的内在的客观兴趣。但他同时指出，在个人条件及境况极其相似的人们中间，可能存在相似的这类客观兴趣，因而可能存在相似的内在善。

但是，在规范的自然主义者中间常常提出这样一条反对意见：我们常常真的认为，即使基于某人的特定条件与境况的性质他具有某种客观兴趣，这种兴趣仍然可能是恶的或能恶的。就是说，即使不诉诸某种普遍的观点，例如某种公正的旁观者的观点或任何人都接受或无法拒绝的理由，而运用心理自居力去设想他的条件、境况及他的未来地位的观点，我们有时仍然有充分理由说他的某种客观兴趣是恶的或可恶的。也许是为了搁置这一困难，瑞顿在一般价值与道德价值之间作了一条重要区别：前者是非规范的，后者是规范的。他主张把上述问题放在更为特殊的道德价值领域中解决。而在一般价值领域，借用培里的话，任何人的任何客观兴趣都规定了他的善。

三、斯坎伦："善"的形式的、规范的分析

在沿着这条从实践理性概念解释"善"的线索建立价值理论的哲学家中，T. M. 斯坎伦总结和阐发了一种较为合理的自然主义价值论。这一理论被称为善的形式的、规范的分析。它以对善性在有关的日常谈论中的主要特点的分析为基础。斯坎伦提出，为了回答摩尔的"未决问题"论证，这种形式的、规范的分析可能是所能提供的对于"善"的最好说明。

（一）善性的特点

斯坎伦提出，澄清善的概念，或辩护善的可定义性。首先要澄清善概念的基本特点。他指出善概念在日常谈论中具有四个基本性质。（1）应用的广泛性。善作为形容词可用于各种不同事物：食物、鞋、政府、天气、绘画、音乐、母亲、事态、思想观念等等。人们使用善概念的语言行为也可以是多种多样的：陈述事实、表达理由、推荐、劝说，甚至挖苦。（2）规范性。某物是善的这类事实通常提供着追求、促进、偏爱或至少是崇拜它的理由。（3）伴随性。如果两个事物在除善之外的所有性质上都同样好，它们必定在善的方面也同样好。它表明：尽管善性不可能等同于基本的物理及心理性质，但是它与这些性质有基本的联系。（4）争论的可能性。当一个人说"这是好的"而另一个人说"不，这不好"时，他们（若排除某种表达的含糊性的话）可能在做着相互对立、不可能俱真的判断。就是说，在讨论什么是善的问题时，人们可能发生真实的伦理分歧。

斯坎伦指出，一个正确的、成功的分析，必须说明善概念的这四个特点以及与之有关的问题。

（二）善的形式的规范的分析

斯坎伦的主要论点是：要把握善的这四个特点，一个对善概念的分析就必须既是形式的，又是规范的，以便既能舍弃其具体内容而适用于人们使用善概念的各种场合，并能说明善与行为之间的联系。同时，对善的分

析还必须建立善与其他自然性质之间的系统联系，以说明善概念的伴随性与在概念上发生争论的可能性。

斯坎伦指出，以往的自然主义分析之所以不成功，原因也就在这两方面：一方面不够形式化和没有充分说明善的规范性，另一方面没有系统地说明善与自然性质的关系。但是反对善概念的可分析性的哲学家，如摩尔和黑尔，所强调的只是它们的前一个缺陷。摩尔事实上认为（按照弗兰克纳的理解），自然主义的分析的根本缺陷是没有对善的规范性作出充分说明。他的著名的"未决问题"论证（"这是F，但是这善吗？"）可以这样理解：在作了关于某一事物具有被视为善的那些自然性质的陈述后，要不要引出一个实践结论的问题仍然没有解决。黑尔则指出，自然主义的分析的主要缺点是忽略了善的最重要的用法——推荐，因而不够形式化。他把摩尔的"未决问题"论证转换为这样的形式：问题仍然未决，因为所说的事物应否得到推荐的问题并未得到解决。

一个既是形式的和规范的，又系统地说明了善和其自然性质间的联系的分析是否可能呢？斯坎伦认为，这样的分析的确是可能的，并且已经在P. 齐夫、P. 福特，尤其是在J. 罗尔斯的理论中得到了表达。

罗尔斯在其《正义论》中对善概念作了三阶段的表述：

（1）A是一个善（好）X，当且仅当依据X被使用的目的、意图及诸如此类的因素（只要是恰当的），A具有（比平常的或一般的X所具有的更多的）可以合理地要求于一个X的那些性质。

（2）A对于K是一个善（好）X，当且仅当依据K的境况、能力与生活计划（他的目的体系），以及进而依据他使用X的意图及诸如此类的因素，A具有K可能合理地要求于一个X的那些性质。

（3）同（2），但补充一个条件，亦即，K的生活计划或其中与目前境况有关的部分本身是合理的。①

这个定义描述的核心之点，按照斯坎伦的看法，是通过合理性的兴趣的概念建立了善性与其他的自然性质的系统联系。那些有关的自然性质是被合理地欲求的。在有关的事实状态下可以被合理地欲求的，是相应于一短暂的或相对稳定的兴趣的。这种兴趣通过目的、意图、生活计划（系统的目的）和特定的欲望表现出来。从一般的目的、意图→K的目的、意图→K的合理的目的、意图（其他不变），这三个阶段是主体兴趣的具体化、

---

① 参见［美］罗尔斯：《正义论》，399页，英文版，1971。

合理化的过程，也是善随着这一过程而具体化、合理化的过程。"善即合理性"，用罗尔斯的话说，其观念在于：善是对象的那些有关的自然性质与不断（通过上述三个阶段）合理化的主体兴趣的关系。离开了主体的这种处于不断合理化过程中的兴趣，那些性质便不成其为善，善便不能实现。

斯坎伦接着考察这种对善的分析的应用上的问题。在一般情况下，对象的有关自然性质与主体的某种兴趣有直接的关联：人们通常对那类事物抱有那种兴趣。那类事物具有的那些自然性质满足那种兴趣。某人希望得到一支好笔，一支（比如说）书写流畅，不会在纸上留墨水点的笔。并且，我们假定，他的欲望也是合理的。那么，当他说"A是一支好笔"时，"好（善）"的意思就是十分清楚的，即那支笔具有书写流利，不留墨水点，以及（比如）比较美观等性质，并且在这些性质上相对地比别的笔更可取。但是，斯坎伦发现，在其他一些情况下，这种直接关联似乎不存在。例如，"我为什么想写一本好书？"以及，我们为什么称蒲公英有一条好根？在前者，书是为别人读的，满足别人的兴趣如何成为我的动机？在后者"可以合理地要求于"一棵蒲公英的根的那些性质显然并不满足评价者自己的兴趣。那么，可以说蒲公英有一种对于根的兴趣吗？斯坎伦认为，通过泛义地理解"可以合理地要求于一个 X 的那些性质"这一短语，例如从一棵蒲公英的观点，某一非生命物的观点，某一不具备理性的人的观点，以及某一或一群体的有理性的他人（如"读者"）的观点来理解它，我们就可以获得一种广义的善的概念。这种广义的善的概念可以适用于各种场合。

因此，这一分析是形式的。它是对善概念本身（用摩尔的话说）的分析，而不是对其他自然性质的分析。它不指出哪些事物是善的，也不把善等同于某一特殊的自然性质。相反，它指出尽管善不是一种特殊的性质。一个事物的善却在于它具有某些可以合理地要求于一个那类事物的性质这一点上。这一分析也在下述意义上是分析的。它不把"A是善的"这一判断简单解释为"它具有……性质"陈述，它还包含了下述两个论断："它比一般的那类事物更多地具有这些性质"，以及，"这些性质是可以合理地要求于一个那类事物的"。这两个论断具有提供行为理由（reason-giving）的作用，正如"它具有……性质"陈述具有"赋予善"（good-making）的作用一样，它们解释着善与行为间的联系。

但是，斯坎伦同时指出，善与行为间的这种实质性理由的联系并不是必然性的。部分现代自然主义者表现出一种倾向：似乎为了反对休谟主义的怀疑论论据（从"是"推不出"应当"），就必须坚持"值得欲求的"便是提供着动机的，但这种见解是不正确的。首先，有时一个善判断不提供行为理由。例如，说蒲公英有一条好根一般地并不提供行为理由，除非说话者对它有一种特殊兴趣，如把它作为植物标本来收集。又如，当某人想找一支笔来压纸时，他并不一定想找一支好笔。其次，有时即使一个善判断提供行为的理由，当事者也由于某些其他理由而不为所动。人们并不总去做他们有理由去做的事，但这不等于他们不真诚地同意一个有关的善判断。第三，善判断中还包含着对对象的那些自然性质所"回应"的兴趣的"综合评估"。这些兴趣可以引发行为，也可以不引发行为。上述三个因素使善与行为间的联系具有偶然性。

第三节　正当理由理论

与自然主义价值论的研究相平行的，是一种关于价值和伦理判断的正当理由的研究。与自然主义的价值论的研究不同，这一研究不是专注于用非价值术语对"善是什么"命题作出可理解的解说，而是专注于从事实命题中引出一个与行为规范有关的命题的方式。正当理由论者指出，联系着这两者的是理由和推理。这种理由和推理一方面表现出与一般逻辑的联系（就它是理由和推理，并且可由非伦理的事实陈述来支持而言），一方面又表现出与一般逻辑的区别：它不是纯粹逻辑的（归纳的或演绎的）而是有意志涉入的，因而它具有主观性意义上的自由度，是一种伦理的或至少是价值的特殊理由或推理。

"正当理由"也许不是 good reasons 这一术语的十分恰当的译法，但它可能比已有的其他译法①更能表现这一理论的上述性质。在英语中，reason 一词在逻辑上指亚里士多德三段式中的小前提，尤指在日常语言用法中可置于结论之后的对直接前提的补充性陈述。正当理由论者所强调的是：联系着非伦理（或价值）的事实陈述与伦理（或价值）的结论的理由，尽管不是纯逻辑的，可以支持其结论，为其辩护，或令其能为（例如）有理性的知情者所理解。

---

① 参见李莉：《当代西方伦理学流派》，268~269 页，沈阳，辽宁人民出版社，1988；[美]艾伦·格沃斯：《伦理学要义》，120 页，北京，中国社会科学出版社，1991。

正当理由理论研究的问题可分为两类。一类是关于正当理由影响其伦理（或价值）结论，尤其是行为决定的方式。例如，一个正当理由是否决定性地影响到行为？如果是，以何种方式影响行为？等等。这方面的代表人物有 H. D. 艾肯、W. D. 福克、P. 福特等。另一类涉及"无问题"。R. N. 汉考克在《20 世纪伦理学》中将这类问题归结为三个：（1）什么才构成一个伦理学中的正当理由？（2）把一个非伦理学的事实陈述接受为一个规范的伦理学结论，是否（在某种重要意义上）是作了一个道德决定？（3）正当理由的概念是否主要由道德概念本身决定？① 讨论这方面问题的哲学家主要有 J. 罗尔斯、K. 拜尔等人。

无论正当理由论者对上述三个元伦理问题是否作了回答以及作了肯定或否定的回答，他们所从事的研究都主要是有关道德概念的。因此，这种理论主要或全部地以元伦理学的形式出现。但同时，由于论者们以肯定或否定的态度关心非伦理的事实陈述与伦理的结论间的联系，他们的研究又可以引出一些伦理学方面的结论，因而与规范伦理学研究有较为直接的关系。

一、福克：理由与行为

W. D. 福克于 20 世纪 60 年代初提出：由于伦理学的和价值的理由是有意志涉入的，它们与非伦理的和非价值的事实陈述，尤其是与行为之间，具有一种松散的联系。任何超出这一限度的解释都必然带来理论上的错误。

（一）理由与原因

福克认为，在理由与行为的关系上需要讨论的主要问题有：应怎样理解理由的指导？理由以何种方式提供指导？哪些心理性质必须受理由的指导？等等。

福克认为，史蒂文森对上述问题作出了一种休谟式解答。依据休谟的事实与价值二分观点，这一解答的主要观念是：关于事实的知识因其具有说服（或影响，下同）"力"而指导选择。这种"力"如何产生？我们的行为通常有所欲求的（或非所欲求的）后果，这些可能的后果包含着指导我们作某种行为选择的理由。因为一旦我们知道了这些后果，它便对我们具有说服力。当此种说服力发生作用时，依照休谟的描述，"我们的激情便毫无抵抗地服从我们的理性，……我便会愿意去做为获得一个所欲求的

---

① 参见 ［美］R. N. 汉考克：《20 世纪伦理学》，145 页。

善所需要的行为；……而一旦我们发现'它们是那一所欲结果的原因'这一假设是错的，这些行为对我们就变得无所谓了"。概言之，这一史蒂文森—休谟式的说服性理由概念对于理由对行为的指导方式问题提出了一种基于"力"或"精神原因"的解释。福克称这一解释为"自动唱机"式解释。因为按照这种解释，似乎只要按动了正确的事实信息按钮，就会自动地得到指导。①

显然，如果这种解释成立，如果理由是某种"力"或精神上的"原因"，那么从亚里士多德直到康德的关于理性的作用范围与方式的见解就统统要用奥卡姆剃刀剃掉。问题何在？是否在于理由根本不具有这种"力"？或者在于它不必然地具有这种"力"？福克认为答案在于后者。包含有说服性的事实的理由可能有时如常识所通常认为的是有说服力的，但有时也不具有这种说服力。而且即令在前种情形下，也不应像史蒂文森和休谟那样，对理由指导行为的方式作"自动唱机"式的简单解释。在事实→说服性理由→行为这两个环节上，显然不能假设某种逻辑的必然的联系。因为如果设定了这种联系，对行为的选择就在事实上成了不可能的。

福克进一步指出：甚至在行为的后果是令人容易发生兴趣的这类典型例证中，对此类后果的知识也未必都有说服力。某种行为的后果是或不是行为者所欲求的可能有多种含义。例如，对一个不经心的司机来说，"造成伤害"并不是他所希望的后果。但是对这一他所不愿看到的后果的知识并没有对他产生说服力，指导他去小心地避免造成车祸，尽管在事后他也对这种后果感到震惊。所以，说行为的可能的后果是所欲求的或不是所欲求的，不等于说对这些后果的知识有说服力。而且即使可以这样说，也不能说所知的这类后果越容易引起人的兴趣就越有说服力。一个医师具有很多关于如何保持自己的健康的知识，而且他也希望保持健康。但这种知识的说服力未必总与他的愿望成比例：它也许能引导他养成不酗酒的习惯，也许起不到这种作用，尤其是在他遇到某种烦恼时。概言之，不能简单地把上述两个环节上的联系说成是逻辑的联系。

（二）理由与行为

福克进而认为，理由是否有说服力，以及有说服力的理由是否直接引起相应的行为，并不单由知情或对有关事实的了解来决定。在日常语言结

---

① 参见［美］福克：《行为——指导性理由》，载《哲学评论》，第60卷，第23期，706～707、704页，英文版，1963。福克的以下观点均引自该文。

构中，说某人有一种理由可能或者是说他有一种欲求或打算去做某事的理由，或者是说他有一种赞成或告诉他（明确地或不明确地）去赞成做某事的理由。在这两种用法中，只有后者才适合于行为指导性理由的概念。

行为指导性理由通过知情（了解有关事实）而告诉当事人去赞成做某件事。从这一描述中可以引出两点结论。首先，"知情"不是引起某种相应行为的充分理由。就是说，光知道还不够，要产生去做某件事的动机，还需要主观意志上的某种配合。如在上面的例子中，那个不经心的司机也知道开车马虎大意可能酿成车祸，但是由于他没有在主观上充分警惕这一点，这一知识对他没有成为有说服力的理由，没有引起有效的行为动机。在这一关系中，知情不仅不是引起有效的行为动机的充分条件，甚至不是其必要条件。要做一件事，未必一定要充分知情。毋宁说，引起有效行为动机的必要条件是行为者的主观意志上的配合。

福克向我们描述说，这种主观意志上的配合就在于，当对事实的了解告诉或明确地告诉我一项理由时，去考虑它和关注它。这需要向自己描述所知的细节，回味它，一当需要时便在头脑中重视它，赋予它以适当的重要性，并以综合性的思维方式把握它，领悟它。因为，当我有一个"告诉"或"明确地告诉"我去支持一项行为选择的理由时，所告诉的东西有没有吸引力还是不确定的。只有在经过这一系列意志努力之后，相关的行为选择才引起我的足够注意，才使我做出做或不做那件事的决定。

但是，这种对主观意志的配合的描述似乎要求了过多的东西。在日常的行为决定中是否也要求如此复杂的意志努力呢？福克解释道，对一个行为理由的关注不是一定要去细想它。没有时间细想或（尤其是）当某一行为理由不与其他兴趣相抵触时，就无须去细想它。在此种情况下做出的行为或是某种紧急的决定，或者是出于正常习惯的行为，但是当这个行为理由与其他兴趣相冲突时，就需要细想。例如"太胖了会折寿"这一陈述表明的理由就可能与某些欲望的满足相冲突，对于它就需细想，并运用上述的意志努力去配合。因为除非人关注于一种有说服力的知识或信念，否则它就不能影响人的态度。

概括地说，福克的理论相当深入地探讨了知识与意志、理由与动机的关系问题。但是由于这一理由完全局限于个体经验的角度上，它在说明伦理判断的理由上仍显得贫乏无力。

二、罗尔斯：伦理判断的理由

哈佛大学教授 J. 罗尔斯自 20 世纪 50 年代起以日益系统的方式阐述了

一种有关伦理判断的实质性的正当理由的观点。这一观点主要见于他的《两种规则概念》（1955）、《正义论》（1971）以及关于《公平的正义的再陈述》的讲稿（1990）。罗尔斯的这一研究几乎与英国哲学家 S. 图尔明的有关研究同时。后者于 1950 年出版的《理由在伦理学中的地位》一书是正当理由理论的重要代表作。与图尔明的观点相似，罗尔斯认为人们在作出一伦理学陈述时，主要表现了对其理由的关切。正当理由的最终依据是某一实践的实质性规则。但是关于这些规则的实质性内容，罗尔斯的看法却与图尔明的大相径庭。

（一）对理由的关切

罗尔斯认为，伦理学判断在分析上不仅包含着对事实的陈述，还含有其他的内容。在这后一方面，表达判断者的情感态度固然是伦理学判断的一个功能，但伦理学判断的主要功能却在于提供理由。在其主要用法上，伦理学判断表达着判断者对其判断的理由的关切：他关心的是理由，而不只是谈论。

对理由的关切表现在，当我作出一个关于善或正当的伦理学判断时，我同时表达了我的下述关切：我希望这一判断是有正当理由的，可以为有关事实支持的。但是，我不可能只是希望它具有只对我而言是正当的理由，因为这等于说：我是这么认为的，你怎么认为都可以！那么，如果有的话，正当理由的概念里还包含着什么其他含义呢？

在这一点上，罗尔斯认为关于善的判断和关于正当的判断之间有一种重要的区别。在说某一行为或事是善（好）的时，在简单的意义上，判断者是指，依据某一有关主体（判断者自己或某一其他主体）的知识、能力及境况以及依据他做出那一行为或使用那一事物的目的与意图，那行为或事物具有他可以合理地要求一个那类行为的那些性质。"善（好）"在这里属于"合理性"的范畴。就行为而言，判断者关切的是它是否具有可以合理地要求于某一个那类行为的那类性质。它所诉诸的理由是以某一相关主体的特殊条件、境况与兴趣为依据的，判断者并不寻求他人的同意。毋宁说，他寻求的是这一判断对自己而言的可辩护性，是这一判断具有这样的性质（就判断者本是相关的主体而言）：根据他的一贯的生活计划，即使在以后某天来回想时，在判断时的条件、境况与目的（就其是合理的而言）等方面的情况之下，这一判断及其支持的选择也仍然是可辩护的。[①]

---

① 参见［美］罗尔斯：《正义论》，3.7.61～3.7.63，北京，中国社会科学出版社，1988。

但是，当说某一行为是正当的时，判断者所关切的则是：这一判断不仅对自己，而且对他人而言也是可辩护的，支持这一判断的理由是他人（就他们是有理性的而言）也可以接受的。这不仅是指这一判断必须是形式的：任何人（就他是有理性的而言）若处于与判断者相同的或大致相同的境况中，都会作相同的判断。而且这一判断还须包含着某种实质性的内容，即符合于人们（作为一合作实践的参加者）在某些都承认是合理的条件下都会同意的原则：一个人如果承认存在着这样一些原则，并且承认支持某一判断的推理过程按照这些原则是正确的，就要承认这一理由是可以接受的。由于存在这种实质性的原则，一个有关正当性的判断的理由就要诉诸它来确定其是否正当：一个行为是正当（或错误）的，就是说，它是为人们在上述条件下都会同意的那些原则所容许（或禁止）的。①

（二）自由的、公共的理性（理由）

因此，按照罗尔斯的观点，有两个基本条件使得一个伦理判断成为有正当理由的：（1）它符合某些人们都同意的有实质性内容的伦理学原则；（2）它符合某些人们都同意的推理规则。前者涉及罗尔斯关于公平的正义的基本理论。对这一理论我们将在第五节介绍规范伦理学理论时再作介绍。在这里，我们先来说明他关于伦理判断的正当理由与某种推理规则，以及由它们所构成的他称之为自由的、公共的理性（或理由，下同）的关系。

罗尔斯提出，人们在那些公认为合理的条件下可能同意的，不仅是那些实质性的正义原则，而且还包括一些有关推理与证明的规则。这些规则之所以具有这样的重要性，是因为舍此便无法进行基本的公共讨论。在公共讨论中常常会碰到"什么时候正义原则是适用的"、"什么时候正义原则得到了满足"、"什么是与所讨论的问题有关的信息知识"等问题。以信息的限定问题为例，在一般的公共讨论中，例如在关于宪法的讨论中，专门知识、宗教信仰、学派见解能否作为有关的信息知识是一个很大的问题。肯定这一点，我们势必不得不肯定专家政治。即使承认这一讨论当在常识水平上进行，我们也还需要明确哪一些科学方法与结论已属于常识。总之，若无一些共同的规则来确定哪些才是相关的信息，讨论显然就难于有结果。而一旦确定了这些规则，它们就规定了公共讨论的方式，规定了什

---

① 参见［美］罗尔斯：《正义论》1.1.9，1.2.1.1。

么是或不是正当的理由。①

十分明显，这些规则必须具有某些性质才能适合公共讨论的需要。例如，它们必须是常识可以达到的；必须是人人都知道的，即公开的；必须是人人都能够运用的。当然，"人人"在这里指一个宪法政体下正常发展的平等的公民。这样，在没有人为的强制干预的正常讨论中，就没有人会被排除于讨论之外。这些规则以及关于运用它们的方法的知识成了一个政治社会的自由的、公共的理性：公共的，是因为这些知识是在常识范围之内的和人人都知道的，自由的，是因为宪法制度下存在着思想与言论的自由。由于这些性质，这种自由的、公共的理性的概念表达着适合于一个合作社会的平等成员的推理形式的观念。作为这样一个社会的成员，人们除了会同意某些实质性的正义原则之外，还会同意：对那些与每个人有关的公共问题的讨论，应当按某些公认的规则进行。②

（三）个人的、社团的和政治的推理

一个可能提出的问题是：这一适合公共讨论的自由的、公共的理性是否适合于在具体情境下作出的有关某一具体行为的正当性的判断？例如，一个人可能问："我坚持某种观点是否正当？"一个社团可能问："坚持某一具体政策是否正当？"这些判断是否要诉诸自由的、公共的理性来裁定？

罗尔斯认为，个人的和社团的推理有别于社会的、政治的推理，它们是非公开的、秘密的。一个人的私人理由并不对他人公开，一个社团的理由并不对它以外的人们公开。这是因为，各个个人和社团有着各自不同的目的、观念和自我判断等等。在社会的一致同意的原则允许的范围内，它们保持自己各异的独立性。相应地，它们的推理也会有不同的程序、方法以及不同的要求。例如法庭上的推理必定十分不同于科学论证的推理。但是，出于对理由的关切，人们在相互证明自己的判断时，必定要诉诸那些公认的推理和证明规则。因此，个人的和社团的推理显然也必须像政治的推理一样承认自由的、公共的理性所体现的那些基本规则。而且，在社团内部以及在作为社会成员的个人之间，推理与理由又成为公开的。③

而当一个人问，"我是否应如约把书还给××"时，这问题就是有关一种允诺实践的。社会包含着多种不同的具体实践，每种实践都包含着特定的目的与规则。就一个承认一种实践的目的以及某些规则是实现这种目

---

① ② ③ 参见［美］罗尔斯：《公平的正义的再陈述》，3. 26。

的的恰当规则而言，实践的规则对他具有约束力。他的理由必须诉诸这些实质性规则和那些公认的推理规则来证明其有效性，因为它们依据于某些重要的一般事实。虽然规则的要求与道德的要求十分不同，而且把它们联系起来需要很多哲学的解释。但是在常识的水准上，实质性的推理的规则仍然足以框定出一些人们可赖以相互证明其伦理判断的正当理由。①

第四节　伦理学中的相对论与实在论

前面的介绍已经表明：非认识主义者、伦理学自然主义者和正当理由论者都从不同方面触及伦理学理论中的一些更基本的哲学问题：伦理学语言有没有实在性？它是否的确在表达某种有事实意义的内容？伦理学研究有没有实在性，它是否像非认识主义者所断言的，由于其主观性而不可能产生普遍的标准？尤其是，如果某种普遍的规则是道德中的实质性的东西——按照罗尔斯、图尔明和黑尔的看法——，遵循规则的道德是相对主义的还是实在论的？

60 年代以来，在美国道德学家走出元伦理学的樊篱，开始正视现实的紧迫的伦理道德问题（尤其是政治领域与医学技术实践领域中的问题）时，他们最初是尝试着用种种现成的现代理论或改造了的古典理论来解决这些问题的。哲学家们开列各种解答，力图去论证或反驳它们，以寻求他们认为是最为合理的解答。然而所提供的解答总是相互冲突，寻求理论家们普遍同意的最终解答的希望始终十分渺茫。人们日益感到，他们仍然必须去思考各种现成理论乃至整个伦理学研究提供解答的最终依据问题。道德哲学似乎还应是苏格拉底式的、休谟式的乃至康德式的，先前被拒斥了的形而上学问题重新在道德哲学中找到立足之地。而且哲学家们也越来越认为，尽管经验方法是最终的验证准绳，道德哲学仍然必须有自由地——通过反思和所能设想的正例与反例——追求道德的最终依据问题。K. 拜尔出版了《道德观点》，G. 哈曼于 1977 年出版了《道德的本质》，P. 瑞顿于 1986 年发表了《道德实在论》一文，这些文献都引导和推动了对上述道德哲学问题的研究。

相当一部分哲学家从一种比较现代的观点——"规则的道德"（按某些哲学家的说法）的观点——论证道德的相对性或实在性。一些哲学家坚

---

① 参见［美］罗尔斯：《正义论》，2.6.52。

持说，遵循规则的道德是相对的，因为无论我们把它们说得多么普遍，只要它有实质性内容，它就不是真正普遍的，而是如维特根斯坦指出的，是相当于某种具体活动的背景的。另一些哲学家则坚持说，遵循规则的道德是实在性的，因为无论我们把它们说得多么相对，就其终究有实质内容而言，就其终究是人们观察和判断道德事实的视角而言，它们仍然有某种客观的属性。

另一些哲学家则从一些十分不同的道德观点，如公正的观察者的观点，契约的观点，进化论观点，或某种混合了的观点进行论证，所得出的结论也各不相同。一些哲学家认为，这类自然主义观点基于对道德语言的误用，因而不可能在阐述道德哲学的前提问题方面有所帮助。另一些哲学家则强调，道德哲学需要综合，必须允许道德哲学如其所愿地运用可设想的假设与例证。在这方面，科学探讨与道德的探讨并无本质的不同。

但是，20世纪初哲学家们提出的那种困惑——这类讨论能否达到明确而公认的结论——仍然困扰着当代美国道德哲学家们。因此几乎每位哲学家在论证他的理论时都谨慎地表示，他的理论只在某种限定下能得到经验的证明，而不旨在要求普遍的适用性。

一、哈曼：道德相对论

普林斯顿大学哲学教授 G. 哈曼在近年的著作中，力求为道德相对论作出系统的理论辩护。他提出，道德产生于约定，相对于约定；尽管人们可以对道德持实在论观点，但这种观点的正确性乃取决于有关的相对论观点的正确性。

（一）"道德默契"

哈曼认为，道德产生于约定，产生于人们形成的关于他们的相互关系的默契。道德判断的正确与否是相对于某项道德默契而言的，没有任何普遍性尺度。

在哈曼的理论中，所谓约定是指这样一类社会交换行为：在某一部分社会成员中，每个人坚持一定的原则，使得其他人也都坚持这些原则，并且每个人都了解其他人将坚持这些原则，从而每个人都可以从这项交换行为中受益。例如甲乙两个农夫作互相犁地的约定。两人先合作犁甲的田。乙之所以按照这一约定去做是因为他知道甲也将与他合作犁他自己的田。约定不一定是言明的，它可以是通过某些心照不宣的讨价还价和妥协折中而达到的，正如两个人在划船时必须协调他们的动作，以便同时划水一样。道德默契也是一样，人们为了促进自己的利益形成了一些妥协性意图，经过隐蔽的讨论还价，达成某种妥协。①

哈曼对道德默契的第一点证明是逻辑的。对甲乙丙有效的道德约束产生于他们共同同意的东西。他们的道德判断只能诉诸这一约定来解释。当甲对丙说乙做某事是正当的时，他就假定了乙意欲按照他与丙都同意的一项约定去做，就是假定了乙有真诚地坚持那项约定的意图，正如他和听者丙有这种真诚的意图一样。就是说，甲假定了在甲乙丙三人中存在某种共同的动机态度。因而，一个道德判断是否正确只能诉诸判断者、被判断者与听者的共有的道德观点和态度来论定。当判断与这种共有的观点态度吻合时，被判断者与听者常常不会有异议。而当判断者诉诸被判断者与听者不同的观点与态度时，判断者（如果意识到这种区别）一般需要表明这种不同。例如某甲对某乙说，"作为基督徒，你应当把脸的另一边也转过去，可是我却要反击"，甲就表明了他不是基督徒，他的观点和态度不同于乙。但是这类道德判断在哈曼看来不是充分形态的道德判断。②

哈曼的另一点证明则是诉诸他所说的道德中的一个观察事实，即我们大多数人强调"勿伤害他人"甚至"帮助他人"。他引证 P. 福特曾提出的一个极端的例子：大多数人认为一个医生不应当为了救活 5 个病人而杀死 1 个病人，以便利用他的器官救活那 5 个病人。从同情感很难说明道德的这个方面，但是从道德默契的观点能够作出较为合理的解释。道德是能力、财产不同的人们的一项约定、一项妥协。"勿伤害"作为这样一项妥协能使所有的人都从中受益。相反，"帮助他人"的安排的基础脆弱些，因为富人不能从中受益。从哈曼对道德默契的这一证明中，我们看出对实际道德的"绝对的公允"常常最终要倒向对某一方的观点的强调。③

（二）道德相对论三命题

在道德默契的概念的基础上，哈曼提出了道德相对论的三个命题。

命题一：不同的人可以服从不同的道德要求（规范的道德相对主义）。

这一命题含有两个假设。（1）一个道德要求 D 适用于甲，仅当他接受 D，或只由于对有关的（非道德的）事实的不知情——即未能进行有关的推理——或由于某种（与道德无关的）精神缺陷（如反理性、愚笨、糊涂或精神病）而不接受 D。（2）当甲服从 D，乙不服从 D 而服从某种其他道德要求，并且这不是由于乙对某些（非道德的）事实的不知情或某种（与

_____

① 参见［美］G. 哈曼：《道德的本质》，103～104 页，纽约，英文版，1977。
②③ 参见［美］G. 哈曼：《为道德相对论辩护》，载《哲学评论》，第 84 卷，9～13 页，英文版，1975。

道德无关的）精神缺陷（如反理性等）时，不存在一条甲与乙都接受的道德要求 D′，能对（因境况上的上述差别）甲服从 D 而乙不服从 D 的事实作出说明。为什么按照这两条假设，不同的人接受不同道德要求是合理的，因而他们可以持不同的道德？哈曼认为这最终是由于人们的心智活动方式，即人的意图、信念、欲望、态度等等的不同，这些区别不仅影响人的实践理性，而且影响人的道德理性。①

命题二：道德判断相对于判断者、其他某人、某群人、或某种道德标准体系（道德判断的相对主义）。

例如，当某人说"希特勒命令灭绝犹太人是错误的"或"某某部落的人们吃人肉是错误的"时，他就是在诉诸他假定存在的他、听者与希特勒或那个部落中的食人肉者们共有的道德信念与判断。但是如果希特勒和那些食人肉者并不持这种信念，上述判断就不是充分的道德判断。充分的道德判断相对于一个道德默契，是内在的道德判断。不充分的道德判断只相对于判断者自身的或判断者与听者共同的道德。②

命题三：对立的道德判断可以皆为正确（元伦理学相对主义）。

例如，甲可以正确地认为某人做某事是错误的，乙也可以正确地认为那个人做那件事是正确的。因为两个人所持的道德观点不同，而一道德判断的正确与否只相对于所诉诸的道德观点。③

二、道德实在论

另一位美国道德哲学家 P. 瑞顿则试图在其新近的著作中论证一种基于进化论的经验的实在论。他同意哈曼的一个主要论点：道德判断的有效性只相对于所诉诸的道德观点。但他同时指出，基于某种合理的道德观点，我们可以发现道德的某种客观实在性，因为伦理学最终只能从事实的丰富联系中寻找。

（一）合理的道德观点

那么什么是合理的道德观点？瑞顿认为这种观点终究是某种人的观点，而不可能是某种人之外的观点，例如某种宇宙秩序与目的观点。因为，道德所问津的是有关人及其环境以及它们的相互关系的问题。道德问题不可能根据某种宇宙秩序与目的的观点来解决。除少数神学家外，人们

① 参见［美］G. 哈曼：《什么是道德相对主义？》，载 A. I. 戈尔德曼编：《价值与道德》，152～156 页。

② 参见上书，146、157～159 页。

③ 参见［美］G. 哈曼：《道德的本质》，105～109 页。

已不再认为宇宙间存在着一种至高无上的目的，以及某种人格化的造物主在关心着我们。在道德判断上，我们所能诉诸的只能是某种人的观点。但是哪种人的观点能够充任可据以判断具体的道德判断是否正确的尺度呢？个人的观点显然不能担当这一角色。个人理性是工具性的，指向个人目的的实现。道德则涉及不同人的不同的利益：强者的利益、弱者的利益等等。道德判断不能诉诸会受个人利益影响的观点，而只能诉诸公正的人的观点，即一种站在中立的立场，不偏袒某一方的利益的观点，一种社会的观点。然而，也不能简单地把一种社会的观点简单地等同于某一社会的观点。社会与个人构成社会的两极，它们之间的冲突也需要一种道德观点的仲裁。而且，某一社会与其他社会之间也存在冲突，也需相互约束。所以，合理的道德观点毋宁说是一种普遍的社会的观点，它衡量个人的理性，也衡量具体社会的理性；它必须超然于对立的利益之上；它对道德问题的回答必须是综合性的，必须是不依赖于对有关利益的强弱的考虑的。[①]

（二）进化论的道德实在论

瑞顿认为，道德是一类特殊的规范现象，一种道德实在论理论必须说明规范与个体经验的联系。19 世纪的进化论在说明这种联系时注重于对道德规范的描述，结果未能说明道德的可认识的特点；杜威的实用主义注重说明道德的可认识性，却未能说明道德的描述性。所需要的是这两种理论以前者为基础的某种结合。

基于上述的道德观点（同等地考虑所有有关者的利益）和道德的性质的概念（道德是基于理性经验可认识的和进化的），瑞顿认为道德正当性的概念从属于"社会理性的理想化"概念，或者说，后一概念更为明确地表达了道德正当性概念的含义。社会理性概念意味着有关的利益从社会的观点得到同等的考虑。理想化意味着这些利益得到尽可能充分的满足。因此，"社会理性的理想化"也就是向从社会观点看是最有利于实现内在善的方向发展。瑞顿认为这一概念为道德的正当性提供了一个可认识的、符合人们的直觉的标准。按照这一标准，道德上越是正当的，必是越接近于社会理性的理想化形式的，即从社会的观点看最有利于实现内在的非道德的善的。

---

① 参见［美］P. 瑞顿：《道德实在论》，载《哲学评论》，第 95 卷，189～190 页，英文版，1986。瑞顿的观点均引自该文。

那么，既然社会理性因而道德正当性是在不断进化的，现实的道德能够描述社会行为的发展吗？瑞顿指出，尽管现实的社会理性的发展程度不等，其实际发展程度对人们的社会行为方式及道德学习过程仍然有解释的意义。首先，严重地偏离社会理性——严重地贬低某一社会团体的利益——会引起某种社会不满或不安定。这种不满和不安定是否表现出来取决于多种因素。当这一社会群体社会化程度较低、知识与经验缺乏时，他们的不满就表现不出来。当情况是另外一样时，反映着他们的利益的要求就会表现出来。其次，一个严重偏离社会理性的社会常常表现出其他一些特征，例如倾向于某种宗教教义、意识形态学说，或者在某些方面效率低下、在某些方面却效率很高，等等。社会理性因而道德正当性的现实发展提供的上述解释是描述性的，而不是某种道德的信念。

瑞顿指出，对社会理性因而道德正当性的现实发展是否有解释意义的更重要的考验，是看它能否对道德规范的进化作出说明。他认为，现实的社会理性因而道德正当性在这方面的解释意义表现在，由于偏离社会理性而产生的不满具有一种反馈机制，它会反过来推动道德规范向接近社会理性的方向发展。这一发展的一个主要特点是，它倾向于把更广泛的利益考虑进来。社会理性的这一发展毋宁说表现着人与人之间的某种共同动机的力量，或对一种支持着满足社会理性标准的行为的集体选择。如果不是这样，道德规范就不会对个人有如此强烈的影响。

但是，瑞顿告诉人们，这种反馈机制不能充分保障道德规范的进化。正如在生物进化或市场经济中有多种机制共同起作用一样，在道德规范的进化中也是如此。由于某些其他机制可能有相反的作用，它们可能阻滞道德朝着这一方向进化，如北美"新大陆"的种植园奴隶制的例子所表明的。促进这一进化的机制是否占据主导地位取决于一系列复杂的社会历史因素。所能断言至多是：根据某些可靠的历史经验，可能存在一种把被排斥的具有一定活动能力的群体的利益考虑进来的不很平衡的发展趋向。同样根据这些历史的经验，我们可以去讨论哪些环境下的哪些实践更符合社会理性的标准，并且可以大略看出表现着上述趋向的道德规范进化的下述三种主要范型。（1）普遍化。原始部落的人们的道德概念只适用于本部落的人，以后在长期的历史发展中逐步扩大到更广的范围。（2）人道化。道德原则、规范从被视为超自然存在的命令、等级名誉的普遍戒律、理性或良心的要求，到被视为与人的利益要求相关的，日益趋向于人道化。（3）多样化。在人们利益相近、能力相近、建立某些约束或合作的优越性十分显然的领域，社会理性便较为发展。在不存在上述条件的领域，社会理性的发展便比较迟缓。道德规范的进化也因此呈现出多样化。

第五节　规范伦理学

对于战后美国伦理学来说，没有什么特征比向规范伦理学的复归更为突出了。P. 福特在 50 年代末关于自然主义所说的一番话也完全适用于规范伦理学："对许多人来说，在过去 50 年左右的时间里，道德哲学的最显著的特点是对自然主义的拒斥。这个问题今天重又提出令他们颇为震惊。他们的这种态度不难理解：由于把那些乍看起来没有问题的假设看做无可置疑的，重新引入自然主义对于他们来说就无异于变圆为方那样敏感了。"①

G. 哈曼认为严格意义上的元伦理学著作结束于 60 年代初。② 引起这一理论转变的重要原因之一是在应用领域的扩展。在道德哲学家们重新感到回答道德的形而上学问题的需要时，他们先感到了回答紧迫的现实问题的需要。流产、安乐死、种族歧视、政治对抗等等引起了许多紧迫的社会伦理问题。生命伦理学与政治哲学走在了前面，道德哲学家们的眼光被引向规范的方面。

元伦理学与规范伦理学的界限被打破了。规范伦理学不再被看做与元伦理学格格不入的。相反，元伦理学被当做与规范伦理学相区别又对规范伦理学研究有帮助的一种研究而涵括于后者之中。这种新的观点使传统的道德哲学研究在新的背景与基础上以某种新形式得到阐发。R. B. 布兰特的《伦理学理论》（1959）、M. G. 辛格的《伦理学中的普遍化论证》（1961）和 J. 罗尔斯的《正义论》（1971）代表了这一理论方向。布兰特和辛格提出了他们各自的功利主义观点，试图使这一理论避免它的古典形式所受到的一条主要批评：即功利主义对行为功利计算的要求使它在一些重要问题上违背人们的常识与直觉。J. 罗尔斯提出了一种以权利概念为基础的社会正义理论，引发了 70 年代至 80 年代美国道德哲学中的一股最有力的理论潮流。他的公平的正义的观念受到 R. 诺齐克的激烈反对，后者坚决主张，道德的权利只能是一种基于某种公正的原始占有与转让原则的

---

① ［美］P. 福特：《德性与恶》，110 页，英文版，1978。
② 参见［美］G. 哈曼：《道德的本质》，前言。

占有权。在基本的伦理学理论方面，W. 弗兰克纳提出了一种混合义务论观点，试图把功利概念与权利概念结合在一个伦理学体系之中。A. 麦金太尔和 P. 福特则基于他们各自的理由认为，对于现代社会的道德问题要基于对人特有目的——"善的（好的）"生活——和人特有的能帮助他实现（或接近）这一目的的品性即德性的理解才能把握其实质。

一个古老的问题又重被提出，"什么是道德上正当的行为？"与它并存的，是一个由于 20 世纪的怀疑主义而产生的疑问，"伦理学能够回答这个问题吗？"除少数神学家外，人们已经确信伦理学不可能找到人类经验之外的实在基础。紧迫的现实问题又使许多哲学家相信伦理学应当（也许这就意味着能够）负起回答这一问题的责任。多数人在寻求一种合理的综合性观点，一种既有合理的系统性又建诸某种普遍经验之河流上的"水上之舟"。

一、功利论

（一）布兰特：准则功利主义

R. B. 布兰特在他的《寻求一种可靠的准则功利主义》（1963）、《一种准则功利主义的某些优点》（1967）和《正当与善的理论》（1979）中，详尽地阐述了一种准则功利主义的理论。针对古典功利主义及其现代化表现形式，即行为功利主义关于正当的标准是每一行为的直接的功利的观点，布兰特提出，功利主义如果不诉诸某些准则，将不可避免地走向相对主义。因此，功利标准必须同某些准则结合起来。

（1）道德正当性的标准。功利主义常常受到的一条批评是：它可能引导人们破坏一些基本的道德规则，如勿杀无辜、守诺、讲真话等等。功利主义认为违反这些准则的行为可以是正当的。如"荒岛承诺"的例子中的遗嘱执行人把死者的遗产交给一家医院而不是依嘱交给某俱乐部是正当的，因为这样做能产生更大的功利。布兰特认为，这一诘难所以成立，是因为某些功利主义理论忽视了功利标准与某些基本的道德准则的联系。像勿杀无辜、守诺、讲真话这类道德准则之所以广为人们遵守，是因为它们通常能产生较大的功利。对这类准则，不应以它在当下的具体场合是否能为当事人带来较大功利来确定是否遵守它。如果人人都以一个这样的准则在眼下的场合不能给我带来较大的功利为理由而不遵守它们，这类准则如何还能存在呢？①

布兰特的这一论证是切中功利主义的一大偏弊的。如果应不应遵守一个道德准则完全取决于它当下对我是否有利，道德准则就将不复存在。从功利主义的观点来看，这一论证提出了一个不同于古典功利主义的判定行为的正当性的程序。西季威克认为一个行为是否在客观的意义上是正当的，取决于行为者所能从事的其他行为是否都不能产生更好的后果这一点，当代哲学家中，J. J. O. 斯马特等人坚持这一观点。这一直接判断行为正当与否的程序一方面要求复杂计算，这在布兰特等准则功利主义者看来是不可能人人都随时有时间做的；另一方面，也是更重要的，可能导致对基本道德准则的随意破坏。布兰特提出的程序是把对一具体行为正当与否的判断分为两步：一是看它是否符合某一道德准则，二是看这一准则是否通常能带来较大的功利。一个行为如是符合通常能带来较大功利的道德准则，它就是正当的，即使它在当下的场合不能带来较大的功利。一个行为如果是为这样一个道德准则禁止的，它就是错误的，即使它在当下的场合能带来较大的功利。这样，对行为的正当性的判断不再像古典功利主义那样直接地进行，而是通过对有关道德准则的判断间接地进行。被直接判断的是有关道德准则，而不是行为。

（2）在理想的与现实的之间。那么，按照布兰特的看法，哪些道德准则通常能带来较大功利呢？布兰特提出，具有这一性质的不是现实的道德准则，而是理想的道德准则。

所谓现实的道德准则，是指一个社会中的各个正常发展的成年人所实际持有和奉行的现实的道德准则。所谓理想的道德准则，布兰特有两个释义。首先，理想的道德准则是其"在一定社会中的流行至少能产生与其他道德准则的同样的人均基本善"的准则。其次，理想的道德准则是"所有有理性的人们将倾向于为被判断者所生活的社会选择——按照如果他们也期望在这一社会中生活他们会抱有的意愿——的道德准则"。这两个释义从语义上看差别很大。前者强调理想的道德准则的"流行"同最终的功利标准的肯定性联系；后者强调有理性的人们的道德自居力对确定一个道德准则是否合乎理想的有效性。断定"所有有理性的人们"在设身处地地思考时倾向于选择的必定是"至少能产生与其他道德准则的同样多的人均基

① 参见［美］R. G. 布兰特：《寻求一种可靠的准则功利主义》，见［美］G. 奈克尼基安编：《道德与行为的语言》，英文版，1963。

本善"的准则，这是布兰特的一个十分特别的看法。①

布兰特认为，现实的道德准则之所以不足以作为判断行为的道德性质的根据，是因为它有一些重要的缺陷。第一，它忽视了"愿意（或不愿意）的"与"有道德责任的"两者的区别。按照现实的道德准则的概念，一个道德上正当的行为是有理性的人愿意他人去做的行为；一个道德上错误的行为是有理性的人不愿意他人去做的行为。但是他愿意或不愿意别人去做的是一回事，他要求别人按良心去做的是另一回事。第二，现实的道德准则的概念不能从社会的内在的观点上指明哪些行为是道德上应当的，哪些是道德上禁止的，无法提供对行为的社会控制所需的基础。第三，这一概念没有考虑补足道德动机上的代价：在决定什么是道德上应当禁止的时，不仅要考虑所要求的行为方式的优点，而且要考虑使人们获得这种行为的动机的代价。理想的道德准则的概念则包含了对这三个方面的考虑。

那么，什么是一个道德准则在社会中的"流行"？它要求100%的人（成年人）的赞许和服从，还是要求60%或70%的人的赞许和服从？布兰特意识到普遍服从是一个过高的要求。但他认为大多数的（比如说90%的）人的服从是必要的，而且他强调所有人的赞同也是必要条件。这可能仍然过于严格，所以他稍后些又认为，确定一些涉及重要活动领域的道德准则不是理想的道德准则的组成部分，不必依据对同意者的百分比的准确估计。

布兰特站在理想的准则与现实的准则之间。一方面，如果理想的道德准则如他所说是所有有理性的人们的有效的个人道德准则的绝对重合的部分，它们就或者不能涵盖一些重要的生活领域，或者非常抽象，像悬挂在飞机上的一幅标语"不要侵害他人"一样，可望而不可即。另一方面，如果理想的道德准则需要涵盖重要的生活领域，又必须像"禁止吸烟"的禁令那样明确，它似乎就必须把个人准则的那些并非绝对重合的、因而在一部分人看来或者不道德、或者过于严格的准则包括进来，并且必须考虑，如果不得不允许违反道德准则的例外的话，何种例外是道德上可以谅解的。

（二）辛格：伦理学中的普遍化论证

M. G. 辛格在其《伦理学中的普遍化论证》中，阐述了另一种反对行

① 参见［美］R. G. 布兰特：《一种准则功利主义的某些优点》，载《科罗拉多大学哲学论丛》，1967（3）；《善与正当的理论》，2. 10. 3，英文版，1979。

为功利主义或（按照他的提法）直接的功利主义的理论。他提出，伦理学中的一种普遍化论证可以成为判断具体行为正当与否的充分条件和实质性的道德原则，而且同时，这一论证也具有语义上（概念上）的真理性。

（1）普遍化论证。辛格所关注的是，"如果人人都那样做会怎样"，这个人们常常想到和提出的问题是否包含着一种论证？这种论证（如果有的话）是否有效？以及在什么条件下有效？这个问题是人人都熟悉的。人们也许这样问过别人，也被别人这样问过，或甚至这样问过自己。人们普遍认为这一问题本身表现着一种合理的道德论证，但是人们似乎没具体想过所包含的论证是什么，或者，即使以不同方式想过，也没有以清晰的思想表达过。这一问题所包含的论证的一般形式可以表达为："如果人人都那样做，后果将是灾难性的，所以谁都不应那样做"。这是一种普遍化论证（以下简称 GA）。GA 的上述一般形式是常识性的，它的逻辑形式可以表达如下：

　　　　PC：如果 A 做 X 的后果是不好的，A 就不应去做 X。

　　　　GC：如果人人都做 X 的后果是不好的，就不是人人都应去做 X。

　　　　GP：如果不是人人都应去做 X，就没有人应去做 X。

　　　　GA：如果人人都做 X 的后果是不好的，就没有人应去做 X。

在这一逻辑形式中，PC 为一般后果原则，不具有伦理学性质；GC 是 PC 的普遍化，是普遍化原则 GC 与 PC 的结合；GP 是普遍化原则的一般形式；GA 为普遍化论证的结论。从 GC——GA 构成三段式的普遍化推理。①

辛格认为，GA 的一般形式在常识看来是有效的，这表明它不是根本不能成立的论证。但是有些 GA 又是不成立的。例如，"如果人人都去种地，大家就会冻死，所以谁都不该去种地"。这一结论显然是荒谬的。可见 GA 是有条件的。根据上面所示的例子，第一个条件显然是 GC 中的条件前件不可逆反。就是说，若"如果人人都去做 X 后果将不好"的前件改变为"如果人人都不去做 X"后件"后果将不好"仍成立，这一论证便无效。另一条件是看 GP 中的从"不是人人"（即有些人）到"没有人"（即"人人"之否定式）的推理是否成立。它有时像是一个逻辑错误。因为从"不是人人都有红头发"中显然不能推出"没有人有红头发"。但有时这种推理可以成立，例如在伦理学中的全可/全不可式推理中。因此，不能简单地说从"有些"到"所有"的推理是逻辑错误。实际上逻辑本身也含有

① 参见［美］M. G. 辛格：《伦理学中的普遍化论证》，4～5、66 页，伦敦，英文版，1963。

这种推理。例如形式逻辑说，如果一种推理形式是错误的，所有那种形式的推理就都是错误的。这里面就包含了从"有些"到"所有"的推理。①

但是，这样理解的话，GP不是太空洞了吗？它难道能包含实质的伦理学内容吗？例如，人们可以举证说，尽管康德曾阐述过崇高的"善良意志"和"绝对命令"，但在某种意义上，的确可以认为他的道德律只表达了"只做你同时也愿意别人做的事"这一形式的要求。辛格的论证又如何呢？

辛格辩护说，他的GB并不像康德的绝对命令那样只诉诸"意愿"，而是诉诸后果。而且，在关于正当与错误的判断中，它的推理是：对一个人是正当（或错误）的，必定对类似情况下的任何类似的人也是正当（或错误）的。GP在运用于实际例证时强调的是：如果某人有权利（或无权利）做X，类似情况下的任何类似的人就都有权利（或无权利）做X，因此它可以引出实质性的伦理学结论。②

（2）GA与功利原则。按照辛格的看法，他以上述方式阐述的GA——作为一条基本的伦理学原则——虽然不是一条功利原则，却与某种否定式准则功利主义或（按照他的说法）间接的功利主义的原则有许多相合之处。

与直接的功利主义相区别，间接的功利主义的功利原则指说某类行为，而不是指说个别的具体行为。按照这种功利主义，一个具体行为的道德性不取决于它的具体后果，而取决于它属于哪类行为，以及那类行为通常有的后果。与此相似，GA也诉诸某类行为的后果。所不同的是，GA诉诸的是某类行为的不合意的后果，它的PO是否定式的："如果A做X的后果是不好的（不值得欲求的），A就不应去做X"。功利原则诉诸的则是合意的后果，它的PO是肯定式的："如果A做X的后果是好的（值得欲求的），A就应去做X"。功利原则的PO经常受到批评，因为人们的确有充分的事实根据说，有些有功利的行为仍然是错误的，有些没有功利的行为仍然是正当的。③

所以辛格认为，与GA更为接近的间接的功利主义应当是否定式的，尽管这两者在诉诸行为的后果的方式上存在下述区别：间接的功利考察某

①　参见［美］M. G. 辛格：《伦理学中的普遍化论证》，4~5、17~19页，伦敦，英文版，1963。

②　参见上书，10~11页。

③　参见上书，195~206页。

类行为通常具有的后果（这类行为通常有功利吗？），GA 则借助 GP 考察某类集体行为的后果（如果人人都那样做会怎样？）。否定式的间接的功利主义更接近于 GA。例如，在指说违诺行为时，它的陈述是："违诺行为一般是有害的，所以 A 不应当违诺"。GA 的陈述是："人人都违诺的后果是不好的，所以 A 不应当违诺"。这两种陈述之所以接近，是因为对某类行为的一般道德性的陈述与 GO 相契合。然而由于它们在诉诸行为的后果的方式上的不同，否定式的间接的功利主义仍然是不充分的。例如，它无法回答当一个当下的违诺行为的确将有比守诺行为更大的功利时，为什么不应当违诺。与此相对照，在 GA 中，尽管从"人人都违诺后果将是不好的"不能推定"某个人违诺后果将是不好的"，但的确可以推定"任何人都不应违诺"。

二、权利论

（一）罗尔斯：公平的正义

J. 罗尔斯是当代美国伦理学理论在几个方面的发展的推动者：他主张道德哲学家的主要工作领域不是元伦理学，而是实质性的伦理学理论；主张实质性的伦理学可以（至少是可能）建立于一种遵循人们共同同意的基本规则的道德观点之上；主张现代民主社会的一种常识理性概念可以成为支持实质性的道德论证与谈论的理由；并主张一种不以任何哲学、宗教和道德观点为前提的关于社会的基本正义原则的观念。

罗尔斯从 50 年代起致力于阐述一种以契约权利理论为基础的社会正义理论，以取代他认为在政治哲学和道德哲学中占统治地位的功利主义。他于 1971 年出版的《正义论》是最近 20 年中英语的思想理论文献中被读和研究得最多的著作。由于许多西方哲学家、法学家、社会学家乃至经济学家对这本书作了大量研究与评论，罗尔斯在 1990 年和 1992 年作了《公平的正义的再陈述》（讲座），对《正义论》中的主要观点作了若干补充性、修正性的再陈述。

（1）社会作为合作体系。罗尔斯从下述前提出发：作为社会的成员，人们都持有某种社会组织的观点。由于社会组织确定着基本自由和对经济福利的分配样式，人们对社会组织的道德考虑优先于个人的道德选择。他问道，在一个组织良好的宪法民主社会，人们对基本的社会安排会有哪些考虑？会同意些什么？

罗尔斯指出，在民主思想史上，历来有两种对于社会组织的观念：一种是把社会组织看做自由平等的公民间的一个公平的社会合作体系的观念；另一种是把社会看做一个旨在生产最大量的福利的组织的观念。基于这两种十分不同的观念，历史上形成了社会契约论与功利论两种主要的传统。契约论传统以权利观念为基础，强调对某些权利的尊重与保障是衡量社会组织的道德性的根据：一个社会组织是不是道德的，取决于它是否为所有社会成员提供了同等的基本权利，同等的政治法律保护，以及是否把社会管理的负担合理平等地分配给所有成员。依据这种观点，一个这样的组织恰巧是有效率的只是一种幸运，效率不能成为确定一个社会组织是否道德的标尺。然而在功利主义那里，效率成了惟一的衡量社会组织的道德性的标尺：最有效率的，即能产生比其他社会组织的更大的功利的，就是最道德的。①

功利主义与契约论的上述对照构成罗尔斯拒斥功利主义的第一个基本论据，其核心在于：功利主义只考虑了社会组织的立法的、管理的方面，并且由于把这个方面的问题等同于个人的合理行为选择的问题，对社会组织的合法性与合理性的考虑被简单地等同于尽可能地增加总体的善净值的问题。这样，功利主义就忽视了一个更重要的问题：如果它被（而且应当被）看做自由平等的人们所缔结的公平的合作组织，作为服务于这些缔结者的而不是服务于某种外在于他们的目的的合作形式，它应当如何地在他们中间分配这一合作所产生的种种利益与负担？②

罗尔斯指出，把社会视为自由平等的公民的公平的合作组织的观念蕴含的最根本的直觉观念是：它应是经时历久的，不仅对缔结它的人们，而且对未来世代的人们也是公平的合作组织。对于这样一个合作组织，自由平等的公民，作为缔结这一合作的参与者，将要求些什么？在罗尔斯看来，这个问题表达了关于订立一种原初契约的合理基本条件——谁？在何种起点上？在何种信息条件下？——的观念，它相当于在问：当自由平等的人们（谁）处在某种同等原初地位（何种起点）上，处在只知道有关个人与社会的一般知识而不知道自己未来的能力及命运将会如何的无知之幕（何种信息）后，他们会向他们将缔结的社会合作组织要求什么？③

罗尔斯认为人们将会要求的东西具有两个相当突出的特点：一是它们将主要是涉及社会的基本结构，即构成调节人们的具体活动的背景的那些基本安排的；二是它们将是比较集中的少数几个原则。罗尔斯把这些原则

---

① 参见［美］J. 罗尔斯：《公平的正义的再陈述》，3.27。
② 参见［美］J. 罗尔斯：《正义论》，1.1.3~6。
③ 参见［美］J. 罗尔斯：《公平的正义的再阐述》，1.2。

表述为以下两条著名原则：

　　　　(i)每个人都对于那个符合于对所有人平等的基本自由的尽可能充分的自由体系有一不可抹杀的权利；

　　　　(ii)社会的与经济的不平等应满足两个条件：（a）它们应当与在公平的机会平等条件下面同所有人的职务与职位相联系；（b）它们应当适合于社会中最少受惠者的最大利益。①

十分明显，在罗尔斯以上述方式陈述的公平的正义的原则中，功利原则不具有任何地位。

　　（2）平等权利。罗尔斯拒斥功利主义的第二个主要论据展示于契约权利观的更深的直觉层次上：功利主义可能导致对某些基本权利的漠视乃至侵夺。例如，完全剥夺一部分成员的基本自由的奴隶制可能被证明为正当的，侵害一部分成员的福利的社会政策也可以被证明为正当的，如果它们能产生更大的总功利的话。而他的公平的正义观恰恰包含着一个与此相反的更深层的观念：每个社会成员享受同等的社会价值——自由与机会、收入与财富、自尊——的权利。②

　　罗尔斯的平等权利的概念包含着简单的与复杂的两种形式。作为基础的简单的平等权利是基于基本道德人格能力的平等权利，表达于上面的观念之中，作为公平的正义的深层观念起着制衡人们所达到的判断的作用。复杂的平等权利观念则进一步问：设若某些不平等是不可避免的，何种不平等是可以得到证明的？体现公平的正义的两个原则的这一概念，依其涉及的生活领域在政治过程中的先后次序及轻重程度，可分为三个相互关联的概念：得到同等尊重的权利；得到同等考虑的权利；需要的权利。

　　首先，罗尔斯指出，在制定宪法的阶段，公平的正义要求每个人的权利都得到同等的尊重。作为缔结社会合作组织的参加者，每个人只有一票的表决权，无人可以有多票权。每个相关者的权利都可以被忽视，被作为少数优越者的更大权利的牺牲品。这意味着：公平的正义完全排除基本自由权利与社会经济福利间的交换，无论这种交换有多么有力的功利的理由。

　　其次，当考虑社会权力上的可容许的不平等时，公平的正义要求它们必须是基于每个社会成员的得到同等考虑的权利之上的。公平的机会平等

---

①　参见［美］J. 罗尔斯：《正义论》，1. 2. 11；这里采用罗尔斯在《公平的正义的再陈述》2. 13 中的修正了的陈述。

②　参见［美］J. 罗尔斯：《正义论》，1. 2. 11。

原则不仅要求公职向有才能者开放，而且要求有同等才能和同等的运用这些才能的意愿的人享有同等的被考虑的权利和同等的成功的机会，而不论其社会出身为何。只要求向有才能者开放的形式的机会平等所采取的仍然是效率原则，它将不可避免地在代际积累中造成历史的不平等。

最后，罗尔斯指出，经济分配上的不平等只有当所有社会成员，尤其是社会中最少受惠者的基本需要得到满足，并且其社会合理期望得到最大可能的提高时，才是公正的。基本需要所以具有这样的重要性，因为它们是每个人不论需要别的什么都还会需要的东西。社会的基本安排不能无视每个社会成员的满足其基本需要的权利，因为他们在同意建立一种社会合作的安排时，不可能接受牺牲这一权利的可能性。①

（3）道德的着眼点。罗尔斯对差别原则的上述根据的考虑，引导他达到了契约权利理论的另一个基本的概念：互惠。这一概念的直觉基础是：尽管天赋能力较高的人由于他们的更有效率的工作应当在社会合作产生的利益中占有更大的份额，因而经济分配中的某种不平等是不可避免的，但是每个人都必须从社会合作所产生的经济利益中受惠，因为社会合作组织本质上是互惠的。这一直觉观念在契约权利论的框架内是不难得到证明的，因为不能想像：自由平等的人们在商定一项社会合作安排时，会同意只让别人享受社会合作将产生的利益。但是罗尔斯的公平的正义的互惠概念比这更进了一步。他提出，在天赋高者与天赋低者的社会合作中，天赋低者是从以往的合作中受惠较少者，因而社会合作的安排必须包含某种补偿性的安排。另一方面，天赋高者的较高天赋不是单纯的自然事实，而是从以往的社会合作中受惠的结果，因而不是其应得之物。总之，由于"每个人的福利都依赖于一种合作体系。没有它任何人都不可能有满意的生活。……利益的分配就应当能吸引每个人，包括那些地位较低的人们，自愿加入到合作体系中来"②。公平的正义的两个原则旨在明确规定出合理的合作条件。它们所指出的这种条件就是：天赋高者所得的较大利益份额惟有以能帮助天赋低者最大限度地提高其合理期望，即适合于社会中最少受惠者的最大利益方能得证。换言之，较高的天赋在一定程度上应被视为社会的资产，它不应只对恰巧拥有它的人有利，而且应造福所有的人。因为惟有以这一条件为基础，"那些天赋较高、社会地位较高的人们……才能

---

① 参见［美］J. 罗尔斯：《正义论》，1. 2. 13；《公平的正义的再陈述》，2. 14。
② ［美］J. 罗尔斯：《正义论》，1. 2. 17；《公平的正义的再陈述》，1. 2，2. 21。

期望其他人的自愿合作"。因此，社会道德的着眼点最终应归结为社会中最少受惠者是否将尽可能地从目前的及未来的社会合作中受益。罗尔斯的这一结论已经成为当代美国道德哲学与政治哲学讨论的热门话题。

（二）诺齐克：有权论

在权利论道德哲学中，R. 诺齐克阐发了更具极端洛克主义色彩的权利概念——有权（entitlement）论，与罗尔斯的公平的正义理论构成权利论伦理学中极不和谐的二重奏。他为反驳罗尔斯的《正义论》而写作的《无政府、国家和乌托邦》（1974）一书同样是 70 年代以来备受研究者们注目的道德哲学和政治哲学著作。在这本书中，诺齐克提出，个人对其正当地获取的所有物的占有权是绝对不可侵犯的；个人权利的不可侵犯性在经济生活中与在政治生活中同样有效；惟一可以得证的利益转移活动是出于个人自愿的交换与馈赠；国家的职能只能是保护个人权利，其职能上的任何扩大都是"越位"，都将破坏其自身的合法性。在某种意义上的确可以说，诺齐克与罗尔斯的理论对立在广泛性与深刻性上可同罗尔斯的精致的契约权利论与功利主义的对立相类比。

诺齐克的观点是论战性的。然而为简明起见，下文中将略去对作为背景的罗尔斯的理论观点的介绍，以着力说明诺齐克本人的观点。对于罗尔斯的有关观点，读者可参照上一小节理解。

（1）个人权利与占有。诺齐克从一个与罗尔斯的相同的前提出发：个人是有权利的，社会权力只有基于它才能得到证明，因而个人权利决定着社会组织（罗尔斯）或国家（诺齐克）可以做什么和不可以做什么。所不同的是诺齐克得出的是下述的结论：从个人权利的观点来看，国家除去作为一个"守夜人"外，不应去管别的事，否则就必然不道德地侵犯个人权利。而按照罗尔斯的观点，社会组织显然要按照人们一致同意的原则做某些事，以建立个人权利和活动的背景的正义。

诺齐克认为，个人权利的基点在于他们有权（entitled）占有某些东西，国家对此不应作任何干预，例如要求一部分人拿出部分他们有权占有之物去帮助另一部分人。帮助不是个人的义务，个人没有博爱的义务。博爱如果是一种有价值的行为的话，只能出于自愿，出于馈赠的意愿。因此，不存在任何要通过国家进行的分配，也没有任何个人或团体有权控制全部资源并决定如何分配或再分配它。不同的个人占有着不同的资源，他们之间不断进行着自愿的交换与馈赠。每个人得到的东西是他从另一个人那里作为交换或作为礼物而得到的。所谓资源的社会分配毋宁说只是产生于上述过程的资源在各个个人间的分布。①

（2）占有的正义。但是，如果占有的事实完全是自然地发生的，在这类行为上有没有道德可言呢？如果甲通过暴力或欺骗从乙那里获得一笔财产，他便有权占有和转让它吗？另一经甲转让而获得它的人便有权占有和转让它吗？诺齐克如果要捍卫对占有的任何干预都不道德的观点，显然需要对占有的道德作出某种解释。他指出，尽管占有行为在道德上是中性的，但是与一般的目的性行为不同。个人在这一行为中对自己有单方的道德约束。他人对其所有物的权利确定了对你的占有行为的约束。那个人的权利不是目的，然而那个人本身（作为人）是目的。把那个人本身视为目的的观念构成了对行为者的单方的道德约束。这种观念将禁止人在占有活动上做某些事。正是借助于占有活动上的这种单方的道德约束，人们可以谈论一种占有是否正当的问题。②

那么，什么是对某物的正当的（公正的）占有？一个人通过何种过程、方式以及在何种条件下成为对某物有权的？或者简单地说，什么是占有上的正义原则？在回答这一问题时，诺齐克首先求助于洛克，区分对无主物的获取（最初占有）与通过转让（交换、馈赠）而获得的占有。

（ⅰ）获取的正义原则：一个人对一无主物的最初占有是有权的，仅当他是在（a）公正的状态下，（b）通过某种公正的过程，并且（c）他对该物的占用不致损害他人对其余同类事物的自由使用的条件（洛克式条件）下获得它的。

（ⅱ）转让的正义原则：一个人对一占有物是有权的，仅当他是通过（a）某种公正的过程，（b）从另一先前有权占有该物的人那里，（c）作为交换或礼物而获得它的。

占有的正义产生于最初获取的正义，保持于转让的正义。无论什么，只要它产生于公正的获取与转让，都将是正义的。③

但反而推之，人们岂不可以论证说，由于最初的占有与某些转让环节是不正义的或未得到证明的，占有的现状也是不正义的或未得到证明的，因而那些占有较多的人并不是有权占有其所有物的吗？例如美国黑人可以说，他们的祖先是受到了不公正的对待的，他们的占有上的劣态是受到了

---

① 参见［美］R. 诺齐克：《无政府、国家和乌托邦》，前言，2.7.（1）。
② 参见上书，1.3.2。
③ 参见上书，2.7.（1）.1。

那一不公正的对待的影响的，因而也是不公正的。诺齐克在这里面对一个十分困难的问题。作为对他的有权论的辩护，他一方面提醒人们，纠正以往的非正义存在着种种复杂的问题，如责任问题（谁该负责：当时的行为者还是他们的目前的后代？），受惠者问题（谁该受惠：当时的受害者还是他们的目前的后代），方法问题（以何种方法纠正？何种补偿要求是双方都能接受的？），历史问题（对以往的非正义该追溯到多远？），等等，另一方面，他不得不承认，他的有权占有理论至少在理论上需要某种矫正过往的非正义的原则为其补充和修正。

（3）社会合作及其条件。个人与个人自由地交换其正当地获取的所有物，作为财富资源的社会分配的充分形式，在社会合作的状态下是否可能呢？诺齐克在这里面对着政治经济学的诘难。古典经济学、马克思主义的经济学以及新古典经济学都假定，由于现代工业生产是通过分工的联合劳动，在这种方式下，个人交换的是他们的活动，而不是属于他的产品，交换因而能是社会地实现的。为回答这一诘难，诺齐克让我们设想非合作状态下的生产。10 个鲁滨逊在 10 个荒岛上独立地生产其生活资料。他们发生了联系，了解了其他人的能力及资源情况，因而也产生了彼此间的利益要求问题。然而每个人有权占有哪些资源及产品的问题是十分清楚的。他问道：难道社会合作竟使这一区分变得不可能了吗？

诺齐克区分了两种形式来研究在社会合作状态下个人自由地交换其产品是否可能的问题。（ⅰ）独立工作式的合作。每人独立完成一道工序：从完成上道工序的人手里接过半成品，完成这道工序后把它传递给操作下道工序的人。在诺齐克看来，在这种合作形式下，每个人就像一个小公司，他的个人产品是容易确定的，他是在一个开放的市场上自愿地与别人交换和转让权利，谈不上产生了特殊的困难。（ⅱ）联合工作式的合作。在车间、试验室或办公室，人们协同工作，共同完成某项产品或某道工序。诺齐克认为，无论新古典经济学关于确定个人的边际产品的理论逻辑上是否可靠，权利论者都可以指出这中间存在的大量的自愿交换：企业主与管理者之间的交换，管理者与每个工人或工人集体之间的交换，以及在后一种情况下工人与工人间的交换。所有这些交换都是在开放的市场中进行的。只要它们出于当事人的自愿，它们就是公正的、道德的。

在诺齐克看来，由此可以得出一个结论：在社会合作中，自由的交换仍然可能，没有哪一方必然受惠较少，因而不需要以某种特殊的正义原则，例如罗尔斯的差别原则（第二个正义原则），来保证社会合作的条件公平。社会合作不是一场零值游戏，并非一人有所得，另一人必有所失。市场与交换是公平的，你可以不作交换，但若你愿意交换，这交换就是公平的，无论它按照政治经济学的观点多么不合比率。这就是诺齐克的观点。

而且，诺齐克还认为，在设想天赋高者与天赋低者间的社会合作时，甚至可以想像是那天赋高者（而不是天赋低者）在以往的社会合作中受惠较少。因为，如果分别地想像天赋高者间的合作和天赋低者间的合作，并把这两种合作分别产生的利益和他们之间的一般合作产生的利益相比较，就可以发现：由于天赋高者通常有更高的创造能力和效率，他们在与天赋低者的合作中得益减少了，而天赋低者的得益却提高了。因此，在诺齐克看来，天赋高者可以反罗尔斯的差别原则而用之，对天赋低者说："你们瞧，你们是靠和我们合作得到好处的。如果你们希望我们合作，就得接受合理的条件。我们的条件就是：我们得拿得尽可能地多，……就是说，得拿到这么一个份额，再要多拿，反会拿得更少。"

统而观之，诺齐克与罗尔斯的理论上的对立，诚如 A. 麦金太尔[①]所言，生动地表现了现代西方社会中努力寻求提高自己的地位的人们与从事某种自由职业尤其是社会工作职业的人们的观点的对立。而麦金太尔所指出的这种观点的对立，最终又是中等阶级与低收入阶级的利益对立的理论表现。两种观点之中，罗尔斯的观点似乎较近于人类道德常识，有更深的道德直觉根基。诺齐克本人也坦率地承认这一点。它们所涉及的主题乃是从古希腊到现时代的西方几千年政治、道德思想史上的重大理论问题。作为两个类型的思想标本，它们在这一领域中都具有经久的理论价值。

三、混合理论

（一）弗兰克纳：混合义务论

在当代美国道德哲学家中间，W. K. 弗兰克纳试图探寻一条将某种功利主义原则与契约论者所强调的正义原则整合为一个和谐的体系的方法。同时，在行为境遇论（行为功利主义的、行为义务论的）与准则主义（准则功利主义、准则义务论）的对立中，他表现出接受某种恰当地限定的准则主义的倾向。"我们必须是有准则的"，他一再这样说。这种倾向与他对于道德的一个基本特性即可普遍化的性质的认识，推动他采取了被他称为混合义务论的道德观点。这种观点所包含的基本原则，按照他的看法，是

---

① 参见［美］A. 麦金太尔：《德性之后》，244～245 页，英文版，1985。

如罗尔斯所说的自明原则。当面临义务的冲突时，最终要诉诸道德直觉来解决何者当优先的问题。但是这些原则及其引出的准则，并不像罗尔斯所设想的对所有的人都是自明的，而是只对持有这种道德观点的人才具有这种自明性。因此弗兰克纳不仅试图表明这种道德观点所包含的内容，而且试图澄清道德观点的概念本身。他于1963年出版了《伦理学》，1980年出版了《思考道德》。他以教导人们清晰地作道德思考和思考道德（moral thinking 和 thinking morality）知名，被称为学苑派学者。

（1）道德观点。弗兰克纳像苏格拉底一样问："什么是道德？""什么是有德？""人为什么要有德？"他认为澄清关于道德的概念，清晰地作道德思考和思考道德是对人的一生有永久魅力的一件事。清晰的道德思考，按照他的看法，是有意识地、真诚地从一种道德观点对道德问题的思考。而清晰地思考道德，则是在道德之外对道德思考的思考，是元道德的思考。人在一生中可能会有意识地追求这两种思考或其中之一，也可能没有作这种追求。道德哲学的作用就是帮助人作这种追求。

人们可以持不同的道德观点，某种目的论的观点或某种义务论的观点，但是当人们经历某些困难的例证并冷静地反思时，他们会发现某些道德观点有其内在的缺陷。所谓一种道德观点，作为一种区别于美学的、经济学的、慎思的和宗教玄思的观点的观点，在弗兰克纳那里是指这样一种看待道德的观点，即把道德看做一个规范的体系。在这个体系里，人们从某种观点，某种对行为、动机、品性对人或感觉存在物（包括行为者之外的其他人）的生活的影响的考虑出发，多少有意识地作着某种评价性判断。因此在道德思考的水准上，一种道德观点是一种以规范的评价与考虑审视道德问题的视角。有理性的人通常在其生活的一定阶段上会具有某种道德观点，但未必一定如此。弗兰克纳借用 A. 克利斯蒂的小说《破镜》中的人物玛波尔小姐的话描述了一个不具备道德观点的人：

艾莉森从不知道别人是怎样的，她从来不会考虑别人……这倒不是说她自私，……你完全可以表现得善良、不自私甚至通情达理，可是假如你像艾莉森那样的话，你就简直不知道你在干些什么……她属于那么一种人，他们跟你说的总是他们做了什么，看到了什么，感觉到了什么，听到了什么，他们从来不会说到别人说了什么和做了什么。他们的生活是单面向的，只知道顺着它往前走。别人对于他们就像墙上的壁纸一样与他（她）无关。①

基于这种道德观点概念，弗兰克纳探讨了说一个人"有一种道德"的含义。一个人"有一种道德"，就是说他（她）多少有意识地从一种道德观点作着关于他（她）的或别人的生活的评价的或规范的判断。"有一种道德"无需完全有意识：只需要采取或接受某种价值体系，哪怕是不很系统的。"有一种道德"也无需预先具有充分发展的德性：它既可以是积累的，也可以是顿悟的。但另一方面，除非一个人常常践履，或至少是诚心诚意地努力去践履一种道德，否则便不能说他（她）"有那种道德"。采取一种道德观点不仅要求从那种观点判断自己应当做些什么，而且要求有某种坚持那些判断的意向，尽管它有时很微弱。②

（2）混合的义务论。弗兰克纳告诉人们：尽管道德哲学的诘问会使人们发现许多道德观点有缺陷，并且事实上没有一种道德观点是完全没有缺陷的，人们仍然指望有一些道德观点是较为合理的。基于某种较为合理的道德观点，了解事实且思想清晰的人们能够就所应遵循的基本道德原则、所引出的准则，以及依据这些原则、准则对具体行为作出的判断，达到一致的意见。弗兰克纳自己孜孜以求的就是提出一种他认为是具有上述性质的道德观点。那么，弗兰克纳提出的这一道德观点包含哪些内容呢？

第一个基本原则——善行原则。在通常的理解中，善行原则往往被等同于功利原则。弗兰克纳指出这是不对的。善行原则是区别于功利原则的，毋宁说它是功利原则的前提，是功利原则求而未及的理想。作为这种理想，善行原则的观念是："只行善，勿作恶"。其基本要求是四条：（ⅰ）勿作恶；（ⅱ）去制止恶；（ⅲ）去消除恶；（ⅳ）去促进善。显然，这些要求优先于"尽可能地扩大善的余额"的功利要求。功利主义的这条要求意味着善恶均可量化，一定量的恶恰巧可被一定量的善抵消，即恶可化为某种等量的"负善"。这一假说会产生许多问题。关于它，道德哲学家也许至多可以说，"假如"这种量化是可能的，我们"可以"把它作为某种东西加以运用。但是善行原则不含有这一假设，这毋宁说是它的一个优点。③

功利原则作为一个目的论原则，为何不能支持一个充分合理的目的论体系呢？弗兰克纳指出，首先，作为一种目的论，功利主义把是否最能扩

---

① 参见［美］W. K. 弗兰克纳：《思考道德》，26～27 页。

② 参见上书，28 页。

③ 参见［美］W. K. 弗兰克纳：《伦理学》，96～100 页，北京，商务印书馆，1987。

大善的余额作为判断正当与否的惟一标准是不妥当的。例如，行为功利主义将两个产生同等善余额的行为视为同等正当的，即使一个包含违诺的做法而另一个不包括这种做法；普遍功利主义诉诸某种普遍化了的实践，用对善余额的影响来判断一个行为是否正当；准则功利主义则根据行为是否符合一条通常能产生最大善余额的准则来判断它是否正当。然而，行为的正当性与行为后果的善性之间存在重要的区别。它取决于有关的事实，而不取决于行为自身、行为的普遍化实践或行为所依循的准则所产生的善恶对比。其次，功利主义只关注于尽可能生产善的方面，而忽视了对所产生的善的分配，以及由这种分配引出的对人的态度问题。功利主义者，例如密尔，至多可以指示我们在可以选择的情况下——即在两种分配方式将具有同样的功利时——把善分配给较多的而不是较少的人，但是功利主义者显然不能说这两者之间存在着正当与不正当的区别。这种区别只能来自正义原则而不是功利原则。①

那么，能够说我们有一种善行的义务吗？弗兰克纳认为从"应当"一词的广义上说，我们有这样的义务。诚如功利主义者指出的，行为及其准则的善恶应当在道德的考虑之中，我们无疑有关心这世界上的善的义务。在这方面，功利主义表达了真理的一个重要的方面，无论这种善是否像功利主义者设想的可以量化。我因事不能去出席一场音乐会。某人想得到这张票。在"应当"的狭义上我没有把票给他的义务，但是在其广义上我有这样的义务，因为我应当抑恶扬善。因此，善行原则表明一条自明的义务。②

第二条基本原则——正义原则。正义原则的基本要求是平等待人。在那些关系人们的生活的各种善（自由、权利、基本生活资料、享受）和影响人们过好的生活的各种因素（能力、利益、需要）上平等待人。这也是一条自明的义务，它不来自功利原则。在两项有同等功利的分配 A 与 B 中，正义原则使人们可以区分出何者更为正当。正义原则还可以表明：有时候，即使 B 的功利大于 A 的，A 仍可能比 B 更正当。同时，弗兰克纳指出，平等待人并不意味着不考虑差别。人们可能有不同的能力和需要，而且更重要的，他们能够过的可能是不同的好生活。平等待人所要求的是对人们作出同等的贡献，起到同等的促进作用。这需要为有不同能力的人发展和运用他们的能力创造公平的机会，而不意味着对任何善的分配都要一

---

① 参见［美］W. K. 弗兰克纳：《伦理学》，89 页。
② 参见上书，96～97 页。

人一份。但是，正义原则的一个特殊要求是任何不平等的分配都必须有正当的理由：除非它能由（a）更长时间中的更大平等或（b）另一自明义务证明，否则它就是不公正的。①

但这不等于说这两条义务原则可能相互冲突吗？一旦它们的要求相互抵牾，混合义务论将如何协调它们的不同要求？这是罗斯碰到的问题，也是弗兰克纳碰到的问题。弗兰克纳指出，实际上不可能陈述出一种优先规则，确定当冲突发生时何者当优先。有时正义原则的要求当优先，有时善行原则当优先。这样，按照弗兰克纳的指导，我们最终仍然是来到一个交叉路口。在这里，我们必须听凭罗斯的"直觉"的裁定，或仍用亚里士多德的话说，决定乃"是在感觉之中"。

四、德性论

（一）麦金太尔：回到亚里士多德

同弗兰克纳一道被称为学苑派道德哲学家的 A. 麦金太尔和 P. 福特在他们的著作中倡导某种德性的伦理学理论。麦金太尔和福特都受教育于英国，然而他们自 50 年代以来的活动和影响主要在美国，并且在战后美国伦理学的发展中占有重要地位。

范德比尔特大学哲学教授 A. 麦金太尔在其近年的主要著作《反对我们时代的自我形象》（1971）、《德性之后》（1981）、《谁的正义，哪种理性?》（1988）和《三种道德研究的方式》（1988）中提出，全部现代道德的自我形象是错误的。实际上这种道德——这种把个人的理性自由和对某类规则的遵循视为道德的核心之点的道德已陷入了不可解脱的困境，其原因在于它所使用的基本概念被完全地同产生它们的那种传统，那种曾存在于荷马史诗时代至整个中世纪，而被启蒙运动以来的全部现代文明瓦解得只剩下了片断的概念的亚里士多德主义传统，已经和历史分离开了；走出这一困境的惟一可能的途径是重建这种亚里士多德主义传统；这一目标只有基于一种历史制限的道德哲学研究方式才可以实现，这意味着必须改变目前的道德研究方式。

（1）现代道德困境的原因。现代道德，如麦金太尔所见，正如在这样一种境况之中，它仍在使用着继承来的"道德"概念，然而却全然抛弃了可据以理解它的那个传统及其存在于其中的那个历史。人们把这些残留的只言片语、片断的道德概念当做理由，陷于永无休止的争论之中，而且永

---

① 参见 ［美］ W. K. 弗兰克纳：《伦理学》，103～108 页。

远无望达到一致的意见。这一事实清楚地反映在情感主义者的下述断言之中："人们只表达各自的态度！"这种情形正与18世纪波利尼西亚文化中发生的情况相似。由于产生禁止男女同席就餐的戒规的历史背景早已被忘却，当被问及为什么会有这一戒规时，波利尼西亚人只知道回答说："那是戒规"，但显然那条戒规是有所本的。这件事表明离开产生它的那个历史背景，一条道德戒规便会变得不可理解。①

自启蒙时代以来的道德哲学家们处于与18世纪的波利尼西亚人相同的境地。他们不断地从不同方面解释、修正所继承下来的人性概念，以便使道德适合于他们各自理解的人性基础。但是他们忘记了，在那个传统中，提出这个人性的概念本是为了表明人性中的不同因素（理性、激情、意志）的差异的。亚里士多德在《尼各马科伦理学》中区分了"偶然的人"（或"未经教化的人"）和"实现其目的（telos）后可能成为的人"；相应地，前者所具有的是"偶然的（或未经教化的）人性"，后者所具有的是实现其目的后可能具有的人性。伦理学，按照亚里士多德的观点，就是帮助人理解他如何可以从前者转变为后者的科学。因而，伦理学需要说明人的潜能和行为，说明人作为一个理性存在物的本质，以及更重要的，说明人的目的。各种德性的准则就是教导和帮助人去实现其真正的本性，去实现其目的。各种要人戒除恶的准则也是教导和帮助人抛弃阻碍他去实现这种本性与目的的品性与倾向。理性指示给人什么是其真正的目的以及如何实现它。情感和欲望需要服从理性的要求，受德性准则的教化并按伦理科学的指示培养恰当的行为倾向。由于启蒙时代以来的道德哲学家们从根本上抛弃了这一传统中的人的目的和人的真正本性的概念，并且把各自理解的"未经教化的人性"的概念当做理证道德的基础，他们的这一计划必然归于失败。18世纪的狄德罗和休谟试图以人的欲望与情感来证明道德的合理性，但他们的尝试竟使得道德成为主观任意的东西。他们的失败推动康德从纯粹实践理性的观念来理证道德，然而对纯粹理性的追求使他终于从其道德原则中排除了实质性的内容。由于康德的失败，克尔恺郭尔转而认为道德完全是个人意志与激情的自由运作，不可能由某种单一的理性去证明。②

麦金太尔认为，启蒙运动的这三种理证道德的努力的失败造成了现代道德的空前混乱：道德语言陷于无序状态，人们只在使用传统道德语言的

---

① 参见［美］A. 麦金太尔：《德性之后》，第9章。
② 参见上书，第4~6章。

片断而抛弃了它们的内在联系；共同的人的目的的失去使道德成了纯粹的个人私事，一个人的道德对另一个人成为完全不可理喻的；最后，现代社会中的中心人物——悠闲的审美家和忙碌的官僚主义专家的道德给整个社会蒙上了一层虚假的道德伪装，然而人们在所争论的道德问题上却不可能有一致的意见。①

（2）重建亚里士多德主义德性伦理学。那个传统中的被现代道德哲学家们抛弃的"人的目的"是什么？帮助人实现那一目的的德性的本质是什么？在麦金太尔看来，尼采直接地提出了第一个问题。但是要恰当地解答这一问题，不应走向尼采主义，而应回到亚里士多德主义。在此同时，也必须恰当地回答第二个问题。

人的目的是他的本质或潜能的完满实现，但这意味着什么？麦金太尔认为，按照亚里士多德的观点，这种目的也就是人通过其实践所能实现的善。不是人为了道德，而是道德为着人。这种内在于人的实践的善可以被视为内在于一个叙述性的生命的整体的：生命叙述着这种善，通过记忆和比较，正如英雄史诗叙述着民族及其英雄的业绩；在这种叙述中，不存在所谓"是"与"应当"的分离，只存在"潜能"与其现实的实现间的区别。但是，如果各种德性都是旨在实现这种善的，为什么它们在索福克勒斯的悲剧中会表现出痛苦的冲突？这是否表明了人的目的的冲突性？麦金太尔指出，在亚里士多德的体系中，这一冲突通过对一种共同的善的说明得到了解决。人不是自由主义的个人，而是城邦或一个政治共同体（他正确地批评亚里士多德把奴隶与野蛮人排除于这种共同体之外的局限性）的人，因而一个人不可能只作为个人去追求善。我必定是某种社会身份的承担者，"是某人的儿子或女儿，某个其他人的侄子或叔叔，这个或那个城邦的公民，这个或那个行业的从业者，……对我是善的必须也对一个承担着这些角色的他人同样是善的"。

基于这样理解的人的目的，麦金太尔认为，亚里士多德的德性概念的本质在生命的叙述中表现为三个阶段。

首先，德性在于实践，一种德性是人的一种习得的品性，对它的占有和运用帮助人获得内在于实践的那些善，缺乏它则阻碍人去获得那些善。在这里，实践指以社会合作形式进行的有连贯性的复杂的人类活动：参加者们致力于实践它的德性，并在此过程中促进自身的德性能力（包括认识

---

① 参见［美］A. 麦金太尔：《德性之后》，第 4~6 章。

目的与善的观念的能力）的有系统的发展。这种连续性的实践使生命获得其叙述的整体性，即人生的整体性。人的生活借助于其生命的叙述而成为描述的，从生到死，每个行为都可以得到说明。另一方面，一个人的行为，乃至生活，也对其他人成为可说明的：他成了他人的生活故事的一部分，正如他人成了他的生活故事的一部分一样。在这生命的叙述中，内在于实践的善逐步为人们所认识。①

第二，德性在于对人的好（善）生活的追求。人们开始问：什么是我的善？进而，什么是人的善？对这两个问题的有系统的提问表明问者达到了一种哲学思考。在这一水准上，他对善的追求显现出两个特点：一是有终极目的，二是它不再是某种已被充分描述的善的追求，而是对善理念（柏拉图）或人的好（善）生活（亚里士多德）的追求。善的生活是寻求着人的善的生活的生活。在这一阶段上，德性不仅帮助人，而且激励人去发现内蕴于人的好生活的更深广的内容。②

第三，德性在于传统。它不仅支持着能使人获得实践的善的生活关系，也不仅支持能使人获得其生命整体性的善的生活样式，而且支持着给这两者提供了历史背景的传统。传统是历史的，有其兴衰生灭。导致一种传统兴衰生灭的是支持着它的德性的流行或废失。一个有生命力的传统是这样一个传统，支持着它的那些德性被人们广泛地运用着。麦金太尔指出，尽管自启蒙运动以来亚里士多德主义传统遭到拒斥，一种自由主义的个人主义在现代文明中占据了中心的地位，但是三个世纪的道德哲学努力和一个世纪的社会学努力都未能为这种传统提供有效的辩护。而当今天的人们思考应转向何种传统以重建道德时，亚里士多德主义的德性传统似乎更有希望，这不仅因为它的概念片断始终在为人们使用着，以及作为一种传统它仍然活在现代文化的边缘，而且因为其他传统似乎不能产生出对它们的历史与生命力的有说服力的叙述。③

（二）福特：德性作为假言命令的道德

加利福尼亚大学教授 P. 福特比麦金太尔更深入地探讨了道德德性在现代社会中的含义，但是她不认为只有摒弃自由主义个人主义这一现代文化传统才能重建德性的道德。相反，在她 60 年代至 70 年代发表的一系列论文（其中重要的论文 1978 年以《德性与恶》结集出版）中，她认为德

---

① ②　参见［美］A. 麦金太尔：《德性之后》，第 14～15 章。
③　参见上书，第 15、18 章。

性的道德可以，也应当在现代社会的个人主义文化背景下，基于个人的兴趣与目的建立起来。并且，这样建立起来的道德将消除康德道德观中的"绝对命令"的神秘色彩，成为有着各异的兴趣的有理性的人们的正常的道德，无论是有体系的还是不成体系的。

（1）德性与善。福特的德性理论是与她的自然主义价值观密切相联系的。福特批评非认识主义者在"评价"与"陈述"之间设置了哲学的鸿沟。在非认识主义者看来，当某人说"A 做 X 是好的"和"这是一把好刀"时，除了"A 做 X"和"这是一把刀"的陈述外，说话者主要是在做另一件事，即劝告（史蒂文森）或推荐（黑尔），并且认为从陈述性前提中不能引出任何评价性结论。福特指出，非认识主义者的这两个断语是无法令人信服的。首先，陈述中可以包含评价因素，而且事实上，评价因素无法脱离陈述而单独存在。其次，上述断语在逻辑分析上也站不住脚。因为，如果肯定 P 与否定 Q 相矛盾是 P→Q 的充分条件，人们就可以从一个陈述性前提中推出评价性结论。①

而且，福特进一步指出，认为评价性判断只是评价性的，并且对人的行为有严格的约束力是十分荒谬的。"做 X 是善的"和"这是一个善 X"这类评价判断中的"善的"这一术语本身就在陈述。它陈述着所说的行为和事物具有符合某一有关者的兴趣的某些性质。这类性质有时（在简单情况下）包含于所说的事物的功能概念本身之中（如"刀"、"笔"），有时（在复杂情况下）包含于事物当下的或通常的用途的概念之中（如"煤"）。从这方面看，"善的"与其他描述性形容性并无很大区别。这类评价或描述可以提供行为理由，也可以不提供这种理由。而且即使提供了这种理由，当事者也既可以按照去做，也可以出于其他理由而不按照做。概言之，"善的"这一术语具有两个重要性质：一是相对于说话者的兴趣，二是不必然具有约束性。②

福特认为，与非道德价值"善"相类似，道德德性（以下简称德性）同样具有这两条基本性质。但是，说德性作为道德价值是相对于判断者的兴趣的似乎较难让人接受，因为当人们说"从道德的观点考虑"时，他们似乎是指从一种普遍的而不是当事人个人的观点来考虑问题。福特回答说，人的兴趣是多样性的。只有从一种狭隘的伦理观点思考的人才会认为

---

① 参见 [美] P. 福特：《德性与恶》，第 7 章，牛津，巴西尔·布莱克韦尔出版社，1978。

② 参见上书，第 8 章。

人的兴趣是完全自私的。在实际生活中，那种极端自私的人并不很多。诚然，像勇敢、节制、审慎这样的德性是旨在促进具有这些德性的人的自身利益的。但即使在这些德性中，人们也常常有所区别。人们可能并不崇拜审慎，甚至不愿把它视为德性，因为它引导人谨小慎微。人们宁愿过一种勇敢而并非不谨慎的生活，而不是处处谨小慎微的生活。另一方面，正义与博爱则相对于人的利他的兴趣，对他人权利的不受侵害和对他人的善的关心。一个人可能期望他的家庭成员在社会上受到公平的对待，希望帮助他的朋友解除困难，或者希望将危及一个与他无关的地区的居民的地震不像预报的那样严重，如此等等。这类兴趣不是自私的，它们所依赖的是人的过一种特定的生活的欲望。①

其次，与非道德的"善"相似，德性也不对有关当事人具有必然的约束力。一种非道德性的品性（如优雅）和某种非道德的"善"一样，一种德性并没有给"做 X 是善的"增加特殊的约束力。举勇敢为例，我可以说"××是勇敢的"，我也诚心诚意地承认他的勇敢是一种德性。但是，在此同时我仍然可以承认自己是个胆小的人，并且也不想去改，虽然我知道改了对我有好处。像非道德的善一样，德性可能提供也可能不提供行为理由。并且在前者情况下，可能引起也可能不引起相应的行为。②

（2）德性与目的。基于上述的德性概念，福特提出了一种与康德的义务论的德性伦理学相对立的目的论的德性伦理学。在福特看来，康德的绝对命令概念中有两点最令人不解：一是他如何能在宣称人本身是目的的同时又排除人的具体目的，二是他如何能在宣称道德具有绝对约束力的同时又认为这种约束力只有在排除了人的现实经验时才有效。在福特看来，作为一种特殊的能力（区别于人的体力、智力的道德能力）和品性（区别于人的个性和一般品性的道德品性），德性是有目的的，是旨在帮助具有它们的人实现某种目的的，因而是从属于而不是脱离人的实际经验，尤其是意志经验的。康德由于排除这两个基本之点，所以才常常陷入困难。例如康德认为，以传播快乐为己之快乐的人不是有德性，就像施恩图报的人不是有德性的一样，因为这个人——慈善家——的行为以自己的快乐为目的，是出于这种情感经验的而不是出于对道德法的尊重的。这等于是说，只有毫无感情的冷血式的人才能够是真正的慈善家。然而如果人们从一种经验的观点看待博爱德性，就必然同意下述意见：博爱既然是一种道德行

---

① ②　参见［美］P. 福特：《德性与恶》，第 3、8、10 章。

为品性，指向使他人快乐（传播快乐）这一目的，又伴有一种道德情操，一种由于上述目的的实现，尤其是由于博爱行为的过程而在行为者身上引起的快乐，这种情操可以说本身就是博爱德性的一部分，它使得博爱行为变得轻松愉快。按照这一理解，康德的慈善悖论就根本不存在。①

　　但是，能够说所有德性都旨在实现某种目的吗？福特认为，在说明勇敢、节制、智慧这类德性和博爱德性的目的时，不存在特别的困难。简单地说，前一类德性的目的是自己的善；博爱德性的目的是他人的善，这两类德性构成人们通常接受的德性表中的两端。她发现困难在于说明正义与诚实德性的目的。虽然可以说，正义的目的是他人权利的不受侵犯，诚实的目的是对真理与自由的爱，但这种说法有些牵强，因为这些只是与正义和诚实有关的理由。也许可以说，虽然正义和诚实这两种德性没有直接指向目的，但是它们与人的意图、人的意志活动有直接联系。一个有正义德性的人可能更知道如何去维护另一个人的正当权利；一个有诚实德性的人可能更了解维护真理的价值。它们表现了意图上的对于他人权利和对于真理的善的尊重，并且也像目的一样激励人的动机。②

　　而且，福特指出，一般地说，所有德性都是意志性的，与意图有关的。德性出现于这样的地方：有某种引诱要抵抗，或者某种动机要补足。我们在评价一个人的德性时，也主要是考虑他的意图或动机。我们说，这个人有这种德性是好的，是指相对于他的目的、意图，他的那种品性是好的，是德性。不存在任何普遍的目的。德性不指向一种普遍的、对任何人都有约束力（如康德所理解的）的目的。目的是具体的。具体的个人的德性也是具体的。人们必须问：谁的目的（或意图）？谁的德性？康德伦理学的不合理性在于它一方面排除人的具体的目的与经验，一方面要求一个完全抽象的目的对一切人都具有约束力。③

　　但是，既然个人的兴趣、目的是多样性的，当指向不同目的的不同德性的要求相互冲突时，一个人应当怎样做呢？例如，正义的要求可能与博爱的要求相冲突，一个勇敢的行为也可能是不正义的，如此等等。这是德性伦理学中的一个十分古典的问题。福特回答说，问题的解答可能在于我们本应跳出后果论的框架，这样，某些这类问题就可能在事实上不存在或不以这样的形式存在了。后果论要人们把各种"好事态"当做选择对象来

①　参见〔美〕麦金太尔：《德性之后》，第1、14章。
②　参见上书，第11章。
③　参见上书，第1章。

评比和挑选。然而在德性论的道德中,某些方案被预先排除了。例如正义德性禁止人做某事,如在受试者身上做有害的癌接种试验,尽管其目的是寻求治癌的方法。所以,德性论的道德排除了一部分在后果论者看来是应当考虑的考虑。这样,它实际上不像人们想像的那样容易陷入矛盾。

概言之,按照福特的看法,德性作为一种假言命令的道德体系不仅可能,而且远比康德的绝对命令的道德体系合理。按照这一体系,德性只是一种道德上有价值的品性,它帮助个人实现他的某一目的,但并不必然约束人。个人可以追求不同的德性,可以有德,也可以无德。但人们不必过于担心,因为完全无德的人,或极端自私的人,毕竟是极少的。

第六节 心理学伦理思想

在 20 世纪五六十年代,西方心理学伦理思想进入了一个新的时期。其中,最有影响的是美国的斯金纳(Burrhus Frederick Skinner,1904—　)及其所代表的"新行为主义"(new behaviorism)和马斯洛(Abraham Harold Maslow,1908—1970)所代表的"人本主义心理学"(humanistic psychology)中的伦理思想。新行为主义是现代行为主义的最新发展形态,人本主义心理学则是现代西方最有影响力的精神分析学派和行为主义学派的新的综合和发展。在这两派的学说中,伦理思想都占有很重要的位置。

斯金纳和马斯洛的伦理思想是有很大的差异的。斯金纳的伦理思想是一种建立在新行为主义基础上的"行为技术伦理",其基本特征是主张唯科学主义的规范主义。他把道德问题科学化,用社会环境决定论和科学决定论的方法来解释所有道德现象。他主张用客观的、经验的、科学的和绝对的方法来替代主观的、思辨的、情感的和相对的方法,所以,他尤其注重物理学和生物学的方法。他把价值与事实同一化,企图使伦理学完全成为一门以行为操作为目的的技术科学。由于他忽略了伦理学的特殊性,因而在其追求绝对主义的同时,在其结论上陷入了道德相对主义。

马斯洛则反对斯金纳的行为主义的机械决定论。他认为,在人类社会中确实存在着绝对价值观念,个人所追求的就是价值实现。他认为人、主体及其内在价值具有崇高的地位,不能把人的价值行为纯粹技术化。他注重研究人的价值需求的层次性、多样性和理想性。在他看来,伦理学是研究人的自我价值实现的学科,其研究方法应该是人性化的。与斯金纳相反,由于他过于强调主体性,从而走向了道德绝对主义。

一、斯金纳：行为技术伦理思想

斯金纳继承和发展了巴甫洛夫等人提出的"刺激—反应"模式理论，提出了"刺激—反应—强化"的新模式。他认为可以通过对社会文化的设计来对社会行为加以控制。[①] 他企图把人类行为完全纳入实证科学的领域。他的行为技术学（behavioral engineering）伦理思想就是建立在这样的新模式基础上的。

桑代克和巴甫洛夫对动物的行为进行了"刺激—反应"的解释。他们的实验结果表明，狗和猫会对食物刺激产生条件反射。这种反射说明，外在条件的刺激作用可以诱发相应的动物行为。华生把这一方法应用在研究人类的行为上，提出人的行为也可以在超内在动机因素的情况下发生的观点。他认为，人的行为是后天习得的，是外部条件作用的结果。人的行为反应受某种刺激的次数越多，对这种刺激的反应越敏感，并在最终形成某种习惯性反应动作。这种规律被他称为频因律。另外，他还指出，一反应对一刺激在时间上发生得越近，对该刺激的重复反应的可能性越大。这种规律被他称为近因律。然而，他没有探讨过行为的结果对行为的反作用。

斯金纳发现，一行为的结果对其后续行为的发生有明显的强化作用。该强化（reinforcement）既能够使刺激与反应之间的联系得到加强而不断反复，也可以使之减弱甚至终止。他把人的行为分为两类：一类是由特定的刺激引起反应的行为，即"回答性行为"；另一类是由环境等条件作用引起的行为，即"操作性行为"。前一类行为可以用"刺激—反应"的模式来解释，后一类行为则至少要用刺激、反应和强化三种因素来说明。而人类的行为多属于后一类。

斯金纳认为，一方面环境是满足人的物质需要的基本条件，从而能够影响人的行为；另一方面人的行为也能改造和利用环境。但是，环境对人的行为具有决定性作用。斯金纳指出，传统的人文科学在研究人的行为现象时只是关注人的内在的主观因素，而不注意导致人的行为的外在因素，因此把人看成是仅仅由内在因素控制的"自主人"（autonomous man）。而实际上，"自主人"不仅无法控制环境，而且也无法控制自身的行为。从根本意义上说，人的行为是由环境控制的。那么，如何来解释人的价值行为和道德行为呢？这是他必须回答的伦理学问题。

表达其伦理思想的代表作是他在 1971 年发表的《超越自由和尊严》。

---

① 参见万俊人：《现代西方伦理学史》，下卷，574～604 页，北京，北京大学出版社，1995。

他认为人的尊严不是因为人具有某种特殊的价值而带来的优越感，而是人能够对控制自我行为的强化作用有所意识。这种意识，一方面能够使人逃避环境中的不利因素的控制和对付他人蓄意安排的刺激，从而获得自由；另一方面也能够使人感受到褒奖带来的强化作用，而对自己的行为乐此不疲。人在得到褒奖时就会感受到他的尊严。

他认为，人类具有强化有利于我们的行为的自然倾向。人与人之间所建立的社会联系是强化作用的结果，而这种社会关系又反过来强化人的行为。他说："我们赞美那些为我们的利益而工作的人，因为他们继续那样做会使我们得到强化。我们为了某事而赞扬某人，这是因为我们得到了额外的强化后果。表彰一个比赛的优胜者，是要强调胜利依赖于他的行为，因而胜利对他来说更有强化作用。"① 所以，他强调，人的任何行为都是由外在的行为规则引起的。

在他看来，一切能够得到褒奖的行为都是有价值的行为。价值判断不是建立在感觉之上，而是建立在如何感觉的事实之上。如果某行为能给行为者带来愉悦的结果，如财富、荣誉、尊严等等，行为者就会倾向于重复该行为，这就是他所说的正强化作用。有价值的行为就是指有正强化作用的行为。好的东西就是正强化物。美味能够强化我们的吃饭行为；漂亮的东西能够强化我们的看的行为。某种行为或事物是好还是坏，是善还是恶，完全取决于它是否带来正强化作用。他自以为这样他便跨越了"实然"（事实）与"应然"（价值）之间的鸿沟，把价值科学和事实科学统一在他的行为科学之中。他断言道："称某物好或坏时所作出的价值判断，其实就是根据事实的强化效果将其加以区别。"②

他进而认为，能够对一个人的行为加以强化的不仅是个人的利益，也涉及他人的利益。人在追求幸福，也就是在追求正强化物。在所有的正强化物中，人首先追求的是代表个人的强化物，其次追求的是引导一个人为他人利益服务的条件性强化物。人们之所以要顾及条件性强化物，是因为它能够满足人们对长远利益的要求。他认为，一切条件性强化物都是从个人强化物那里获得力量的。人是以追求个人强化物为出发点和目的来追求条件性强化物的。人只有遵循一定行为规范才能够实现正强化。在行为和正强化之间存在着相倚关系，人们就应该按照体现着这种相倚关系的行为

---

① ［美］斯金纳：《超越自由与尊严》，44 页，贵阳，贵州人民出版社，1987。
② 同上书，104 页。

规范来行事。

要对人的行为进行科学的控制，就必须利用相倚关系而不是用惩罚来实现。惩罚是传统道德理论中用来对不正当的行为加以限制的方式。它虽然可以硬性地限制人的某些行为，例如利用手铐、脚镣等手段，但是它使人的尊严荡然无存。而且，对行为者的惩罚本身是不能解决人的行为问题的。人之所以会犯错误，多半不是因为其动机使然，而主要是由于行为环境的影响所致。人的行为受制于环境，尤其是社会环境，所以，应该对行为负责的主要是环境，而不是行为者。要控制错误行为的发生，主要是要控制和改造环境。他指出，在传统的观念中，穷人贫困的原因在于他们的懒惰。但是现在人们普遍认为，没有懒惰的人，只有不合理的奖励制度，应通过改造环境来建立起行为和正强化之间的合理的相倚关系。科学的行为控制是向行为者揭示这种相倚关系，从而引导行为者按照相应的规范来行为。该引导的目的是使人的行为得当，而不管其动机如何。因此，他最后将其行为技术伦理落实在对社会环境的设计和改造之上，提出了他的"文化设计"理论。

斯金纳认为，社会环境就是文化。文化是种特殊的社会环境，是种强化性相倚关系，体现为一定的行为规范。任何一种文化都处于不断的演进过程中，其本身也在被环境所选择。只有适应环境的文化才能生存下来。文化一旦形成，就具有其自身发展的特殊规律。它的存在又成为人的行为所依赖的特殊环境。文化的生存与作为文化主体的人的生存是相辅相成的。文化能帮助其成员获得他们所需要的东西，文化成员则会用强化行为来维护他们所依赖的文化。文化是会生会灭的。斯金纳非常重视文化的价值，并把它列为三种基本价值之一。这三种基本的价值是：个人利益、他人利益和文化的利益。个人利益是首要的，但是文化的利益则具有普遍性和恒久性。

要维护和发展某种文化，就必须对该文化进行长远设计。在设计中需要注意的是：

第一，文化设计者本人的价值观将对整个文化设计产生直接的影响。如果设计者是个人主义者，他就会把他的个人利益作为文化设计的终极价值；如果他顾及他人的利益，在设计时他就会考虑他人的利益；如果他所关心的主要是文化本身的利益，他就会强调文化的整体价值。

第二，文化成员的行为和知识是文化发展的重要力量来源。斯金纳认为，一种文化的发展需要多种条件的共同促进。它需要有效的经济关系的支持，也需要文化成员的行为和知识的支持。同时，文化要得到其成员的支持，就必须尽力满足其成员实现其幸福所需的条件。否则，这种文化就会遭到其成员的拒绝和反叛。

第三，文化既需要保持适当的稳定，又必须避免对传统的过分依恋；既需要变革，又必须避免超速变化。如果没有稳定，变化过急，就会导致文化的紊乱。而文化也需要发展，文化的发展就是新文化对某种旧文化的决裂。要决裂，就要创新和尝试。尝试的结果可能成功，也可能失败。失败不一定是错误，"真正的错误是停止尝试"。

第四，必须注意到在文化的控制和反控制之间存在着制衡关系。文化设计者能够通过对文化的有意识设计来控制其文化成员的行为。如果不对文化设计者的控制加以制约，他们就会享有特权，甚至滥用控制。因此，必须对文化设计者实施有效的反控制，使他成为其所控制的群体中的一员。应该在控制者和被控制者之间建立平等的关系，使任何人都没有特权，其中每个成员都既是控制者，也是被控制者。

他认为，文化设计的本质在于要求人们为了长远或整体的利益而放弃或牺牲当前的利益。要使人们做到这一点，首先，需要群体用法典或法规来阐明其风俗习惯，使人们的行为有所遵循；其次，要用道德理论来说明人们需要遵循这些法律的理由；再次，通过教育来传播这些法律和道德理论；最后，通过建立相倚关系在现实中落实这些法律和道德。这就是他所说的"文化的社会环境的全部内容"。个人的行为就主要是由这种社会环境来控制的。

然而，斯金纳并没有否定个人的特殊性。他认为，科学的文化设计不是要侵犯个人的自由，他只是用"环境决定"取代了传统人文观念中的"自主人"概念。即使在组织最严密的文化中，每一个体的生活史也是独一无二和不可重复的。任何有意设计出的文化都不可能消除这种个性。个人而且仅仅是个人在行为。"个人既是人类的载体，也是文化的载体"。

斯金纳的唯科学主义伦理观与元伦理学中的唯科学主义倾向是有很大差别的。元伦理学中的唯科学主义倾向认为，伦理学的研究方法应该是科学化的，而实质内容则是无法用科学来解释的；无法用逻辑实证的方法来解决实际的伦理学问题，"实然"与"应然"是彼此隔绝的；在伦理学研究中要力图摆脱"自然主义的谬误"。而斯金纳的唯科学主义伦理观则认为，对伦理学的研究不仅在方法论上，而且在实质内容上都是能够科学化的；"实然"与"应然"是可以同一化的，伦理学问题实际上就是行为技术问题；行为技术伦理完全是自然主义的，人的行为完全处在一种自然因果决定关系之中。

斯金纳的行为技术伦理，看到了行为受外界制约的一面，看到了文化的发展及其对行为的影响，克服了元伦理学的一些缺陷，在某些具体的伦理思想上具有合理因素，对现代伦理学的发展产生了很大的影响。但是，他的理论具有机械化的局限性。他完全否认了传统的人本主义方法，在反对主观主义的同时，走向了绝对客观主义。他完全用动物实验的结果来解释人的行为，忽视了人的情感和理智等独特性。由于其理论带有严重的非人性和机械性，促发了由马斯洛为代表的人本主义心理学及其自我实现伦理思想的诞生。

二、马斯洛：自我实现伦理思想

马斯洛认为，弗洛伊德主义只看到人性的"黑暗的一面"，从而走向了人性病理化的悲观主义；而斯金纳的行为主义只看到人与动物的相似性的一面，进而走向了机械的环境决定论。他们的共同缺陷是没有给人性以充分积极的评价，不愿或没有承认人性的完美。他认为，心理学必须而且能够克服弗洛伊德主义和机械行为主义的缺陷，找到新的发展道路。这种道路就是他称为"第三种势力"的人本主义心理学。[1] 该心理学被认为是与心理分析、行为主义并立的心理学派。

马斯洛指出，他的心理学与弗洛伊德主义的对立是一种"积极心理学"与"消极心理学"的对立。弗洛伊德与汉密尔顿、霍布斯和叔本华等人一样，只能看到人类的缺陷、病态和不健康现象。这必然导致他们对人性和道德的悲观失望。弗洛伊德的心理学顶多只是解释了人性的病态的那一半，而他的人本主义心理学则是要在正视人性的病态的一半的基础上，把人性的健康的另一半补上去。他的积极的心理学就是要研究人的"整体动机"和"整体人格"。他的心理学的研究对象是要自我实现的人、心理健康的人、成熟的人和基本需要已经得到满足的人。因为这些人更能真实地代表人类。只有研究人类心理的积极方面，心理学才能真正肩负起为人类的幸福和发展导航的作用，才能为科学地解释人类的道德现象提供具有说服力的人性论基础。

他也批判了斯金纳等人的"科学方法中心论"，认为他们没有看到科学中所包含的人性本质。惟有从人性需要出发，才能解释科学的价值。科

---

[1] 参见万俊人：《现代西方伦理学史》，下卷，604~641页。

学是应人类的需要而产生的；科学研究的目标是人类要达到的目标；科学的规律、结构以及表达方式都带有人的特点。他把对待科学的态度区分为"问题中心论"与"方法中心论"。他的心理学属于"问题中心论"，即认为科学的主要目的是要发现问题和解决问题，而不是只关注脱离人类需要的纯粹方法。行为主义则属于"方法中心论"，其主要缺陷至少有如下几个方面：（1）它强调客观的技术，忽视人为的创造；（2）它崇尚技师和设备操纵者，忽视提问者和解决问题的人；（3）它过于看重数量关系；（4）它往往让人去适应技术，而不是让技术来适应人；等等。

他还反驳了斯金纳对"心灵主义"的批判。他认为，狭隘的"科学"方法是无法解释人类现象的。人不是诸如老鼠、鸽子或猿猴等动物。不能用动物学或生物学来解释价值的终极本原。人是超动物的存在，具有独一无二的特殊本性。我们只能从人的本性中去寻找价值的本原。因此，我们必须反对环境顺应论。人与世界的关系不是斯金纳所说的被决定与决定的关系。人是世界的中心和目的。环境虽然可以改变人，但是，人的行为是以人自身的本性和需要为出发点的。

与斯金纳不同，他认为，"实然"与"应然"不仅是同一的，而且统一的基础不是科学，而是人。也就是说，"实然"是建立在"应然"之上的。科学建立的基础是人类的价值观，并且科学本身也是一种价值体系。人类具有感情的、认识的、表达的以及审美的需要。这种需要是科学活动的起因和奋斗目标。任何能满足这种需要的事物都是有价值的。描述事实的心理学方法，同时也是一种发现价值的方法。所以，他说："发现一个人的事实本性既是一种应该的探索，又是一种是的探索。这种价值探索，由于它是对知识、事实和信息的探索，即对真理的探索，因而也正好是处于明智的科学范围内的。"①

在对弗洛伊德主义和行为主义进行了系统的批判的基础上，马斯洛提出，他的人本主义心理学所要研究的基本问题就是人性的起源和人的健康成长。所以，他的心理学伦理思想主要由两大部分组成：其一是用来解释人性的起源问题的基本需要—动机理论；其二是用来说明人的健康成长的自我实现理论。这两部分相辅相成，共同构成了其心理学伦理思想的主体。

马斯洛的基本需要—动机理论的基础是他的需要层次说（human hier-

---

① ［美］马斯洛：《人性能达的境界》，112 页，昆明，云南人民出版社，1987。

archy of needs）。他认为，个人是一个具有高低不同层次需要的复杂的生命有机整体。个人的需要主要由五个层次组成。第一层次是生理需要（physiological needs）。这种需要在个人的所有需要中是最基本和最强烈的，主要包括个人的生存需要和性需要。如果该需要没有得到满足，个人就无法欲求别的。第二层次是对安全（safety）的需要。它是在生理需要得到满足后继发的需要，在未成年人和弱者的身上表现得尤为明显和强烈。第三层次是对归属感和爱（belongingness and love）的需要。这是人的情感需要，表现为个人对爱情、友谊和社交的需要。爱和性是不相同的。性是种纯粹的生理需要。对爱的需要则包括给予别人爱和接受别人爱的需要。第四层次是对自尊（esteem）的需要。自尊和受人尊敬是健康人所具有的自我肯定性需要。除了少数的具有病态心理的人以外，所有人都需要得到他人的稳定不变的、较高的评价。"最稳定和最健康的自尊是建立在当之无愧的来自他人的尊敬上，而不是建立在外在的名声、声望以及无根据的奉承之上。"[1] 第五层次是对自我实现（self-actualization）的需要。也就是说，一个人有能力成为什么人物，他就必须成为什么人物。这是人性使然，不可更改的。

他的基本需要—动机的基础的、最重要的、惟一的原则是"整体性原则"（integration of the self）。该原则的主要内容是：个人的不同层次的需要是个人行为的基本的内在动机；对人的需要的满足一般是按照由低层次向高层次递升的，但也有倒置的现象存在，有时还呈错综重叠状；低级需要是基本的，必须首先满足的；通常只有在较低级的需要得到满足后，个人才会产生较高级的需要，但有时由于低级基本需要被压抑而出现高级需要超前的现象；高级需要的满足使人具有更深刻的幸福感和宁静感，所以，满足过高级需要的人往往认为高级需要的价值更高，并愿为之牺牲低级需要；需要越高就越少自私或越能产生有益于公众和社会的效果；个人的需要永无止境，所以人的健康成长是个不断升华的过程；一般说来，需要层次越高越难实现，能够达到最高的自我实现层次的人不过十分之一。

"自我实现"是马斯洛的人本主义心理学伦理思想的核心。它既是其基本需要—动机理论的最高层次，也是其学说追求的最高价值目标。所谓自我实现就是指个人的天赋、潜能得到了充分的实现，个人成为了他所能成为的人物。他认为，人是种拥有无限发展潜能的存在物，优秀个人的产

---

① ［美］马斯洛：《动机与人格》，52 页，北京，华夏出版社，1987。

生是最大限度地实现了其潜能的结果。这些优秀个人应该是心理学研究的对象。同理，如果我们要知道人的道德境界的最佳可能，"只有研究我们最有德性、最懂伦理或最圣洁的人才能有最好的收获"①。

自我实现了的人就是些道德上高尚的人。他们不是自私的，而是"利他的、献身的、超越自我实现的、社会性的人"②。他们是生理上成熟而健康的人。他们的突出特征是创造性。他们生活的动机不再是一种对"缺乏性需要"的满足，而是由自我实现的动机激发而带来的"高峰体验"性满足。他们一直处于一种作为价值存在的爱（being-love）之中。这种爱比任何爱都更丰富、更深刻和更令人满足。它是给予性的，其本身就是目的而不是手段，因而更能深入他人的内心世界。尽管能够自我实现的人只是少数杰出的非凡者，但他们代表着人类努力的方向，体现着人性能够达到的境界。他们可以超越自然的和文化的隔阂，把爱遍洒人间，因而能够赢得大多数人的景仰。所以，自我实现应该是人类的普遍追求，自我实现了的人应该是人类普遍效仿的楷模。

马斯洛还论述了自我实现的途径。他认为人生是一系列的选择过程。人生的选择主要有两种：一种是趋向于发展的积极的选择；一种是趋向于萎缩的消极选择。只有积极的选择才能趋向自我实现。趋向积极选择的动力不是来自环境，而是来自人性本身的内在要求。个人要倾听内在冲动的呼唤，让自我显现出来。要做到这一点，就要勇于反省，放弃心理防御，正确认识自己，勇于承担责任。虽然高峰体验代表着自我实现的辉煌时刻，但应把它看成是自我实现的短暂时刻。因为自我实现不是一种结局，而是包含有渐变和突变的永无止境的潜能展现的过程，因而个人必须不断进取和不断超越自我。

20世纪20年代初，存在主义思潮在美国产生了很大的影响，这也影响到了马斯洛的心理学伦理思想。他感到他的自我实现理论需要进一步完善，进而提出了以"存在"和"存在价值"为中心，走向存在心理学的主张。他把用存在主义改装后的人本主义心理学称为"存在心理学"（being-psychology）。他认为，存在心理学不仅要研究人的基本需要——动机和自我实现，还要研究个人的"元需要"（meta-needs）和"元动机"（meta-motivations），研究作为价值存在的人，而不只是心理的人的发展需要和成长价

---

① ［美］马斯洛：《人性能达的境界》，12页。
② ［美］马斯洛：《存在心理学探索》，10页，昆明，云南人民出版社，1987。

值的实现。所以，他的存在心理学与伦理学有更密切的关系。

马斯洛之所以借用"存在"这一术语，主要为了用来描述个人在基本需要满足之后，对更高的价值的超越性追求。这些追求包括无高低之分的真、善、美、活跃、个人风格、完善、正义、秩序、乐观诙谐、自我满足等。由这些追求所产生的相应的存在价值为真、善、美、完整、超越、活泼、必需、完成、单纯、不费力等。存在价值是个人的自我实现的最高体现，是其基本价值的高度升华。只有在个人的基本需要得到满足的情况下，才会产生元需要，并激发元动机，从而使元需要得到满足。基本价值比存在价值更为基础和广泛，而存在价值则更有超越性和理想意义。

马斯洛的心理学是当代美国心理学发展的最新成就，其中的伦理思想既存在不足，也具有值得借鉴之处。他忽视了社会历史条件对产生和满足个人需要的决定作用；没有说明社会生活对个人的自我实现的作用；脱离历史来抽象地谈论人性问题，没有超出西方人道主义的基本立场。但是，他充分注意到了人的作为目的的价值；他的需要层次说为伦理学的行为价值研究提供了可资参考的图式；他赋予了自我实现以崇高的理想价值；他确实克服了弗洛伊德主义和行为主义的一些缺陷。他的存在心理学是他的人本主义心理学伦理思想的概括和发展，并代表了当代美国心理学正在日益关注普遍价值问题研究的最新趋向。

第九章　当代德国伦理思想

众所周知，对于当代德国伦理思想的研究者来说，要想单纯就伦理学而讨论伦理学是十分困难的。与当代英美哲学相比，德国哲学似乎具有相当浓厚的传统色彩。在许多德国哲学家那里，虽然伦理学可能占有极其重要的地位，但是大多作为其哲学体系的一部分和某一方面的体现，总是以其宏大广博的世界观为基础的。只是到了70年代以后，源于德语世界的逻辑经验主义——分析哲学才开始在德国本土发挥影响。因而在英美世界盛行的"元伦理学"或专门的道德哲学研究在德国比较少见，真正在伦理学领域具有深刻影响的还是那些哲学大师。这就是我们通过德国哲学来讨论它的伦理思想的原因所在。在某些当代伦理思想的英美研究者看来，我们所要从事的这项工作或许是毫无意义的，因为德国伦理学过于注重已经被他们摒弃了的传统形而上学的主题，几近于当代的"经院哲学"，与最新的发展趋势格格不入，不够"现代"而且很难按照描述伦理学、规范伦理学和元伦理学这样的当代标准加以分类，所以在一部20世纪伦理思想史中往往没有德国伦理学的地位，即使有个别例外（如维特根斯坦和维也纳学派），也大多被归入英美世界之中（在玛丽·沃诺克的《1900年以来的伦理学》和L. J. 宾克莱的《当代伦理学理论》中就是这样）。我们以为，这与德国伦理思想在当代伦理思想研究中应该占有的真实地位是极不相称的。事实上，当代西方哲学的诸多流派或直接或间接地源于德语世界，因而德国哲学对于当代西方伦理学具有极其深远的影响，它也是当代资本主义文明陷入困境的集中体现，而且与其范围和主题被限制得过于狭窄的英美伦理学相比，德国伦理思想有着更为深刻更为广泛的特点。因此，一部探讨当代西方伦理思想的著作若没有德国伦理学的位置是不可想像的。

当然，德国哲学的确深受传统哲学的影响，至于使之形成如此特征的原因则是多方面的。德国哲学不仅一向注重传统，爱好思辨，而且从理论背景上看，一般被视为近代哲学乃至整个古典哲学之终结的德国古典哲学，无论在空间上还是在时间上都与当代德国哲学有着千丝万缕的亲缘联系。而这种联系在当代西方哲学中是独一无二的。另外，德国在第二次世界大战中作为发动者和战败者，遭受了政治、经济、文化和思想上的惨痛经历，经过法西斯主义所造成的文化思想沙漠化的独裁统治，战后人们求助于德国伟大的哲学传统来填补10多年来的理论空白，这是很自然的。因此，康德、黑格尔、马克思等思想大师一向为德国哲学所推重。当然，这并不意味着德国哲学仍然停留在传统的形而上学范围之内。实际上，20世纪最富于革命性的哲学理论，无论是科学主义思潮还是人文主义思潮皆发源于德语世界。

对于当代德国伦理思想来说，最深重的历史背景莫过于第二次世界大战了。德国人在纳粹法西斯主义的独裁统治之下，也曾有过虚假的"辉煌"时刻，人性被扭曲，人道精神遭到践踏，战后又经历了战败和分裂的痛苦，使人们对人类的命运和前途感到忧虑和悲观失望，体验了诸如恐怖、畏惧、焦虑、死亡等等情绪，即使在战后政治经济新秩序建立之后，人们仍然无法彻底摆脱对以往可怕经历的记忆。由于德国人亲身经历了资本主义物质文明的繁荣和衰败，痛感当代技术社会异化现象对人性、人道精神和自由的深刻压抑，体验了资本主义制度之下科学与道德、理性与自由的激烈冲突，从而使伦理道德问题以人的问题这一更为深广的问题为表现形式，成为德国哲学家们所关注的主要问题。正是由于德国哲学的独特经历和思辨传统，科学主义思潮在这里一向影响甚微，而人文主义思潮始终占主导地位。

当代德国伦理思想不仅有丰富的传统哲学背景，而且深受战前德国哲学的影响。在它之中，传统哲学、新康德主义、生命哲学、现象学、马克思主义等等都在不同程度上发挥着作用，康德、黑格尔、马克思、尼采、克尔恺郭尔、胡塞尔等思想家的名字经常出现在当代德国哲学著作之中，这就决定了当代德国伦理思想的多元化特征。不过，我们认为，在众多思想家的影响之中，康德和尼采的影响至为深刻，几乎所有当代德国伦理思想都在不同程度上与他们保持着内在联系。就康德而言，这一方面是因为康德在 18 世纪末所发动的"哥白尼式的革命"是 20 世纪哲学革命的先导，另一方面是因为康德对于理论理性和实践理性的系统深入的探讨，使他成为有史以来最伟大的伦理思想家之一。康德试图在保持科学成就的同时维护道德自由的地位，这就使他为 20 世纪的哲学家们开辟了不同的道路和方向。至于尼采，"上帝死了"这一世纪性预言，在某种程度上集中体现了当代西方文明所面对的困境和危机。我们将要讨论的德国伦理思想可以看做是在这一背景之下重新确立人的价值的种种努力。

由于当代德国伦理思想的这些特征，我们结合当代德国哲学的发展脉络，把它在战后的发展过程分为四个阶段：

（1）战后恢复阶段。这一阶段是被纳粹法西斯主义统治所中断的思想理论重新与传统哲学和战前哲学联结的阶段。传统哲学尤其是战前流行的生命哲学、现象学、存在哲学等受到了普遍的关注和讨论。由于德国人在第二次世界大战中的惨痛经历，存在主义的人生哲学成为这一时期讨论的核心。

（2）随着战后政治经济文化秩序的恢复和重建，许多战时被迫移居国外的德国哲学家（如法兰克福学派的一些成员）返回德国，逐渐形成了哲学研究国际化的趋势。法兰克福学派的活动和 1968 年遍及欧美的学生运动，促使人们对于资本主义文明弊病和技术社会异化现象的揭示和批判更加深入化了。

（3）70 年代以来，在一些哲学家（如施太格缪勒）坚持不懈的努力之下，逻辑经验主义——分析哲学——科学哲学在德国哲学界开始发生了影响，形成了科学主义与人文主义的对峙。这就使伦理学、人的问题、政治哲学等问题成为争论的中心问题。与此同时有关科技时代的伦理学问题、生命伦理学等应用伦理学问题进入了人们的视野。

（4）近年来，随着科学主义与人文主义争论的深入，一方面是哲学发展更加多元化，另一方面则是各种分歧在争论中又趋向统一，这就为新哲学的产生创造了统一的理论氛围。以人的广泛丰富的实践活动为对象、超越了狭窄的伦理学范围的、广义的实践哲学得到了充分的发展。

显而易见，由于篇幅、材料等方面的限制，我们不可能把内容丰富、形式多样、流派纷呈、变化多端的当代德国伦理思想全面详尽地纳入我们的讨论范围之中。为了讨论的深入，为了突出那些在德国哲学中具有广泛影响，同时对世界哲学具有伟大贡献的伦理思潮，我们也必须在讨论中有所取舍。在空间上，我们的讨论范围将包括奥地利等德语国家的思想家（例如维特根斯坦和卡尔·巴特），以及战时移居国外的德国思想家（如弗洛姆和蒂利希）。在时间上，我们也将讨论那些虽然哲学活动较早，但是对当代德国伦理思想乃至世界伦理思想都具有深刻的重要意义的思想家（如马克斯·舍勒）。因此，我们将分别讨论：

（1）价值伦理学：马克斯·舍勒和尼古拉·哈特曼的伦理思想。

（2）维特根斯坦和维也纳学派的伦理思想。

（3）存在哲学，主要是马丁·海德格尔的人生哲学。

（4）法兰克福学派，主要是弗洛姆的新弗洛伊德主义或人道主义伦理学，与哈贝马斯的话语伦理学。

第一节　价值伦理学

虽然价值伦理学（Wertethik）中的许多因素早已并且经常出现在伦理思想史上，但是作为一种独立的伦理学理论，价值伦理学只是到了 20 世纪上半叶才在德国诞生，它的奠基人是马克斯·舍勒（Max Scheler，1874—1928），还有尼古拉·哈特曼（Nicolai Hartmann，1882—1950）。

20 世纪初，西方资本主义物质文明和精神文明的深刻危机已现征兆。一方面，自然科学和技术的迅速发展，使得宗教信仰越来越难寻存身之所，而建立在宗教信仰基础上的传统价值观念也随之发生了动摇；另一方面，社会的动荡和战争的阴云，使崇尚科学进步的传统乐观的理性主义逐渐衰落，欧洲人痛切地感受到了价值的失落和传统精神支柱的动摇。1900 年辞世的尼采向 20 世纪的人们预言：上帝死了，你们进出的教堂正是他的坟墓。人类应该推翻一切偶像，重估一切价值，认识到人自己才是价值的创造者。然而，尼采呼唤来的不是人类的世纪，却是价值虚无主义、主观主义和相对主义的盛行。正是在这样的时代背景之下，以舍勒为代表的一些思想家试图澄清欧洲精神价值的迷误，重建传统价值体系，指出欧洲复兴的希望所在。于是，价值伦理学应运而生了。

德国的价值伦理学又被称为现象学的价值伦理学，它的创建者深受现象学运动的影响，以至于可以说，没有胡塞尔的现象学方法就不可能产生舍勒和哈特曼的价值伦理学。舍勒早年师从德国生命哲学家奥伊肯，哈特曼则出身于新康德学派，就他们的思想发展而言，现象学的影响具有转折性的重要意义。当然，在他们与胡塞尔之间，对于现象学的理解存在着不同程度的分歧，胡塞尔有感于科学基础的晦暗和哲学的危机，针对新康德学派"回到康德去"的主观主义和形式主义，提出了"回到事情本身"的口号，创立了现象学方法以寻求认识中先于主客对立的先验因素，目的是最终把哲学建立成为一门具有自明性和严格精确性的先验科学。显然，他所关注的主要是人的认识层次的问题。而被誉为现象学运动的"第二泰斗"的舍勒则更为关心人生的诸般问题和各个层面，他把现象学方法运用到了人的更为深广的精神世界，尤其是情感、意志和人格的世界，试图通过对情感活动的本质直观来发现客观的价值王国，从而超越了先验的形式主义与经验主义之间的矛盾，建立了一门"实质的"亦即富有内容的价值伦理学。

舍勒的主要伦理学著作是《伦理学中的形式主义和实质的价值伦理学》（1913 年至 1916 年），哈特曼的主要伦理学著作是《伦理学》（1926年）。尽管他们的有关著作出版较早，但是作为价值伦理学的开山之作，对于当代德国伦理思想乃至世界伦理思想都产生了极其深刻的影响。尤其是舍勒被称为 20 世纪最富创造性的伦理学家，自 70 年代以来，现象学的价值伦理学在德语世界重新得到了重视。因此，我们决定在有限的篇幅内，结合哈特曼的有关伦理思想，主要讨论舍勒的价值伦理学。

一、对康德的批判

在伦理学问题上，马克斯·舍勒以康德作为他的主要对手。他的伦理学著作《伦理学中的形式主义和实质的价值伦理学》一书甚至以"对伊曼努尔·康德伦理学的特别关注"[①] 作为副标题，从始至终与康德伦理学的形式主义进行着顽强的斗争。舍勒赞同康德伦理学对人的尊重、对道德命令先验性的要求和对经验主义功利主义的批判，但是他认为，由于康德把先验等同于形式，把先验等同于理性，必然从形式主义走向主观主义，因而使伦理学失去了对它来说必不可少的客观内容，把至善推向了远离生活、无法实现的彼岸世界。在舍勒看来，康德的理论是以下述命题为基础的：

（1）所有实质的伦理学必然是福利伦理学和目的伦理学。

（2）所有实质的伦理学必然只具有经验归纳的和后天的有效性；惟有某种形式的伦理学是确定无疑先天的和独立于归纳经验的。

---

① ［德］舍勒：《伦理学中的形式主义和实质的价值伦理学》，见《舍勒全集》第 2 卷，21页，德文版，伯尔尼，1954。以下所引舍勒思想除特别注明出处的以外均来自该书。

（3）所有实质的伦理学必然是效果伦理学，惟有某种形式的伦理学能够把信念或有信念的意愿视为善恶价值的原初载体。

（4）所有实质的伦理学必然是享乐主义，而且出自依赖于对象的感性愉悦情状的现存在（Dasein）。惟有某种形式的伦理学能够在指明道德价值和以之为基础的道德规范的根据时，避免考虑感性的愉悦情状。

（5）所有实质的伦理学必然是他律。惟有形式的伦理学能够建立和确定人格的自律。

（6）所有实质的伦理学导致单纯的行为合法性，而惟有形式的伦理学能够建立意愿的道德性。

（7）所有实质的伦理学使人格服务于它自己的情状或它的外在财富；惟有形式的伦理学能够指明和建立人格的尊严。

（8）惟有实质的伦理学必然最终把一切道德的价值评价的基础置于人类自然机体之本能冲动的利己主义之中，而惟有形式的伦理学能够建立一种独立于一切利己主义和一切特殊的人类自然机体的，对一切有理性的存在普遍有效的道德法则。

如果上述八个命题是正确的，亦即实质的（质料的）伦理学与形式的伦理学之间的区别和对立一如前述，那么康德伦理学就是惟一的选择。然而问题并不如此简单。在舍勒看来，一种实质的伦理学并不必然导致经验主义、功利主义、享乐主义和利己主义，实际上，实质的伦理学与形式的伦理学之间的对立是成问题的。不仅如此，一种形式的伦理学例如康德伦理学至少存在着下述错误：

第一，形式主义。康德认为，惟有摆脱了一切经验内容的纯粹形式才能避免功利主义、主观主义和相对主义，从而成为具有普遍必然性的客观的道德法则的基础。舍勒赞赏康德的意图，但对他的形式主义不以为然。按照他的观点，一种实质的价值伦理学才真正具有客观的先验的普遍有效性。把现象学方法应用于情感领域，我们可以通过它在诸事物中直接地确认价值的性质，这些性质完全不依赖于我们的意见而属于具有自己的依存法则和等级次序法则的"价值世界"。因而先验性或普遍有效性并非仅只源自纯粹形式，康德关于只有形式法则才能摆脱主观任意性的论断是片面的，现象学的分析揭示出存在着一个以自身为根据的绝对客观的先天的价值领域，任何在这个先天的价值领域之外例如在纯粹形式中寻求道德法则的普遍标志的企图都是错误的。

第二，主观主义。康德主张理性本身作为先验的东西在理论领域为自然立法，而在实践领域则给予自己以法则，因而道德法则的客观性归根结底不过是纯粹主观性而已。舍勒从现象学的立场出发当然不会同意康德的这一观点。他认为，一切本质事态都是先验地存在的，它作为这样的东西达到直观的自己所予性，完全不依赖于思维者的行为和状况。因而先验性并不等同于主观性，它与直观相联系，并不是主观的产物。

第三，唯理主义。按照康德的观点，任何出自情感之偏好（Neigung）的行为绝不具有道德价值，惟有纯粹出于道德律令的行为才是道德的。据此，他把整个感情领域都排除在伦理的认识之外。与此相反，舍勒认为，价值对于感知价值的行为来说才是可以通达的，纯逻辑的知性认识并不知道"价值"意味着什么。我们把道德价值建立在情感的基础上，并不会导致康德所担心的经验主义和主观主义，因为情感领域自有其特殊的先验内容，而且通过情感对价值的认识先于一切纯理论上的理解并且更为根本，一切认识归根到底是以感情为基础的。

第四，绝对主义。在康德看来，伦理的东西的绝对性和它的普遍有效性是同一的，他所追求的是道德法则对一切有理性的存在普遍适用的绝对性。与此相反，舍勒则维护个体的地位。他认为，我在一定的情况下所应该做的事只对于我自己是善的，而对在同一情况下的别人而言并不就是善的，这种情况是完全可能的，因而存在着"对我来说自身是善的东西"（Ansich-Gute-für-mich）。这里既没有相对主义，也没有隐藏逻辑上的矛盾，它所指的是在价值的客观等级序列本身中就已经包含有对某个真实个人的关系，因此，价值的绝对性和单个人格的不可代替的独特意义是不可能互相抵消的。①

舍勒对于康德伦理学的形式主义的批判是极其深刻的。虽然康德要求道德法则具有普遍有效性这一点是正确的，但是由于他把先验性、形式性、客观性与主观性混为一谈，因而最终陷入了主观主义。对舍勒来说，道德法则的客观性和普遍有效性并非源自主观形式，而是源自客观内容，亦即不依赖于人而独立存在的客观的价值世界。因此，他要消除人们对实质的伦理学的误解，建立一种既不同于经验主义或功利主义又不同于形式主义的"实质的价值伦理学"。舍勒这项工作显然是通过现象学方法对情感与价值的关系的发现而得以完成的，在他看来，这种实质的价值伦理学

---

① 参见［德］施太格缪勒：《当代哲学主流》，上卷，144～148页，北京，商务印书馆，1986。

也可称做"情感伦理学"。

二、情感与价值

以往人类精神被"理性"与"感性"的矛盾消耗得精疲力尽，舍勒对此深有感触。从唯理论的立场看，先验性、客观性仅与理性相关而与感性无涉，于是康德只好以牺牲感性内容为代价来维护形式的客观性，殊不知这恰恰使道德法则丧失了客观性。真正说来，惟有承认存在着一个独立于人的价值领域，才能证明道德法则的客观性。对此，任何建立在理性抽象的逻辑的认识能力基础上的科学知识都无能为力，只有借助于现象学方法，通过"本质的直观"，才能发现先验的情感领域，从而获得通过情感而向我们显示的客观的价值世界。因此，舍勒说："我们在此——与康德相反——所判定的，是情感的先验性和迄今为止在先验主义和理性主义之间的某种错误统一的分离。区别于'理性伦理学'的'情感伦理学'根本不必然地是从观察和归纳而获得道德价值的实验意义上的'经验主义伦理学'。感情、偏爱和偏恶、精神的爱和恨，就像思想规定一样，都具有它们自己的独立于归纳经验的先验的内容。无论是活动与它们的内容，还是它们的基础与它们的相互关联，在这两种情况下都存在着一种本质的直观。而且在这两种情况下，都存在着现象学确证的'自明性'和严格的精确性。"

因此，舍勒把被胡塞尔基本上局限在知识领域的现象学方法扩展到了情感的领域。运用现象学方法，使我们放弃一切偏见、习惯，排除了一切感觉的要素，"回到事情本身"，直观在人的认识活动中直接亲身体验到的，亦即意向性情感中的东西，从而把握了不同于自然事物和科学抽象事实的"纯粹事实"即本质，这个本质的世界作为价值世界显然是通过我们的意向性情感而展现出来的。所以按照舍勒的观点，一切价值（包括道德价值）都是"实质的品质（materiale Qualitäten）"，这些"实质的品质"具有某种彼此按照高低排列的一定秩序，并且独立于它们出现其中的存在方式，在意向性情感中显现在我们的面前。在舍勒看来，价值不是时空中的具体事物或事物的属性，对艺术品等客体的任何精神分析都不可能发现它们的价值基质。这也就是说，我们无法通过理性认识直接地描述这些"实质的品质"，它们只能在"意向性情感"中显示自身。与价值相关的意向性情感并非仅仅由对象所产生，而是对如实呈现在我们面前的对象的适当回答，所以我们把感性导向一种对象的情景也就是对象以某种相应于我们指向它的情感方式而呈现自身的情景，亦即作为一种有价值的存在物而呈现自身的情景。① 例如，一种愤怒的感情在我心中升起又消失，这种感情当然对我所愤怒的对象是没有意向性和原初关系的。然而，当为某事而欢快或悲痛时，情形就完全不同了。"为"一词表明，在这种欢快或悲痛的情感中，对象首先不是被理解，而是我们对之感到欢快等等，它们已经不仅是作为被知觉的事物，而且作为被价值谓词打上既定感情色彩的事物而出现在我面前。② 即是说，进入认识层面的对象并不是原初的本源的东西，对象在进入认识层面之前首先在意向性情感中给予我们，于是价值就在这种亲身体验中显现出来了。由此可见，舍勒所谓的价值不同于事物或事物的属性，它是不随事物的变化而变化的，并且独立于它们出现于其中的存在方式的客观存在，似乎是介于自然界与人的主观世界之间的"第三世界"。对此，哈特曼的说明更明确些。哈特曼把价值看做类似于柏拉图的理念的本质，但是他也强调了两者的区别。柏拉图的理念是存在范畴，现实世界是它的摹本，因而在他那里存在和价值最终必定合而为一。然而，如果存在与价值是统一的，那就无从谈起人的自律和人对价值的选择，也就无所谓道德了。而在哈特曼看来，伦理学的自律性和道德行为的独立性乃是道德价值得以实现的惟一基础，惟其如此，我们才能说明，人既不仅仅是没有价值的自然界的一部分，也不仅仅是有机宇宙自发的器官，而是具有自由的存在。③

于是，舍勒在继承康德对经验主义和功利主义伦理学以及心理主义伦理学的批判精神的同时，超越了康德伦理学的形式主义的局限，以一种独特的方式论证了道德法则的客观性。他把现象学的本质直观看做是一种先天的行为，通过先验的意向性情感与价值的关系，揭示了一个既区别于自然事物又区别于主观事物的独立的价值领域。因此，道德法则的客观性并不像康德主张的那样只在于形式性，而是因为道德价值本身的客观性。价值作为"实质的品质"在意向性情感中被给予我们，通过本质直观而得到证实，因而道德法则既是先验的又具有客观的内容。既然价值属于独立的客观领域，我们就避免了由形式主义而陷入主观主义，与此同时，由于舍勒证明了情感的先验性，证明了在经验和现象中存在着先验的因素，因而也不至于滑入康德所批判的经验主义和相对主义。由此可见，道德法则既

---

① 参见［英］芬德莱：《价值论伦理学》，65 页，北京，中国人民大学出版社，1989。

② 同上书，66 页。

③ 参见［美］弗吉利亚斯·弗姆主编：《道德百科全书》，"哈特曼"条目，长沙，湖南人民出版社，1988。

有形式也有客观内容，这就使伦理学有可能成为一门科学，从而摒弃了康德把伦理学看做非认识性知识的观点。当然，作为一种知识，伦理学与数学和物理学等科学知识不同，它是更根本的本源性认识。而且，由于舍勒对独立于人的客观的价值王国的论证，也使我们避免了康德关于道德法则只能遵守而不能认识的局限。

显然，舍勒对康德形式主义的批判、对道德法则的客观性的论证以及对价值问题的开创性探讨的确具有深刻的意义，不过他的价值理论存在着根本性的难题。虽然舍勒正确地把价值区别于自然事物与主观事物，力图在主客体的深层关系中说明它的本质结构，但是他没有认识到价值是在人类社会实践活动中产生的，它存在于主客体的具有一定社会历史内容的辩证关系之中，而是把价值归结为于先验的情感中显现的先验的东西。当然，舍勒的本意是超越理性与感性的传统二元论，但他不是去谋求理性与感性的辩证统一，而是企图通过非理性的情感体验来解决两者的矛盾。这样一来，他关于存在一个独立的客观价值领域的论断，就很难避免康德对独断论的批判。由于舍勒把情感视为比理性认识更根本的原始存在，因而人们经常把舍勒看做存在哲学的先驱。

三、价值等级与人格

与康德的形式伦理学相反，舍勒主张一种实质的价值理论。这种伦理学的根本核心就是承认存在着一个独立于人的客观的价值领域，它通过人的意向性情感而显示出来，其自身具有某种按照高低排列的一定秩序。因此，就价值认识而言，任何理性认识都无能为力，而只能在人的情感行为中得到实现，这种特殊的价值认识活动就是"偏爱"（Vorziehen），惟有它能够把握或领会一个价值的较高存在。所以，道德行为不是发生在人们对价值的理性选择（Wahl）之中，而是发生在人于一般的价值等级中偏爱占有较高地位的价值，同时偏恶较低的价值的时候。当然，这种较低的价值其本身同样是积极的，因为同更低的价值层次相比，它也可以是较高的价值。由此可见，道德之为道德与偏爱较高价值的意向性相关，较高的价值不能单独追求，它们必须以对较低价值的追求为背景。这就是说，道德的价值并不在于追求一种目标，而是存在于意向行为的背后，我们不是通过追求德性而成为有德性的人，而是在由低到高的价值偏爱中成为有德性的人。所以，在舍勒看来，康德对纯粹义务的赞颂必然导致的不是善而是伪善。譬如某个人体贴另一个人，他之所以能够实现这种体贴的价值，并不是因为他追求这种价值，如果这样，他实际上只是在谋求为自己加上一个

"体贴人的"价值谓词，而是因为他完全献身于另一个人，因此想达到完全不同的价值（例如最亲近的人的幸福的快乐）。①

因此，在舍勒的实质价值伦理学中，价值的等级序列是一个极其重要的问题，因为决定一个道德行为的就是如何把握相对更高的价值。为此，舍勒制订了五个把较高价值与较低价值区别开的普遍标准：（1）耐受程度。持久的价值高于短暂的价值。（2）不可分程度。可以为许多人分享而不必为此分割的价值高于虽能共享但必须分割的价值，前者如艺术品，后者如食物。（3）相对独立程度。高层次的价值独立于低层次的价值。（4）满足的程度。使人获得的满足越大价值越高。（5）依赖的程度。越少依赖于感觉器官、特殊自然机体的价值，其层次越高。② 根据这五条标准，舍勒确定了一个价值形态的等级序列：

（1）愉悦的价值领域（Die Wertreihe des Angenehmen），它从纯粹身体上的一般快感，通过漫无边际的"精神快乐"和"精神痛苦"而通达非常崇高的精神愉快和绝望。

（2）生命价值（Die vitalen Werte），亦即活动和宁静的价值，精力充沛和精神疲惫的价值，健康和疾病的价值，高尚和卑贱的价值，较高级和较低级生活形式的区别贯穿了整个生物学秩序。

（3）精神价值（Die geistigen Werte），亦即我们所熟悉的审美享受、道德介入和理性认识，包括美或丑的价值、善与恶的价值、真与假的价值。

（4）神圣情感的价值（Die Werte des Heiligen），包括神圣与非神圣的价值。在舍勒看来，神圣情感的价值是一个由低到高的价值等级秩序不可或缺的上限。③

哈特曼同意舍勒关于有些价值比另一些价值更高的观点。不过他认为不能用单一的标准来排列价值等级，尺度是多方面的。在他看来，有很多价值分属完全不同的类型，对于它们用高低比较是不可能的，例如审美价值与道德价值。针对这个问题，哈特曼用力量的强度来补充舍勒的高度标准，他认为越低的价值其力量越强，越高的价值则力量较弱，最严格的禁令是用来防止侵犯较低但较强的价值如对生命和肢体的威胁，最需要积极理想的是那些旨在实现最高但又最弱的价值。为此，哈特曼制订了一个

① 参见［德］施太格缪勒：《当代哲学主流》，上卷，146 页。
② 参见欧阳光伟：《现代哲学人类学》，32 页，沈阳，辽宁人民出版社，1986。
③ 参见［英］芬德莱：《价值论伦理学》，70～71 页。

"力量和高度的反比定律"：一个价值越高级，达到它就越值得赞扬，而缺乏它也就越不值得责备；一个价值的力量越强，它的缺乏就越值得责备，而它的出现却越不太值得赞扬。①

　　舍勒和哈特曼都把人看做实在世界与理想的价值世界的中介，每个人既是实在世界的一员，又通过精神的活动而涉及价值世界的客观秩序，虽然道德价值是独立于人的，但它毕竟与人相关，因而也是属人的，而人在他的道德活动中所实现的乃是他的理想人格（Person）。我们发现，舍勒在强调道德价值的客观性与普遍有效性的同时，也强调一种强烈的个人人格至上的观点。人格是舍勒伦理学的基本范畴，他既反对传统形而上学视人格为实体的观点，也不同意康德把人格看做不可知的纯粹形式的设定。在他看来，我们通过现象学方法排除掉当下行为承担者（人）的自然机体所剩下的就是完全独立于自然机体而又把其行为本质联结为"统一体"的东西，这种精神于其中显现的行为中心就是"人格"。人格的本质就在于，"它仅只存在于和生活于意向性活动的进行之中"。从本质上讲，人格没有"对象"，与此相反，人格的存在自始便超越了任何对象性的态度。因而人格不可能成为理论认识的对象。舍勒坚持认为人格是单一的和个别的，与柏拉图主义追求普遍性的理想不同，他认为一切存在者越是个别的，越是不可重复的，越是个人的，就越是具有较高的价值。舍勒试图以一个纯粹的价值人格类型的理想体系来建立人格理论与价值理论之间的联系。于是他制订了一个人格的等级层次：（1）圣人，（2）天才，（3）英雄，（4）领袖，（5）享乐的艺术家，如此等等。显然，舍勒像存在哲学家们一样，力图在当代社会异化背景下维护个人的地位。

　　以舍勒为代表的价值伦理学反对传统伦理学的形式主义和规范主义，主张通过有认识作用的情感体验以通达客观的价值领域，力图使伦理判断具有科学式的自明性和精确性，这使它在当代伦理思潮中占有独特的地位。存在主义赞同舍勒对情感和人格的论述，但不会赞同价值的客观有效性，科学主义同意把道德判断看做不是源于规范而是源于经验，但这种经验绝不是先验的东西而且不可能通达独立于人的客观世界。毫无疑问，在舍勒（和哈特曼）的著作中，对具体问题的分析极其缜密、细微、精深、富有独创性，这正是现象学方法的长处，但却充满了矛盾和混乱而且不成体系，原因就在于他试图在先验情感的基础上把先验主义与实质性内容、

---

　　① 参见［美］弗利吉亚斯·弗姆主编：《道德百科全书》，"哈特曼"条目。

相对主义与绝对性立场、普遍主义与人格的个别性统一起来。显然，这一调和的确富有启发性，但却并不成功。

第二节　维特根斯坦和维也纳学派

人们一般把当代西方哲学区分为科学主义和人文主义两大思潮。我们在此所要讨论的，就是科学主义思潮的重要代表之一，维特根斯坦和维也纳学派的伦理思想。

20 世纪以来，传统形而上学的衰落和自然科学（特别是数学、物理学和逻辑学）的发展，促使一些哲学家发动了一场"哲学革命"，以语言、逻辑和方法论问题取代了传统哲学问题的地位。在他们看来，哲学的争论在本质上完全是语言的问题，而传统哲学的困境就在于人们对语言的错误使用，因而哲学的功能在消极意义上是通过采用清晰的语言、严格的推理标准和能够被有意义地说出的详尽解释来消除由于语言混乱和不明确而形成的那些哲学问题，在积极意义上是通过保护各门科学的概念的性质和功能为这些科学学科提供帮助。在这场哲学革命中，维特根斯坦和维也纳学派发挥了主要的推动作用。

当然，除个别人（如石里克）外，我们所要讨论的哲学家们并没有创建某种完整的伦理学体系，甚至有些人对伦理学问题并不关心，然而他们的哲学思想对当代伦理学的发展产生了极为广泛、深刻的影响。例如在他们的影响下，一方面人们在描述伦理学和规范伦理学之间作了严格的区分，或者把伦理学视为规范伦理学而排除在科学之外，认为它的命题就像形而上学命题一样，既不是分析的也不是综合的，因而毫无意义；或者把伦理学看做对道德经验加以描述的描述伦理学，从而把它当做经验学科之一而容纳在科学范围之内。另一方面，人们开始从语言学的角度，专门研究和分析伦理学命题或道德判断，由此产生了后来在英美世界盛行一时的"元伦理学"即道德语言和道德逻辑的研究。然而，尽管这一思潮自从在德语世界产生之后，在英美世界发生了巨大的影响，相反对德语世界却影响甚微，但是从 70 年代以来，在一些哲学家的努力之下，这一思潮逐渐显示出了越来越大的影响力，有鉴于此，我们决定把维特根斯坦和维也纳学派的伦理思想纳入我们的讨论范围。

一、维特根斯坦

维特根斯坦（Ludwig Wittgenstein，1889—1951）生于维也纳，被公认

为本世纪最负盛名的哲学家之一，他在生前所建立的两种完全不同的哲学思想，前期影响了维也纳学派，后期则推动了日常语言学派的发展。作为一位自学而成的哲学家，维特根斯坦富于批判精神和独创性而很少墨守成规，我们在他的思想中既可以发现弗莱格和罗素等人的影响，也可以发现叔本华、托尔斯泰和克尔恺郭尔等人的影响，因而理性与非理性就构成了其哲学思想的内在矛盾。如果要用一句话来概括维特根斯坦的哲学活动，那么我们可以说，他的哲学工作就是对语言的批判。虽然他的哲学思想经历了一个巨大的转变过程，但他所关注的问题始终未变，这就是语言的问题。

在以《逻辑哲学论》（1918）为代表的前期哲学中，维特根斯坦坚信哲学中争论纷纭的混乱局面乃是滥用语言的结果。在他看来，日常语言是不够精确、不够纯粹、不够科学的，其中可能的说话方式与不可能的说话方式混淆在一起，哲学的混乱皆源于此。因此他要为思想划一个界限，或者更准确地说，不是给思想而是给思想的表达亦即语言划一个界限①，从而把康德的理性批判摆在了语言批判的层面上。维特根斯坦认为，哲学不是各门自然科学之一，它或者高于或者低于自然科学，总之不是与自然科学并列的一门科学（4.111）。哲学的目的是使思想在逻辑上明晰，它不是理论而是活动，意在说明和清楚地划分否则就像是模糊不清的思想（4.112），它应该为可思想者从而也为不可思想者划清界限（4.1114），真正说来，全部哲学就是"语言批判"（4.0031）。

表面上看来，似乎维特根斯坦与维也纳学派（或者人们一般所说的"逻辑经验主义"）的观点是一致的（甚至维也纳学派的成员们最初也是这样看的）。倘若如此，他在拒斥形而上学的同时，一定也会将伦理学知识当做无意义的东西一同抛开。然而问题并不如此简单。在一封书信中，维特根斯坦出人意料地说："这本书（指《逻辑哲学论》——引者）的观点是一种伦理的观点，我一度想写在序言里的一句话，事实上并没有写。但现在我要在这里把它给你写出来，因为它对你来说也许是了解这本著作的一把钥匙。当时我要写的是：我的著作由两部分组成：写在这里的再加上所有我没写的。正是这第二部分是重要的部分。我的书可以说是从内部给伦理的东西的范围划了界限。我相信这是划定那些界限惟一严密的方

---

① ［奥］维特根斯坦：《逻辑哲学论》，20 页，北京，商务印书馆，1985。本书在以后引用此书原文时将只在行文中注明命题题号。

法。总之，我相信，当代许多其他人正在那里空谈，而我已在我的书里通过对它保持沉默把一切牢固地放在适当的位置上了。"① 由此可见，虽然维特根斯坦在可说的东西与不可说的东西之间划分了界限，主张对不可说的东西应当保持沉默，而且在《逻辑哲学论》一书中用了六分之五的篇幅阐述逻辑（可说的东西），只用了六分之一来说明不可说的东西，但是这并不意味着不可说的东西不存在或不重要。实际上在他看来，我们应当对之沉默的东西才是真正重要的，只不过对它不可言说因此无法说明。惟其如此，我们才能理解他在序言中所说的话："这本书的价值，就在于它表明当这些问题已经解决时，所做的事情是多么少。"② 在这点上，维特根斯坦的思想不同于要求拒斥形而上学的维也纳学派，而更接近于主张限制知识为道德信仰留地盘的康德。不同之处在于，康德以为不可知的世界是可以思想的，而在维特根斯坦看来，可以认识与可以思想是一回事，不可认识的东西就不可言说亦不可思想，我们对此只能保持沉默，尽管对我们来说这才是至关重要的东西。

对维特根斯坦来说，"可以说的东西"同语言、逻辑和世界有关，其范围涉及描述世界实际结构的语言的使用。用来述说事物的语言的基本单位是命题，一切真正的命题都有含义。命题的含义在于它是一个可能的事态的图像。一经分析，普通语言就显露出它的基本的逻辑形式。真命题就是那些描述存在事态结构的命题。存在事态的总和构造事实。世界是事实的总和。只要是能说的都能说清楚，都可以在一个或多个命题中说出来。逻辑以一种彻底的、必然的方式为所有可能的命题提供了图解形式，因而也提供了在描述世界的实际结构时所用的"脚手架"或"逻辑空间"的"坐标格"。在一切可以清楚地说出的命题中，有些是真命题，有些是假命题。真命题的总和属于自然科学。③ 所以，"真正说来哲学的正确方法如此：除了能说的东西以外，不说什么事情，也就是除了自然科学的命题，即与哲学没有关系的东西之外，不说什么事情"（6.53）。

显然，维特根斯坦在基本立场上与维也纳学派是一致的，他们都认为以往关于哲学问题的大多数命题和问题不是假的，而是无意义的，即是说，它们根本就不是问题，然而，维特根斯坦与维也纳学派之间也存在着

---

① 维特根斯坦致 V. 费克的信（1919 年 9 月或 10 月）。转引自［美］穆尼茨：《当代分析哲学》，210 页，上海，复旦大学出版社，1986。

② ［奥］维特根斯坦：《逻辑哲学论》，21 页。

③ 参见［美］穆尼茨：《当代分析哲学》，238 页。

重要的分歧。在后者看来，并不存在超出语言范围之外的东西，形而上学问题是无意义的，其对象根本就不存在；而在前者看来，确实有不能讲述的东西，只是因为它超出了语言的界限才无法言说，对此我们只能保持沉默。这也就是说，虽然维特根斯坦拒斥理论性的形而上学，但他主张一种"沉默的形而上学"。我们发现，在他所谓应当保持沉默的不可说的东西之中，伦理学占有极其重要的地位。《逻辑哲学论》一书有关伦理学的论述并不多，不过在 1929 年或 1930 年的一次伦理学讲演中，维特根斯坦比较集中地阐述了他的观点。

在"伦理学讲演"中，维特根斯坦首先采用了摩尔在《伦理学原理》中的定义："伦理学是对什么是善的一般的研究"，并且希望通过一组同义词使人们了解它们的共同特征，亦即伦理学的独特特征。这些同义词是："伦理学研究什么是有价值的；或者研究什么是真正重要的；或者我说伦理学是研究生命的意义的；或者是研究什么使我们感到生命是值得的；或者研究生命的正确方式。"① 他认为，上述每一种表达实际上都是在两种非常不同的意义上使用的，它们一方面具有相对的意义，另一方面具有伦理学的或绝对的意义。一个伦理学的陈述如"你应该诚实"是一种绝对的价值判断，显然与"这是一把好椅子"之类的相对判断不同。这种区别的本质在于，每一个相对的价值判断只是事实的陈述，因此可以不用带有任何价值判断迹象的形式加以表述，例如"这是去格兰彻斯特的正确之路"这句话也可以这样来表述："如果你想在最短时间内到达格兰彻斯特，这便是你必定要走的正确之路。"然而，尽管所有相对价值的判断可以用纯粹事实判断表达，但并不是事实陈述都能够或者意味着是绝对价值的判断。因为世界只是事实的总和，而事实与事实之间并不存在价值上的区别。因而实际上伦理学意义的绝对价值判断并不存在，只有相对的价值判断、真正的科学命题以及事实上能够得出的一切真实命题。这就是说，世界本身是没有价值的，一切处于世界之内的事态皆处在同一等级之上，所有被描述的事实都处于同一层次，所有的命题都同样处于同一层次。在任何绝对的意义上，一切命题都不是崇高的、重要的或不重要的，精神状态就其为我们能够描述的事实来说，在伦理学意义上并没有好坏之分。因此，只有事实和只能描述事实的语言而没有伦理学，假如伦理学是某种东西的话，那么它就是超自然的。

---

① 《维特根斯坦的伦理学演讲》，载《哲学译丛》，1987（4），24 页。译文有改动。

我们可以在《逻辑哲学论》中发现类似的思想。按照维特根斯坦的观点，伦理学主要是研究生命（Leben，生活或人生）的意义的。"生命"在此指的不是生物、生理、心理或社会等各种现象，而是"形而上学的主体"、"哲学的我"或世界的界限。在这个意义上，世界和生命是一回事（5.621），我就是我的世界（小宇宙）（5.63），生命的意义也就是世界的意义。由于只存在着一个世界，亦即可以用语言来描述的事实的总和，而语言的界限就是世界的界限，在此之外，无可言说，因此：

［6.41］世界的意义必定是在世界之外。世界上一切东西都如本来面目，所发生的一切都是实际上所发生的：其中没有价值——如果产生了价值，那后者也应该没有价值。

［6.42］因此不可能有伦理学命题。

命题不可能表述更高的东西。

［6.421］很明显，伦理学是不能谈论的。

伦理学是超验的。

［6.52］我们觉得，即使一切可能的科学问题都被解答，生命的问题还是没有被触及。当然那时不再有问题留下来，而这恰好就是解答。

［6.521］生命的问题的解答在于这个问题的消除。

所以，维特根斯坦说："我整个的倾向和我相信所有试图撰写或谈论伦理学或宗教的人的倾向，都碰到了语言的边界，这种在我们囚笼的墙壁上碰撞是完全地、绝对地没有希望。就伦理学渊源于想谈论某种关于生命之终极意义、绝对善、绝对价值的欲望来看它不可能成为科学。伦理学谈论的在任何意义上都对我们的知识无补益。但它是人类思想中一种倾向的幻实，对此，我个人不得不对它深表敬重，而且，说什么我也不会对它妄加奚落。"①

与那些为这场"哲学革命"欢欣鼓舞的逻辑经验主义者不同，维特根斯坦似乎是在逻辑的强力之下被迫走到这一境地的，他的思想渗透着一种非理性主义的神秘因素。他感到我们所取得的成果是如此的微薄，以至于令人失望的是，对我们来说真正重要的生命问题永远无法企及。因此，当他把《逻辑哲学论》视为一种"伦理的观点"，并且认为那未著文字的"第二部分"才真正重要的时候，他所指的应该是一种"沉默形而上学"。他的目的是通过对语言和世界的逻辑分析亦即通过"可以说的东西"向人

---

① 《维特根斯坦的伦理学演讲》，载《哲学译丛》，1987（4），27页。

们指出不可说的东西，从内部给伦理的东西的范围划分界限，在可说的东西与不可说的东西之间搭一道梯子："我的命题以下述的方式起一种解释的作用：凡是理解我的人，当他通过它们，凭借它们，并爬越它们时，最后就会认识到它们是无意义的。（可以说，在他已经爬上了梯子之后，就必须把梯子丢掉。）他必须超越这些命题，然后才会正确地看世界。"（6.54）这也就是说，对于不可说的东西，对于真正重要的生命问题，我们必须保持沉默。

维特根斯坦的前期哲学构成了逻辑经验主义的理论基础，应该说它对伦理学的影响是消极的，但是他的以《哲学研究》为代表的后期哲学对语言的态度发生了巨大的变化。维特根斯坦终于发现，他在《逻辑哲学论》中对语言的界限限制得过于狭窄了，实际上日常语言有着极其丰富的含义。于是，他的注意力从日常语言的逻辑化转向了对语言在实际操作使用中的含义的研究。这种新的语言观使那些深受逻辑经验主义影响的人们恢复了对伦理学的兴趣，促进了道德语言或道德逻辑（元伦理学）的研究，不过这种研究远离了现实生活而仅仅侧重于对抽象的道德语言之表述的分析。

二、维也纳学派

维也纳学派是 20 世纪二三十年代以石里克为核心活动于维也纳的学术团体，其理论观点也被称为逻辑实证主义或逻辑经验主义，它的主要成员包括石里克、卡尔纳普、纽拉特、克拉夫特等人。像维特根斯坦受到它的影响一样，它也受到维特根斯坦的影响。他们主张通过对语言与逻辑的研究清除形而上学。一般说来，维也纳学派只承认两类有认识意义的陈述：（1）在形式逻辑和数学中的分析的因而实质上是重言式（Tautologie）的陈述；（2）在经验科学中的事实的因而允许由感觉经验来证实或证伪的陈述。在哲学的传统分支中，形而上学陈述因其在原则上既不可能证实也不可能证伪因而没有任何认识意义，对此维也纳学派的观点是一致的，但是在伦理学问题上则存在着分歧。有的人（如石里克）把伦理学解释为一门"事实的"科学，认为它有认识意义，而对另一些人（如卡尔纳普）来说，伦理学至多不过是人们在其中寻找语言的"情感的"使用的领域，因而没有认识意义。

石里克（Moritz Schlick，1882—1936）是维也纳学派中对伦理学问题作过专门研究的少数几个人之一，他的主要伦理学著作是《伦理学问题》（1930）。石里克对于伦理学究竟是一种"规范科学"还是一种"事实科学"的问题所作的详细分析具有深刻的影响。以康德为代表的一些人主张伦理学作为规范科学与事实科学完全不同，它决不问"一种品格什么时候被认为是善的"，也不问"这种品格为什么被认为是善的"这些只与事实和对事实的解释有关的问题，而是追问"有什么根据认为那种品格是善的"，它所关心的不是事实，而是"应当"。这样的规范伦理学企图提供或论证某种绝对的价值标准，提供或建立具有绝对意义的道德规范，说明一个被认为是善的道德行为是根据规范而被认为是善的。于是有些人认为伦理学的惟一任务就是规定善的概念，亦即提出一个（或若干）道德原则。这种纯粹的规范科学试图建立一个递相从属的规范或律令的体系，这个体系以一个或若干最高点（道德原则）为终结，在这个体系中较低的阶段总是由较高的阶段来说明或提供根据的，如此类推，直到最高的规范和最高的价值。我们在认识了最高的规范之后，就可以完全不管实际的行为，而仅就可能的情况来考察伦理学的全部体系。因此康德强调说，事实上有没有任何道德行为对他的道德哲学来说无关紧要，它是一种"理想科学"。

石里克认为，这样把规范科学与事实科学对立起来是根本错误的。如果把伦理学当做与事实和经验无关的所谓规范科学，这就好像有人发明了一种下棋的规则，而且认为这种规则适用于每一局棋赛，即使人们除了在自己的头脑中同想像的对手对弈过之外从未下过这样的棋。实际上，一门科学，即使是规范科学，它所能做的也只是认识，而决不能自己设定或创造一个规范（这就等于提供了一个绝对正确的证明），"它永远只能去找出、去发现判断的规则，从摆在它面前的事实中观察和揭示出这些规则"①。这就是说，规范的起源只能为科学所认识，而不在科学之中。换言之，如果伦理学家以指出规范来回答"什么是善的"这个问题，这只意味着他告诉我们"善"实际上是什么意思，而决不能告诉我们"善"必须或应当是什么意思。因为规范只不过是实际事实的一种单纯的表达，它只说明一种行为、一种意向、一种品格在其中被认为是"善"的即具有伦理价值的那些情况。

因此，在石里克看来，伦理学不是纯粹的规范科学，而是事实科学，传统的规范伦理学充其量不过是为伦理学提供了必须认识的对象，而"只有在规范的理论根本的地方，伦理学的知识才能开始"②。他认为伦理学完

---

① ［德］石里克：《伦理学问题》，见洪谦主编：《逻辑经验主义》，下卷，630～631 页，北京，商务印书馆，1984。

② 同上书，634 页。

全是与实际的东西打交道的，这一点是确定伦理学任务的诸原理中最重要的一条原理。毫无疑问，伦理学当然要追向最后的规范和最高的价值，不过这种追问并不是就其本身而设定或说明，而必须是从人性和生活的事实中得来的。由此可见，伦理学探究的结果决不能"理想"到与现实生活无关甚至与生活相抵触，决不能把以生活为基础的那些价值说成是坏的或错误的，伦理学的诸规范不得同日常生活所肯定的东西相对立。凡是发生这种对立的地方，一定是因为伦理学家没有正确理解自己的问题，因而也不能解决它，他不知不觉变成了一个道德家，一个道德价值的创造者，而不是一个研究伦理学科学的学者。真正说来，伦理学的任务不在于对最后的规范和最高的价值作进一步的证明和解释，这是毫无意义的，"需要解释和能够解释的并不是规范、原则、价值本身，而是这些规范、原则、价值从之抽象出来的那些实际的事实"①。

所以，如同在一切现实科学中所有解释都能被理解为因果的说明一样，伦理学的中心问题也是对道德行为的因果解释，即是说，它要追问的是人们"为什么"恰恰赞许某些行为，认为某些意向是善的。在这里问这个"为什么"就是要问人们进行道德评价、提出道德要求的那种心理过程的原因是什么。它要"探究人类一切行动的原因，亦即人类行动的规律，以便具体地找出道德行动的动机"②。于是，"人为什么合乎道德地行事"这个我们必须置于伦理学中心的问题，就是一个纯粹心理学的问题，因为发现任何行为包括道德行为的动机或规律，无疑是一种纯粹心理学的事情，除了研究精神生活规律的科学之外，没有别的科学能够解决这个问题。由此出发，石里克把伦理学问题归结为心理学问题，以人之趋乐避苦的本性为依据，主张一种有经验根据的幸福主义观点。他认为人们行动的动机是要求得到最大的快乐而使痛苦变得最少，当一个人进行道德选择时，他总是去选择那些能够导致最大快乐或最少痛苦的行为，这就是所谓的"动机定律"。在石里克看来，人类社会中被称为善的就是被认为能够带来最大幸福的东西，要使道德规范真正成为个人行为的动机，它就必须首先符合人的本性。所以，一个人之所以会合乎道德地行动，是因为这样行动的结果能够增加快乐，同时在社会看来是有益的东西对个人来说也是愉快的，而且分享别人的幸福也可能成为快乐的源泉。显然，尽管石里克

---

① ［德］石里克：《伦理学问题》，见洪谦主编：《逻辑经验主义》，下卷，635 页。
② 同上书，637 页。

考虑到了道德规范的社会性，也把社会快乐视为一切快乐中最能产生快乐的快乐，但是他的理论毕竟是建立在抽象的人性的基础上，把自然科学的方法不恰当地应用于作为社会意识形态的道德伦理现象，基本上忽略了道德意识作为社会意识形态的特殊性及其与社会存在的辩证关系。

石里克对规范伦理学持否定态度，在这点上，他与当代西方许多伦理学家尤其是英美伦理学家们是一致的，然而在石里克与英美伦理学家们之间也存在着分歧。虽然他们都要求伦理学摆脱那种企图给人以道德指导、设定或建立道德规范的尝试，但是后者把伦理学的任务仅仅局限在对道德判断本身的性质作批判性的分析上，而前者则试图把伦理学建立为一门与现实生活密切相关的经验科学。因而与那种与现实生活无关的道德语言或道德逻辑（即所谓元伦理学）相比，石里克的伦理学毕竟是以现实生活为对象的。实际上，石里克反对规范伦理学的根据之一就是它脱离了现实生活。这样看来，道德语言或道德逻辑也应当落入石里克所批判的范围之内。

在维也纳学派之中，像石里克这样试图把伦理学改造成经验科学以拯救伦理学的人是很特殊的，大多数人都像卡尔纳普（Rudolf Carnap，1891—1970）一样，主张伦理学既不是一门规范科学，也不是一门事实科学。在伦理学问题上，与石里克的幸福论立场不同，卡尔纳普主张一种情感主义观点，他的思想对英美情感主义理论有很大影响。

按照卡尔纳普的观点，在形而上学领域里，包括全部价值哲学和规范理论，一切断言陈述都是无意义的，因而都不是科学。在他看来。一门科学其陈述或者是分析的，或者是描述性的，然而伦理学陈述既不是分析的也不是描述性的，而是作为一种"指令"的"应当"，所以没有认识意义。实际上，道德陈述包含着并且显示出语言的一种"情感"用法，它们表示某种赞成或反对的态度。除了表达接受或陈述这个判断的人所具有的这种赞成或反对的情感外，我们还可以把道德判断解释为是在用语言来"影响"其他个体的态度和行为，那些使用这样的道德陈述的人邀请、命令或指令别人也依从和接受这个陈述。在此不论是在作情感使用的情况下还是在作指令使用的情况下，我们都没有用语言来"描述"某种实际的事态。因此这种陈述是不可证实的。[①]

卡尔纳普认为，以往人们之所以把伦理学陈述等同于事实陈述或科学

---

① 参见［美］穆尼茨：《当代分析哲学》，304 页。

陈述，其中很重要的一个原因是混淆了命令句与直陈句之间的区别。一种陈述可以是指令式的，也可以是描述性的，指令式陈述只是一种情感的表达而不是论断，但是人们经常把它们以直陈式的形式表述出来。例如命令句"爱你的邻居"往往以直陈句"爱你的邻居是你的责任"这种语法形式表现出来。又如命令句"勿杀人！"，与之相应的价值判断是："杀人是罪恶的"，这就使命令句披上了直陈句的外衣，使许多哲学家上当受骗，误以为价值陈述实际上是断定陈述，因而也像科学陈述一样非真即假，从而具有认识的内容。然而价值陈述不过是命令，只是披上了迷惑人的语法形式，它们可以对人们的行为发生影响，这些影响与我们的愿望可能一致也可能不一致，但它们既不真也不假。它们并不断定任何东西，因而既不能被证明也不能被反证。

因此，卡尔纳普基本上否定了伦理学作为规范科学或经验科学的意义，这意味着任何价值判断都失去了科学论断的地位和能够得以合理证明的可能性。有些批评家认为由此必然会导致道德败坏和虚无主义的现象出现，甚至有人鉴于卡尔纳普的伦理观点可能给年轻人的道德观带来极大威胁而认真地考虑过是否有责任请求政府把他关进监狱。卡尔纳普则认为，一个人对关于价值陈述的逻辑性质以及它的合理性的类别和来源的任一观点表示接受或拒绝，这对于他作出实际的决定不会有多大的影响。而且，人们在特定的环境中表现出来的行为和一般的为人态度，主要取决于他们的个性，而很少取决于他们所遵循的理论学说。① 显然，由于卡尔纳普只承认自然科学模式为惟一的科学模式，否认社会科学包括伦理学的科学地位，并且忽略了社会意识形态对人的深刻影响和指导作用，从而在伦理学问题上诉诸人的本质，从根本上否定了人类社会包括道德领域本身所具有的客观规律以及人们对它的科学认识。这可以说是逻辑经验主义者的通病。

毫无疑问，维特根斯坦和维也纳学派的成员们在许多理论问题上立场是一致的，但是在伦理学问题上却存在着很大的分歧。维特根斯坦把伦理学列入不可说因而必须对之沉默的东西之列，然而在他看来这必须对之沉默的东西才是真正重要的；石里克力图说明伦理学是一门经验科学，以便拯救伦理学，在科学行列里为它保留一席之地；而卡尔纳普则主张伦理学既不是规范科学也不是经验科学，其陈述不过是人们的情感表达，根本没

---

① 参见《卡尔纳普思想自述》，132～133 页，上海，上海译文出版社，1985。

有认识意义。显然，即使在他们那里，伦理学问题也是十分复杂的。作为科学主义思潮的主要代表之一，维特根斯坦与维也纳学派的伦理思想对于当代西方伦理思潮特别是英美思想界有着广泛深刻的影响。他们对于规范伦理学的批判，对于规范伦理学和描述伦理学的区分以及对道德语言的重视，的确具有一定的理论意义。但是，由于他们把科学仅仅限制在自然科学的意义上，因而无法解释和说明人类社会特别是道德现象的客观规律，从而陷入了神秘主义或相对主义，把广大深入的人生世界让给了存在哲学。

第三节　存在主义伦理学

存在主义是20世纪上半叶发源于德国的非理性主义思潮，德国人一般称之为"存在哲学"。它以尼采、克尔恺郭尔等为其先驱，以胡塞尔的现象学方法作为其分析人的生存状态的工具，一反西方哲学传统，试图从人的个人存在出发来解释现实世界，反映了当代文明中人的困境。特别是两次世界大战以来人的生存深受震动的体验。

作为当代西方哲学的两大思潮，存在主义与逻辑经验主义有一个共同的特点：两者都对传统形而上学持批判态度，都否认作为理论知识的形而上学的可能性，然而由此出发，它们却走上了两条截然相反的道路。一般说来，逻辑经验主义主张把形而上学当做伪科学连同它的问题一同抛弃掉，坚持认为只有可以言说的和可以由经验证实的科学知识是可能的，除此之外别无重要的东西。而存在主义则主张除了科学之外还有更为根本的东西，那是科学理性所无法企及的。按照存在哲学家的观点，事实上逻辑经验主义与传统形而上学有一个共同的错误，那就是它们都把哲学关注的焦点仅仅集中在科学认识之上，从而把对人来说真正性命攸关的东西排除在了视野之外。因此无论是把最高存在当做认识对象的传统形而上学，还是把人之有意义有价值的精神活动局限在科学认识这一狭窄范围之内的逻辑经验主义，都陷入了惟科学主义的迷误，而这种把一切包括人在内的存在统统科学化、物化的迷误正是当今技术社会异化现象的根源所在，它使人迷失了自己的根本，因而无法解决人生的难题。真正说来，关系人之根本的东西绝不是认识的对象，对它只能去亲身体验、领悟或理解。由此可见，如果说新康德主义的口号是"回到康德去"，现象学运动的口号是"回到事实本身"，而逻辑经验主义的口号是"回到科学认识去"，那么可以说存在哲学的口号实际上是"回到人本身",不过这个"人本身"不是一般的人或社会的人,而是所谓活生生的个人存在。

　　毫无疑问,要想描述一种"存在主义伦理学"是十分困难的。据说当代存在主义思想家们都曾被要求写一部伦理学著作,但是迄今为止还没有一个人这样做。事实上,他们的基本观点和独特的探究方法排除了建立一般伦理学理论的可能性。由于存在主义思想家们试图运用现象学方法,渗透到理性之逻辑的和经验的层面之下,深入到所谓人的生存状态,描述在他们看来更为根本的畏、烦、沉沦、无家可归以及死亡等等人生体验,从而排除了传统伦理学的地位,建立了一种具有非理性的神秘主义色彩的人生哲学。然而,正因为存在主义是一种人生哲学,所以也是一种伦理思想,只不过与当代英美伦理学的狭窄范围相比,它所关注的问题更广泛更深入而已。

　　人们公认海德格尔(Martin Heidegger,1889—1976)为存在主义的创始人和最主要的代表(虽然他本人一再拒绝存在主义的称号),他的存在哲学在第二次世界大战后盛行一时,而且至今余响未绝,对于当代西方哲学和伦理学产生了极其深刻的影响。在此,我们主要讨论海德格尔的人生哲学。

一、存在问题

　　海德格尔的人生哲学具有浓厚的存在论(Ontologie)色彩,他的主要著作《存在与时间》(1927)开篇便摆出了一个纯粹的理论问题:存在(Sein)的意义问题。在他看来,之所以有必要重提存在的意义问题。乃在于两千年来形而上学自称是对存在的研究,而实际上它所追问的不过是存在物而已。自古希腊哲学以来,西方人建立了一种科学式的思维方式,它以追问"是什么"亦即本质为其根本问题。人们以概念的形式追问"人是什么"、"物是什么",也追问使人、物皆是或存在的"在是什么"。然而,存在是不能用概念来把握的,一切概念中的东西都已经是存在物了,这就是说,使一切存在物存在的存在本身一旦进入了我们的思想概念,一旦被我们究问其是什么,便成了与一切存在物处于同一等级之中的存在物,而不是存在本身了。结果,人们自以为在追问存在,其实所追问的只是存在物而已。这种思维方式导致了两千年来形而上学之在的遗忘(Seinsvergessenheit)的历史。真正说来,迄今为止,存在问题不仅尚无答案,而且甚至这个问题本身还是晦暗和茫无头绪的。海德格尔要求重提存在问题的原因就在于此。

人们也许会说，即使存在概念晦暗不明，那也不过是哲学家们所犯的诸多错误中的一个错误而已，它与人生无涉，用不着大惊小怪。但是海德格尔却认为，这个存在问题对人来说恰恰是性命攸关的，对在的遗忘正是两千年来所形成的现代西方文明的病根所在。自古希腊哲学以来，西方人建立了对宇宙的科学理性主义的态度，把人设定为主体，把一切存在物包括存在本身设定为认识对象，把科学认识方式看做人类的根本的有效的存在方式，铸造了一个科学的、物化的世界观，最终割断了人与存在的联系，把人自己也科学化为物，从而导致了现代技术社会的极端异化状态，可以说人类今天所面临的一切困境皆源于此。所以，存在问题不仅仅是一个理论问题，实际上也是一个现实问题，现代西方文明的根本困境与哲学本身的根本困境密切相关，应该在哲学中得到解释。

在海德格尔看来，存在作为人之根本与人性命攸关，对之不能用理性概念来把握，而只能在各种存在物的存在方式中去领会其意义。于是，他把形而上学对于存在是什么的追问转变成了对存在的意义的领会，即是说，不是追问存在"是什么"，而是追问存在"怎样"和"如何"存在。毫无疑问，一切存在者皆因存在而存在，但是一论及存在，就总是存在者的存在。我们要想在存在者身上破解存在的意义，就必须找到这样一个存在者，它除了其他存在的可能性外还能够发问存在，这就是我们自己向来所是的存在者，海德格尔称之为"此在"（Dasein）。① 人作为此在不仅仅是置身于众者中的一个存在者，它不是为了成为什么东西而存在，而是为自己的存在本身而存在，因而存在乃是它自己性命攸关的东西。这个此在的存在方式不是现成所予的，而是可能存在的方式，即是说，此在对它的存在有所作为，它是"去存在"，是"能在"，因而此在总是在存在出来的过程之中，这种存在方式就是"生存"（Existenz）。所以，我们称之为此在，并不表达它所是的是什么（如桌子、椅子、树），而是表达存在：存在（Sein）于此在（Dasein）这里存在于此（Da）。

因此，海德格尔主张从此在（人的存在）身上去破解存在的意义："存在的意义问题是最普遍最空泛的问题。但在这个问题中又有一种可能性，即可能把这个问题本己地、最尖锐地个别化于当下的此在之上。"② 此在之为此在总是作为它的可能性来存在，所以这个存在者可以在它的存在

---

① 参见 ［德］海德格尔：《存在与时间》，10 页，北京，三联书店，1987。

② 同上书，48 页。

中"选择"自己本身、获得自己本身，也可以失去自身，或者说绝非获得自身而只是"貌似"获得自身，前者为"本真状态"，后者为"非本真状态"①。由此可见，在对此在这种存在者进行分析时，我们面对的是一个独特的现象领域。这个存在者没有而且绝不会有只是作为在世界范围之内的现成东西的存在方式，因而也不应用发现现成东西的方式来使它成为课题。真正说来，由于此在作为"能在"总是在存在出来的过程之中亦即生存状态之中，因而我们的工作就是运用现象学方法通过对此在的生存状态的分析使存在的意义得以昭显。正是在这一系列此在的生存状态的分析之中，海德格尔提出了他的人生哲学。

于是，在海德格尔看来，扭转两千年来形而上学对存在的遗忘，发现存在的意义，必须以对此在的生存论分析为其基础和前提。据此，他一反传统形而上学对永恒存在的追求，把存在与时间联系起来，试图从具有时间性、历史性的此在身上破解存在的意义。与此同时，他认为此在的生存状态比清明的理性等意识状态更根本更源始，因而这种生存论分析是前科学的、前人类学的、前心理学的和前伦理学的。所以，一方面，由于海德格尔的哲学问题始终是"存在问题"，因而企图从中梳理出一种"人生哲学"或"伦理学"肯定会歪曲其哲学运思的方向，更难以深达其哲学运思的维度。但是另一方面，由于他是通过对此在的生存状态的生存论分析入手来解决存在问题的，因而就有可能从人生哲学或伦理学的角度对之做一番考察，尽管这很可能不合海德格尔的本意。

二、人生在世

海德格尔应用现象学方法对此在的生存状态进行了生存论的分析。在他看来，此在最基本的生存状态无非是我们日常所见之世界中同形形色色的存在者打交道，这就是"在世界之中"或"在世"（In-der-Welt-sein）。此在之去存在或生存就是人生在世。"在世"是海德格尔对此在之生存论分析的基本出发点。

"在世"是海德格尔自造的一个德语复合词，不过这个复合词并不意味着它的内容也是复合的。尽管语词之复合表明了它的多重性，但是不能把"在世"分解为一些可以拼凑的内容。质言之，人生在世乃是一个统一的不可分割的整体现象。"在世界之中"意义上的"在之中"并非意指将一个独立于世界之外的人置放到类似容器一般的世界之中去，绝没有一个

---

① ［德］海德格尔：《存在与时间》，53 页。

叫做"此在"的存在者同另一个叫做"世界"的存在者"比肩并列"那样一回事。所谓人生在世之在世，指的是在此在还没有把自己看做主体、把世界看做对象而使世界二重化或多重化之前，同它的世界浑然一体，水乳交融的源始状态。海德格尔认为，传统形而上学的失误乃至西方文明的危机根源于它的二元式的科学思维方式。它假定有一个主体（人）与对象（客观世界）相对而立，界限分明。这种思维方式不仅不能深入到主客未分之前那更为根本更为源始的根源所在，从而是"无根的"，而且更重要的是它本质上是一种物化世界观。它把一切存在看做物或对象，也把人当做物来加以科学研究，使人遗忘了对他而言至关重要的存在。现在，海德格尔要求纠正这种形而上学的迷误，强调在主客分化之前，此在与世界原本无分彼此，相互交融，而正是在这一源始现象之中潜伏着此在此后的一切存在方式的最基本样式。

此在之"在世"意味着此在、世界和世内存在者融为一体，不可分割。此在是在世界之内的此在，世界亦是此在的世界。由于在这种源始状态中主体与客体尚未分离，因而把此在带到它的作为"此"的存在面前来的不是认识，而是"烦"（Sorge）。"烦"是此在在世之中面对无限繁杂多样的可能性而产生的源始情绪。此在之"烦"或为"烦忙"，或为"烦神"。此在在世与世内存在者打交道，即为"烦忙"（Besorgen）。此在的实际状态是：此在之在世向来已经分散在乃至解体在"在之中"的某些确定方式之中了。例如对某种东西有所行事，制作某种东西，安排照顾某种东西，利用某种东西，放弃或浪费某种东西，诸如此类，都具有"烦忙"的方式，即是说，此在在世必与世内存在者打交道，这样的存在方式就是烦忙，此在作为烦忙活动乃沉迷于它所烦忙的世界。在海德格尔对此在的生存论分析中，"烦忙"一词是作为存在论术语使用的，它标识着在世之可能的存在方式。他说："我们选用这个名称倒不是因为此在首先和大多是经济的和'实践的'，而是因为应使此在本身的存在作为'烦'映入眼帘。"① 此在烦忙在世，并不是它自己要去烦，或者说它选择了烦忙这种存在方式，而是说，此在只要存在就已经在世，就已经处于与一切存在者的"关系"之中，烦忙正是这一基本关系，这是此在不得不承担的实际情状。

此在烦忙在世就是消散在世内存在者那里。世内存在者首先不是作为对象而是作为器具（Zeug）来"照面"的，"共同照面"的还有他人。此

---

① ［德］海德格尔：《存在与时间》，71 页。

在与他人打交道的存在方式称为"烦神"（Fürsorge）。虽然他人也以器具照面的方式来照面，但是他人的存在方式与此在本身的存在方式一样：他人也在此，"共同在此"亦即"共在"（Mitsein）。由此我们便进入了人与人的关系。当然，这种"关系"仍然是生存论意义上的源始现象。

海德格尔对西方传统的二元论世界观的批判有一定的道理，科学认识的确不可能解决一切难题特别是人生的难题，但是他由此而试图转向所谓主客未分之前的"源始状态"，并以此为更根本的基础却是错误的。且不论这种源始状态能否得以言说，因为它源始得无法成为理性认识的对象。即使能够证明其存在，它也不可能成为有理性的社会化的人的根本所在。马克思主义也反对二元论的世界观，不过它的解决办法是诉诸人的社会实践。真正说来，惟有社会实践才是人的一切存在方式的基础和出发点。

三、此在的沉沦

海德格尔从此在"在世"出发对此在进行了生存论的分析。此在向来是我的存在。但此在在世总已经同其他存在者一同在此了。与此在一同在世的存在者或是物，或是他人。他人的存在方式与此在一样，他们共同在此。在海德格尔看来，无世界的单纯主体并不首先"存在"，也从不曾给定。同样，无他人的绝缘的自我归根到底也并不首先存在。由于这种有"共同性"的在世之故，世界向来已经总是我和他人共同分有的世界。此在的世界是"共同世界"，"在世"就是与他人共在（Mitsein）。因此，"他人"并不等于说在我之外的其余的全体余数，而这个我则是从这全部余数中兀然特立的；他人倒是我们本身多半与之无别，我们也在其中的那些人。① 既然如此，那么在世之此在究竟为谁？在这个世界分裂为众多原子式的"我"之前，"我"是谁？在我叫喊"我是我"时，这个"我"是否就是本真的我自己？此在是我的此在，而此在之为此在就在于"去存在"或"能在"，它既可以成为"我"，也可以失去"我"。因此很可能日常此在的这个"谁"恰恰不向来是我自己，很可能在此在大叫"我"时，它偏偏不是这个存在者。② 很不幸，事实的确如此。

就浑然一体的源始的"在世"而言，此在融身于对他人的共在，它不是它本身。此在作为日常的杂然共在，就处于他人可以号令的范围之中。不是他自己存在，他人从它身上把存在拿去了。他人高兴怎样，就怎样拥

---

① 参见［德］海德格尔：《存在与时间》，146 页。

② 参见上书，141 ~ 143 页。

有此在之各种日常的存在可能性。在这里，这些他人不是确定的他人。与此相反，任何一个他人都能代表这些他人。人本身属于他人之列并且巩固着"他人"的权力。人之所以使用"他人"这个称呼，为的是要掩盖自己本质上从属于他人之列的情形，而这样的"他人"就是那些在日常的杂然共在中首先和通常"在此"的人们。"这个谁不是这个人，不是那个人，不是人本身，不是一些人，不是一切人的总数。这个'谁'是个中性的东西：常人（das Man）。"① 的确，即使在日常此在高喊"我是我自己的主宰"之时，它仍然在以"他人"为榜样或标准，企图弥补与他人之间的距离，事实上自始此在就落入了他人的号令之下。然而这个"他人"不是你也不是我，而是个中性的"常人"。于是"常人"就展开了他的真正独裁。"常人怎样享乐，我们就怎样享乐；常人对文学艺术怎样阅读怎样判断，我们就怎样阅读怎样判断；竟至常人怎样从'大众'中抽身，我们也就怎样抽身；常人对什么东西愤怒，我们就对什么东西'愤怒'。这个常人不是任何确定的人，而一切人（却不是作为总和）都是这个常人，就是这个常人指定着日常生活的存在方式。"② 这样一来，常人的独裁就造成了日常生活的"平均状态"，它在人们尚未行动之前就先行描绘出了什么是可能而且容许去冒险尝试的东西，它看守着任何挤上前来的例外，任何优越状态都被不声不响地压住。一切源始的东西都在一夜之间被磨平为早已众所周知的了。一切奋斗得来的东西都变成唾手可得的了。任何秘密失去了它的力量。"这种为平均状态之烦又揭开了此在的一种本质性的倾向，我们称之为对一切存在可能性的平整。"③ 人的这种存在方式就构成了所谓的"公众意见"。

由此可见，日常生活中的此在并非向来就是它自己，恰恰相反，此在首先是常人而且通常一直是常人。在这种由常人所替代的日常在世之中，似乎一切的一切皆由常人安排好了。于是，既没有选择，没有责任，因而也就无所谓自由，而本来应是"能在"的此在自始就已经从它自身脱落，放弃自身能在而以常人身份存在，消失在常人的公众意见之中，这就是此在的"沉沦"（Verfall）。沉沦是此在之必然的命运，此在存在着就已经沉沦了。这并不是说此在从某种较纯粹较高级的状态降落在低级状态，因为此在尚未发现它自身时就已经失去它自己了；也不是直接具有道德上的意

---

① ［德］海德格尔：《存在与时间》，155 页。
②③ 同上书，156 页。

义，因为生存论阐释对问题的提法发生于一切关于堕落与纯洁的命题之前，应该说，此在一存在，自始就是非本真的，亦即沉沦于世界。实际上，沉沦状态天生地对此在具有强烈的"诱惑力"：消融于常人之中，沉溺于无根基状态，放弃自己本真能在的方式，这一切同时对此在起着一种"安宁作用"，它使人们误以为现时生活是完满的、真实的，一切都在"最好的安排中"，一切大门都敞开着。① 那么，沉沦为什么对此在天生地有"诱惑力"呢？它为什么在本真的能在这回事面前逃避呢？沉沦之避者起因于"畏"（Angst），畏不是"怕"（Furcht）什么有害之事，"畏之所畏就是在世本身"②。畏之所畏者就是此在之本真的存在方式。对此在来说，它的本真存在亦即最本己的能在，它有选择与掌握自己本身的自由所需要的"自由的存在"。然而，一当此在面对它的本真存在，此在却没有任何幸福的感受，而是"茫然失其所在"，一般世内存在者失去了踪迹，它感到了一种无依无靠的莫名的恐惧，这就是所谓"无家可归"状态。于是，我们就明白此在沉沦所避者为何了。真正说来，此在所避者就是它自己，它并不惧怕任何存在者，恰恰相反，此在就是要逃避到世内存在者那里去，也就是避到消失于常人中的烦忙可以在安定的熟悉状态中滞留于其上的那种存在者那里去。在此在看来，立足于自身而能在的本真存在并没有家园感，它以为放弃自己而沉沦于常人的公众意见之中才是它的家。

　　然而，令人触目惊心的是，从此在那里取走了种种存在可能性，悄悄卸除了明确选择这些可能性的责任，把一切都安排好了的"常人"，不是你，不是我，不是任何一个人，实际上"从无其人"。在此在的日常生活中，大多数事情都是由我们不能不说是"不曾有其人"者造成的，而此在就这样无所选择地由"无名氏"牵着鼻子走并从而陷入非本真状态之中。海德格尔以其晦涩的语言深刻地揭示了当今西方社会的异化现象以及所谓群众社会的非理性非人性化的倾向。的确，在这种社会中，人们从生到死无时无刻不生活在新闻、报纸、电视、广告等等大众传播媒介的控制之下，他们按照同样的标准、同样的口味、同样的模式被塑造成无差别无个性的同样的人。人们创造了一个永远正确、永远公正、承担一切责任的"常人"神话，无论这个常人是上帝、国家还是公众舆论，总之它替人们免除了自由选择的痛苦和承担责任的顾虑，似乎把一切都安排得按部就

---

① 参见［德］海德格尔：《存在与时间》，215 页。
② 同上书，227 页。

班，秩序井然。然而，每当真的需要承担责任时，它便消失不见了，即便它承担了责任，实际上的后果仍然落在人们自己身上。于是，海德格尔试图对此在棒喝一声：常人并无此人，你应该立足于自身而在世！显然，立足于自身而在世这句话并不错，但是我们也应该关注如何在世的问题，在某种意义上说这可能更重要，因为直接相关的问题，就是每个立足于自身在世的人相互之间的冲突如何解决，而这似乎并未成为海德格尔的问题。

在日常在世之中，常人到处在场，然而常人并无其人。那么，此在如何才能领悟常人并无其人呢？它如何才能明白它必须也只能立足于自身而在世呢？海德格尔认为，惟有"死亡"才能唤醒沉迷于沉沦状态的此在之梦。

四、向死而在

此在本质上是"能在"，即对自己的存在有所作为（即使它不愿意对自己的存在有所作为也是一种作为），但是它却甘愿沉沦于芸芸众生之中，把自己的存在可能性交由"常人"代理，以便免除立足于自己在世的一切麻烦。然而，当此在面对死亡这一存在的终结可能性时，它的一切逃避都无济于事了，因为任谁也不能从他那里取走他的死。每一此在向来都必须自己接受自己的死，死亡向来是我自己的死亡。海德格尔试图通过对死亡的分析，说明使此在自觉其本真的存在的途径。

在海德格尔看来，死亡是此在自身向来不得不承担下来的存在可能性，而这种可能性是对任何事情都不可能有所作为的可能性，是每一种生存都不可能的可能性，亦即是使此在不再能此在的可能性。当此在作为这种可能性悬临于它自身之前时，它就被充分指向它最本己的能在了，而它对其他此在的一切关联也都解除了。因此，"死亡绽露为最本己的、无所关联的、超不过的可能性"①。事实上，死亡这一不可能性乃是此在之一切可能性中最大的最确定无疑的可能性，此在生存着向来已经被抛入了死亡之中。然而，此在以沉陷于日常在世的种种活动这一方式闪避死亡，"常人"对死亡也已经备好了一种解释：人终有一死，但自己当下还没碰上。"有人死了"这句话散播着一种意思，仿佛是死亡碰上"常人"，每个他人与自己都可以借这种说法使自己信服：不恰恰是我；因为这个常人乃是无此人，于是"死"成为一种摆到眼前的事件，它虽然碰上此在，但并不本己地归属于任何人，似乎死的总是别人而不会是我自己。直到此在真正直

---

① ［德］海德格尔：《存在与时间》，300~301 页。

面死亡之时，它才痛切地领会到，死亡是无人可以替代的最本己的可能性，日常替代此在存在的常人的不存在。

死亡是此在最本己的可能性，而最本己的可能性是无所关联的可能性。惟有直面死亡，此在才能明白根本就没有常人这回事，此在惟有从它本身去承受其自身之能在，别无他途。而且死亡并不是无差别地"属于"本己的此在就完了，死亡是把此在作为个别的东西来要求此在。这种个别化表明了，事涉最本己的能在之时，一切寓于所烦忙的东西的存在与每一共他人同在都是无能为力的，只有当此在是由它自己来使它自己做到这一步的时候，此在才能够本真地作为它自己而存在。这就把此在逼入这样一种可能性中："由它自己出发，从它自己那里，把它的最本己的存在承担起来。"① 于是，死亡就构成了此在从非本真状态通达本真状态的桥梁，它如晨钟暮鼓，惊醒了此在之混迹于杂然共在的沉沦之梦，在死亡面前貌似承担一切的"常人"终于烟消云散，此在惟有向死而生，"先行到死中去"，让自己以撞碎在死亡上的方式反抛回实际的"此"之上，勇敢地承担起它的自由和责任，立足于自身而在世，过真正的本真生活。

不容否认，在海德格尔的哲学中渗透着某种浓厚的悲观主义情调。他把人（此在）看做未曾问及便被抛到这个世界上来的、有限的、被插入黑暗的生死两极之间无依无靠、在最深之根基中充满忧虑和不安的创造物，这正是对于尼采之"上帝死了"背景下人的困境的写照。不过有人断章取义地称海德格尔哲学是提倡死亡的"死亡哲学"，这实在是对他的误解。真正说来，海德格尔对死亡的分析是人类思想史上极其深刻的哲学思考，其本意决不是要人去死，而是要人在向死而在之中发现生的意义，亦即试图使人"置于死地而后生"，从对死亡的先行思考中体验生的本然含义。所以他的哲学不是"死亡哲学"，而是"生命哲学"。实际上，他的问题并不在于对死亡的思考，恰恰在于他为生存所指引的方向。我们看到，海德格尔的哲学始终以人之个人存在为核心，忽视了人的社会存在以及人与物的关系背后所掩藏的人与人的关系。他为此在指示的方向仅仅是立足于自身而在世。然而，作为社会存在的人离开了社会性很难还能称其为人，而且单纯立足于自身而自由筹划和行动的个人实际上根本不存在。

显而易见，海德格尔的人生哲学是存在论的，他称之为"前伦理学"的探讨。事实上，在传统形而上学背后原本就隐含着伦理的倾向，海德格

---

① ［德］海德格尔：《存在与时间》，315～316 页。

尔则把这种倾向明确地展示出来了。当然，按照海德格尔的观点，存在哲学的对象比伦理学的对象更深刻、更根本，但是毫无疑问在他对此在的生存论分析中展现了潜伏于此在的生存结构之内的自由、选择、责任、沉沦、良心等等道德范畴的根源。我们可以据此称海德格尔的人生哲学为"元伦理学"，在他看来，这或许是惟一可能的伦理学。因为以提供道德律令和规范为己任的传统伦理学建立在"常人"的日常在世基础上，从而把非本真的存在方式当成了本真的存在方式。

海德格尔的伦理思想与传统伦理学大相径庭，两者之间的区别和对立在一定程度上表现了当代西方伦理思潮的某些特征。我们看到，在传统伦理学中，自由向来是人所追求的最高目标，而在存在哲学中，自由则是人千方百计企图逃避而又无法逃避的重负。海德格尔的自由观后来在法国存在主义那里得到了淋漓尽致的发挥，充分地揭示了人"不得不"自由的尴尬境地。存在哲学正是要人直面自身的困境。勇敢地承担起自己的命运。在传统哲学中，人们所关注的是如何提供和建立具有普遍性和社会意义的道德规范，因为道德毕竟产生于人和人发生关系的地方。但是在存在哲学中，人作为此在是个别的，他的一切筹划和选择出于他个人的自由，任何普遍的道德律条产生于此在自甘沉沦，把自己托付给并无其人之"常人"而逃避责任的非本真状态。在海德格尔看来，真正的伦理学并不为此在提供任何"实践性"的指导和具体的道德规范，它的任务只是为此在开放一切可能性，若要人们遵从所谓普遍的道德规范，实际上决不会如康德所想像的那样产生道德的自律，而只能扼杀自由，否定掉此在之"去行动"的可能性。所以，如果有人想在海德格尔的人生哲学中找到对人生的指导，他一定会大失所望，因为他所说明的恰恰是不存在这样的人生指导。而这正体现了当代西方伦理学中占主导地位的道德相对主义倾向。另外，在传统伦理学那里，始终存在着将人之不朽（灵魂）当做至善之前提的主张，而在存在哲学看来，正是由于人是有死的，对人来说才有自由、选择、责任等等道德难题，这无异于说，正是由于人是有死的，才有伦理学。总而言之，在存在哲学看来，传统伦理学至多只停留在此在"日常在世"的水平上，距离人之根本相差甚远。惟有存在哲学才真正触到了人之存在的根基。

毫无疑问，海德格尔的哲学思考是非常深刻的，但是尽管如此，他的人生哲学作为当代非理性主义、个人主义、相对主义和悲观主义的集中体现，只是以歪曲的形式反映了当代西方文明中人的困境，没有也不可能正确地揭示它的本质。我们看到，后期的海德格尔虽然不承认他在《存在与时间》中的探讨已经陷入了死巷，但是他自觉过分囿于此在而掩盖了存在的意义。于是在其后期哲学中，他讨论的主题不再是此在的生存结构，而转向了对存在的解释。显然，他早年于死亡中发掘生的意义的那点"积极热情"似乎逐渐消磨殆尽，而悲观主义情调则暴露无遗，一如他晚年的悲叹："只还有一个上帝能拯救我们。留给我们的惟一可能性，在思想和诗歌中为上帝之出现做准备或者为在没落中上帝之不出现做准备。"①

第四节　人道主义伦理学

人道主义伦理学的创始人和主要代表是后来移居美国的德国著名思想家埃利希·弗罗姆（Erich Fromm，1900—1980）。弗洛姆是法兰克福学派的成员。虽然当人们谈到法兰克福学派时，讨论的主要是霍克海默、阿道尔诺、马尔库塞和哈贝马斯等人的思想，并没有把弗罗姆看做法兰克福学派的主要代表人物，但是在伦理学方面情况就不同了。弗罗姆在其学术生涯中始终以法兰克福学派的社会批判理论为基础，致力于把弗洛伊德的精神分析学说同马克思主义结合起来，创立一种人道主义的伦理学，在法兰克福学派中，他对伦理学的贡献是十分突出的。因此，在这部探讨当代西方伦理思想的著作中，集中讨论弗罗姆的伦理思想是比较恰当的。另外，我们将另辟一章，专门介绍哈贝马斯的话语伦理学，以展示当代德国伦理思想的最新成果。

法兰克福学派是当代西方哲学、社会学、政治学流派之一，西方马克思主义或新马克思主义的主要代表，它以"社会批判理论"著称于世。由霍克海默所确立的、作为法兰克福学派理论纲领的所谓"批判理论"，被认为是与"传统理论"截然对立的一种理论。按照霍克海默的观点，"传统理论"的基本特征在于它对现存社会持非批判的肯定态度，这种理论总是把自己置于现存社会秩序"之内"，把现存社会秩序当做一种固定不变的既定事实接受下来，从而自觉不自觉地维护了现存社会秩序。与此相反，"批判理论"的基本特征在于它对现有社会持无情批判的否定态度，它总是力图站在现存社会秩序"之外"，拒绝承认现存社会秩序的合法性，并努力揭示现存社会的基本矛盾，从而自觉地以改造现存社会秩序为己

---

① 转引自《外国哲学资料》，第五辑，177页，北京，商务印书馆，1980。

任。"传统理论"的认识基础是所谓"专门性的科学",它总是标榜"价值中立"的客观主义,而"批判理论"的认识基础则是"人道主义",它毫不讳言自己具有鲜明的"价值评判"立场。① 弗罗姆以批判理论为其指导思想,对当代资本主义文明进行了激烈的批判,他试图在现代人的极端异化、非理性主义盛行、道德价值沦丧的背景之下,重建理性与价值,重建人道主义精神,创立一种"人道主义伦理学",为当代人提供一种有效的社会改造方案。因此,他主张"伦理思想家的任务是维持和加强人类良心的声音;认识什么对人为善,什么对人为恶;而不管它是否对处于某一特殊时期的社会是善还是恶。也许,良心只是一种'荒原上的呼唤',但是要这种声音不消失,并且不肯妥协地呼唤着,那么,荒原也将变成富饶的土地"②。

弗罗姆的人道主义伦理学又被称为新弗洛伊德主义伦理学或精神分析伦理学。与法兰克福学派的一些成员一样,他试图改造弗洛伊德的精神分析理论,并把它与马克思主义"结合"起来。弗罗姆承认他对人与社会的分析是以弗洛伊德的若干基本发现(特别是关于人格中无意识因素的作用以及这些因素对外部影响的依赖性)为根据的,他认为弗洛伊德的高明之处在于引导人们注意观察和分析决定人类若干行为的非理性的和无意识的力量,而近代理性主义一向忽视这些方面的存在。但是弗洛伊德接受了认为人与社会之间基本上是对立的传统看法,也接受了认为人性本恶的传统观点,并且把个人同社会的关系看做一种静态的关系。弗罗姆则主张,心理学的关键是个人对世界的特殊关系问题,而不是这种或那种本能自身满足或受挫的问题,而且人与社会的关系不是静态的关系。虽然有些需求,诸如饿、渴、性等是人所共有的,但是还有些冲动,例如爱与恨、贪求权力、渴望屈从等构成了人的性格的区别,乃是社会过程的产物。在他看来,"人的倾向,无论是最美好的还是最丑恶的,都不是人的固定的和生物学天性的一部分,而都是创造人类的那一社会过程的产物。换句话说,社会不仅仅具有压抑的功能,而且还有创造的功能(尽管压抑的功能太多),人的本性、情欲和忧虑都是一种文化的产物"③。更值得人们注意的是,弗洛伊德及其学派尽管通过揭示非理性价值判断,对伦理思想的进步作出了无法估量的贡献,但他们对价值却采取了一种相对主义的观点,这

---

① 参见 [德] 霍克海默:《批判理论》,181 页,重庆,重庆出版社,1989。
② [德] 弗罗姆:《自为的人》,214~215 页,北京,国际文化出版公司,1988。
③ [德] 弗罗姆:《逃避自由》,25 页,北京,工人出版社,1987。

种观点对伦理学理论的发展产生了一种消极的效果。因此，弗罗姆主张用马克思主义来改造弗洛伊德的精神分析理论，建立一种人道主义伦理学。

弗罗姆并不认为人道主义伦理学是他的首创，他认为他的工作毋宁说是返回伟大的人道主义伦理学传统，重新确定人道主义伦理学的有效性。依弗罗姆之见，伦理学之为伦理学就是要认识什么对人是善的或恶的，而要想达到这个目的就必须认识人自身的本性，所以，伦理学也应该是基本的心理学研究。在他看来，我们关于人的知识并不导向伦理学相对主义，相反，只会导向这样一种确信，即我们可以在人的本质自身发现伦理行为规范的渊源，而道德规范是建立在人的固有特性之上的，正是对这些规范的违反导致了精神与情绪的崩溃。所以，他一反当代西方伦理学相对主义的主导趋势，主张一种规范的人道主义伦理学。

一、现代人的困境

20 世纪以来，传统的乐观的理性主义逐渐衰落了，其原因不仅是两次世界大战等一系列灾难给予人类的美好理想以毁灭性的打击，而且在于现代人越来越感到他自己变成了由他所创造的科技文明的奴隶。于是，人们开始对曾经有效地克服了封建专制、宗教信仰以及严酷的自然条件对人的束缚从而给人类带来希望的科学理性产生了怀疑，正是这种怀疑造成了一种道德混乱状态。在这种状态中，"人在既无启示保护又无理性保护的情况下被遗弃了。结果使人们接受了相对主义的观点，这种观点认为，价值判断与伦理规范都是感受问题或任意的偏好问题，而且认为在这一领域里不可能作出任何客观有效的陈述"[1]。然而，由于人类不可能没有价值和规范地生活，这就使得人们成了非理性价值体系的猎物。人们又回复到一种已为古希腊启蒙时代、基督教、文艺复兴和 18 世纪启蒙时代所克服了的观点上来，国家的要求、对强有力的领袖和机器的富有魅力的特性的热情以及对物质上成功的热情成了人的规范与价值判断的来源。

现代人之所以陷入了这种极端的异化状态和自相矛盾的境地是有其原因的，这毋宁说是逃避自由的结果。在弗罗姆看来，人类社会开始于人从与之同一的自然界的脱离，这一脱离是一个漫长的过程。一个人从其原始状态中脱颖而出，这是一个"个体化"的过程。一方面，只有当个人完成个体化过程，割断与他人和整体联系在一起的"脐带"，他才能是自由的；然而另一方面，对他来说上述关联却给予他安全感、从属感和踏实感，因

---

① ［德］弗罗姆：《自为的人》，3 页。

为个体化既带来了自由，也带来了孤独和忧虑。于是，放弃个人独立的冲动，使自己完全隐没在外界中，以克服孤独感和无权力感的冲动产生了。但是，正如毕竟不能使自己的身体重新投入母体之内一样，人在心理上也不可能倒转个体化的过程。如果他想这样做，可取的办法必然是逃避自由，屈从于权威。不幸的是，为了安全而屈从权威固然免除了人的心理压力，却又产生了另外的压力：屈从的结果是放弃自己的力量和完整性，归根到底还是伤害了人的安全。

假如人类的发展过程是和谐的，假如这个过程是按照某个计划进行的，那么，发展的两方面——力量的发展和个体化的发展——将是完全平衡的。然而，假如人的个体化的整个过程所依赖的经济、社会和政治条件，并没有为个性的实现提供基础，而同时人们又已失去了曾给予他们安全的那些纽带，那么，这种延迟将使自由成为一种不堪忍受的负担。于是，自由即是怀疑，即是过一种没有意义和方向的生活。此时此刻，那些不可阻挡的趋势便出现了："逃避这种自由，或屈从，或与他人及世界建立某种关系，这样做可以使他解脱惶惶不可终日之感，尽管这也剥夺了他的自由。"① 事实上，人类社会从来没有为人的个体化过程提供良好的基础，因而人类只好逃避自由。

弗罗姆对现代人的社会背景——资本主义进行了分析批判。与中世纪等级森严、秩序井然的封建制度不同，资本主义让每个人都得自力更生。他要做什么，怎样做，是成是败，纯粹是他自己的事。这种"个人活动的原则"显然加快了"个人化"的进程，人们也常常把它看做现代文明得以迅速发展的一个重要因素。但是，正是在这种使人获得自由的过程中，个人主义原则使人与人之间的联系日渐减少，从而使人陷于孤独之中：他孤苦伶仃，孑然一身。与此同时，资本主义除了能带来对个人的肯定外，还会导致对个人的否定。在资本主义制度之下，人的个体化过程实际上不是以人为目的，人不过是资本的奴仆，人的天职就是为资本主义经济作贡献，就是积聚资本。"所有这一切不是为了实现人的幸福和拯救，而只是为了经济利益本身。个人就像是大机器中的一个齿轮一样，其重要性决定于他们资本的多寡，资本多的就成为一个重要的齿轮，资本少的就无足轻重了，但不管怎么样，人总是一个服从于他自身之外的目标的齿轮。"② 于

---

① ［德］弗罗姆：《逃避自由》，56 页。
② 同上书，149 页。

是我们看到，资本主义制度虽然创造了空前发达的物质文明，它使人在统治自然方面已经达到了相当高的程度，但是至今这个社会还不能有效地控制它所创造的力量。资本主义的经济体系，从它运用科学技术方面来看是越来越合理化了，但是它所产生的社会效用却越来越不合理了。经济危机、失业、环境污染、核威胁和战争等等支配着人们的命运。人创造了一个新世界，但是它却从人那里异化出去了。人不能真正地控制他所创造的这一世界上的任何东西，恰恰相反，人所创造的世界却成了人的主宰，他用自己双手创造的成果反过来成了他的上帝。由此可见，资本主义制度以个人主义为原则，但是却没有为个人的个性完善和自由提供和谐的社会条件，而且它在本质上并不是以人而是以物为目的的。

然而人的个体化是一个不可逆的过程，即是说，个人与他人与社会与世界的"原始纽带"一旦被切断就再也无法倒转回去了。因此在资本主义制度下，人便不得不逃避自由，屈从权威，从而陷入了自我异化的极端状态。显然，在这种社会背景之下，异化是不可避免的。

的确，前此以往的所有社会制度特别是资本主义制度没有为人的个体化和自由提供和谐的条件。但是人本质上是自由的，他要成熟就必须个体化其自身，而他一旦个体化就不得不想方设法去摆脱由此产生的软弱无力和孤独状态。于是，人们便走上了一条逃避自由的道路，然而这条道路注定行不通。一方面它具有强制性，像任何逃避恐怖一样，它是万不得已的；另一方面是个人完全放弃了自己的个性和完整性。"这并不是一种能把人引向幸福与积极自由的理想解决办法，充其量是精神病患者所走的道路。"① 当然，这并不是惟一的路。另一条积极的自由之路可以在不否定个人独立性的前提之下把个人与世界联结起来，这种关系表现在爱与生产性工作上，它植根于总体人格的完整性与力量之中，从而它只服从于有利于自我发展的那些限制。② 弗罗姆认为，他所建立的人道主义伦理学目的就在于开辟这样一条自由之路。

二、人道主义伦理学的基本特征

弗罗姆把他的伦理学理论称为"人道主义伦理学"，在他看来，伦理学研究与心理学研究密不可分。很明显，心理学上的人格研究不能忽略伦理学问题，因为我们所作的价值判断决定着我们的行动，而我们的精神健

---

① ［德］弗罗姆：《逃避自由》，186～187 页。
② 参见上书，48 页。

康和幸福都依赖于它们的有效性，伦理学研究也离不开心理学，因为善恶之为善恶乃是对人而言的，为了认识什么对人是善的，我们必须认识人的本性。所以，"人道主义伦理学是建立在理论'人学'之上的'生活艺术'的应用科学"①。顾名思义，人道主义伦理学是以人为中心的，不过不是那种认人为宇宙之中心的传统人道主义，而是说人的价值判断像所有其他判断甚至知觉一样，植根于他存在的特殊性之中，并且只有诉诸他存在的特殊性才有意义。在这个意义上，我们可以说"人是万物的尺度"。

人道主义伦理学与权威主义伦理学不同。权威主义伦理学建立在非理性的权威基础上，这种权威规定了什么对人是善的，并制定了行为的规律和规范，而在人道主义伦理学中，人本身既是规范的制订者，也是规范的主体，既是规范的形式渊源或调节力量，也是它们的对象。② 从形式和质料两方面看，首先，权威主义伦理学在形式上否认人认识善恶的能力，规范的制订者总是一种超越个体的权威，它不是建立在理性和知识的基础上，而是建立在对权威的敬畏和主体的软弱与依赖性感情的基础上。人们不能而且注定不能对权威的决定提出质疑，顺从成了最主要的美德。与此相反，人道主义伦理学在形式上则建立在这样一种原则之上：即由人本身才能决定美德与罪恶的标准，而且不存在超越于人之上的权威。其次就质料或内容而言，权威主义伦理学是按照权威的利益而不是按照主体的利益来回答什么是善或什么是恶的问题的，尽管主体也可能从权威中得到可观的精神上或物质上的好处，但这种权威是剥削性的。与此相反，人道主义伦理学建立在这样的原则之上：即对于人来说是善的即为"善"，而有害于人的即为"恶"，伦理价值的惟一标准是人的福利。

弗罗姆力图既坚持人道主义伦理学的基本原则，同时避免陷入由此可能发生的道德主观主义和相对主义。的确，任何一种以人为中心的人道主义伦理学都不可避免地要面对是否存在客观有效的道德规范以及人能否达到客观有效的道德规范的难题。弗罗姆肯定地回答了这个问题，不过他不是像传统伦理学那样谋求超验的或外在的客观说明，而是把客观有效性同人的一般本性相联系。他赞同马克思关于人的本质在于他的社会关系，由特定的社会历史条件所决定的观点，但是他也主张有一种普遍的人性。最一般地说，一切生命的本性都是保持和肯定其自身的存在。一切有机体都

---

① ［德］弗罗姆：《自为的人》，15 页。
② 参见上书，7 页。

具有一种保持其存在的固有倾向：正是从这一事实出发，心理学家们假设了一种自我保存的"本能"。一个有机体的第一"义务"便是活着，而"去活着"不是静力学的而是动力学的概念。一个有机体特有力量的存在和展开是一而二、二而一的，"一切有机体都具有一种使其特殊潜能现实化的固有倾向。因此，人生的目的便可以理解为人根据其本性的规律而展开其力量"。当然，人并非"一般地"存在着，他以其品格、气质、能力、品性的独特混合而与别人不同，而人只有通过实现其个性才能肯定其人的潜能。所以，"去活着的义务与成为你自己和发展成为潜在所是的个人的义务是同样的"①。如果我们承认上述观点，那么我们也会同意，伦理学的最一般的原则必须从一般生活的本性与特殊的人的存在本性中推导出来。因而可以说，人道主义伦理学中的善就是对生命的肯定和人的力量的展开，美德即是趋向于他自己的存在的责任，罪恶是对趋向于人自身的无责任性。这些就是一种客观主义的人道主义伦理学的首要原则。

弗罗姆还在"社会内在的伦理学"与"普遍的伦理学"之间作了区别。社会内在的伦理学相当于权威主义伦理学，它的规范只是对某个特定的社会来说才是必需的。这种伦理学主张任何社会都以遵从该社会的准则、信守该社会的美德为其重大利益，因为该社会的生存有赖于这种遵从和信守。由此可见，社会内在的伦理学总是首先把伦理道德看做社会维持其现存秩序的功能和手段，它所关注的主要问题是如何使个人与社会一致协调，并把这种一致协调当做道德与否的标准，从而为仅仅适用于特定社会的特殊利益蒙上了普遍适用的光环。显然，这种伦理学必然是以顺从为美德的伦理学。与此相反，相当于人道主义伦理学的"普遍的伦理学"意指行为的规范和伦理学的目的是人的生长与展开，它坚持道德的标准不是根据一个人是否适应于社会，而是必须根据社会是否适应了人的需要。因为尽管人性受到不同的历史条件和社会环境的影响和限制，但是毕竟存在着普遍的人性，它才是一切道德规范的根本基础。我们不应该站在特定的社会立场而要求人性符合社会的需要，而应该站在人性的高度而要求社会必须符合人性的需要，从而以人的全面发展和完善为目标。这正体现了法兰克福学派一贯倡导的"批判"精神。

显而易见，弗罗姆对于当代资本主义文明的批判是有意义的，他认为现存社会秩序是不健全的，它不是有利于而是有害于人性的发展和完善，

---

① ［德］弗罗姆：《自为的人》，16～17页。

因而他主张用一种人道主义伦理学来促成一个健全的社会，即是说，以某种普遍的人性为根据来改造现存社会秩序。由此可见，虽然在弗罗姆的思想之中存在着一些马克思主义因素，他自己甚至宣称他是少数几个真正理解马克思的人，但是在弗洛伊德精神分析理论的"补充"之下，马克思主义已经发生了变形。在马克思看来，旧唯物主义只抓住了人的感性这一面而失去了能动的理性那一面，唯心主义则只抓住了人的能动性一面而失去了人的感性一面。正确的原则是把上述两方面统一在具体的社会实践之中。因此，马克思关于人性的观点既不同于把人性等同于自然本性的旧唯物主义，也不同于把人性看做抽象普遍的观念的唯心主义，而是把人的本质视为社会关系的总和。显然，弗罗姆在这个问题上不仅远离了马克思主义的基本观点，而且也无法避免一种抽象的人性论所必然遇到的一切责难。

三、人性与品格

人道主义伦理学主张从人的本性中发现行业的准则和道德规范的根据，因而对道德规范的分析必须建立在对人性和品格分析的基础之上。

在弗罗姆看来，把人的存在与动物的存在区别开来的第一要素是一种否定的要素：即在适应周围世界的过程中人的本能调节的相对缺乏。我们看到，动物的本能天赋越不完善和不固定，其大脑就越发展，而其习得的能力也就越发达，人这种动物就是如此，他的生物学缺陷正是给予他力量的基础，是引起他特殊的人的特性发展的首要原因。

人由于他的生物学缺陷而使本能性的适应降到了最低限度，高度发展了自我意识、理性和想像，这就打破了作为动物存在特征的"和谐"，使人成为这个宇宙的反常现象。人虽是自然物种之一，但他却不能靠重复其物种的模式来生活，由于失去了天堂和与自然的统一，他成了永恒的流浪者，可以说理性是对人的祝福，同时也是对他的诅咒。弗罗姆称人的本性中的这种矛盾或分裂为"存在的两分性"。最基本的存在两分性是生与死的两分性。人终有一死，这又导致了另一种两分性：一方面每个人的存在都享有全部人的潜能，另一方面他短暂的生命又不允许他实现这些潜能。与存在的两分性截然不同的是个体生活与社会生活中的许多历史的矛盾："历史的两分性"。与无法消解的存在两分性不同，历史两分性是人创造的和可以解决的，例如人所创造的科学技术既可以造福于人也可以毁灭人。在弗罗姆看来，存在两分性是更根本而且是无法消解的，正是这种矛盾造就了人的本性，它迫使人无穷无尽地追求各种新的解决办法以寻找新的平衡与和谐。对于人的问题来说，惟一的解决办法就是正视真理，承认他在一个毫不关心他的宇宙之中的孤独与寂寞，认识到不存在任何超越他并能够帮助他解决问题的力量。人必须对他自身负起责任，并接受这样的事实：那就是只有用自己的力量，才能给予自己的生活以意义。倘若他毫不惊慌地正视真理，他将认识到，除了靠展开他的力量、靠有创造性的生活来给予其生活以意义之外，对于生活来说不可能存在任何意义。①

依弗罗姆之见，人性是普遍的，然而每个人又是特殊的、个别的。这种特殊性的区别表现在性格上就构成了真正的伦理学问题，因为人的行为方式是以性格倾向为基础的，它表现了人们在道德取向上的差异，所以研究性格差异及其各种心理定向是伦理学的基础。弗罗姆称性格为一种相对持久的形式，通过他人的能量得以在同化（与各种事物的联系）和社会化（与他人及自己的联系）的过程中流通。我们可以把性格系统考虑为人对动物的本能器官的替换。性格不仅具有使个体始终如一地和"合理地"行动的功能，而且也是他适应社会的基础，人可以用一种适合于他的性格的方式来料理生活，并因此在内在的境况与外在的境况之间创造某种程度的相容性。

弗罗姆把人的性格结构分为"生产性性格"和"非生产性性格"两大类型。所谓"生产性"亦即一种创造性，它是人的潜能和特征的实现，是他对自己力量的使用。② 由此可见，非生产性性格乃是一种内在潜能没有得到完全发展和实现的性格类型，它包括"接受型"、"剥削型"、"贮藏型"、"市场型"和"尸恋型"五种心理定向。而生产性性格则是一种创造性性格，在这种性格中，人的全部潜能的生长与发展是所有其他活动都要服从的目的，因而生产性性格所"生产"的最为重要的对象乃是人自身。如前所述，人的本性就在于他的"存在两分性"，要想克服这种深刻的内在矛盾可以有两条路：或者企图退回到自然状态，逃避自由，寻找安全，这是一条死路；或者正视自己的困境，认识到人只有用自己的力量才能给予生活的意义，从而利用其力量来实现其固有的全部潜能，不依赖于权威也不受权威控制。这就是生产性性格的本性，它意味着人体验到他自己即他的力量的化身，他自己即是"演员"，他感觉到他自己即是具有力量的人。这是人的惟一的理想出路。在弗罗姆看来，这种性格的充分发展

---

① 参见［德］弗罗姆：《自为的人》，34～39页。
② 参见上书，75页。

既是人的发展的目的，同时也是人道主义伦理学的理想。①

显然，弗罗姆的人性和性格理论是建立在弗洛伊德的精神分析学说的基础之上的。不过他不是像弗洛伊德那样过分强调个人的本能尤其是性欲的作用，而是强调社会因素对性格倾向的影响，并且把性格倾向与伦理学联系起来了。根据人道主义伦理学的基本原则，善就是对生命的肯定和人的力量的展开，与此相悖就是恶。由于非生产性性格特别是其中的市场定向是社会环境使人的本性无法得到发展而造成的病态心理定向，因而是恶的，恶就是人在逃避自己人道的重负的悲剧性的尝试中失掉自身，它是排除作为人所特有的东西如理性、爱情、自由等等的企图。与此相反，生产性性格其根本就在于个人的自我实现，因而是善的，善就是能促进更大地展开特殊的、人的才能，并巩固生命的一切。因此，弗罗姆的伦理学又被称为自我实现的人道主义伦理学。我们认为，尽管弗罗姆对弗洛伊德的学说进行了修正，但他仍然把善恶之类的伦理学问题建立在非社会、非历史、非阶级性的一般人性和特殊性格的基础之上，而人的性格倾向无论如何具有非理性的无意识特征。实际上，那种以永恒不变的人性为基础的永恒不变的善根本不存在，弗罗姆自己也不得不承认生产性性格往往只是出现在乌托邦的理想之中，在现实生活中很少找得到。

四、人道主义伦理学的道德规范

既然人道主义伦理学的基本原则是善与人对自身义务的追求同一，恶与自我残缺同一，它主张道德价值的惟一标准是人的福利。那么，它就必须回答有关自私、自利与自爱、良心、快乐与幸福等诸如此类的问题，正是在对这些问题的解答之中，弗罗姆讨论了人道主义伦理学的道德规范。

（一）自爱

弗罗姆认为现代人生活在一种有关自私的矛盾之中。一方面人们教导说，自私、自爱是有罪的，爱他人才是美德，另一方面人们又不得不承认正是人身上自私的力量使个体为共同的善作出了最大贡献。实际上，这两个截然相反的方面所根据的是同一个假设：爱他人与爱自己是对立的，二者必居其一。然而，在上述观念中存在着一个逻辑谬误。并没有任何不包括我自己在内的人的概念，我也是一个人，所以假如我把他人作为一个人来爱是一种美德，那么爱我自己也一定是一种美德。② 不仅他人，而且我

---

① 参见［德］弗罗姆：《自为的人》，72 页。

② 参见上书，112 页。

们自己也是我们感情和态度的"对象",对他人的态度与对我们自己的态度并非相互矛盾,而是基本相互联系的。因此,他爱与己爱不是二者必居其一的选择,相反,一种自爱的态度也将在所有能够爱他人的人身上出现。从原则上讲,爱在"客体"与人所关注的自己的自我之间的联系这一范围来说乃是无法分割的。"真正的爱是生产性的表现,并意味着关心、尊重、责任和知识。它不是在被某人感动的意义上的'感动',而是对被爱者的生长和幸福的一主动追求,它植根于人自己的爱的能力之中。"① 如果一个个体能够生产性地去爱,他也会爱他自己;如果他只爱别人,他就根本不能爱。② 爱自己与爱他人是统一的。

自私与自爱不是一回事。自私的人不仅不很爱他自己,而且很少爱自己。实际上,他憎恨自己。这种对自己的喜爱与关心的缺乏是他缺乏生产性的惟一表现,使他感到空虚与沮丧。他必然是不愉快地和焦虑地关注从生活中攫取各种满足,这些满足使他自己封闭在获取之中。"看起来他对自己关心备至,但实际上,他不过是在试图掩盖和补偿他对其真实自我关心的失败而已。"③ 因而,自私的人的确是不能爱别人的,但他们也不能爱他们自己。在缺乏爱的能力方面,无私与自私类似。无私的人根本没有能力去爱和去享受,他对生活满怀厌恶,"只为别人活着"。而在这种无私性外观的背后隐藏着微妙而又强烈的自我中心性。④

实际上,由于人道主义伦理学以实现人的全部潜能,使自己成为他自己,成为自为的人或为自己的人(man for himself)为其最终目的,它必然以自爱和自利为原则。这里所说的自利与自爱一致,就是维持自己的生存,实现自己的固有潜能。然而现代的自利概念越来越狭隘和混乱了,人们一方面按照自我否定的原则而"生活",他使自己成为经济体制或国家的工具,另一方面又按照自利去"思想",我们以为自己是在为自己的利益而行动着。他在这样一种事实上欺骗着自己:他最重要的人的潜能并未实现,而且在追求以为是对他最好的东西时,他丧失了他自身。弗罗姆认为,现代文化的失败不在于其个人主义原则,也不在于那种认为道德美德与自利追求归宗同一的观念,而在于自利意义的堕落;不在于人们太过于关注他们的自我利益,而在于他们没有足够地关注他们的真实自我的利

---

① 参见〔德〕弗罗姆:《自为的人》,113 页。
②③ 参见上书,114 页。
④ 参见上书,115 页。

益；不在于他们过于自私，而在于他们不爱他们自己。①

（二）良心

良心与自爱一样也是一个可以有不同理解的观念。苏格拉底宁死也不选择损害真理而背叛良心的道路，而那些用火刑焚烧有良心的人的人也宣称他是以自己的良心的义务这样做的。弗罗姆把良心区别为权威主义的良心和人道主义的良心。

权威主义的良心是一种内在化了的外在权威、父母、国家或在一种文化中所发生的不论什么权威的声音。人们有意无意地把诸如父母、教会、国家、舆论之类的东西当做伦理道德的立法者来接受，这就使外在的权威内在化了，它们仿佛成了人自身的一部分。我们看到，良心是一种比外在权威的恐惧更为有效的行为调节器，因为人们可以逃避外在权威但却无法逃避自身，因而也无法逃避已经成为人自身的一部分的内在化权威。于是，一个希特勒的信徒在犯下了反人类的罪行时，他自己却可以自感是在按照他的良心而行动。与此相反，人道主义的良心不是一种我们急于去迎合而又怕惹怒的权威的内在化声音，它是我们自己的声音，它出现在每个人身上并独立于外在的制裁和赞赏之外。人道主义的良心是我们的总体人格对其合理功能或功能失调的总体性反应。良心判断着我们作为人类的功能，它是"人自身之内的知识"，不过远不只是抽象的思想王国里的知识，而是具有一种感情方面的性质，因为它是我们总体人格的反应，而不仅仅是我们心灵的反应。事实上，我们并不需要在意识到我们良心的声音后才受它的影响。②

由此可见，真正的良心是我们自己对自己的一种再行动。它是我们真正的自我的声音，这种声音召唤我们返归于我们自己，去有生产性地生活，去充分而和谐地发展，亦即"成为我们潜在所是的人"。如果可以把爱定义为对人的各种潜能、关怀、尊重和受人爱的个人独特性的肯定，那么，人道主义的良心就可以被称为"我们关怀我们自己的爱的声音"③。

当然，如果良心永能高声疾呼，并且清晰可闻的话，也就会只有极少数人在其道德取向上误入歧途了。只要一个人尚未完全丧失自己，没有完全成为他自己的冷漠与毁灭性的牺牲品，那么他的良心就依然存在。然而学会理解良心的声音是极为困难的：为了听到良心之声，我们必须能够听

---

① 参见 ［德］弗罗姆：《自为的人》，122 页。
② 参见上书，126、138 页。
③ 同上书，140 页。

到我们自己，而这恰恰是现代文化中大多数人难以做到的；而且良心并不直接而是间接地对我们说话。

（三）快乐与幸福

由于人道主义伦理学与心理学密切相关，并且主要以心理学意义上的人性作为道德范畴的根据，把快乐和痛苦与善和恶联系在一起，因而难免主观享乐主义之嫌。针对这个问题，弗罗姆强调指出，尽管幸福与快乐在一定意义上是主观的经验，但是，它们也是客观条件相互作用的结果，并且依赖于客观条件，不能把它们与纯粹的主观经验混为一谈，所以，对各种各样的快乐之间质的不同的分析乃是快乐与道德价值之间关系问题的关键。简单地说，满足与非理性的享乐并不需要一种情感的努力，而只要求产生解除心理紧张的条件的能力，而幸福与快乐则是一种成就，它以一种内在的努力即生产性的努力为先决条件，它们并非源于某种生理或心理缺乏的需要的满足，也不是心理学紧张的解脱，而是在思想、感情和行动中的一切生产性活动的伴随品。这就是说，幸福并不是一般享乐主义伦理学所主张的人生的最高目标或行动的动机，对于人道主义伦理学来说，人生的目的乃在于人的自我实现。然而，由于人的自我实现必然表现为幸福和快乐，所以我们可以把它们看做道德价值的客观标准。在弗罗姆看来，幸福是人已经找到对人的存在问题之答案的表示：人的存在即是他各种潜能的生产性实现，因此它同时也是一种与这个世界同一的存在，并且保持着他的自我的完整性。①

由此可见，人道主义伦理学与享乐主义伦理学对于幸福的理解是不同的。享乐主义伦理学主张生活的目的就是快乐，它把快乐或幸福本身规定为善，而在人道主义伦理学看来，满足作为对生理条件限制的心理紧张的解除，既不善也不恶，在伦理学上是中性的。幸福不是人生之鹄的，而是"生活艺术"之部分成功或总体成功的"见证"。人道主义伦理学理直气壮地主张幸福和快乐就是其主要的美德，意指"幸福是生活艺术中完美的标准"②，这并不意味着它选择了最容易的工作，而是要求人们去做"最为艰难的人的工作，亦即充分发展人的生产性"③。

弗罗姆意图在当代西方伦理学中主观主义、相对主义和形式主义盛行的背景之下恢复客观的规范伦理学的地位，这种精神和努力的确是难能可

---

①② 参见［德］弗罗姆：《自为的人》，166 页。
③ 同上书，168 页。

贵的。实际上，近年来英美伦理学界也逐渐不满于只关注道德判断的形式研究而不顾内容及其与现实生活的关系的"元伦理学"，开始了向规范伦理学的复归。然而，弗罗姆所做的努力却未必成功，因为他所谓的道德规范是建立在抽象普遍而且是心理学生物学意义上的人性基础上的，这就使他必然面临各方面的批判。就传统伦理学而言，以康德为例，虽然他与弗罗姆一样主张道德规范源于人性本身（他称之为理性），是理性自身为自己设定的先验律令，但是康德决不会同意弗罗姆从心理学出发来说明人性，因为在他看来心理学意义上的人性总是主观的，根本不配充当"规范"的根据。就现代西方哲学而言，逻辑经验主义将会判定弗罗姆无法证明普遍的人性与客观的道德规范的存在，因为在他们看来价值与事实是两回事，应该不能从存在中推演出来；与此相反，存在哲学家可能会赞同弗罗姆对人逃避自由的异化状态的揭露和主张人立足于自身而在世的要求，但是他们决不会认可普遍的人性的存在和适用于一切人的道德规范的客观有效性。由此可见，关键问题不在于有没有道德规范，而在于它的根据和基础是什么。

的确，弗罗姆对当代资本主义社会的批判是深刻的，在他的理论中也确实包含了一些马克思主义因素。但是，由于弗罗姆力图把马克思主义同弗洛伊德主义"结合"起来，以一种精神分析理论的"人学"补充马克思主义，因而背离了马克思主义的基本原则。表面看起来，马克思同弗洛伊德都是在理性背后寻求更深刻的决定因素，然而两者的根本区别在于，马克思所说明的决定因素不是人的生物性本能，而是社会性的物质生产方式，是人的劳动和社会实践。尽管弗罗姆试图纠正弗洛伊德，一方面把非理性的生物性本能升华到理性的水平，另一方面把消极适应的心理学改造成积极反抗的哲学，但是他毕竟把所谓普遍的人性看做比人的社会性更根本的东西。弗罗姆只是在下述意义上承认社会对人的决定作用：他认为迄今为止社会一向限制人性的完善因而是不健全的。他主张不是要人去适应社会，而是要社会去符合人性。我们认为，这种把人性与社会对立起来的观点是错误的，这不过是传统哲学中有关自然人与理性人的对立的变种。马克思主义认为，人之为人就在于他的社会性，脱离了社会性的所谓抽象的人性实际上根本就不是人性，而只能是动物性而已。

事实上，弗罗姆的伦理学正是以人性与社会的对立与冲突为其基础和核心的，他主张用一种人道主义伦理学去促成一个健全的社会，以人性的自我完善为核心来设计改造社会的方案，这就使他不可避免地重蹈早已为马克思所摒弃的法国唯物主义的覆辙。我们可以说，弗罗姆的人道主义伦理学的确如其所说是在现实中尚未实现的未来社会的伦理学，它不过是向现代人又展示了另一个乌托邦理想罢了。

第五节　哈贝马斯的话语伦理学

哈贝马斯（Jürgen Habermas，1929—　）是法兰克福学派第二代的代表人物中最著名、最多产的思想家，也是当代西方公认的最重要、最著名、影响最大的思想家之一，他的话语伦理学（discourse ethics，以前译为"商谈伦理学"），是他的交往理论的进一步扩展，已经越来越受到世人的重视，被人们认为是康德式的伦理学在现代的重建。

哈贝马斯自1949年到1954年，先后在哥丁根大学、波恩大学和苏黎世大学求学，研究哲学、心理学、历史和德国文学。1956年，他与法兰克福学派第一代思想家，法兰克福大学社会研究所的真正的"精神领袖"阿道尔诺相遇，构成他一生中的关键转折点。正是在他担任阿道尔诺的助手期间（1956年—1959年），他的思想迅速趋于成熟。1961年，应伽达默尔和卡尔·洛维兹的邀请，担任海德堡大学哲学教授，1964年回到法兰克福社会研究所担任社会学教授，1971年至1983年，任新建的普朗克科学技术世界生存条件研究所所长，后重返法兰克福大学执教至今。

哈贝马斯是一个勤奋而又多产的思想家。自1961年正式担任大学教授以来，哈贝马斯相继发表了大量论著，如《大学生与政治》（1961，与他人合作），《公共领域的结构性转换》（1962），《理论与实践》（1963），《社会科学的逻辑》（1967），《认识与利益》（1968），《作为意识形态的技术与科学》（1968），《论社会科学的逻辑》（1970），《晚期资本主义的合法性问题》（1973），《论历史唯物主义的重建》（1976），《政治、艺术与宗教》（1978），《交往行为理论》（1981），《道德意识与交往行为》（1983），《现代性的哲学话语》（1985），《交往行为理论的预备性研究和补充材料》（1984），《后形而上学的思维》（1988），《对话语伦理的阐释》（1991，后以此为基本内容，加上其他论文，译为英文，书名为《证明与运用》），《事实与有效性》（1991），等等。至今已有二十多部专著、一百多篇论文问世。哈贝马斯之所以成为当代西方最有影响的思想家之一，不仅因为其论著数量之多，其论题之广，以及其论证逻辑的严谨和思想的深度，而且因为，其涉及的学科领域之跨度——他的哲学理论所论及的范围包括了历史学、语言学、大众传播学、心理学、精神分析学、法学、政治学、社会学、人类学等——是他的同时代的哲学同行们所难相比的。他在如此众多领域执笔游弋，纵横驰骋而游刃有余，犹如海纳百川而融汇打通不同学科的界限，从而建构起自己独树一帜的理论。在西方的哲学社会科学领域，他的富有成果的研究，已经引起了西方学术界关心社会哲学和政治哲学发展，以及法学和伦理学发展的人们的充分注意。西方学者认为，哈贝马斯的《交往行为理论》在80年代的影响，如同罗尔斯的《正义论》在70年代的影响一样，都是西方学术界里程碑式的划时代著作。狄特莱夫·霍尔斯特说："哈贝马斯是联邦德国思想威力最强大的哲学家。"① J. M. 伯恩斯坦说："哈贝马斯所建构的以交往理性为基础的批判的社会理论，是当代极少数真正的哲学建树之一。"② 哈贝马斯在当代西方学术界占有重要地位。

话语伦理学是哈贝马斯在伦理领域里的重要建树。而要理解话语伦理学在哈贝马斯那里的重要性，首先必须简要地介绍一下他的交往（行为）理论。哈贝马斯的交往理论是从他的普遍语用学发展而来的。语用学是现代语言学的一个分支，主要研究语言符号及其使用者之间的关系，或者说语言的功能。哈贝马斯的普遍语用学是通过语言行为来研究人们的交往活动。所谓"普遍"，是指它的适用性和有效性。哈贝马斯通过语言交往的研究，指出在语言交往的结构里，内蕴着现代社会交往的合理性。哈贝马斯交往理论的语言学特征，同时内含着他对实践话语的高度重视。在交往的意义上，话语就不是一种独白，而是交谈性的。交往离不开言语符号，言语符号的使用是有规范可循的，因此，为使他的理论进一步完善，在发表《交往行为理论》后，他便着手创立他的"话语伦理学"，将他的交往行为理论扩展为话语伦理学理论。哈贝马斯强调交往共同体中实践话语对于人们之间的交往沟通的作用，强调实践话语不是独白而是对话，话语行为本身就是交往行为，内在包括交往主体结构，人们通过话语来交往，达到理解与一致。因此，话语行为本身既是交往行为，也是伦理行为。

哈贝马斯的话语伦理学，以其交往理论作为总体的理论背景，就话语伦理学本身而言，主要在于他所提出的话语伦理学原则。

---

① Detef, Horster, Habermas Zur Einfuhrung Junius, Verlag GmbH, 1995, S. 9.
② J. M. Bernstein, Recovering Ethical Life, Routledge, New York, 1995, 扉页。

一、话语伦理学原则

任何一种规范伦理学都有一个或一些基本原则作为这一伦理学的中心，哈贝马斯的话语伦理学也不例外。哈贝马斯的话语伦理学主要是通过对其伦理原则的论证确立的。

任何规范伦理学的基本原则也可说是一种基本的规范。哈贝马斯认为，人们活动所形成的社会世界是一规范性世界，因而与行为规范有着一种内在的关联。因此，对于规范的有效性要求，必须分别地在作为交互活动主体的共同背景的社会世界和相对独立存在的规范中去寻找。在哈贝马斯看来，道德规范的社会功能和价值只有在以下两个条件中实施：一是这些规范只有在一定的社会集团或共同体中被人们接受的条件下实施，二是人们对于规范的共识是建立在理性的基础上的，建立在可以经过合理讨论而产生的对于有效性要求的合理期待中。然而这两个条件本身在一定的意义上是一个条件，即为人们合理接受的规范，是在理性共识的前提下接受的规范。正因为是理性的共识，因而必然是具有普遍性意义的规范。因此，对于话语伦理学的原则，哈贝马斯首先诉诸这种基本前提条件。他说："一种前提条件的证明总是表明，一个人在提出和考虑一定范围的问题时臣服一定的原则。这种论证的目的在于指证一定的话语前提的不可避免性，道德原则必定能从这些前提的命题内容中取得。这些论证的意义是与内蕴着实质性的规范命题的话语普遍化程度成比例的，严格地说，论证不能说是超验的，除非这些论证指向话语讨论，或相应的资质，而它们是如此地具有普遍性以至于不能为种种功能性等价物所置换；它们必须以这种方式来建构：它们只能以话语讨论或同样的资质所取代。"[1] 所谓"不是超验的"，意味着一种实践普遍性，意味着话语讨论的必要条件，或相同性质的资质不可取代。而普遍性的证明在于指证这些必要的和一般性进行论证的可能性条件。这种条件又具有一种语用学的性质，即它们不仅在于话语本身，而且具有协调行为的功能。

在这个意义上，哈贝马斯认为，作为话语伦理学得以进行的普遍必要性条件（形式规则），在实质上也就是具有普遍性的道德原则。在哈贝马斯看来，"话语就是交往的继续"。话语本身具有行为的意义并具有调节行为的功能。话语原则也就是道德原则，但两者也有区别。话语原则仅仅从语言学上看，是语言交往不得不遵循的，而不论愿不愿意；道德原则的特

---

① Jürgen Habermas, Moral Consciousness and Communicative Action, MIT. 1990, P. 83.

殊性在于，道德原则的存在一开始就与那些自愿地承认其有效性的支持者相关。或者说，凡是不能为参与活动的相关者普遍接受或认可的道德规范，都将失去有效性。很显然，哈贝马斯对话语伦理原则，不是作为纯粹语言学规则，而恰是作为伦理学规则来看待的。在伦理意义上作为达到共识与同意的先决条件和一般性要求，它是为了保证这样一个事实：一切被承认为有效的规范，必须是，也只能是，表达了普遍性的意志。用康德的语言来说，是那些能够作为普遍法则的原则或规范。

那么，怎样才能使体现普遍意志性的规则得以成立？哈贝马斯正确地看到，这种语用学的前提实质上是一种利益前提。因此，哈贝马斯的话语伦理原则的普遍性，是在理性的基础上的论证普遍性。这里，一是合理性问题，即它在实践行为意义上没有形式上的逻辑矛盾而能保持前后一致，以及非个人性和普遍性。哈贝马斯尤其强调后一点。哈贝马斯说："在力图提出这样一个道德原则时，有着不同背景的哲学家总是得出基本观念相同的原则。所有的不同的认知主义伦理学都从康德的绝对命令所包含的基本直觉中得到滋养。我在这里所指的不是康德的公式化的推论，而是康德公式的内在观念，即它们被设计得可以说明有效的普遍命令的非个人性和一般性特征。"① 康德的形式主义原则包含的道德规范和道德命令的非个人性和一般性，国内学者把它称为"理性的积淀"。应当看到，这一问题也引起了广泛的注意。二是共同利益问题。这与合理性问题又是一个问题。哈贝马斯认为，可靠的论据要放在逻辑推理的基础上，而可靠的论据是用来证明或批判规范有效性假说的，而参与论证者，除了可靠论据的力量外，没有什么力量起作用，除了共同探究真理这种动机，其他一切动机都不予考虑，因为"相互之间产生的对达到规范标准的行为期望，使毫不欺诈地确立的共同利益具有有效性。这种利益之所以是共同的，因为这种既有约束力又是自由达成的共识只允许所有人都能想望得到的东西：这种利益之所以毫无共同欺诈，是因为即使对需求的解释——通过这种解释，每一个人都必然能认识他想要的东西——也成为论述性的意志形成的对象。论述性形成的意志之所以称得上是'合理的'，是因为：讨论以及审议情境的正规性足以确保，只有借助恰当解释的可普遍化利益，才能达成一致"②。所谓可普遍化利益，哈贝马斯指的是可以通过交往而共有的需求。

---

① Jürgen Harbermas, Moral Consciousness and Communicative Action, P. 63.
② ［德］哈贝马斯：《合法性危机》，143 页，台湾版。

他认为只要论证可用来检验利益的普遍化，而不是成为貌似最高价值取向（或信仰行为或态度）的难以理解的多元论的奴仆，就可克服决定主义处理实践问题的局限性。在这里，哈贝马斯的可普遍化包含着两层含义：一种共同性的论证和程序原则（可普遍化）、一种经过论证或话语双方共同接受的共同利益（可普遍化）。应该说，后者是前者的基础，并包含在前者之中。因此，可以把形式合理或程序合理看做是利益普遍性的表征。在《道德意识与交往行为》中，哈贝马斯把它简明化为一条可普遍化原则（universalization）："一切旨在满足每个参与者的利益的规范，它的普遍遵守所产生的结果和附带效果，必定能够为所有相关者接受，这些后果对于那些知道规则的可选择的可能性的人来说，是他们所偏爱的。"① 哈贝马斯把这称为可普遍化原则（U），认为这是所有有效的规范必须满足的条件。

哈贝马斯的这一可普遍化原则，是与话语伦理学原则相关的，这条原则表述如下："一切参与者就他们能够作为一种实践话语者而言，只有这些规范是有效的：它们得到或能够得到所有相关者的赞同。"② 哈贝马斯把这称为话语伦理学原则（D）。这两条原则看上去比较明白简单，但它在哈贝马斯伦理学中的地位非同一般。这两条原则尤其是（U）原则，在哈贝马斯的理论中具有普遍意义。（D）原则是就话语讨论而言的。它的重要性则在于话语伦理本身对于哈贝马斯理论的意义。应当看到，哈贝马斯的伦理学是当代西方伦理学自从向规范伦理学回归以来，从规范伦理的立场上提出的又一引人注意的伦理理论的集中体现，是表现了哈贝马斯力图把这一当代的道德论争向前推进，并力图概括和表现一种更高形态的伦理意识，并使之获得理论的表达。这两条原则是哈贝马斯给予世人的一个简明、清楚而又具有核心性的交代。

哈贝马斯提出他的可普遍化原则和话语原则后，对其证明的第一步是把（U）原则作为实践话语中的一个规则来论证，因此，为了进一步讨论哈贝马斯的话语伦理学，我们还必须讨论他的论证。

二、实践话语的搭桥原则

在西方思想史上，自从亚里士多德以来，将日常生活的观念（例如常识，习俗，没有反思的、没有批判的习惯性观点等）与理论观念（知识、

---

① Jürgen Habermas, Moral Consciousness and Communicative Action, P. 65.

② Ibid., P. 67.

科学及反思性的理论观点等）区分开来，起着重大的作用。在哈贝马斯这里，他不仅相对区分了交往与话语讨论，而且将实践话语与理论话语作了相对区分。在哈贝马斯看来，话语（diskurs）可分为两类：一是理论话语，二是实践话语。理论话语为断言命题提供依据，达到一致是依据论证规则而形成的；实践话语则用于证明所提出的规则，和达成理解一致的行为。从理论话语的意义上看，其理论论证的有效性要求是真实性和真理性，而实践话语的有效性则在于合乎道德性或道德意义上的普遍有效性。同时，他反对认识论意义上的和道德领域里的怀疑论和独断论，而以一种理性认知主义的立场把两者内在贯通起来。

哈贝马斯认识到，不论是何种话语，都需要一种内在的规则把不同的方面沟通起来。哈贝马斯把这称为"搭桥原则"。哈贝马斯说："在理论论证中，具体观察和一般假说之间的鸿沟是由某些准则或归纳法的规则作为桥梁搭在上面而贯通的。对于实践话语而言，一种相类似的搭桥原则是需要的。因此，所有的道德论证的逻辑研究都终结于导入一种道德原则作为论证规则，这种规则具有在经验科学的讨论中的归纳原则所起的相等作用。"① 他又说："归纳原则和可普遍化原则被导入作为论证规则，惟一的目的在于没有演绎关系的逻辑空白上搭桥。"② 经验科学的理论论证是以逻辑归纳法为搭桥原则而沟通的，而实践话语则需要一种普遍化的原则。哈贝马斯认为，（U）原则是论证的前提条件，它作为论证规则使得实践话语中的一致或协同成为可能。哈贝马斯把（U）原则作为一种实施原则，强调对于共同关切的问题应在每个人同等的利益关系中得到调整。

哈贝马斯既把可普遍化原则（U）作为搭桥原则导入话语过程，同时又把可普遍化原则（U）与话语伦理学原则（D）作为一个整体构成了他的话语伦理的基本原则，这两者既有内在区别又有内在关联。这是因为，后者所确认的规范的有效性，是以一切相关的参与者，在参加实际话语的情况下，都一致地同意这些规范为基本条件的。因此，（D）原则作为话语伦理的条件，它的基本前提是规范的选择可以在理性的基础上被论证和合理地证实。而（U）原则的应用，则是为了保证道德行为中经过论辩讨论的相互同意的可能性。也就是说，只有在相互承认各有关参与者的利益的

① Jürgen Habermas, Moral Consciousness and Communicative Action, P. 63.
② Ibid., P. 79.

基础上，把规范看成是对于参与各方都具有约束力的行为准则，（D）原则作为话语讨论原则的应用才有可能。因此，从根本精神来看，（U）原则是魂灵，具有决定意义，（D）原则则保证它的实施。原则（D）作为一种话语规定性规则，使得可普遍化原则（U）的特性更加清晰。

归纳起来，哈贝马斯的话语伦理学原则，是以如下两个最基本的假说为轴心而展开的：一是规范的有效性要求，这种规范的有效性本身是可能认知和论证的，因而具有认识论的意义。二是为了在理性的基础上确立有效的道德规范和道德命令，必须进行必要的商谈和讨论，容许一切参与者发表各种不同意见，考虑到一切参与者的利益。因此，一切规范若是有效的，就必定是在理性的基础上确立的和实施的，而不可能是在单方面的权威或命令的前提下，或只在孤独的主体内部的纯粹思维的领域里完成。哈贝马斯指出："我所公式化的（U），排除了对于这个原则的独白式的运用。第一，（U）调节只是有着多个参与者的论证，第二，它意味着真正生活论证的视野，在这里，所有相关者都被认可为参与者。"① 在这样的前提下，它才对一切参与者是公正的，而且是经得起论证和驳难的。同时，一切有关的参与者都必须在实际的话语过程中，遵循相互尊重的原则，遵循在话语讨论中共同确认的协同性规范或对于大家而言公正的原则。在这个意义上，哈贝马斯把他的普遍性原则与罗尔斯所提出的正义原则从特性上区分开来。

罗尔斯为了确保公正地考虑所有参与者的利益，而把道德判断放在虚构的"原初位置"（original position）上。罗尔斯为了确立他的正义观，而假设了一种相当于传统契约论的自然状态的原初状态。罗尔斯假设，在这样一种状态里，没有一个人知道他在社会中的地位，——无论是阶级地位还是社会出身，也没有人知道他在先天的资质、能力、智力、体力等方面的运气。罗尔斯说："我甚至假定各方并不知道他们特定的善的观念或他们的特殊的心理倾向。正义的原则是在一种无知之幕（veil of ignorance）后被选择的。这可以保证任何人在原则的选择中都不会因自然的机遇或社会环境中的偶然因素得益或受害。由于所有人的处境是相似的，无人能够设计有利于他的特殊情况的原则，正义的原则是一种公平的协议或契约的结果。"② 这种"无知之幕"中的人虽然没有关于自己的特殊知识，但他

---

① Jürgen Habermas, Moral Consciousness and Communicative Action, P. 66.

② ［美］罗尔斯：《正义论》，10 页。

是一个有理性的人和有着一般社会道德资质的人。罗尔斯声言，这种构想是纯粹假设，也就是说，这在历史上不曾出现也不会出现，将来也不会创造出这样一种状态，而他这样做，仅是确立一个分析的基点。也就是说，消除了人的身份、出身、收入、经济地位及智能水平等各方面的差别和束缚的自由平等的人。应当看到，罗尔斯的这个"无知之幕"的假设，是以一种理论抽象的水平反映了近代以来的资产阶级的基本观念：自由、平等。他正是从这种自由平等的抽象观念出发来建构他的正义原则的。然而，哈贝马斯指出，罗尔斯的正义论的这个出发点，在哲学立场上，如同康德一样，并没有超出单主体性的视野，即"每一个人是在他自己的立场上论证基本原则的合理性的，对于道德哲学家自己也是如此。因此，正是这种逻辑，罗尔斯把他的研究的实质部分（即平均福利原则），不是看做参与论证一种推论过程的产物——这种推论涉及考虑晚期资本主义的基本制度，而是看做一种'正义理论'的结果，而他则是作为这种正义理论的建构的够格的专家"①。也就是说，由于参与者不知道自己的任何特殊背景知识和存在性构成知识，因而人们才能得出一种罗尔斯那样的"公平的正义"观。换言之，个人只有从这种"无知之幕"的状态出发，才可从理性上达成一种平等的正义观。罗尔斯自己也是从自己的立场出发的，而不是考虑正义在于一种交互主体性意义的普遍论证前提。哈贝马斯从交往主体的视野出发，鲜明地指出了罗尔斯理论的"自由个人主义"的本质特征。在哈贝马斯看来，正是这种主体中心（第一人称单数）的视野，使得罗尔斯不得不求助于虚构的原初状态来摆脱现代正义理论在逻辑起点上所面临的困境。然而，这并不意味着解决了问题。哈贝马斯说："如果我们把协调功能的行为牢记在心，即规范有效性的要求在日常生活的交往实践中所起的作用，我们就能看到，在道德论证中应当解决的问题不能独白似地处理，而需要一种合作性努力。"② 正是在这个问题上，哈贝马斯把自己与罗尔斯区别开来。在哈贝马斯看来，可普遍化原则（U）作为话语规则，它所体现的要求就是对于所有参与者的利益关切，是一种"所有他者的视野"。

在哈贝马斯看来，话语是交往的继续，之所以是继续，因为"话语象征着某种交互活动的规范背景的破损"③。而"进入一种道德论证的过程，

---

① Jürgen Habermas, Moral Consciousness and Communicative Action, P. 66.

② Ibid., PP. 66~67.

③ Thomas McCarthy, Thc Critical Theory of Jürgen Habermas, MIT, 1978, P. 291.

参与者以一种反思的态度继续他们的交往活动，其目的在于恢复被破坏了的一致（协同）"①。可是话语得以有结果，行为冲突得以通过道德论证而解决，还需要一种中介性的工具，这就是交互主体共同认可的基本话语论证的前提条件。在哈贝马斯看来，这就是可普遍化原则（U）和话语伦理原则（D）。通过话语对话，"修复一种被扰乱了的协同意味着二者之一：或是在一种有效性主张变得有争议之后，重新恢复对它的交互主体性的认可，或是确立替代旧规范的新规范的交互主体性的认可。这种一致（赞同）表达了一个共同意志"②。然而，哈贝马斯认为，仅仅是达到这样一种一致，还并不足以使个人反思到他是否足以同意一种规范，同时也没有把原则（U）和原则（D）所包含的实质性内容提示出来。这里所需要的是一种真正的论证过程，在这种过程中，相关的个人能够合作。"只有达到理解的交互主体的过程能产生一种具有反思性的协议，只有它能给参与者这样的认识：他们集体性地确信了某种事情。"哈贝马斯在这里所强调的，不仅在于交互主体性的对于规范的认可，更在于一种相互理解或者是对于相互尊重和利益关切的考虑。正是在这种前提条件下，哈贝马斯赞同麦克卡斯（Thomas McCarthy）在《哈贝马斯的批判理论》中对于他的这一思想的表述。麦克卡斯说："对于我愿意作为一条普遍法则的任何准则，不是把有效性归于任何他人，而是我必须递交我的准则给任何他人，其目的在于推论性地检验它的普遍性主张。这强调的是，从每个人不相矛盾地所意愿的就是普遍法则，到所有人都能一致地意愿其是一种普遍法则的转换。"③ 值得注意的是，这里从"每一个人"到"所有人"这一伦理基点的转换。就是说，康德的绝对命令需要以此公式来重新表述。

在话语伦理学中，（U）原则和交互主体性条件，两者是不即不离的关系。在这个意义上，哈贝马斯为了捍卫自己的观点，用了相当的篇幅来反驳德国当代道德语言学家图根哈特（Tugendhat）的论点。

图根哈特首先从语言学角度，把确定语言表达意义的语意（义）学规则与确立说者与听者如何交往性使用的语用学规则进行区分，除了进行交往使用的语句，都是没有语用学的前提条件而独白性地使用。图根哈特追

---

①② Jürgen Habermas, Moral Consciousness and Communicative Action, P. 67.
③ Thomas McCarthy, The Critical Theory of Jürgen Habermas, MIT, P. 326.

随弗雷格①的语言学传统，认为语句的真实性是语义学的问题。根据这个观点，语句的证明，是一个独白似的问题。不论是否一个人能把一种属性归于一个客体，一个有能力的主体自己能够依据语义学规则来决定。因此，不需要交互主体性的论证，尽管也许我们事实上需要这种合作性的论证，如几个人交换论证。对于一种规范的语用学的论证而言，虽然图根哈特也看到了它的交互主体性，但是，从根本上看，他认为这是一个意志过程而不是一种论证过程。正因为如此，哈贝马斯感到不得不为之驳难。

首先，哈贝马斯认为，图根哈特语义学的假设本身，就是成问题的。他指出，认为概念的语义学的真值直接来自于那指向一种事物的语言属性描述的分析，或者认为一种描述是否有效性的争端的解决惟独依据语义学规则，这种认识是不恰当的，它与科学思想的发展史不合。这是因为，事实描述的真值问题与科学思想的历史内涵内在相关。

其次，哈贝马斯着重分析了解决规范有效性问题需要实践商谈话语的问题，即图根哈特所说的"一个群体的共同意图问题"。图根哈特认为，他们需要相互说服，为了对于每一个人都同样好，而采取一种共同的行动作出共同性的决定。然而，在图根哈特看来，这基本上不是一个认知过程，因为意图句是依据语义学规则独白似地证明其合理的，一种交互主体性的论证过程只是在建立一种集体行动模式方面是必须的。就是在这样的情况下，这种论证也不得不使每个相关者确信，他们有机会自由地表示自己的意见。根据这种观点，论证被设计得不是判断的公正，而是为了使不受影响（不受强制）或意志的自主（自律）成为可能。图根哈特认为，正

---

① 弗雷格（Gottlob Frege，1848—1925），德国哲学家，现代语言哲学的开创者之一。弗雷格认为，语言具有两种基本功能，一是表达功能，二是指称功能。语言总是有所指的，或判断命题的真假。但有时语言没有指称，即不关心所指的对象是否存在，命题是否为真，只有涵义，因为人们可理解它的意思。他认为，符号、名称、词组、短语、凡指称一个单一对象的表达式，都是专名。而专名的指称都具有约定性。即语词有所指可能看做是一种假定，大家同意，就获得了一种意义标准。弗雷格认为，句子是用以表达命题的，而语句的指称是真实性（真值），句子（命题）的涵义构成了它的真值条件。因而语句的真实性问题，是一个语义学的问题。弗雷格的语言学的问题在于，他不是从语句所指称的对象而仅从语句涵义来看待真值问题。同时，弗雷格的语言学仅是一种语义学，而不是一种语用学，因此，弗雷格的语言学所研究的是一种独白似的语言或语言逻辑问题。当然，弗雷格早期提出的"语境"问题（词在不同的句子中有不同的意义），强调了词的关联意义，为后来的日常语言学派所坚持。关于哈贝马斯对图根哈特的批驳，我们在这里再看看阿佩尔对元伦理学的意见，也许可以相互印证。阿佩尔说："一个自诩为价值中立的科学的客观描述性元伦理学，如何能获得那种用以决定道德上的语言用法的标准？因为，这样的标准明明不可能从语言的可客观描述的语法结构那里推导出来。"（［德］阿佩尔：《哲学的改造》，268 页，上海，上海译文出版社，1994）

是每个人的意志自律（自主），才需要有个协议，因此，交往不是像哈贝马斯所说的那样，是一个道德推理过程，而是一个意志决断的问题。因此，这不是一个理性行为，而是一个意志行动，一个集体性的选择。因此，我们面对的不是证明问题，而是有威势（in power）的参与者的问题，正是这些人能够制作允许什么或不允许什么的决定。

图根哈特提出的问题在根本上是与哈贝马斯的论点对立的。这就是，在图根哈特那里，即使是交往性活动，最后所诉诸的仍是一种个体的意志，而不是交互主体在理性的前提下所达成的具有普遍性意义（反映共同利益）的协议。即使是要达到对大家都好的结果，也最终依靠个人意志的选择与力量的平衡，而不是认知。

哈贝马斯指出，第一，公正（impartiality）问题作为一个认知问题，不可能被还原到一种力量的平衡。判断的公正不可能为自律自主的意志所取代。公正需要判断，或者说，判断的公正是建立在判断基础上的。有判断必然就有认识，它是意志本身不可取代的。因此，公正的判断和反映普遍利益的同意或协议，即交往中的交互主体性不可能为单主体性所取代。

再次，图根哈特把一种有着合理动机的通过理性达成的协同（一致）与谈判中的公平妥协的必要条件相混淆。前者在于参与者认识到了共同利益之所在，而后者则在于假定对于可普遍化的利益不至于引起争议。在一种实践性推论中，参与者要力图弄清一种共同利益之所在，而在一种谈判中，力图达到的妥协是相互冲突的特殊利益的平衡。哈贝马斯认为，就是妥协也具有严格的条件，必须看到，一种公正的平衡只有当所有参与者都有平等权利才有可能，而那些妥协的原则同时还需要实践话语来论证。

最后，我们对于规范命令，说"是"或"不"，是表达了比任意的意志更多的东西。由于图根哈特把有效性要求与权力要求相合并，因而就阻断了他自己力图区分合理的或不合理的规范的理由。他把可以由赞成者和反对者合理争议的规范有效性问题和实际上剥夺了自律意义的规范的社会实施问题混在一起，也就导致了一种杜克海姆所警告的"发生性谬误"，即把规范的义务特征还原为面对权力命令或权力制裁时的听随者的服从。从社会道德现象来看，这一问题自从社会权力对于人类社会组织具有支配意义以来就存在。在人类阶级利益对立冲突的历史时期，权威规范与道德规范的重合与冲突，是一个非常复杂的问题。康德把命令的有效性看成是一个可普遍化的问题。因此，有效性概念的内涵就不等于被迫服从。违反一种规范而受到惩罚，是因为由于它有道德权威性因而其规范要求是有效的，但是，如果一种规范只是与迫使服从性制裁相关，它就不享有有效性。

哈贝马斯认为，有效性的可普遍化的问题，实际上是一个普遍意志的权威问题。也就是说，规范有效性所表达的实际上是一个所有参与者共享的普遍意志的权威，这样一种意志，剥夺了它的命令的性质，而呈现一种道德的性质。这种意志体现的是一种普遍利益，它是可以通过话语而找到的，也就是说，我们可以通过我们作为参与者的视野来认知性地把握它。因此，在哈贝马斯看来，一个合理的社会是与普遍的话语对话分不开的。所以我们不可以跟随图根哈特，而必须回到话语讨论的可普遍化问题上来。

三、话语原则的三层次内涵

在哈贝马斯看来，任何言谈论证，只要可能，都隐含着一般性话语论证的可普遍化原则（U）作为内在的前提，或者说，（U）原则作为一种论证原则，可以作为一般性话语论证的隐含前提。这种普遍性必要性前提，就话语本身而言，是言谈讨论中相互沟通、相互理解而达成一致的基础，从参与者方面看，也是他们能够认识到的、或通过商谈讨论而可能确立的共识。

为了深化对论证的普遍性前提的认识，哈贝马斯从论证所需要的不同的层次上展开这一讨论。

哈贝马斯诉诸亚里士多德的经典逻辑原则，将一般论证的前提分为三个层次：一是论证产生形成的逻辑层次，二是程序的辩证层次，三是过程的修辞性层次。对于这样三个层次的要求，哈贝马斯援引 R. 阿列克西（Alexy）在《关于实践话语理论》中提出的要求予以说明。

首先，哈贝马斯赞同阿列克西在逻辑层次提出的三点要求：

（1.1）没有一个言说者能与他自己相矛盾。

（1.2）每一个把述词 F 用到客体 A 上的言说者，必须准备在相类似的方面把 F 用到任何其他相似于 A 的客体上。

（1.3）不同的对话参与者，不应以不同的意义来使用同一个表述。

在这个层次上的论证的前提条件，是一种逻辑的和语义学的要求，而没有伦理学的意义。但逻辑的要求是最基本的要求和最低层次的要求，没有这一层次的要求，一般的商谈论证（也就是在这一层次的交往）就不可能进行。这里涉及逻辑学与伦理学的关系问题。阿佩尔在这方面的有关思想值得在这里谈到。阿佩尔认为，就纯逻辑的意义而言，逻辑关于规范上正确使用语言符号及思维的理论，可以说是一种在道德上无价值倾向的技术。但是，逻辑的使用则有一种在先性的假定，即逻辑的运用以一种人类的交往共同体的存在为前提。阿佩尔说："如果没有在原则上先行假定进行主体间沟通并达成共识的思想家共同体，那论辩的逻辑有效性就不可能得到检验。即使实际上孤独的思想家个体，也只有当他能够在'灵魂'与'他自身'所作的批判性'会话'（柏拉图）中把一个潜在的论辩共同体的对话内在化时，才能阐明和检验他的论辩。这就表明，孤独思想的有效性原则上依赖于现实的论辩共同体对语言陈述的辩护。"① 而这种论辩共同体的先在性，就决定了伦理条件的先在性。因此，逻辑运用的条件以社会伦理的条件为前提。在这个意义上，我们也可以看出交往和言谈论辩的普遍性需要，正如维特根斯坦所说："不可能只有在一个场合一个人遵从了一条规则。"② 单个个体不存在规则遵守的问题，规则问题总是与一定的人类共同体相关的，也没有合乎逻辑地论辩发生的可能。

其次，在程序层次上，阿列克西提出了两点要求：

（2.1）所有参与对话的讨论者，只能肯定他真正相信的事情。

（2.2）任何一个对话参与者，如果执著于争论不在讨论范围的命题或规范，就必须提出正当理由。

对程序（procedural）层次，哈贝马斯认为，我们可以看到相互理解的因素，论证作为达到理解的过程，是以这种方式来规范的："赞成者和反对者采取一种假设性的态度，以及解除了对于行为和经验的压力，而来检验已经变得成问题的有效性要求。"③ 换言之，对话参与者可以以某种假设性的态度，在不考虑实际行为和实际经验束缚的条件下，对于需要讨论的问题，进行探讨性的论证。哈贝马斯认为这是"具有语用学前提的一种特殊形式的交互活动"，即各方用于对一种真理性问题的探讨的任何东西，都是以各方既真诚协调合作，同时又承认必要的竞争为前提。通过这种竞争合作，即通过一种理解的过程，而达到一种相互接受的结果。这种在话语中达到理解的前提和相互承认的前提，对于参与对话的各方都有着共同的约束力。哈贝马斯认为，在这样一种前提条件（一种较好论证所需的不受约束的竞争性前提条件）的基础上，把话语与确立交互主体性的行为理论联系起来，也就意味着一种与传统伦理学相匹敌的新型的话语伦理学。

---

① ［德］阿佩尔：《哲学的改造》，301～302 页。

② ［奥］维特根斯坦：《哲学研究》，109 页，北京，三联书店，1992。

③ Jürgen Habermas, Moral Consciousness and Communicative Action, P. 87.

最后，对过程（process）层次，哈贝马斯把言谈话语或论证话语就看成是一个交往过程，从过程意义上探讨论证前提与伦理学的内在关联。哈贝马斯依据达到一种合理的一致这样的目的，来把论证话语看成是一个"必须满足未必可能条件"①的交往过程。哈贝马斯把论证性话语条件看成是免于压制和不平等的话语环境结构："它本身代表了一种接近理想条件的交往形式。这就是我曾在某处把论证前提看做是一种理想的话语环境的确定性特征的原因。"② 哈贝马斯又把这种近似理想的话语环境看成是"一般对称性条件"，即所有参与者都把这种论证前提看成是已经具备的。我们注意到哈贝马斯在这里已经把原则（U）看成是一种理想性的话语条件。

对这里，哈贝马斯将图根哈特混淆了的论证的一般有效性条件与权力制裁的有效性区分开来，同时糅合了美国社会学家米德以及阿佩尔的交往共同体的思想。正如康德从"理性事实"推演出"世界公民社会"的概念，阿佩尔把"理性事实"理解为交往共同体的先天性条件，哈贝马斯认为普遍性原则（U）内蕴着一个理想的交往共同体。在这个方面，我们可以看出哈贝马斯所受到的米德的影响。米德说："正是一种包括任何有理性的存在者的社会秩序，这种有理性者是或也许是以任何方式为思考所对应的环境所隐含。这种话语（论辩）的普遍性确立了一个不是在实质性事物意义上而是在方法意义上的理想的世界，它的主张是，涉及冲突中的所有的行为条件和所有价值，必须在抽象层次从相互冲突的确定的习惯方式和相互冲突利益的角度给予说明。这表明，一个人除非把他自己看做是一个更广大的理性存在者的社会共同体的一个成员，他就不能作为一个社会中的合理性的成员而行动。'"哈贝马斯在谈到米德的理想交往共同体的观念时说："我们在评判一种道德上重要的行为冲突时，必须考虑到，一切参与者如果对一切涉及利益采取公正的考虑的道德态度，那么，一切参与者将会在什么样的普遍利益基础上联合起来。"③

我们看到，哈贝马斯和米德所谈论的理想的交往共同体实际上都是从康德的"理性事实"前提出发的"抽象"的理性层次的共同体，或一种程序理性条件。哈贝马斯指出，米德的理想论辩或话语共同体包含着"两个空想性草案"④，一是有关道德实践的，二是有关交往主体的资质的。或者说，从交互主体的内涵而言，包含着普遍化方面和特殊性方面。一方面，

---

①② Jürgen Habermas, Moral Consciousness and Communicative Action, P. 88.

③④ Jürgen Habermas, Theorie des kommunikativen Handelns, Bd, 2, 144f., S148.

理性的能力使交互主体能够在一种普遍主义的关系范围内确立方向；另一方面，一种发展起来的主体性能够与其他行动主体同样自主地运用自主决定和自我实现的力量。因此，自我同一性不仅是自我实现，也是自我规定。而一种能够在独立自主的行动基础上促成自我实现的自我同一性，是与理想的交互共同体相适应的。这种同一性保证了个体的生活历史能够延续下去的能力，同时也起着建构社会共同体的作用。在这里，我们应当注意到哈贝马斯把它看成是"空想性"的。因为在哈贝马斯看来，无论是就个体而言还是就共同体而言，都还是停留在一种抽象理论层次。

然而，阿佩尔则认为，这种理想的共同体和社会实际存在的共同体是交织在一起的。阿佩尔说："任何一个论辩者总是已经先行假定了两样东西：一是某个实在的交往共同体，论辩者本身已经通过社会化过程而成为其中的一员，二是理想的交往共同体，它原则上能够适当地理解论辩者的论据和意义并明确地判断这些论据的真理性。但是情境的奇特和辩证性在于，论辩者在某种意义上把理想共同体先行限定在实在的共同体中了，也即把理想共同体先行假定为实在社会的实在可能性了；尽管论辩者知道，（在大多数情况下）包括他本人在内的实在共同体远未达到理想共同体的水平。可是，根据先验结构，论辩除了正视这一既是绝望的又是充满希望的情境之外，就别无选择了。"① 阿佩尔认为，人们先验地存在着或遇到这样的矛盾，这不是形式逻辑的矛盾，而是社会历史的矛盾，因而"只能指望通过理想交往共同体在实在共同体中的历史性实现，来解决这一矛盾"②。也就是说，理想的交往共同体不是"事实"（经验事实）而是康德意义上的"理性事实"，他们指望它能够在历史运动中实现，但他们也冷峻地看到还不具备现实的可能性，因而仍具有"空想性"。

具体来说，这理想的交往共同体条件是什么呢？哈贝马斯说："就一定的形式描述的特征而言，在论证中的参与者不可避免的前提条件是，交往结构除了较好论证的压力外，排除了所有内在的或外在的压制，除了合作性的对真理的追求的动机外，中性化了所有动机。"③ 接着，哈贝马斯把阿列克西遵循他的分析而提出的这一层次的商谈论辩规则列出如下：

（3.1）每一个有着言说和行动能力的主体都应允许加入话语中。

（3.2）任何人都应允许在话语中畅所欲言。

① ［德］阿佩尔：《哲学的改造》，335～336 页。
② 同上书，337 页。
③ Jürgen Habermas, Moral Consciousness and Communicative Action, PP. 88～89.

（3.3）任何人都应允许表达他的态度、欲望和需要。

哈贝马斯指出，规则（3.1）界定了潜在的参与者，所有有资质的主体概无例外。规则（3.2）确保所有的参与者都有平等的机会对论证作出贡献和提出他自己的论证。规则（3.3）确立普遍进入和平等参与的权利的条件，这种条件能为所有参与者平等地享有，而没有压制的可能，即使是这种压制是如此微妙和隐蔽也没有可能。①

哈贝马斯说，他这些考虑是有着远比说明一种理想的交往形式更多的东西，这些规则不仅是话语交谈的惯例，宁可说，它们是不可避免的前提条件。② 哈贝马斯这样说有没有现实社会的原型？也就是说，他又为何不把它看成是纯理想性的？我们认为有。这就是现代经济市场活动中的真正的"商谈"。市场经济活动中的主体（不论是法人还是自然人），在市场健全的条件下，都是作为有着平等独立身份的主体（即不论拥有资产的多少，或社会性地位的高低），而拥有不可剥夺的发言权（作为法人或法人代理）进入商谈话语活动的。如果一方有着强制另一方的意向，那就意味着商谈的破裂。在一定的意义上，这就是哈贝马斯的理想的交往共同体的原型。当然，就是市场经济活动中的商谈也有不同的形态，虽然外在或内在的强制没有可能，但占有信息材料的充分程度却有着决定的意义。这就是哈贝马斯所注意到的是否可以用"谎言来使人信服的"问题。当然，哈贝马斯所注意到的是在逻辑上的不可能③，但他没有注意到经验事实上的可能。

这里必然引出另一个问题，就是既然在商谈经济活动中大量存在（可以说是普遍存在）这种原型，为什么他一再说这是一种理想性的交往共同体？我们必须看到他是从"理性事实"出发，即他是沿着康德的路线，从一种理性的层次来进入问题。而从理性的普遍意义来看，它无疑具有一定的抽象性和理想性，因而无疑又具有远比市场经济活动中的商谈话语更大的涵盖性和普遍性。同时要看到，经济商谈并不等同于理想的交往共同体，任何具体的商谈话语都受到现实条件的限制（这个问题以下再展开）。理想态仅是现实原型中的普遍性因素的理论抽象。

再从这一层次的规则本身来看。这三条规则所强调的根本点是参与的

————————

　①② Jürgen Habermas, Moral Consciousness and Communicative Action, P. 89.

　③ 哈贝马斯认为，"使用谎言，我最终使 H 确信 P"这一语句有内在矛盾，因为它隐含着 H 在不允许确信的条件下形成了他的信念。这种条件与语用学的前提条件（例如规则（2.1）），是不相容的。（Moral Consciousness and Communicative Action, MIT, P. 90.）

平等性，而其潜在的前提就是交互主体性，或者说，有着同等的人格和交互资质的复数主体。在这里，哈贝马斯既强调了话语前提和展开条件的平等性，同时又内蕴着主体的交互性和相互作用的可能。因此，哈贝马斯与罗尔斯既有区别也有相同之处。也就是说，他们在考虑进入相互关系时，都把主体放在平等的地位上。与罗尔斯通过"反思的平衡"而达到正义原则不同，哈贝马斯诉诸相互的对话。我们可能会问，这样没有任何至上权威的一律平等的参与者组成的话语，在前提上不是类似霍布斯的"自然状态"吗？或者是正如麦金太尔所言的那种论辩必然没完没了的情况吗？我们知道，霍布斯对于那种自然权利平等而没有权威因而必然导致冲突混乱的状态，所注入的就是社会权力。然而，在现代经济商谈中，恰恰是在排除外在权威介入的前提下才能在平等的基础上达成一致（协议）。正是在这种普遍话语的原型——经济商谈中，我们看到了哈贝马斯所说的普遍利益原则或对于每个主体同等好的可普遍化原则（U）作为"搭桥原则"的作用。也就是说，在那种没有演绎关系的实践论证中，可普遍化原则（U）起着经验科学中的归纳规则的作用。或者说，如果没有搭桥原则或搭桥原则不能生效，有着不同利益追求的各方必然不可能达成一致，而只能处在冲突之中。当然，搭桥作用可能生效的前提，即避免霍布斯难题的前提，还在于各方进入了后习俗阶段、从道德资质上具有了主体性前提。也正因为进入话语的各方的利益的需要，或有着在共同利益上达成一致的可能性前提，话语也就不可能陷入麦金太尔所说的那种不可通约性争论的"没完没了"。

然而，哈贝马斯也提醒我们，不要把规则（3.1）至（3.3）看成是所有的实际商谈话语都必须满足的条件。在许多情况中实际并非如此，往往只能说是近似的符合。把这一层次的规则错误地看成是实际商谈话语中必须满足的条件的原因，在于"规则"这一概念的含糊性。英国法学家米尔恩曾把规则分为两类，即构成性规则和调控性规则。[①] 一般而言，棋艺规则可说是构成性规则。没有规则就没有下棋的活动。调控性规则运用的前提是它所相对应的活动的先在性，如道德领域里的承诺制。哈贝马斯近似地作了这样的区分，他也认为棋艺规则是构成性的，对它的违反就是错误，而话语规则（3.1）至（3.3）则不同，它是话语活动参与者近似地实现的论证条件，因而可以不考虑这些假定条件是否有反证。但是，必须要

---

① A. J. Milne, Human Right and Human Diversity, Macmillan, 1986, 1.1, 1.2.

有一定的社会条件，使得这些话语规则可以近似地实现。正是在这一点上，哈贝马斯从理论层次回到了实践层次。哈贝马斯指出："话语是在具体的社会背景条件中，受到时间空间的限制。它们的参与者不是康德式的理智性人物，而是除了追求真理的动机外，还为各种动机所推动的实际的人。论题、相关意见不得不组织，讨论的开始、暂停和再开始不得不安排。由于所有这些因素，需要制度性的设施来充分满足中性化的经验性的限制因素，以避免外在的和内在的干涉，使得理想性的条件总是已经作为论证（论辩）参与者的先决条件而至少能够是近似地充分具有。"①

最后，需要指出的是，哈贝马斯是基本赞同阿佩尔从超验的语用学讨论得出的对于理想交往共同体的看法的，但他不同意把基于超验的语用学的论证看做是一种终极性论证。哈贝马斯不同意阿佩尔把普遍化原则看成是"终极原则"或"最后原则"，认为普遍化原则只是一种协调性行动的前提，可普遍化的规则只是一种论证讨论规则。他所要指出的是，论证的语用学规则是不可避免的和有着规范性的内容，以及对于规范内容的明确陈述等。哈贝马斯始终把合理实现相互协调的相互理解看做是惟一的前提。因此，哈贝马斯一再强调可普遍化原则（U）以及话语伦理原则（D）是一种形式原则。"它与所有的实质性的法律和道德原则不是不相容的。但它并没有预先判断实质性的规则，仅是作为一条论证规则而已。所有论证内容，不管所涉及的基本的行为规范是什么，必须使其取决于话语（或以话语指导来替代规范）。"② 在实践意义上，哈贝马斯把话语原则仅仅看成是一种形式原则。然而，当所有讨论对象进入话语，那就意味着受到话语的形式和结果的影响。哈贝马斯把所有的道德论争都看成是实践话语的内容，因此认为罗尔斯作为一个理论专家，他所提出的正义理论，只是对于公民中的正义话语贡献了一份专家意见而已。也就是说，虽然话语原则只是形式规则，但在道德实践中，一切又都要经过话语论辩。正如维特根斯坦所说，单个主体没有规则问题，任何道德原则，总是涉及交互主体的交互活动。通过话语，人们才能在相互间确立或恢复共同遵循的道德规范。因此，对于哈贝马斯的话语形式原则既容纳多元性价值前提，同时又诉诸论辩共同体的参与者的共同利益或普遍利益，而力图在这样一个前提上统一或一致起来。

---

① Jürgen Habermas, Moral Consciousness and Communicative Action, P. 92.

② Ibid., P. 94.

从社会现实意义上看，对于哈贝马斯的这一论点，应从两个方面看。我们知道，哈贝马斯把话语论辩作为一种交往活动，是要在合理的前提下确立规范的有效性问题，以及通过话语沟通达成符合参与者的普遍利益的一致性（协议）。后者也是一个建构一种合理有效的规范问题。实现其目标的根本前提就是（U）原则所体现的程序公正。反过来说，如果没有一种反映或合理保障论辩主体的普遍利益的程序正义，在话语阶段（话语阶段已经把规范问题化）的规范有效性就成为问题。然而，理想的话语前提仅仅是一种理论假设。在晚期资本主义阶段尤其如此。这是因为，在自由资本主义社会，"占统治地位的是意识形态形式的辩护"，这种辩护一方面"是要证明规范系统的有效性假说的合法性，另一方面避免验证论述的有效性假说。这种意识形态的具体成果是以不引人注目的方式压制沟通（交往）"①。它采取的则是"压制普遍化利益的模式"②。而"只要一出现意见分歧，就会在当时流行的解释系统范畴内认识到压制普遍化利益的'不公正'。通常，对利益冲突这种意识足以推动侧重利益的行为来替代侧重价值观的行为。于是，在与政治有关的行为领域中，交往行为方式便让位于那样一种行为方式，争夺稀有物品的竞争为那种行为方式提供了特定模式，即策略性行为。这种需求就取消合法性和产生冲突而言变成主观的需求，并且可能使其脱离传统所维护的共同享有的价值的具体成果"③。因此，对于哈贝马斯的理想性话语的前提条件即原则（U），不得不看到它的空想性和改良性。他不像罗尔斯那样，诉诸一种抽象的前提，从而一开始就对于资本主义的社会现实有着批判意义，哈贝马斯恰恰以承认多元利益主体的不平等性为前提，只是寄希望于理想的话语条件，强调在这种先决条件前提下所达到的社会共识。应当看到，这种形式平等实际上并没有否定社会实质性的不平等。哈贝马斯认为在没有压制的社会前提下普遍的话语可能达到对于社会普遍利益的共识，然而，这种通过论辩话语所达到的对于普遍利益的认识的依据又是什么？应当看到，这种程序正义原则并没有说明。正如拉弗尔（Stanley Raffel）所指出的，哈贝马斯的这种一致论的道义论或者说正义论，一个最根本的问题就是忽略了传统伦理学的"应得"（deserve）的概念。④ 这个批评值得我们深思。"应得"是亚里士多德的正义观的一个基本内涵，亚里士多德强调根据各人对共同体的贡献的真

---

① ② ［德］哈贝马斯：《合法性危机》，152 页，台湾版。

③ 同上书，153 页。

④ Stanley Raffel, Habermas, Lyotard and the Concept of Justice, Macmillan, 1992, PP. 6 ~ 7.

价值进行的比值平等（或者说比例平等）的分配正义。哈贝马斯强调他的正义原则不涉及内容，认为有了一定的论辩前提才可以达到一定的共识，而忽视正义原则的实质条件。如果从维护哈贝马斯的立场上看，就是说，如果有了实质性正义原则而没有一定的认知条件，正义原则也是难于实现的，换言之，只有在没有压制的体现原则（U）的论辩条件下才可使人们达成对于真正普遍利益的共识；然而，从相反的方面来看，也可以说，如果仅有论辩的程序原则而没有实质性正义原则或者是对于实质性原则没有正确认识，正义本身就具有一定的虚假性。因此，实际可能的情形在于这两者的合题。这本身就是一个如何运用的问题。

四、话语伦理学原则的应用

话语伦理学的普遍性原则提出以后，在西方学术界所遇到的一个反应就是，它如何能够应用？或者说，它被人断定为无从应用（alleged inapplicability）。我们在前面的讨论中也指出，哈贝马斯自己也认为它具有一种理想性。但哈贝马斯并不因此而认为没有现实应用的可能。因此，继《道德意识与交往行为》后，为了回应这种驳难以及一些需要进一步阐明的问题，哈贝马斯发表了另一部有关话语伦理学的著作：《对话语伦理学的阐释》。应当看到，《证明与应用》中的思想与《道德意识与交往行为》中的思想是一个整体，所以我们的讨论并没有把它单独分离开来。

哈贝马斯认为，对于普遍性规范（原则）的论证或证明与应用，是两个层次的问题。认为原则（U）没有解决在具体的环境条件下恰当的行为方式是什么的问题，是误解了普遍原则的作用。原则（U）恰当地证明了话语的合理性，在这种话语行为中，我们检验普遍性的戒律（禁令或允许）的有效性。当然，话语原则作为一种程序原则，由于它所考虑的是所有参与者的利益，因而也可说是一种公正原则。但是，作为论证公正原则不可能取代依据有效性原则的具体行动的判断问题。"在特定的环境下做正当的事"，不可能为一个单一的证明过程所决定。

在这个意义上，哈贝马斯从一般规范的有效性提出了自己的观点。哈贝马斯认为，规范有效性一般可从抽象意义和规定具体行为两个方面来看。在抽象意义上，也就是康德所说的那种普遍立法性或哈贝马斯所说的所有潜在的受影响者都合理地赞同，以及在总体上可能的情况下，能得到应用。在这方面，当代德国哲学家盖茨（Klaus Gunther）作了详尽的研究，哈贝马斯给予了充分肯定。盖茨是这样提出问题的："难道不应该认为，对于每一个商谈参与者而言，一个规范的有效性意味着他考虑了在所有的那种情形（situation）中对于它的遵守，即在这种情形中，一个规范的应用是恰当的？"① 因此，这种公正的观念，既有着它的确定意义，同时又"要求参照所有恰当应用的情形，说明一个规范在那些所有可能受影响者中的合理接受"②。盖茨公式化了这种双重的要求："一个规范是有效的和恰当的，只要在每一种具体情形下对于每一人的利益而言，它的一般遵守的后果和附带效果能被所有人接受。"③ 对于规范的应用，哈贝马斯同意盖茨的分析，应当是双重原则：有效性原则和恰当性（Angemessenheit）原则。哈贝马斯认为，"恰当"不仅与一定的具体环境条件相关，同时也与时间相关，即"恰当"或"不恰当"的问题是在社会历史中的，因而也可说是一个时间性概念，因而，就规范应用而言，恰当性也就规定了有效性。"一个要参照被预期的典型的例证而确定其有效性的规范，也要看在将来发生的实际的相似的环境中（依据这些环境的相关特征）是否恰当，是一个在论证性话语中没有回答的问题。这个问题只有在进一步展开的话语中回答，尤其是从应用性话语的改变了的视野来回答。"④ 而就一定的实际情形而言，就存在在一定的时间条件下，哪一个规范是最恰当的问题。但是，在当下的实践中不是恰当的，并不意味着它不具有有效性，而是随着事件的变化推演，排列成一个连贯的规范性秩序。因此，"在证明中，只是规范本身是相关的，而不考虑它在具体环境中的应用。这里的问题是是否每一个都应遵循这规则。……相反，在应用中，具体的环境是相关的，而不考虑是否就全体而言要一般遵守（这已经为先前的讨论检验所决定）。这里的问题是依据具体的环境，在一种特定的情况下，规则是否应该遵循和怎样遵循"⑤。

我们在前面已经指出，对于话语原则（U），哈贝马斯提出要通过制度化的措施，来保证它可以"近似"地实现。然而，话语程序原则是为了论证规范有效性，即通过一种原则（U）所确保的话语来使大家达到一种共识或规范性协议，或者通过商谈来检验规范的有效性。应当看到，这种商谈论证的规范具有在一定的话语共同体内的普遍有效性。因此，这里的普遍性就是两个层次的普遍性，一是论证程序意义上的原则（U），二是通过话语达成的或受到过检验的普遍性规范。应当看到，应用问题不是前者而是后者。应用不仅需要理论性的论证，更需要实践本身来确定其有效性和

① ② ③   Jürgen Habermas, Justification and Application, MIT, 1993, P. 36.

④   Ibid. , P. 37.

⑤   Ibid. , P. 37.

恰当性，而实践的有效性和恰当性，同样也需要应用性话语来解决。哈贝马斯说：“例如，存在着不同的分配正义原则。有一些物质性的正义原则，诸如，‘依据每一个的需要’、‘依据每个人的优点’或‘平等分配给每一个人’。又有这样一些平等权利原则，诸如，‘对于每一个人的平等尊重’、‘平等对待’或‘法律的平等应用’的原则，强调了不同的问题。而这里的问题不是财物的分配而是保护自由和不可侵犯性。现在，所有这些原则都可以从可普遍化的视野证明为是合理的。但就它们的特殊具体情形的应用而言，就将产生这些可选择性的原则，在特定的背景条件下哪一个最适合的问题。而这就是应用话语的任务。”① 在哈贝马斯看来，理论论证本身并没有完全实现实践理性，“在论证一种规范的合理性时，实践理性以可普遍化原则表达出来，而在对规范的应用中，实践理性采取了恰当原则的形式”②。因此，在哈贝马斯的话语伦理学中，证明与应用两者具有一种互补性作用。

应当看到，哈贝马斯在这里建立了一种埋论模式，一种从论证规范的合理性、有效性到规范的具体实践应用的恰当性的理论模式。这一理论从内在的逻辑来看，是合理的。它的先决条件在于话语原则（U），其中介性原则是恰当性原则。正是恰当性原则使之能够与行动参与者的背景条件相关联。因而他认为解决了康德的普遍性伦理没有解决的应用问题。这里的主要问题，其一，在于先决条件实施的理想化。也就是说，如果先决条件没有现实可能性，也就难于确保实践规范的有效性和恰当性。其二，如同原则（U）的现实可能性问题是一个社会历史性问题一样，恰当性原则也是一个社会历史性问题，这个问题同样不可回避，虽然它只能在历史进程中解决。

---

① Jürgen Habermas, Justification and Application, P. 152.
② Ibid., P. 154.

附录 从苏联到独联体伦理学的演变[*]

苏联伦理学走过了 70 余年的艰难发展历程。它像任何一个社会事物的发展一样，不是一帆风顺的，而是复杂的曲折的过程，有成功的喜悦，也有遭受挫折的痛苦。根据苏联社会和伦理科学发展的情况，可将苏联伦理思想和伦理科学的变化发展大致分为三个时期：共产主义道德理论的形成和确立（1917 年十月革命至 1959 年）；伦理学作为一门独立科学的确立和发展（1959 年至 1985 年 4 月）；苏联改革与伦理学的变革（1985 年 4 月至 1991 年 12 月）。苏联解体后以俄罗斯为主体的独联体伦理学应属解体前后比较的研究，这是一个新课题。

第一节 苏联伦理学发展的历程

1917 年，十月社会主义革命推翻了沙皇及俄国资产阶级的统治，建立了苏维埃社会主义共和国联盟（简称苏联）。革命胜利后，面临建立社会主义经济、社会主义社会关系，培养新人和形成新的人与人之间的关系的艰巨任务。这就要求建立和形成新的道德关系和新的社会主义道德原则和规范。

在十月革命胜利后的苏联，除了存在工人阶级和贫苦农民之外，还有

---

* 可参看金可溪：《当代苏俄伦理思想研究》，北京，中国文史出版社，1997。

尚未消灭的资本家、地主和富农等剥削阶级及其政治代表旧官吏，多数知识分子尚未站到苏维埃政权方面来。旧俄国又是一个小资产阶级像汪洋大海一样的国家，加之战争中的经济破坏，饥饿、贫穷、失业，战时共产主义生活条件以及后来新经济政策的实施，不但对非无产阶级群众，而且对一部分工人阶级也产生了消极的影响。总之，由于这些错综复杂的社会经济、政治、文化及思想条件，使这个时期的道德意识和道德理论出现了极其复杂的情况。各种非无产阶级意识，特别是小资产阶级的道德观和道德理论泛滥起来，就是在马克思主义者中间，也发生了道德观上的分野。一种倾向是把马克思主义与进化论伦理学观点结合起来，认为在人类本性中存在着利他主义原则。这种利他主义原则在从剥削和阶级对抗中解放出来的新社会里将得到发展。另一种倾向则把马克思主义与康德主义结合起来，强调道德中的绝对命令原则，认为借助道德内部的普遍律则能够削弱人和个人主义本能，把他们吸引到共产主义式的生活里来。

在马克思主义队伍里，除上述两种理论上的错误倾向外，还有两种错误的道德观点。其中一种观点认为无产阶级不需要道德。道德及其规范是资产阶级的东西，已经陈腐过时，这种观点把道德说成是压制人、扼杀人个性的力量。无产阶级文化派分子就是这种观点的代表，主张把道德当做资产阶级的废物加以抛弃。此外列宁的某些战友也认为在社会主义制度下道德将会消亡，于是道德虚无主义和无政府主义一度传播得相当广泛。另一种观点把工人阶级道德简单化为禁欲主义，进行禁欲主义说教。在这种观点看来，个人利益必须完全服从社会利益，共产党人一般说完全不应该考虑个人利益，并把家庭和爱情一律看做是资产阶级的、小市民的残余。上述非马克思主义观点受到了批判。

这个时期，共产主义道德理论没有成为独立的研究课题或科目，也没有专门的道德理论研究队伍。当时，道德理论问题的研究是在党的思想建设和对群众、青年的政治思想教育中进行的，只是党的政治思想工作的一部分。所以在这期间对道德理论发展作出贡献的人，主要是党的领导人、教育家、文学家等。列宁以及卢那察尔斯基、克鲁普斯卡娅、加里宁、高尔基、马卡连柯等人都对共产主义道德理论和教育作出过重大的贡献。

苏联共产党特别重视党的伦理道德的建设，针对过渡时期党内出现的种种道德问题，在1925年成立了专门委员会，草拟党的道德准则。委员会由 E. M. 雅罗斯拉夫斯基、A. A. 索利茨、H. K. 克鲁普斯卡娅等人组成。他们拟定了共产主义道德的原则性规范的内容，提出了党员必须具备的道德品质。

在这个时期，对共产主义道德原则的论述，只反映在个别的思想家、政治活动家、教育家的著作和言论中。统一的共产主义道德原则和规范，无论在理论上还是在实践上都还没有完全形成。

30 年代后期社会主义改造无论在城市还是在农村都完成了，社会主义工业化取得了重大成就。此后经历了反法西斯战争及战后恢复和发展经济时期。在社会主义社会生活中，社会主义道德意识和道德关系占据了统治地位，形成了对各阶层居民的统一的道德要求。这个时期在著述中重点阐述的道德原则是：集体主义、苏维埃爱国主义和国际主义、社会主义人道主义、共产主义劳动态度等等。

苏联人民在 30 年代至 50 年代的社会主义改造和建设中，反法西斯战争中以及战后恢复经济、发展科学文化和教育中所表现出来的高尚品质和革命英雄主义，为共产主义的道德理论的研究提供了丰富的材料。到 50 年代，苏联伦理学的研究范围比 30 年代以前明显地扩大了。共产主义道德理论著作主要是总结苏联社会主义道德发展的经验，出现了施仕金的《共产主义道德概论》、B. 柯尔巴诺夫斯基的《论共产主义道德》、包德列夫的《论苏维埃青年的道德面貌》等道德理论专著。特别是施仕金的著作，被认为是 50 年代苏联伦理学取得的重要成就，是"对苏联伦理学家的集体努力所作的概括的系统的总结"，"最充分地阐述了苏维埃社会的道德"①。

必须指出，50 年代以前，由于教条主义对哲学理论研究的束缚，在苏联，伦理学虽然不像社会学那样被完全否定，但是对一般伦理学的理论研究基本上是没有的，对道德的一般理论的论述大多放在历史唯物主义的著作里，而共产主义道德理论和共产主义道德教育问题又多归入科学社会主义和教育学的研究中。所以在这个时期伦理学还没有成为苏联科学研究中的独立学科。理论研究尚未充分展开。苏联伦理学研究还只限于社会道德生活中的经验总结和概括。实际上对伦理学的对象、结构、范畴，道德的本质、结构、功能以及道德起源、形成和发展的规律等基本的理论问题没有什么研究或很少研究。伦理学的研究队伍很小，也没有建立起伦理学的专门研究机构。

斯大林逝世后，特别是赫鲁晓夫当政以后，苏联社会生活发生了重大的变化。赫鲁晓夫开始批判对斯大林的个人崇拜，对其实际执行的方针、

---

① 《莫斯科大学学报》（哲学类），1977（5），84 页。

政策、理论观点，开始进行分析批判。他试图在苏联进行改革。这股改革之风，使苏联理论界获得了生气，学术界开始打破斯大林时期教条主义的束缚，学术思想空前活跃起来。在这种良好的气氛下，哲学界开始冲破多年的思想、理论禁锢，将伦理科学作为一门独立科学的地位确定下来。

伦理学在苏联发展的转机是 1959 年 3 月苏联科学院哲学研究所、苏联高等和中等专业教育部、苏联科学院列宁格勒哲学研究室在列宁格勒联合召开的"马克思列宁主义伦理学问题科学会议"。会上讨论了苏联伦理学的研究任务及其发展问题，提出了一系列解决伦理学落后于现实生活需要问题的措施，如组建伦理学研究和教学的专门机构，建议在高等学校开设伦理学课，培养干部，还通过了苏联第一个高等学校马克思列宁主义伦理学教学大纲（草案）。这次会议是苏联伦理学发展的新起点。

1961 年苏共二十二大提出"向共产主义过渡"不仅需要发达的物质技术基础，而且需要公民具有高度的觉悟水平。道德在社会生活中的作用在增长，道德因素作用的范围在扩大。苏共领导和理论界都很重视道德、伦理学对社会主义社会向前发展的重大作用和意义。他们把"共产主义道德原则"用"共产主义建设者道德法典"的形式固定在党纲中，1977 年还把同样的内容纳入新宪法，把道德规范法律化。苏共提出的共产主义者的道德法典是："忠于共产主义事业、热爱社会主义祖国、热爱各社会主义国家；诚实地为造福社会而劳动；不劳动者不得食；每个人都关心保护和增加社会财产；对社会义务的高度自觉，对破坏社会利益现象绝不容忍；集体主义和同志互助：一人为大家，大家为一人；人们之间的人道主义关系和互相尊重；人对人是朋友、同志和兄弟；在社会生活和个人生活中要诚实和正直，道德纯洁、纯朴和谦逊；在家庭中互相尊重，关心儿童教育；对不公平、寄生行为、不诚实、追求地位采取毫不调和的态度；苏联各族人民要友好和亲如兄弟，对民族和种族的不和睦绝不容忍，同各国劳动者、同各国人民保持兄弟般团结。"在这个道德法典中包括一些基本的全人类道德规范，如诚实、正直、纯朴和谦虚，在家庭中互相尊重等。在第一个发展时期，苏联哲学界只承认道德的阶级性，现在则认为道德中有全人类的内容，并且开始把全人类道德规范（也称为简单的道德规范）作为一重要的伦理学课题纳入了他们的研究范围。

苏联伦理学从 60 年代开始，特别是进入 70 年代迅速地发展起来。伦理学的研究基本上是围绕社会主义社会的道德问题、共产主义道德理论和共产主义道德教育问题展开的。苏联伦理学界在发展伦理科学上取得了许多重要成果，形成了较完整的体系，不断地扩大研究领域；形成了一支强大的科研和教学队伍；形成了一些科学中心和集中区。同时苏联伦理学界还同世界一些国家，特别是一些社会主义国家的伦理学界发展和加强了联系和合作。

在这个时期苏联伦理学发展的情况是：在 60 年代苏联伦理学界的研究和教学主要是对"共产主义道德"及其规范进行解释和描述，理论论证肤浅。这对一个独立地位刚刚被确立的伦理学科来说，是不可避免的。1961年出版的施仕金的《马克思主义伦理学原理》是苏联伦理学进入独立发展的标志。随后又出版了一批各种类型的伦理学著作和教材。

60 年代后半期，苏联伦理学界意识到伦理学的研究必须向深层发展，必须向理论特别是基本理论研究方向发展。许多重大的基本理论问题搞不清，现实生活中的道德问题以及伦理学教学和道德教育中的问题是难以解决的，因而会妨碍伦理科学在社会主义建设中的作用的发挥。社会主义社会前进发展的需要要求深入研究和探索道德和伦理学的基本理论问题，这同样是伦理科学本身发展的必然。伦理科学，像任何科学一样，不能满足和停留在解释和描述阶段上，即对经验的浅层概括上，它必须去揭示道德的本质、深层的结构和复杂多样的社会功能。简言之，必须努力探索作为复杂多面的社会现象的道德的丰富内容。因此，自 70 年代以来出版了许多有理论深度的伦理学专著，如德罗勃尼茨基的《道德概念》（1974）、季塔连柯的《道德进步》（1969）和《道德意识结构》（1974）、古谢诺夫的《道德的社会本质》(1974)、阿尔汉格尔斯基的《马克思列宁主义伦理学教程》(1974)、需卫科娃的《道德关系及其结构》（1974）、叶菲莫夫的《社会决定论与道德》（1974）、阿尼西莫夫的《道德与行为》（1979）、科勃良科夫的《伦理意识》（1979）、施仕金和施瓦茨曼的《20 世纪和人类的道德价值》（1968）、施仕金的《人性与道德》（1979）、《道德的社会本质、结构和功能》（1977）、《伦理学的对象和体系》（1973）、彼特罗巴夫罗夫斯基的《进步的辩证法及其在道德中的表现》（1978）、季塔连柯主编的《马克思主义伦理学》（1976、1980、1986）和《道德选择》（1980）、古谢诺夫的《伦理学导论》（1985）、阿尔汉格尔斯基的《马克思主义伦理学：对象、结构、基本方面》（1985）。苏联伦理学界近年还重视伦理学研究方法论方面的研究，出版了由阿尔汉格尔斯基主编的《伦理学研究方法论》（1982）、《辩证法与伦理学》（1983）。

进入 80 年代以后，苏联伦理学研究把主要方向移向理论与道德实践相结合的方面，开展应用伦理学、伦理教育学、职业伦理学及其他特种伦理学的研究。苏联伦理学界认为，伦理学基本理论研究取得了重大成果，当前的任务是使理论研究成果系统化。然而存在的重大缺点是对理论如何转化为实践，如何使理论转化为个人的道德实践，指导人们的具体行动的问题研究得很不够。伦理学理论转化为实践的具体机制是伦理学研究的迫切问题。他们认为，伦理学虽然是实践性的科学，但是伦理学理论不能直接转入实践，即使经过道德心理学、道德社会学、规范伦理学这些环节也不可能直接转入实践，为此还需要研究使上述各层次的理论、原则直接应用于人们生活实践的机制和途径的问题。1982 年在苏联哲学杂志上展开的"伦理学还是道德学"的大讨论，就是由伦理学理论与实践的联系，即伦理学如何为实际生活服务的问题引起的。1985 年出版的阿尔汉格尔斯基的《马克思主义伦理学：对象、结构、基本方面》不仅总结了作者本人一生的研究成果，而且也总结了苏联伦理学 20 余年取得的科学成果。苏联伦理学家杜勃科称这部著作是苏联伦理学近年发展的"独特的路标"①，其含义主要是指阿尔汉格尔斯基在书中阐述了苏联伦理科学必须超越道德的抽象理论研究的樊篱，研究理论应用于实践和实践转化为理论的双向转化机制。简言之，作者指出了苏联伦理学今后发展的主要方向。这可以说是伦理科学的本性和功能使然，也是伦理学研究深化的表现。只有这样，伦理科学才能蓬勃发展，为社会和人的发展服务。

自从 1985 年 4 月苏共中央全会以后，苏联社会生活开始进入新的阶段——社会改革的阶段。改革的洪流猛烈地冲击着、震荡着苏联社会生活的各个领域。苏联伦理学界也在强劲的改革潮流推动下开始动起来了。1986 年在莫斯科举行了全苏伦理学科学会议，与会者分析了苏联社会中的道德状况、伦理学研究中的问题、道德教育的理论和实践中的问题，确定了伦理学改革的任务。此后又召开了各种各样的学术会议，发表了一些著作和文章，对 70 年代至 80 年代"停滞时期"的道德状况进行了坦率的揭露和批判，对伦理学研究和教学中的情况进行了批判性的反思和总结，指出了存在的严重缺点，提出了一些令人注目的新思维、新观点。

苏联伦理学界多数人认为苏联伦理科学在 20 余年间虽然有长足的发展，取得了许多有价值的研究成果，特别是对一些重大的理论问题有突破，但是还存在着不适应社会发展需要和社会、经济改革需要的缺点。主

---

① 《莫斯科大学学报》（哲学类），1988（4），78 页。

要缺点是：第一，理论脱离实际，伦理学家取得重要成果的往往是那些距离现实生活，距离政治比较远的部分，而对社会主义社会的现实生活、道德实际的研究，特别是对社会主义道德准则、规范的研究方面，对社会中不良现象的分析方面，几乎是停滞不前的、教条式的。由于听命于"以权威自居"的领导人的论断的习惯，符合于社会主义实际历史进程的、深刻的、有创见的理论是很少的。对道德社会学、应用伦理学、职业伦理学和道德教育理论的研究也很不够。伦理学的研究、教学在社会主义道德方面主要是解释、论证纲领、文件和权威领导者的提法和论点，而伦理学家自觉或不自觉地把这当做理论联系实际。"实质上，理论工作在许多年里只是反映和记录已经落后的实践，只是适应它，没有对它的改变和完善发挥创造性的作用。与其说理论工作落后在现有实践的后面，不如说落后于生活的要求和社会主义前进发展的需要。"① 第二，虚构伦理学图式和理论。一些学者不去切实地考察、研究人们在现实生活各个方面的活动和取得的实际经验，往往凭借零碎的、不完整的材料，甚至完全脱离实际地去虚构伦理学理论、规范、模式。第三，因循守旧、惰性、僵化的思维阻碍人们接受"不能纳入已经习惯的公式中的一切"，结果在社会科学、伦理学中"富有生气的辩证和创造性的思维不见了"。甚至在有的观点上发生了倒退现象。第四，伦理学中存在着严重的教条主义和烦琐哲学。一些学者不重视理论研究的创造性，一味惟上惟书，有的人企图从马列主义已有的理论中去找现实问题的答案。有些学者脱离生活和现实生活进程进行抽象的理论空论和烦琐的概念推演。于是使伦理学逐渐丧失了批判性的自我分析的能力，不去研究现实的、活生生的社会主义，而醉心于杜撰抽象的模式。第五，在伦理学研究和学术讨论中存在"官僚主义"，即在理论探讨中和争论中缺乏民主原则和争鸣气氛。行政管理方法阻碍各种理论问题的创造性讨论，以权威自居的评价和结论成了不容置疑的真理，它们所需要的只是注释。学者对新的未解决的问题发表讨论性的意见往往遭到严厉的往往是没有根据的指责，甚至用自己想出来的理由贴政治标签，使学者不敢再提出、讨论理论和实践的各种尖锐问题。科学研究的禁区与日俱增，对研究工作，只允许搞一点微不足道的、无关痛痒的修修补补。

产生上述种种缺点的主要原因首先在于生活本身当中，在于社会生活某些领域的停滞不前。社会生活的停滞造成哲学、伦理学的停滞和脱离实

---

① ［苏］费多谢耶夫：《论社会科学领域工作的改革》，载《哲学译丛》，1988（1），13 页。

际。僵化的落后的实践导致理论的落后和停滞。实践中的不健康现象产生了社会意识和科学中的不健康倾向，而这些倾向越发展，则越加强烈地阻碍着理论和实践返回现实的轨道，即返回充满矛盾的实际生活的轨道。其次，科学研究和学术指导上的"行政领导方法"、"官僚主义"、"长官意志"、"权威意志"实际上剥夺了科学工作者应有的学术自由和个性，压制他们应有的科学良心。第三，伦理学工作者受教条主义影响较深，不能创造性地对待科学研究工作，缺乏冲破科学禁区的勇气和胆识，因此在科学探索中往往缺乏主体意识、自主精神。一些学者甚至养成了追名逐利、看风使舵等不良习气。伦理学家本身的这些弱点也是阻碍伦理科学正确发展的重要原因。

苏联伦理学家在总结、回顾过去的伦理学研究情况的同时，提出了一些新的理论观点和结论：

（1）伦理学要以实际的社会发展过程为出发点。在这里要对社会主义实质过程有新的认识。社会主义实际生活不是越发展越简单、越单纯，而是越来越复杂。道德生活也是这样。因为无论整个社会主义社会生活，还是道德生活的联系、关系、方面都在不断增加，尤其是现代的科学革命使社会分工越来越复杂，社会生活越来越多样。后来的每一种社会形态、社会经济体系和政治体系，实际上都比以前的社会形态或体系更具有内在的复杂性。没有理由认为社会主义社会是个例外。奥伊则尔曼指出："注意到社会主义条件下的人际关系远比资本主义条件下广泛得多"①，才能理解社会主义关系的变化和发展。此外，今天全球已成为一个整体，世界上的国际关系、联系也在不断地增多，而反映这种复杂的、不断增加的关系的道德，也必然越来越复杂，道德起作用的范围必然不断扩大。与此相应，伦理科学的发展也越来越复杂，它的研究和起作用的范围也在不断扩大，除了一般的道德理论的研究，道德心理学、道德社会学、职业伦理学、应用伦理学都在向深广发展。伦理学家只有认识到这一点，才能适应社会主义改革和建设的需要，才能正确地反映社会主义社会道德的发展变化。

（2）伦理学要以实践为出发点，又以实践为归宿，因此它应该研究伦理学理论和实践的双向转化机制。这里对实践要有新的理解。社会主义社会里的实践活动不是趋向简单化，而是趋向复杂化。其次，实践有符合社

---

① ［苏］奥伊则尔曼：《加速发展战略的哲学和社会学问题》，载《哲学译丛》，1987（4），12页。

会发展规律的实践，也有违背社会发展规律、主观唯意志论的实践；有推动社会生活各方面进步的实践，也有停滞、甚至倒退的落后的实践。因此哲学、伦理学不能同任何一种实践都发生关系。伦理学作为科学不应随意反映任何一种社会实践活动和人们的行为，尤其不应反映和记录落后的实践，而是应该反映推动社会发展、促进个人全面发展的进步实践，密切与先进社会实践的联系。同时伦理学为实践服务，不能要求伦理学家违背本身研究的特点去直接解决实践问题。伦理学要研究理论和实践的双向转化机制，就是不仅要研究现实如何或通过什么具体机制转化为理论或理论意识，而且要研究伦理学理论通过什么具体机制转化为实践，转化为个人或群体的行为。这是道德、伦理学发挥其社会功能的基础。

（3）伦理学研究应以充满矛盾的现实过程为基础，不能把伦理学的任务局限在对权威者的论断的注释或论证上。要从社会主义社会的实际过程、道德的实际状况出发，经过分析、研究，从中引出规律性的东西，创造出符合实际的伦理学理论，而党和国家的决策者应依据伦理学的科学理论去制定相应的指导方针和规范。只有这样才能克服教条主义的毛病，恢复伦理科学的本性。发挥其真正的社会功能。

（4）伦理学研究和道德教育一定要摈弃实用主义的态度，因为这种态度使伦理学不能正确地反映和认识社会主义社会里人际间应建立的正确关系，制定不出能正确调节人和人的关系和人们行为的道德准则和规范，因而伦理学也就不能起到维系社会生存和发展、使个人确立自己的作用。

（5）在伦理学中既要克服脱离实际的纯理性思辨，又要克服经验主义。没有基础理论的指导，应用伦理学研究会陷入烦琐的具体问题中去，看不清解决问题的真实方向，结果不能正确地、深刻地解决道德问题。反之，理论研究不从应用研究中吸取有益的营养，其结果只能造出空洞的错误理论来。只有把两者结合起来，才能真正把伦理科学推向前进。

（6）伦理学家的主体性、个性是科学研究取得成就的保证。因此学术上的自由、平等争论的原则是一切科学研究的生命线。学者在探索规律和真理上是不应有什么禁区的。不惟权威意志，只惟真理，是科学家应有的品格。因为真理不是出自宣言和命令，而是在科学的讨论和争辩中产生，并在实践和行动中经受检验的。

在苏联伦理学的变革中，道德和伦理学理论本身的研究中出现的新趋向，也是值得注意的。这个趋向就是苏联理论界重新审视评价道德概念和伦理科学本身。

首先，苏联一些学者从总结自己国家道德观念变化的历史得出道德按其本性就是全人类的这一结论。古谢诺夫认为在苏联70余年的历史中，社会道德观念经历的变化大致是：从以无产阶级性为借口而否定道德到肯定道德价值优于阶级价值；从否定道德内容中的全人类因素到得出"道德开始按其本性就是全人类的"思想。他还指出这种新的道德模式具有三个特点：不能把道德看做是精神现象之一，而应看做整个精神的基础，是整个文化的独特"酵母"和一般基础；社会意识把道德看做全人类现象；新的道德观认定道德评价优于或高于政治评价和阶级评价。① 有的学者断言，按阶级原则是建立不起道德的。有的学者提出，现在最迫切的问题是重新研究"什么是道德"、道德的特性、道德在文化中的地位、道德的社会—本体论根据等问题。

第二，苏联一些伦理学家提出，任何暴力，不管是什么性质的，都是不合乎道德的，是不道德的。古谢诺夫说，在自卫和制止大规模屠杀等行动上可以有政治和法律的理由，但任何时候都没有道德上的理由。古谢诺夫发表了《道德与暴力》一文论述上述观点。他还主持召开了以"非暴力伦理"为题的讨论会，讨论暴力、非暴力与伦理道德的关系。在莫斯科召开的这次会议有美国、德国等西方国家学者参加。《哲学科学》1990年第11期作了报道。

第三，认为革命割断了与俄国精神文化的联系，应恢复这种联系，研究革命前精神、道德文化中的人类价值。苏联哲学刊物发表了一些俄国哲学家和伦理思想家的著述，如萨拉维约夫、费多罗夫、弗洛连斯基、查达耶夫等人的伦理学著述。

第四，为了解决苏联面临的道德危机、复兴社会道德，哲学和伦理学界寻求和东正教神学家的合作。1989年《哲学问题》编辑部召开了以"文化、道德、宗教"为题的圆桌会议。参加会议的除哲学家、伦理学家外，还有东正教神学家。会上一些苏联哲学家认为基督教等宗教反映了全人类的道德价值，在复兴社会道德上，苏联伦理学家可以和神学家对话、合作。

第五，苏联伦理学家特别强调道德的人道主义内容，认为道德价值、道德内容的本质就是人道主义。有的学者还强调抽象人道主义的意义。

第六，有的学者提出，苏联伦理学界思考的中心点应当是建立"真正

---

① 参见《改革与道德》（圆桌会议纪要），载《哲学问题》，1990（7），21页。

科学的马克思主义伦理学"，这种建立不应是修修补补或修正过去的原理
和范畴，而是坚定地重新审查在这一领域建立的一切。① 这些思想和理论
研究倾向，与苏联解体后伦理学思想和伦理学变化很自然地联系起来。

第二节 以人道主义为主流的伦理学②

从 80 年代中期戈尔巴乔夫的改革到 1991 年底苏联解体，再到今天，
这段时间是苏联人民经历政治上层建筑、经济制度、意识形态与精神文化
翻天覆地变化的时期。各种社会矛盾集中，各种思潮公开地、无拘无束地
争论。一方面，原有社会形态及其物质文明、精神文明成果以固有的惯性
继续作用、运转；另一方面，人民现实生活中不断有新的阶级、阶层分
化，新的生活方式出现，这使得伦理学科——这一从人的道德生活出发而
研究人类生存命运的门类既面临重重困难，令研究者困惑和苦恼，又凸显
出许多新的生长点，引发研究者新的动力与热情。总观独联体伦理学界，
相比其他学科，并不沉寂、落后，尤其是莫斯科、圣彼得堡、丘明等地的
伦理学研究相当活跃。不过，从总的趋势看，现在，新思维下的所谓新伦
理学——人道主义伦理学，已成为主流派伦理学。

一、新伦理学的特点

新伦理学将人道主义作为新伦理学的道德核心。新伦理学的人道主义
原则指的是：人的生存权利高于一切，全人类的价值高于一切，全人类道
德利益高于民族的、国家的、阶级的、社会主义的利益。新伦理学要使全
人类的道德价值成为实践活动的语言，成为政治、经济、文化活动的语
言，成为人们内在的尺度和各种对象性活动的最高标准，成为调节个人、
社会集团、国家之间全部矛盾的最大标准。

新伦理学把宽容作为最基本的道德规范，把培养宽容性作为道德教育
的主要内容。由于人道主义承认维护个人生命是永恒存在的权利，肯定在
职业的、民族的和所有追求奢望面前人权的权威，承认人的个性的无条件
价值，承认文化本身应被看做独特的财富，因此，这一伦理学必然应把宽
容作为基本的道德规范。具体来说，宽容不是一个人不顾及另一个人的冷

---

① 参见《改革与道德》（圆桌会议纪要），载《哲学问题》，1990（7），21 页。
② 以下内容参考了季塔连柯 1990 年 7 月在中国所作的报告：《苏联当代伦理学的历史与现
状》。参见金可溪：《苏联学者道德观的演变》，载《北京大学学报》，1991（1）。

漠，不是一般的沉着、矜持，它意味着有着不同利益的人们的相互支持和参与。正是在区别中蕴含着他们每个人在个体性上的发展源泉。所谓宽容性，不外是对话的平等性、合理性、开放性，从根本上说，是倡导人类交往的自由性。伦理学界认为，宽容起初意味着对宗教信仰的容忍，在当代，它的作用已经扩展到包括对世界观、政治方针、传统和道德习惯的宽容。当多元化的意见和各种政治体系、文化和世界观的对话成为人类生存的必然条件时，宽容的价值更加增长了。

新伦理学的基本任务与使命在于：建立和维护人的道德尊严，在现代世界阻碍人类进步发展的危机面前，积极保护人的创造性活动不被剥夺。发展精神文化，不使群众性文化空间缺少精神性。帮助每个人为自己解决关系生命意义的永恒的形而上学问题，关于爱情、幸福的问题以及勇敢地面对不可避免的死亡。培植和巩固实际生活中健康的交往形式，消除道德冷漠、人与人的隔绝，排除发展进攻性和利己主义活动动机、民族主义和种族歧视。促进社会生活的普遍人道主义，在社会进化、在非暴力思想指导下改造政治行为的基础上达到社会公正。

关于新伦理学与社会多元化的关系，独联体伦理学界有些代表指出，多元化已成为今天独联体社会活动中有意义的因素，它对人们的道德观念和现实的道德关系系统的实际影响，是对伦理学的挑战。但是多元论虽然可以被运用到政治、艺术、宗教信仰及其他精神和实际生活中，却不能扩展到普遍的伦理学原则方面去，因为道德规范对全人类是一致的。所以，多元文化、多元社会中的伦理学意味着在伦理学中的反多元主义，必须坚持人道主义一元论的伦理学。

二、新伦理学研究方向与旨趣的主要改变

新伦理学研究强调伦理学的独立价值和自我发展，要求摆脱为意识形态、原则规范作解释的机械化、庸俗化的状况，走独立发展的道路。

新伦理学强调对伦理学本身的道德价值、道德功能加以哲学的论证，认为苏联伦理学在苏联人民心目中不是没有留下痕迹的，其功不可没。目前，道德状况的不稳定笼罩和包围着民主形式，对建立国家权力造成影响。缺少道德性的社会不可能民主管理。在一定历史阶段，民主不可能自行达到一定的、甚至很高的精神成熟。但是，现在不能在教条主义的思想框架内来评价道德和精神的作用。作为一种理论的伦理学总是间接或直接地指明道德的普遍内容，即全人类内容，其中所体现的是道德的绝对性、至高无上性和永恒性。道德在人的生命中——这是永恒性，是使人们经得起时间考验的微笑之源。

在这种形势下，理论伦理学、道德哲学课题重新成为伦理学研究的热点。并且，不仅伦理学家，而且社会哲学家、历史学家、社会学家、文化学家都有兴趣探讨一些与理解什么是人的希望和尊严、人的意志自由、人的使命、生命的意义、生活质量以及与同情、怜悯、关怀、友谊、幸福、信念、责任、恐惧、失望有关系的范畴。

新伦理学研究对人的态度有所改变，不是根据意识形态的要求去论证对人的规范，从塑造理想新人的意识形态计划出发达到寻找解决人的任务的方法，而是认为"塑造"思想本身实质是否定人的主体性。例如，对"教育"（tocnnmhhul）的概念在理解上与原来伦理学给出的定义相比，注意从主体方面强调教育的性质和特征，指出教育是个人主体及其精神世界形成、扩展或完成的过程，它以个人天赋通过在具体的社会—历史接触中创造性地积累全部他可能享用的文化，这一过程本质上是没有止境的。真正的教育给予人最大限度自由发展的可能，对实现人道主义的本质提供创造性的、动态的、开放的、复合的材料。它不追求功能性的有效性的或他律的原则，而是追求最高的、客观无条件的真善美的价值。强调教育不能归结为为发展能力而进行的教学和教育（aspasotahul），而是要建设人的主观世界。

新伦理学明确提出个人是道德和社会伦理研究的终极，认为伦理学的一个最重要的义务在于，保持每个公民个人判断道德和不道德、公正和不公正的权利。越是多元的价值观念，越是强调道德选择的自由，越是要提高个人自身道德素质。因此，伦理学界重视对个体道德价值、个体道德形成的研究，从80年代后期以来不断形成一些新的概念范畴，如：个人道德整体、个体道德精神、个人生活质量。同时，重视道德形成的内在机制，即情感在个体道德面貌中的价值。新伦理学提出情感文化的概念，指出情感文化包括丰富各种感受体验，善于在任何环境中掌握自己，不受盲目的激情的驱使。情感文化指有理解他人、同情他人的本领，即有发生情感共鸣的能力。研究如何发展情感文化是伦理学、心理学、教育学的共同任务。

新伦理学热衷于研究俄罗斯20世纪初及一些曾在个人崇拜时代受到批判的哲学家、伦理学家，如 И. 基列耶夫、B. 索洛维约夫、H. 别尔嘉耶夫、Г. 费多托夫、M. 巴赫金的思想文献。他们的教育哲学思想被作为专门知识分支而大量结集出版和研究。索洛维约夫基督教哲学和宗教存在主义的伦理观，他对历史与人类生活中自由与必然的关系所赋予的形而上学的非理性主义的含义被视为俄国人的骄傲。一批伦理学者和教育学、美学、语言学研究者组织了巴赫金思想研究会，对巴赫金的哲学与现代世界伦理学的关系，巴赫金关于责任心的思想，巴赫金作品中关于真善美的对话以及青年的道德教育问题等等都有专题的研究。研究者甚至呼吁：今天再也没有什么比保存道德文化、积累伟大的人道主义者巴赫金20世纪的思想对今天俄罗斯的精神复苏过程更有力的现实的支持了。

还有一批伦理学者及研究生热心于研究基督教、东正教中的人道主义思想、道德文化遗产。它们在苏联曾被作为唯心主义长期受到批判和冷落。现在，哲学界、伦理学界已在大量出版索洛维约夫、别尔嘉耶夫等人的著作，不仅积极认同宗教中的伦理人道主义对人的道德教育作用，而且进一步论证宗教中本体论伦理思想之合理性，即绝对真实的价值意义是普遍有效的，寻找超历史超地域的永恒的价值是可能的。一些伦理学家研究宗教信、望、爱是否可以作为独联体人民道德生活的重要支撑和民族精神文化复兴的源泉。

与此同时，他们还重视对近代伦理思想史中的重要人物，主要是康德和斯宾诺莎、黑格尔的伦理思想的研究，以他们的思想文化财富从道德哲学上论证生命的意义、道德的纯洁性、忧患意识以及真善美的理想等。对当代西方伦理思想，目光主要投向以柏格森、叔本华为代表的生命哲学以及萨特、加缪、雅斯贝尔斯的存在主义伦理思想。及至90年代初，苏联伦理学界一直将上述伦理思想流派称为资产阶级伦理学。现在，主流派伦理学者不仅将它们一概改称为现代西方伦理思想，而且实际上取消了对它们的批判。

第三节 应用伦理学的开发与研究

一、应用伦理学开发与研究的一般情况

苏联的应用伦理学是70年代中期发展起来的。当时提出建立应用伦理学的背景是在70年代中期理论伦理学有了长足进步的同时，认为伦理学理论不能脱离道德生活实际，主张积极研究社会主义各种生存空间和各行业、职业领域的道德状况及道德教育经验，努力使伦理知识过渡到工艺学的水平。

从那时起，管理伦理学、企业伦理学、教育伦理学、军人伦理学、工

程伦理学、医生伦理学、商业伦理学等应运而生。但是它们大多是研究职业领域的道德原则和规范。当今独联体的应用伦理学比80年代有了更丰富的建构思路和具体类型，大致可以分为以下三种：

第一，通过伦理设计和贯彻伦理设计的完整知识成果来直接影响道德实践，在这一建构思想下，应用伦理学主要是探索科技、劳动、实践领域的一般性的具体规范。

第二，面对独联体国家严重的社会、政治、道德的难题（如高层政治斗争、战争、民族矛盾、社会不公正、酗酒、娼妓、吸毒等），以及有关人类生存发展的许多共同问题、全球性问题（像核破坏的可能性、环境污染、遗传疾病、安乐死、素食主义与对动物的态度等），已有许多科学家、医生、律师、企业家涉足于此，伦理学家参与其中，为实际决策和解决争端提供专家咨询，并借鉴了西方伦理学某些理论，像游戏理论、效用论、对策论、社会福利论等。

第三，认为道德实践不只限于生产—劳动关系的道德方面，所以应用伦理学不应被归结为业务伦理学，而应该研究完善社会生活一切领域的道德关系的直接实践问题。应用伦理学应有自己的研究对象、理论、范畴、术语，有自己的研究方法论。

二、发展得较为成熟的或较有发展前景的几门分支伦理学科

（1）生物伦理学。这是独联体应用伦理学中最为发展、最有前途的伦理学分支之一。生物伦理学起因于现代高科技向医学的越来越强劲的渗透，现在需要对人的诞生、生和死的定义本身进行重新思考。促使生物伦理学得到发展的另一原因是人权运动的发展，人权已涉及安乐生和死、维护遗传性结构等等这样一些领域。俄联邦还组建了俄罗斯生物伦理学国家委员会，建议把哲学家、法学家、生物学家、医学家、教会和立法机关的代表人物在解决最尖锐的实践问题方面协调起来。

（2）教养伦理学。它曾经在80年代中后期得到长足发展，并形成符拉基米尔学派。教养伦理学从最初的经验汇集发展为教育哲学层次的教养伦理学框架体系，其主要内容有：教养伦理学的世界观基础；教养的哲学—伦理学概念；教养活动的价值；现代教养的特殊气质；教养者和受教养者的特殊性；教养的风格格调；教养交往的伦理学、教养交往的道德文化。

教养伦理学不同于教育伦理学，不包容教育中的所有理论和应用的伦理问题，涉及的只是对教养活动的全面调节态度。然而它不仅仅是道德教养问题，而是扩展自己的"管辖权"至教养活动的其他方面，力图"插手"教养过程，使其发生所希望的改变。

教养伦理学学派一方面以理论方式给实际教养活动施加哲学—世界观的影响，批判地分析教养活动的现状，建立了一个教养的实验团体，以此作为规范性宣传的手段；另一方面，在可能的范围内控制、操纵教养过程的全部组织工作。

他们认为教师（教养者）职业伦理学过窄，因为它对我们时代的社会需求已不能适应。同时，教养活动不应局限于学校生活。

教养伦理学在当前独联体经济、政治、意识形态急剧转换过程中遇到了研究上的困难，以往进行的一些教养团体的实验已经中断，但作为哲学层次的探讨还在坚持进行。

（3）政治伦理学。这是独联体应用伦理学研究中心和符拉基米尔学派近两年研究的主要方向与课题。他们指出，形成公民社会的政治伦理学是现今独联体的需要。他们首先对公民社会的概念作出规定。公民社会指：（i）具有实现每个人和人之间经济活动的可能性，具有主体间的经济关系摆脱国家干预的自由；（ii）在公民和政治权力体系中表现出国家方面对每个人有共同的经济活动条件；（iii）在国家政体的民主体系中将政权和暴力机器与独立的舆论分开。显然公民社会的纯粹形式是不存在的，但公民社会的理想具有实践上的组织意义和道德意义。专家认为，在政治领域民主化以及公民社会及其道德达到足够成熟的水平时，必然开始社会道德向政治活动渗透的过程。政治伦理学以人们在政治—法律上的平等和否定等级特权为思想基础，产生在参与型政治文化的背景下，其规范和价值可以从自由主义意识和道德的背景中找到其最初的雏形。政治伦理学研究的是如何将社会道德的基本价值与规范在政治关系、政治活动这一特殊领域中具体化，如何用道德手段调节"领袖——执政者——群众"的关系，在利益和价值多元化的社会寻找解决各种社会力量之间冲突的文明方式，并探讨有关协商的规定价值学说和操作程序。

（4）交往伦理学。继苏联心理学界关于个性形成过程中主客体相互作用的活动理论之后，哲学、伦理学、教育学、心理学界认为只有主体、客体、主客体三者之间相互作用的观点，即交往观点（以弗洛罗夫为代表）才能科学地解释个性。交往伦理学肯定交往的道德价值和文化形式，提出交往文化的概念。肯定人是交往主体，对交往主体，如交往中人类共性、交往的民族特征、伦理风格、职业风格等作多学科研究基础上的伦理学分析。对交往中的理解、评价、对话、隐私、冲突等概念给出伦理学界定。交往伦理学认为真正的人类交往是一种帮助人表现和展示个性的好的方面的创造性方式,它建立在尊重他人尊严的基础上,建立在遵守人类制定的基本道德规范的基础上。在交往中形成和完善人与其他人的需求,这是道德教育的重要任务,同时也是对发展交往性,发展交往文化本身有正确方向的重要保障。现今的交往伦理学明确地把宽容作为交往文化的原则。

(5)对话伦理学。对话伦理学研究什么是对话,对话的含义,并对对话赋予新的道德意义。什么是对话?对话是在超越一方的更大范围内,从更广阔的角度去认识真理。对话是通过不同的象征体系或文化的自我阐明和相互阐明,去发现与对方内在的统一性,最终使双方"在一种新的集体中相互结合起来"。对话伦理学认为,当代世界格局是世界上所有的人民,独联体范围内的人民,俄联邦各自治共和国的人民,不得不结合在地球村之中,人们只能和平共处。无论就政治、经济,还是就生存环境、文化环境而言,生存的惟一途径就是对话。因此,对话富有新的道德意义。

对话也有道德规范:对话不必须说服对方,不必屈服于对方,更不是征服对方,对话的基石和目标是爱。

(6)非暴力伦理学。非暴力伦理学的研究在俄国已经起步。哲学、伦理学界认为,20世纪不仅是发生破坏性极大的世界大战和大规模阶级冲突的时代,同时也是人类团结合作这一伦理观念成为群众性社会政治运动的精神基础的时代。虽然当代要争取社会正义所进行的非暴力斗争的成功经验暂时还积累不多,但已经有了。人类的未来恰恰与这些经验有关,对它进行科学总结,有极端重要性。1991年5月,在俄罗斯曾举行"非暴力伦理学"的国际学术讨论会,举办过"非暴力解决大规模冲突的方法"的科学实践研讨班,发表过一系列论文。哲学、伦理学界力图使非暴力伦理学研究成为伦理学研究中一个占显赫地位的方向。

非暴力是有关人们之间相互敌对关系的一种道德情感,实际内容上包含一系列相互联系的动机。非暴力情感与爱的情感相对,但同时又必须以某种爱为前提。非暴力抗恶以爱善为前提。人类非暴力情感与自爱相联系。当然,非暴力不等同于消极被动,不等同于不抵抗主义。

暴力通常区分为直接的、个别处理的,间接的、结构性的(即作为社会情景及机制的代码的),生理的和心理的,隐蔽的和公开的。非暴力伦理学是相信和同意以非暴力的方法达到社会公正的伦理和道德观念的总和。非暴力伦理学的特殊性在于,它并不是反对人们之间关系上必要的暴力，而在于倡导把非暴力思想应用于实际存在的计划和社会活动的具体纲领中。非暴力伦理学从否定暴力扩展到否定一切对人的破坏和损害。

伦理学界认为，非暴力伦理学是以特殊的手段为道德目的积极斗争的伦理学。在俄国，托尔斯泰是非暴力伦理思想的典型代表。

（7）生态伦理学。这是现代西方道德哲学发展得最普及的一个方面。它形成于 70 年代中期，是伴随着生态危机发展起来的。苏联同一时期开始着手研究。

生态危机中的许多问题涉及的领域很多，伦理学界集中注意研究其中的伦理问题。专家们指出当前生态问题和伦理发展问题之间是割裂的，而实际上，未来人的形象与伦理学密切相关，讨论地球总的问题如果脱离道德命令、伦理价值和道德方向是没有前途的。他们指出，生态危机是人类在改造自然活动中不正确的价值方向造成的。生态问题要求人类对周围世界有新的态度，建立起人与自然合理的联系。研究这一问题的伦理学有各种名称，如新伦理学、地球伦理学、国际的新秩序、生活的质量等等。

最近几年，围绕人的权利与人的尊严问题，生态伦理学的具体课题的深入研究与生态伦理学知识普及工作同时并举。这种广泛的讨论对独联体人民的道德意识的发展具有重大影响。

除了对生态活动中伦理问题的研究外，生态伦理学还将生态与道德的关系作为道德教育的重要内容，向大中学校的学生进行生态伦理的教育。它指出生态活动属于道德调节的范围，进行生态教育是保障个人的公民积极性的重要方向。

（8）道德社会学。80 年代中期，苏联已经提出伦理学研究分别向心理学和社会学方面深入的任务，但当时主要是用社会学的某些研究方法调查了解苏联社会的道德状况，尚未形成比较完整的道德社会学体系。目前，独联体伦理学界以萨格莫夫为代表的研究已经使道德社会学初具边际学科的雏形。

这种研究将道德作为社会分析的客体，分析其特征和基本的方法原则；论证道德社会学的本质和分析对象，探讨用社会学方法研究伦理知识的方法论原则。萨格莫夫等人还进行了道德范围内的应用社会学研究，包括道德价值的社会学研究，将个人道德品质、生活立场作为社会学分析对象，对劳动范围内的道德社会学，对道德、科学与教育之间的相互联系进行社会学研究。

第四节　伦理学教育的基本情况

道德、伦理学教育从幼儿园开始。幼儿园和小学低年级主要是道德习惯养成，学习道德格言和道德礼仪。这方面有系列性图书。从五年级开始开设伦理学课程，内容上循序渐进，五年级接触到的伦理学基础问题有：（1）什么是伦理学。（2）社会与人，在交往之外人能不能够存在。（3）接触：人与人之间的接触是完善的源泉。（4）为了建立接触需要什么。（5）有限性和统一，统一的条件。（6）人和物怎么统一，人与人之间如何统一。（7）诚实和人的统一，诚实和人的自我存在。（8）人的外部精力与内部精力的联系。（9）意识——人们相互联系的手段和自我存在的器官。（10）意识的力量即人的力量。（11）意志的力量。（12）意识和上帝。

随着年级递升，围绕以上基本概念不断扩展新的伦理概念和材料，如六年级继续深化"自我存在"、"完善"、"有限性"、"自我完善的必要性"，此外还补充了一些新的内容：（1）生命的源泉。（2）善与恶。（3）人是自己幸福的创造者。（4）心灵与身体。（5）心灵与宇宙。（6）需求。（7）行为。（8）反映，知识。（9）人与宇宙。（10）创造的规律与世界的规律。

七年级伦理学的主题是"人的力量"，主要的伦理概念与思想有：（1）需求、需求的客观性。（2）需求与知识、需求与自然力的平衡。（3）人们之间的矛盾。（4）报应、惩罚。（5）寻求平衡。（6）人与他的力量。（7）心灵的统一。（8）意识。（9）判断。（10）愿望与行为。（11）举动。（12）道德标准。（13）基本的道德原则。

八年级以性伦理学为主题，同时又对以往知识加以综合与深化，其主要的思想概念有：（1）自我存在和自然构成物。（2）社会，怎样构成社会。（3）短缺状态的构成。（4）繁殖的必然结果。（5）原生动物的繁殖。（6）生与死。（7）有机体结合的必然性。（8）一个有机体吞食另一个有机体。（9）器官的构成——克服界限的新阶段。（10）吞食和性分裂的相互关系。（11）性过程及其净化。（12）如何达到理想的结合。（13）爱——力图成为另一个人的化身。（14）不要害怕生育。（15）新人的诞生——社会中矛盾的克服。（16）人们的道德与生理面貌。（17）社会——人的内在意义的敞开状态。（18）及时反映。

高等学校的伦理学教育自 60 年代初按国家规定开设"马克思主义伦理学"课，全国有统一教材，也有全国性的伦理学教学委员会。《马克思主义伦理学》教材几经修改，最后一个版本由莫斯科大学哲学系伦理学教研室主任 A. И. 季塔连柯主编。

苏联解体后，成立了独联体伦理学教学委员会。伦理学在综合性院校仍为必修课，教材仍使用 1989 年版的《马克思主义伦理学》，但使用时已参照原书由教师改为普通伦理学原理，选讲伦理学中一些基本概念、基本理论，加强了伦理思想史部分，加强了伦理学和道德哲学的色彩，增加当代西方伦理思想介绍以及新思维下的人道主义伦理学的主要思想。学时仅30 小时。学生自愿听课，但必须参加考查和考试，必须交作业。工科院校、医学院校、师范院校分别将科学伦理学或工程伦理学、医学伦理学、教育伦理学作为必修课。哲学专业，特别是伦理学专业学生的伦理学教学基本上是用专业课代替原来的通讲教材。专业课的讲授教师一般都是该专题方向的研究者，因此教学水平和效果比较有保障。以莫斯科大学哲学系为例，目前开设的专题有：（1）经典伦理学的文献及其问题。（2）马克思主义哲学和伦理学中的价值理论。（3）道德的根据。（4）道德社会学。（5）道德的宗教根据与神学根据。（6）悲悯意识的起源和意义。（7）现代西方哲学中人的问题。（8）对伦理学中反动思想的批判。（9）个人存在的道德根据。（10）道德认识。（11）道德意识的起源。（12）道德的价值本质。（13）规范伦理学的问题。（14）伦理学研究的方法论问题。

此外，伦理学副博士和博士论文的研究方向主要有：（1）道德预测学。（2）哲学中和现代社会中的道德异化。（3）道德与文化。（4）道德与政治。（5）基督教中的伦理思想。（6）东正教中的伦理思想。（7）俄国 20 世纪思想家的伦理思想。（8）世界妇女运动与伦理学。（9）个体道德中的社会性与生物性。

后　记

　　《当代外国伦理思想》这部书，是由我承担的国家社会科学基金项目。由于课题内容涉及东西方 10 多个国家，参加撰写的作者联系比较困难，组稿、打印、统稿工作拖得时间比较长，以至于在成书过程中发生了苏联和东欧剧变，我国继改革开放而进入社会主义市场经济建设新时期。不幸的是，书稿交出后，一度辗转丢失。多亏打印稿发出多份，保留在一些审稿专家和朋友手中。从 1998 年下半年开始，重新搜集书稿，重新校订，重新统稿，终算基本恢复原貌，个别没有打印的手稿，包括我和李萍合写的两万字的导言，都无法恢复了。屈指十年，时乖运滞，现在交出这部失而复得的书稿，总算心里得到一点安慰。但由于篇幅字数所限，对原稿中有些国家和地区的伦理思想介绍不得不作些删节或全部删除，因而仍然留下了诸多遗憾。

　　在这里，我首先感谢参加书稿撰写的中国人民大学、中央民族大学、南开大学、北京外国语大学和中国社会科学院的诸位教授、研究员、博士。感谢戴扬毅先生和吴潜涛教授参与策划和支持。感谢李萍博士和韦正翔博士协助主编组稿和校订所做的工作。感谢王中田教授、许清章教授、武文侠教授的支持。感谢博士生靳海山、胡林英协助主编所做的工作。没有这么多同仁、朋友的协助和支持，这部书稿是不可能产生和付梓问世的。在此，还要感谢参加这一国家项目成果审议的专家，他们是中国社会科学院巫白慧研究员、江苏社会科学院萧焜焘教授、中国人民大学罗国杰教授、北京大学周辅成教授和魏英敏教授。他们对书稿给予了中肯的评价，提出了宝贵的意见，留下了真诚的鼓励。特别要纪念前不久去世的萧焜焘教授，是他保留了惟一一部完整的书稿，并在病院中委托高兆明教授从他家里翻箱倒柜找出书稿，寄到北京。没有他的收藏和帮助，这部书稿也许就凑不齐，出不来了。仁也萧公，恩高义厚，永志不忘。

这部书是一个难产的婴儿。在这个婴儿身上流着众多人的心血。在此，我代表全体作者衷心感谢中国人民大学出版社的大力支持和责编的辛勤劳作。既是一个婴儿，就是未来的希望，又难免带有天然的弱点和不成熟，盼望伦理学界和读者给予关照、扶持和指教。

宋希仁

2000 年 3 月 21 日

于中国人民大学静园

图书在版编目（CIP）数据

当代外国伦理思想/宋希仁主编．—北京：中国人民大学出版社，2016.6
ISBN 978-7-300-22800-6

Ⅰ.①当… Ⅱ.①宋… Ⅲ.①伦理学史-国外-现代 Ⅳ.①B82-091

中国版本图书馆 CIP 数据核字（2016）第 083884 号

当代外国伦理思想

宋希仁 主编

Dangdai Waiguo Lunli Sixiang

出版发行	中国人民大学出版社	
社 址	北京中关村大街 31 号	**邮政编码** 100080
电 话	010－62511242（总编室）	010－62511770（质管部）
	010－82501766（邮购部）	010－62514148（门市部）
	010－62515195（发行公司）	010－62515275（盗版举报）
网 址	http://www.crup.com.cn	
	http://www.ttrnet.com（人大教研网）	
经 销	新华书店	
印 刷	涿州市星河印刷有限公司	
规 格	170mm×240mm 16 开本	**版 次** 2016 年 6 月第 1 版
印 张	31 插页 2	**印 次** 2016 年 6 月第 1 次印刷
字 数	513 000	**定 价** 79.80 元